乙烯工艺与技术
（精华本）

王松汉　主编

中国石化出版社

内　容　提　要

本书讨论了制取乙烯和副产品的主要流程及方法，裂解原料及其特性，裂解和分离的基本原理和有关操作参数，裂解气的急冷、压缩和分离，酸性气体的脱除，乙炔和丙炔加氢，乙烯和丙烯制冷，公用工程，节能减排措施等。本书不仅阐述了乙烯生产的基本原理和相关的理论，而且对乙烯生产的原料和各种工艺流程进行了全面分析，给出了有关工艺设计的计算方法和典型工艺参数，还特别介绍了与乙烯生产有关的新技术。

本书可供石油化工领域特别是与乙烯工业相关的科研、生产技术人员及设计、规划工作者使用，也可供高等院校有关专业师生参考。

图书在版编目（CIP）数据

乙烯工艺与技术：精华本 / 王松汉主编 .—北京：中国石化出版社，2012.9（2024.7重印）
ISBN 978-7-5114-1765-7

Ⅰ.①乙… Ⅱ.①王… Ⅲ.①乙烯-生产工艺 Ⅳ.①TQ221.21

中国版本图书馆 CIP 数据核字（2012）第 206034 号

中国石化出版社出版发行
地址：北京市东城区安定门外大街 58 号
邮编：100011　电话：(010)57512500
发行部电话：(010)57512575
http://www.sinopec-press.com
E-mail:press@sinopec.com
北京捷迅佳彩印刷有限公司印刷
全国各地新华书店经销
*
787毫米×1092 毫米 16 开本 27.75 印张 693 千字
2024年7月第1版第4次印刷
定价：98.00 元

《乙烯工艺与技术》(精华本)编委会

《乙烯工艺与技术》（精华本）编写人员

第一章： 茅文星　周　丛　郭敬杭　戴　伟　余起炎　盛在行
王振维　花建忠　任立新　郜维松　李宏冰　李久明
黄玉泉　马永利　邢劲松　毛连军　华　锋　王国清
胡际川　李晓峰　吉媛媛　陈明辉　祝　佳　李　莉
裴雪梅　佘兰兰　谭天舒　王广海　王国颜

第二章： 曾清泉　张利军（北京）　茅文星　金君素　邵　晨
申海女　周　丛　何　琨　王明耀　李金科　康　翼
黄玉泉　张　建　徐红兵　吴海燕　程文武　钱献华

第三章： 赵百仁　范士平　薛　锋　张江平　岳德强　张　寰
吴海燕　程文武　钱献华

第四章： 张会军　王明耀　姚克俭　戴　伟　朱云仙　冯　立
赵光燮　王秀玲　李莉　裴雪梅

第五章： 盛在行　茅文星　周　丛　高云忠　常晓平　路全能
王安华　何　琨　赵百仁　黄玉泉　张会军　范士平
薛　锋　潘兴华　单永江

第六章： 盛在行　袁学群　季　凌

附　录： 王松汉　盛在行　张会军　杨建平　朱连勋　吴海燕
程文武　钱献华　谢　明　李　莉　裴雪梅　王广海
戴　伟　王国清　周　丛　茅文星　曾清泉
张利军（北京）　秦丽英　李　慧

前　　言

乙烯是石油化学工业的主要产品之一，乙烯装置生产的三烯(乙烯、丙烯、丁烯)和三苯(苯、甲苯、二甲苯)是石油化学工业的基础原料。乙烯产量的高低是衡量一个国家石油化工发展水平的主要标志。

我国自20世纪60年代以来，一直注重乙烯工业的发展，乙烯生产已具有相当规模，产量现居世界第二位，并已有了一批经验丰富的设计、科研和生产人员。“十一五”期间，我国乙烯工业将迎来又好又快的发展机遇。根据规划，预计五年内，国内乙烯生产能力将达到17~18Mt/a，主要技术经济指标达到国际平均水平，部分指标力争达到世界先进水平。为实现上述主要发展目标，中国石化工业将努力抓住重要战略发展机遇，在科学发展观的指导下，以全面提高国际竞争力、实现持续有效发展为目标，着力调整产业结构和转变增长方式，着力加强资源节约和环境保护，着力推进持续改革和自主创新，实现产业发展与社会、经济、环境的和谐发展。

在这种形势下，我们在1994年出版的《乙烯装置技术》和2000年出版的《乙烯工艺与技术》及2009年出版的《乙烯装置技术和运行》三本书的基础上，特别是在《乙烯装置技术和运行》的基础上，删减了裂解炉工艺设计、裂解和急冷、压缩系统和分离系统的部分内容，并删除了如下章节：火炬系统、自动控制、乙烯原料与产品的储存和运输、公用工程、乙烯装置的开停车及运行、装置安全、健康与环境、化学品、乙烯装置的分析化验。同时，更新了第一章概论中与乙烯技术相关的统计资料，增加了概算和经济分析、乙烯装置理论及操作方面的试卷、近期发展的甲醇制烯烃技术、裂解炉结焦抑制剂、黄油抑制、DJ塔盘在脱甲烷塔的应用、裂解炉与燃气轮机相联合等新增内容。本书不仅阐述了乙烯生产的基本原理和相关的理论，而且对乙烯生产的原料和各种工艺流程进行了全面分析，介绍了与乙烯生产有关的新技术，如甲醇制乙烯等。此外，介绍了国外的最新成果，对最先进的裂解和分离技术进行了剖析，提供了有关数据，对我国乙烯科研、设计和生产人员的辛勤工作成果——国产技术也做了论述。

1994年版《乙烯装置技术》一书由王松汉主编，具体编写分工为：第一章茅文星；第二章曾清泉；第三章王松汉、茅文星、王若超、龚长虹；第四章王松汉、杨春生、李广华、孙波涛；第五章王松汉、盛若瑜、赵炳义、王伟东、郑晓晶；第六章白文康、李生斌、王振维。

2000年版《乙烯工艺与技术》由王松汉、何细藕主编，各章节主要编写人员：第一、二、三章何细藕、李莉、盛在行、张会军；第四、五章何细藕、李围潮、盛在行、李莉、张会军、郑晓波、季江宁；第六章雷正香；第七章林融、赵青松、于军；第八章盛在行、张智愚、朱显；第九章雷正香。全书由王松汉教授补充、完善、统稿和审定。

2009年出版的《乙烯装置技术与运行》由王松汉教授担任主编，于2007年开始编写，主要由中国石化工程建设公司(SEI)组织人员编写，参加的单位还有中国石化北京化工研究院、中国石化上海工程有限公司、中国石化燕山石化公司、扬子石化-巴斯夫有限公司、上海赛科石化公司、南京工业炉设计研究所、中国石油新疆独山子石化公司、中国石油兰州石化公司、中国石油抚顺石化公司、中国石油吉林石化公司、中国石化天津石化公司、中国兵器工业辽宁华锦化工集团乙烯公司、大连京华节能中心、霍尼韦尔(中国)有限公司等。参与的高等院校有华东理工大学、北京化工大学和浙江工业大学等。该书在编写过程中得到了中国石化上海工程公司董事长、总经理吴德荣，教授级高工、美籍华人及台塑石化股份公司乙烯事业部陈焕南、陈瑞士两任总经理的大力支持和帮助，并做了大量补充；中国石化出版社对本书的出版给与了大力支持和协助，赵以新编辑对大纲的拟定提出了建设性的意见，并在统稿方面协助主编做了很多艰苦细致的工作，付出了辛勤劳动，在此一并致谢。

参加本书编著的数十位专家、学者及高级工程师都具有较高学术理论水平和丰富的实践经验，他们在本书的编著中总结了自己多年来的设计、科研、生产经验，因而本书将对从事乙烯生产的科研、技术人员及设计、规划工作者，以及大专院校相关专业师生等，具有很好的参考价值。

本书新增内容的编写，具体分工为：概论中的各种统计数据为曹杰、李莉、王广海；投资与经济分析为陈艳民、佘兰兰、谭天舒；甲醇制烯烃分离流程为祝佳、李莉、裴雪梅；结焦抑制剂和黄油抑制为吴海燕、程文武、钱献华；脱甲烷塔采用 DJ 塔盘为姚克俭；乙烯装置职业技能竞赛试卷分别为：王松汉、盛在行、张会军、杨建平、朱连勋、钱献华、谢明、李莉、王广海、吴海燕、程文武、戴伟、王国清、周丛、茅文星、曾清泉、张利军(北京)、秦丽英、李慧、斐雪梅。本书由李莉高级工程师统一整理和补充有关内容。

由于乙烯装置较为复杂、内容较多，书中难免有误，不妥之处，望指正。

编者

2012 年 4 月

目　　录

第一章　概　　论

石油化学工业在国民经济和社会发展中具有举足轻重的地位，石油化工的发展，促进了国民经济的巨大进步。乙烯、丙烯、丁烯、丁二烯、苯、甲苯、二甲苯等是石油化工最基本的原料，是生产各种重要的有机化工产品的基础。由于乙烯装置是石油化工生产有机原料的基础，是石油化学工业的龙头，所以它的生产规模、产量和技术标志着一个国家的石油化学工业的发展水平。

半个世纪以来，石油化学工业一直以高于国民经济生产总值的增长速度发展，许多国家还把它列为国家工业发展的重点。1960 年世界乙烯产量为 2910kt，1970 年为 19760kt，1980 年达到 34020kt，1990 年达到 56300kt。20 世纪 80 年代末、90 年代初，由于全球经济复苏，特别是亚洲发展中国家的经济迅速发展，对石化产品的需求大大增加，刺激了各国石油化工装置的增建和扩建。从 1990 年以来，一批新建和扩建的乙烯装置陆续投产，世界乙烯生产能力和产量均有较大的增长，到 1992 年世界乙烯生产能力已超过 70000kt，1997 年接近 87000kt，产量达到 78500kt。2010 年，世界乙烯生产能力已达到 141791kt。近年来全球乙烯需求量和生产能力见表 1-1。

表 1-1　全球乙烯需求量和生产能力　　kt

年　份	乙烯需求量	乙烯生产能力	年　份	乙烯需求量	乙烯生产能力
1996	73000	82000	2004	105000	112000
1997	78000	87000	2005	107000	120000
1998	82000	90000	2006	115000	126000
1999	87000	95000	2007		123889
2000	90000	98000	2008	110344	125712
2001	90000	102000	2009	113637	130099
2002	95000	108000	2010	122901	141791
2003	100000	111000			

从 2003 年下半年起世界经济逐步好转，乙烯需求稳步增长；同时，自 2003 年以来世界乙烯产能增长减缓，导致世界乙烯供应趋紧，乙烯装置的开工率不断提高，2006 年世界乙烯装置平均开工率达 92%。

石油化工受世界经济全球化影响，各地区生产能力比例变化明显，美国、西欧、日本支配世界石化工业的格局已不复存在。从最近几年的总体情况看，欧洲和北美的乙烯产能所占比重有所下降，而亚洲、中东及拉丁美洲所占比重逐步上升。世界乙烯生产已形成北美、西欧、亚太三足鼎立的局面，发展重点向亚太和中东地区转移。2001 年北美、亚洲和西欧占世界产能的比重分别为 32. 3%、25. 8%和 21. 6%，2006 年分别为 29. 2%、28. 9%和 20. 1%，2010 年则分别为 24. 9%、30. 8%和 18. 0%；中东作为世界第四大乙烯产区，占世界产能的比重从 2001 年的 8. 2%一直增长到 2010 的 16. 8%。

2002 年至 2010 年世界乙烯产能前 10 位的国家见表 1-2。

表 1-2　近年来世界乙烯生产能力最大的 10 个国家和地区的生产情况　　kt/a

排名	2002 年		2004 年		2006 年		2009 年		2010 年	
	国家和地区	产能	国家和地区	产能	国家和地区	产能	国家和地区	产能	国家和地区	产能
1	美国	29296	美国	28323	美国	28773	美国	27554	美国	27593
2	日本	7058	日本	7507	中国	9840	中国	11778	中国	12978
3	沙特	5650	沙特	5845	日本	7265	沙特	10700	沙特	11955
4	加拿大	5352	德国	5516	沙特	6855	日本	7265	日本	7265
5	德国	5228	韩国	5450	德国	5557	德国	5757	德国	5743
6	中国	4988	加拿大	5407	加拿大	5531	韩国	5630	韩国	5630
7	韩国	4930	中国	5338	韩国	5440	加拿大	5531	加拿大	5531
8	荷兰	3900	荷兰	3915	荷兰	3950	伊朗	4734	伊朗	4734
9	法国	3353	俄罗斯	3670	俄罗斯	3670	中国台湾	4006	中国台湾	4006
10	俄罗斯	3300	法国	3373	巴西	3435	荷兰	3965	荷兰	3965
合计		73055		74344		80316		86920		89400

目前，美国是世界最大的乙烯生产国，2010 年乙烯生产能力为 27593kt/a，占世界的 19.5%。中国的乙烯生产能力从 2006 年起已跃居世界第二位，排名仅次于美国，2006 年占世界总产能的 8.2%，2010 年乙烯生产能力为 12978kt/a，占世界总产能的 9%。2010 年世界十大乙烯生产国的产能总计为 89400kt/a，占世界的 63.1%。

2010 年世界十大乙烯生产商的产能总计为 82015kt/a，占世界总产能的 57.8%。沙特基础工业、Dow 化学和 Exxonmobil 公司分别位居前三位。中国石化集团公司以 7575kt/a 的乙烯产能居世界第五位(见表 1-3)。

表 1-3　2010 年世界十大乙烯生产公司

排　名	公　　司	生产能力/(kt/a)	排　名	公　　司	生产能力/(kt/a)
1	沙特基础工业公司	13392	6	道达尔	5933
2	Dow 化学公司	13045	7	雪佛龙费利普化学公司	5607
3	ExxonMobil 公司	12515	8	利昂戴尔巴塞尔	5200
4	Royal Dutch Shell PLC	9358	9	伊朗 NPC	4734
5	中国石化集团	7575	10	英力士	4656

在全球乙烯生产企业中，从生产规模看，最大的是台湾石油化学公司，在中国台湾麦寮，生产能力是 2935kt/a，其次是诺瓦化学公司在加拿大的焦弗雷乙烯厂，生产能力为 2812kt/a，第三是沙特基础工业公司的朱拜勒乙烯厂，生产能力为 2250kt/a。表 1-4 列出了 2010 年世界主要乙烯生产厂。

表 1-4　2010 年全球 10 大乙烯生产厂

序　号	公　　司	位　　置	生产能力/(kt/a)
1	台湾石油化学公司	台湾麦寮(中国)	2935
2	诺瓦化学公司	Joffre, Alta(加拿大)	2812
3	阿拉伯石油化学公司	朱拜勒(沙特阿拉伯)	2250
4	ExxonMobil 化学公司	Baytown(美国得州)	2197
5	雪佛龙费利普化学公司	Sweeny(美国得州)	1865
6	Dow 化学公司	Terneuzen(荷兰)	1800

续表

序 号	公 司	位 置	生产能力/(kt/a)
7	英力士烯烃和聚合物公司	Chocolate Bayou(美国得州)	1752
8	Equistar 化学公司(LP)	Channelview(美国得州)	1750
9	Yanbu 石油化学公司	Yanbu(沙特阿拉伯)	1705
10	Equate 石化公司	Shuaiba(科威特)	1650
合计			20716

全球十大乙烯生产厂，总生产能力为20716kt/a，占世界总能力的14.6%。

随着乙烯工业的发展，近年来，世界乙烯装置大型化的趋势进一步扩展，装置规模的扩大将显著降低单位投资成本及操作成本。20世纪60~70年代，世界乙烯装置以300kt/a为主流规模；80~90年代上升为600kt/a；而目前在建和拟建的装置规模都在800kt/a以上。沙特阿拉伯的乙烯装置平均规模已经提高到880kt/a，中东的在建装置规模基本上为1000~1300kt/a。

目前，以石脑油为原料的裂解装置的世界级规模已经达到1100kt/a，比20世纪90年代提高了近一倍。以乙烷为原料的裂解装置的世界级规模已经达到1350kt/a，中东正在规划建设1500kt/a以上规模的超大型乙烯生产装置，一些公司还在研究1800kt/a乙烯装置的可能性。

在20世纪80年代，600kt/a乙烯装置的单炉能力一般在75~80kt/a，目前已达到150~160kt/a。石韦公司的气体裂解炉能力已达210kt/a，液体裂解炉的单炉能力达175kt/a；凯洛格-勃朗洛特公司的裂解炉单炉能力已达280kt/a；另外，鲁姆斯公司最近开发的SRT-X新型裂解炉，单炉能力超过300kt/a。

在竞争日趋激烈的形势下，世界各大石油化工公司都在寻找提高盈利能力和竞争力的途径。因此，乙烯工业基地化建设趋强，炼化一体化进程加快。基地化和炼化一体化的结合，可以在资源配置、优化互用各种物流、公用工程、环保系统以及节省储运投资等方面实现利益最大化。在一些石化工业发达的国家，目前已建立了大型炼化一体化基地，如美国墨西哥湾沿岸、比利时安特卫普、日本东京湾地区、韩国蔚山、新加坡裕廊岛等，中国则将逐渐形成环杭州湾、珠三角、渤海湾三大炼化企业群。

目前，世界上98%的乙烯来自烃类管式炉蒸汽裂解，估计在近一段时期内，蒸汽裂解技术仍然是生产乙烯的主要技术。但是，近些年来，由于采用了更苛刻的工艺条件以及工艺设备的改善，蒸汽管式热裂解制乙烯技术已日益完善，进一步改进越来越困难。

近20年来，学术界和工业技术界进一步开展制备乙烯技术的探索研究和工业试验。迄今为止，公认具有工业前景的技术是：天然气制乙烯(主要包括甲烷偶联制乙烯及由合成气转化成甲醇或二甲醚制乙烯)和催化裂解(包括重质油)制乙烯。

2003年以来，国际油价一路上扬，与此同时，乙烯价格持续上涨。因此，非石油基乙烯生产工艺在经济上变得可行，合成气基石脑油生产乙烯以及生物乙烯技术也开始发展。

合成气基石脑油生产乙烯技术是利用费-托反应合成石脑油馏分裂解生产乙烯，因为该石脑油馏分中直链烷烃占绝大部分，因此会有很高的乙烯收率。

生物乙醇的技术开发已经成熟，大力发展生物燃料已成为各国发展替代能源战略的组成部分，这为生物乙烯技术的发展开辟了一条新路。

2007年以来我国乙烯工业发展迅速，已成为中国乃至世界石油石化工业的热点和亮点之一。

截止2010年底，我国大陆共拥有24家乙烯生产企业，29套乙烯装置，乙烯生产能力为14965kt/a，平均单套乙烯装置能力达到516kt/a。中国石化拥有14家乙烯生产企业，共15套乙烯装置，总的乙烯生产能力为9385kt/a；中国石油拥有6家乙烯生产企业，共9套乙烯装置，总的乙烯生产能力为3710kt/a。2010年我国乙烯生产企业级装置能力的详细情况见表1-5。

表1-5 2010年我国乙烯生产企业及装置能力①

生产企业	能力/(kt/a)	生产企业	能力/(kt/a)
中国石油集团		中国石化集团	
大庆乙烯	600	燕山乙烯	710
兰州石化1#乙烯	240	齐鲁乙烯	800
兰化2#乙烯	460	扬子乙烯	700
辽化乙烯	200	上海石化1#乙烯	145
抚顺乙烯	140	上海石化2#乙烯	700
独山子1#乙烯	220	天津乙烯	200
独山子2#乙烯	1000	茂名乙烯	1000
吉化1#乙烯	150	中原乙烯	180
吉化2#乙烯	700	广州乙烯	210
小计	3710	东方乙烯	150
华锦集团		上海赛科乙烯	1190
华锦乙烯	180	扬巴乙烯	600
华锦乙烯2#	450	福建乙烯	800
小计	630	中沙(天津)乙烯	1000
沈阳化工集团	140	镇海乙烯	1000
神华集团	300	小计	9385
中国海洋石油总公司	800	合计	14965

① 未包括中国台湾的装置情况。

2005~2010年我国各乙烯企业全年的乙烯产量见表1-6。近年来随着乙烯工业的迅猛发展，我国乙烯产量2007年突破千万吨大关，2010迅速增至14220kt。

表1-6 2005~2010年我国各乙烯企业全年的乙烯产量① t

企业名称	2005年	2006年	2007年	2008年	2009年	2010年
中国石化集团	549432	6330962	6693954	6359354	6713271	9145880
燕山乙烯	811822	820014	748519	783964	841349	841581
齐鲁乙烯	825181	838800	846810	800378	760086	855670
扬子乙烯	775819	755044	801118	743608	796027	678473
上海石化	962367	960297	869441	885649	927726	972853
上海石化1#乙烯	151028	168058	158394	119715	135203	160012
上海石化2#乙烯	811339	792239	711047	765934	792523	812841
天津乙烯	207051	231688	225544	170150	189068	232789
茂名乙烯	348123	522115	962559	954816	1060606	981448

续表

企业名称	2005 年	2006 年	2007 年	2008 年	2009 年	2010 年
中原乙烯	191573	214466	211450	174767	205819	212019
广州乙烯	213626	195712	210677	219775	225045	224560
东方乙烯	177510	168216	160051	70156	0	130284
上海赛科乙烯	640000	977956	1002940	934647	875313	1294302
扬巴乙烯	341250	646654	654845	621444	622340	536214
福建乙烯					209892	843697
中沙(天津)乙烯						819500
镇海乙烯						522490
中国石油集团	1887405	2067873	2581976	2675346	2983444	3615142
大庆乙烯	555558	516698	536636	581537	583366	543568
兰州石化			681751	701460	693679	694827
兰化 1#乙烯	245716	240056	234248	223372	241053	212824
兰化 2#乙烯			447503	478088	452626	482003
辽化乙烯	146216	132427	74252	173848	199472	182437
抚顺乙烯	167688	179662	177006	165791	182305	167464
独山子					485712	1193260
独山子 1#乙烯	261418	247221	239229	258603	257112	254350
独山子 2#乙烯					228600	938910
吉林石化	510809	751809	873102	794107	838910	833586
吉化 1#乙烯	143737	142643	134345	109531	92910	124879
吉化 2#乙烯	367072	609166	738757	684576	746000	708707
华锦集团						517321
华锦乙烯	157425	180560	171829	122567	98010	151617
华锦乙烯 2#						365704
沈阳化工集团						60000
神华集团						40000
中国海油总公司		645000	830700	841000	922174	844000
总计	7539152	9224395	10278459	9998267	10716899	14222343

① 未包括中国台湾的乙烯产量，2008 年台湾省乙烯总产能约 4000kt。

我国乙烯装置的能耗于 20 世纪 80 年代以前投产的每吨乙烯在 33. 5GJ 以上，于 90 年代初期投产的每吨乙烯在 33. 5GJ 以下，以石脑油为原料的能耗是每吨乙烯 20. 9GJ 左右。在国际上，近期投产的以石脑油为原料的装置，每吨乙烯能耗一般低于 20. 9GJ，如表 1-7 所示。

表 1-7　乙烯装置设计吨乙烯能耗①　　GJ/t 乙烯

原　料	1970 年	1980 年	1989~1994 年	1999 年	2008 年
乙烷	26. 8	21. 4	12. 6	12. 6	12. 6
丙烷	28. 5	23. 4	15. 9	15. 9	15. 9
石脑油	39. 4	26. 0	19. 3	19. 3	19. 3
轻柴油	44. 4	33. 1	25. 1	23. 9	23. 9

① 没有采用燃气轮机的能耗。

近年来我国乙烯的供需情况见表1-8。

表1-8　近年来我国乙烯的供需情况　　kt/a

年　份	产　量	进口量	出口量	表观消费量
2003	6118	466	32.1	6132.5
2004	6266	676	22.3	6310.3
2005	7539	111.4	82.1	7584.3
2006	9224	117.4	128.7	9215.7
2007	10278	510	50	10937
2008	9998	721	14	10705
2009	10716	975	15	11700
2010	14222	815	34	14971

乙烯是石油化工最重要的基础原料之一，从乙烯出发可以得到一系列产品。乙烯装置主要裂解产品及副产品的用途见图1-1~图1-4。

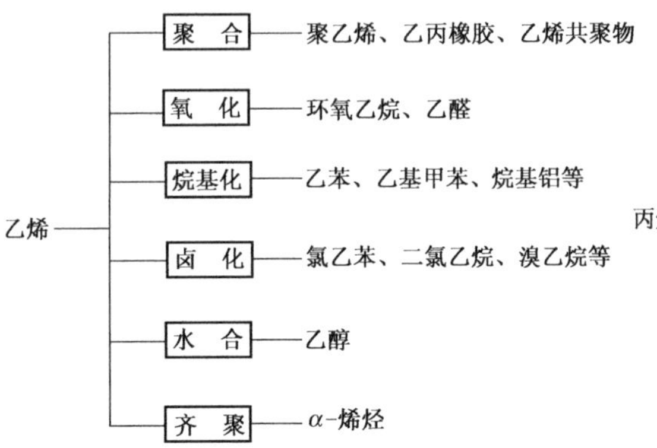

图1-1　乙烯系列产品

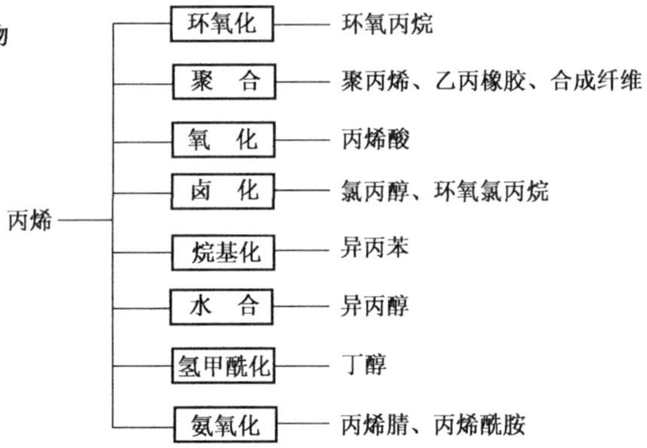

图1-2　丙烯系列产品

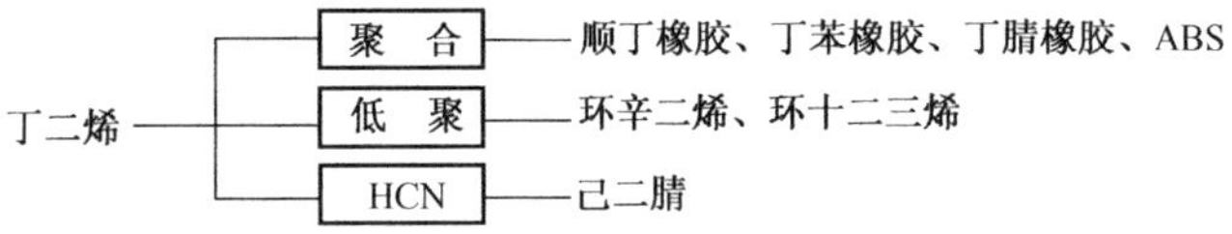

图1-3　丁二烯系列产品

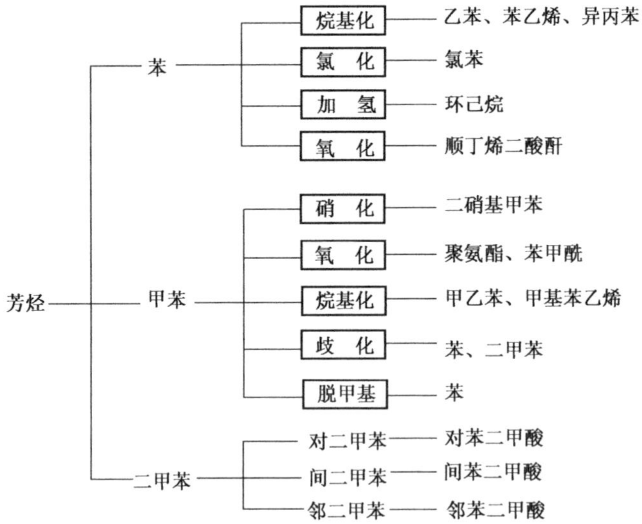

图1-4　芳烃系列产品

聚乙烯是乙烯消费的绝对第一大用户，约占乙烯消费总量的58.2%；环氧乙烷是消费乙烯的第二大用户，约占消费总量的14%。2003~2010年世界乙烯消费结构见表1-9。

表1-9 2003~2010年世界乙烯消费结构 kt

用 途	2003年	2004年	2005年	2006年	2007年	2010年
乙苯	6990	7310	7320	7450	7750	7826
二氯乙烯	12480	13070	13180	13330	13520	13417
环氧乙烷	12840	13670	13890	14860	15620	18582
高密度聚乙烯	25730	27780	27910	29600	31100	32804
低密度聚乙烯	17160	17400	17390	17890	18890	18346
线型低密度聚乙烯	14700	15980	16080	17230	17940	21662
醋酸乙烯	1310	1440	1350	1420	1490	1528
其 他	7240	7500	7230	7250	7770	8735
合 计	98450	104150	104350	109030	114010	122900

第一节 乙烯装置原料

一、乙烯原料来源和种类

裂解原料的来源主要有两个方面，一是天然气加工厂的轻烃，如乙烷、丙烷、丁烷、天然汽油等；二是炼油厂的加工产品，如炼厂气、汽油、煤油、柴油、重油、渣油等，以及炼油厂二次加工油，如焦化加氢油、加氢裂化油等。

(一) 天然气

蕴藏在地层内的可燃性气体称为天然气，它的组成主要是甲烷，还含有乙烷、丙烷等低相对分子质量(以下简称分子量)烷烃，和少量CO_2、N_2、H_2S等非烃成分。2011年全国天然气产量快速攀升，首次突破千亿立方米，为$1011.15\times10^8m^3$。鄂尔多斯、塔里木、四川盆地仍是我国天然气主产区。

依化学组成不同，天然气可分为干气和湿气两种，干气的主要成分是甲烷，含甲烷在90%以上，我国三个气田的干气成分如表1-10。湿气含90%以下的甲烷，其余的组分是乙烷、丙烷和丁烷等烷烃，之所以称为湿天然气，是因为C_2~C_5这部分可以经压缩冷却得到液态的凝缩汽油。

表1-10 我国天然气干气组成 %①

相对密度	甲 烷	乙 烷	丙 烷	硫化氢	不饱和烃	CO_2	H_2	N_2
0.6222	89.99	0.19	0.10	1.46	0.03	3.10	0.07	5.01
0.5783	97.55	0.54	0.15	0.50	—	1.0	0.04	1.33
0.5614	97.88	0.41	0.04	0.097	—	0.30	0.12	1.18

① 本书未特别注明的，均为质量分数。

从矿藏不同分类，天然气可分为气井气、凝析井气、油田气三种。

1. 气井气 开采时只出气不出油的井称为气井，开采出来的气体称为气井气，其中甲烷含量较高，乙烷、丙烷含量较少。

2. 凝析井气　在开采气田凝析油的同时采出凝析井气。凝析油的组成相当于轻石脑油或全沸程石脑油和粗柴油的混合物。

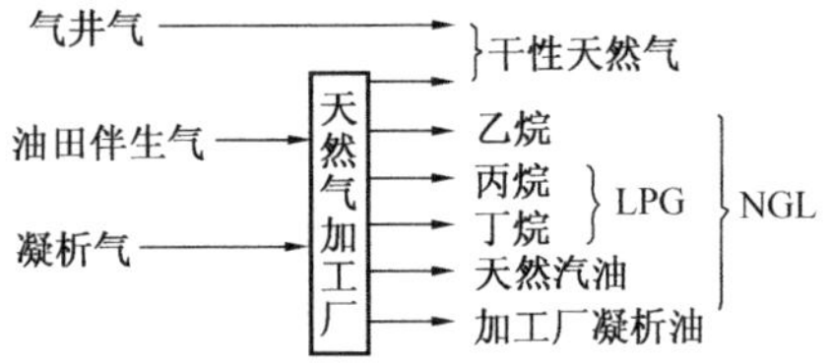

图 1-5　天然气分离加工示意图

3. 油田气　油田气是伴随开采石油从油井中开采出来的气体，是与石油伴生的天然气，故又称为油田伴生气。油田气除了含有相当数量甲烷外，尚含有一定量的乙烷、丙烷、丁烷等，经压缩分离出气体，得到的液体部分称为液化石油气(LPG)。在开采油田中，油田气的数量很大，我国天然气量有45%左右为油田伴生气，气油比(m^3 气/t 原油)一般在 20～500 范围内。我国大庆、胜利油田的气油比约为40～60，大港约为 150～200。油田气采出，其组成和气油比因地区和季节等条件而异，通常新油田的气油比较大，气体中低级烃含量较高，开采到后期气量显著减少，组成中高级烃含量增多。表 1-11 列出了不同地区的伴生气组成。

天然气经分离加工装置分出的乙烷、LPG、天然汽油、加工厂凝析油，总称为天然气凝析液(NGL)。天然气的分离加工如图 1-5 所示。

表 1-11　不同地区的伴生气组成

国家和地区	组成/%(体)							
	C_1	C_2	C_3	C_4	C_5^+ ①	CO_2	H_2S	N_2
中国(1)	79.75	1.90	7.60	5.62	3.31	0	0	0
(2)	76.29	11.00	6.00	4.00	0.71	1.36	0	0.64
(3)	81.50	8.50	5.00	3.00	1.00	0	0	1.00
(4)	76.83	9.69	5.70	3.84	2.95	0.34	0	0.65
利比亚	66.80	19.40	9.10	3.50	1.20	0	0	0
沙特阿拉伯	62.24	15.07	6.64	2.40	1.12	9.20	2.80	0
伊朗	74.90	13.00	7.20	3.10	1.50	0.30	0	0
北欧	85.90	8.10	2.70	0.90	0.30	1.60	0	0.50
委内瑞拉	85.00	8.00	4.40	2.00	0	0.40	0.20	0
尼日利亚	83.60	6.80	4.50	2.60	1.40	0.10	1.00	0

① 系指≥C_5 的组分，下同。

世界各主要产区天然气组成列于表 1-12。天然气经分离加工，得到乙烷、丙烷、丁烷和它们的各种混合物，称为气体原料。其蒸汽裂解产品分布数据列于表 1-13。

表 1-12　世界各主要产区天然气组成

产　地		组成/%(体)								
		C_1	C_2	C_3	C_4	C_5	C_6^+	CO	H_2S	N_2
美国	Louisiana	92.18	3.33	1.48	0.79	0.25	0.05	0.90	—	1.02
	Kuffslde	65.80	3.80	1.70	0.80	0.50		—	—	25.60
加拿大	Alberta	87.02	9.15	2.78	0.35	—	—	0.24	—	0.46
委内瑞拉	Son Joaquiu	76.70	9.79	6.69	3.26	0.94	0.72	1.90	—	—
荷兰	Goningen	81.40	2.90	0.37	0.14	0.04	0.05	0.80	—	14.26
法国	Leaq	69.50	3.10	1.00	0.50	0.30	0.50	10.00	15.10	—

续表

产地		组成/%(体)								
		C_1	C_2	C_3	C_4	C_5	C_6^+	CO	H_2S	N_2
英国(北海)	Leman Bank(气井气)	95.00	2.76	0.49	0.20	0.06	0.15	0.04	—	1.30
	伴生气	83.70	8.70	4.20	1.30	0.30	0.10	1.00	—	0.70
伊朗	波斯湾	76.12	11.11	6.11	2.16	0.73	0.39	3.10	0.28	—
阿尔及利亚		83.44	7.00	2.10	0.87	0.24	0.12	0.21	—	5.83
印度尼西亚	Jana 海上油田伴生气	52.25	11.00	19.80	9.25	3.14	2.15	1.02	—	1.39
沙特阿拉伯		51.50	18.50	11.50	4.40	1.20	0.90	9.70	2.20	0.50
科威特		78.20	12.60	5.10	0.60	0.60	0.20	1.60	0.10	—
原苏联	秋明伴生气	86.90	2.60	3.50	2.70	1.20		0.80	—	—
	含别林斯克凝析气	93.60	4.00	0.60	0.70	0.40		0.10	—	0.60
	巴什基利亚伴生气	41.00	19.70	17.00	7.30	3.20		0.20	—	11.60

表 1-13 气体原料蒸汽裂解单程产品收率① %

	乙烷	丙烷	正丁烷	异丁烷
转化率	65%	93%	97%	95%
H_2	4.10	1.35	1.44	1.29
CH_4	3.13	24.17	19.50	24.63
C_2H_2	0.36	0.46	0.73	0.77
C_2H_4	53.68	38.62	39.56	13.60
C_2H_6	35.00	3.66	3.52	0.58
C_3H_6	0.80	13.46	15.60	19.05
C_3H_8	0.16	7.00	0.12	0.33
C_4H_6	1.14	3.72	4.24	2.53
C_4H_8	0.18	0.77	1.50	16.67
C_4H_{10}	0.19	0.10	3.00	5.00
其他	1.24	6.69	10.79	15.55

① 数据来源：中国石化北京化工研究院。

凝析油是一种与天然气和油田气一起回收的液态烃，API 度在 50 以上，通常含有石脑油和柴油，石脑油的收率在 60%~80%之间，柴油收率在 20%~40%之间。和原油一样，凝析油也可分成石蜡基、中间基和环烷基，石蜡基凝析油适用于作为乙烯原料，中间基和环烷基的可作为催化重整原料。近年来，上海石化公司、扬子石化公司使用了东海油田的凝析油，其乙烯单程收率>28.6%，比 AGO 裂解的效果要好。由于该油馏分较宽(40~380℃)，残炭值较高，直接作为裂解原料不太理想，如果经过切割，除去较重组分以后，则其裂解性能、结焦性能和运行周期都可能得到进一步改善。表 1-14 是东海平湖凝析油和新疆凝析油的理化性能。

表 1-14　平湖凝析油和新疆凝析油理化性能

项　目	平　湖	新　疆	项　目	平　湖	新　疆
密度(20℃)/(g/cm^3)	0.7570	0.6484	馏程/℃		
硫含量/%	0.0042	0.9	初馏点	48	20.5
残炭/%	4.60		10%	83	31.0
			50%	174	46.0
黏度(50℃)/(mm^2/s)	0.949		70%	320	59.0
特性因数(*K*)	12.3	12.92	干点/℃	368	113

由表 1-14 可知，新疆油田的凝析油比平湖油田的凝析油轻，其一般理化性能见表 1-15。

表 1-15　新疆凝析油物性数据表

项　目	凝析油	石脑油	项　目	凝析油	石脑油
密度(20℃)/(g/cm^3)	0.6484	0.7125	特性因数(*K*)	12.92	12.6
黏度(50℃)/(mm^2/s)	0.4978	0.7647	馏程/℃		
平均分子量	76.33	97.72	初馏点	20.5	34.3
碳含量/%	83.77	85.21	10%	31.0	57.8
氢含量/%	16.23	14.79	30%	38.5	84.8
碳/氢比	5.16	5.76	50%	46.0	108.8
硫含量/(μg/g)	0.9	50.7	70%	59.0	126.0
体积平均沸点/℃	55.10	105.2	90%	101.0	151.3
BMCI	1.15	11.69	终馏点	113.0	166.3

新疆凝析油的氢含量为 16.23%，碳含量为 83.77%，碳氢比为 5.16，*BMCI* 为 1.15，裂解性能很好。族组成数据也可说明这个问题，其烷烃含量为 86.86%，环烷烃含量为 11.38%，芳烃含量为 1.34%，烷烃含量很高。

不是所有的凝析油都适合作乙烯裂解原料。对于馏程较宽的凝析油，首先要分析其 PONA 值和馏程，必要时加以切割，取其中轻馏分作为乙烯裂解原料，较重部分可作重整料或柴油等。

(二) 炼厂气

炼厂气是炼厂在石油加工过程中所得到的气体的总称，主要包括催化裂化气、加氢裂化气、焦化气、重整气。这些气体经汽油吸收后可得干气、气态烃、液态烃，气态烃主要含有氢、甲烷、C_2 等难凝气体，液态烃主要是 C_3、C_4 馏分，结果列于表 1-16、表 1-17。

表 1-16　炼厂主要装置的气体产率　　%

装　置	气态烃	液态烃	气液烃总产率
催化裂化	2~4.5	8~11.5	10~16
热裂化	6.5	2.5	9
延迟焦化	5~7	1.5~2	6.5~9
减黏裂化	1.3	—	1.3
铂重整	3(含氢气体)	—	3

表 1-17　典型炼厂气组成　　　%

项　目	常压蒸馏	催化裂化	催化重整	加氢裂化	加氢精制	延迟焦化	减黏裂化
H_2	—	0.6	1.5	1.4	3.0	0.6	0.3
CH_4	8.5	7.9	6.0	21.8	24.0	23.3	8.1
C_2H_6	15.4	11.5	17.5	4.4	70.0	15.8	6.8
C_2H_4	—	3.6	—	—	—	2.7	1.5
C_3H_6	30.2	14.0	31.5	15.3	3.0	18.1	8.6
C_3H_4	—	16.4	—	—	—	6.9	4.8
C_4H_8	45.9	21.3	43.5	57.1	—	18.8	36.4
C_2H_4	—	24.2	—		—	13.8	33.5
合　计	100	100	100	100	100	100	100

炼厂气中除了含甲烷和氢气外，还有乙烷、乙烯、丙烷、丙烯和 C_4 等成分。我国炼厂干气主要由催化裂化干气组成，由于原料及工艺条件不同，催化裂化干气组成有一定的差别，一般乙烯含量在 10%(体)左右，同时含有一定数量的乙烷。由于已经经过粗气体分离，所以催化干气中 C_3 馏分不是很多。焦化干气中乙烯含量很少，乙烷含量和焦化干气相近。表 1-18 是几种干气的组成情况。如表 1-18 所示，催化干气中除了烃类之外还有相当数量的 H_2S、N_2、O_2 和 CO_2 等杂质，这些不理想组分必须在分离之前除去。过去用经典的 MEA 干气脱硫工艺，在除去 H_2S 的同时，能够除去干气中大部分 CO_2，但现在改用高效脱硫剂后，对 CO_2 基本上没有脱除效果，因此脱硫后干气还必须采取碱洗等补充脱 CO_2 措施后再进行分离。

表 1-18　炼厂干气组成　　　%(体)

组　成	催化干气 1	催化干气 2	催化干气 3	焦化干气
H_2	24.42	40.45	39.28	20.82
N_2	15.21	13.84	11.27	0.00
O_2	0.33	0.30	0.25	0.00
H_2S	4.14	2.23	1.09	4.44
CO_2	2.40	2.37	2.89	0.32
CH_4	27.30	18.94	22.97	39.61
C_2H_4	11.15	7.27	10.41	2.06
C_2H_6	13.04	7.93	9.72	11.69
C_3H_6	1.16	3.67	1.33	4.45
C_3H_8	0.24	0.51	0.31	8.36
C_4	0.53	1.92	0.45	5.30
C_5	0.08	0.57	0.03	2.95
合　计	100.00	100.00	100.00	100.00

某炼厂的催化装置催化干气组成见表 1-19。从表中数据可以看出，其中乙烯、乙烷含量较高，还有相当含量的丙烷、丙烯、丁烯等产品。我国目前催化裂化装置年产催化干气 4000kt 左右，仅将其中的 C_2 资源换算为乙烯，年产量就在百万吨以上。如果能够将催化干气资源充分加以利用，将是一个可观的资源。

表 1-19　某炼厂催化干气组成　%

项　目	炼厂催化裂化干气(Ⅰ)	炼厂催化裂化干气(Ⅱ)	项　目	炼厂催化裂化干气(Ⅰ)	炼厂催化裂化干气(Ⅱ)
H_2	1.85	3.44	C_2H_6	21.97	18.57
$CO+CO_2$	4.34	2.97	C_3H_6	1.59	14.94
N_2+H_2	16.15	21.05	C_3H_8	0.47	2.41
CH_4	27.43	14.04	nC_4H_{10}	0.18	2.99
C_2H_4	25.16	14.59	iC_4H_{10}	0.42	4.94

干气分离方法很多，主要有以下几种。

(1) 深冷分离和分凝分离器法(ARS 法)。斯通-韦伯斯特公司的炼厂干气回收流程见图 1-6。该技术适用于既有炼油厂又有乙烯厂的情况，且炼油厂的催化裂化能力足够大时，其经济效益比较好，美国用的比较多。

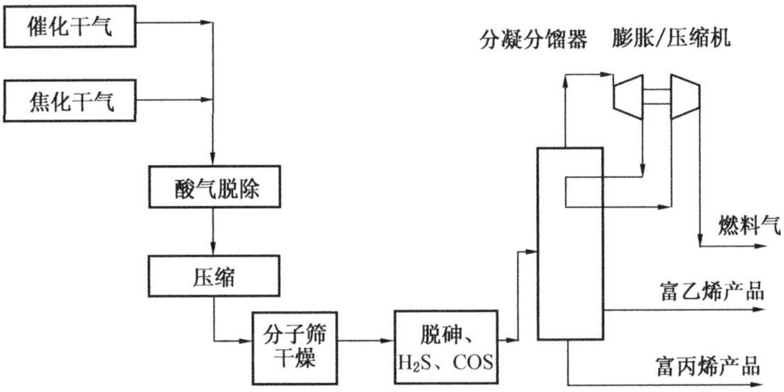

图 1-6　斯通-韦伯斯特公司炼厂干气回收方块流程图

这一过程的核心是分凝分离器(Dephlegmator)，它最早是空气产品公司(Air Product Co.)进行总体设计和建造关键设备的深冷系统。分凝分离器的投资不高，和常规的深冷分离系统比较，它能在较低的能耗下达到高回收率和高纯度。

(2) 中冷油吸收法。中冷油吸收法又称吸收-精馏法。这是利用吸收剂对裂解气中各组分溶解度不同的一种吸收-精馏过程，先用吸收法除去甲烷、氢气，然后用精馏法把各组分逐一分离开。吸收剂一般是 C_4 和芳烃，最低操作温度为-70～-60℃，一般操作温度为-40～-20℃，不需要达到-100℃的深度冷冻，故称为中冷油吸收法。

(3) PSA-深冷分离组合工艺。近年来采用 PSA 吸附分离回收炼厂干气中氢气的工艺发展很快，国内已经比较成熟。由于废氢回收的成本较低，广泛采用 PSA 吸附分离回收炼厂干气中氢气是炼厂制氢降本增效的一个重要途径。在这个基础上开发的催化干气精制-PSA 提浓-深冷分离的组合工艺可有效回收干气中 C_2 馏分。

该工艺的核心是变压吸附，变压吸附的原理是利用吸附过程的以下两种特性：一是吸附剂对气体的吸附有选择性，不同的气体(吸附质)在吸附剂上的吸附量有差异；二是气体在吸附剂上的吸附量随着其分压的降低而减少。在工业上广泛采用多床吸附能保证在任何时间内都有相同数量的吸附床处于吸附状态，产品能连续稳定地输出。多床吸附能保证适当的均压次数和较高的产品回收率。该工艺能保证乙烯回收率在 70%～80%，由 PSA 出来的乙烯进一步送深冷分离系统提浓到聚合级规格所要求的纯度。

催化裂化干气中存在大量氢气，这一组合工艺在稍加改动后可同时回收其中所含的氢气

和 C_2，这样经济效益更好。

（三）原油各馏分油

原油经过炼油装置得到的多种油品可作为乙烯生产的原料，炼油厂流程示意图见图 1-7。

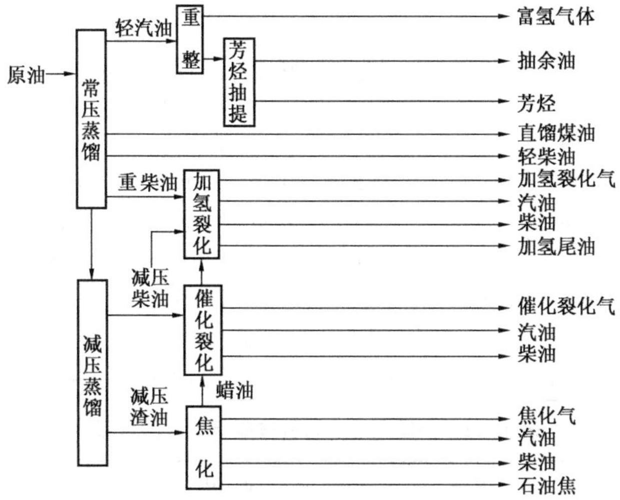

图 1-7 炼油厂流程示意图

1. 轻油 轻油包括直馏汽油、抽余油、重整拔头油等含烷烃较多的低沸点馏分油，沸点范围从初馏点至 130℃或初馏点至 200℃的汽油馏分。

（1）拔头油。将初馏点至 130℃的直馏汽油馏分进行拔顶，拔出初馏点至 60℃的轻馏分，这就是拔头油，主要是 $C_3 \sim C_6$ 的烃，其收率约为原油处理量的 0.4%~0.6%。

（2）抽余油。经过拔顶后的直馏汽油 60~130℃馏分进行重整，经过芳烃抽提，抽出芳烃以后剩下的馏分称为抽余油，主要成分是 $C_6 \sim C_8$ 烷烃和环烷烃，组成见表 1-20。

表 1-20 重整汽油抽余油组成

组 分	含 量/%
烷烃	61.6
环烷烃	36.8
芳烃	1.6

（3）直馏汽油。又称为石脑油，原油经常压蒸馏分馏出初馏点至 200℃的馏分油称为全沸程石脑油，如果切取初馏点至 130℃或以前馏分称为轻石脑油。

2. 煤油、轻柴油 煤油是 130~300℃之间的直馏馏分油，200~300℃的直馏馏分油为常压柴油（AGO）。柴油可分为两种，200~350℃的馏分为轻柴油，250~400℃馏分为重柴油，现在将 145~360℃馏分油称为轻柴油。

3. 减压柴油 经减压蒸馏得到的 350~500℃馏分称为减压柴油（VGO）。

二、中国原油性质

原油是由分子量不同的各种烷烃、环烷烃和芳烃所组成的复杂混合物，还有含氮、含硫和含氧的有机化合物（噻吩、硫醇、硫醚），以及微量的无机盐和水分。

根据石油中各种烃族的相对含量的不同，可以将石油分为三大类：一类是石蜡基石油，其中烷烃含量较高，芳烃含量较低；一类是环烷基石油，其中环烷烃和芳烃含量较高，烷烃含量较低；还有一类是混合基石油，其中各族烃的含量介于上两类之间。我国目前所产原油大多数属于石蜡基，如大庆、任丘。表 1-21 列出了中国原油的性质，表 1-22 列出了原油中各种非碳氢元素的含量，表 1-23 列出了各地直馏馏分含量。

表 1-21　中国主要原油性质

项　目	大　庆	任　丘	大　港	辽　河	胜　利	中　原	玉　门	克拉玛依
相对密度(d_4^{20})	0.8601	0.8821	0.8826	0.8793	0.9005	0.8466	0.8700	
黏度(50℃)/(mm^2/s)	23.85	43.38	17.37	21.90	83.36	10.32	32.7(30℃)	46.3(30℃)
胶质/%	17.96	24.74	13.10	15.50	23.20	9.50		
沥青质/%	0.12	4.78			5.10		0.14	0.01
残炭/%	2.99	6.00	3.20	3.90	6.40	3.80	5.10	3.70
硫/%	0.10	0.29	0.12	0.18	0.80	0.52	0.11	0.04
氢/%	0.16	0.28	0.23	0.20	0.41	0.17		
特性因数(K)	12.5	12.2	12.1	12.1	12.1	12.5		
原油分类	低硫石蜡基	低硫石蜡基	低硫环烷中间基	低硫中间石蜡基	含硫中间基	含硫石蜡基		

表 1-22　中国原油中各种非碳氢元素的含量

原　油	硫/%	氮/%	钒/10^{-6}	镍/10^{-6}	铁/10^{-6}	铜/10^{-6}	砷/10^{-9}
大庆	0.12	0.13	<0.08	2.3	0.7	0.25	2800
胜利 101 油库	0.80	0.41	1	26			
孤岛	1.8~2.0	0.5	0.8	14~21	16	0.4	
滨南	0.3	0.24					
大港	0.12	0.23	<1	18.5		0.8	
任丘	0.3	0.38	0.7	15	1.8		0.220
玉门	0.1	0.3	<0.02	18.8	6.8	0.46	
克拉玛依	0.1	0.23	<0.4	13.8	8	0.7	
霸县混合油	0.1		<0.1	1.3	0.4	0.3	
陕甘一号	0.05	0.067	<1	约 2			

表 1-23　中国各地油田原油相对密度和直馏馏分　　%

油田名称	相对密度(d_4^{20})	汽　油	轻柴油	减压柴油	渣　油
		初馏至 180℃	180~350℃	350~500℃	>500℃
大庆(萨尔图)	0.8615	8.0	20.8	27.1	44.1
大庆(喇嘛甸子)	0.8666	8.7	18.7	28.7	43.9
扶余	0.8565	7.7	20.6	31.9	39.8
胜利(混合)	0.9005	6.1	19.0	27.5	47.5
胜利(滨南)	0.9024	7.3	23.3	24.0(350~480℃)	45.4(>480℃)
胜利(孤岛)	0.9640	1.9	14.0	28.9	55.2
华北(任丘)	0.8837	4.9	21.1	39.9	39.1
华北(雁翎)	0.8902	1.5	21.3	33.9	43.3
华北(霸县)	0.8386	11.3	36.5	36.3	15.9
大港	0.8826	7.8	27.1	36.4	28.7
克拉玛依	0.8708	12.2	28.0	27.4(350~480℃)	32.4(>480℃)
南疆柯参 1#	0.7727	34.9	49.2	8.4(350~420℃)	7.5(>420℃)
玉门(老君庙)	0.8662	12.3	29.2	25.2	33.2

续表

油田名称	相对密度	汽　油	轻柴油	减压柴油	渣　油
	(d_4^{20})	初馏至 180℃	180~350℃	350~500℃	>500℃
陕甘一号	0.8456	16.5	30.9	30.7	21.9
南阳	0.8618	3.5	21.5	25.8(350~480℃)	50.2(>480℃)
河南一号	0.8310	17.5	30.1	28.5	23.9
辽河	0.8793	10.4	26.2	29.9	33.5
中原	0.8466	17.2	27.3	23.2	32.3

三、油品性质与产品收率

石油烃的热裂解反应，是自由基的链式反应，即使是纯烃裂解，反应也十分复杂。因此，复杂烃混合物石油馏分，其裂解过程更加千变万化，裂解产率分布除与操作参数有关外，还与原料特性指标有关，原料特性指标有原料氢含量、特性因数(*K*)、芳烃关联指数(*BMCI*)、烃族组成(*PONA*)或结构族组成等。

(一) 油品性质指标

1. 原料烃族组成——*PONA* 值　裂解原料由烷烃(*P*)、烯烃(*O*)、环烷烃(*N*)、芳香烃(*A*)等组成。其百分含量组成了 *PONA* 值，是表征石脑油等馏分裂解性能最重要的指标之一。从多产乙烯、丙烯和不易生焦来衡量，原料优劣顺序为烷烃>环烷烃>单环芳烃>多环芳烃。裂解原料的 *PONA* 值，对乙烯收率影响较大，表征了裂解原料反应性能。

从族组成角度上来分析烃类的热裂解反应。对烷烃而言其一次反应主要是碳-碳键断裂的分解反应，生成低分子烷烃和烯烃，这是生成乙烯的目的反应，如正丁烷：

$$C_4H_{10}\begin{cases}\nearrow C_3H_6 + CH_4\\ \searrow C_2H_6 + C_2H_4\end{cases}$$

烷烃产生断裂反应时，烷烃的分子量越大，热稳定性越差，分解速度也越大；分子量相同时，异构烷烃分解速度大于正构烷烃。

低分子烷烃在高温下发生脱氢反应也是生成烯烃和氢气的主要目的反应，烷烃分子量增加，脱氢反应速度减慢。如丁烷脱氢反应是：

$$C_4H_{10}\longrightarrow C_4H_8+H_2$$

随着裂解过程的进行，一次裂解反应所生成的产物可发生二次反应，进一步裂解或发生加氢、脱氢、聚合、缩合、环化、芳构化及结焦等反应，这些反应过程极为复杂。

在热裂解条件下，环烷烃的热稳定性比相应烷烃为好，但也可能产生碳-碳键的断裂和脱氢反应生成烯烃、二烯烃和芳烃，环烷烃裂解的二次反应主要是生成芳烃。

从裂解角度而言，芳香烃是热稳定性最好的烃类，不容易裂解，易于产生缩合反应。随着缩合反应的加深，形成焦炭的前身物。带有烷基侧链的芳烃和环烷烃，和烷烃的裂解性能相似，可产生侧链断裂反应。

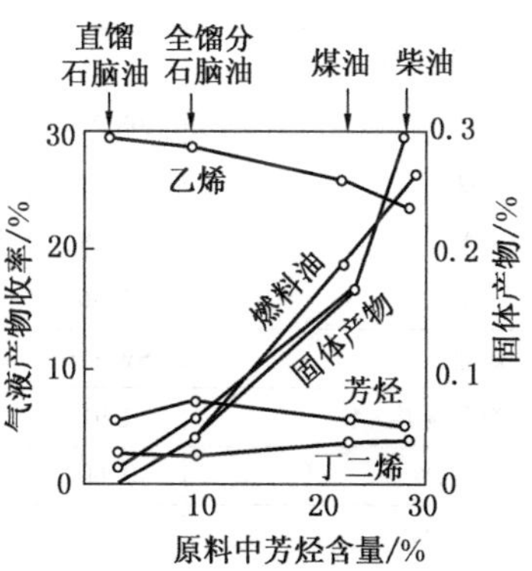

图 1-8　原料中芳烃含量对裂解产物收率的影响

表 1-24 列出了不同 *PONA* 值的石脑油的裂解产品组成，表 1-25 列出了国内外某些典型石脑油的性质及裂解性能，图 1-8 为芳烃含量对裂解产

品的影响。

表 1-24　不同 *PONA* 值石脑油裂解产品组成

原料性质				
相对密度	0.67	0.712	0.69	0.673
馏程/℃	42~49	51~176	43~159	45~99
烃族组成/%				
P	87.6	69.5	76.0	81.9
O	—	—	—	—
N	10.9	23.5	19.9	15.0
A	1.5	6.5	4.1	3.0
产品组成/%				
H_2	0.8	0.7	0.8	1.05
CH_4	14.5	13.0	13.7	19.2
C_2H_2	0.25	0.2	0.3	0.6
C_2H_4	28.0	22.8	26.1	32.2
C_2H_6	5.2	5.0	4.0	4.7
C_3H_4	0.3	—	0.5	0.6
C_3H_6	17.6	17.4	16.0	14.6
C_3H_8	0.4	0.6	0.5	0.4
ΣC_4	9.8	12.2	12.4	7.65
C_5^+	23.15	28.0	25.6	19.0
出口温度/℃	800	800	820	870
稀释蒸汽比	0.6	0.6	0.6	0.6
出口压力(G)/MPa	0.135	0.135	0.1	0.1

表 1-25　国内外某些典型石脑油的性质及裂解性能

项　目	大　庆	胜　利	管　输	辽　河	哈萨克斯坦	阿联酋	印　尼	阿　曼
馏程/℃	71~194	92~208	44~178	55~213	49~88	15~146	82~149	81~187
BMCI	6.75	20.94	18.16	15.24	18.52	3.21	7.50	15.26
族组成/%								
P	68.88	59.24	61.87	65.21	52.20	68.4	55.2	65.71
O	—	—	—	—	—	—	0.9	—
N	23.26	27.84	26.99	25.68	38.76	23.1	39.0	24.12
A	7.86	12.93	11.23	9.1	9.04	8.5	4.9	10.17
炉型	SW-16	SRT-3	SRT-3	F.W	SRT-3	SW-28	SRT-4	SRT-3
裂解温度/℃	830	830	830	830	835	840	830	835
水油比	0.60	0.65	0.65	0.65	0.60	0.66	0.50	0.60
收率/%								
甲烷	15.49	12.10	12.89	13.02		11.76	13.74	
乙烯	29.96	23.3	22.81	24.68	25.30	29.96	26.96	29.21
丙烯	15.02	10.91	13.39	12.89	14.35	16.42	15.35	15.11
丁二烯	4.80	4.69	4.69	3.89	4.12	5.01	5.58	4.65

2. 原料氢含量　原料氢含量是衡量该原料裂解性能和乙烯潜在含量的重要特性。一般低沸点物料比重质原料有较高氢含量，从乙烷到柴油，分子量越来越大，氢含量依次降低，乙烯收率愈来愈小。在裂解时，当液体组分的氢含量低于7% ~8%时，生成的焦炭和沥青使裂解炉的炉管和急冷器很容易结焦，从而使设备停止运转。因此，原料含氢量较小时就会较早地达到结焦极限量。

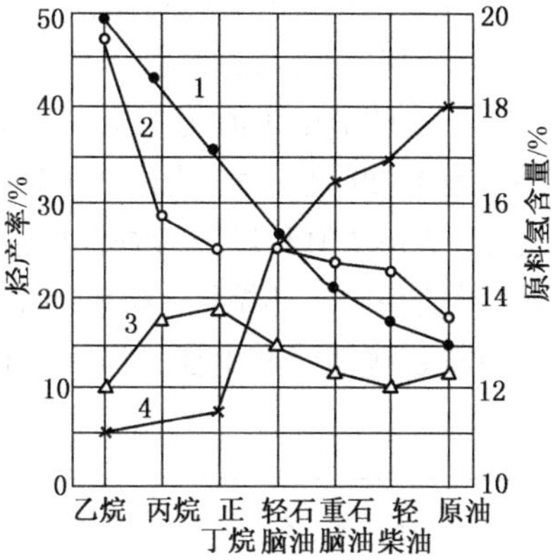

图 1-9　原料氢含量对裂解产物产率的影响

1—原料氢含量；2—乙烯产率；3—甲烷产率；4—C_5^+ 产物产率

烷烃含氢量最高，环烷烃次之，芳烃较低。环愈多，氢含量愈低，多环烃比单环烃裂解性能更差。氢含量愈低的原料裂解性能愈差，对于烷烃或带有烷基的环烷烃和芳烃，则氢含量随碳原子数的增大而减小。

计算含氢量不同的原料产气率公式如下：

$$w_{H,f} = \frac{Z_g}{100} w_{H,g} + \frac{100 - Z_g}{100} w_{H,l}$$

式中　$w_{H,f}$——原料含氢量,%;

$w_{H,g}$——气态产物含氢量,%;

$w_{H,l}$——液态产物含氢量,%;

Z_g——产气率,%。

当 $w_{H,g}$ 为 18%，$w_{H,l}$ 为 8%，可得表 1-26 数据。含氢量越大的原料，产气率和乙烯产率越高，如表1-27、图 1-9 所示。

表 1-26　含氢量不同的原料裂解产气率　%

$w_{H,f}$	Z_g	$w_{H,f}$	Z_g
18.0	100	14.0	60
17.0	90	13.5	55
16.5	85	13.0	50
16.0	80	12.5	45
15.5	75	12.0	40
15.0	70	11.5	35
14.5	65	11.0	30

表 1-27　裂解产物与原料烃分子量和氢含量关系

裂解原料	乙　烷	丙　烷	石 脑 油	粗 柴 油	原　油
分子量	30	44	97	200	310
原料含氢量/%	20.0	18.2	15.5	13.6	13.2
产物收率/%					
乙烯	77.0	43.0	31.4	21.0	22.0
C_3 馏分	2.9	16.0	12.4	12.5	14.8
C_4 馏分	2.6	3.0	5.7	10.2	6.2
C_5 以上馏分	2.7	8.0	30.1	43.7	43.4
除乙烯以外的副产	23.0	57.0	68.6	79.0	78.0

3. 芳烃关联指数 *BMCI* 值　芳烃关联指数 *BMCI* 值(Bureau of Mines Correlation Index)是由该馏分的体积平均沸点 *T* 和密度相关联后的一个条件参数，其定义为

$$BMCI=48640/(T_{体}+273)+473.6\times d_{15.6}^{15.6}-456.8$$

式中　$d_{15.6}^{15.6}$——相对密度，15.6℃时石油馏分与水的密度之比；

$T_{体}$——体积平均沸点,℃。

乙烯原料的芳香性越强，*BMCI* 值越高。苯的 *BMCI* 值为 100，而直链烷烃的 *BMCI* 值很低，正己烷的 *BMCI* 值为 0.2，正戊烷的 *BMCI* 值为-0.6。各种主要烃类的 *BMCI* 值见表 1-28，表 1-29 是一些直馏 AGO 和 VGO 的 *BMCI* 值。*BMCI* 值可间接表征裂解原料烃族组成的情况，*BMCI* 值和烃类芳香性增强的规律是一致的，即正构链烷烃<支链烷烃<烷基单环环烷烃<无烷基单环环烷烃<双环环烷烃<烷基单环芳烃<无烷基单环芳烃<双环芳烃<多环芳烃。原料裂解性能和上述排序恰巧相反。

表 1-28　各种烃的芳烃关联指数

烃类名称	分子式	氢饱和度	沸点/℃	相对密度 ($d_{15.6}^{15.6}$)	芳烃关联指数 (*BMCI*)
直链烷烃		+2			
正戊烷	C_5H_{12}		36.1	0.631	-0.6
正己烷	C_6H_{14}		69.3	0.665	0.2
正辛烷	C_8H_{18}		126	0.707	0.2
正十五烷	$C_{15}H_{32}$		270	0.773	-1.2
支链烷烃		+2			
戊烷	C_5H_{12}		27.8	0.625	0.6
2-甲基庚烷	C_8H_{18}		60.6	0.658	0.7
2-甲基壬烷	$C_{10}H_{22}$		167.8	0.731	-0.3
2,3,3-三甲基戊烷	C_8H_{18}		110	0.720	11.3
2,3,4,5-四甲基己烷	$C_{10}H_{22}$		155.8	0.754	13.4
单环烷烃		0			
环戊烷	C_5H_{10}		49.6	0.750	49.4
甲基环戊烷	C_6H_{12}		71.6	0.754	41.4
乙基环戊烷	C_7H_{14}		103	0.771	37.5
环己烷	C_6H_{12}		80.9	0.783	51.7
甲基环己烷	C_7H_{14}		101.2	0.774	39.8
乙基环己烷	C_8H_{16}		131.4	0.791	38.5
双环烷烃		-2			
萘烷	$C_{10}H_{18}$		195.2	0.898	72.3
单环烷烃		-6			
苯	C_6H_6		80.3	0.884	99.8
甲苯	C_7H_8		110.6	0.872	82.9
乙苯	C_8H_{10}		135.9	0.872	74.9
对二甲苯	C_8H_{10}		138.6	0.866	71.4
正丁苯	$C_{10}H_{14}$		183.1	0.865	59.3
多环芳烃					
茚满	C_9H_{10}	-8	178.1	0.969	109.8
萘满	$C_{10}H_{12}$	-8	207.3	0.975	106.1
萘	$C_{10}H_8$	-12	218.2	1.032	131.0
菲	$C_{14}H_{10}$	-18	340.2	1.119	152.5
1-甲基蒽	$C_{15}H_{12}$	-18	200.1	1.102	168.0

表 1-29 典型石油馏分的芳烃关联指数

序 号	油品名称	原油产地	馏程/℃	相对密度($d_{15.6}^{15.6}$)	芳烃关联指数(*BMCI*)
1	煤油	阿拉伯	204~269	0.805	20.1
2	轻柴油	阿拉伯	182~335	0.830	24.3
3	轻柴油	科威特	229~274	0.832	25.1
4	轻柴油	阿拉伯	207~363	0.844	25.8
5	柴油	委内瑞拉	171~338	0.826	26.7
6	柴油	阿拉伯	219~341	0.836	28.1
7	柴油	阿布扎比	249~363	0.845	29.3
8	柴油	埃斯塞德尔	199~332	0.836	29.5
9	柴油	阿加贾里	199~343	0.848	30.3
10	轻柴油	尼日利亚	171~277	0.826	31.3
11	柴油	西得克萨斯	238~346	0.857	33.3
12	重柴油	科威特	277~396	0.872	35.0
13	柴油	加什隆南	249~341	0.855	38.1
14	柴油	尼日利亚	210~335	0.854	38.4
15	柴油	尼日利亚	202~343	0.876	43.3
16	轻柴油	中国大庆	172~343	0.807	17.95
17	轻柴油	中国胜利			
18	轻柴油	中国盘锦	223~364	0.8638	39.4
19	减压柴油	中国任丘			26.0

BMCI 值常用于表征柴油、重柴油以及加氢尾油的裂解性能，是重质油裂解性能评价的一个重要参数。图 1-10 是不同加氢尾油的 *BMCI* 值与乙烯收率之间的关系曲线。总的来说，*BMCI* 值越小，烷基性越强，裂解性能越好，乙烯收率越高。反之，则乙烯收率相对较低，而且结焦现象也会比较严重。

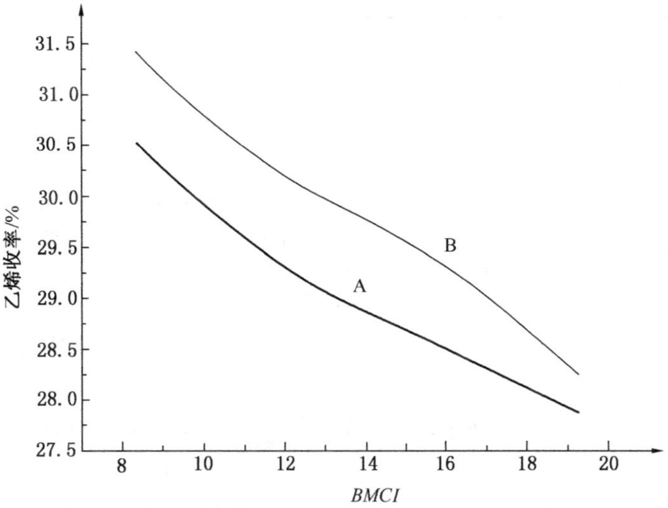

图 1-10 加氢尾油 *BMCI* 与乙烯收率关系曲线

A—COT 为 810℃；B—COT 为 820℃

(二) 不同原料性质

不同石脑油性质列于表 1-30，不同产地柴油特性列于表 1-31，我国主要直馏汽油、柴油性质列于表 1-32，减压柴油性质列于表 1-33，几种常压柴油的族组成列于表1-34，几种减压柴油的族组成列于表 1-35。

表 1-30　各种石脑油组成

	轻石脑油	石脑油	全馏分油	环烷油
相对密度	0.663~0.698	0.670	0.713~0.743	0.745
初馏点/℃	39~49	42	44~61	83
95%/℃	97~117	95	173~190	151
正构烷烃/%	45~64	61	41	23.9
异构烷烃/%	25~33	26	32	26.1
环烷/%	9~18	10	20~33.8	40
芳烃/%	1.6~6	3	7~12.1	10
总硫含量/%		0.02	0.03	0.056

表 1-31　不同产地柴油馏分中芳烃含量

油　源	科威特 AGO	美国 AGO	利比亚 AGO	中东 AGO	原苏联罗马什金 AGO	鲁姆斯使用 AGO	西拉斯使用 AGO	美国加氢使用 AGO	伊朗 VGO	科威特 VGO	鲁姆斯使用 VGO
相对密度	0.836	0.853	0.872	0.843	0.836	0.830	0.855	0.821		0.904	0.918
馏程/℃											
初馏点(IBP)	204	214	307	230	240	230	203	165		370	330
50%	275	292	366					259	370	410	
终馏点(EP)	365	325	412	361	360	360	379	345	535	470	582
硫含量/%	0.3~0.8	0.09	0.33	1.0		0.15	0.45		1.83	1.9	0.73
烃族组成/%											
A	22.0	21.1	19.5	21.0	28	22	30.31	25	49	46	42.5
P					47	48			51	19	
N					25	30				35	

表 1-32　我国主要原油直馏汽油、柴油性质

项　目	直馏汽油						直馏柴油					
	大庆 初~180℃	任丘 初~180℃	大港 初~180℃	辽河 初~180℃	胜利 初~180℃	中原 初~180℃	大庆 200~300℃	任丘 180~350℃	大港 230~350℃	辽河 200~350℃	胜利 200~340℃	中原 200~350℃
相对密度(d_4^{20})	0.7257	0.7386	0.7730	0.7568	0.7409	0.7416	0.8030	0.8040	0.8501	0.8473	0.8220	0.8160
50%点馏出温度/℃	123	137	149	137	125	128	253	248	277	279	307	280
硫含量/%	—	—	0.0059	<0.05	0.015	0.024	0.055	—	—	—	—	0.15
辛烷值(马达法)	37	37	50	52	55	55	—	—	—	—	—	—
十六烷值	—	—	—	—	—	—	71.5	69	53	51	62.5	73.2
烃族组成/%												
烷烃	56.0	50.0	35.6	39.8	48.9	25.92① (31.28)②	56.0	64.4	41.0	52.1	59.7	35.99① (30.71)②
烯烃	1.1	—	0.4	—	—	—	—	—	—	—	—	—
环烷烃	38.4	46.5	47.7	48.1	41.6	22.2	33.1	26.2	35.8	27.2	29.6	16.9
芳烃	4.5	3.5	16.3	12.1	9.5	15.5	10.9	9.4	23.2	20.7	19.0	16.4
收率(对原油)/%	10.7	5.9	9.8	12.8	7.6	19.8	17.3	22.5	25.1	23.2	16.2	25.1
特性因数	12.22	12.15	11.73	11.83	11.99	11.80	12.16	12.10	11.66	11.71	12.27	12.16
关联指数	12.13	14.03	26.86	23.45	17.70	18.12	13.92	19.54	36.32	34.72	17.58	19.82
氢含量/%	14.82	14.6	13.5	13.8	14.2	13.9	14.2	14.1	12.8	13.2	14.5	14.1

① 正构烷烃。

② 异构烷烃。

表 1-33 我国主要减压柴油性质

原油名称	大庆	华北	胜利	大港	中原
馏程/℃	350~500	350~500	350~500	350~500	350~500
密度(20℃)/(kg/m³)	858.4	869.0	887.6	889.2	856.0
凝点/℃	42	46	39	40	43
残炭值(全馏分)/%	0.061	0.061	0.17		0.04
平均分子量	370	369	382	353	400
硫含量/%	0.16	0.27	0.47	0.13	0.35
氮含量/%	0.04	0.09	0.11		0.042
特性因数	12.4	12.3		12.0	12.5
族组成/%					
烷烃	70.1	68	62	59.5	74
环烷烃	20.15	20.5	25	26.1	16
芳烃	9.75	11.5	13	14.4	10
金属含量/10^{-6}					
Ni	0.3		0.6	1.86	0.2
V	<0.08	0.2	0.5	<0.1	0.01
Pb	<0.5	<1.9			
Mo	0.04			0.38	0.08
Fe	0.4		20		1.0

表 1-34 我国几种常压柴油的族组成 %

项目	大庆	胜利	任丘	陕甘一号	大港	燕翎
轻柴油馏分馏程/℃	145~350	145~350	145~360	轻柴油	145~350	145~350
烷烃	62.6	53.2	65.4	60.2	44.4	75.7
正构	41	23	30	29		37.0
异构	21.6	30.2	35.4	31.2		38.7
环烷烃	24.2	28.0	23.8	26.7	34.4	18.6
一环	16.4	19.6	17.4	15.8	20.6	15.1
二环	5.6	7.0	5.4	9.4	10.4	3.0
三环及三环以上	2.2	1.4	1.0	1.5	3.4	0.5
芳烃	13.2	18.8	10.8	13.1	21.2	5.7
一环	7.0	13.5	7.2	8.6	13.2	4.0
二环	5.3	5.0	3.4	4.3	7.3	1.6
三环	0.9	0.3	0.2	0.2	0.7	0.1

表 1-35 我国主要减压柴油的族组成 %

项目	大庆			任丘			东濮			长庆			胜利			羊三木		
馏程/℃	350~400	400~450	450~500	350~400	400~450	450~500	350~400	400~450	450~500	350~400	400~450	450~500	350~400	400~450	450~500	350~400	400~450	450~500
链烷烃	63.1	52.8	44.7	62.9	38.8	27.9	61.1	49.1	41.4	50.9	32.2	22.0	43.6	27.5	20.3	2.9	0.8	0
环烷烃	24.8	33.2	39.0	20.8	43.8	48.1	21.7	31.5	35.4	32.0	48.2	52.3	29.9	45.6	48.5	47.5	51.9	53.4
一环	11.8	13.6	17.4	9.2	5.6	8.1	11.9	9.9	10.8	11.4	9.5	9.6	13.7	7.4	8.1	6.7	1.6	0
二环	6.8	8.4	10.6	5.0	5.3	4.7	5.1	5.4	5.6	9.0	13.8	14.1	7.4	7.5	6.5	12.2	10.9	8.3

续表

项　目	大　庆			任　丘			东　濮			长　庆			胜利			羊三木		
馏程/℃	350~400	400~450	450~500	350~400	400~450	450~500	350~400	400~450	450~500	350~400	400~450	450~500	350~400	400~450	450~500	350~400	400~450	450~500
三环及三环以上	6.2	11.2	11.0	6.6	32.9	35.3	4.7	16.2	19.0	11.6	24.9	28.6	8.8	30.7	33.9	28.6	39.4	45.1
芳烃	12.1	14.0	16.3	16.3	17.4	24.0	17.2	19.4	23.2	17.1	19.6	25.7	26.5	26.9	31.2	49.6	47.3	46.6
一环	6.5	7.8	9.0	5.6	6.8	7.2	8.2	8.3	11.2	8.7	9.9	13.4	11.9	9.5	11.1	16.6	14.6	10.0
二环	3.2	3.3	3.8	4.3	4.7	6.5	3.8	4.3	4.6	5.0	4.8	6.7	6.6	6.2	7.1	17.5	12.1	11.4
三环及三环以上	2.4	2.9	3.5	6.4	5.9	10.3	5.2	6.8	7.4	3.4	4.9	5.6	8.0	11.2	13.0	15.5	20.6	25.2

(三) 产品收率

全馏分石脑油在各代表性裂解炉中裂解产品收率如表1-36，我国各地的石脑油、轻柴油、减压柴油等裂解产品收率列于表1-37~表1-41。从表1-38~表1-40可看出如下几点。

(1)由大庆、任丘原油炼制的石脑油、轻柴油、减压柴油裂解时，三烯收率高，结焦周期长，是很好的裂解原料。

(2)胜利原油石脑油、轻柴油裂解，烯烃收率低于大庆、任丘油，其减压柴油裂解烯烃收率低，且运转周期短，尚存在对流段结焦问题。

(3)鲁宁管输油成分复杂，裂解性能略低于胜利油。

(4)盘锦油芳烃高、含氢低，不适宜做裂解原料。

表1-36　典型裂解炉的物料平衡①　　%

公　司	出光和凯洛格		斯通-韦伯斯特	KTI			鲁姆斯		三菱		林德	三井
炉型名称	Milli-Sel炉		USC炉	GK炉	恒定管		SRT-Ⅱ	SRT-ⅣHS	MTC			
停留时间/s	0.03~0.1		0.25	0.3	0.3	0.2	0.5	0.24	—	—	—	0.4
裂解深度	浅	深	深	深	深	深	深	深	深	中	深	深
甲烷	12.8	15.2	15.0	14.9	15.7	14.4	13.5	14.68	16.2	15.0	14.58	14.5
乙烯	29.0	31.8	31.3	27.2	26.5	27.5	26.0	28.10	27.0	25.0	30.13	27.0
乙烷	3.2	2.8	3.4	4.0	4.3	3.8	3.8	2.93	5.5	5.2	5.28	5.0
丙烯	15.0	11.6	12.1	14.6	14.4	12.6	15.0	13.96	15.2	17.0	15.27	16.5
丁二烯	5.4	4.7	4.2	4.6	4.4	4.5	4.8	5.32	8.1	9.5	9.37	3.5
丁烷/丁烯	4.7	2.2	2.8				5.7	4.4				3.5
苯、甲苯、二甲苯	26.8	27.7	13.0	34.7	34.7	37.2	12.0	11.51			23.42	13.0
重质油			15.0				16.9	16.06	28.0	28.3		15.0
其他(氢、乙炔、丙烷等)	3.1	4.0	3.2				2.3	3.04			1.95	2.0

① 原料为全馏分石脑油。

表 1-37　不同原油的石脑油裂解性能

项　目	任　丘	胜　利	鲁宁管输	盘　锦
原料性质				
相对密度($d_{15.6}^{15.5}$)	0.7217	0.7613	0.7386	0.7941
平均分子量	134	143	112	148
氢含量/%	15.53	15.02	14.98	13.84
BMCI	6.50	21.13	18.16	25.80
芳烃含量/%	5.80	7.40	11.20	15.90
产品收率/%				
甲烷	17.42	13.17	12.89	11.01
乙烯	30.73	23.60	22.81	18.10
丙烯	12.24	12.54	13.39	12.98
丁烯	3.21	3.60	4.12	4.77
丁二烯	3.24	4.52	4.38	4.34
炉出口温度/℃	840	840	840	820

表 1-38　不同原油的轻柴油裂解性能

项　目	大　庆	任　丘	胜　利	鲁宁管输	盘　锦
原料性质					
相对密度($d_{15.6}^{15.5}$)	0.8070	0.8080	0.8217	0.8259	0.8418
平均分子量	203	209	251	206	233
氢含量/%	14.31	14.22	14.20	13.56	13.39
BMCI	17.95	15.20	18.00	25.67	32.80
芳烃含量/%	15.76	11.49	15.80	16.60	26.86
产品收率/%					
甲烷	10.28	9.62	9.31	8.73	9.40
乙烯	26.73	25.16	23.98	23.11	17.20
丙烯	16.05	16.71	16.36	15.26	10.42
丁烯	5.65	5.59	5.90	5.49	4.81
丁二烯	6.14	5.29	5.19	4.83	4.46
炉出口温度/℃	800	800	800	800	790

表 1-39　不同原油的减压柴油裂解性能

项　目	任　丘	胜　利	鲁宁管输	科威特
原料性质				
相对密度($d_{15.6}^{15.5}$)	0.8690	0.8661	0.8742	0.9040
平均分子量	369	345	321	339
氢含量/%	13.70	13.30	13.20	12.40
BMCI	26.00	29.40	33.24	
芳烃含量/%	11.5	20.0	27.9	46.0
产品收率/%				
甲烷	9.67	8.25	8.63	9.10
乙烯	22.72	21.36	20.24	16.60
丙烯	17.25	15.64	14.06	13.30
丁烯	5.50	6.38	4.90	5.10
丁二烯	4.97	5.00	4.23	4.10
炉出口温度/℃	760	780	780	780

表 1-40　不同原料裂解典型产品收率[①]　%

原　料	产　品				
	乙　烯	丙　烯	丁二烯	芳烃(苯、甲苯、二甲苯)	其　他
乙烷	84.0	1.4	1.4	0.4	12.8
丙烷	44.0	15.6	3.4	2.8	34.2
正丁烷	44.0	17.3	4.0	3.4	30.9
轻石脑油	40.3	15.8	4.9	4.8	34.2
全馏分石脑油	31.7	13.0	4.7	13.7	36.9
重整抽余油	32.9	15.5	5.3	11.0	35.3
轻柴油	28.3	13.5	4.8	10.9	42.5
重柴油	25.0	12.4	4.8	11.2	46.6
蜡油	28.3	16.3	6.4	4.5	44.5
拔头油	21.0	7.0	2.0	11.0	59.0
原油	32.8	4.4	3.0	14.4	45.4
加氢尾油	31.70	15.0	5.41	9.1	38.8

① 包括乙烷循环。

表 1-41　鲁姆斯公司提供不同原料的典型产品收率[①]

原料名称	乙　烷	丙　烷	正丁烷	石脑油	常压柴油	减压柴油
每吨乙烯原料消耗/t	1.29	2.37	2.50	2.98	3.86	4.88
产品/%						
氢	8.82	2.27	1.57	1.56	0.94	0.78
甲烷	6.27	27.43	22.12	17.20	11.19	8.75
乙烯	77.73	42.01	40.00	33.62	25.92	20.49
丙烯	2.76	16.82	17.27	15.53	16.15	14.07
丁二烯	1.81	3.01	3.50	4.56	4.56	5.38
丁烷、丁烯	0.82	1.29	6.72	4.21	4.84	6.26
苯	0.87	2.47	3.02	6.74	6.03	3.73
甲苯	0.12	0.53	0.83	3.34	2.90	2.90
C_8 芳烃	—	—	0.35	1.76	2.17	1.87
抽余油	0.80	3.62	2.92	6.78	7.30	10.77
重质残油	—	0.55	1.70	4.70	18.00	25.00

① 包括乙烷循环。

四、乙烯原料的选择和优化

乙烯生产原料的选择是一个重大技术经济问题。由于原料及其裂解难易程度不同，乙烯和副产物的收率也不相同。这不仅影响乙烯装置的投资和生产成本，而且也会影响石油化学工业的生产组织和管理、产品生产工艺路线的选择、装置的稳定生产，以及生产能力和投资效果的发挥。

(一) 乙烯原料的选择

1. 资源条件　一个国家究竟采用哪一种原料，资源条件是首先考虑的因素。

美国有丰富的湿性天然气资源，富含轻质烷烃，又有发达的天然气加工工业，长期以来就是以湿性天然气中回收的轻质烃作为生产乙烯的原料。北海沿岸国家(如英国、挪威等)

在开发北海油田气的过程中，可以获得一部分轻质烷烃，因此这些国家利用它作为乙烯原料。有些国家，如日本虽然本国没有石油资源，但由于从国际上能够获得稳定的石油供应，因此有可能利用进口的石油。西欧、日本进口的油品主要来自中东，中东原油轻组分较多，石脑油馏分通常占原油的20%左右。这种石脑油辛烷值低，不宜作车用汽油，石脑油曾经是有剩余的馏分，这是日本、西欧等国选用石脑油作为乙烯原料的一个主要原因。

2. 原料对装置投资的影响　在烯烃生产中，采用不同的原料建厂，投资差别很大。采用乙烷、丙烷原料，由于烯烃收率高，副产品很少，工艺较简单，相应地投资较少。重质原料的乙烯收率低，装置炉区较大，副产品数量大，分离较复杂。如果硫含量、芳烃含量较高，可使装置容易结焦和腐蚀，必须采取原料预处理及附加清焦处理，设备还要采用优质材料，所以投资增加。不同原料投资比较列于表1-42和图1-11。

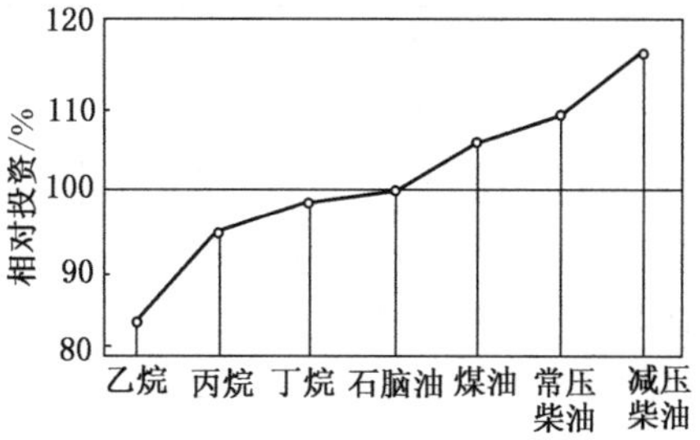

图1-11　不同裂解原料投资图

表1-42　不同原料生产烯烃投资

原　料	乙　烷	丙　烷	石脑油	AGO	VGO
转化率/%	60	92	中~高	高	
乙烯收率/%	78	44.6	28.2~31.1	24.6	
烃原料/(t/h)	72.7	127.2	201~181.3	230.5	
稀释蒸汽/(t/h)	25.4	44.5	120.7~109.4	230.5	
燃料/(kJ/h)	934	1088	148	1758	
相对投资	0.81	0.93	1.0	1.16	1.21

造成投资差异的直接原因是设备费用、操作费用和公用工程费用不同。不同原料的公用工程单耗见表1-43。

表1-43　不同原料的乙烯装置公用工程单耗

原　料 / 公用工程	每千克乙烯耗量				
	乙烷	乙烷/丙烷	石脑油	轻柴油	NGL
电力/kW·h	0.0168	0.040	0.078	0.0889	0.0639
天然气/MJ	15.82	19.79	32.37	36.79	28.40
冷却水/m^3	0.1719	0.2345	0.4282	0.479	0.360

随着国际上原料供求的变化，原料的价格也经常波动。因此，近来设计的乙烯装置，或对老装置进行改造，均提高了装置的灵活性，相应乙烯装置的投资也有所增加。乙烯装置原料灵活性投资系数见表1-44。

表1-44　乙烯装置原料灵活性投资系数

基　本　原　料①	乙　烷	石脑油
乙烷	1.00	1.03
丙烷	1.27	1.03
丁烷	1.24	1.01
全馏程石脑油	1.57	1.00
AGO	1.84	1.07
适用所有原料	1.67	1.11

① 以美国海湾价格为基础。

采用不同裂解原料时，裂解炉及急冷系统投资差异最大，裂解气压缩机等部分的影响相对较小。采用不同裂解原料时各工序的相对投资比较见表 1-45。

表 1-45　采用不同裂解原料时各工序的相对投资比较

裂解原料	裂解炉和急冷系统	裂解气压缩机	分离冷区	分离热区	制冷系统	界区内公用工程	合　计
乙烷	25.8	12.4	17.4	1.6	9.7	10.1	77.0
丙烷	28.0	12.5	15.5	6.3	13.6	10.1	86.0
正丁烷	33.0	12.6	15.5	7.6	13.2	10.1	92.0
轻石脑油	35.7	12.7	15.8	7.9	13.4	10.1	95.6
全沸程石脑油	40.2	12.6	15.8	7.9	13.4	10.1	100.0
轻柴油	47.2	12.3	15.6	9.7	12.7	10.1	107.6
减压柴油	63.0	13.2	16.3	10.8	13.6	10.1	127.0

从表 1-45 中可以看出，如果工厂采用多种原料，工厂的总投资将会相应增加。然而原料灵活性不但可以减轻市场原料供应的冲击，而且增加了选择价格相对便宜原料的余地，从而可以用降低原料费用创造的利润来抵消投资费用的增加，缩短投资回收期。

3. 副产物的综合利用　烃类裂解副产物的综合利用程度是衡量裂解装置经济合理性的重要条件之一。裂解副产物约占整个产品组成的 60%~80%左右，对其进行有效的利用，可使乙烯成本降低 1/3 或更多。裂解副产物的综合利用，必须对副产品市场、价格对乙烯成本的影响和综合利用程度作综合考虑，因为这些也是原料选择的特别重要因素，如表 1-46 所示。

表 1-46　乙烯成本比较①

乙烯成本/(美分/磅乙烯)	乙烷		石脑油		AGO		VGO	
	(1)②	(2)③	(1)	(2)	(1)	(2)	(1)	(2)
原料费	1.31	1.31	3.05	3.05	4.15	4.15	3.21	3.21
操作费	1.06	1.06	1.52	1.52	2.01	2.01	2.11	2.11
副产品价	0.41	0.18	3.58	1.98	3.88	2.26	4.33	2.57
产品价	1.96	2.19	0.99	2.56	2.28	3.90	0.99	2.75
利　润	0.78	0.78	0.91	0.91	1.08	1.08	1.10	1.10
总产品价	2.74	2.97	1.90	3.50	3.36	4.98	2.09	3.85

①以年产 450kt 乙烯装置为基础。

②优质副产。

③燃料用副产。

从表 1-46 中可看出，当减压柴油裂解的副产物作为优质副产物使用时，每磅(1 磅=0.4536kg)乙烯总产品价格只有 2.09 美分；但是作为低值燃料使用时，其价格增到 3.85 美分/磅，增高了 88.53%，可见副产品价格对成本影响之大。所以选择裂解原料时，应重视副产品综合利用价值。

4. 原料与乙烯成本　原料对乙烯生产的技术经济影响综合反映在乙烯生产成本上，它对生产成本起决定性的作用，一般原料费用在乙烯生产成本中约占 70%左右，如表1-47、

表 1-48 所示。在不同地区使用不同原料的乙烯成本也有很大差异，如表 1-49 所示。

表 1-47 乙烯生产成本 %

项 目	日 本	德 国	美 国
原 料	石脑油	石脑油	轻柴油
原料材费	78	78	72
原料费	64	65	56
公用工程辅助材料费	14	13	16
固定费	22	22	28
生产成本	100	100	100

表 1-48 采用不同原料的乙烯生产成本①

项 目	乙 烷	丙 烷	正丁烷	全沸程石脑油	粗柴油②	减压柴油②
原料价格/(美元/t)	120	123	121	146	126	99
原料费用/(美元/t)	142	266	291	433	486	483
操作费用/(美元/t)	128	131	133	155	185	207
生产费用总计/(美元/t)	270	397	424	588	671	690

① 以 500kt/a 乙烯产量为基础，美国海湾地区，1978 年 1 月开工。

② 包括原料加氢脱硫装置和硫磺厂。

表 1-49 不同地区不同原料每吨乙烯成本① 美元

国家或地区	阿拉伯湾	德 国②	日 本	加拿大	美国
原 料	乙 烷	石脑油	石脑油	乙烷	柴油
规模/(kt/a)	600	400	300	500	500
原料费用	31	360	949	194	950
一般生产费用	10	10	13	9	12
固定费用	61	118	121	52	111
税和折旧费	166	242	249	134	249
联产品收益	-10	-76	-664	-5	-866
总成本	258	654	668	384	456

① 1985 年成本，仅供参考。

② 原联邦德国。

乙烯原料的选择和优化直接关系到乙烯工业的正常运转和经济效益。原料性质不同，直接影响到乙烯和联产的各种产品的收率、乙烯装置的投资和生产成本、工艺路线的选择、生产装置的稳定操作以及生产能力和投资效益的发挥。

（二）原料优化

1. 坚持原料轻质化和优质化　轻质化是指大力提高轻烃、石脑油在乙烯原料中所占比例，提高乙烯收率，降低乙烯生产成本。优质化是指采用国内外市场的优质原料，最大限度地满足现有装置对原料的要求，实现本企业、本地区和集团公司的效益最佳化。原料对乙烯生产的影响综合反映在乙烯生产成本上，乙烯原料的优劣对乙烯装置的能耗、物耗、成本有着重要影响。乙烯装置使用轻质的、优质的原料，乙烯收率较高，分离流程相对简单，设备投资少，运转周期长，物耗、能耗低，操作费用低。轻烃和石脑油的设计能耗、生产成本相对于其他原料具有明显优势。通过优化裂解原料配置结构，优化炼油加工方案，增加轻质、优质乙烯原料的供应，改善原料结构和整体品质，可以提高乙烯收率，降低生产成本。

国外大型石化公司为了降低乙烯生产成本，主要采用乙烯原料轻质化、优质化的措施。

近年来，我国乙烯原料优化工作的重点是减少柴油使用，增加石脑油用量。我国乙烯原料中石脑油比重增长显著，目前已占65%以上，柴油所占比例也已低于加氢尾油。乙烯原料结构的调整不仅给石化企业增加了效益，替代下的柴油还缓解了燃料市场的急需。

2. 走原料多样化路线　我国轻质油资源相对缺乏，在乙烯原料优质化、轻质化的同时，必须兼顾多样化，充分利用炼厂、油田以及乙烯厂自身的各种资源，拓宽乙烯原料来源。

炼厂可利用的资源较多，包括炼厂气、气体分馏得到的C_3/C_4 LPG等轻烃资源；油田可利用的资源主要包括油田气经分离加工得到的油田轻烃(包括乙烷、C_3/C_4 LPG)、C_5馏分和凝析油等。

我国原油中重组分比例大，因此，走原料多样化路线不仅要重视轻质原料，也要重视开发重质油作为乙烯原料。炼厂的二次加工油，如减压柴油、减压渣油经加氢裂化或缓和加氢裂化得到的加氢裂化轻石脑油、加氢裂化尾油，减压柴油、催化柴油经加氢改质得到的加氢尾油，减压渣油经延迟焦化-加氢精制得到的焦化加氢汽油、焦化加氢柴油等，都是优质的裂解原料。这些技术不仅生产优质煤、柴油以及重整原料，还可以兼顾提供优质的乙烯裂解原料，适应国内市场不同时期的不同需求，提高企业经济效益。

3. 发挥上下游一体化优势，合理利用乙烯原料资源　当今世界石化行业发展的大趋势是炼化一体化，以提高原料使用的灵活性。把炼油厂和乙烯厂结合起来，既可实现原料和产品互供，又可优化乙烯原料。炼油厂生产的石脑油、重整拔头油和抽余油、加氢尾油、轻烃等是乙烯装置的优质原料，通过优化原料配置，可以减少乙烯装置的原料消耗，还可以从干气中回收可观的乙烯。而乙烯装置副产的氢气和甲烷氢，可以提供给炼厂作为氢源或制氢原料，以减少石脑油制氢的原料消耗。这种炼油化工一体化的组合，不仅可提高乙烯装置原料的灵活性和对市场的应变能力，而且可增加企业效益。

炼化一体化的两大核心是原料的优化和原料自给。优选原料品种、优化乙烯原料、优化原油品种是从源头上优化乙烯原料。在进行原油特别是进口原油的油品选择和加工分配时，既要考虑油品生产需要，又要尽量满足乙烯原料量和质量的要求。充分发挥炼化一体化的优势，合理分配炼油和乙烯原料，要做到宜油则油，宜化则化，扬长避短，优化乙烯原料结构，尽可能达到优质化和轻质化，细化操作，实施分储分炼，对不同油品进行分炉裂解，不同原料采用不同的裂解深度，使目的产品达到预期的最大收率。

从长远来看，受国内原油资源的限制，今后我国原油产量难以大幅度增加，仅立足于国内原油资源，难以满足我国乙烯工业不断发展的需要，乙烯原料仍将面临资源紧缺的局面。近年来，炼油厂通过增加进口原油加工量，使得石脑油数量有所增长，但石脑油资源依然不足；加氢裂化尾油是较好的乙烯原料，但其资源受到加氢裂化装置投资昂贵的制约，若专门为获取乙烯原料而建设则并不经济，最好是配合炼油产品的需要。因此，大力发展炼化一体化，已成为我国优化乙烯原料来源、降低乙烯成本的重要途径。

总之，能否选择既可大量供应又廉价的原料，不仅直接影响乙烯装置的稳定生产，还关系到石油化工的发展速度，同时也关系到国家能源消费平衡和其他国民经济部门的能源供应。当确定乙烯生产原料路线时，必须考虑国家的资源、能源消费的平衡、炼厂结构和石化产品的供需、原料的性质以及技术水平和产品结构等各种因素，并在此基础上进行综合分析。

（三）石脑油作为乙烯原料的优化问题

世界上大部分乙烯是用石脑油生产的，在2005年世界乙烯原料构成中，石脑油占53%。因此，在乙烯原料优化中石脑油原料的优化占有重要的位置。并非所有的石脑油都适合做乙烯裂解原料，无论是石脑油的品种还是馏分轻重都存在优化问题。

石脑油裂解的一般规律是：直馏石蜡基石脑油裂解时乙烯收率最高，如大庆石脑油，是乙烯生产理想的原料；异构烷烃裂解时，乙烯收率低，甲烷收率较高。炼厂二次催化加工的石脑油，其异构烷烃含量较高，如果要作为乙烯裂解原料，就应该注意这个问题。炼厂热加工的石脑油没有这个问题。

除带侧链的芳烃外，芳香烃本身是不能生成烯烃的。因此，芳烃含量高的石脑油不宜作为乙烯生产原料，一般要求芳烃含量不大于10%。

1. 用作乙烯裂解原料的石脑油产品标准　判断某种石脑油能否很好地作为乙烯裂解原料的定量标准应该成为该产品的规格。表1-50是中国石化集团公司2001年企业标准和新加坡乙烯裂解石脑油质量标准的比较。目前中国石化新的企业标准基本上和新加坡标准是一样的，都是以烷烃含量作为基准。从另一个角度来看，芳烃不是制乙烯的好原料，因此，限制裂解原料中的芳烃含量同样也可以作为一种指标。

表1-50　石脑油质量标准对比

项　　目	新加坡(Open Spec)	中国石化集团公司(Q/SHR 011—2001)
密度/(g/cm^3)	0.65~0.75	0.65~0.75
族组成/%		
P	≥65	≥65
O	≯1.0	≯1.0
N	实测	报告
A	实测	报告
硫含量/10^{-6}	≯800	≯800
铅含量/10^{-9}	≯150	≯150
砷含量/10^{-9}	≯20	≯20
色度(saybolt)	>20	>20
馏程/℃		
初馏点	>25	≮25
50%点		
终馏点	≯204	≯204

目前国内乙烯装置所用的石脑油实际质量低于国外水平，主要表现在烷烃含量低，芳烃含量高，平均密度大等。

2. 裂解原料用石脑油的质量和价值相关性　研究石脑油质量和价格的关联模式有两种方法：一种是按乙烯收率来代表石脑油质量分析和裂解产物相关价值方法；另一种是按石脑油中烷烃含量分析和裂解产物价值的相关性方法。表1-51是8种国外原油的直馏石脑油的烷烃含量(*P*值)与裂解产物的相关性数据，并据以作成图1-12。需要注意的是，这些所用的石脑油干点都比较低，说明轻质石脑油的乙烯收率和经济效益比较好。

表 1-51　石脑油烷烃含量与裂解产物价值的相关性

油　源	P/%	N/%	A/%	乙烯收率①/%	裂解产物价值②	裂解产物相对价值
塔皮斯(Tapis)	45	29	26	21.8	2076	85.3
印尼辛塔 82~149℃	55.2	39	4.9	27	2371	97.4
伊朗 C_5~177℃	65	25	10	30.1	2435	100
利比亚阿曼 C_5~160℃	68	28	4	30.4	2448	100.5
迪拜 C_5~145℃	68.4	23.1	8.5	30.0	2445	100.4
沙轻 C_5~177℃	74	16	10	31.6	2468	101.4
科威特 C_5~177℃	78	14	8	31.6	2468	101.4
沙重 C_5~177℃	79	14	7	31.7	2475	101.6

① 乙烯收率为单程收率。

② 以元/吨原料表示。

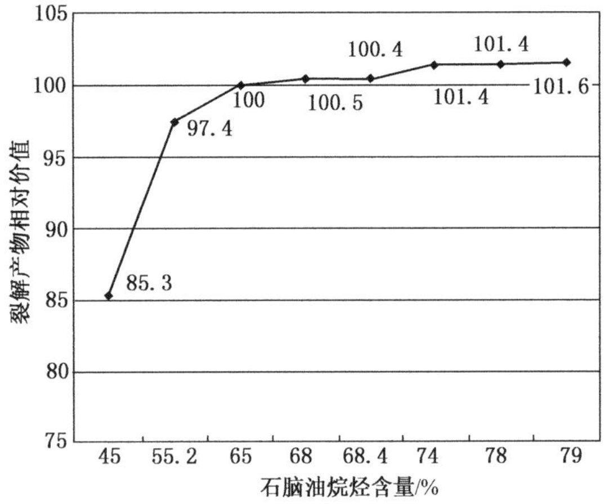

图 1-12　链烷烃含量(P)与裂解产物价值的相关性

由图 1-12 可见，石脑油烷烃含量 P 值和裂解产物综合价值的关联模式是非线性的。当 P>65%以后，随着 P 值的增高，裂解产物的综合价值虽然有所增加，但增长的幅度是很平缓的。当 P 值<65%时，随着 P 值的下降，裂解产物价值下降开始非常快。曲线在 P 值为 65%左右出现一个“拐点”，这就是国际上石脑油(裂解用)的烷烃含量为什么要求在 65%的原因。石脑油的烷烃含量和产物的经济价值有密切的关系。

3. 石脑油优化作为乙烯原料

(1) 石脑油吸附分离技术——MaxEne 工艺。正构烷烃是最优质的乙烯原料，而作为重整原料却是芳性最差的，也是辛烷值最低的原料；异构烷烃作为乙烯原料，乙烯收率很低，却是很好的重整原料，有利于汽油辛烷值的提高；环烷烃作为乙烯原料，具有中等水平的乙烯收率，而作为重整原料则非常理想；芳烃作为乙烯原料，不仅很不易裂解，而且还是炉管结焦的重要原因，但它是很好的重整原料，有利于芳烃的提高。

石脑油中既有宜于乙烯生产的正构烷烃，也有宜于重整生产的芳烃、环烷烃和异构烷烃，如果能把这部分原料实施分离，把宜于乙烯生产的正构烷烃分离出来，作为乙烯原料，其余部分作为重整原料，这样实现就可原料互补。基于这一思路，从 20 世纪 70 年代到 80 年代，联碳公司曾推出吸附分离工艺，采用 5A 分子筛，从轻质直馏汽油中分离出正、异构组分，已得到工业应用。最近 UOP 公司提出一种 MaxEne 工艺，采用选择性吸附的吸附剂，在模拟逆流移动床中进行吸附分离，这种工艺可看作石脑油蒸汽裂解装置的一个预处理工序，它将 C_5~C_{11}的全馏分石脑油中的正构烷烃分离出来作为乙烯裂解原料，从而提高乙烯收率，另外一种富含异构烷烃、环烷烃和芳烃的石脑油馏分的辛烷值和芳烃含量将得到提高，可作为重整原料或汽油调和组分。实施 MaxEne 技术对石脑油裂解产品的影响列于表 1-52，对炼油厂平衡影响列于表 1-53。

表 1-52　实施 MaxEne 技术对石脑油裂解产品的影响　kt/a

裂解产品	未采用 MaxEne 技术	采用 MaxEne 技术
乙烯	247	330
丙烯	131	130
丁烯	73	59

表 1-53　实施 MaxEne 技术对炼油厂平衡的影响　kt/a

产品	产品产量(未采用 MaxEne 技术)	产品产量(采用 MaxEne 技术)
轻汽油	229	713
重整汽油	1188	1246
液化气	119	88

从表 1-52 可以看出，采用 MaxEne 技术后，乙烯产量从 247 kt/a 提高到 330 kt/a，增加了 30%以上，而丙烯产量保持不变，采用 MaxEne 技术还可以增加轻汽油和高辛烷值重整汽油的产量。采用 MaxEne 工艺效益预测列于表 1-54。

表 1-54　采用 MaxEne 工艺效益预测　百万美元/年

项目	增加产品收入	增加原料费用	增加公用工程费用	利润	投资	税前投资回报率/%
数据	108.2	70.6	9.0	28	80	36

采用 MaxEne 装置，所得正构抽余石脑油为乙烯原料效益十分明显。石脑油吸附分离技术可以优化乙烯装置和重整装置的原料，缓解乙烯装置和重整装置原料供应的矛盾。

(2) 石脑油切割轻馏分石脑油为乙烯原料。某些汽油馏分的族组成如表 1-55 所示。

表 1-55　某些汽油馏分的族组成　%

原料名称	馏程/℃	烷烃		环烷烃	芳烃
		正构	异构		
大庆	60~145	38	15	43	4
	初~200		57	39	4
胜利	60~145	17.5	32.5	42	8
	60~180		49	42	9
任丘	初~145	56		42	2
大港	初~145	18.5	22.5	47	12
	60~180	38	46	16	
克拉玛依	初~200	58	33	9	
南疆柯参	初~200	72.9	22.4	4.7	
科威特	40~200	70	21	9	
米纳斯	16~204	59	40	1	
美国加州惠灵顿	50~210	35	54	11	
美国宾夕法尼亚	40~200	70	22	8	
伊朗	45~200	70	21	9	

从表1-55中可以看到，有些石脑油芳烃含量比较高，直链烷烃含量低，不适合作乙烯原料，可以作为重整原料；不过有些全馏分石脑油在切去重馏分后，所得轻直馏石脑油可以作为乙烯原料。一般规律是干点越高，芳烃含量越高，烷烃含量下降，乙烯收率减少。表1-56为几种国外石脑油切割后组成情况。

表1-56　几种国外石脑油切割后的组成

名　称	卡宾达			阿曼			沙特		
馏程/℃	C_5~82	82~154	C_5~154	C_5~82	82~154	C_5~154	C_5~82	82~154	C_5~154
族组成/%									
链烷烃	86.68	54.22	64.29	90.52	65.77	74.68	93.02	66.86	76.82
环烷烃	12.32	39.13	30.82	8.00	25.84	19.42	5.16	21.90	15.67
芳　烃	1.01	6.64	4.90	1.48	8.39	5.90	1.21	11.24	7.51
收率/%	31.03	68.97	100	43.64	56.36	100	60.34	29.66	100

从表1-56中可以看出，轻石脑油烷烃含量很高，芳烃含量较低，适合于作乙烯原料，美国有的乙烯厂根据这个原理，使用轻石脑油作为原料，而不是全馏分石脑油作原料，我国有些全馏分石脑油裂解性能不好，也可以先进行切割出C_5~82℃、82~154℃的石脑油进行物性分析，并进行裂解性能评价，如果能符合要求，则作为乙烯裂解原料。所以，利用石脑油切轻工艺可能是劣质石脑油裂解性能改变的一种比较简便的方法，是扩大乙烯原料来源的一个有效方法。

(3) 石脑油芳烃抽提优化乙烯原料　石油烃的裂解反应特征与它的族组成有密切关系，正构烷烃最易生成乙烯等烯烃产物，芳烃具有强的热稳定性，在裂解过程中不会发生开环反应，仅发生侧链断链反应，并在高温下易发生聚合，脱氢形成焦油并进一步生成焦炭。将石脑油先送到芳烃抽提装置进行抽提，分离出芳烃组分，得到抽余石脑油，作为裂解原料，称为前抽提流程。该流程可减少裂解炉结焦，延长乙烯装置运行周期，提高乙烯收率，并降低乙烯装置综合能耗。与常规流程相比，前抽提流程的乙烯装置进料量下降约12%。

芳烃抽提技术的核心是萃取剂的选择，必须有很好的选择性和溶解度，与原来的待分离组分不生成恒沸物且沸点比待分离组分高，才易再生和回收，而且还应有合适的黏度、密度、表面张力、比热容和蒸发潜热，以提高塔板效率并降低能耗。目前，成熟的芳烃抽提技术主要有美国GTC公司的GT-BTX芳烃抽提技术，采用*N*-甲基吡咯烷酮的NMP技术，采用*N*-甲酰基吗啉溶剂的NFM技术，采用传统的二甲基亚砜溶剂的DMSO技术和市场占有率最高的环丁砜技术。

乙烯咨询公司推出一种新的专用工艺，可改进石脑油进料，优化乙烯裂解装置的操作，称为NAPEX工艺。将乙烯裂解和芳烃抽提装置组合在一起，可将石脑油中芳烃抽提，只含极少芳烃，芳烃抽提装置可产生热解汽油抽余物非芳物料和脱芳石脑油送至乙烯裂解炉。工艺流程见图1-13。

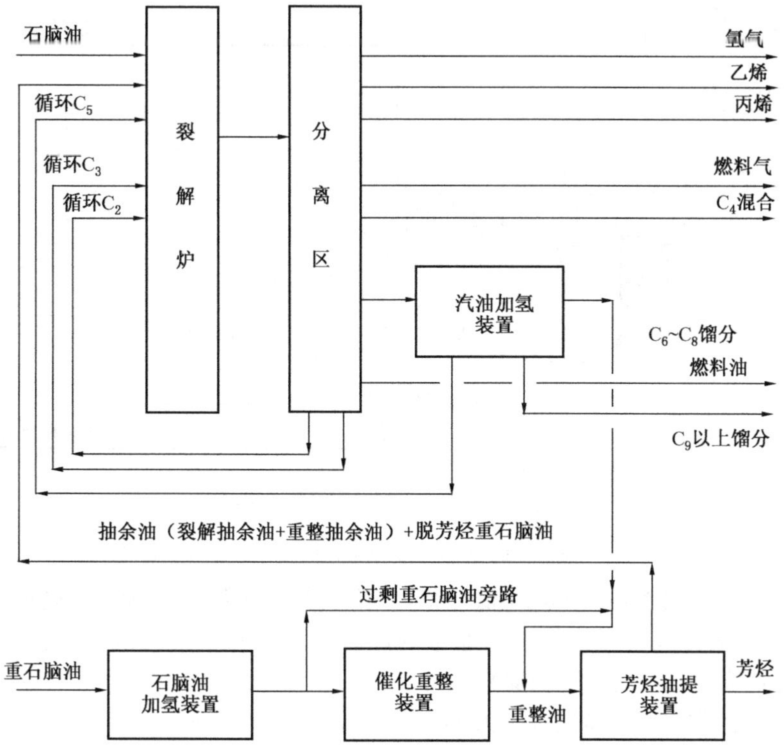

图 1-13 NAPEX 工艺流程示意图

第二节 乙烯装置的典型流程

一、顺序分离流程

顺序分离流程是目前国内应用最多的乙烯分离流程，其按照裂解气的组分，从轻到重一个个顺序分离出各产品和副产品。

现举一流程加以说明，原料为烃烃、石脑油及轻柴油和减压柴油均可。但本流程中所列举的数据，是以 C_2、C_3/C_4、C_5 以上饱和烃和石脑油为原料。

（一）裂解和急冷

从罐区来的液体原料经急冷水预热后进入裂解炉，见图 1-14。循环乙烷在深冷系统中被裂解气蒸发，在冷箱中用丙烯冷剂再加热，然后与新鲜乙烷原料混合。原料在进入裂解炉前用急冷水加热，再在对流段最上端盘管中预热，加入稀释蒸汽(乙烷与稀释蒸汽质量比为0.3)，并注入微量 DMDS，以防炉管管壁催化效应和炉管渗碳。C_5 和蒸汽在流量控制下，加到总的裂解炉进料中去。烃与蒸汽的混合物再返回对流段，在进入辐射段之前进一步预热。四组辐射段炉管出口在炉膛内两组相连后，进到每台裂解炉的两台急冷锅炉(TLE)中。

每台裂解炉的 TLE，均连接到一个共用汽包上的热虹吸系统。产生的 12.4MPa 蒸汽，进入每个汽包的锅炉给水，用急冷油和对流段的烟道气预热。蒸汽在 TLE 中产生，并在裂解炉对流段的盘管中过热到 520℃，过热器出口温度由锅炉给水注入量(注入到部分过热蒸汽中)来控制。调节温度之后，蒸汽返回到对流段，以过热到需要的温度。

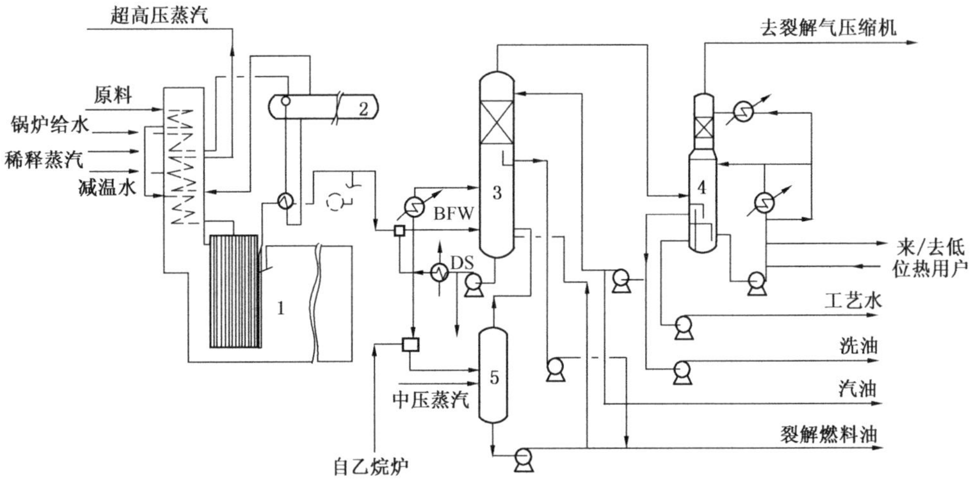

图 1-14　裂解和急冷部分示意图

1—裂解炉；2—高压汽包；3—汽油分馏塔；4—急冷水塔；5—黏度控制塔

设计的裂解炉热效率约为 94%(低热值)。燃料燃烧系统设计为侧壁烧嘴或底部烧嘴，既可烧富氢燃料又可烧富甲烷燃料。通常的燃料是氢气和甲烷的混合物，大约总热量的40%来自底部烧嘴，其余由侧壁烧嘴来平衡。

在急冷区，经常引起设备腐蚀，大部分是在与水接触的金属表面上产生的，其原因是水里溶解着硫化氢、氯化氢、碳酸气，较低分子量的环烷烃酸和脂肪酸或者苯酚等腐蚀性物质和酸性物质。

腐蚀性物质和酸性物质，是在热裂解反应管上生成的，经过分析判明是甲酸(HCOOH)、乙酸(CH_3COOH)、苯酚(C_6H_5OH)、丙烯酸(CH_2 ═CHCOOH)、丙酸(C_2H_5COOH)和环烷酸，在冷凝稀释蒸汽中一般含量为百万分之几至百万分之几十。硫化氢(H_2S)、碳酸气(CO_2)这些物质是在热裂解阶段生成的，无法防止，一般采用中和和注入防腐剂的方法来防止腐蚀。

从各 TLE 出来的裂解物料汇入一条总管中，经油急冷后送到汽油分馏塔。在汽油分馏塔中，裂解气被进一步冷却，裂解燃料油从塔底抽出并送往汽提塔，汽油和较轻组分从塔顶蒸出。从裂解气中回收的热量，经过一个急冷油循环系统用于产生稀释蒸汽。汽油分馏塔采用在急冷塔中冷凝的汽油回流。

配备一个黏度控制系统，以维持循环急冷油的黏度在一个可接受的范围内。汽油分馏塔底温度设计一般控制在 195~205℃是比较合理的，在这种情况下，一般要在汽油分馏塔中部设置盘油取热系统。

从乙烷裂解炉出来的物料，在一个独立的油急冷器中与一部分循环的急冷油接触，汇合后物流送往黏度控制塔，塔顶馏分返回到汽油分馏塔，底部抽出的重质燃料油，用急冷水冷却并送往界区外。

从汽油分馏塔中部采出部分轻质燃料油(柴油)组分进入轻质燃料油汽提塔，经蒸汽汽提控制闪点，塔顶气相返回汽油汽提塔，塔底轻质燃料油经冷却后送出界区或与重质燃料油混合后送出界区。

来自汽油分馏塔的塔顶气体与急冷塔中再循环的水直接逆流接触，被冷却并部分冷凝。来自急冷塔的循环热水向一些工艺单元提供低位热能，如 C_4 原料蒸发器、裂解气加热器、脱乙烷塔再沸器、脱丙烷塔中间再沸器、丙烯精馏塔再沸器和甲烷汽提塔再沸器。急冷水经冷却水和预热裂解炉进料进一步冷却。急冷塔顶部气体温度为 40℃、压力约为 0.04MPa(G)，送往裂解气压缩机。在急冷塔冷凝的汽油，从塔底的循环急冷水和冷凝的稀释蒸汽中分离出来，一部分冷凝的烃类作为回流返回汽油分馏塔，其余部分与来自压缩系统的烃冷凝物一起在汽油汽提塔中被稳定处理。稳定后的烃类同脱丁烷塔底物料汇合，送往裂解汽油加氢装置。

在急冷系统中冷凝的稀释蒸汽在进入工艺水汽提塔之前先预热，在汽提塔中用直接蒸汽和再沸器中产生的蒸汽进行汽提，以脱除酸性气和易挥发的烃。为了防止工艺水汽提塔产生泡沫，可加入消泡剂，如 Nalco71-D5，其含量约为 20×10^{-6}。干净的工艺水在稀释蒸汽发生器中被中压蒸汽和急冷油汽化，产生的蒸汽在作为裂解炉的稀释蒸汽再次使用以前，要用中压蒸汽过热。

工艺水汽提塔顶蒸汽在返回急冷塔之前，预热汽提塔的进料。为了防止腐蚀，在工艺水汽提塔顶部和进料中，可分别加入 3%氨水使其含量最高为 200×10^{-6}(最大)，5%NaOH 使其含量为 $(50\sim100)\times10^{-6}$，急冷水泵入口可加入 5%NaOH 使其含量为 $(0\sim1.5)\times10^{-6}$。

（二）裂解气压缩、干燥、冷凝液汽提和废碱处理

急冷塔顶气体在五段离心式压缩机中从约 0.03MPa(G)压缩到约 3.7MPa，流程见图 1-15，段间冷却到 38℃，在第三段和第四段之间，裂解气用碱洗处理脱除酸性气体。五段出口裂解气用水冷却后进苯洗塔，在苯洗塔中脱除苯，使其含量达到 2×10^{-6} 以下，以防止在深冷系统的温度下冻结。除苯后的裂解气经丙烯和脱乙烷塔进料冷却到 15℃后进裂解气干燥器，干燥后送往脱甲烷系统。

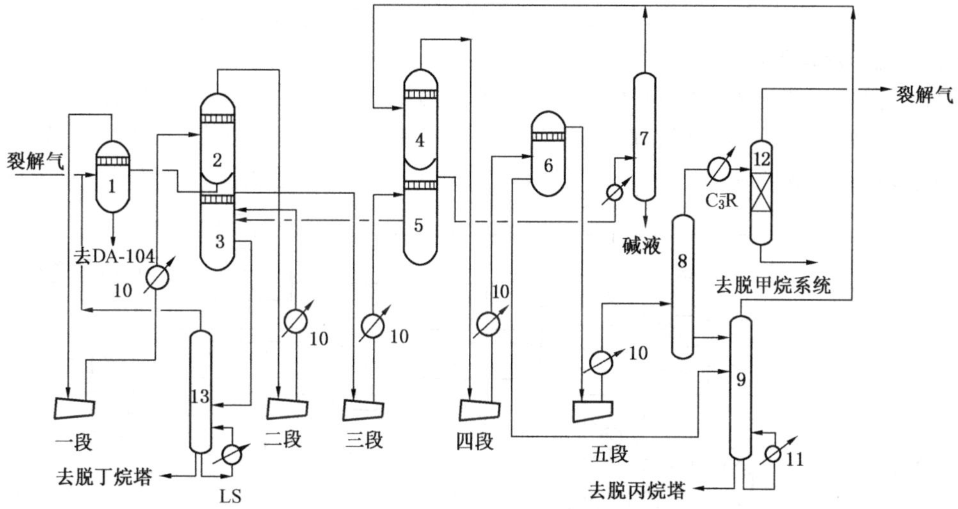

图 1-15　裂解气压缩部分示意图

1—一段吸入罐；2—二段吸入罐；3—三段吸入罐；4—四段吸入罐；5—三段排出罐；6—五段吸入罐；7—碱洗塔；8—脱苯塔；9—凝液汽提塔；10—循环冷却水；11—低压蒸汽；12—干燥器；13—汽油汽提塔；$C_3^=R$—丙烯冷剂(下同)

来自碱洗塔的废碱先用汽油洗涤，然后存于储罐中，并送往氧化反应器。在氧化反应器中废碱同空气混合，废碱中的 Na_2S 在较高的压力(大约 3MPa)和温度(180℃)下，发生下列放热氧化反应。

$$Na_2S+2O_2 \longrightarrow Na_2SO_4$$

高压蒸汽通入反应器中，以维持反应温度，补充反应热。反应后的物流从反应器顶部出来进入洗涤塔，塔中的富氮惰性气体放空，塔底液体用泵送出经水冷，一部分去下一步处理设施，其余的循环返回废碱洗涤塔顶部。

五段吸入罐的烃类液体送到冷凝液汽提塔，液体被用蒸汽加热的再沸器产生的蒸气汽提，去掉乙烷和较轻的组分。塔顶馏出物返回到四段吸入罐，塔底物料冷却后送脱丙烷塔。三段排出罐的冷凝液先送回三段吸入罐，然后再到汽油汽提塔。二段凝液的一部分也可送到急冷水塔，以便在所有操作方式下都可以向汽油分馏塔提供回流，冷凝水返回到急冷塔。

(三) 裂解气深冷

裂解气经干燥后，使其露点达到-55℃，以防低温下结水，然后逐步冷却到大约-72℃。从脱甲烷塔第一分离罐出来的冷凝液分成两股，一股经自身换热，另一股与-101℃的乙烯冷剂换热分别送到脱甲烷塔。

从第一分离罐出来的裂解气用尾气和最冷级位的乙烯冷剂冷到-98℃。第二分离罐分离出的凝液直接送到脱甲烷塔，气相在同一换热器上用含氢和甲烷的尾气及液态循环物料的蒸发来深度冷却，然后送到第三分离罐。第三分离罐出来的液体被汽化以供脱甲烷塔顶冷凝器的回流，罐顶的部分物流经涡轮机膨胀和内膨胀达到较低的压力，为脱甲烷塔顶冷凝器进一步提供冷量，而另一部分物流被进一步提纯，以提供氢气，供装置内部和输出之用。

氢气在绝热式热交换系统中提纯，这个系统中需要的冷量通过焦耳-汤姆逊系统中的液态甲烷的膨胀获得。

焦耳-汤姆逊膨胀产生的两股富甲烷液体在燃料气的压力下蒸发和再加热，产生一股摩尔分数为95%的富氢气体。这股氢气物流经再加热、甲烷化，而后在分子筛干燥系统中被干燥，产生的氢气用于乙炔转化、丙炔和丙二烯转化、裂解汽油加氢和输出。输出氢气中的一小部分用往复式压缩机压缩到3.92MPa(G)供聚乙烯和聚丙烯工厂使用。

(四) 脱甲烷塔系统

裂解气深冷系统出来的物料送到脱甲烷塔，操作压力(G)约为0.54MPa，以便节省能量。脱甲烷塔的液体再沸是用裂解气在塔釜再沸器和中间再沸器加热。塔底产物先分成两股，一股直接送往脱乙烷塔，另一股用裂解气进一步预热之后也送往脱乙烷塔，见图1-16。

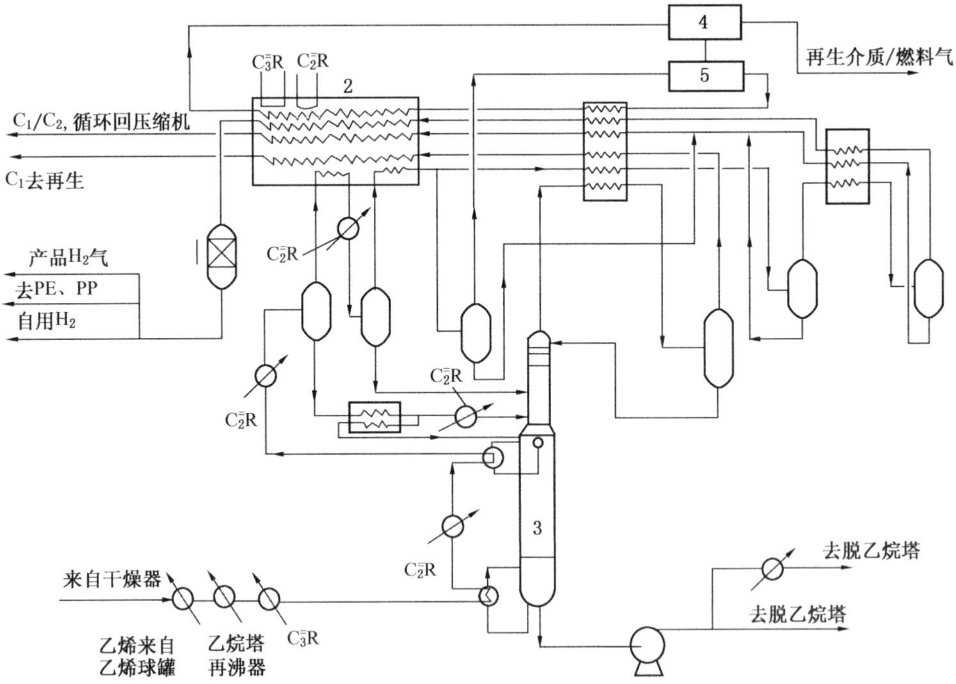

图1-16　脱甲烷部分流程图

1—甲烷化反应器；2—冷箱；3—脱甲烷塔；4—压缩机；5—膨胀机；$C_2^=R$—乙烯冷剂(下同)

在温度较低区域内(在-60℃以下)，为了防冻可注入甲醇，其注入的量取决于水合物生成量的多少。脱甲烷塔回流罐顶部物流在深冷系统中重新加热之后，再用于干燥器再生，然后送往燃料系统。

(五)脱乙烷、乙炔加氢和乙烯精馏

如上所述，脱甲烷塔底物流分成两股进脱乙烷塔。脱乙烷塔顶馏分，经丙烯冷剂冷凝并提供回流，塔釜用急冷水再沸器，同时还有一台低压蒸汽加热的备用再沸器，见图1-17。

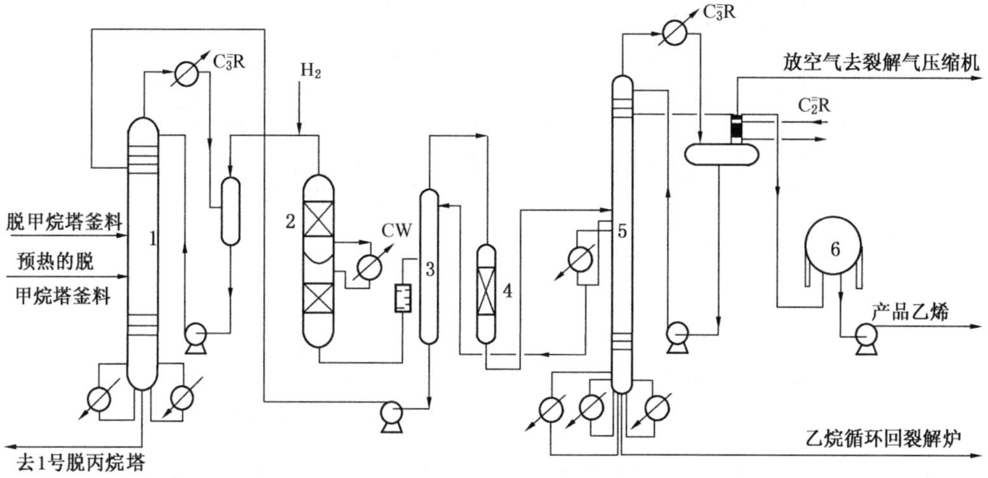

图1-17 脱乙烷、乙炔加氢和乙烯精馏流程示意图

1—脱乙烷塔；2—乙炔转化器；3—绿油吸收塔；4—乙烯干燥器；5—乙烯精馏塔；6—乙烯球罐

脱乙烷塔顶产物经选择加氢使乙炔转变为乙烯和乙烷而被脱除，加氢采用两台反应器，其中一台备用，以便在用过热蒸汽和空气混合物再生储化剂时，保持连续操作。

脱乙烯塔顶物流加入氢气后，用反应器的流出物和低压蒸汽预热，预热之后自上而下通过催化剂床。温升与加入进料中的氢气百分比成比例。为了防止反应器温度过高，提供了一套安全监测器，以便在事故状态时截断氢气。在催化剂床层之间装有中间冷却系统，反应器的流出物料用水冷却，并与反应器的进料换热。反应的副产品是称作绿油的乙炔聚合物。乙烯精馏塔进料需要干燥，主要是防止结冰。绿油对干燥不利，为除掉绿油，来自乙炔反应器的冷却后的流出物，与从乙烯精馏塔侧线采出的乙烯/乙烷液体在一个吸收塔中逆流接触。绿油吸收塔底部物料返回到脱乙烷塔，含有绿油的脱乙烷塔底物料送往脱丙烷塔，并最终进入粗裂解汽油。绿油吸收塔的气体经过分子筛干燥器送到乙烯精馏塔，干燥器有两台，一开一备。

乙烯精馏塔有三台底部再沸器和一台中间再沸器，可以最大限度地回收冷量。中间再沸器用裂解气和乙烯冷冻压缩机排出的乙烯冷剂加热。主再沸器由压缩机排出的丙烯冷剂和乙烯冷剂加热。该塔顶用-40℃的丙烯冷剂冷凝，从乙炔转化器来的过剩氢气返回裂解气压缩机，有一台排放气冷凝器可减少返回物流中乙烯量。

从乙烯精馏塔底部抽出的物料，用裂解气蒸发。在冷箱中用丙烯冷剂进一步加热之后，送往裂解炉与界区外来的新鲜乙烷原料混合裂解。液态乙烯产品直接送往储罐，从这个罐将产品用泵送出，液体乙烯在作为气体产品送出界区之前用丙烯冷剂蒸发和过热。

(六) 脱丙烯和脱丁烷

本工序的目的是为了把脱乙烷塔底物料，和凝液汽提塔底物料中的 C_3 和 C_4 及更重组分分离开，见图 1-18。

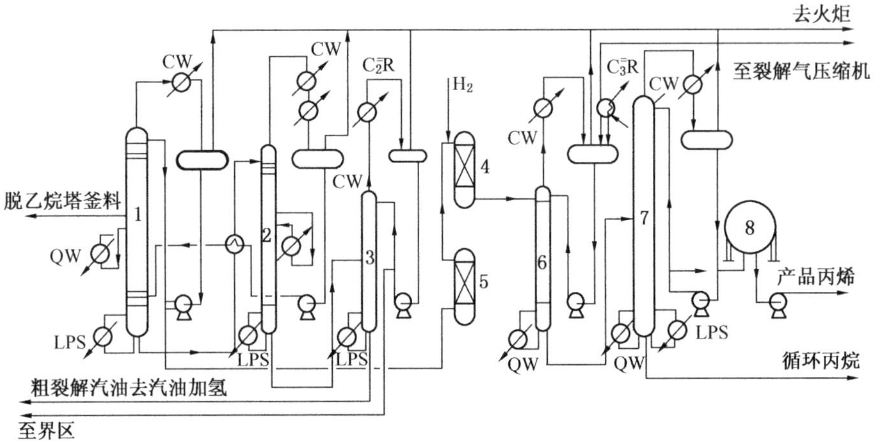

图 1-18　脱丙烷、脱丁烷和丙烯精馏流程示意图

1——号脱丙烷塔；2—二号脱丙烷塔；3—脱丁烷塔；4—MAPD 转化器；
5—丙烯干燥器；6—甲烷汽提塔；7—丙烯精馏塔；8—丙烯球罐

凝液汽提塔底物料和脱乙烷塔底物料是脱丙烷塔主要进料。脱丙烷塔分成两个塔，每个塔的操作压力不同。产生大部分 C_3 馏分的脱乙烷塔底物料被送至一号脱丙烷塔，塔的操作压力正好可使用冷却水全部冷凝塔顶蒸气，一部分蒸馏物作为塔的回流，另一部分送到丙炔、丙二烯转化系统，中间再沸器的热量靠急冷水提供，底部再沸器热量由低压蒸汽提供。一号脱丙烷塔底物料送到二号脱丙烷塔，塔顶气体用丙烯冷剂冷凝，中间再沸器的热量出急冷水提供，塔底再沸器热量由低压蒸汽提供。

二号脱丙烷塔的塔顶液体产品，在返回一号脱丙烷塔底以前，用一号塔底物料预热。含有 C_4 馏分和更重物质的二号塔底物料用泵送到脱丁烷塔。为了防止聚合，可以在二号脱丙烷塔进料中加入阻聚剂。

脱丁烷塔用冷却水作为回流冷凝介质，再沸器用低压蒸汽加热。塔顶混合 C_4 液体产品送往贮罐，塔底物料与来自汽油汽提塔的汽油混合，在用冷却水冷却之后，送到裂解汽油加氢装置。

(七) 丙二烯、丙炔加氢和丙烯分馏

在这一工序中，包括脱除 C_3 物流中含有的丙二烯、丙炔使之反应生成丙烷和丙烯，以及汽提出过剩氢气和甲烷的设施。脱丙烷塔顶物料由泵送到丙二烯、丙炔转化系统，中间要经过分子筛干燥器脱除残余的水分。转化系统由三台设备组成，两台在线，一台备用，这样反应器再生时可连续操作。

反应器流出物进入汽提塔，从该 C_3 产品中汽提掉过剩的氢和甲烷。汽提塔顶物用冷却水冷凝并送到回流罐。为了减小返回裂解气压缩机的排放气中的丙烯损失，提供了一台排放气冷凝器。汽提塔的底部物料进入丙烯分馏塔。

一部分来自回流罐的液体进行再循环，以稀释转化器进料。转化器进料中丙二烯、丙炔浓度低，可减小温升和转化器内丙烯的蒸发。

丙烯分馏塔系统把进料分离成塔顶的聚合级丙烯产品和塔底的丙烷产品，塔在选定的压力下操作，以便回流可用冷却水冷凝。分馏塔再沸器的热量由循环急冷水和低压蒸汽提供。聚合级丙烯产品用泵送到界区外。丙烷返回裂解炉与新鲜丙烷一起去裂解。

（八）丙烯制冷

丙烯制冷系统是一个经多级压缩、多级节流的循环系统，使用汽轮机驱动离心式压缩机。该系统提供四个制冷级位，即-40℃、-24℃、-7℃和15℃，还有一个级位是1℃，用来蒸发乙烯产品。压缩机的排出气用冷却水冷凝，其制冷级别，根据用户的要求，可以分为不同温度等级，见流程图1-19。

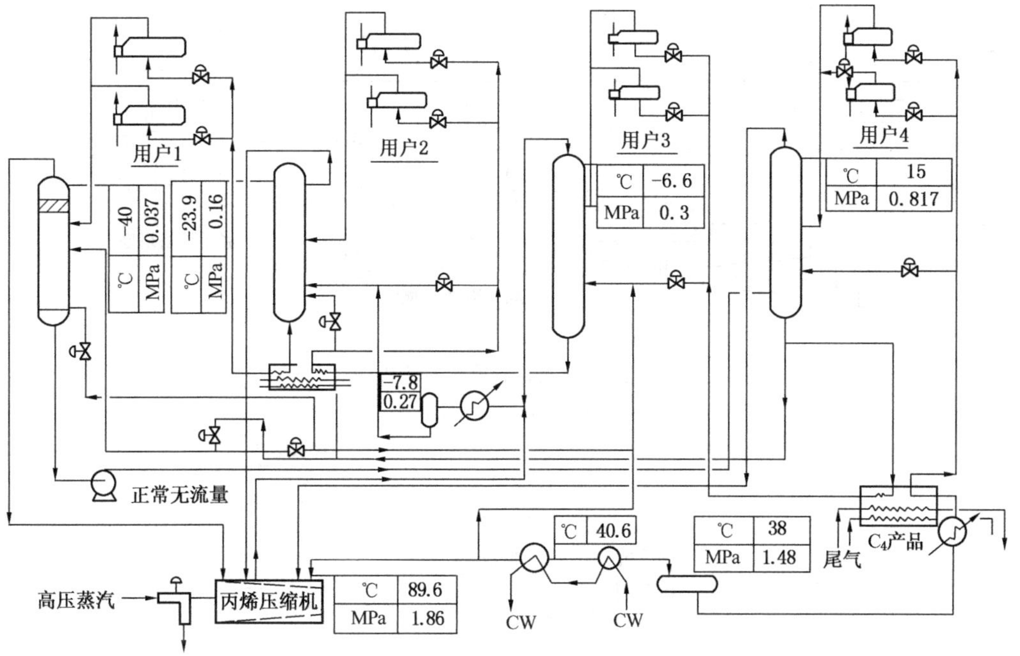

图1-19　丙烯制冷示意流程图

（九）乙烯制冷

该系统为多级压缩、多级节流的封闭循环系统，并与丙烯制冷系统构成复叠制冷系统。乙烯制冷系统提供了三个制冷级位，即-101℃、-75℃和-63℃，为封闭式三级制冷，用汽轮机驱动离心式压缩机。压缩机排出气先用冷却水冷却，然后用丙烯冷剂部分地降低其过热度。当排出气通过乙烯分馏塔再沸器时，进一步降温，并在乙烯分馏塔中间再沸器中冷凝，备有一台采用丙烯冷剂的开工冷凝器，见流程图1-20。

以上介绍的顺序分离流程为鲁姆斯前端低压脱甲烷流程(20世纪80年代采用的)。随着技术的发展，新的技术被进一步采用，具体表现在如下几个方面：

(1) 急冷系统黏度控制采用乙烷裂解TLE出口流出物(未注急冷油)作为汽提介质，而不采用蒸汽作汽提介质；

(2) 低压丙烯精馏与丙烯制冷组成开式热泵；

(3) C_3液相加氢采用催化精馏，见图1-21；

(4) 裂解炉采用SRT-Ⅵ型炉；

(5) 采用甲烷、乙烯二元混合制冷，甲烷、丙烯加强的二元混合制冷，及甲烷、乙烯、丙烯三元混合制冷。

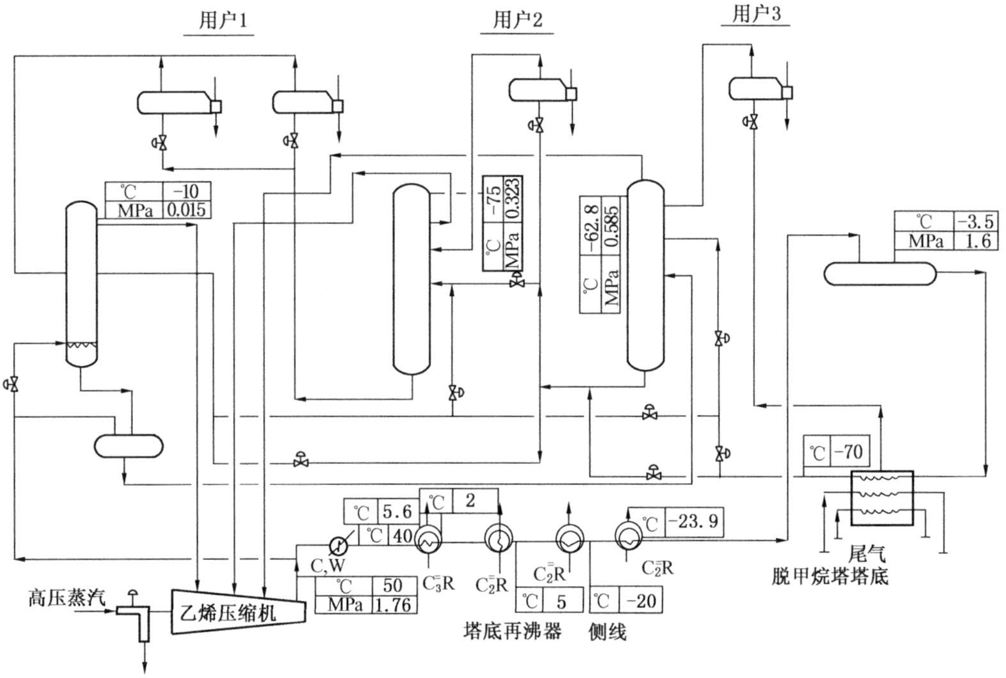

图 1-20　乙烯制冷示意流程图

(图中压力为表压)

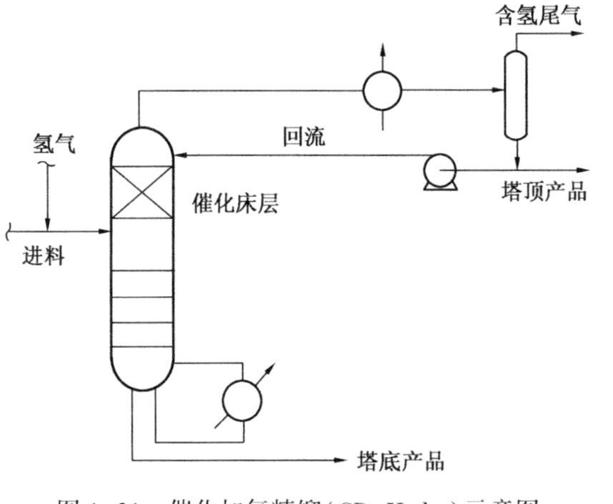

图 1-21　催化加氢精馏(CD-Hydro)示意图

除了鲁姆斯公司采用顺序分离流程外，美国 KBR 公司(由凯洛格公司和布朗路特公司合并)也采用顺序分离流程。其流程特点为采用毫秒炉、前端高压脱甲烷、后端乙炔加氢，见图 1-22。

二、前脱乙烷流程

前脱乙烷流程炉区和急冷区流程与顺序流程基本相同。前脱乙烷流程系裂解气经五段压缩后，先把比 C_2 轻的馏分和比 C_3 重的馏分分开，然后分别进行分离得甲烷、氢气、乙烯、丙烯等产品。脱炔一般采用前加氢，此法适用于含有较大量 C_3 以上的气体。采用此流程的代表性技术是林德法，见图 1-23。它按脱甲烷塔操作压力的不同分为高压法(操作压力 3.35MPa)和低压法(操作压力 1.18MPa)两种。

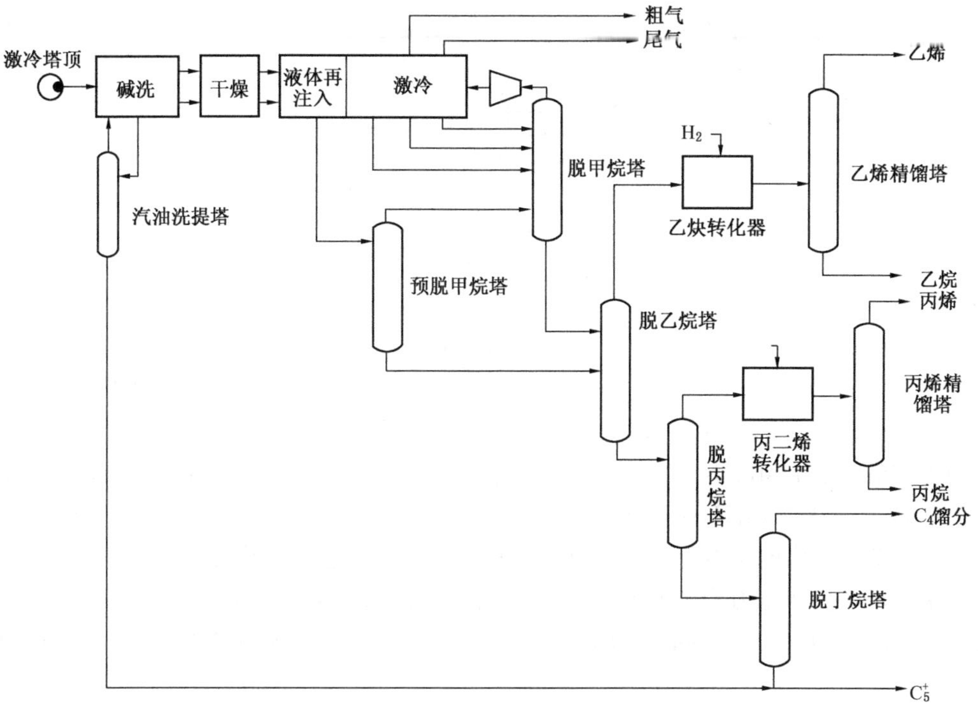

图 1-22 KBR 公司顺序分离流程示意图

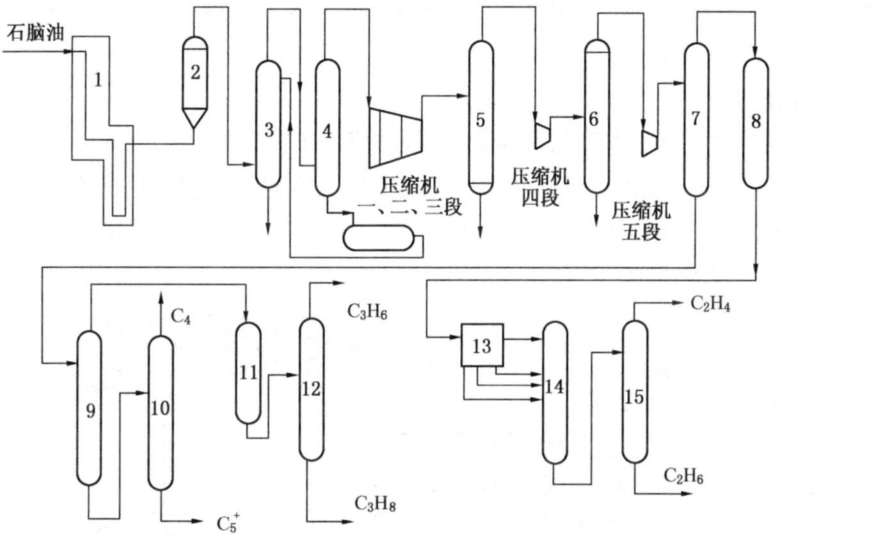

图 1-23 林德法前脱乙烷流程

1—裂解炉；2—急冷锅炉；3—汽油分馏塔；4—急冷塔；5—碱洗塔；6—乙二醇干燥塔；7—脱乙烷塔；8—乙炔加氢器；9—脱丙烷塔；10—脱丁烷塔；11—丙炔加氢器；12—丙烯塔；13—冷箱；14—脱甲烷塔；15—乙烯塔

(一) 低压法

如图 1-24 所示，裂解气经三段压缩后，用 8%碱液脱酸性气体，再进入压缩机四、五段，其次用乙二醇脱水干燥，然后用丙烯制冷剂进行逐级冷却后，送入脱乙烷塔。

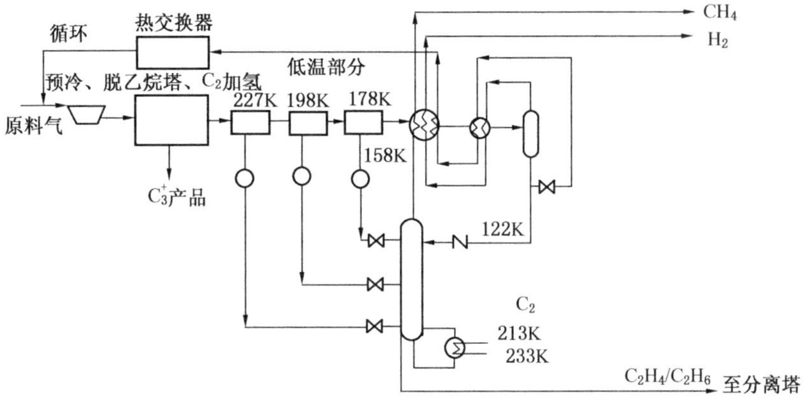

图 1-24　林德公司低压脱甲烷低温分离流程

脱乙烷塔在 3.17MPa 压力下操作，塔釜温度在 10℃以上。塔顶出来的 C_2^- 馏分送入管式加氢反应器，在钯系催化剂存在下进行选择加氢脱炔，再经脱水干燥后，进入冷箱系统。在乙烯冷剂和节流膨胀的制冷下，可得 90%的富氢气，凝液进入脱甲烷塔。

脱甲烷塔的操作压力为 1.18MPa，由于操作压力较低，故需要增加甲烷制冷压缩机或者蒸发富甲烷冷凝物(此冷凝物必须循环至压缩机)，以补偿低压脱甲烷塔塔顶约-120℃的温度要求。

脱丙烷塔塔顶分出 C_3 馏分，进入 C_3 管式加氢反应器除去丙二烯和丙块。加氢后的气体用 C_3 烃洗涤绿油，干燥后送入丙烯塔。

丙烯塔分上下两塔，上塔操作压力为 1.17MPa，下塔操作压力为 2.45MPa，比采用一个塔(塔压为 1.77MPa)精馏丙烯，可节省一半的冷量。

(二) 高压法

林德公司提出了高压脱甲烷和增设 C_2 提浓塔的工艺流程(图 1-25)，高压脱甲烷塔的操作压力较高，约为 3.3MPa。从各种制冷步骤分出的冷凝物与提浓塔底产物一起送至脱甲烷塔，部分回流用做气相提浓塔的冷却介质。冷甲烷产物的冷量尽可能在脱甲烷塔顶加以回收，这样乙烯损失相当低。

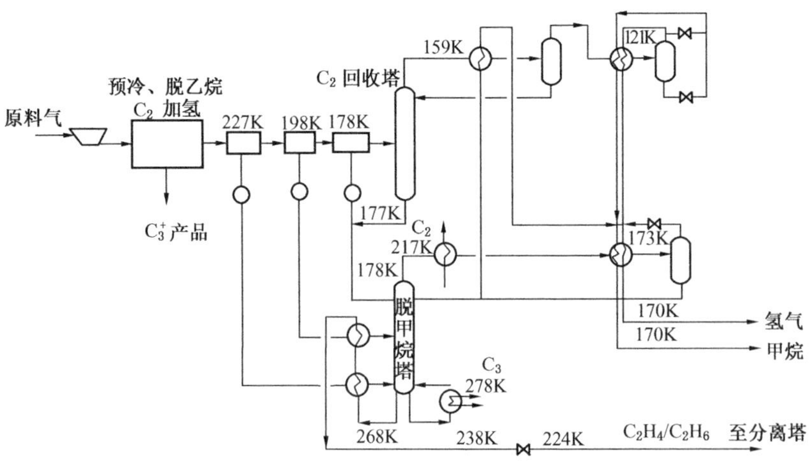

图 1-25　林德公司高压脱甲烷低温分离流程

高压法与低压法的比较，如表 1-57 所示，三机总功率消耗减少 7%，投资节省 5.5%。近年来，鲁姆斯公司通过改进、推断和计算，认为低压法节能约 2600kW(300kt/年装置)。

表 1-57 乙烯装置脱甲烷工艺比较

项　目	低压法(压缩段间间接冷却)	高压法(压缩段间用直接水洗冷却)
氢产品[90%(摩)]	32100Nm^3/h	26900Nm^3/h
甲烷产品	47900Nm^3/h	52500Nm^3/h
甲烷产物中乙烯损失	670Nm^3/h	350Nm^3/h
脱甲烷塔压力	1.2MPa	3.35MPa
裂解气压缩机	42000kW	35000kW
乙烯压缩机	17000kW	17000kW
丙烯压缩机	9200kW	11000kW
三机总输入	68000kW	63000kW

三、前脱丙烷流程

前脱丙烷流程系裂解气经三段压缩后，先把比 C_3 轻的馏分(C_3^-)和比 C_4 重的馏分(C_4^+)分开，使 C_4^+ 不再进入压缩机高压段和精馏分离系统，然后再从 C_3^- 轻组分中依次分出甲烷、氢、乙烯、丙烯等产品。脱炔一般采用前加氢，此法适用于含有较大量 C_4^+ 的气体(如以柴油等含硫量高的重质烃作裂解原料)。图 1-26 为三菱油化法前脱丙烷流程。

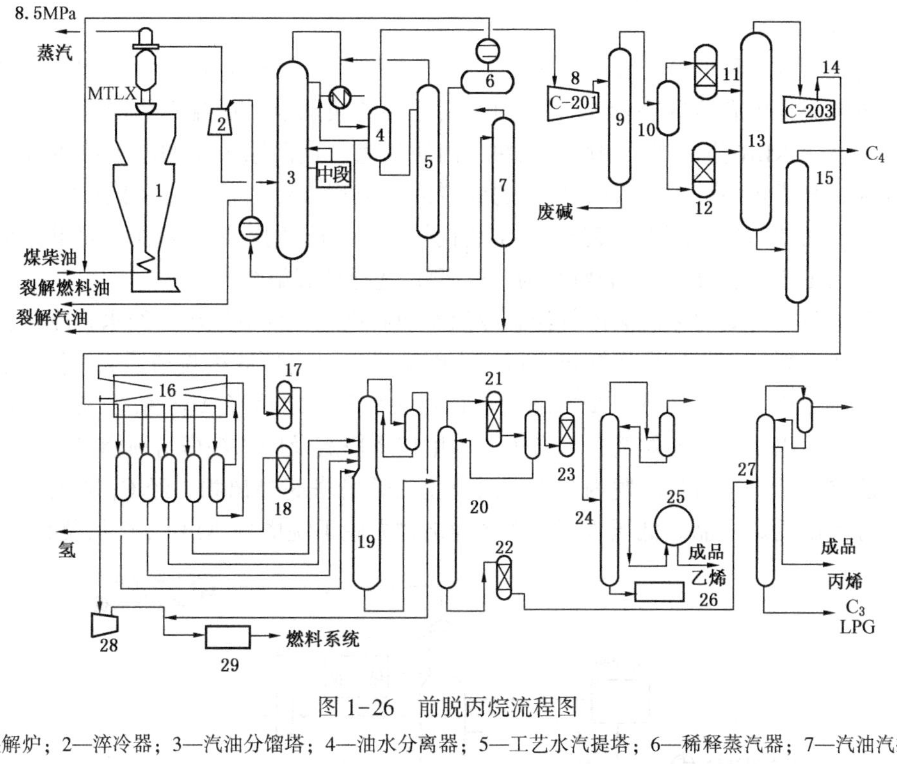

图 1-26 前脱丙烷流程图

1—裂解炉；2—淬冷器；3—汽油分馏塔；4—油水分离器；5—工艺水汽提塔；6—稀释蒸汽器；7—汽油汽提塔；8—裂解气压缩机；9—碱洗塔；10—分离器；11，12，18，23—干燥器；13—脱丙烷塔；14—工艺气压缩机；15—脱丁烷塔；16—冷箱；17—甲烷反应器；19—脱甲烷塔；20—脱乙烷塔；21—乙炔加氢反应器；22—丙炔加氢反应器；24—乙烯精馏塔；25—乙烯球罐；26—乙烷炉；27—丙烯馏精塔；28—甲烷压缩机；29—干燥器

例如，某装置用煤柴油馏分作原料，相对密度在 0.82 以下，馏程为 180~345℃，族组成中石蜡烃在 56%以上、芳香烃在 20%以下，主要产品为纯度在 99.9%以上的聚合级乙烯、纯度为 93%以上的化学级丙烯以及芳烃抽提的原料(加氢汽油)等。

（一）裂解

有5台煤柴油裂解炉、1台乙烷炉，清焦周期40天，每台炉年平均运转天数为315天，一台炉烧焦时，另4台炉负荷提到107%。

煤柴油馏分经预热到160℃送入裂解炉，在对流管出口温度为530℃时进入辐射管，炉出口温度控制为765℃，裂解气经急冷热交换器急冷到530℃，进入淬冷器。淬冷器出口温度为195℃，淬冷后的裂解气进入汽油分馏塔，塔底温度控制为190℃，塔顶温度为102℃。从塔中段抽出中段油循环，塔底急冷油抽出经换热发生稀释蒸汽后到淬冷器循环。塔顶油、气经冷却进入油水分离器，气相至分离系统，汽油至汽油加氢系统，罐底工艺水循环发生稀释蒸汽。

急冷热交换器产生8.35MPa超高压蒸汽，经蒸汽过热炉过热到470℃，与高压锅炉发生的8.35MPa蒸汽汇合后驱动主汽轮机。

（二）分离

裂解气在压缩机升压到1.17MPa后，经碱洗塔、干燥器至脱丙烷塔，从塔顶分出C_1、C_2、C_3，再至工艺气压缩机升压到3.33MPa进入深冷系统。脱甲烷塔底物料进入脱乙烷塔，其塔顶的气相经乙炔加氢至乙烯精馏塔分出乙烯和乙烷，塔底的C_3馏分汽化经丙炔加氢后至丙烯精馏塔，分出丙烯及C_3液化气。脱丙烷塔底物料进入脱丁烷塔，其塔顶分出C_4，塔底液相并入裂解汽油。

采用前脱丙烷流程的公司较多，主要有斯通-韦伯斯特(S&W)公司和KBR公司。不过这两家公司的流程仍有所区别：S&W公司采用前端乙炔加氢、后端丙炔加氢，脱甲烷系统采用ARS技术；KBR公司则采用前端乙炔、丙炔加氢。这两家公司的乙烯精馏塔均与乙烯制冷系统构成开式热泵。由于KBR公司的前脱丙烷流程投资较低，将在低投资流程中作进一步介绍。下面就斯通-韦伯斯特公司的前脱丙烷、带ARS的乙烯流程作一简单介绍，其流程示意图见图1-27~图1-29，裂解炉为USC型超选择性裂解炉。

从裂解炉急冷锅炉出来的裂解气经急冷油冷却后进入汽油分馏塔，经水急冷后进入压缩机一段吸入罐，裂解气经四段压缩机出口后入碱洗塔，经高压脱丙烷塔脱去$C_4^=$、C_3及其以下馏分，入压缩机五段，经进一步压缩后进行乙炔加氢，之后经ARS系统脱除甲烷，第一脱甲烷塔塔底馏出物进脱乙烷塔，来自第二脱甲烷塔塔底及脱乙烷塔塔顶馏出物进入乙烯精塔分离出乙烯产品。来自低压脱丙烷塔塔顶及脱乙烷塔塔底馏出物，经C_3加氢后，进入丙烯精馏塔分离出丙烯产品。低压脱丙烷塔底馏出物去脱丁烷塔分离出C_4产品及裂解汽油。

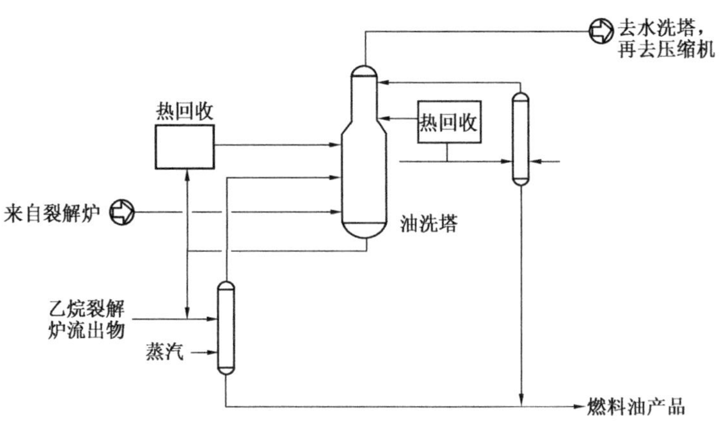

图1-27　斯通-韦伯斯特公司急冷流程示意图

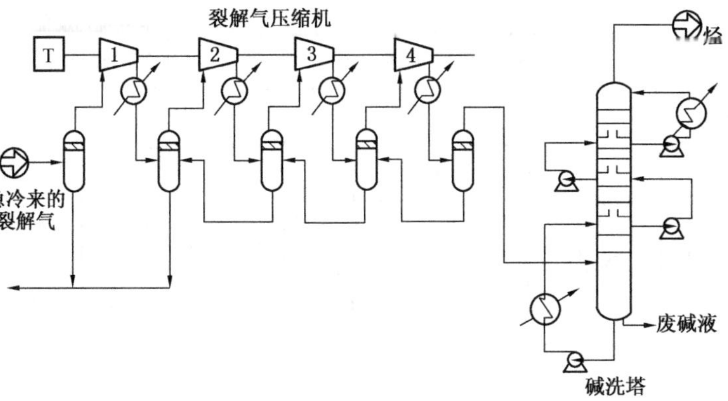

图 1-28 斯通-韦伯斯特公司压缩流程示意图

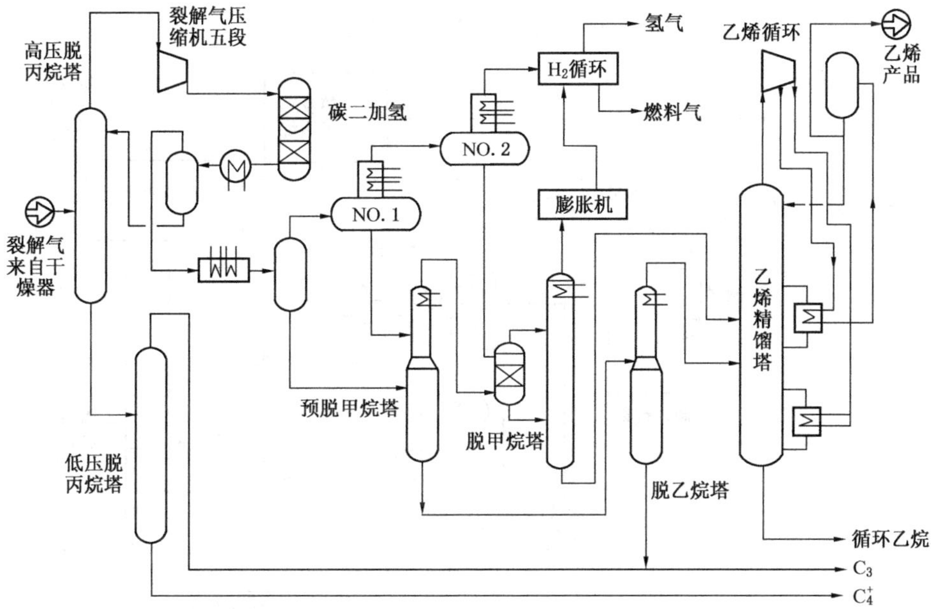

图 1-29 斯通-韦伯斯特公司分离流程示意图

四、低投资分离流程

原布朗路特公司在 20 世纪 60 年代就建有低投资的乙烯装置，但其能耗高。由于能源价格上涨，因此在 80 年代设计的乙烯装置都是非常节能的。但这些装置的投资也变得稍高了，不过增加的投资可通过所节省的能耗得到补偿。然而，80 年代初出现了一种新的趋势，原油价格疲软，能源价格的上升远低于人们预期的高度，并且市场上廉价乙烯充斥市场。之后，KBR 公司确定了今后乙烯工艺技术的发展目标及乙烯装置设计原则：①低投资；②低能耗；③维护简便；④性能经过验证；⑤易于操作。

总之，KBR 公司的乙烯技术是以低投资为其特点的，根据原料不同有前脱乙烷、前脱丙烷两种流程。

（一）低投资前脱乙烷流程

此流程只适合于以乙烷为原料的情况，其流程示意图见图 1-30 和图 1-31。

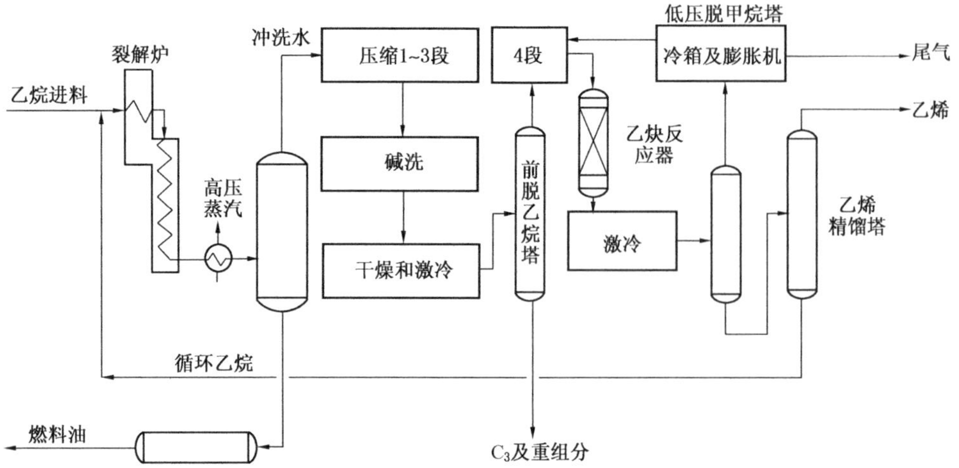

图 1-30　KBR 公司低投资乙烷裂解流程

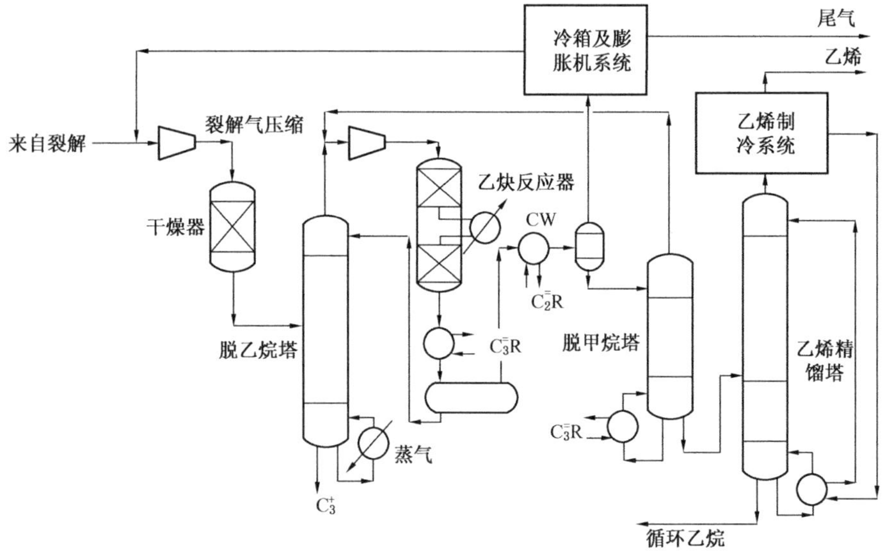

图 1-31　KBR 公司低投资乙烷裂解产品回收系统流程

乙烷和循环乙烷在裂解炉中裂解。炉子出料先在急冷锅炉冷却，然后在水洗塔直接急冷。急冷锅炉产生的高压蒸汽用于驱动主要的压缩机。裂解气接着经过压缩，碱洗脱除酸性气体，干燥，然后进入分离段。

分离顺序依次为脱乙烷塔-脱甲烷塔-乙烯精馏塔。这个工艺有一独特性能，就是三个塔都是利用"热泵"原理在低压下操作。其中脱乙烷塔和脱甲烷塔是利用裂解气压缩机组成"热泵"，而乙烯精馏塔是利用乙烯冷冻剂压缩机组成"热泵"。

经过干燥后的裂解气，并在低压脱乙烷塔中脱乙烷。脱乙烷塔顶分馏出来裂解气中全部 C_2 以上轻馏分，进入裂解气压缩机末段。

压缩机出口裂解气进入前加氢反应器，在反应器里乙炔被选择性地脱除，加氢反应器中不含乙炔的流出物，被部分冷凝，提供脱乙烷塔的回流。脱乙烷塔顶未冷凝部分，则向前进入脱甲烷塔和冷箱膨胀系统。

这个设计采用了 KBR 公司的低压脱甲烷系统。脱甲烷塔的操作与脱乙烷塔和冷箱系统相结合。从脱乙烷塔回流分离罐送来的脱乙烷塔顶气体馏分，在进入脱甲烷塔进料分离罐之前，先在进料冷凝器中逐级冷凝，然后进入进料分离罐。分离出来的液体，成为低压脱甲烷塔进料。脱甲烷塔是个再沸汽提塔，塔顶不设冷凝器，塔顶气体循环到裂解气压缩机的中间段。

来自脱甲烷塔进料分离罐的气体，进入冷箱系统。从冷箱系统回收的氢气和甲烷送去做为燃料气。在冷箱中通过自身制冷提供冷冻，并辅以 KBR 公司特有的膨胀机流程，把乙烯回收和制冷回收同时提高到最大。

来自脱甲烷塔底不含乙炔的乙烷、乙烯馏分送进低压乙烯精馏塔。乙烯精馏塔与乙烯制冷压缩机组成一个热泵系统，配合乙烯制冷系统而操作。乙烯产品可以从乙烯制冷系统几个地方抽取出来，这样做容许乙烯产品输送出界区的条件有较大的弹性，同时，把附加设备的需要减到最低。来自乙烯精馏塔底的乙烷在回收冷量后，全部循环到裂解炉去再进行裂解。

（二）低投资前脱丙烷前加氢流程

此流程适合液体原料，其流程示意图见图 1-32。

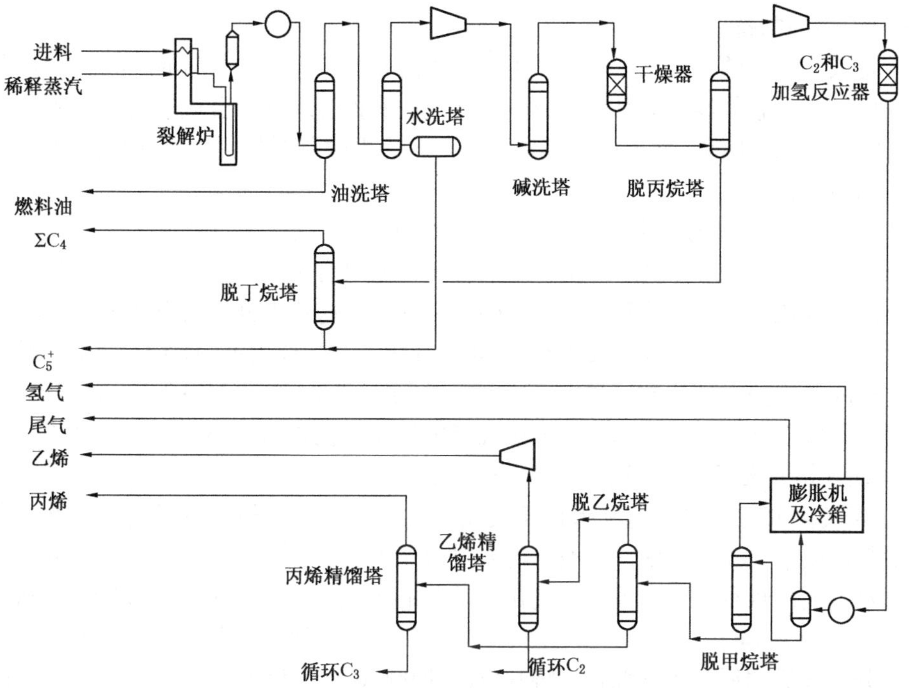

图 1-32　KBR 公司前脱丙烷流程示意图

原料经急冷油预热后进入裂解炉，在裂解炉对流段注入稀释蒸汽以降低烃分压，出裂解炉辐射段炉管的裂解气经二级急冷锅炉冷却后进入油洗和水洗系统。急冷锅炉中发生超高压蒸汽以驱动压缩机的汽轮机。燃料油从油洗塔塔釜中被分离送出界区，水洗塔塔釜液作为裂解汽油产品。

水洗塔塔顶裂解气进入压缩单元，三段出口碱洗，碱洗塔塔釜废碱液用界区内废碱处理单元处理后送出界区，塔顶裂解气经干燥后进入双塔脱丙烷系统，低压脱丙烷塔塔釜液进入脱丁烷塔，脱丁烷塔顶混合 C_4 送入丁二烯抽提装置，塔釜物流和馏出物汽提塔塔釜液混在一起作为裂解汽油产品。

高压脱丙烷塔塔顶裂解气继续进入裂解气压缩机四段，经压缩后进入 C_2 和 C_3 加氢反应器，然后经干燥后进入深冷系统。深冷系统由一系列冷箱和脱甲烷塔构成，甲烷及其更轻组分从脱甲烷塔塔顶和冷箱中分出作为燃料气进入燃料气系统。脱甲烷塔塔釜 C_2 及其更重组分进入脱乙烷塔，脱乙烷塔塔顶馏出物作为乙烯精馏塔进料，乙烯精馏塔和乙烯制冷压缩机构成开式热泵系统，乙烯精馏塔塔顶乙烯产品经乙烯制冷压缩机系统送出界区，塔釜乙烷返回裂解。脱乙烷塔塔釜 C_3 组分进入丙烯精馏塔，丙烯产品从该塔塔顶流出后送出界区，塔底丙烷则返回裂解。

分离用冷量由丙烯制冷压缩机和乙烯制冷压缩机提供。

第三节　甲醇制烯烃及其典型的分离工艺流程

一、甲醇制烯烃

甲醇制烯烃是以甲醇为原料生产烯烃的新型技术，随着石油的短缺，目前已成为各国竞相开发的烯烃技术的重点。

（一）甲醇的制备

甲醇是极为重要的有机化工原料，生产甲醇的原料有煤炭、石脑油、渣油、天然气、油田气和煤层气等，它们经部分氧化法或蒸汽转化法制得合成气。合成气的主要成分是 CO 和 H_2，CO 加氢可制得甲醇。我国的煤炭资源丰富，为甲醇制烯烃提供了充足的原料，这里主要介绍煤制甲醇技术。

1. 煤气化技术　煤的气化过程是一个热化学过程。它是以煤为原料，以氧气(空气、富氧或纯氧)、水蒸气等做气化剂，在高温条件下通过化学反应将煤中的可燃成分转化为气体，气体的主要成分为一氧化碳、二氧化碳、氢气等，这些组分可以作为化工原料使用。在我国煤化工生产中，常用的煤气技术有 Shell 煤气化工艺和德士古(TEXACO)煤气化工艺。

(1) Shell 煤气化工艺。Shell 煤气化工艺(Shell Coal Gasification Process)简称 SCGP，是由荷兰壳牌国际石油公司开发的一种加压气流床粉煤气化技术。Shell 煤气化工艺由 20 世纪 70 年代初期开始开发至 90 年代投入工业化应用。

Shell 煤气化工艺属加压气流床粉煤气化工艺，是以干煤粉由少量的氮气吹入气化炉，对煤粉的粒度要求也比较灵活，一般不需要过分细磨，但需要经热风干燥，以免煤粉结团，尤其对含水量高的煤种更需要干燥。气化火焰中心温度随煤种不同约在 1600~2200℃之间，出炉煤气温度约为 1400~1700℃。产生的高温煤气夹带的细灰尚有一定的粘结性，所以出炉需与一部分冷却后的循环煤气混合，将其急冷到 900℃左右后再导入废热锅炉，产生高压过热蒸汽。干煤气中的有效成分 $CO+H_2$ 可高达 90%以上，甲烷含量很低。煤中约有 83%以上的热能转化为有效气，大约 15%左右的热能以高压蒸汽的形式回收。

Shell 煤气化工艺流程见图 1-33，来自制煤粉系统的干燥煤粉由氮气经气相输送至炉前煤粉储仓及煤锁斗，再经由加压氮气加压将细煤粒子由煤锁斗送入径向相对布置的气化烧嘴。气化所需氧气和水蒸气也送入烧嘴。通过控制加煤量，调节氧量和蒸汽量，使气化炉在 1400~1700℃范围内运行。气化炉操作压力为 2~4MPa。在气化炉内煤中的灰分以熔渣的形式排出。绝大多数熔渣从炉底离开气化炉，用水急冷，再经破渣机进入渣锁系统，最终泄压排出系统。出气化炉的粗煤气夹带着飞散的熔渣粒子被循环冷却煤气急冷，使熔渣固化而不致粘在冷却壁上，然后从煤气中脱除。

(2) 德士古(TEXACO)煤气化工艺。德士古煤气化是一种以水煤浆为进料的加压气流床气化工艺。它是在德士古重油气化工业装置的基础上发展起来的煤气化装置。

德士古水煤浆加压气化过程属于气流床并流反应过程，水煤浆通过喷嘴在高速氧气流作用下破碎、雾化喷入气化炉。氧气和雾状水煤浆在炉内受到耐火衬里的高温辐射作用，迅速

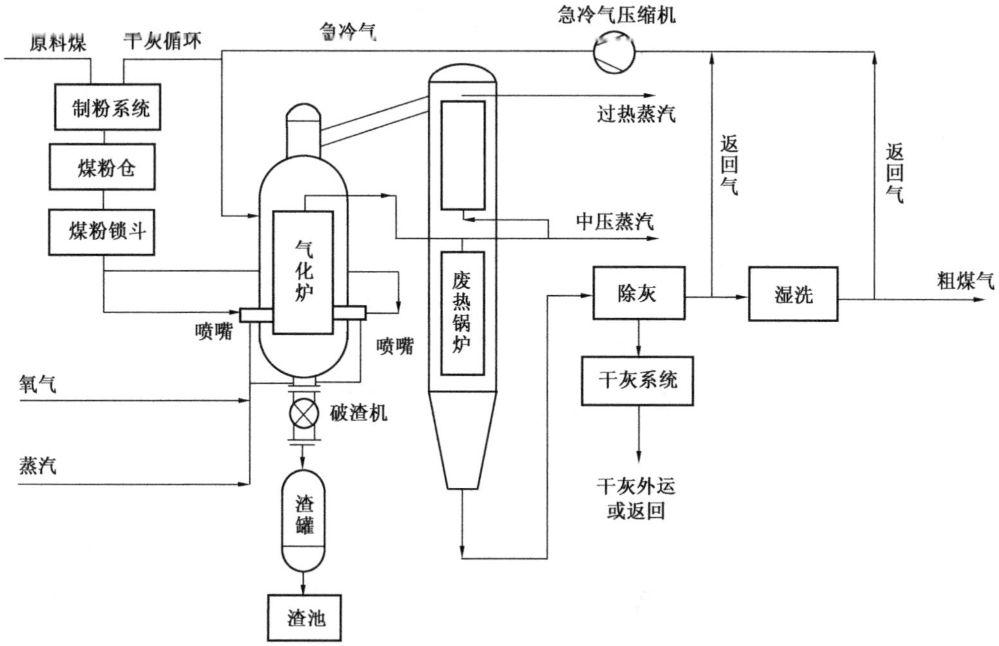

图 1-33 Shell 煤气化工艺流程示意图

经历着预热、水分蒸发、煤的干馏、挥发物的裂解燃烧以及碳的气化等一系列复杂的物理、化学过程。最后，生成以一氧化碳、氢气、二氧化碳和水蒸气为主要成分的湿煤气及熔渣，一起并流而下，离开反应区，进入炉子底部急冷室水浴，熔渣经淬冷、固化后被截流在水中，落入渣罐，经排渣系统定时排放。煤气和所含饱和蒸汽进入煤气冷却净化系统。德士古气化工艺流程简图见图 1-34。

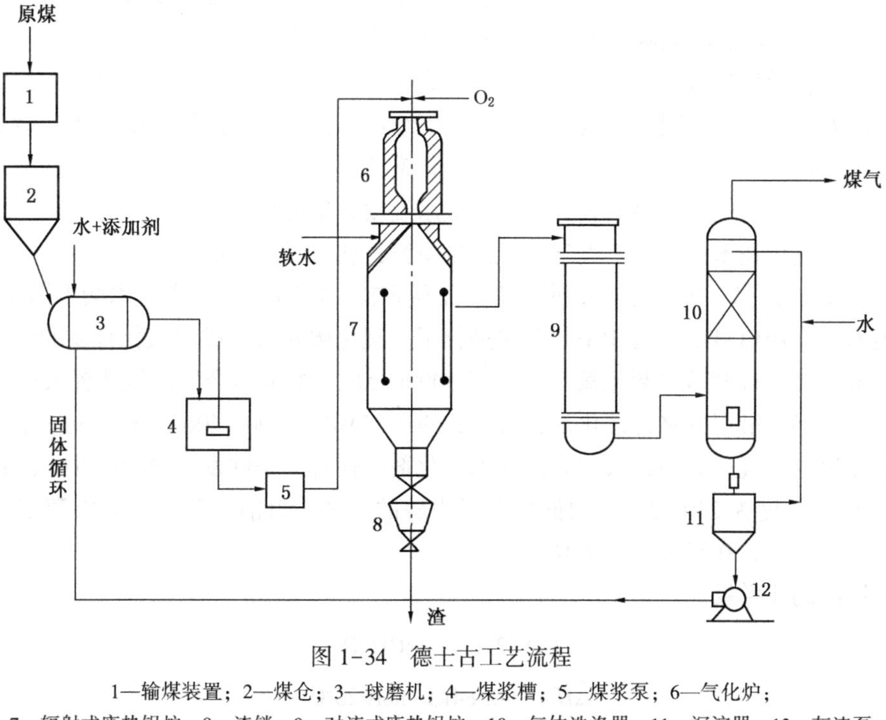

图 1-34 德士古工艺流程

1—输煤装置；2—煤仓；3—球磨机；4—煤浆槽；5—煤浆泵；6—气化炉；7—辐射式废热锅炉；8—渣锁；9—对流式废热锅炉；10—气体洗涤器；11—沉淀器；12—灰渣泵

(3)多喷嘴对置式水煤浆气化技术。图 1-35 为多喷嘴对置式水煤浆气化工艺流程示意图。包括 4 个工序，即磨煤制浆工序、多喷嘴对置式水煤浆气化工序、合成气初步净化工序、含渣水处理工序。鉴于水煤浆制备为成熟的工艺技术，研究开发工作及主要的创新点主要集中在后面 3 个工序。

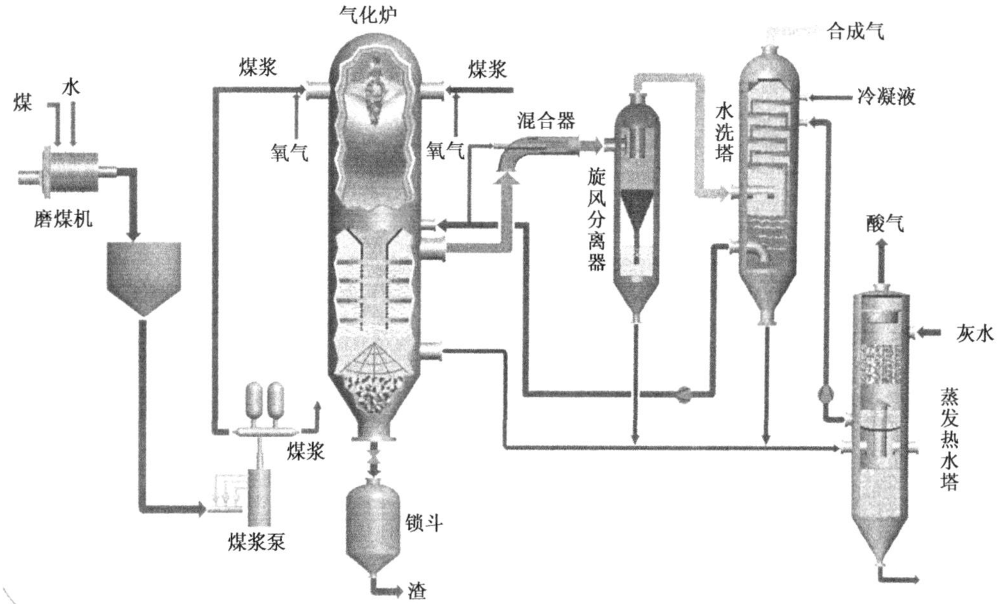

图 1-35　多喷嘴对置式水煤浆汽化技术工艺流程

采用该技术先后在山东华鲁恒升化工有限公司和兖矿集团国泰化工有限公司建设了两套装置，工业运行表明，多喷嘴对置式水煤浆气化装置具有如下优点：开车方便、操作灵活、负荷增减自如，操作的方便程度优于引进的水煤浆气化装置；自动化程度高，全部采用集散控制系统(DCS)控制，特别是氧煤比投料自动串级控制，气化炉操作简单方便；整个气化系统运行状况稳定；工艺技术指标先进；洗涤冷却室液位可控，无带水带灰现象发生；合成气中细灰含量低；含渣水系统热回收效率高，灰水温度大幅度提高。

该水煤浆气化技术华东理工大学做了大量研究，获得了可喜的成果。

2. 甲醇合成技术　甲醇是重要的化工产品和原料。1830 年，首先由木柴干馏获得甲醇，当时称为木醇。1913 年，德国 BASF 公司进行了一氧化碳和氢合成含氧化合物的研究，并于 1923 年在德国 Leuna 建成世界上第一座年产 3000t 合成甲醇的生产厂。该装置采用目前高压合成甲醇生产仍然沿用的铬锌催化剂，反应在 30~35MPa、300~400℃条件下进行。到 1967 年，由于无硫合成气的应用，采用高活性铜催化剂，使合成条件发生很大变化，出现了压力为 5~10MPa，温度为 230~280℃的低压合成甲醇的工艺。目前，低压合成甲醇工艺已是通用的工业生产方法，在经济上优于高压法。

合成甲醇的化学反应：

$$CO+2H_2 \rightleftharpoons CH_3OH$$

$$\Delta H=-90.84\text{kJ/mol}(25℃)$$

当反应物中有 CO_2 存在时，还能发生下述反应：

$$CO_2+2H_2 \rightleftharpoons CH_3OH$$

$$\Delta H=-49.57kJ/mol(25℃)$$

一氧化碳加氢除了生成甲醇之外，还发生下述副反应：

$$2CO+4H_2 \rightleftharpoons (CH_3)_2O+H_2O$$

$$CO+3H_2 \rightleftharpoons CH_4+H_2O$$

$$4CO+8H_2 \rightleftharpoons C_4H_9OH+H_2O$$

$$CO_2+4H_2 \rightleftharpoons CH_4+2H_2O$$

$$2CO \rightleftharpoons CO_2+C$$

此外，还可能生成少量的高级醇和微量醛、酮和酯等副产物。

现在普遍采用的低压合成甲醇工艺流程有两种：一种是 ICI 工艺(见图 1-36)，另一种为鲁奇(Lurgi)工艺(见图 1-37)。合成甲醇常用的原料是煤和天然气，经过造气过程得合成气。合成气经压缩至 5.0MPa 或 10MPa 压力，与循环气以 1∶5 的比例混合后进入反应器，在 Cu-Zn-Al 氧化物催化剂床层中进行合成甲醇反应。由反应器出来的反应气体中含有 4%~7%的甲醇，经过换热器换热后进入水冷凝器，使产物甲醇冷凝，然后将液态甲醇在气液分离器中分离出来，得到液态粗甲醇。粗甲醇进入轻馏分闪蒸塔，压力降至 0.35MPa 左右，塔顶脱出轻馏分气体，塔底粗甲醇送去精制。在分离器分出的气体中还含有大量未反应的 CO 和 H_2，为了保持系统惰性气体在一定范围内，部分气体排出系统可做燃料用，其余气体与新合成气体混合，用循环压缩机增压后再进入合成反应器。

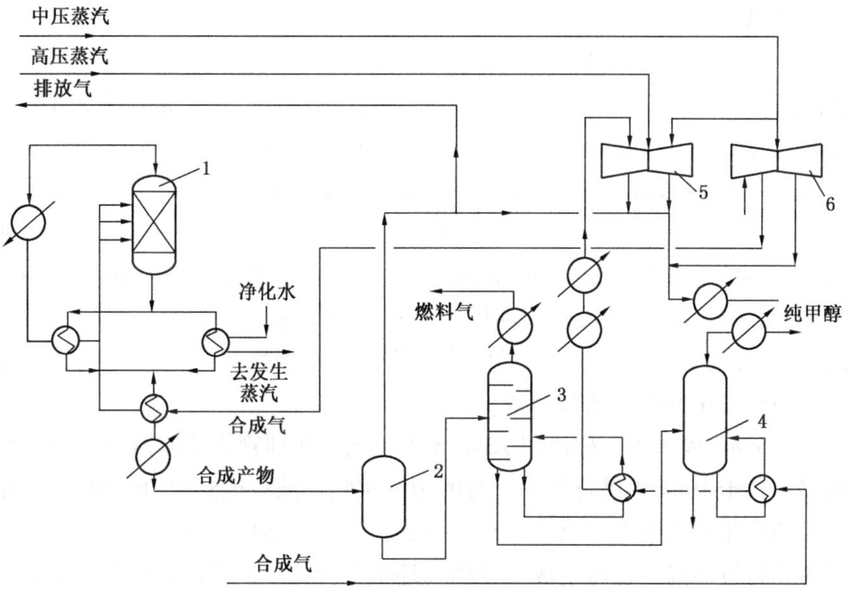

图 1-36 ICI 低压合成甲醇流程

1—反应器；2—气液分离器；3—轻馏分塔；4—甲醇塔；5，6—合成气压缩机

图 1-37 为鲁奇工艺流程，是典型的两塔流程。使用 Cu-Zn-Mn 或 Cu-Zn-Mn-V、Cu-Zn-Al-V 氧化物催化剂。合成塔出来的产物经气液分离器后，液体产物进入轻馏分塔顶脱出燃料气，塔底产物到甲醇塔精馏，塔顶得产品纯甲醇，塔底为废水。

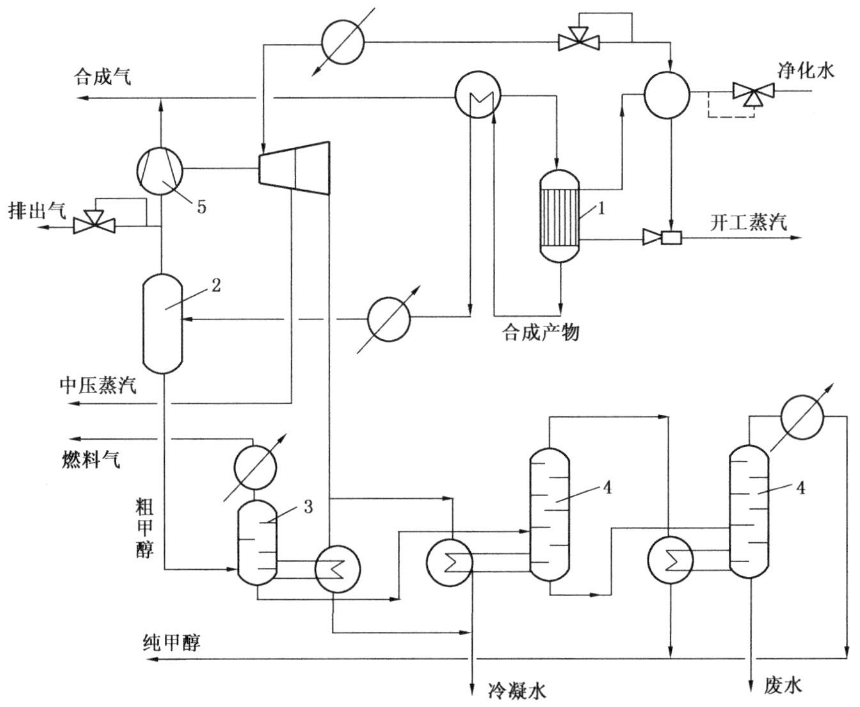

图 1-37　鲁奇低压合成甲醇流程

1—反应器；2—气液分离器；3—轻馏分塔；4—甲醇塔；5—压缩机

(二) 甲醇制烯烃

烯烃作为基本有机化工原料在现代石油和化学工业中具有十分重要的作用，由于近几年来石油资源的持续短缺和高油价，世界上许多石油公司都致力开发非石油资源合成低碳烯烃的技术路线并取得一些重大进展。常见的技术有 MTO 和 MTP。

1. MTO 技术　MTO(Methanol To Olefin)，其含义是甲醇制烯烃技术，主要是由甲醇转化同时生产乙烯和丙烯的技术，其工业化研究已进行了多年，国际上一些著名的石油和化学公司如美孚公司(Mobil)、巴斯夫公司(BASF)、埃克森石油公司(Exxon)、环球油品公司(UOP)、海德罗公司(Norsk Hydro)等都投入了大量资金进行研究。

甲醇制烯烃(MTO)技术的关键在于催化剂活性和选择性及相应的工艺流程设计，其研究工作主要集中在催化剂的筛选和制备。

美孚公司(Mobil)提出了一种使用 ZSM-5 催化剂，在列管式反应器中进行甲醇转化制烯烃的工艺流程，并于 1984 年进行过 9 个月的中试实验，试验规模为 100 桶/天。在工艺过程中，甲醇扩散到催化剂孔中进行反应，首先生成二甲醚，然后生成乙烯，反应继续进行，生成丙烯、丁烯和高级烯烃，也可生成二聚物和环状化合物，以碳选择性为基础，乙烯收率可达 60%，烯烃总收率可达 80%，大体相当于采用常规石脑油/粗柴油管式炉裂解法收率的两倍，但催化剂的寿命尚不理想。

巴斯夫公司采用沸石催化剂，1980 年夏季在德国路德维希港建立了一套日消耗 30t 甲醇的中试装置。其反应温度为 300~450℃，压力为 0.1~0.5MPa，用各种沸石做催化剂，初步试验结果是 C_2~C_4 烯烃的收率为 50%~60%，收率太低。

环球油品公司筛选出的催化剂称作 MTO-100。MTO-100 是联碳公司开发的 SAPO-34

与一系列专门选择的黏合剂材料之结合体。SAPO-34 是 MTO-100 催化剂的基体。SAPO-34 分子筛催化剂孔径只允许乙烯、丙烯和少量的 C_4 通过，不会产生重的烃类产品。乙烯、丙烯比率可以在 0.75~1.5 之间调节，乙烯+丙烯的产率比较稳定(80%左右)。

UOP/Hydro 合成工艺：UOP/Hydro 中试装置使用硫化床反应器，并配置一台流化床再生器，简要工艺流程如图 1-38 所示。反应器流出物经热回收后冷却，部分水冷凝并在分离器底部排出。气体经压缩后进入碱洗塔除去二氧化碳，然后再进产品回收工序，该工序包括脱甲烷塔、脱乙烷塔、乙烯精馏塔、脱丙烷塔和丙烯精馏塔。中试装置采用以 SAPO-34 为主要组分的 MTO-100 催化剂，其烯烃单程收率大于 60%，而乙烯/丙烯摩尔比可灵活调节。

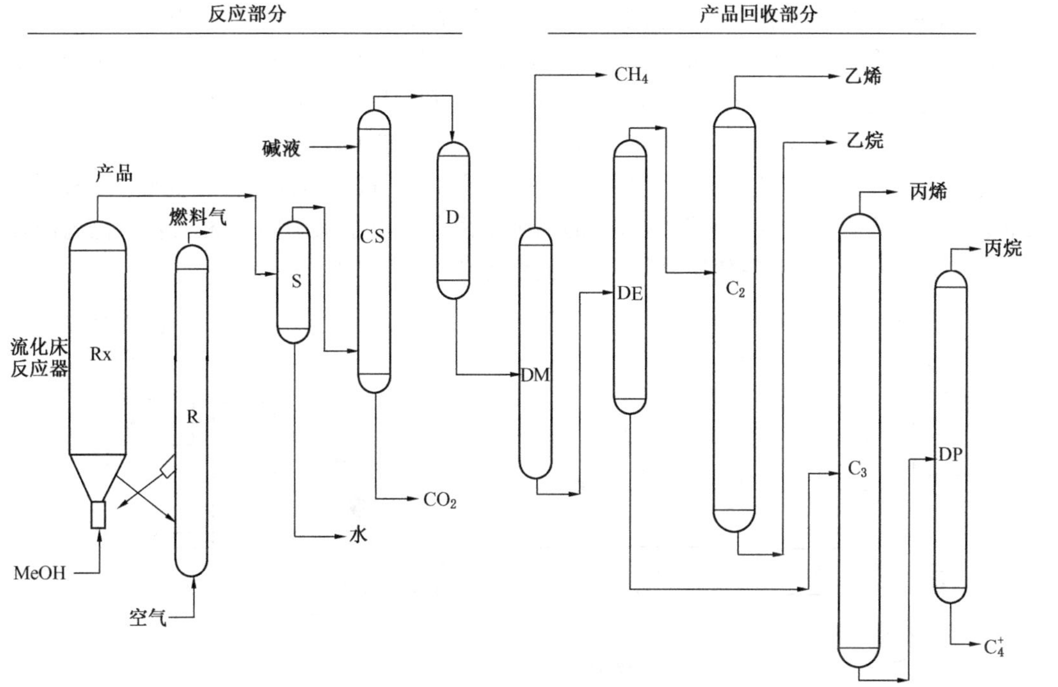

图 1-38 UOP/Hydro MTO 工艺流程图

Rx—反应器；D—干燥器；C_3—丙烯分离塔；R—再生器；DM—脱甲烷塔；

DP—脱丙烷塔；S—分离器；DE—脱乙烷塔；CS—碱洗塔；C_2—乙烯分离塔

影响反应的因素有反应温度、反应压力、空速和添加的稀释剂。控制不同的反应温度，乙烯和丙烯的收率有很大变化，根据所选催化剂不同和乙烯/丙烯比不同，选择合适的反应温度；提高压力有利于 C_5 以上脂肪烃和芳烃生成；空速的影响，实际上是反应时间的影响，随着反应时间的增加，反应产物趋于重质化，即由低碳烯烃转化为芳烃和 C_5 以上烷烃，为了获得低碳烯烃，必须采取较高的空速，使生成的低碳烯烃在进一部反应之前离开反应区，反应时间短，有利于烯烃生成；原料中添加稀释剂(水蒸气)，可以提高乙烯的选择性，添加稀释剂实质上就是降低甲醇的分压，同时还降低了生成的低碳烯烃的分压，从而不利于低碳烯烃的聚合，水蒸气还能调节催化剂表面性质，而有利于烯烃脱附，从而获得更多的烯烃。

国内的科研机构，如中科院大连化物所、石油大学、中国石化等也开展了类似催化剂的研究，得到了与 UOP 接近的结果。

总的说来，MTO 工艺是采用类似于成熟的 FCC 工艺方法，即转化反应和催化剂烧焦再生连续进行的流化催化裂化技术，不断补充再生后的催化剂，保证催化剂的反应活性和选择性稳定，使转化反应平稳进行。由于反应器产生的物料中不含乙炔和其他较重的组分，分离系统因裂解产物而异，通常有 NO_x 易集聚而产生危险。反应器出来的气体经回收热量降温后，采用的烯烃分离流程与常规的乙烯装置烯烃分离类似。先经压缩升压，再进行低温分离。

2. 甲醇制丙烯(MTP)　MTP(Methanol To Propylene)其含义是由甲醇制造丙烯的技术，实际上 MTP 生产丙烯的同时还副产少量乙烯、汽油和液化气(LPG)。目前仅有德国鲁奇公司的 MTP 技术比较成熟。

鲁奇公司的 MTP 装置反应器有两种形式：即固定床反应器(只生产丙烯)和流化床反应器(可联产乙烯/丙烯)。鲁奇公司开发的固定床 MTP 工艺流程如图 1-39 所示，采用南方化工(Süd-Chemie)的催化剂，该工艺同样将甲醇首先脱水为二甲醚，然后将甲醇、水、二甲醚混合进入第一个 MTP 反应器同时还补充水蒸气。反应在 400~450℃、0.13~0.16MPa 下进行，水蒸气补充量为 0.5~1.0kg/kg 甲醇，此时甲醇和二甲醚的转化率为 99%以上，丙烯为主要产物。为了获得最大的丙烯收率，还设有第二和第三 MTP 反应器。反应出口物料经冷却并将气体、有机液体和水分离，其中气体先经压缩并通过常用方法将痕量水、二氧化碳和二甲醚分离，然后进一步处理得到需要的高纯度丙烯。由于采用固定床工艺催化剂需要再生，大约反应 400~700h 后使用氮气、空气混合物进行就地再生。

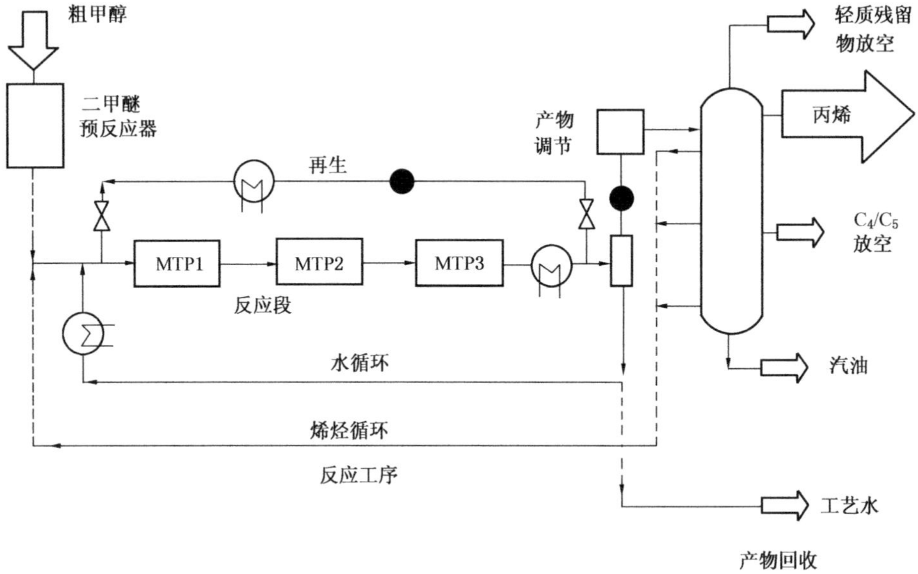

图 1-39　鲁奇公司 MTP 工艺流程示意图

未来煤或天然气价格仍是制约煤或天然气化工利用的关键因素。如果煤或天燃气制低碳烯烃装置建在煤或天然气产地，其原料价格相对较低，但又远离产品消费地，其经济性要在煤或天然气价格与运输费用上进行平衡；若在消费地建设，则其原料费用比较高，经济上就没有竞争力了。

二、甲醇制烯烃典型的分离工艺流程

(一) MTO 产品气的特点

MTO 工艺与传统的石油裂解法进行比较。DMTO 工艺不需要管式裂解炉，甲醇经流化床反应器反应后得到产品气，进而进行进一步的分离得到合格的低碳烯烃产品。传统的压缩、分离的原料裂解气变为了产品气。其组成与传统的裂解气比较见表1-58。

表1-58　管式裂解炉裂解气与DMTO工艺产品气的比较　　%(摩尔)

组　　成	管式裂解炉裂解气①	DMTO工艺产品气
H_2	15.27	2.81
CO	0.08	0.27
CO_2	0.01	0.06
H_2S	0.01	0.00
甲烷	21.38	3.64
乙炔	0.48	0.00
乙烯	31.56	46.51
乙烷	6.19	0.87
C_3H_4	0.38	0.00
丙烯	9.50	30.16
丙烷	0.52	1.95
丁二烯	2.60	0.15
1-丁烯	1.95	5.90
丁烷	0.11	0.26
C_5^+	4.74	1.16
EA	0.00	0.12
DME	0.00	0.06
丙烯醛	0.00	0.01
丙酮	0.00	0.03
N_2	0.00	0.23
H_2O	5.27	5.81

① 管式裂解炉裂解气来自某乙烯装置压缩区的进料；管式裂解炉的原料比例为：石脑油占48.25%，加氢尾油占39.08%，循环C_2占10.16%，循环C_3占2.51%。

由表1-58中可以看出，DMTO的反应气具有如下的一些特点：

(1) 氢气及甲烷含量明显低于石脑油管式炉裂解的氢气和甲烷；MTO气体中氢气、甲烷含量[%(摩)]分别为石脑油裂解气中氢气、甲烷含量的1/5.4和1/5.9；乙烯/甲烷摩尔比约为13左右，是石脑油裂解气的9倍左右。

(2) 乙烯和丙烯含量明显高于石脑油管式炉裂解的乙烯和丙烯含量。

(3) 含有甲醇和二甲醚等含氧化合物，其中甲醇含量约为0.12%(摩尔)，二甲醚含量约为0.06%(摩尔)，而石脑油管式炉裂解气没有这些杂质。

(4) 不含有石脑油管式炉裂解气中所带的硫化氢及二氧化硫等杂质，仅含有CO_2酸性气体。

(5) C_5及以上重组分较少，为管式炉裂解气的1/4。

(6) 丁二烯含量很低，仅为管式炉裂解气丁二烯含量的1/17。

(二) MTO烯烃分离的工艺特点

由于MTO反应技术所生成的产品气存在上述特点，就决定了后续流程中烯烃分离的技术特点存在其特殊性，不能直接将乙烯分离流程用于甲醇制烯烃产物分离。

以国内第一套成功商业化运行的神华包头1800kt/a年甲醇制烯烃装置为例(该装置采用大连化物所的DMTO技术和鲁姆斯的烯烃分离技术)，其中MTO烯烃分离工艺具有如下特点：

1. 采用中冷分离　因反应气中甲烷含量非常低，脱甲烷塔不必采用深冷分离，分离出甲烷和氢气，整个分离流程只需采用丙烯制冷。工艺流程比管式裂解炉简单，同时大量节省了低温钢材的应用，降低了投资，能耗也比管式裂解炉要低。

2. NO_x(含氧化合物)的去除　DMTO产品气中含有少量NO_x、O_2等杂质，传统分离流程必须配置杂质预处理方案：由于含有这些少量NO和O_2，NO能与氧反应生成NO_2，继而生成N_2O_3和N_2O_4。在-102℃下，N_2O_4与氨反应生成硝酸铵；N_2O_3、N_2O_4又与重组分中的双烯烃反应生成硝化树胶沉积在深冷低温设备中。由于NH_4NO_3是不稳定的强氧化物，与可燃的烃类混合且受高温影响时会迅速分解燃烧爆炸，而硝化树胶也是极不稳定的物质，一旦突然受热和受力冲击时，即可能发生爆炸，这将影响到装置的安全操作。甲醇制烯烃整个分离流程采用中压中冷分离，脱甲烷塔不采用深冷分离，整个分离流程只需采用-40℃及以上温度的丙烯制冷，氮氧化物NO_x及氧气随着甲烷、氢气从脱甲烷塔顶以气相形式分离出来，避免NH_4NO_3不稳定强氧化物生成，保证了装置的安全操作。

3. 低温热回收的工程运用　利用DMTO急冷水、水洗水等低温热作为低压脱丙烷塔、脱乙烷塔、丙烯精馏塔的再沸器热源，可节约低压蒸汽，减少循环水用量，降低能耗。

4. 脱甲烷塔顶吸收剂的选择　根据MTO产品气的特点，脱甲烷塔采用中冷分离技术。为了保证脱甲烷塔的分离效率，脱甲烷塔的吸收剂的选择确定了烯烃分离方案的工艺流程。目前常用的吸收剂有C_3、C_4、C_5或上述烃类的混合物。为达到脱甲烷塔的分离条件，在不同的流程安排和进料组成下，由于采用的吸收剂不同，所需要的吸收剂的用量不同，乙烯和丙烯从塔顶的跑损量也不同。以上吸收剂在其能耗(主要取决于吸收剂用量)和吸收效果(以乙烯和丙烯的跑损率来评价)上各有优势。在实际的工程设计中，吸收剂的选择需要根据实际情况及流程安排灵活运用。

5. 氧化物及少量杂质回收　DMTO产品气中含有甲醇和二甲醚等含氧化合物，其中甲醇含量约为0.12%(摩尔)，二甲醚含量约为0.06%(摩尔)；设置水洗塔通过水洗可除去甲醇。二甲醚在水洗塔中的脱除率仅为10%左右，其余的二甲醚80%存在于丙烷中，20%存在于丁烷中，对丙烯的纯度无影响。在工程运用中需要根据丙烷产品中对氧化物的要求设置二甲醚回收设施。

6. 酸性气体脱除　DMTO产品气中不含有石脑油管式炉裂解气中所带的硫化氢及二氧化硫等杂质，仅含有二氧化碳酸性气体，其CO_2含量与石脑油管式炉裂解气中的CO_2相当(0.06%~0.16%)，可以通过碱洗法脱除CO_2，另外也可以采用吸附法脱除CO_2。采用吸附法可避免碱液的存储和再生。

(三) MTO典型的分离流程

1. 鲁姆斯分离流程　CBI鲁姆斯公司烯烃分离工艺采用前脱丙烷后加氢、丙烷洗工艺技术。来自MTO的轻烯烃混合气经压缩机三级压缩、酸性气体脱除、水洗和干燥后，进入高、低压脱丙烷塔进行分离。高压脱丙烷塔顶物流经压缩机四段压缩后送至脱甲烷塔，塔顶主要是甲烷，经热量回收后作为燃料气并入燃料气管网。低压脱丙烷塔塔底物流送至脱丁烷塔，得到混合C_5和混合C_4副产品。脱甲烷塔塔底物流送至脱乙烷塔进行C_2和C_3分离，塔顶C_2组分经过乙炔加氢反应器后进入乙烯精馏塔，塔顶为聚合级乙烯。塔底C_3进入丙烯精馏塔，塔顶为聚合级丙烯。神华包头1800kt/a甲醇制烯烃工业化示范装置中的烯烃分离装置采用的是此技术。

该技术具有如下优点：

① 无传统的深冷分离单元，采用中冷分离技术；

② 仅有常规丙烯制冷，无乙烯制冷系统；

③ 采用物理分离方法脱除氮气、氧气和 CO；

④ 流程对进料组成变化适应性强，能适应进料中二甲醚、氮气、氧、CO 等较大范围变化。

缺点：用丙烯塔塔底丙烷循环至脱甲烷塔洗涤，增加了脱甲烷塔、脱乙烷塔、丙烯精馏塔的负荷，能耗增加，同时设备投资增大。

2. Maxstone 分离流程　北京麦科直通(Maxstone)石化工程设计有限公司开发了吸收剂来自前系统的工艺流程，避免了吸收剂循环造成设备费用和操作费用的增加。但是为了保证乙烯和丙烯的收率，在此基础上，他们又优化出了多股吸收剂的分离流程，多股吸收剂中的一股来自前系统，使大部分乙烯和丙烯被吸收，其他来自后系统以加强对乙烯和丙烯的吸收，确保乙烯和丙烯的损失最小。其中来自前系统的吸收剂是起主要作用的，吸收剂的量也多，其他来自后系统的吸收剂的量小。其特点如下：

① 吸收塔采用多股吸收剂，渐进吸收模式不仅增强了吸收塔(脱甲烷塔)的吸收效果，同时降低了投资和能耗。

② 来自脱甲烷塔之前从裂解气(或反应气)中粗分出来的 C_3、C_4 混合物为主的馏分作为脱甲烷塔的主要吸收剂。该股吸收剂本身是待分离的馏分混合物，避免了吸收剂主要来自后系统循环带来的能耗的增加。

③ 为了进一步提高烯烃的回收率，第二股量比较小的吸收剂来自后系统(如脱丙烷塔)，主要成分为 C_4、C_5 及 C_5 以上重组分组成的混合物。该吸收剂的特点在于可以根据裂解气(或反应气)的特征优化出不同配比的吸收剂，增强烯烃的吸收效果，降低能耗。

该分离工艺主要用于低碳烃类混合物的分离，包括轻烃裂解、烃类催化反应、醇、醚等氧化物制烯烃的气体混合物分离。其气体混合物的组成特点为：烯烃的收率高，同时产生少量的氢、甲烷、一氧化碳、二氧化碳、其他氧化物，及少量 C_5 以上的烃类。

该技术的工艺流程以甲醇制烯烃气体分离装置进行说明，主要包含如下步骤：

① 将甲醇经催化反应制取的反应气逐级升压至 2.0MPa(G)，经冷却后分为气、液两相，分别进入干燥系统进行干燥。

② 干燥后的气、液相进入一个吸收剂分离塔，从塔釜或侧线采出的以 C_3、C_4 混合物为主的馏分冷却后送入脱甲烷塔上部的合适位置，作为脱甲烷塔的主要吸收剂。吸收剂分离塔顶部较轻气体经压缩、冷却后，通过分离罐分离出气、液两相作为进料去脱甲烷塔。

③ 脱甲烷塔的第二股吸收剂采用脱丙烷塔塔釜的 C_4、C_5 及以上的混合物，送入脱甲烷塔的顶部进一步回收烯烃，该股吸收剂可由后系统自产的烃类混合物提供。

④ 脱甲烷塔的第二股吸收剂只需在脱甲烷塔、脱乙烷塔、脱丙烷塔之间循环。

⑤ 对于目前的甲醇制烯烃反应气的分离，特别是丙烯含量高时，脱甲烷塔塔顶通常可不设冷却、冷凝、回流系统。

⑥ 脱甲烷塔的第二股吸收剂由后系统循环方式提供时，脱甲烷塔塔釜物料送入脱乙烷塔，经脱乙烷塔塔顶分离出 C_2 组分去乙烯精馏塔精馏制取合格乙烯产品。脱乙烷塔塔釜物料送入脱丙烷塔，由脱丙烷塔塔顶分离出 C_3 组分送入丙烯精馏塔精馏制取合格的丙烯产品。脱丙烷塔塔釜物料部分作为吸收剂进入脱甲烷塔，部分送入脱丁烷塔脱除 C_4。

该技术与现有油吸收法分离低碳烃相比，在投资上可节省约 10%，能耗可节省约 7%～8%，乙烯回收率可达到 99.7%，丙烯回收率可达到 99.6%。

3. SEI 分离工艺　中国石化工程建设公司(SEI)开发了前脱乙烷技术，该技术已被运用于中原 600kt/a 甲醇制烯烃项目。该技术工艺流程包括：产品气升压后，进入脱乙烷塔将 C_2 及轻组分与 C_3 及重组分分离，脱乙烷塔塔顶物料加氢后进入脱甲烷塔脱除含有的少量甲烷和氢，脱甲烷塔塔釜物料进入乙烯精馏塔得到乙烯产品；脱乙烷塔的塔釜物料进入脱丙烷塔分离出 C_3 组分，然后进入丙烯精馏塔得到丙烯产品。在 C_2 及轻组分脱除甲烷单元中设有乙烯回收设施，以回收不凝尾气中的乙烯。

该技术主要特点如下：

① 脱甲烷塔塔顶尾气进入乙烯回收设施，进一步回收不凝气中的乙烯，从而提高了乙烯回收率，乙烯回收率在 99.5%及以上。

② 乙烯回收设施中所需要的冷剂来自脱乙烷塔回流罐或乙烯精馏塔抽出的一股液体物料。汽化后的冷剂返回产品气压缩机的适当位置，不需要单独的乙烯制冷压缩机。

该技术中脱甲烷塔采用丙烯中冷，但脱甲烷塔后的乙烯回收设施中需要深冷分离，属于部分深冷技术。深冷技术是传统石脑油裂解制乙烯装置的通用技术，由于采用部分深冷，分离温度得到进一步降低，因此降低了乙烯损失。但是产品气压缩机需要额外的能量消耗。

4. 惠生分离工艺　上海惠生工程公司根据 MTO 产物分布特点，成功开发了具有自主知识产权的 MTO 反应产物分离技术——PROA 工艺。该分离技术采用了预切割+油吸收分离技术取代传统深冷脱甲烷系统，并且采用切实有效的方法脱除 N_2、O_2、CO 和 DME 等含氧化合物和轻质气体。

该技术不使用深冷和低温脱甲烷精馏塔，仅使用丙烯冷剂和一级低等级乙烯冷剂的分离过程：用一个预切割精馏塔对 C_2 馏分进行非清晰切割，塔顶产物包括 CH_4、H_2 及其他轻质气体、部分 C_2 馏分及相平衡的少量 C_3；塔釜产品为其余 C_2 及更重组分。将预切割塔的出口气体冷却后进入一个吸收塔，用 C_3、C_4、C_5、C_6 或其烃类混合物组成的吸收剂分离其中的 C_1 和 C_2。轻质气体由吸收塔塔顶排出，吸收塔的塔底产品返回预切割塔，在该塔进一步吸收 C_2 馏分并脱出甲烷及更轻组分后送到脱乙烷塔进行 C_2 和 C_3 的清晰切割；脱乙烷塔塔顶得到 C_2 馏分，去乙烯精馏塔分离得到乙烯和乙烷，塔釜产品是 C_3 及更重组分；若进入预切割塔的进料中含有乙炔，则脱乙烷塔塔顶产品先脱除乙炔再进入乙烯精馏塔。该过程投资少、能耗较低，但仍然需要丙烯冷冻压缩机和一个单级乙烯冷冻压缩机。由于吸收剂吸收气相中的 C_2 组分时会放出热量，当吸收塔为常规的无冷凝器和冷却器的吸收塔时，放出的热量使气液相温度升高，进而使吸收塔出口气体中的 C_2 组分及吸收剂含量增加，采用降低气液相进口温度的方法降低出口气体的温度以减少其中的 C_2 组分含量。

当乙烯产量为 300kt/a 时仅需要一个轴功率小于 150kW 的单级乙烯冷冻压缩机。为了能取消仍需较高投资费用和大量的操作及维护费用的小容量乙烯压缩机，采用吸收剂与被吸收物流逆相接触、温度已升高的条件下冷却该物系的方法，即采用设有塔顶冷凝器的吸收塔，达到在较高温度条件下冷却该物系的目的，冷凝器采用丙烯冷剂，使乙烯冷冻压缩机不再成为必需。该方法得到的乙烯产品中乙烯质量分数可大于 99.95%，乙烯回收率大于 99.6%。

2010 年该技术被陕西蒲城清洁能源化工有限责任公司 700kt/a DMTO-Ⅱ示范项目烯烃分离装置所采用，打破了该领域一直为国外技术所垄断的局面。

5. UOP 分离工艺 MTO 反应器出来的产品气经热量回收后冷却，在分离器中将冷凝水排除。冷凝气体压缩后除去含氧化物，进入碱洗塔脱除 CO_2，进一步在干燥器中脱水后进入产品分离系统(脱乙烷塔、乙炔饱和塔、脱甲烷塔、乙烯分离塔、丙烯分离塔和脱丁烷塔等)。

UOP 公司开发的 MTO 分离流程主要特点如下：

① 采用前脱乙烷流程，减少脱甲烷塔进料，减少制冷设备，节约能源；

② 与常规石脑油裂解生产乙烯的装置相比，增加了脱甲烷塔塔顶产品中的乙烯含量，提高了脱甲烷塔塔顶的温度(高于-45℃)，避免采用乙烯冷量。

③ 但由于脱甲烷塔塔顶出料含有 15%的进料乙烯，为了回收脱甲烷塔塔顶气体中的乙烯，将该气体送入变压吸附装置吸附、脱附，分离甲烷、氢和乙烯，将回收的乙烯返回压缩机进口，增加了后续工序的负荷；将含甲烷和轻烯烃馏分部分返回至转化反应区，甲烷取代水作为稀释剂，从而减少了水对催化剂稳定性及寿命的不利影响。

④ 产品收率如下：乙烯收率为 40%，丙烯为 38%。

第四节 投资与经济效益

一、概述

对一项生产技术先进性的衡量，除了技术方面的比较外，投资与经济效益也是非常重要的衡量指标。在本节中，我们将以两套目前较常见的乙烯生产装置[1000kt/a 乙烯装置和 1800kt/a 甲醇制烯烃(MTO)装置]为例进行投资和效益分析，对乙烯装置的投资与效益情况作简略介绍。

二、投资与效益测算的范围和基本原则

(一) 测算范围

本次测算仅针对乙烯装置、甲醇制烯烃装置分别进行投资和效益测算，具体测算范围见表 1-59。

表 1-59 乙烯装置、甲醇制烯烃装置对比表

序号	装 置	经济规模/(kt/a)	主要原料	主要产品
1	乙烯装置	1000(乙烯)	石脑油	乙烯、丙烯①
2	甲醇制烯烃(MTO)	1800(原料)	甲醇	乙烯、丙烯②

① 乙烯装置乙烯产品为 1000kt/a，丙烯 500kt/a。

② MTO 装置乙烯和丙烯产品共计 600kt/a。

(二) 测算基本原则

1. 投资估算 为了保证经济效益分析的一致性，对两套工艺装置的投资估算基准界定如下：

(1) 两套装置均采用国内已经成熟并已有工业化业绩的国产化工艺技术；

(2) 两套装置都为新建装置并需新征建设用地；

(3) 每套装置只计算装置界区红线范围以内的投资，其下游生产装置、公用工程和辅助

设施的投资均不包括；

(4) 装置投资的工程费中不包括地基处理费用、引进部分的关税和增值税以及特定条件下费用。

2. 效益测算

(1) 经济测算的投入产出数据以装置界区内投入、产出数据为基础；

(2) 装置界区外引入的原料、燃料、公用工程以及送出装置的产品、副产品，作价时采用同一价格体系；

(3) 建设投资是装置界区内同一时期(2010 年底)的投资，不包括公用工程的投资，所有公用工程按外购考虑。

三、效益测算基本数据选取

1. 实施进度及生产负荷　各装置经济测算的计算期为 18 年，其中建设期 3 年，生产期 15 年。用款计划为第一年 30%，第二年 50%，第三年 20%。项目投产第一年生产负荷为 90%，第二年及以后各年的生产负荷均为 100%。

2. 资金筹措

(1) 各装置经济测算自有资金按报批总投资的 40% 考虑，其余部分为建设投资借款和流动资金借款；

(2) 借款利率按中国人民银行 2011 年 7 月 7 日公布的借款利率考虑，其中建设投资借款名义利率为 7.05%，流动资金借款利率为 6.56%；

(3) 项目流动资金估算采用详细估算法，流动资产及流动负债各分项的周转天数见表 1-60；

表 1-60　流动资产及流动负债周转天数分项表

项目名称	周转天数	项目名称	周转天数
流动资产		在产品	2
应收账款	30	产成品	10
存货		现金	15
原料	15	流动负债	
化学品催化剂	30	应付账款	30
燃料	15		

(4) 铺底流动资金占流动资金总额的 30%，其余为流动资金借款。

3. 成本估算

(1) 工资及福利费 10 万元/人·年；

(2) 固定资产折旧按年限平均法计算，折旧年限为 14 年，残值率为 5%；无形资产及其他资产分别按 10 年和 5 年平均摊销；

(3) 修理费费率 3%；

(4) 其他制造费用定额 3.12 万元/人·年；

(5) 其他管理费用定额 7.5 万元/人·年；

(6) 营业费用为营业收入的 0.9%；

(7) 除水、蒸汽和液化气的增值税率为 13% 外，其余原料、产品及公用工程的增值税税率为 17%；城市维护建设税为增值税的 7%，教育费附加为增值税的 3%；

(8) 企业所得税税率为 25%；

(9) 企业盈余公积金按税后利润的 10%提取，税后利润提取完公积金后作为未分配利润留存企业；

(10) 人民币长期贷款按 8 年(不含建设期)等额还本考虑；还款资金来源为 100%的折旧、100%的摊销及 100%的未分配利润。

4. 价格体系说明

(1) 主要原料及产品采用 2005~2010 年平均价(进口等价)；价格体系中不包括的原材料和产品价格根据产品品质比率确定。两套装置具体价格如表 1-61 和表 1-62。

表 1-61 1000kt/a 乙烯装置主要原料及产品平均单价① 元/t

名 称	不含税单价	含税单价
外购原材料		
石脑油	4943	5783
加氢尾油	4943	5783
芳烃抽余油	4943	5783
饱和液化气	4225	4774
丙烷	4225	4774
外销产品		
乙烯	7519	8797
丙烯	7672	8976
氢气	6415	7505
甲烷氢	2991	3500
混合 C_4	4893	5725
粗裂解汽油	4844	5667
裂解柴油	4448	5205
裂解燃料油	2943	3443

① 加氢尾油价格=石脑油价格(扣消费税)；
芳烃抽余油价格=石脑油价格(扣消费税)；
丙烷价格=液化气价格；
氢气价格按 70%的纯氢与 30%的燃料气加权平均取定；
甲烷氢价格=燃料气价格；
混合 C_4 价格=石脑油价格(扣消费税)×0.99；
粗裂解汽油价格=石脑油价格(扣消费税)×0.98；
裂解柴油价格=石脑油价格(扣消费税)×0.9；
裂解燃料油价格=180CST 燃料价格扣除消费税。

表 1-62 1800kt/a 甲醇制烯烃(MTO)装置主要原料及产品平均单价① 元/t

项 目 名 称	不含税单价	含税单价
外购原材料		
甲醇	2271	2657
外购燃料		
燃料气	2991	3500
外销产品		
乙烯	7519	8797

续表

项 目 名 称	不含税单价	含税单价
丙烯	7672	8976
乙烷	4225	4774
丙烷	4225	4774
C_4 液化气	4225	4774
C_5 汽油	4696	5494
燃料气	2991	3500

① 乙烷价格=液化气价格；
丙烷价格=液化气价格；
C_4 液化气价格=液化气价格；
C_5 汽油价格=石脑油价格(扣消费税)×0.95。

(2) 公用工程的价格按2010年平均价格水平确定，其具体价格见表1-63。

表1-63　2010年公用工程的单价

名　　称	单　　位	不含税单价
超高压蒸汽	元/t	176.99
高压蒸汽	元/t	159.29
中压蒸汽	元/t	141.59
低压蒸汽	元/t	141.59
蒸汽凝液	元/t	10.62
氮气	元/Nm^3	0.34
装置空气	元/Nm^3	0.17
仪表空气	元/Nm^3	0.17
锅炉给水	元/t	15.93
脱盐水	元/t	13.27
循环冷却水	元/t	0.27
新鲜水	元/t	2.65
生活水	元/t	2.65
电	元/度	0.55

四、投资估算及效益测算表格

(一) 1000kt/a 乙烯装置

根据本节中列出的测算原则和选取的测算基本数据，对1000kt/a乙烯装置的投资和经济效益进行测算，装置投资估算表见表1-64，装置财务指标汇总见表1-65.

表1-64　装置投资估算表

工程或费用名称	设备购置费/万元	主要材料费/万元	安装费/万元	建筑工程费/万元	其他/万元	合计/万元	其中外汇/万美元
总投资	162200	119039	36898	20861	137412	476410	11374
建设投资	162200	119039	36898	20861	65992	404990	11374
固定资产投资	178199	127663	36898	20861	39932	403554	11151
工程费	178199	127663	36898	20861		363621	11151

续表

工程或费用名称	设备购置费/万元	主要材料费/万元	安装费/万元	建筑工程费/万元	其他/万元	合计/万元	其中外汇/万美元
乙烯装置	178199	127663	36898	20861		363621	11151
固定资产其他费					39932	39932	
无形资产投资					9710	9710	
其他资产投资					2182	2182	
预备费					14168	14168	233
扣减设备材料增值税	-15999	-8624				-24623	
建设期利息					30701	30701	
铺底流动资金					40719	40719	

表 1-65　装置财务指标汇总

项目名称	单位	数值	备注
基本数据			
项目报批总投资	万元	476411	含外汇　11374 万美元
建设投资	万元	404990	含外汇　11374 万美元
建设期利息	万元	30701	含外汇　万美元
铺底流动资金	万元	40719	全额流资　135732 万元
资本金	万元	190564	
营业收入	万元	1646602	生产期均值(不含税)
营业税金及附加	万元	2685	生产期均值
增值税	万元	26849	生产期均值
总成本费用	万元	1576847	生产期均值(不含税)
利润总额	万元	67069	生产期均值
所得税	万元	16767	生产期均值
税后利润	万元	50302	生产期均值
项目财务盈利能力指标			
项目投资财务内部收益率	%		
所得税前		16.39%	
所得税后		13.19%	
项目投资财务净现值	万元		折现率 i=13%
所得税前		88560	
所得税后		4706	
静态投资回收期	年		含建设期　3 年
所得税前		8.12	
所得税后		9.13	
资本金财务内部收偿率	%	20.25%	所得税后
总投资收益率	%	11.74%	生产期均值
资本金净利润率	%	26.40%	生产期均值
项目偿债能力指标			
利息备付率		4.89	借款偿还期内均值
偿债备付率		1.76	借款偿还期内均值
资产负债率	%	38.23%	生产期均值

由表 1-65 可知，在“2005~2010 年平均价(进口等价)”价格体系下，1000kt/a 乙烯装置所得税前项目投资财务内部收益率为 16.39%，所得税后为 13.19%。

(二) 1800kt/a 甲醇制烯烃(MTO)装置

根据本节中列出的测算原则和选取的测算基本数据，对 1800kt/a 甲醇制烯烃(MTO)装置的投资和经济效益进行测算，装置投资估算表见表 1-66，装置财务指标汇总见表 1-67。

表 1-66　装置投资估算表

工程或费用名称	设备购置费/万元	主要材料费/万元	安装费/万元	建筑工程费/万元	其他/万元	合计/万元	其中外汇/万美元
总投资	119255	46994	22761	11924	77017	277951	4214
建设投资	119255	46994	22761	11924	46985	247919	4214
固定资产投资	131018	50399	22791	11924	24268	240371	4131
工程费	131018	50399	22761	11924		216102	4131
甲醇制烯烃(MTO)装置	131018	50399	22761	11924		216102	4131
固定资产其他费					24268	24268	
无形资产投资					13000	13000	
其他资产投资					1297	1297	
预备费					8420	8420	83
扣减设备材料增值税	-11763	-3405				-15168	
建设期利息					17912	17912	
铺底流动资金					12120	12120	

表 1-67　装置财务指标汇总

项 目 名 称	单　位	数　值	备　注
基本数据			
项目报批总投资	万元	277951	含外汇　4214 万美元
建设投资	万元	247919	含外汇　4214 万美元
建设期利息	万元	17912	含外汇　万美元
铺底流动资金	万元	12120	全额流资　40400 万元
资本金	万元	111180	
营业收入	万元	533724	生产期均值(不含税)
营业税金及附加	万元	1326	生产期均值
增值税	万元	13257	生产期均值
总成本费用	万元	492292	生产期均值(不含税)
利润总额	万元	40107	生产期均值
所得税	万元	10027	生产期均值
税后利润	万元	30080	生产期均值
项目财务盈利能力指标			
项目投资财务内部收益率	%		
所得税前		17.19%	
所得税后		13.98%	

续表

项目名称	单位	数值	备注
项目投资财务净现值	万元		折现率 i=13%
所得税前		61501	
所得税后		13657	
静态投资回收期	年		含建设期　　3 年
所得税前		7.69	
所得税后		8.57	
资本金财务内部收偿率	%	20.22%	所得税后
总投资收益率	%	13.10%	生产期均值
资本金净利润率	%	27.06%	生产期均值
项目偿债能力指标			
利息备付率		6.29	借款偿还期内均值
偿债备付率		1.86	借款偿还期内均值
资产负债率	%	28.46%	生产期均值

由表 1-67 可知，在“2005~2010 年平均价(进口等价)”价格体系下，1800kt/a 甲醇制烯烃(MTO)装置所得税前项目财务内部收益率为 17.19%，所得税后为 13.98%。

五、乙烯产品链中一些下游工艺装置的工程费

本书给出常见的几套乙烯产品链中下游工艺装置的工程费，以供参考，见表 1-68。

表 1-68　乙烯产品链中下游工艺装置的工程费

工程或费用名称	设备购置费/万元	主要材料费用/万元	安装费/万元	建筑工程费/万元	其他/万元	合计/万元	其中外汇/万美元
140kt/a 丁二烯抽提装置	10100	5900	2500	2600		21000	300
300kt/a 高密度聚乙烯装置	42600	14100	5400	5700		67600	4000
80/30kt/aMTBE/丁烯-1 装置	4000	2500	1400	1400		9100	100
400kt/a 聚丙烯装置	71300	20900	7500	6900		106400	700
300kt/a 线性低密度聚乙烯装置	41000	14200	5400	6200		66600	3400
550kt/a 裂解汽油加氢装置	9000	5000	2100	1600		17500	200
80/380kt/aEO/EG 装置	65700	20200	7900	6400		100000	2500

参　考　文　献

1　王松汉，何细藕主编．乙烯工艺与技术．北京：中国石化出版社，2001
2　李作政，冷寅政．乙烯生产与管理．北京：中国石化出版社，1992
3　陈滨．乙烯工学．北京：化学工业出版社，1997
4　黄耀曾，钱长涛．金属有机化合物在有机合成中的应用．上海：上海科学技术出版社，1986
5　王松汉．石油化工，1995，24(8)
6　瞿国华．乙烯工业原料优化．北京：中国石化出版社，2003
7　王松汉．化工技术经济．2004，(8)
8　王松汉．中国化工报(日)，2005-8-19
9　王松汉．中国化工报(日)，2005-8-22
10　张勇．烯烃技术进展．北京：中国石化出版社，2008

11 CN1030440A
12 N·N格林伍德，A·厄恩肖．元素化学(中册)．北京：高等教育出版社，1996
13 徐绍龄，徐其亨，田应朝等．无机化学丛书．第六卷．北京：科学出版社，1995
14 Fourth Annual Ethylene Producers Conference. AIChE spring Meeting，1992
15 US4532115
16 US3782076
17 US4962272
18 CN1003410A
19 US4877920
20 US4462896
21 US4743435
22 CN1031557A
23 US2778779
24 US4069140
25 US4354927
26 US4601998
27 CN1095749A
28 CN1049375A
29 CN1203121A
30 US3812653
31 CN1062300A
32 US4902662
33 CN1197052A
34 US2781297
35 US4605812
36 CN1091767A
37 US4911825
38 US4719006
39 CN1045596A
40 CN1212992A
41 CN1229836A
42 CN1136070A
43 余启炎，冷冰等．低温脱砷催化剂的开发和工业应用．中国化工学会2001年石油化工学术年会．北京：中国化工学会石油化工专业委员会，2001
44 CN1015471B
45 CN1018654B
46 CN1049918C
47 CN1047189C
48 乔映宾．当代石油石化，2006，14(9)：1
49 安林红．当代石油石化，2006，14(5)：16
50 Catal. Letter，2006，105(3~4)：249
51 亚洲化学新闻，2005，11(512)：2
52 Chem. Eng.，2007，114(4)
53 Suzuki K，Kirpalani D M，Mccracken T W. Chem. Eng. Technol.，2006，29(1)：44

54 Chem. Eng., 2007, 114(5)
55 张方. 化工技术经济, 2006, 24(2): 1
56 陈铁, 李瑞. 中国化工信息, 2006, (13): 17
57 余乃言. 中国化工信息, 2006, (11): 15
58 徐兆瑜. 化工科技市场, 2007, 30(3): 18
59 洪定一. 化工技术经济, 2006, (4): 3
60 柯丽, 冯静, 张明森. 石油化工, 2006, 35(3): 205~211
61 李立新, 倪进方, 李延生. 化工进展, 2008, 27(9): 1334
62 高晋生, 张德祥. 煤化工, 2006(4): 7~12
63 王松汉, 裴雪梅, 张怀生. 甲醇制烯烃(MTO)气体分离工艺流程. CN201010203557
64 倪进方, 李立新. 一种含轻质气体的非深冷低碳烃分离方法. CN200710044193. 0[P]
65 倪进方, 李立新. 精馏与溶剂相结合的含轻质气体低碳烃的分离方法. CN200710171098. 7[P]
66 Senetar John, Miller J, Lawrence W. Process for producing ethylene. WO 01/2517A1[P]
67 王松汉. 一种低碳烃类分离及甲醇制烯烃(M-OS/MTO)气体分离工艺流程. CN2011102793131
68 蓝春树, 鲁卫国. 乙烯装置长周期运行与管理. 北京: 中国石化出版社, 2011

第二章　裂解和急冷

第一节　评价裂解原料特性的主要指标

生产乙烯的裂解原料范围很广，从乙烷到沸点达560℃的石油馏分均可作为管式炉裂解制乙烯的原料。原料分为气体和液体两大类：气体原料包括油田伴生气、炼厂气和各种其他途径得到的轻烃；液体原料主要来自原油一次或/和二次加工得到的石脑油、轻柴油、减压柴油馏分等。原料组成因产地和加工方法不同差别很大，而组成又对裂解产品分布和工艺有着决定性的影响，因此很难用统一的指标来表征所有原料的裂解特性。针对不同原料，研究者总结了一套采用多种组合表征裂解原料特性的公认指标(见表2-1)。这些指标有原料的化学组成，石油馏分的物性(馏程、密度、平均分子量、特性因素、芳烃指数、折射率等)，含氢量和杂质含量等。这些指标可用色谱、质谱和核磁共振仪和其他专门仪器测定，或由计算式(或图表)和关联式得到。这些指标与原料裂解特性和工艺结果有一定的关联关系。

表2-1　评价裂解原料的参数①

评价指标	气体原料	液体原料		
	乙烷、丙烷 丁烷、C_5烃	石脑油馏分 30~200℃	常压柴油馏分 160~360℃	减压柴油馏分 250~560℃
化学组成				
详细烃组成	●			
烃族组成		●	○	○
n-P/*i*-P		●		
统计平均分子			●	●
结构族组成			●	●
氢含量或碳氢比		●	●	●
平均分子量		●	●	●
含硫量	●	●	●	●
物性指标				
馏程		●	●	●
相对密度		●	●	●
特性因数		○		
BMCI			●	●
折射率		○	○	○
黏度		○	○	○
残炭、沥青质			●	●
溴价或碘值		○	○	○
其他杂质	○	○	●	●

① ●—重点指标；○——般指标。

一、石油烃的化学组成

裂解原料中的主要成分是各种碳数不同的烃类的混合物。各种烃由于化学结构不同，所表现的裂解反应性能也不尽一致。烃类组成一般有以下几种表示法。

（一）烃的详细组成

一种裂解原料的裂解性能主要取决于它是由哪些烃所组成以及这些烃在混合物中的含量，因此裂解原料的详细烃组成是最根本表征其裂解性能的数据。由于作为裂解原料的石油馏分碳数分布很广（C_2～C_{40}），因此，此种烃组成表示法只限于用作表征气体原料（乙烷，丙烷，丁烷，C_5 烃）裂解特性的指标。因为气体烃组成相对简单，通过气相色谱测定也比较容易。气体烃裂解几乎不生成液体产品：乙烷裂解主要生成乙烯、氢和甲烷，是生成乙烯和氢选择性最高的裂解原料（乙烯选择性约为 80%），但生成甲烷较其他原料低；丙烷裂解的主产品为乙烯、丙烯、甲烷和氢，生成乙烯选择性可达 43%左右；正丁烷裂解主产物为乙烯、丙烯、甲烷、丁烯和丁二烯，生成乙烯选择性可达 42%左右，但异丁烷裂解生成乙烯选择性只有 20%左右；C_5 正构烷烃裂解主产物与正丁烷大体一致，但它会生成少量的液体产品；C_5 异构烷烃和环烷烃裂解生成乙烯的选择性比 C_5 正构烷烃低，而生成的液体产品比正构烷烃高。

（二）族组成（*PONA* 值）

石油馏分主要由烃组成，其结构可分为链烷烃、烯烃、环烷烃和芳烃四大类，一般用 *PONA* 值表示，*PONA* 值的含义为：

P——链烷烃（PARAFFIN）；

O——烯烃（OLEFIN）；

N——环烷烃（NAPHTHENE）；

A——芳烃（AROMATICS）；

各族烃类的裂解性能不尽相同，但大体上符合以下规律。

链烷烃：链烷烃较易裂解生成乙烯和丙烯，其中正构烷烃裂解的乙烯收率比异构烷烃高，甲烷、丙烯、丁烯、芳香烃的收率比异构烷烃低。因此，在烷烃分析中尚需分别测定正构烷烃（n-P）和异构烷烃（i-P）的含量（即正/异构比，n-P/i-P）。值得注意的是正、异构烷烃的裂解性能差异随着烷烃碳数的减少越发显著。链烷烃是裂解制乙烯、丙烯等主产品最主要的成分，一般裂解原料中 *P* 含量>60%，而 *P* 含量>70%（n-P/i-P ≈ 1）的石脑油为优质的裂解制乙烯原料。

烯烃：裂解原料中一般烯烃含量低于 3%。烯烃的裂解性能一般不如相应碳数的烷烃，但它是生成炉管焦的重要母体。二次加工石油馏分烯烃含量较高，需经过加氢处理后方可作为裂解原料。

环烷烃：裂解原料中一般环烷烃含量为 10%～30%。环烷烃裂解的乙烯、丙烯及碳四烯烃收率不如烷烃，而且比烷烃易于生成芳烃。环已烷裂解生成乙烯、丁二烯和芳烃，环戊烷裂解生成乙烯和丙烯。

芳烃：裂解原料中一般芳烃含量在 15%以下。芳环和短侧链芳烃裂解时几乎不生成气体产物，芳烃发生的最重要的反应是缩聚反应，形成高分子量的化合物，成为裂解焦油的主要组成，如果缩聚反应严重则会造成结焦和积炭。长侧链芳烃的侧链在裂解时对生成乙烯、丙烯是有贡献的，并随着侧链长度增加而增加。

PONA 值在一定程度上可以反映原料的裂解性能，一般用作表征石脑油馏分裂解性能的主要指标。表 2-2 列出了三种石脑油 *PONA* 值，图 2-1 为它们裂解的主要产品收率。

表 2-2　三种石脑油的 *PONA* 值　　%

烃	石脑油 1				石脑油 2				石脑油 3			
	n-P	*i*-P	N	A	*n*-P	*i*-P	N	A	*n*-P	*i*-P	N	A
C_3	0.1	—	—	—	0.8	—	—	—	—	—	—	—
C_4	2.8	0.3	—	—	3.8	0.8	—	—	0.1	—	—	—
C_5	15.9	10.4	1.4	—	5.6	3.6	0.4	—	0.4	0.4	—	—
C_6	11.4	14.4	5.2	1.0	5.8	6.2	3.0	0.6	0.8	0.7	0.8	0.3
C_7	5.9	8.0	3.8	1.8	5.9	6.5	4.9	1.6	11.8	4.8	6.5	5.2
C_8	2.5	4.9	2.3	2.2	6.3	7.5	4.5	5.0	8.7	16.5	8.7	11.1
C_9	1.3	1.1	0.4	1.2	5.4	3.4	0.9	7.0	6.1	6.1	2.2	3.5
C_{10}	0.6	1.2	—	—	3.5	7.0	—	—	1.8	3.5	—	—
合计	40.5	40.3	13.0	6.2	37.1	35.0	13.7	14.2	29.7	32.0	18.2	20.1

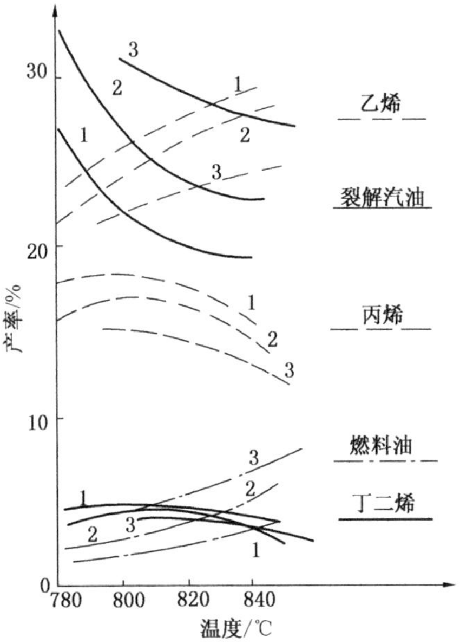

图 2-1　三种石脑油裂解主要产品分布

裂解条件：稀释比 0.7，流速 13.5g/(cm^2 · s)，入口温度 580℃

从表 2-2 和图 2-1 三种石脑油的对比结果可以看出，石脑油 1 烷烃含量较高，乙烯、丙烯、丁二烯收率亦最高，石脑油 2 次之，石脑油 3 最低。而副产物如裂解汽油和燃料油的收率规律正好与之相反。所以，*PONA* 值是一个表征原料(特别是石脑油)裂解性能的简单而实用的参数。

原料油品的族组成 *PONA* 值通常由实验测得，当无实验数据时，可由下列方法估算。

$$P=a+bR_i+cVG \tag{2-1}$$

$$N=d+eR_i+f\ VG \tag{2-2}$$

$$A=g+hR_i+iVG \tag{2-3}$$

其中，

$$R_i=n-\frac{d_4^{20}}{2} \tag{2-4}$$

$$I=\frac{(n_D^{20})^2-1}{(n_D^{20})^2+2} \tag{2-5}$$

VG 的计算如下：

对重馏分

$$VG=\frac{10d_{15.6}^{15.6}-1.0752\lg(v_{100}-38)}{10-\lg(v_{100}-38)} \tag{2-6}$$

$$或\quad VG=\frac{d_{15.6}^{15.6}-0.24-0.022(v_{210}-35.5)}{0.755} \tag{2-7}$$

对轻馏分

$$VG=-1.816+3.484d_{15.6}^{15.6}-0.1156\ln v_{100} \tag{2-8}$$

$$或\quad VG=-1.948+3.535d_{15.6}^{15.6}-0.1613\ln v_{210} \tag{2-9}$$

式中 a，b，c，……，i——常数，其取值见表 2-3；

n_D^{20}——原料在 20℃，101.3kPa 时的折射率；

M——原料的平均分子量；

d_4^{20}，$d_{15.6}^{15.6}$——原料在 20℃和 15.6℃，101.3kPa 下的相对密度，kg/dm^3；

v_{100}，v_{210}——原料在 100℉(37.8℃)和 210℉(98.9℃)的运动黏度，m^2/s。

d_4^{20} 也可由下式计算：

$$d_4^{20}=2.83085M^{0.03975}I^{1.13543} \tag{2-10}$$

表 2-3 族组成 *PONA* 值的计算系数

常　数	轻　馏　分	重　馏　分
a	-13.359	2.5737
b	14.4591	1.0133
c	-1.41344	-3.573
d	23.9825	2.464
e	-23.333	-3.6701
f	0.81517	1.96312
g	-9.6235	-4.0377
h	8.8739	2.6568
i	0.59827	1.60988
适用范围(分子量)	70~200	200~600

(三) 结构族组成

除了上述几种烃类组成表示法外，还有一种很有实际意义，也比较容易测定的烃类组成表示方法，称为结构族组成表示法。

众所周知，高沸点石油馏分由于分子量较大，结构复杂，往往在一个分子中同时含有芳香环、环烷环及相当长的烷基侧链。若按上述族组成法表示，准确性就有问题。例如，

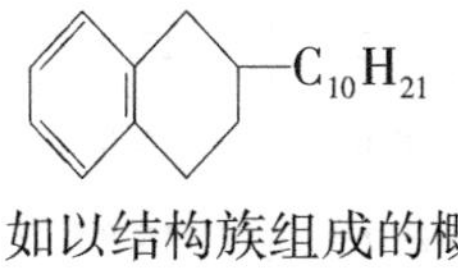

就很难用族组成概念准确说明它究竟是属于烷烃、环烷烃还是芳香烃。

如以结构族组成的概念，我们就可以认为此化合物是由芳香环、环烷环、烷基侧链三种结构单位组成。这三种结构单位在分子中所占的分量，可以用芳香环上的碳原子数占分子总碳原子数的百分数(C_A)、环烷环上的碳原子数占分子总碳原子数的百分数(C_N)和烷基侧链上的碳原子数占分子总碳原子数的百分数(C_P)来表示。在上面的例子中：

$$C_A\%=\frac{6}{20}\times100=30 \tag{2-11}$$

$$C_N\% = \frac{4}{20} \times 100 = 20 \tag{2-12}$$

$$C_P\% = \frac{10}{20} \times 100 = 50 \tag{2-13}$$

除了三种结构碳原子数分布百分数外，再加上分子中的总环数($R_T = 2$)，分子中芳香环数($R_A = 1$)和分子中环烷环数($R_N = 1$)，就可较好地描述此分子的结构。

石油馏分中的烃类组成方法也可以用这种方法表示，只是要把整个石油馏分当作一个平均分子看待，此时 C_A、C_N、C_P、R_T、R_A、R_N 的定义和含量都是相对平均分子而言。

通过进一步的研究发现，石油馏分的相对密度、折射率、分子量、黏度等物理常数与其结构族组成有着密切关系。各族烃中：芳香烃的相对密度和折射率最大，而且随着芳香环环数的增加其相对密度和折射率也增加；烷烃的相对密度和折射率最小，环烷烃的相对密度和折射率介于二者之间。因此，我们可以用 n-d-M 法(折射率-相对密度-分子量关联法)和 n-d-v 法(折射率-相对密度-黏度关联法)通过物性数据来计算石油馏分的结构族组成。

馏分油结构族组成与其 n、d、M 的关系可用以下通式表示。

$$C = a\Delta d + b\Delta n + \frac{c}{M} \tag{2-14}$$

$$R = a_1 M\Delta d + b_1 M\Delta n + c_1 \tag{2-15}$$

$$\Delta d = d_4^{20} - 0.8513 \tag{2-16}$$

$$\Delta n = n_D^{20} - 1.4752 \tag{2-17}$$

式中　C——芳香环或环烷环上碳原子的百分数；

R——芳香环或环烷环的环数；

a、b、c、a_1、b_1、c_1——常数。

表 2-4 列出了我国大庆、大港的中间馏分油结构族组成数据。由表中可以看出，随着沸点的增加，其芳环的环数也在增加，这对所有的油品都是一种普遍规律。随着沸点的增高，这两种原油中间馏分侧链上碳原子百分数也逐渐增加，并且侧链比环增加的份额要大。

表 2-4　大庆、大港中间馏分油结构族组成

原油种类	馏分范围/℃	结构族组成					
		R_A	R_N	R_T	C_P/%	C_N/%	C_A/%
大港原油	200~250	0.3	1.0	1.3	38.6	44.2	17.2
	250~300	0.4	1.1	1.5	50.0	32.2	17.9
	300~330	0.5	1.1	1.6	56.0	28.0	16.0
	330~360	0.6	1.0	1.6	57.6	25.6	16.8
大庆原油	200~250	0.15	0.43	0.58	68.5	25.5	6.0
	250~300	0.22	0.6	0.82	74.0	18.0	8.0
	300~350	0.28	0.58	0.86	74.5	16.5	9.0

结构族组成与平均分子结构概念有很多相似之处，但它的分析比较简单易得，故在馏分

油分析中常被采用。

二、密度和相对密度

(一) 石油馏分的相对密度和密度

石油馏分的相对密度为其密度与规定温度下水的密度之比，无因次。因为水在4℃时的密度为1g/cm³，所以常用4℃时的水作为基准。石油馏分在t℃时的密度与4℃水的密度之比(即相对密度)以d_4^t表示，数值上等于该馏分油在t℃时的密度。我国常用的相对密度是d_4^{20}，是根据石油产品标准测定方法(SY 2206—76)，用石油密度计或相对密度瓶测定的。

在工艺计算中，常常需要15.6℃时的相对密度。此时，可用表2-5中的校正值将d_4^{20}换算为$d_{15.6}^{15.6}$。此外，d_4^t与$d_{15.6}^t$之间的关系也可用下式换算：

$$d_4^t = 0.9990 d_{15.6}^t \tag{2-18}$$

表2-5　相对密度(d_4^{20}与$d_{15.6}^{15.6}$)换算表①

相对密度$d_{15.6}^{15.6}$或d_4^t	校　正　值	相对密度$d_{15.6}^{15.6}$或d_4^t	校　正　值
0.700~0.710	0.0051	0.840~0.850	0.0043
0.710~0.720	0.0050	0.850~0.860	0.0042
0.720~0.730	0.0050	0.860~0.870	0.0042
0.730~0.740	0.0049	0.870~0.880	0.0041
0.740~0.750	0.0049	0.880~0.890	0.0041
0.750~0.760	0.0048	0.890~0.900	0.0040
0.760~0.770	0.0048	0.900~0.910	0.0040
0.770~0.780	0.0047	0.910~0.920	0.0039
0.780~0.790	0.0046	0.920~0.930	0.0038
0.790~0.800	0.0046	0.930~0.940	0.0038
0.800~0.810	0.0045	0.940~0.950	0.0037
0.810~0.820	0.0045	0.950~0.960	0.0037
0.820~0.830	0.0044	0.960~0.970	0.0037
0.830~0.840	0.0044	0.970~0.980	0.0036

① $d_4^{20}=d_{15.6}^{15.6}-$校正值，或者　$d_{15.6}^{15.6}=d_4^{20}+$校正值。

1. 液体石油馏分相对密度与温度、压力的关系　与一般液体相似，液体石油馏分的相对密度随温度升高而减小。在20℃±5℃温度范围内，其密度随温度的变化可近似看作线性关系，可用下式求得20℃或者t℃时的密度。

$$\rho_{20} = \rho_t + \gamma(t-20) \tag{2-19}$$

式中　ρ_{20}、ρ_t——20℃、t℃时的密度，g/cm³；

γ——平均密度温度系数，g/(cm³·℃)，其值随温度变化(见表2-6)。

表 2-6 石油产品的平均密度温度系数 γ

ρ_{20}	γ	ρ_{20}	γ
0. 6500～0. 6599	0. 00097	0. 8000～0. 8099	0. 00073
0. 6600～0. 6699	0. 00095	0. 8100～0. 8199	0. 00071
0. 6700～0. 6799	0. 00093	0. 8200～0. 8299	0. 00070
0. 6800～0. 6899	0. 00091	0. 8300～0. 8399	0. 00069
0. 6900～0. 6999	0. 00090	0. 8400～0. 8499	0. 00068
0. 7000～0. 7099	0. 00088	0. 8500～0. 8599	0. 00066
0. 7100～0. 7199	0. 00086	0. 8600～0. 8699	0. 00065
0. 7200～0. 7299	0. 00085	0. 8700～0. 8799	0. 00064
0. 7300～0. 7399	0. 00083	0. 8800～0. 8899	0. 00063
0. 7400～0. 7499	0. 00081	0. 8900～0. 8999	0. 00062
0. 7500～0. 7599	0. 00080	0. 9000～0. 9099	0. 00061
0. 7600～0. 7699	0. 00078	0. 9100～0. 9199	0. 00060
0. 7700～0. 7799	0. 00077	0. 9200～0. 9299	0. 00059
0. 7800～0. 7899	0. 00076	0. 9300～0. 9399	0. 00058
0. 7900～0. 7999	0. 00074	0. 9400～0. 9499	0. 00057

当温度和 20℃ 相差较大时，上述换算方法不够准确，可查阅 SY 2206—76 石油产品密度测定法中的换算表。一般工业上的计算，相对密度随温度的变化可由图 2-2 查得。

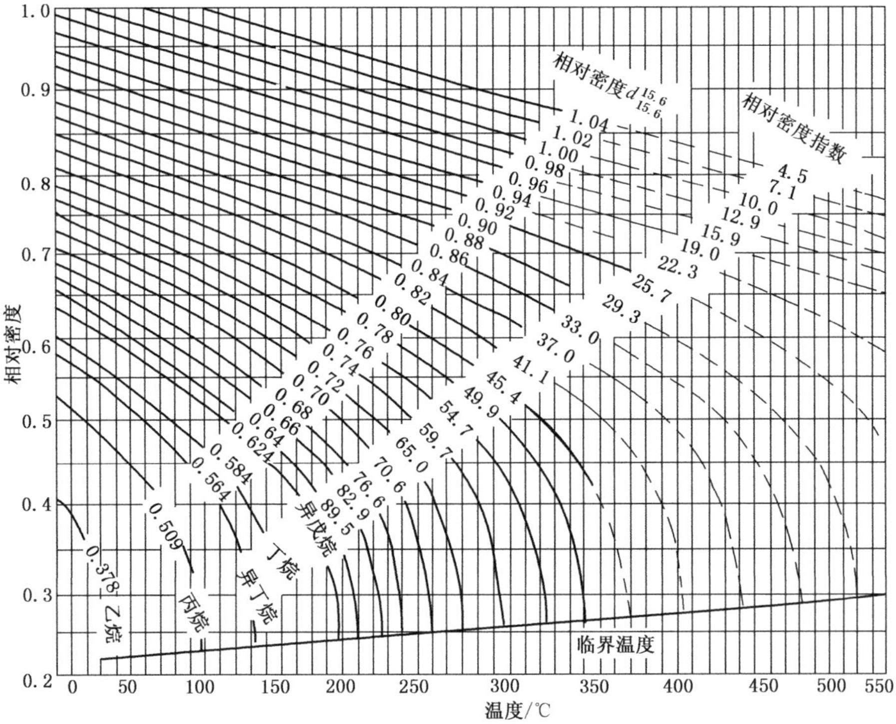

图 2-2 石油相对密度图

在一般情况下，压力对液体石油馏分密度的影响可以忽略。但在某些情况下需要对常温下液体石油馏分密度进行温度和压力的校正时，可参考相应文献中公式进行校正计算。

2. 混合石油馏分的相对密度　当两种或两种以上液体石油馏分混合时，其混合物的相对密度可近似地按可加性进行计算。

$$d_{mix} = \sum_{i=1}^{m} v_i d_i \tag{2-20}$$

或

$$d_{mix} = \frac{1}{\sum_{i=1}^{m} w_i d_i} \tag{2-21}$$

式中　d_{mix}——石油馏分的混合相对密度；

v_i——混合物中组分 i 的体积分数；

d_i——混合物中组分 i 的相对密度；

w_i——混合物中组分 i 的质量分数；

一般情况下，式(2-20)和式(2-21)做工程计算是允许的。但当密度相差很大或属性相差很大的两组分混合时，体积不具有加合性，体积可能收缩(例如原油和低分子烃混合)或增大(如己烷和苯混合)，其体积收缩率可从有关图表中查找。

3. 相对密度指数(API 度)　相对密度指数与相对密度的关系如下式：

$$\text{API 度} = \frac{141.5}{d_{15.6}^{15.6}} - 131.5 \tag{2-22}$$

(二) 石油馏分相对密度与馏程及化学组成的关系

液体石油馏分的相对密度取决于组成烃类分子的大小和结构。同一原油的各馏分，随着沸点的上升，分子量和相对密度随之增大。若原油性质不同，则相同沸程的两个馏分的相对密度会因其化学组成不同而产生较大的差别。

碳原子数相同而分子结构不同的烃类分子具有不同的相对密度(见图 2-3)。分子中含环烷环或芳香环的环数对相对密度影响较大，同沸点的烃，其环烷环、芳香环的环数越多，则相对密度越大(见图 2-4，图 2-5)。

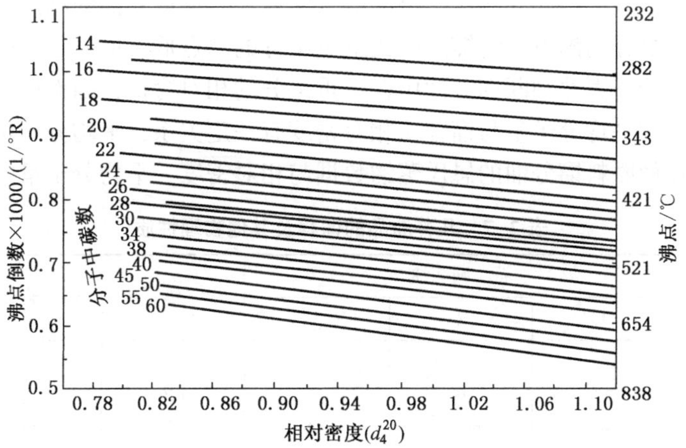

图 2-3　烃类分子碳数与相对密度、沸点倒数的关系

结构组成、馏程对烃类裂解的产品分布和炉管结焦均有较大的影响，因此相对密度是评价石油馏分裂解性能的一个易得的常用指标。

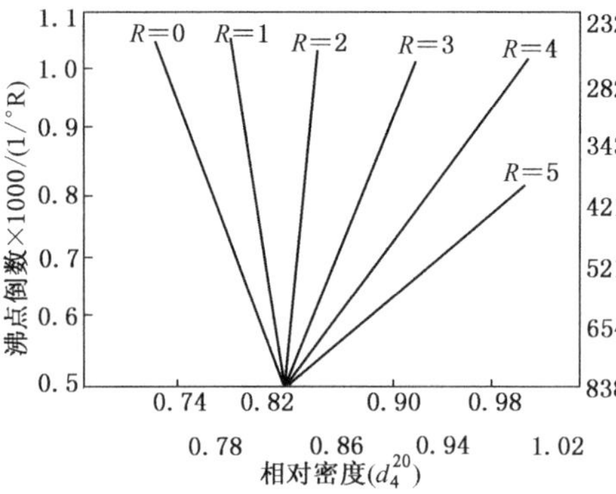

图 2-4 饱和烃的环数与相对密度、沸点倒数的关系

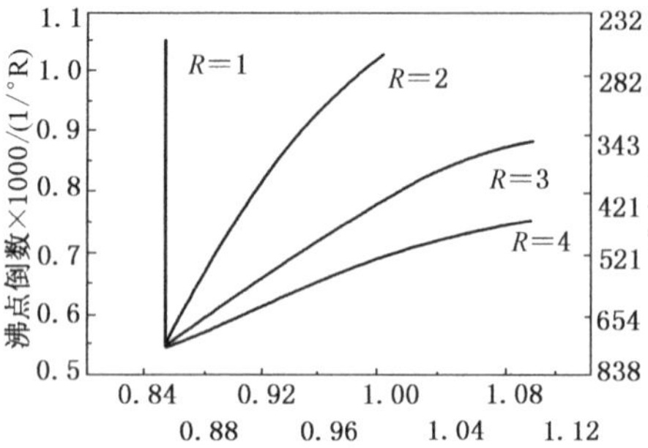

图 2-5 芳香烃的环数与相对密度、沸点倒数的关系

三、沸点、馏程及平均沸点

(一) 沸点

沸点是每个化合物的重要物理常数之一。在一定的压力下，每一个单一烃只有一个沸点值。一般而言，分子量愈大，其沸点也愈高。

(二) 馏程

液体石油馏分是各种烃类的混合物，因此其沸点不是一个值，而是一个较宽的温度范围，故通常用馏程或沸程来表示。

馏分油的沸点范围因所用蒸馏设备不同，其测定数值也有差别。用精密分馏设备蒸馏时，馏出的汽相温度接近馏出物的沸点。在生产控制和工艺计算中常用的蒸馏数据是用简单的蒸馏设备测得的。馏分油在这种蒸馏设备中蒸馏时，馏出第一滴冷凝液时的汽相温度称为该馏分油的初馏点(简称 IBP)，馏出液体体积为 10%、50%、90%时相应的汽相温度分别称为 10%点、50%点和 90%点，蒸馏达到最高的汽相温度称为终馏点或干点(简称 EP)。初馏点至干点这一温度范围则称为馏程或沸程。蒸馏设备和蒸馏操作是有条件性的，其标准各国不完全统一。国际上一般采用美国的 ASTM 标准，我国采用的是恩氏蒸馏标准。由于这种蒸馏方法的精馏作用很差，因此其测定结果不能真实地代表该馏分油的沸点范围，一般初馏点高于馏分油中最轻组分的沸点，终馏点则比最重组分的沸点低。但由于它简单、易得，能用于对馏程做相对比较，大致判断馏分油中轻、重组分的相对含量，因而被广泛采用。

液体石油馏分的平均分子量与馏程、相对密度有一定关系，平均分子量愈大，馏程和相对密度也愈高。几种原料馏分油的恩氏蒸馏数据与相对密度、平均分子量的关系见表 2-7。

表 2-7 几种油品的馏程及其他物理性质

性质	石脑油			煤柴油	轻柴油	重柴油
	1	2	3			
恩氏蒸馏/℃						
IBP	27	28	97	149	175	225.1
10%	48	60.5	108	173	206	268.1
30%	59.5	93.5	113.5	219	242.5	317.8
50%	71.5	116	122	259	284.5	341.1
70%	89.5	136.5	128.5	294	316.5	362.5
90%	120	160.5	138	344	346	502.8
EP	145(95%)	170(95%)	153	363	361	415.0

续表

性　质	石脑油			煤柴油	轻柴油	重柴油
	1	2	3			
馏出量/%(体)	97	97	100	100	100	100
相对密度(d_4^{20})	0.683	0.717	0.748	0.8075	0.8144	0.868
平均分子量				205		280
氢含量/%	15.5	15.1	14.0	14.5	14.4	13.0

我国轻质石油产品的馏程用 GB 255—77 标准方法测定(国际上普遍采用 ASTM-D86 标准)，而蜡油、原油等重馏分油的馏程用 SY2052-75S 减压馏程标准(国际上普遍采用 ASTM-D1160 标准)测定。减压测定的馏程可根据操作时的蒸气压和温度用图 2-6 和图 2-7 换算为常压下的馏程。

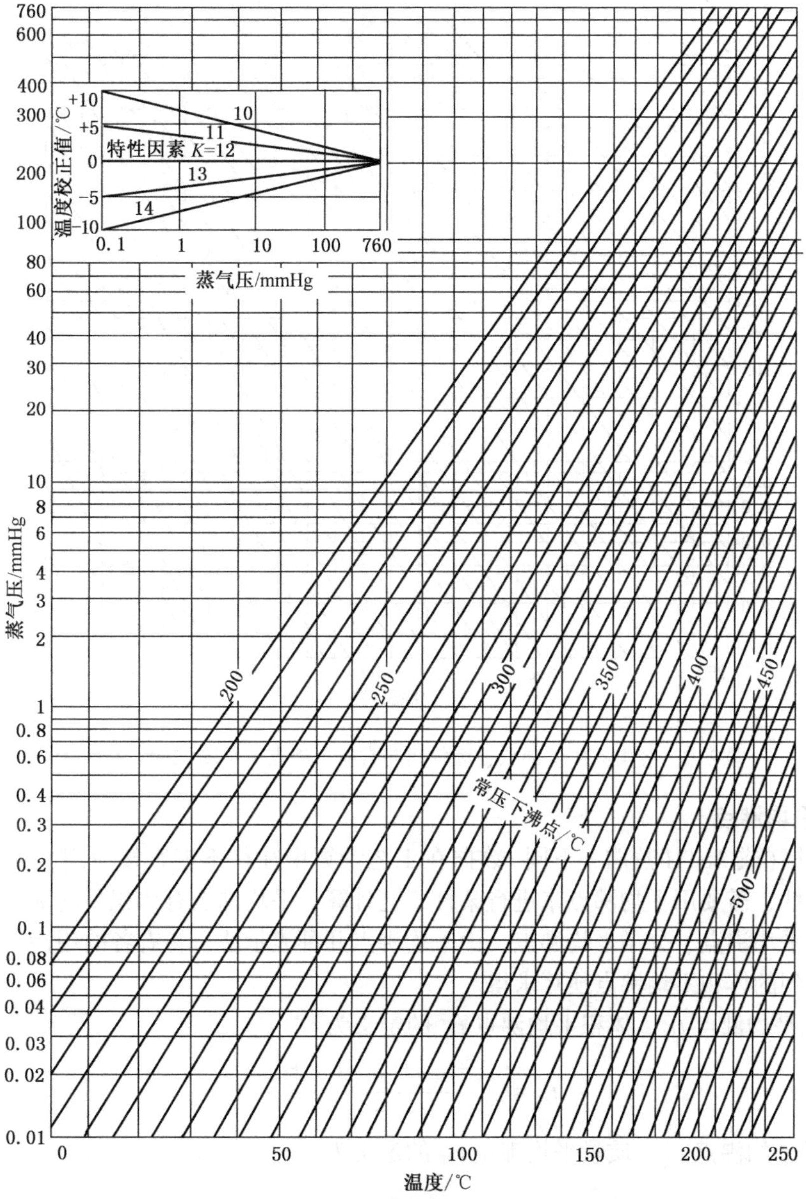

图 2-6　烃类减压下沸点、蒸气压与常压下沸点关系图(0~250℃)

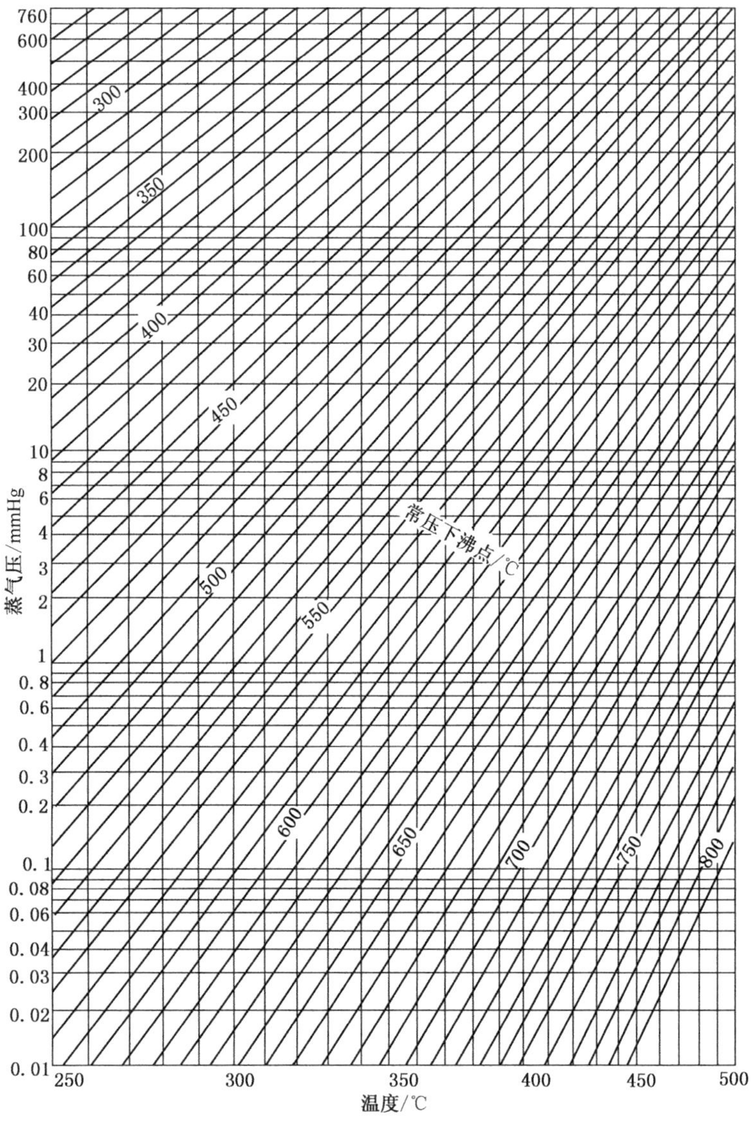

图 2-7　烃类减压下沸点、蒸气压与常压下沸点关系图(250~500℃)

(三) 平均沸点

恩氏蒸馏(或 ASTM 蒸馏，下同)数据在工艺计算中往往不能直接应用，为了表示某一馏分油的特性，需要用平均沸点来进行某种工艺计算。平均沸点有体积平均沸点、质量平均沸点、立方平均沸点、分子平均沸点、中平均沸点几种表示法，各有各的用途，但都可根据恩氏蒸馏得到的体积平均沸点换算求得。

1. 体积平均沸点 $t_{体}$　体积平均沸点 $t_{体}$ 的定义为：

$$t_{体}=\frac{t_{10\%}+t_{30\%}+t_{50\%}+t_{70\%}+t_{90\%}}{5} \tag{2-23}$$

2. 质量平均沸点 $t_{质}$　质量平均沸点 $t_{质}$ 的定义为：

$$t_{质}=\sum_{i=1}^{n} w_i t_i \tag{2-24}$$

3. 立方平均沸点 $t_{立}$　立方平均沸点 $t_{立}$ 的定义为：

$$t_{立}=\left(\sum_{i=1}^{n}x_i t_i^{1/3}\right)^3 \tag{2-25}$$

4. 分子平均沸点 t_m　分子平均沸点 t_m 的定义为：

$$t_m=\sum_{i=1}^{n}x_i t_i \tag{2-26}$$

5. 中平均沸点 $t_{中}$　中平均沸点 $t_{中}$ 的定义为：

$$t_{中}=\frac{t_{立}+t_m}{2} \tag{2-27}$$

式中　$t_{体}$——体积平均沸点,℃；

$t_{10\%}$，...$t_{50\%}$，...$t_{90\%}$——恩氏蒸馏 10%，...50%，...90%的温度,℃；

$t_{质}$——质量平均沸点,℃；

t_i——i 组分的沸点,℃；

w_i——i 组分的质量分数；

$t_{立}$——立方平均沸点,℃；

t_m——分子平均沸点,℃；

x_i——i 组分的摩尔分数；

$t_{中}$——中平均沸点，K。

考虑到油品在蒸馏加热过程中的裂化作用，恩氏蒸馏温度高于 246℃时，常需用式(2-28)进行校正。但对于馏出温度从减压蒸馏数据换算得来者则无需进行校正。

$$\lg D=0.00852t-1.691 \tag{2-28}$$

式中　D——温度校正值，加到馏出温度 t 上,℃；

t——馏出温度,℃。

实际上，由于石油馏分组成复杂，不可能对组分进行详细分析，所以除体积平均沸点外，上述其他平均沸点实际上均无法按照上述公式计算。为了求得这些平均沸点，可由体积平均沸点和斜率借助平均沸点校正图 2-8 换算和由有关公式计算求得。

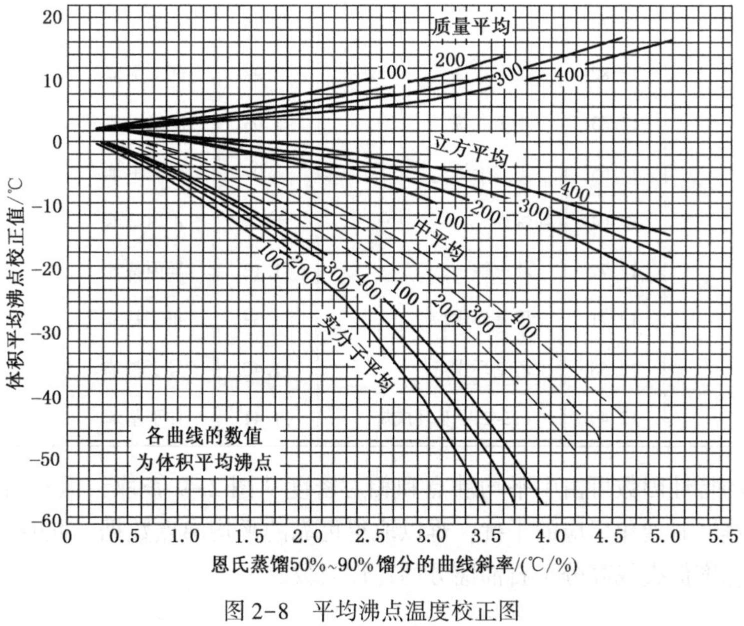

图 2-8　平均沸点温度校正图

四、特性因数 *K*

特性因数的符号为 K^{uop}或 UOP-*K*，简写为 *K*。它是表征烃类及石油馏分油化学组成的一个重要指标，对于烃组成未知的石油馏分或混合烃类，其特性因数可由沸点(*T*)和相对密度 $d_{15.6}^{15.6}$按下式计算：

$$K=\frac{1.216T^{1/3}}{d_{15.6}^{15.6}} \tag{2-29}$$

式(2-29)中的沸点 *T*(K)，最早使用分子平均沸点，后改用立方平均沸点，近来又建议用中平均沸点。

各种纯烃的特性因数见表 2-8。从表 2-8 的数据可以看出，烷烃的特性因数最高，芳香烃特性因数最低。对于石油馏分来说，*K* 值越高，相应的烃饱和度越大。

表 2-8　各种烃的特性因数(*K*)

烃类名称	*K*	烃类名称	*K*	烃类名称	*K*
烷烃		正辛烷	12.68	正丙基环戊烷	11.53
甲烷	19.54	正壬烷	12.67	异丙基环戊烷	11.48
乙烷	18.38	正癸烷	12.68	环己烷	10.99
丙烷	14.71	正十一烷	12.70	甲基环己烷	11.36
正丁烷	13.51	正十二烷	12.74	乙基环己烷	11.37
异丁烷	13.82	正十三烷	12.77	1,1-二甲基环己烷	11.35
正戊烷	13.04	正十四烷	12.81	芳香烃	
新戊烷		正十五烷	12.80	苯	9.73
2,2-二甲基丙烷	13.06	正十六烷	12.90	甲苯	10.15
正己烷	13.39	正十七烷	12.95	乙苯	10.37
2-甲基戊烷	12.82	正十八烷	12.98	邻二甲苯	10.28
3-甲基戊烷	12.83	正十九烷	13.03	间二甲苯	10.43
2,2-二甲基丁烷	12.65	正二十烷	13.07	对二甲苯	10.46
2,3-二甲基丁烷	12.64	环烷烃		正丙基苯	10.62
正庚烷	12.72	环戊烷	11.12	异丙基苯	10.57
2-甲基己烷	12.71	甲基环戊烷	11.33	正丁基苯	10.84
3-甲基己烷	12.58	乙基环戊烷	11.40	异丁基苯	10.84
3-乙基己烷	12.40	1,2-二甲基环戊烷	11.41	仲丁基苯	10.74

石油馏分的特性因数可由中平均沸点和相对密度从图 2-9 查取，但对高分子量石油馏分，由于常压蒸馏时裂化反应的干扰，难以取得可靠的平均沸点数据，此时可由图 2-10 根据易于得到的黏度值查找高分子石油馏分的特性因数。

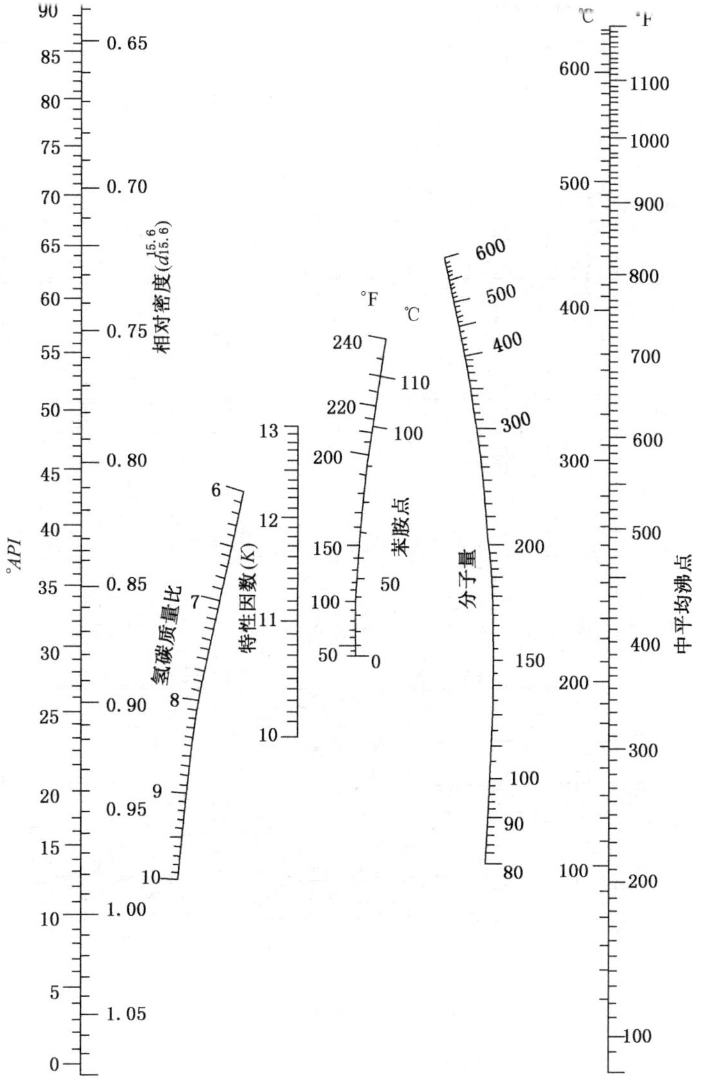

图 2-9 石油馏分分子量和特性因数图

对于已知组成的烃类混合物，其特性因数可用式(2-30)计算。

$$K = \sum_{i=1}^{m} w_i K_i \tag{2-30}$$

式中 w_i——组分 i 的质量分数；

K_i——组分 i 的特性因数。

因为芳烃比烷烃、环烷烃的氢含量低，而 K 值又是表征芳香性的一个因数，所以 K 值与氢含量有一定的关系，见图 2-11。

因为特性因数表征了芳香性，所以它也可和原料的裂解性能进行关联，K 值愈高的原料芳烃含量愈少，乙烯和丙烯收率则愈高，图 2-12 粗略地表示了这种关系。

特性因数 K、平均沸点、相对密度指数 API 度和分子量四者之间存在着一定的关系，只要知道石油馏分其中两个参数，就可以通过图 2-13 查得其余的两个参数。

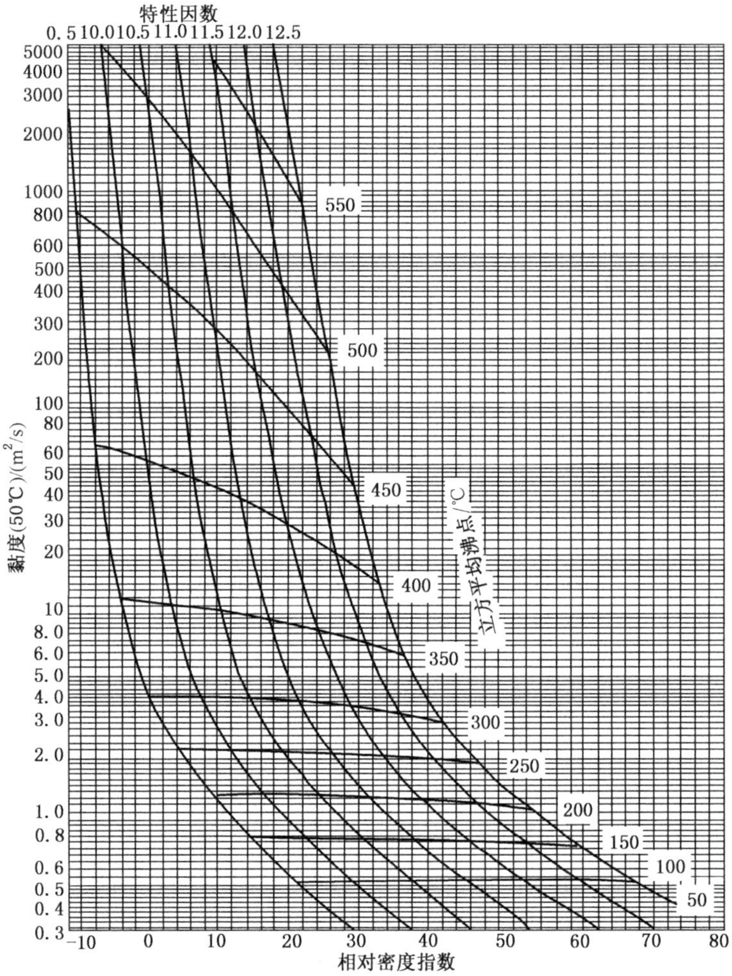

图 2-10　油品特性因数与黏度关系图(50℃)

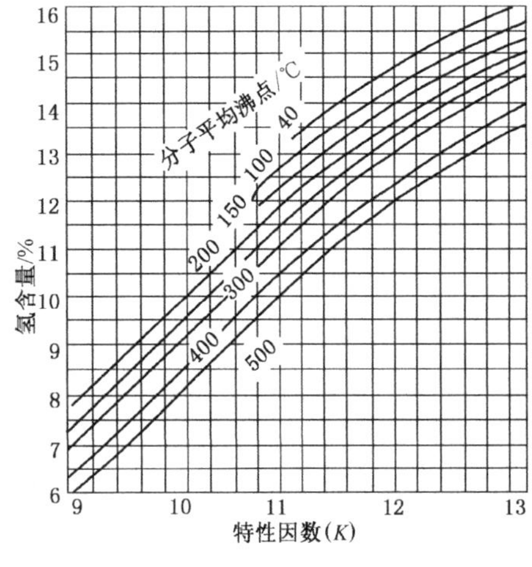

图 2-11　特性因数与氢含量的关系

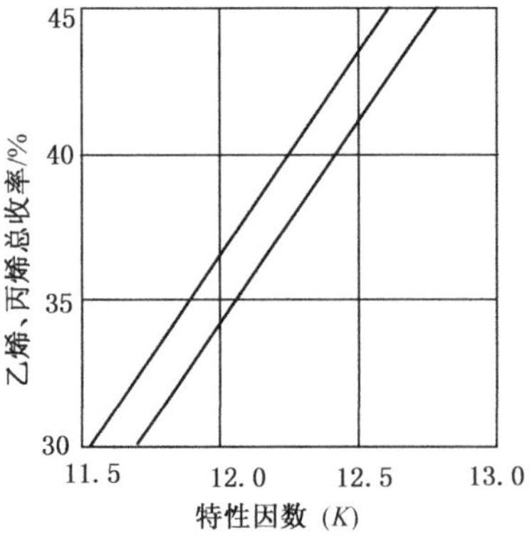

图 2-12　不同特性因数的原料裂解时的乙烯、丙烯总收率(在工业试验条件下)

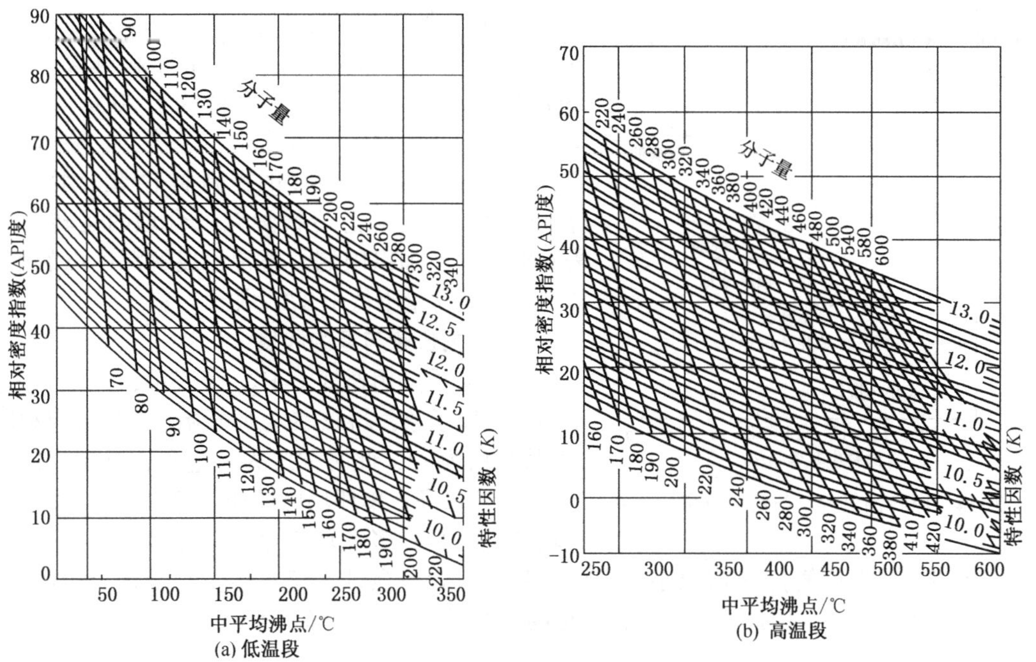

图 2-13　特性因数、平均沸点、相对密度指数、分子量关系图

五、黏度

液体石油馏分的黏度与组成和馏程有很大关系：随着馏分馏程的升高，分子量也愈大，黏度也愈高；而且同碳数烃中，链烷烃的黏度最大，芳烃最低。从前面文章可知，黏度又与石油馏分的化学组成(见 n-d-M 和 n-d-v 关联法)和特性因数(见图 2-10)有密切的关系。同时，黏度又是评价石油馏分流动性(特别是高沸点石油馏分)的重要指标。因此黏度也是评价裂解原料特性和工艺计算中常用的重要指标之一。

石油馏分黏度的测定方法分为绝对黏度测定和相对黏度(条件黏度)测定两大类。绝对黏度测定分为动力黏度测定和运动黏度测定两种；相对黏度测定有恩氏黏度测定、赛氏黏度测定和雷氏黏度测定等几种表示方法。石油馏分的运动黏度通常用逆流法测定。

六、折射率

折射率是评价液体裂解原料特性的重要物理性质之一，通常以 20℃时的折射率(以 n_D^{20} 表示)表示。某些公司(如林德公司)用它来预测裂解原料的裂解性能。尤其对重质油品，折射率显得更重要一些。

七、氢含量和碳氢比

裂解原料的氢含量为烃类分子中的含氢量，它对裂解结果的影响趋势与 *PONA* 值是一致的，但它的测定方法较 *PONA* 值分析简单；而且裂解液体产品的氢含量又可与裂解深度进行关联。因此原料的氢含量和裂解液体产品的氢含量常用作评价原料裂解性能和裂解深度的重要指标之一。

裂解原料通过裂解反应，生成氢含量较高的 C_4 和 C_4 以下气相组分和氢含量较低的 C_5 和 C_5 以上液体组分。因此，从氢平衡可以判定：裂解原料氢含量愈高，获得的 C_4 和 C_4 以下轻烃的收率也愈高，相应的乙烯和丙烯收率一般也高。显然，根据裂解原料的氢含量既可以判断原料可能达到的裂解温度，也可以评价该原料裂解所得 C_4 和 C_4 以下产品的收率。图

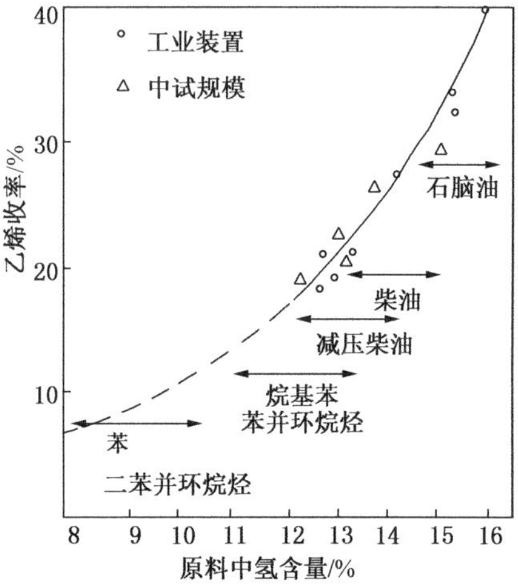

图 2-14　原料油氢含量与乙烯收率的关系

2-14 表示了裂解原料氢含量与可能达到的乙烯收率的关系。从图 2-14 可见，当裂解原料氢含量低于 13%时，可能达到的乙烯收率将低于 20%。这样的馏分油作为裂解原料很可能是不经济的。裂解液体组分的氢含量随裂解深度的提高而下降，因此，为保证辐射段炉管和急冷锅炉有一合理的运转周期，需对裂解深度加以限制。通常，裂解深度以裂解液体产品的氢含量不低于 8%为限。

(一) 氢含量与氢饱和度

烃类分子可用通式 C_nH_{2n+z} 来表示，其中 n 为分子中的碳原子数，$2n+z$ 为氢原子数，z 为氢饱和度。z 的最高值为+2，此时称之为氢饱和，链烷烃的 $z=2$，氢含量最高；单环环烷烃和单烯烃的 $z=0$，氢含量较链烷烃低；多环环烷烃、双烯烃、炔烃、芳烃的 z 值小于零(为负值)。z 值愈小，则该原料的氢含量愈低。随着环烷烃、芳烃的环数增加，z 值也愈来愈小，因此原料的氢含量也随环数的增加而下降。各种烃的分子式与 z 值的关系见表 2-9。

表 2-9　各种烃的氢含量和氢饱和度

物质名称	分子式	分子量	氢含量/%	氢饱和度(z)
甲烷	CH_4	16.04	25	2
乙烷	C_2H_6	30.07	20	2
烷烃	C_nH_{2n+2}	$14n+2$	$(n+1)/(7n+1)\times100$	2
单环环烷烃	C_nH_{2n}	$14n$	14.29	0
双环环烷烃	C_nH_{2n-2}	$14n-2$	$(n-1)/(7n-1)\times100$	-2
三环环烷烃	C_nH_{2n-4}	$14n-5$	$(n-2)/(7n-2)\times100$	-4
烷基苯	C_nH_{2n-6}	$14n-6$	$(n-3)/(7n-3)\times100$	-6
甲苯	C_7H_8	92.13	8.7	-6
苯	C_6H_6	78.11	7.7	-6
苯并环烷	C_nH_{2n-8}	$14n-8$	$(n-4)/(7n-4)\times100$	-8
苯并双环烷	C_nH_{2n-10}	$14n-10$	$(n-5)/(7n-5)\times100$	-10
烷基萘	C_nH_{2n-12}	$14n-12$	$(n-6)/(7n-6)\times100$	-12
萘	$C_{10}H_8$	128.16	6.25	-12
苊	$C_{12}H_{10}$	154.12	6.5	-14
萘并环烷	C_nH_{2n-14}	$14n-14$	$(n-7)/(7n-7)\times100$	-14
三环芳烃	C_nH_{2n-18}	$14n-18$	$(n-9)/(7n-9)\times100$	-18
二苯并环	C_nH_{2n-16}	$14n-16$	$(n-8)/(7n-8)\times100$	-16
蒽	$C_{14}H_{10}$	178.22	5.62	-18
焦			可低到 0.3~0.1	

氢饱和度与氢含量也有不同之处：对同一分子式所能代表的各种烃其氢饱和度为常数，而氢含量则不然，如烷烃和带烷基的环烷烃和芳烃的氢含量是随碳原子数增加而下降。此种差别可从表 2-9 所表示数据看出。各种烃的氢含量随氢原子数的变化关系如图 2-15 所示。

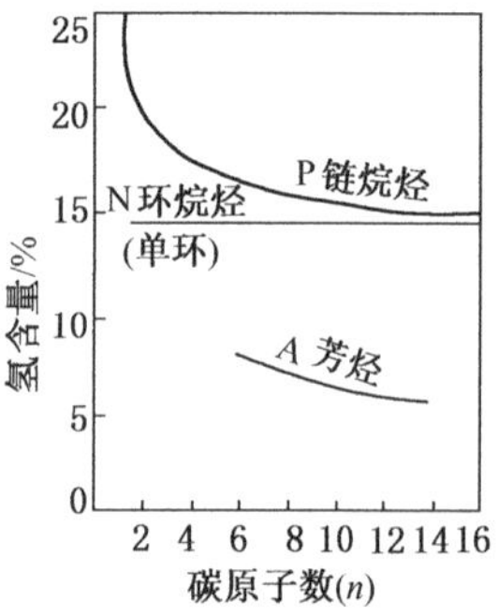

图 2-15　各种烃的含氢量

(二) 碳氢比

原料氢含量的大小有时也用碳氢比来表示。碳氢比为烃分子中 C 和 H 的比值(文献中常用的碳氢比有两种，一为质量比，另一种为原子比)。碳氢比愈大，则原料氢含量愈低。当原料碳、氢以外的元素含量很少时，对于分子式为 C_nH_{2n+z} 的石油烃，其原料氢含量与碳氢比的关系可用下式进行近似换算。

$$w_H = \frac{2n+z}{2n+z+12n} \times 100 \tag{2-31}$$

$$n_C / n_H = \frac{n}{2n+z} \tag{2-32}$$

$$m_C / m_H = \frac{12n}{2n+z} = \frac{100}{w_H} - 1 \tag{2-33}$$

式中　w_H——原料的氢含量,%;

n_C/n_H、m_C/m_H——碳氢原子比和质量比。

碳氢比通常由实验测得，也可由公式计算：

对于分子量为 70~300，正常沸点 26.7~343.3℃的石油馏分：

$$m_C/m_H = 17.220\exp(8.25\times10^{-3}T_b + 16.94 d_{15.6}^{15.6} - 6.94\times10^{-3} T_b d_{15.6}^{15.6}) T_b^{-2.725} d_{15.6}^{15.6-6.796} \tag{2-34}$$

对于分子量为 300~600，正常沸点 343.3~537.8℃的石油馏分：

$$m_C/m_H = 3.408\times10^{-22}\exp(4.684\times10^{-3}T_b + 103.12I - 0.0152 T_b I) T_b^{-0.786} I^{-21.567} \tag{2-35}$$

$$I = 2.341\times10^{-2}\exp(6.464\times10^{-4}T_b + 5.144 d_{15.6}^{15.6} - 3.289\times10^{-4} T_b d_{15.6}^{15.6}) T_B^{-0.786} I^{-3.333} \tag{2-36}$$

式中　T_b——正常沸点,°R;

$d_{15.6}^{15.6}$——15.6℃相对密度;

I——Huang 特性参数。

$$I = (n^2 - 1)/(n^2 + 1)$$

(三) 混合物的氢含量

单一烃的氢含量可按其分子式中的氢原子数和碳原子数来计算，而混合烃的氢含量则可由加合规则由下式计算。

$$w_H = \sum_{i=1}^{n} w_i w_{H,i} \times \frac{1}{100} \tag{2-37}$$

式中　$w_{H,i}$——原料中各组分 i 的氢含量,%;

w_i——原料中组分 i 的含量,%;

n——混合物中组分数。

(四) 原料氢含量与裂解性能的关系

原料氢含量常用作衡量裂解原料裂解性能和乙烯潜在收率的重要尺度。一般来说，氢含量高有利于烃类裂解生产轻质气体产品(包括所希望的烯烃)。由于氢含量随 z 值(氢饱和度)减小而降低，因此高负 z 值的芳烃化合物生产乙烯的可能性相当小，而生成高沸点重质燃料油的可能性却很大，如图 2-16 所示。此外，假设典型裂解气体组成的氢含量为 16.7%，乙烯收率占气体的 40%，根据氢平衡原理，对各种 C_{16} 烃的乙烯和燃料油潜在收率进行半理论计算，结果列于表 2-10。从表中数据可以看出，如果原料的 z 值很小，液体和裂解燃料油总收率就迅速提高，而乙烯收率随气体产率降低而减少。烷烃生产的乙烯收率很高，而燃料油收率则相当低；纯环烷烃化合物预期可得到适当高的乙烯收率，但燃料油收率比烷烃高，约为 11%~28%。

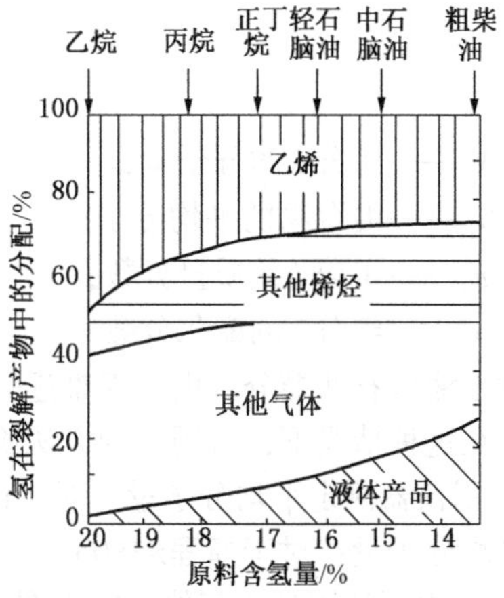

图 2-16　原料中氢含量在裂解产物中的分配

表 2-10 从 204.4~343.3℃柴油馏分的 C_{16} 组分得到的乙烯和燃料油的半理论收率

化合物类型	在 C_nH_{2n+z} 中的 z 值	C_{16} 化合物			假设的 C_6^+ 液体		近似收率/%			乙烯	燃料油/乙烯(质量比)
		分子式	分子量	w_H/%	n_C/n_H(摩尔比)	w_H/%	气体	C_6^+ 液体	204.4℃以上燃料油		
烷烃	+2	$C_{16}H_{34}$	226.4	15.13	1.0	7.74	82.8	17.2	2.2	33.1	0.07
单环烷烃	0	$C_{16}H_{32}$	224.4	14.37	1.0	7.74	74.2	25.8	10.8	29.7	0.36
双环烷烃	-2	$C_{16}H_{30}$	222.4	13.59	1.0	7.74	65.5	34.5	19.5	26.2	0.74
三环烷烃	-4	$C_{16}H_{28}$	220.4	12.80	1.0	7.74	56.7	43.3	28.3	22.7	1.25
苯	-6	$C_{16}H_{26}$	218.4	12.00	1.0	7.74	47.7	52.3	37.3	19.1	1.95
苯并环烷烃	-8	$C_{16}H_{24}$	216.4	11.18	1.0	7.74	38.5	61.5	46.5	15.4	3.02
苯并双环烷烃	-10	$C_{16}H_{22}$	214.4	10.34	1.0	7.74	29.1	70.9	55.9	11.6	4.82
萘	-12	$C_{16}H_{20}$	212.3	9.49	1.25	6.29	30.8	69.2	54.2	12.3	4.41
萘并环丙烷	-14	$C_{16}H_{18}$	210.3	8.62	1.25	6.29	22.5	77.5	62.5	9.0	6.94
二苯并环丙烷	-16	$C_{16}H_{16}$	208.3	7.74	1.25	6.29	14.0	86.0	71.0	5.6	12.7
三环芳烃	-18	$C_{16}H_{14}$	206.3	6.84	1.4	5.66	10.7	90.3	75.3	4.3	17.5

综上所述，原料中氢含量愈高，生产乙烯的潜在能力也愈大，并且不易结焦。因此，一般说来原料愈轻，乙烯收率愈高，裂解焦油愈少，这与原料氢含量的多少是一致的。根据裂解的一般经验，当液体裂解产物的氢含量降低到7%~8%时，裂解炉管和急冷设备会很快结焦，甚至发生堵塞现象。采用氢含量较少的裂解原料时，比较早地就达到这个极限，所以裂解深度应适当控制，以保证装置有适当的运转周期。

八、平均分子量

分子量是化合物的主要物理化学常数，每个单一烃只有一个分子量。对已知组成的混合物，则用各组分的分子量平均值来代表该混合物的平均分子量。混合物的平均分子量(M_m)可按下式计算。

$$M_m = \frac{1}{\sum_{n=i}^{n} \frac{w_i}{M_i}} = \sum_{i=1}^{n} x_i M_i \tag{2-38}$$

式中 M_i——组分 i 的分子量；

M_m——混合物的平均分子量；

w_i——组分 i 的质量分数；

x_i——组分 i 的摩尔分数。

对于液体石油馏分，由于很难逐一测定各组分含量，故而实际无法利用上式计算平均分子量。在这种情况下，可用三种方法确定液体石油馏分的平均分子量。

1. 用仪器测定平均分子量　对于馏程≤380℃的液体石油馏分，一般采用冰点下降法测定其平均分子量；对于馏程>380℃的重质馏分，则可采用蒸气压渗透法求取分子量。

2. 利用石油馏分的其他性质查图求得平均分子量　利用石油馏分的平均沸点、相对密度、碳氢比、特性因数、苯胺点、黏度中的任何两个参数均可从有关图表中近似地查得该油品的平均分子量(见图 2-9、图 2-17、图 2-18)。

3. 用关联式求石油馏分的平均分子量　为了适应计算机发展的需求，国外许多研究者将一些查找石油馏分平均分子量的图表拟合成多种关联计算式，下面重点介绍几种。

(1) O. H. arivR 和 C. Sage 按 Winn 列线图拟合的公式。

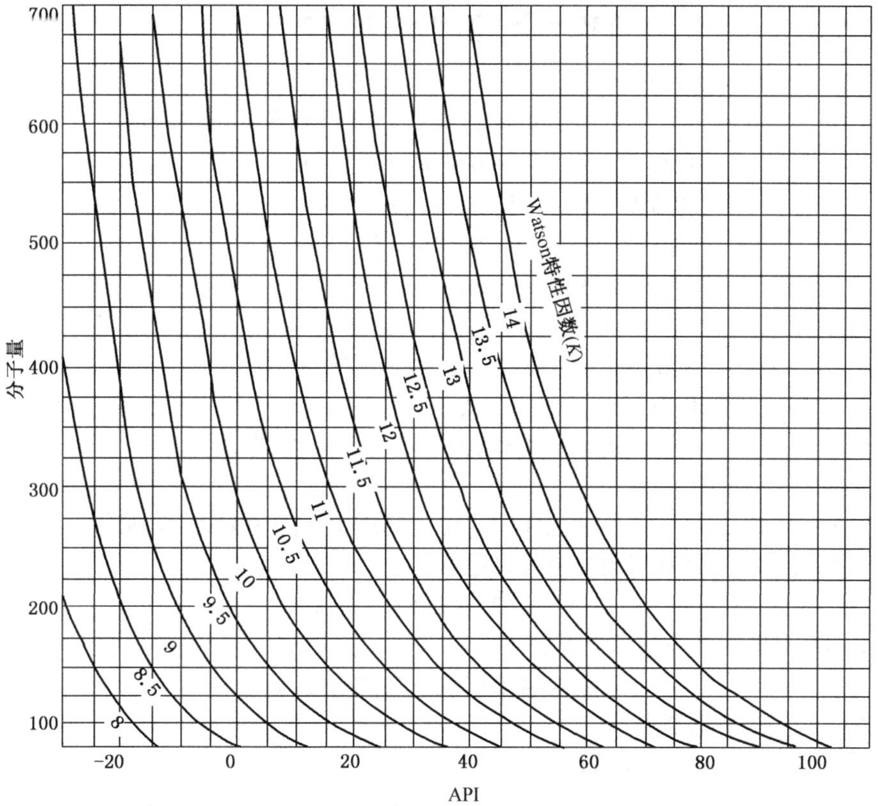

图 2-17　分子量、API 度、特性因数图

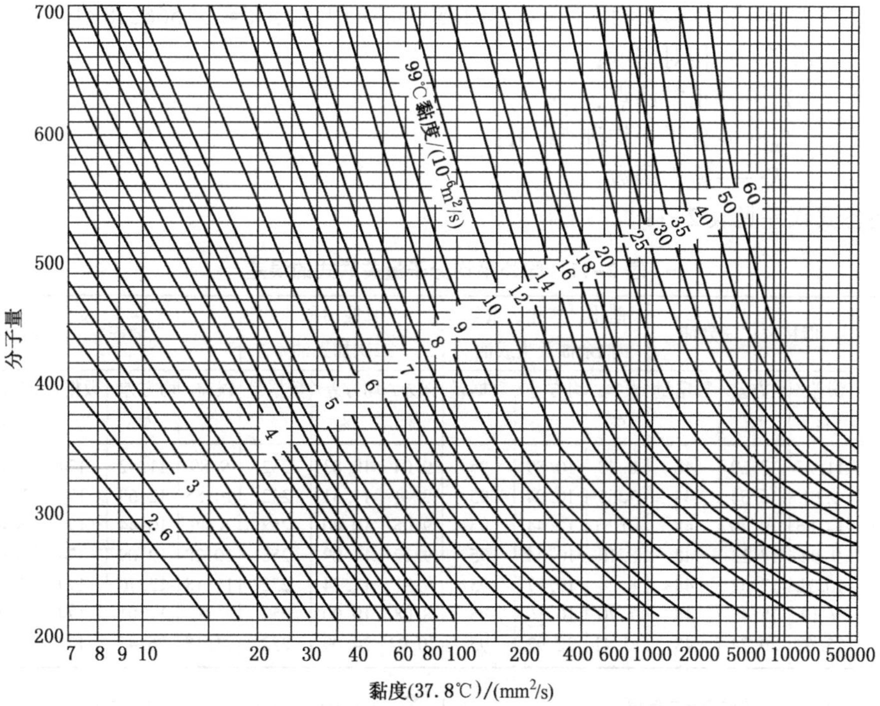

图 2-18　重质石油馏分分子量图

$$\lg M_m = \sum_{j=0}^{2}\sum_{i=0}^{2} A_{ij}(1.8t_B+32)^i K^j \tag{2-39}$$

(2) B. I. Lee 和 M. G. Kesler 的关联式。

$$\begin{aligned} M_m = & -12272.6+9486.4d_{15.6}^{15.6}+(4.6523-3.3287d_{15.6}^{15.6})1.8T_B+ \\ & [1-0.77084d_{15.6}^{15.6}-0.02058(d_{15.6}^{15.6})^2]\times(1.3437- \\ & 720.79/1.8T_B)\times10^7/1.8T_B+ \\ & [1-0.80882d_{15.6}^{15.6}+0.02226(d_{15.6}^{15.6})^2]\times \\ & (1.8828-181.98/1.8T_B)\times10^{12}/(1.8T_B)^3 \end{aligned} \tag{2-40}$$

(3) M. R. Riazi 和 T. E. Dzubert 的关联式。

$$M_m = 4.5673\times10^{-5}(1.8T_B)^{2.1962}(d_{15.6}^{15.6})^{-0.931} \tag{2-41}$$

(4) W. J. Sim 和 T. E. D. aubert 的拟合式。

$$M_m = 5.805\times10^{-5}T_m^{2.3776}(d_{15.6}^{15.6})^{-0.931} \tag{2-42}$$

(5) Bouhoba 提出的关联式。

$$M_m = (40.28K-411.6)+(2.0977-0.2038K)T_M+(0.0003K-0.00245)T_M^2 \tag{2-43}$$

对于正构烷烃和石蜡基窄馏分油可采用下式:

$$M_m = 52.63-0.246T_M+0.001T_M^2 \tag{2-44}$$

(6) Keper 提出的平均分子量近似计算式。

$$M_m = 44.29d_{15.6}^{15.6}/(1.03-d_{15.6}^{15.6}) \tag{2-45}$$

以上各式中　t_B——平均沸点,℃;

A_{ij}——常数, 其值如下:

$A_{00}=0.6670202$　　$A_{10}=4.583705\times10^{-3}$　　$A_{20}=-2.698695\times10^{-6}$

$A_{01}=0.1552531$　　$A_{11}=-5.755585\times10^{-4}$　　$A_{21}=3.875950\times10^{-7}$

$A_{02}=-5.378496\times10^{-3}$　　$A_{12}=2.500584\times10^{-5}$　　$A_{22}=-1.566228\times10^{-8}$;

$d_{15.6}^{15.6}$——相对密度;

T_B——正常沸点, K;

T_M——分子平均沸点, K;

K——特性因数。

上述各式误差见表 2-11。

表 2-11　国外平均分子量关联式的误差①

关联式	催化裂化馏分油			催化、焦化、重整抽余油及生成油			直馏油和二次加工油			直馏油			国内数据	
	误差/%	均方差/%	数据量	误差/%	均方差/%	数据量	误差/%	均方差/%	数据量	误差/%	均方差/%	数据量	误差/%	数据量
式(2-39)	11.25	17.69	48	8.43	10.89	95	9.04	10.83	252	9.89	11.42	174	6.60	330
式(2-40)	9.01	16.54	48	7.65	10.04	95	9.41	11.51	252	10.85	12.69	174	20.46	330
式(2-41)	14.66	19.70	48	10.61	12.44	95	9.05	10.80	252	8.49	10.44	174	8.44	330
式(2-42)	9.92	17.23	48	8.10	10.44	95	9.12	11.09	252	10.28	12.09	174	6.68	330
式(2-43)	10.22	17.52	48	8.24	10.77	95	9.91	11.74	252	11.18	12.70	174	7.64	330
式(2-44)	9.10	15.47	48	7.70	10.16	95	8.08	10.00	252	9.02	11.01	174	5.40	330
式(2-45)	15.62	20.74	48	15.41	22.92	95	20.02	24.09	252	23.18	26.45	174	19.50	330

①误差 $=\frac{1}{n}\sum_{i=1}^{n}\left|\frac{实验值-计算值}{实验值}\right|\times100$, 均方差 $=\left\{\frac{1}{n}\sum_{i=1}^{n}[(实验值-计算值)\times100/实验值]^2\right\}^{1/2}$, 其中二次油不包括重整生成油和抽余油。

(7)《°API　Techninal Data Book—Petroleum Refining》1987 版的分子量计算公式为：

$$M_m = 20.846[\exp(1.165\times10^{-4}T_{ME}-7.78712d_{15.6}^{15.6}+1.1582\times10^{-3}T_{ME}d_{15.6}^{15.6})]\times T_{ME}^{1.26007}(d_{15.6}^{15.6})^{4.98308} \quad (2-46)$$

式中　T_{ME}——中平均沸点，°R。

该公式使用范围为：

分子量	70~700
沸点/℃	32.2~565.6
API 度	14.4~93.1
$d_{15.6}^{15.6}$	0.63~0.63

当分子量 M_m<300 时，误差为 3.4%，当 M_m>300 时，误差为 4.7%。

国内研究者也提出了一些由中沸点、特性因数、密度、黏度求取馏分油平均分子量的关联式。

对于石油馏分有时可假拟看作一具有平均分子量的单一烃，此假拟的单一烃的分子量为此石油馏分的平均分子量，氢含量为石油馏分的氢含量，其平均分子式为 C_nH_m。n 和 m 数值可用下式求得。

$$m = M_m H_F/100 \quad (2-47)$$

$$n = (M_m - m)/12 \quad (2-48)$$

式中　m——平均分子式中氢原子数；

n——平均分子式中碳原子数；

H_F——该石油馏分的氢含量。

九、关联指数 *BMCI*

关联指数 *BMCI* 是以相对密度和沸点组合起来的一个参数，其定义如下。

$$BMCI = \frac{48640}{t+273} + 473.6\times d_{15.6}^{15.6} - 456.8 \quad (2-49)$$

由于沸点和相对密度易测，所以 *BMCI* 可以方便得到。正己烷的 *BMCI* = 0，苯的 *BMCI* = 100，故它是一个芳香性指标，其值越大，芳香性越高，乙烯收率越低，因此 *BMCI* 也称为芳烃指数。各种单一烃的 *BMCI* 值见表 2-12；各种石油馏分的 *BMCI* 值见表 2-13。

表 2-12　各种烃的关联指数(*BMCI*)

烃　的　名　称	分子式	氢饱和度	沸点/℃	相对密度($d_{15.6}^{15.6}$)	*BMCI*
直链烷烃		+2			
正戊烷	C_5H_{12}		36.1	0.361	-0.6
正己烷	C_6H_{14}		69.3	0.665	0.2
正辛烷	C_8H_{18}		126	0.707	0.2
正十五烷	$C_{15}H_{32}$		270	0.773	-1.2
支链烷烃		+2			
戊烷	C_5H_{12}		27.8	0.625	0.6
2-甲基庚烷	C_8H_{18}		60.6	0.658	0.7
2-甲基壬烷	$C_{10}H_{22}$		167.8	0.731	-0.3
2,3,3-三甲基戊烷	C_8H_{18}		110	0.720	11.3
2,3,4,5-四甲基己烷	$C_{10}H_{22}$		155.8	0.745	13.4
单环烷烃		0			
环戊烷	C_5H_{10}		49.6	0.750	49.4

续表

烃 的 名 称	分子式	氢饱和度	沸点/℃	相对密度($d_{15.6}^{15.6}$)	BMCI
甲基环戊烷	C_6H_{12}		71.6	0.745	41.4
乙基环戊烷	C_7H_{14}		103	0.771	37.5
环己烷	C_6H_{12}		80.9	0.783	51.7
甲基环己烷	C_7H_{14}		101.2	0.774	39.8
乙基环基烷	C_8H_{16}		131.4	0.791	38.5
双环烷烃		-2			
萘烷	$C_{10}H_{18}$		195.2	0.898	72.3
单环芳烃		-6			
苯	C_6H_6	-6	80.93	0.884	99.8
甲苯	C_7H_8	-6	110.6	0.872	82.9
乙苯	C_8H_{10}	-6	135.9	0.872	74.9
对二甲苯	C_8H_{10}	-6	138.6	0.886	71.4
正丁苯	$C_{10}H_{14}$	-6	183.1	0.865	59.3
多环芳烃					
茚满	C_9H_{10}	-8	178.1	0.969	109.8
萘满	$C_{10}H_{12}$	-8	207.3	0.975	106.1
萘	$C_{10}H_8$	-12	218.2	1.032	131.0
菲	$C_{10}H_{10}$	-18	340.2	1.119	152.5
1-甲基蒽	$C_{15}H_{12}$	-18	200.1	1.102	168.0

表 2-13 各石油馏分的关联指数(*BMCI*)

序 号	油 品 名 称	原 油 产 地	馏程/℃	相对密度($d_{15.6}^{15.6}$)	BMCI
1	煤油	阿拉伯	204~269	0.805	20.1
2	轻柴油	阿拉伯	182~335	0.830	24.3
3	轻柴油	科威特	229~274	0.832	25.1
4	轻柴油	阿拉伯	207~363	0.844	25.8
5	柴油	委内瑞拉	171~338	0.826	26.7
6	柴油	阿拉伯	219~341	0.836	28.1
7	柴油	阿布扎比	249~363	0.845	29.3
8	柴油	埃斯塞德尔	199~332	0.836	29.5
9	柴油	阿加贾里	199~343	0.848	30.3
10	轻柴油	尼日利亚	171~277	0.826	31.3
11	柴油	西德克隆斯	238~346	0.857	33.3
12	重柴油	科威特	277~396	0.872	35.0
13	柴油	加什隆南	249~341	0.855	38.1
14	柴油	尼日利亚	210~335	0.854	38.4
15	柴油	尼日利亚	202~343	0.876	43.3
16	轻柴油	中国大庆	172~343	0.807	17.95
17	轻柴油	中国胜利			
18	轻柴油	中国盘锦	223~364	0.8638	39.4
19	减压柴油	中国任丘			26.0

由表 2-12 和表 2-13 可以看出以下规律:

(1) 直链烷烃或结构接近于直链烷烃的支链烷烃(如第二个碳原子上带一个甲基的烷烃)，*BMCI* 值接近于零。支链较多的烷烃 *BMCI* 值约为 10~15。*BMCI* 值随侧链烷基化程度增大而升高。

(2) 单环环烷烃的 *BMCI* 值稍大，无烷基侧链的单环环烷烃 *BMCI* 值约为 50(即正己烷和苯之间值的一半)，随着单环环烷烃侧链烷基化程度的增大，*BMCI* 值越小。

(3) 单环芳烃上如有烷基，其 *BMCI* 值比苯的小，*BMCI* 值随烷基化程度增大而减少，其规律与环烷烃相同。

(4) 多环芳烃的 *BMCI* 值高于单环芳烃，环越多则 *BMCI* 值越大。

相对密度 $d_{15.6}^{15.6}$对 *BMCI* 值的影响比平均沸点的影响显著。因此，同一种原油所得柴油，如改变馏程，对 *BMCI* 值影响较小(例如表 2-13 中的 2 和 4)。当馏程相似而原油产地不同，$d_{15.6}^{15.6}$变化较大时，对 *BMCI* 值影响较大(例如表 2-13 中 4 和 16)。

BMCI 值增加的规律与烃类化合物芳香性增强规律是一致的，既正构链烷烃<支链烷烃<烷基单环环烷烃<无烷基单环环烷烃<双环环烷烃<烷基单环芳烃<无烷基单环芳烃(苯系)<双环芳烃<三环芳烃<多环芳烃。

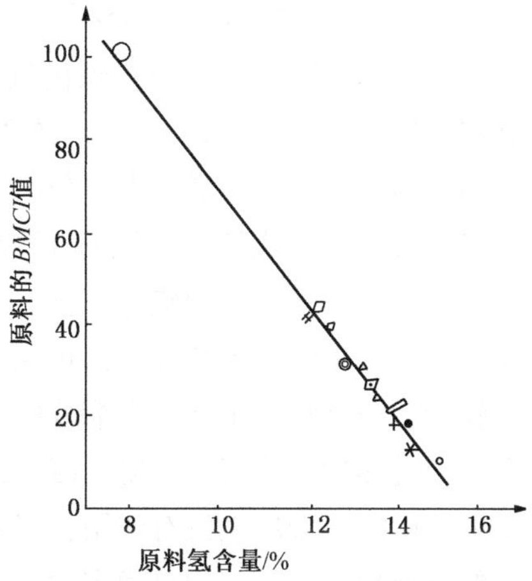

图 2-19　原料 *BMCI* 值与氢含量的关系

烃的关联指数 *BMCI* 值与氢饱和度 *z* 有一定关系。大体上说，*z* 值越小，则 *BMCI* 值越大。原料的氢含量越高，*BMCI* 值越小，图 2-19 给出了二者之间的关系。

BMCI 值常常用于表征柴油及重柴油裂解性能，是重质油裂解性能评价的一个重要参数。图 2-20、图 2-21 表明了 *BMCI* 值对乙烯最大产率影响的大致变化趋势。*BMCI* 值愈小，表示脂肪性愈强，芳香性愈弱，乙烯产率愈高；反之，*BMCI* 值愈大，表示脂肪性愈弱，芳香性愈强，乙烯收率愈低，而且炉管和废热锅炉中的结焦也愈严重。

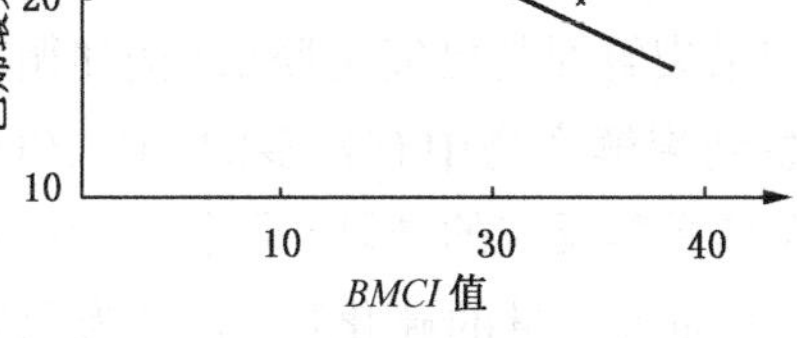

图 2-20　工业条件下柴油的 *BMCI* 值与乙烯最大收率的关系

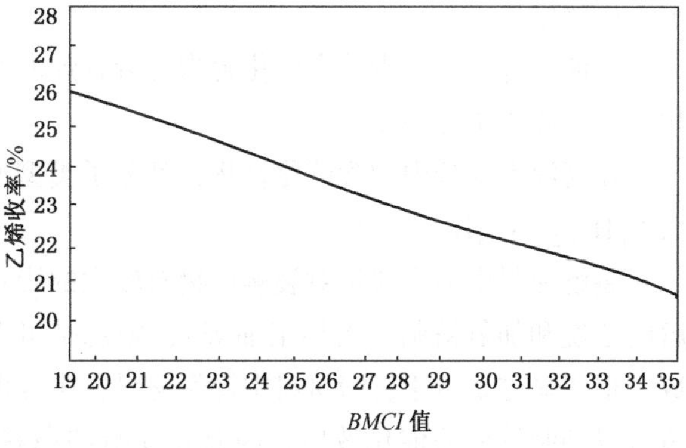

图 2-21　裂解原料的 *BMCI* 值与乙烯收率的关系曲线

十、硫化物

硫是石油的重要组成元素之一。不同的原油含硫量差别很大，从万分之几(例如我国克拉玛依原油含硫量只有0.04%)到百分之十左右(如委内瑞拉原油含量高达5.48%，我国华北某原油硫含量高达9.5%~11.3%)。由于含硫量对石油加工和裂解制乙烯的裂解反应，产品精制有很大影响，因此也是评价裂解原料性能的一项重要指标。

通常将含硫量高于2%的石油称为高硫石油，含量小于0.5%的石油称为低硫石油，介于0.5%~2%之间的称为含硫石油。我国原油大部分属于低硫石油(如大庆、大港、克拉玛依等原油)和含硫石油(如胜利等原油)，孤岛原油则为高硫石油(含硫高达2.2%)。

硫在石油馏分中已确定的存在形态有单质硫(S)、硫化氢(H_2S)、硫醇(RSH)、硫醚(RSR′)、环硫醚(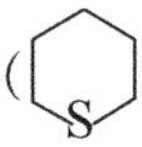、等)、二硫化物(RSSR′)、噻吩()及同系物等。

石油馏分中的单质硫和硫化氢多是其他含硫化合物的分解产物(在120℃左右温度下，有些含硫化合物已开始分解)。硫醇在石油中含量不多，由于它们的沸点较相应的醇类要低的多，因此多存在于低沸点馏分中。

元素硫、硫化氢及低分子硫醇都能与金属作用而腐蚀设备，它们统称为活性硫化物。硫醚为石油中含量较多的硫化合物之一，其含量随馏分沸程上升而增加，大量集中在煤油、柴油馏分中。硫醚为中性液体，热稳定性较高，与金属不发生作用。二硫化物在石油馏分中含量较少，而且集中于高沸点馏分中。二硫化物也是中性的，不与金属发生作用，但它的热稳定差，受热后可分解成硫醚、硫醇或硫化氢。环硫醚的热稳定性相当高，在蒸馏过程中不会发生分解，对金属也没有作用，但它能与重金属盐生成络合物。噻吩及其同系物是一种芳香性的杂环化合物。它的热稳定性较高，是石油中主要硫化物之一。

直馏汽油中的含硫化合物为有机硫化物，它们主要为硫醇(包括苯硫酚)、硫醚(包括环硫醚)，此外还有少量的二硫化物和噻吩。汽油馏分中还含有少量的无机硫化合物，如硫化氢和元素硫。

直馏中间馏分中硫化物主要是硫醚和噻吩类。硫醇在直馏馏分中较少，一般出现在二次加工产物中。

石油高沸点馏分中的含硫化合物与芳香烃的性质很相似，从结构上来看大部分也是稠环化合物，硫原子也多在环结构上。

在高沸点馏分中的含硫化合物，其分子类型通式可归纳表示为$C_nH_{2n+2}S_2$~$C_nH_{2n-30}S_2$以及$C_nH_{2n-2}S$~$C_nH_{2n-34}S$等。

裂解原料中的含硫量对裂解产物有较大的影响。如果裂解原料已完全脱硫(例如循环裂解的乙烷和加氢精制二次加工油等)，则总是可以观察到裂解产物中有较多的CO、CO_2生成，很明显这是由于管壁材料中镍管壁材料中镍催化蒸汽重整反应的结果。原料中含少量的硫可以抑制管壁的催化效应，因此在缺硫的原料中必须加入少量的硫化物(其量为原料的0.005%~0.2%)。加入的硫化物可以是CS_2、H_2S、$(CH_3)_2SO$、$(C_4H_9)SO_2$、$(CH_3)_2S_2O_8$、KHS_2O_4、硫磺、噻吩、Na_2S水溶液、$(NH_4)_2S$、$Na_2S_2O_3$、$(NH_4)_2S_2O_8$、硫磺和水、$(CH_3)_2SO$和水等，工业上多采用CS_2和H_2S。

十一、其他杂质

裂解原料中往往还含有一些其他杂质，如金属铅、钠、汞、铝、钒和铜等，非金属砷、氯、磷、氧及胺和氨等，非金属氧化物，如氮氧化物、氯化物和氟化物等，稠环芳烃和不饱和烃等。这些杂质对裂解的影响如下：

（1）原料中的金属渗透到辐射炉管内，极易引起对流段及辐射段结焦。

（2）氧促进对流段中焦的形成。

（3）铅含量大于 0.1×10^{-6}会使催化剂中毒、且引起腐蚀。

（4）CS 和 COS 大于 10^{-6}使催化剂中毒。

（5）钠会加速由钒引起的腐蚀。

（6）原料中汞含量太高（$>5\times10^{-9}$）会在板翅式换热器中积累，可能会引起板翅式换热器的损坏。可通过增加活性炭吸附床将汞在加氢前除去。

（7）原料中砷含量太高会引起乙炔、丙炔、汽油加氢催化剂中毒，通常要求加氢催化剂的进料烃中砷含量低于 5×10^{-9}。因此裂解原料中砷含量要求低于 20×10^{-9}，否则原料要进行脱砷。砷在裂解原料和裂解各馏分中的分布见表 2-14。

表 2-14 砷含量在原料和裂解产品中的分布概况 10^{-9}

原料	液态原料	裂解汽油	碱洗后裂解气	碳二加氢入口	碳三加氢入口	中压甲烷	低压甲烷
砷含量	160~180	80~120	20~30	15~20	20~30	2~6	5~15

第二节 裂解炉工艺设计常用的基本参数

一、裂解基本工艺参数

（一）裂解温度

一般，我们将裂解炉辐射段炉管的出口温度称为裂解温度，而将辐射段炉管的进口温度称为横跨温度。裂解温度的选择取决于原料的组成、炉型和裂解深度。裂解温度的高低大体符合以下规律：碳数愈少的原料裂解温度愈高；单管裂解炉 > 二程管裂解炉 > 多程管裂解炉（即停留时间愈短裂解温度愈高）；高裂解深度 > 中裂解深度 > 低裂解深度。相同炉型时原料的组成愈轻，裂解温度愈高；而横跨温度只与原料的组成有关；裂解原料愈轻，横跨温度愈高，一般横跨温度接近原料的起始裂解温度。

从反应动力学观点分析，烃的裂解反应性可以从裂解反应速度来判断。在裂解反应过程中，烃裂解生成乙烯的反应速度大于乙烯分解为碳和氢的反应速度；在动力学上，升高温度，烃裂解生成乙烯的反应更占优势。因此，要获得较多的乙烯，必须充分发挥烃裂解生成乙烯的动力学优势，去克服乙烯分解为碳和氢在热力学上所占的优势。而从反应的热力学观点看，反应温度愈高，愈易结焦，同时，温度愈高，对炉管材质的要求也愈高。

从裂解反应机理分析，在相同原料转化率下，提高裂解温度有利于提高一次反应所得低碳烯烃的收率。理论计算 600℃ 和 1000℃ 下正戊烷和异戊烷一次反应的产品收率如表 2-15 所示。

表 2-15　温度对一次裂解反应的影响

裂解产物组分	收率/%			
	正戊烷裂解		异戊烷裂解	
	600℃	1000℃	600℃	1000℃
H_2	1.2	1.1	0.7	1.0
CH_4	12.3	13.1	16.4	14.5
C_2H_4	43.2	46.0	10.1	12.6
C_3H_6	26.0	23.9	15.2	20.3
其他	17.3	15.9	57.6	50.6
总计	100.0	100.0	100.0	100.0

从裂解反应的化学平衡也可以看出，提高裂解温度有利于低碳烯烃的生成，并相对减少了低碳烯烃消失的反应，从而有利于提高裂解的选择性。但裂解温度超过某一值后，低碳烯烃的收率不再增加甚至开始减少，因此，裂解温度需要控制在一定的范围内。

(二) 参考温度和当量反应器体积与长度

1. 参考温度(T_e)　对于一个非等温反应，为了简便起见，可以把它处理成为一个拟等温反应。可以选取一个参考温度 T_e，假设在此温度下进行等温反应，其转化率与实际非等温反应的转化率相同。一般以裂解炉管出口温度作为参考温度。

2. 当量反应器体积(V_e)　一个非等温反应器，当原料进料流率不变时，在参考温度 T_e 下进行等温反应，而能获得与非等温反应相同转化率的反应器体积，称为当量反应器体积，以符号 V_e 表示。当量反应器体积 V_e 可由下式计算。

$$V_e = \frac{\int_0^{V_r} \exp[-E/RT(l)]\,dV_r}{\exp[-E/RT_e]} \tag{2-50}$$

式中　V_r——实际反应器体积；

E——反应活化能；

R——气体常数；

$T(l)$——实际反应器长度 l 处的温度。

3. 当量反应器长度(L_e)　当量反应器体积与管式反应器截面 S 之比称为当量反应器长度 L_e。L_e 可以根据豪根-华生公式(2-51)计算。

$$L_e = \exp[E/RT_e] \int_0^{l} \exp[-E/RT(l)] \cdot dl \tag{2-51}$$

对于一个设有若干测温点的非等温反应器，也可以近似地用式(2-52)求取当量反应器长度 L_e。其中，i 为测温点。

$$L_e = \exp[E/RT_e] \sum_{i=1}^{n} \frac{\exp[-E/RT_{i-1}] + \exp[-E/RT_i]}{2} (L_i - L_{i-1}) \tag{2-52}$$

(三) 稀释比

稀释比是指在裂解反应物料中，加入的稀释剂与裂解原料的比例，有质量比和摩尔比两种表示法，一般工业上采用质量比。

在裂解原料中加入稀释剂的目的是：①为了降低裂解时的烃分压：从化学平衡来分析，烃类裂解的一次反应是一个分子数增多的过程，对于这样的反应过程，降低烃分压对提高目的产物的收率有利；烃类裂解的二次反应是分子数减少的过程，降低烃分压可以减少非目的产物的生成；从化学反应动力学来看，降低压力可以增大一次反应对于二次反应的相对速度。②烃类裂解总会伴随结焦反应的发生，炉管的铁和镍能催化烃类气体的生碳反应，水蒸气对铁和镍有氧化作用，可抑制它们对生碳反应的催化作用。加入水蒸气作为稀释剂有利于焦汽化生成 CO 和 CO_2 的水煤气反应，因此对延长炉管运转周期是有利的。图 2-22 给出了稀释比与裂解乙烯收率和结焦的关系。

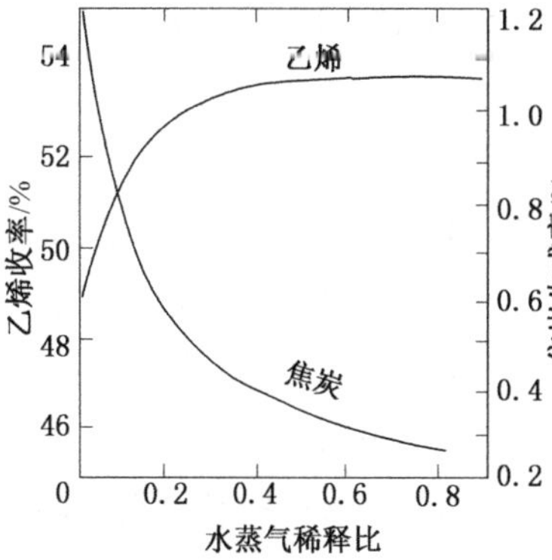

图 2-22　稀释比与乙烯收率、结焦程度的关系

在烃裂解工艺中，可选择的稀释剂应为对裂解反应惰性的气体，如氢、氮、甲烷、氩、水蒸气等。较为成熟的方法是利用水蒸气作稀释剂，因此烃裂解也称为蒸汽裂解。采用水蒸气作稀释剂的优点是它易得，去焦作用明显，从裂解产品中分离容易。其他的优点包括：①稳定裂解温度。水蒸气热容量较大，当操作供热不平稳时，它可以起到稳定温度的作用，还可以起到保护炉管防止过热的作用。②保护炉管。如裂解原料中含微量硫（百万分之几），可以保护炉管，但含硫稍多，络合金钢管在裂解温度下易被硫侵蚀。当有水蒸气存在时，即使含硫量高达 2%，也没有观察到炉管有硫化现象，这是由于高温蒸汽有氧化性，可以抑制裂解原料中所含的硫对炉管的腐蚀。

稀释比愈高对裂解反应愈有利，但过大也会带来一些不利的影响，如水蒸气消耗量增大，使裂解炉生产能力下降，同时影响急冷速度，急冷剂的用量加大等，使能耗增加。因此原料的合适稀释比应根据产物收率、裂解炉能力和能耗综合因数选择。表 2-16 列出了几种常用原料的水蒸气稀释比。

表 2-16　几种常用原料的水蒸气稀释比

裂解原料	原料氢含量/%	结焦难易程度	稀释比	裂解原料	原料氢含量/%	结焦难易程度	稀释比
乙烷	20	不易	0.25~0.4	石脑油	14.16	较易	0.5~0.8
丙烷	18.5	不易	0.3~0.5	粗柴油	约 13.6	较易	0.75~1.0
正丁烷	17.24	中等	0.4~0.5	原油	约 13	很易	3.5~5.0

（四）停留时间

1. 真实停留时间（θ_T）　从反应开始到达某一转化率时，反应物料在反应器中所经历的反应时间称为真实停留时间。对于流动管式反应器，真实停留时间 θ_T 与转化率 x 的关系可由式（2-53）计算。

$$\theta_T = \int_0^x \frac{dx}{r_A RT(1+n_1+\delta x)/p} \tag{2-53}$$

式中　r_A——裂解反应速度；

n_1——稀释比（摩尔比）；

x——转化率；

p——压力；

δ——膨胀率，其定义是裂解 1mol 的烃，反应从转化率 $x=0$ 开始进行到转化率 $x=1$ 时所增加的衡物质的量，mol。

2. 表观停留时间(θ_B)　表观停留时间又称整体停留时间，其定义为：

$$\theta_B=\frac{V_r}{V}=\frac{SL}{V}=\frac{L\rho}{G} \tag{2-54}$$

式中　V——气态反应物(包括惰性稀释剂)的实际体积流率，m^3/s；

V_r——反应器体积，m^3；

L——反应管长度，m；

S——反应管截面积，m^2；

ρ——反应物料密度，kg/m^3；

G——质量流速，$kg/(m^2 \cdot s)$。

反应物料的体积流率 V 一般有如下几种取法。

(1) 取反应器进口值，即 $V=V_{in}$；

(2) 取反应出器出口值，即 $V=V_{out}$；

(3) 取反应器进、出口算术平均值，即

$$V=(V_{in}+V_{out})/2 \tag{2-55}$$

(4) 取反应器进、出口对数平均值，即

$$V=\frac{V_{out}-V_{in}}{\ln\frac{V_{out}}{V_{in}}} \tag{2-56}$$

(5) 取某一点的值按微元处理，即

$$dV_r=Sdl \tag{2-57}$$

上述式中的 V_{in}、V_{out} 可按以下两式计算。

$$V_{in}=\frac{RT_{in}}{p_{in}}(N_{HC}+N_s)=\frac{RT_{in}}{p_{in}}\cdot q\left(\frac{1}{M_{HC}}+\frac{W_s}{M_s}\right) \tag{2-58}$$

$$V_{out}=\frac{RT_{in}}{p_{in}}(N_s+N_g+N_0)=\frac{RT_{out}}{p_{out}}\cdot q\left(\frac{W_s}{M_s}+\frac{W_g}{M_g}+\frac{W_0}{M_0}\right) \tag{2-59}$$

式中　N_{HC}、N_s、N_g、N_0——原料烃、稀释蒸汽、裂解气、裂解焦油的流率，kg · mol/s；

M_{HC}、M_s、M_g、M_0——原料烃、稀释蒸汽、裂解气、裂解焦油的分子量；

W_g、W_0——裂解气、裂解焦油的产率；

W_s——水蒸气稀释比，质量比；

q——原料烃进料流率，kg/s；

R——气体常数，8.047kPa · m^3/(kmol · K)；

p_{in}，p_{out}——进、出口压力，Pa(G)；

T_{in}，T_{out}——进、出口温度，K。

3. 当量真实停留时间和当量表观停留时间　用参考温度 T_e、当量反应器体积 V_e 和当量反应长度 L_e 概念处理非等温反应的真实停留时间即为当量真实停留时间，此时的表观停留时间即为当量表观停留时间。

当量表观停留时间以符号 θ_e 表示，有两种表示法。

(1) 反应物料容积流率取反应器出口值，即：

$$\theta_e = \frac{V_e}{V_{out}} = \frac{SL_e}{V'_{out}} \tag{2-60}$$

$$V'_{out} = \frac{RT_e}{p}(N_s + N_g + N_0) \tag{2-61}$$

式中 V'_{out}——参考温度 T_e 下的出口体积流率。

所以
$$\theta_e = \frac{pSL_e}{(N_e + N_g + N_0)RT_e} \tag{2-62}$$

(2) 反应物料体积流率取某一点值，即

$$\theta_e = \frac{V_e}{V'} = \frac{SL_e}{V'} \tag{2-63}$$

$$V' = \frac{N_{HC}RT_e}{p}(1 + n_1 + \delta x) \tag{2-64}$$

式中 V'——参考温度 T_e 下的容积流率。

所以
$$\theta_e = \frac{pSL_e}{(N_e + N_g + N_0)N_{HC}RT_e} \tag{2-65}$$

4. 平均停留时间　平均停留时间 θ_A 可由下式计算

$$\theta_A = \frac{1}{x_0}\int_0^{x_0}\theta \mathrm{d}x \tag{2-66}$$

式中 x_0——反应器出口处的原料转化率；

x——沿管长的原料转化率；

θ——任一种停留时间。

所以平均停留时间亦称积分停留时间。将它表达为原料转化率的函数形式，是衡量裂解选择性的重要参数。停留时间长促进一次反应，但是二次反应也充分进行，这样使一次反应生成的乙烯通过二次反应大量消失，使乙烯收率下降。停留时间过短，使一次反应来不及进行，原料转化得不完全，因此，要获得较多的乙烯需选择合适的停留时间，既能使一次反应充分进行，又能抑制二次反应较少进行。表 2-17 是石脑油停留时间对烯烃收率的影响，从表中可看出，在一定的裂解温度下，停留时间愈短，乙烯收率愈高。

表 2-17　石脑油停留时间对烯烃收率的影响①

出口温度/℃	849	849	849
停留时间/s	0.1158	0.1131	0.1126
乙烯收率/%	34.83	35.46	35.51
丙烯收率/%	12.47	13.88	13.91

① 毫秒炉工业操作数据。

温度和停留时间有密切关系，既互相依赖，又互相制约。图 2-23 和图 2-24 是轻柴油裂解炉管出口温度和停留时间对乙烯收率的影响。从图中可看出，没有适当的高温，停留时间无论怎样变动也得不到高收率的乙烯；反之无适当的停留时间，即使高温也得不到高收率的乙烯。因此，寻找适当的反应温度和停留时间是很重要的。裂解炉的特点是高温、短停留时间，以便减少二次反应，提高裂解选择性。

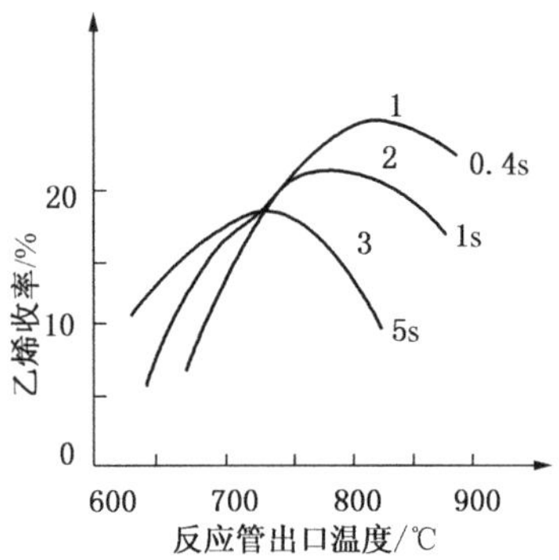

图 2-23　轻柴油裂解温度与乙烯收率的关系

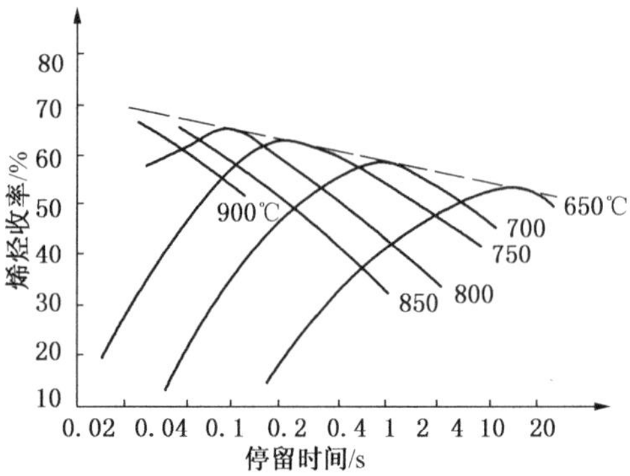

图 2-24　轻柴油裂解温度-停留时间对烯烃收率的影响

作为一般规律来说，提高温度、缩短停留时间对裂解产物分布有如下影响：

(1) 有利于正构烷烃生成更多的乙烯，而丙烯以上的单烯烃的收率有所下降。

(2) 有利于异构烷烃生成低分子量的直链烯烃，而支链烯烃的收率下降。

(3) 不利于芳烃的生成，裂解汽油的收率也减少。

(4) 乙烯/丙烯比、烯烃/副产饱和烃比、炔烃/单烯烃比，二烯烃/单烯烃比均增大。

总之，高裂解深度，即乙烯、甲烷、氢气和芳烃收率高，丙烯和丁二烯收率低；高选择性，即乙烯、丙烯和丁二烯收率高，甲烷、燃料油和芳烃收率低。

表 2-18 是石脑油裂解时温度和停留时间对产品收率的影响。由表 2-18 可知，提高温度、缩短停留时间可以提高乙烯收率，丙烯和汽油的收率却下降。

表 2-18　石脑油裂解温度和停留时间对烯烃收率的影响

(蒸汽与石脑油质量比=0.6)

出口温度/℃	760	810	850	860
停留时间/s	0.7	0.5	0.45	0.4
乙烯收率/%	24	26	29	30
丙烯收率/%	20	17	16	15
裂解汽油/%	24	24	21	19

选择合适的裂解温度和停留时间是非常重要的。对于管式炉中进行的裂解反应，不同的原料要求不同的裂解温度。同时由于受到炉管材质的限制，也不能无限制提高裂解温度。而在给定的裂解温度下，随着停留时间的缩短，炉管热通量增加，热强度增大，热强度的增大势必会提高炉管管壁温度。因此，在给定的裂解温度下，热强度对停留时间有很大的限制。所以，只有根据原料的性质以及产品的要求，同时通过技术经济性的比较，选择裂解温度和停留时间的合理值。

(五) 裂解炉出口压力(COP)

裂解反应是分子数增多的反应，从化学平衡的角度看，降低裂解炉出口压力有利于提高裂解反应的选择性。具体来说，COP 增大，烃分压增加，降低乙烯收率；COP 减小，降低烃分压，提高乙烯收率。但当 COP 过高时，要达到同样的裂解收率，需要增加稀释比，这是不经济的。当 COP 过低时，为了压缩裂解气，压缩机消耗的功率上升，压缩比增大，这也是不经济的。实际上裂解炉出口压力取决于压缩机入口压力。因此裂解炉出口压力的确定要综合考虑这些因素的影响。

综上所述，对于一定的裂解原料，裂解温度和停留时间是影响烃类裂解的主要因素，同时也影响目的烯烃及其他有用产品的收率；而添加稀释剂和 COP 设置都是通过烃分压来影响裂解产品收率。对不同的原料，为了得到尽可能多的烯烃，都有其最适宜的裂解温度和停留时间。

二、裂解深度参数

裂解深度是指裂解反应进行的程度。裂解深度愈高，表示裂解反应进行得愈深，原料的转化率愈高，气相产物量愈大，残余液相产物的氢含量愈低。因此裂解深度是裂解反应的一个重要的控制参数，如何来度量裂解深度，有多种方法，下面一一介绍。

(一) 原料转化率

原料转化率是指裂解过程中发生反应的裂解原料占裂解反应前的原料的比率。对于单一烃的裂解反应深度，可以比较方便地采用转化率来表示。例如乙烷裂解，根据原料中乙烷的量以及裂解产物中未发生反应的乙烷的量即可计算出乙烷的转化率：

$$x = \frac{N_0 - N_1}{N_0} \tag{2-67}$$

式中　x——转化率(一般用摩尔分数表示)；

N_0、N_1——某烃反应前和反应后的物质的量，mol。

对于混合物裂解的转化率，常常选其中一个烃为代表来计算转化率。如乙烷-丙烷混合物裂解，以丙烷为代表来计算转化率比较方便，因为乙烷在裂解过程中几乎不产生丙烷，所以分析反应前后的丙烷量，由上式计算出的转化率可以反映裂解反应进行的程度。反之，如果以乙烷为代表则不然，因为丙烷在裂解过程中生成乙烷，所以由上式计算得到的转化率不能完全反映裂解反应的进行程度。对于轻石脑油，由于在其裂解过程中几乎不生成正戊烷，所以以正戊烷为代表来计算转化率能够反映裂解反应进行的程度。

对于较重的液体原料，如柴油、加氢尾油等，确定准确的转化率就比较困难，因为其中各种烃类裂解性能不同，裂解深度也各异，其中某一烃不但在反应中消失，也可能在反应中由别的烃生成，所以无法以转化率作为裂解反应进行程度的度量。有时采用一些粗略的计算方法，常用的方法有两个，分述如下：

一是以产气率 x_g 来近似代替转化率，用质量分数表示。在裂解深度较低和中等时，此方法能够较好地度量裂解深度。但在裂解深度较高时，往往会出现较大的偏差，原因在于产气率并非总是随着裂解深度的增加而增加的。

二是考虑到原料油中烷烃和环烷烃发生裂解反应而芳烃几乎不发生反应，因此可以用产气率除以烷烃和环烷烃的分率作为转化率。但当裂解深度较深时，尚需做一定的校正。

$$x_{P+N} = \frac{x_g}{N + P} \tag{2-68}$$

式中　x_g——C_4气相产物产率，质量分数，%；

P——烷烃质量分数，%；

N——环烷烃质量分数，%。

(二) 甲烷收率

试验表明，甲烷收率总是随着反应进程而单值增大的。原因在于甲烷比较稳定，在工业裂解温度下，基本上不参加二次反应，只有生成没有消失。因此，甲烷收率的高低可以反映裂解反应深度的高低。

考虑到链烷烃、环烷烃比芳烃易于发生裂解反应，在工业裂解条件下，芳烃的芳环基本上不参加裂解反应生成乙烯和甲烷。所以，对于芳烃含量不同的原料来说，如以原料的全部组分的质量作为基准来计算甲烷收率，则甲烷收率的大小往往因原料中的芳烃含量的大小而异，不能真正反映裂解深度。为了消除芳烃含量不同的这种影响，可扣除原料中的芳烃而以烷烃和环烷烃的质量为计算甲烷产率的基准，可按式(2-69)计算：

$$C_{1(\mathrm{P+N})}^{0}=\frac{C_{1}^{0}}{N+P} \tag{2-69}$$

式中　$C_{1(\mathrm{P+N})}^{0}$——无芳烃甲烷产率,%；

C_{1}^{0}——以原料全部质量为基准的甲烷产率,%。

考虑到关联指数 *BMCI* 值是反映原料芳香性的指标，所以为了消除原料烃族组成的影响，还可以用原料的 *BMCI* 值处理甲烷产率，计算如式(2-70)所示：

$$C_{1}^{\mathrm{B}}=\frac{C_{1}^{0}}{100-BMCI} \tag{2-70}$$

式中　C_{1}^{B}——以 *BMCI* 值处理后的甲烷产率,%。

(三) 乙烯/丙烯的收率比

对多数裂解原料而言，其基本不含乙烯和丙烯，所以对裂解产物进行分析得到乙烯和丙烯的量，可以很方便地获得乙烯对丙烯收率的比值。

在工业裂解范围内，乙烯收率随着裂解反应的加深而逐步增加，而丙烯收率随裂解深度增加到中等裂解深度的最大值后则随着深度继续增加而下降，因此乙烯对丙烯的收率比也是随裂解速度的增加而单值上升的。由于裂解产物中乙烯和丙烯比可在线测定，因此，常常用来表达能反应裂解深度的灵敏指标。

每种原料的裂解深度随乙烯和丙烯收率比增加而增加，但不同原料的乙烯和丙烯收率比却不能完全反映它们的裂解深度高低，如在同等裂解原料转化率下，异构烷烃的乙烯和丙烯收率比会显著低于正构烷烃；一般石脑油达到高裂解深度的乙烯和丙烯收率比为 0.45 左右，而加氢尾油的高裂解深度指标却为 0.55 左右。因此，在用此指标作为衡量不同原料的裂解深度时，还应考虑原料的种类差别。

(四) 甲烷/丙烯的收率比

由前述可知，裂解反应中随着反应进程的加深，甲烷收率总是增大的，而且稳定的甲烷基本不参加二次反应，因此以甲烷对丙烯的收率比也是随裂解深度上升而单值增加的。由于它们易测定，因此也常常用作衡量裂解反应深度的参数。但值得注意的是，在达到中等裂解深度后，丙烯收率在达到最高值后开始下降(见图 2-25)，也就是说甲烷对丙烯的收率比值上升随裂解深度增大较敏感，能够灵敏地表现裂解深度的变化。因此，通常用甲烷对丙烯的收率比来作为衡量高裂解深度的指标。而在较低的裂解深度条件下，由于甲烷和丙烯收率均呈上升趋势，因此用甲烷对丙烯的收率比来度量裂解深度的敏感性下降。

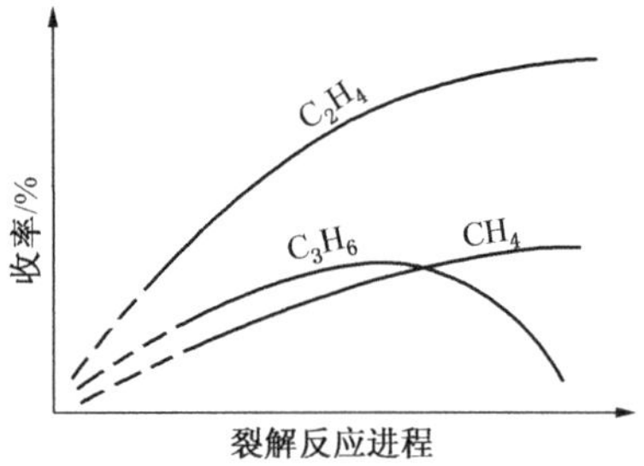

图 2-25　液体馏分裂解产物收率与反应进程关系

(五) 裂解液体产品的氢含量

随着裂解进程的加深，裂解气态产物的氢含量逐渐增大，而液体产物由于脱氢的程度加深，所以氢含量逐渐下降，如以 n_H/n_C 原子比来表示，则有如图 2-26 所示的情况。图中横坐标$(n_H/n_C)_L$是 C_5^+ 的液体产物的氢碳原子比；纵坐标$(n_H/n_C)_G$ 是 C_4^- 的气态产物的氢碳原子比。

C_5^+ 液体产物的氢碳原子比$(n_H/n_C)_L$ 是液相脱氢反应和引起结焦倾向的度量。由图2-27可以看出，随着液体产物氢含量的降低，乙烯的产率增大，丙烯产率增大而后下降。

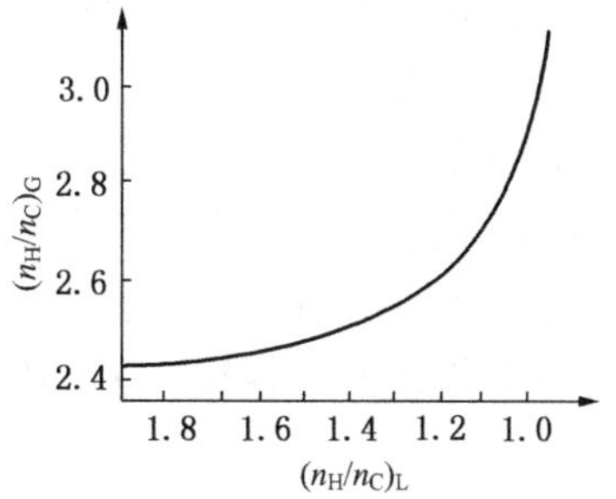

图 2-26　裂解过程中 C_4^- 气态产物氢碳原子比与 C_5^+ 液体产物氢碳原子比的典型关系曲线

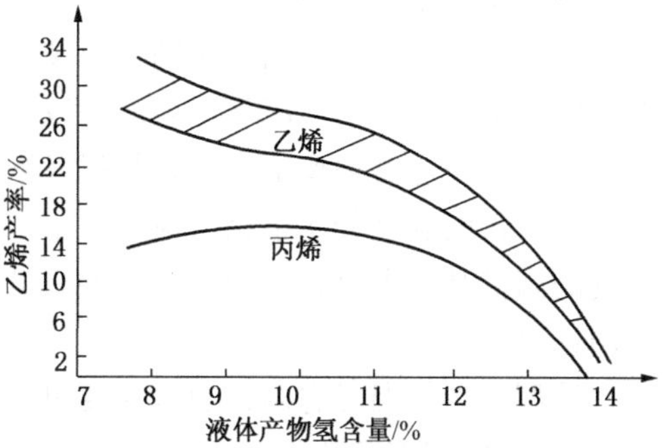

图 2-27　液体产物氢含量与产物产率的关系

C_5^+ 液体产物的氢碳原子比$(n_H/n_C)_L$ 是度量炉管结焦倾向的重要指标。图 2-28 给出了裂解深度与 C_5^+ 液体产物的氢碳原子比$(n_H/n_C)_L$、烯烃产率的关系。可以看到，随着裂解深度增加，乙烯的产率逐渐增大，丙烯产率达到最大值后会急剧下降，液体产物氢含量不断降低。生产实践经验表明，不论何种原料，当 C_5^+ 液体产物的氢碳原子比$(n_H/n_C)_L$ 低于 0.96 (即氢含量 8%)时，裂解炉管容易发生结焦问题。所以可以控制 C_5^+ 液体产物的氢碳原子比$(n_H/n_C)_L$ 小于 0.96，从而来掌握裂解深度。可以看出，C_5^+ 液体产物的氢碳原子比$(n_H/n_C)_L$ 能够作为度量裂解深度的一个指标。

对于不同的原料，为了防止结焦，可以使裂解反应进行到$(n_H/n_C)_L = 0.96$ 左右。由图2-28可见，轻柴油(曲线 1)由于其$(n_H/n_C)_L$ 比值较低，裂解反应进行到 a 点，C_5^+ 液体产物的氢碳原子比$(n_H/n_C)_L$ 已经降到 0.96，不能再加深裂解深度了；而石脑油(曲线 2)由于其$(n_H/n_C)_L$ 比值较高，裂解反应进行到 b 点，$(n_H/n_C)_L$ 才降到 0.96，裂解进行的程度可深一些；氢含量比石脑油高的原料(曲线 3)裂解反应可进行到 c 点，离开乙烯最高产率所对应的 d 点要近一些。由此可知，氢含量高的原料，其可裂解性较高，裂解深度较深。这样，控制了 C_5^+ 液体产物的氢碳原子比$(n_H/n_C)_L$ 这

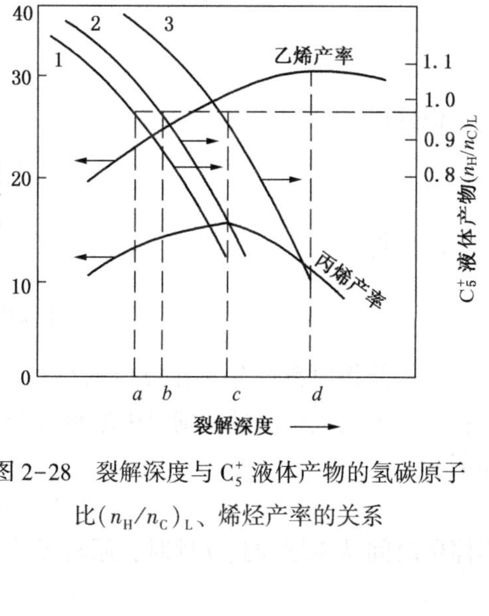

图 2-28　裂解深度与 C_5^+ 液体产物的氢碳原子比$(n_H/n_C)_L$、烯烃产率的关系

项指标，便可对不同的原料掌握到合适的裂解深度。

(六) C_3 及较轻组分(C_3^-)收率

在低深度和中等深度裂解时，以 C_3 和比 C_3 轻的气态产物的总收率表示裂解深度还是可用的，因为在裂解深度不高时，C_3^- 随反应进程而有规律地增大。但是，当裂解深度较高时，二次反应逐渐明显，原料几乎大部分反 应掉，C_2、C_3 烃的生成渐减，而且 C_2、C_3 烃发生二次反应，所以 C_3^- 这个指标值的大小就不能反映裂解程度的深浅了。

(七) 出口温度

裂解炉的出口温度也是衡量裂解深度的重要参数之一。但用该指标作为裂解深度指标的缺点是没有反映出温度分布和停留时间的情况。同样的原料在温度分布不同的炉型和不同的停留时间下操作，虽然出口温度相同，但裂解深度和产物收率分布是不同的。

在原料和炉型确定的情况下，生产中以出口温度作为控制裂解深度的指标还是有其应用价值的。因为在一定的炉型下，炉管几何参数已定，炉膛结构已定，炉管排布、燃烧器位置已定，则沿管长的温度分布也已经确定，在原料处理量不变的情况下(即停留时间不变)，出口温度的高低基本上反映了裂解深度的高低。工业上由于出口温度测量容易，现在还在广泛地使用这个指标。

同种炉型，裂解温度愈高，裂解深度也愈高。

(八) 动力学深度函数(Kinetic Severity Function，*KSF*)

前面介绍的几项指标都是从原料和产物的性质和数量关系方面来反映裂解深度的，而不涉及反应条件，所以可以看作是裂解深度的内部度量。而动力学裂解深度函数 *KSF* 是从原料性质和反应条件两方面来反应裂解深度的，是内部度量和外部度量在一定程度上的结合。也就是说，动力学裂解深度函数 *KSF* 既能反映出温度-时间关系，又能与原料烃的裂解反应动力学联系起来；既考虑了操作条件，又考虑了原料性质。其定义如下：

$$KSF = \int k\mathrm{d}\theta \qquad (2-71)$$

式中　k——反应速度常数，s^{-1}；

　　θ——时间，s。

裂解反应按一级反应进行，其反应速度为：

$$-\frac{\mathrm{d}N}{\mathrm{d}\theta} = kN \qquad (2-72)$$

积分得：

$$\int \frac{-\mathrm{d}N}{N} = k\mathrm{d}\theta \qquad (2-73)$$

由上得：

$$KSF = \int_0^{\theta} k\mathrm{d}\theta = -\int_{N_1}^{N_2} \frac{\mathrm{d}N}{N} = \ln\frac{N_1}{N_2} \qquad (2-74)$$

如果能将原料烃分子在反应前后的量 N_1 和 N_2 分析测定出来，就可按上式计算出 *KSF* 值；如果不能直接测量，则可由原料烃分子的反应速度常数来计算。反应速度常数 k 计算式如下：

$$k = A\exp(-E/RT) \qquad (2-75)$$

当停留时间从零增加到 θ 秒时，原料烃的衡摩尔数由 $N=1$ 降低到 $N=1-x$，则

$$KSF = \int_0^{\theta} k \mathrm{d}\theta = -\int_0^{1-x} \frac{\mathrm{d}N}{N} \qquad (2-76)$$

对于等温过程，上式可变为：

$$KSF = k\theta = \ln \frac{1}{1-x} = -\ln(1-x) \qquad (2-77)$$

式中　E——活化能；

A——指前因子；

R——气体常数；

T——反应温度。

动力学裂解深度函数 *KSF* 是以动力学的方法组合了原料的裂解反应动力学性质、温度与停留时间的关系，它的大小反映了原料烃分子参加裂解反应进行的程度。

三、裂解炉的性能指标

（一）裂解炉的能力指标

1. 生产能力和炉子的备用系数　生产能力通常以化工装置在单位时间内生产的产品量或处理的原料量来度量。在乙烯工业中，一般以每年生产的乙烯的量来表示生产能力。

炉区的生产能力等于单台炉的年生产能力与运转炉子台数的乘积，或者等于单位时间炉区的生产能力与年运转时间的乘积，单位为万吨乙烯/年。近年来技术的进展和规模效益的推动使炉区的生产能力从 20 世纪 80 年代的 100~200kt/a 发展到现在的 1000kt/a 以上。一般，炉区的生产能力大于乙烯装置的能力，而炉区各台炉子的总生产能力和又大于炉区的生产能力，因为炉子需要周期性的停炉清焦，因此炉区的裂解炉必须有一定数量备用系数。裂解炉的备用系数是指炉区内备用裂解炉的生产能力占炉区总生产能力的百分比。在设计中，合理的裂解炉的备用系数在 10%~15%之间。

2. 单炉生产能力　单炉的生产能力为单位时间的生产能力与年运转时间的乘积，以一台裂解炉每年生产的乙烯的量来表示，单位为万吨乙烯/年。随着金属材料、自动控制等技术的不断发展，裂解炉的单炉生产能力从 20 世纪 80 年代的 30~60kt/a 发展到目前的 100~150kt/a，最大的单炉生产能力甚至达 200kt 以上。设计中一般采用的炉子年运转时间为 8000h。随着裂解炉单台生产能力的不断提高，裂解装置的裂解炉配置台数也不断减少，从而简化了操作和控制，节省了投资和占地面积，由此可见，单炉生产能力的提高为乙烯的大规模生产奠定了基础。

3. 裂解炉的运转周期　裂解炉的运转周期为裂解炉两次清焦间连续投料运转的时间，一般以天作为单位。裂解炉的运转周期由炉管的运转周期和急冷锅炉的运转周期决定，二者中只要一个达到限制指标裂解炉就必须停炉清焦。

炉管的运转周期的限制因素为炉管壁温和压降。裂解反应进行过程中伴随着结焦反应，随着操作时间的延长，在炉管内壁上渐渐形成一层焦，其厚度也逐渐增加。结焦增加导致炉管热阻不断上升，在所需热量不变的情况下，热阻的增加从而导致管壁温度不断提高，当管壁温度达到金属材质允许的极限温度时，裂解炉就必须停止运转，进行清焦。此外，焦层厚度的增加使炉管内径变小，压降不断增大，当压降增大到使裂解选择性受到较大影响时，裂解炉也必须停止投料运转，进行清焦。

急冷锅炉的运转周期一般受急冷锅炉出口温度限制。急冷锅炉出口温度随运转时间延长而不断上升。当出口温度升高到规定允许值时，急冷锅炉也应切出进行清焦处理。

轻烃和石脑油原料的裂解炉运转周期的限制因素一般为炉管最高壁温，而重质裂解原料的裂解炉运转周期的限制因素一般为急冷锅炉的出口温度。

4. 原料灵活性　在设计裂解装置过程中，常常为了适应裂解原料的变化，裂解装置需要考虑具有能裂解多种原料的灵活性。裂解装置原料灵活性有两种可选择的方案：炉区的原料灵活性和单炉的原料灵活性。

炉区的原料灵活性是将炉区的多台炉子按原料类型分成几类，每类炉子只裂解性质相近的原料，原料灵活性可由不同类型的炉子完成。这种方案炉子的设计和操作均可按各自的优化条件选择，在条件允许时是一种节约投资，操作方便经济的首选方案。

但很多时候，某台裂解炉仅仅适应一种裂解原料往往无法满足炉区原料灵活性的需要，这就要求单台裂解炉也要有裂解多种原料的灵活性。单炉原料灵活性也可有几种方案：

(1) 炉子在不同时间裂解不同的原料。这种方案操作相对容易，但原料切换时有波动。

(2) 炉子同时在同组反应管中裂解多种原料。这种方案一般只能按最重原料或主要原料选择条件，另一种原料必在非优化条件下操作。如乙烷-石脑油共裂解时，一般按石脑油选择工艺条件，而乙烷的单程转化率只有30%左右。

(3) 炉子同时在不同组反应管中裂解多种原料。这种方案一般也只能按主要原料选择操作条件，其他原料的条件选择范围有限。

由前述可知，不同原料的裂解反应速度常数大小不同，产物分布(如乙烯收率)也有很大差别，因此所需的裂解条件(如稀释比，横跨温度，裂解温度，停留时间，投料量等)也是不同的。因此，一台具有多种原料灵活性炉子在设计时就必须满足多种原料的基本要求和有宽范围的调节能力。因此原料灵活性愈大的炉子投资愈高(一般增加投资5%~20%)，而且会对装置的经济性和操作带来一些影响。

为了适应原料的供应变化，适当原料灵活性炉子设计是必须的。多种原料灵活性是以增加投资或降低效能为代价的。

5. 裂解炉的操作弹性　裂解炉的投料量(或乙烯产量)在一定范围内是可以浮动的。最小的投料量(下限)和最大的投料量(上限)之间的幅度就是裂解炉的操作弹性。裂解炉的操作弹性与以下因素有关：

(1) 燃烧器的操作弹性。一般以气相烃类为燃料的燃烧器的供热能力的上下限为(3.5~5.5)∶1，而以液相烃类为燃料的燃烧器的供热能力的上下限比要小一些，约为3∶1。

(2) 炉膛温度和炉管温度。增加炉子的投料量会受管壁温度、运转周期和燃烧器供热能力的限制。减少炉子的投料量虽对操作安全性有利，但又势必会增加能耗。因此，裂解炉的处理量不能无限变化。

(3) 炉管内流体压降。前面已经讨论，裂解炉投料量增大会使流体在炉管内的压降增加，裂解选择性下降。减少炉子的投料又可能使各组炉管流量分配不均，从而影响裂解炉的正常操作，因此裂解炉的处理量也不能无限变化。

(4)停留时间。裂解炉投料量过大或过小，则停留时间就会过短或过长，在其他条件不变的情况下就会造成裂解深度不够或过度裂解，从而影响裂解炉的正常运转。

为了保证裂解炉的安全运转，操作弹性的上下限一般不能过宽，如果以100%作为正常操作的投料量，一般而言，裂解炉操作的下限为70%，上限为110%。

6. 原料消耗定额　原料消耗定额是指生产单位产品所消耗的原料量，乙烯工业中一般定义为生产单位乙烯产品所消耗的原料量。

$$原料消耗定额=\frac{原料量(t)}{乙烯产量(t)}$$

原料消耗定额主要取决于原料性质，乙烷循环裂解消耗定额最低(可达 1.2t 乙烷/t 乙烯)，而劣质原料的消耗定额可高达 4.0t 乙烷/t 乙烯以上。裂解工艺参数对原料消耗定额也有较大的影响：石脑油高温、短停留时间和低烃分压裂解的原料消耗定额可比低温、长停留时间和高烃分压降低 1/3 左右。而操作也对原料消耗定额有一定影响。因此，应尽量选择优质裂解原料、先进工艺技术和优化操作来提高装置的经济性。

(二) 裂解炉的热性能指标

1. 辐射段炉管热强度　辐射段炉管热强度是衡量炉子的设计水平的重要指标。炉管单位面积和时间内所能传递热量的能力称为辐射段炉管的热强度(也称热通量，一般以管表面积作为计算标准)。沿炉管长度的热强度变化称为辐射段炉管的热强度分布。一般，炉管入口段的热强度最大，可达 110kW，炉底热强度最低。整组炉管的热量的能力与总传热面积比称为平均热强度，随着材料耐温性能的提高，现代裂解炉向高热强度方向发展，可达 120kW 以上。

辐射段炉管的热强度与炉管材料、构型、供热布置和供热均匀性等因素有关。此外，采用强化传热措施(如内螺旋管、MERT 管、扭曲片管等)也可达到提高热强度的目的。

2. 炉子的热负荷与辐射段/对流段热负荷比　单位时间内由燃料向裂解炉提供的热量称为炉子的热负荷，它是衡量裂解炉能力大小的重要指标。

裂解炉所吸收的热量主要用于辐射段的反应热和对流段的换热。辐射段吸收的热量与对流段所吸收的热量比称为辐射段/对流段热负荷比，一般为 4/6 左右。

3. 底部供热与侧壁供热比　裂解炉所需的热量主要由燃烧器来提供，根据炉型的不同，燃烧器的布置方式也有所不同，概括起来有三种布置方式：全部由侧壁燃烧器供热、全部由底部燃烧器供热以及底部与侧壁联合供热。

采用全侧壁燃烧器供热的优势在于传热均匀性好，但由于侧壁燃烧器数目较多，其维护费用较大，使用比例较小；采用全底部燃烧器供热的缺点是传热均匀性较差，对燃烧器的设计要求高，但由于操作简单，维护费用小，因而被许多用户采用。裂解炉的设计最广泛的供热方案为底部与侧壁燃烧器联合供热，这样就会结合前二者的优势。在设计过程中，需要确定底部供热量与侧壁供热量的比值，一般底部供热与侧壁供热的比值在 0.5~0.9 之间。

4. 燃料消耗定额　燃料消耗定额是指生产单位产品所消耗的燃料量。乙烯工业中一般定义为生产单位乙烯产品所消耗的燃料量，因为燃料的热值随燃料组成变化，所以一般以需要的热量单位来计算(以 kJ/t 乙烯计)。

$$燃料消耗定额=\frac{燃料提供的热量}{乙烯产量}$$

燃料消耗定额主要取决于原料性质，乙烷裂解乙烯选择性最高，稀释比最低，燃料消耗定额也最低；随着原料的变重，燃料消耗定额也不断提高。

燃料消耗定额是衡量乙烯工业经济性的重要指标之一。

5. 排烟温度　裂解炉的排烟温度是指裂解炉的烟气离开对流段最上端的管排(一般为原料预热段)时的温度。

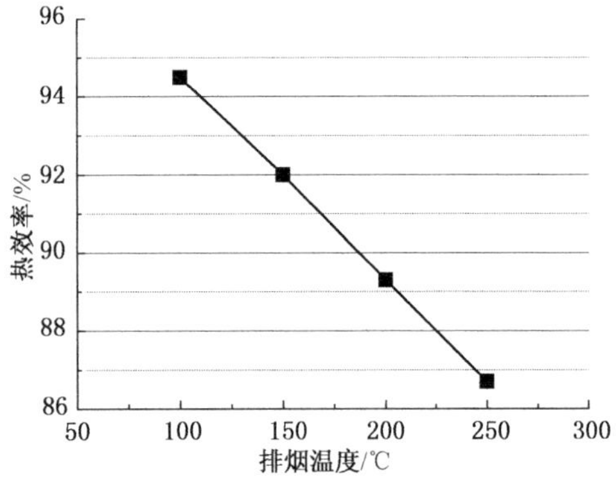

图 2-29　裂解炉排烟温度与热效率的关系

排烟温度与裂解炉的热效率有着密切的关系。图 2-29 显示了裂解炉排烟温度与热效率的关系。从中可以看出，随着排烟温度的降低，裂解炉的热效率逐渐提高。但排烟温度不能无限制地降低，排烟温度要受到裂解炉烟气酸露点(与燃料中的硫含量有关)、换热物料最低温度和排烟露点的限制。现代裂解炉设计的排烟温度一般为 105～130℃。目前已经可以降至 100℃以下，但为了达到较低的排烟温度，对流段上部原料预热管排的材质选择要考虑能耐受低温露点腐蚀。

6. 裂解炉的散热损失　裂解炉的散热损失主要是指通过裂解炉的外表面向周围介质散热的损失。

据测算，当裂解炉外表面温度达到 450℃时，其散热损失可达到裂解炉热负荷的 3%左右。所以采用保温性能好的材料做裂解炉外墙材料对减少裂解炉散热损失相当重要，目前的裂解炉的散热损失一般占裂解炉热负荷的 1%～2%。

7. 裂解炉热效率　裂解炉热效率是衡量裂解炉体系热量利用有效程度的一个重要指标。它等于有效热量除以供给热量的百分数。热效率 η 的定义可用下式来表示：

$$\eta = \frac{q_f}{Q} = \frac{q_r + q_c}{Q} \times 100\% \tag{2-78}$$

或

$$\eta = \left(1 - \frac{q_1 + q_2 + q_3}{Q}\right) \times 100\% \tag{2-79}$$

式中　q_f——炉子的有效热量；

q_r——炉子传递给辐射段的热量；

q_c——炉子传递给对流段的热量；

q_1——辐射段炉壁的散热量；

q_2——对流段炉壁的散热量；

q_3——排烟带走的热量；

Q——总供给热量。

在对热效率进行计算时，首先要确定计算基准，下面介绍裂解炉热效率计算的基准。

(1) 有效热量是指体系向外界输出的已经被利用或可以被利用的热量，即各种被加热介质自进入体系起至离开体系止从体系所获得的热量之和。

(2) 供给热量是指外界供给体系的热量的总和，供给热量包括燃料的低发热量、燃料的显热、空气的显热等。

(3) 损失热量是指在体系供给热量中未被利用的部分，它等于排烟损失、燃料不完全燃烧损失和散热损失之和。

热效率的计算方法有两种，一是正平衡法，即直接计算有效利用的热量占总热量的百分数[如式(2-78)]；一是反平衡法，即先计算损失热量占总热量的百分数，由此反推出有效利用热量占总热量的百分数[如式(2-79)]。

近年来，由于在裂解炉设计过程中重视裂解炉能量综合利用，所以裂解炉的热效率已经提高到94%~95%。提高裂解炉热效率主要通过降低排烟温度，降低空气过剩系数，加强保温，改进设计等措施达到。

四、裂解选择性指标

(一) 裂解产品收率分布

裂解产物中各组分的产率分配称为裂解产品收率分布。裂解产品收率分布随原料组成、裂解条件而变化。裂解产品分布不但决定了裂解原料和燃料的消耗量，也决定了副产物的量，对后续热回收系统和分离系统的设计及副产物综合利用及装置的经济性有很大影响。

(二) 裂解选择性

裂解选择性有多种含义：一种含义是以已裂解的单位原料为基准生成的某产物的产率，称为该产物的选择性，如常用的裂解生成乙烯或丙烯的选择性，乙烯或丙烯产率愈高，裂解选择性愈好；第二种含义是指生成烯烃的一次反应速度对消耗烯烃的二次反应速度之比，比值愈大，裂解选择性愈好，这种指标不能直观得到，一般用于研究中，工业上使用不多；第三种含义是用已裂解的单位数量原料为基准生成三烯(乙烯、丙烯和丁二烯)的总产率，工业上常采用此法，三烯产率愈高，裂解选择性愈好。

裂解选择性还有一种表示方法，即用甲烷产率与乙烯产率之比(简称甲烷乙烯比，$C_1^0/C_2^=$)，作为裂解选择性的总标志。$C_1^0/C_2^=$ 值小，表示选择性高；反之，则表示选择性低。通常情况下，随 $C_1^0/C_2^=$ 值减小乙烯、丙烯和丁二烯的产率增加，而甲烷、乙烷、丁烷、非芳烃汽油组分和燃料油的的产率降低，因此 $C_1^0/C_2^=$ 值也是常用和易得的裂解选择性重要指标。

决定 $C_1^0/C_2^=$ 值大小的工艺因素主要有两个：平均停留时间和平均烃分压。不论裂解炉炉管的几何构型如何，管径多大，温度分布如何，只要平均停留时间和平均烃分压在同一条等选择性线上变动，则其 $C_1^0/C_2^=$ 值就完全相同。这样，在裂解炉设计时如果对产物分布的要求已经确定，则 $C_1^0/C_2^=$ 的值就已经确定，这样就可以在对应于该 $C_1^0/C_2^=$ 值的等选择性线上寻找出相应的平均停留时间和平均烃分压的配对值，综合考虑其他工艺因素后，可在该选择性线上选取一个最佳点，以确定最佳的平均停留时间和平均烃分压。

对于一种原料烃，以甲烷/乙烯比 $w_{CH_4}/w_{C_2H_4}$ 作为选择性指标，鲁姆斯公司在PCP装置和工业炉上进行了各种平均分压、停留时间的试验，然后绘制了选择性曲线图，如图2-30所示。

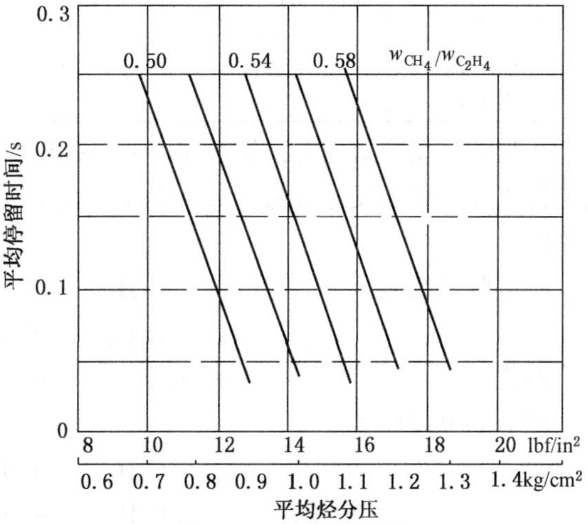

图2-30　裂解选择性

1 lbf/in² = 6.895kPa；1kg/cm² = 98.066kPa

由图可见，当乙烯产率一定时，缩短停留时间和减小烃分压，均可导致甲烷乙烯比减少，即乙烯选择性提高，反之情况相反。

平均停留时间和平均烃分压是决定裂解炉选择性的两个重要参数。不论管式裂解炉炉管的几何构型如何，管径多大，温度分布怎样不同，只要平均停留时间和平均烃分压变动，都落在同一条等选择性线上，则其 $w_{CH_4}/w_{C_2H_4}$ 完全相同。这样，在设计时如果产物分布的要求已定下来，则 $w_{CH_4}/w_{C_2H_4}$ 值即可定下来，就可在对应于该 $w_{CH_4}/w_{C_2H_4}$ 值的等选择性上寻找出相应的平均停留时间和平均烃分压的配对值。在考虑了其他工艺因素后，可在该等选择性线上选取一个最佳点，以确定最佳的平均停留时间和平均烃分压。

$w_{CH_4}/w_{C_2H_4}$ 值小(即乙烯选择性高)，则乙烯、丙烯和丁二烯的产率高，甲烷、乙烷、丁烷、非芳烃汽油组分和燃料油的产率低。这说明选择性高时，乙烯和有价值的副产物产率高，气体生成量小，重质产物少，结焦可能性小。如只求乙烯高产率，可使裂解深度加深，但此举随之而来的是产气率增大，使分离负荷增大；而如提高选择性，可多得副产。少产气，有利于多得副产，降低分离的能量消耗。所以，对于轻柴油一类的氢含量较低的裂解原料来说，以中等裂解深度和高选择性裂解比较合理，不宜追求高度的裂解深度，以氢含量较高的轻烃为原料时，裂解深度可以高一些，当然这要根据具体情况加以确定。

不同的裂解原料有不同的裂解性能。表 2-19 列出了不同原料对裂解选择性的影响。由表可见，原料不同，裂解的选择性差别甚大。对于轻烃，在停留时间、COP、稀释蒸汽比相同的情况下，其选择性差别甚大。此外，不同的石脑油在同样的裂解条件下，裂解的选择性也有一定差距。而柴油裂解时，裂解选择性相差较小。此时，裂解选择性主要取决于工艺操作条件。

表 2-19　裂解原料对裂解选择性的影响

裂解原料名称	停留时间/s	COP(G)/kPa	稀稀蒸汽比	裂解选择性 $w_{CH_4}/w_{C_2H_4}$
乙烷	0.20	70	0.30	0.049
丙烷	0.20	70	0.36	0.630
正丁烷	0.20	70	0.36	0.509
异丁烷	0.20	70	0.36	2.114
正戊烷	0.20	70	0.36	0.431
异戊烷	0.20	70	0.36	1.092
大庆石脑油	0.30	107	0.50	0.571
胜利石脑油	0.30	107	0.50	0.660
大庆轻柴油	0.26	107	0.75	0.461
胜利轻柴油	0.26	107	0.75	0.463
大庆减压油	0.26	107	0.80	0.473
胜利减压油	0.26	107	0.80	0.477

从裂解的反应历程看，裂解反应的选择性取决于一次反应的选择性，也取决于二次反应的进行程度。裂解反应分为一次反应和二次反应，原料烃中的烷烃裂解的一次反应主要有二个，即

(1) 脱氢反应：

$$C_2H_6 \longrightarrow C_2H_4+H_2 \tag{2-80}$$

$$C_2H_8 \longrightarrow C_2H_6+H_2 \tag{2-81}$$

通式

$$C_nH_{2n+2} \longrightarrow C_mH_{2n}+H_2 \tag{2-82}$$

(2) 断链反应：

$$C_3H_8 \longrightarrow C_2H_4+CH_4 \tag{2-83}$$

$$C_4H_{10} \longrightarrow C_3H_6+CH_4 \tag{2-84}$$

$$C_4H_{10} \longrightarrow C_2H_4+C_2H_6$$

通式　　$C_nH_{2n+2} \longrightarrow C_mH_{2m+2}+C_kH_{2k}$　　(2-85)

$$(m+k=n)$$

断链反应比脱氢容易进行，对于大分子烷烃来说，分子两端的 C—C 键比分子中央容易断，但随着分子量增大，这种优势将减弱。在一般情况下，正构烷烃最有利于烯烃的生成。

环烷烃的裂解反应，也是断链和脱氢，通常以生成芳烃和丁二烯的反应占优势，也生成乙烯、丁烯。如带侧链，也会断链生成烯烃和烷烃。

例如：环己烷

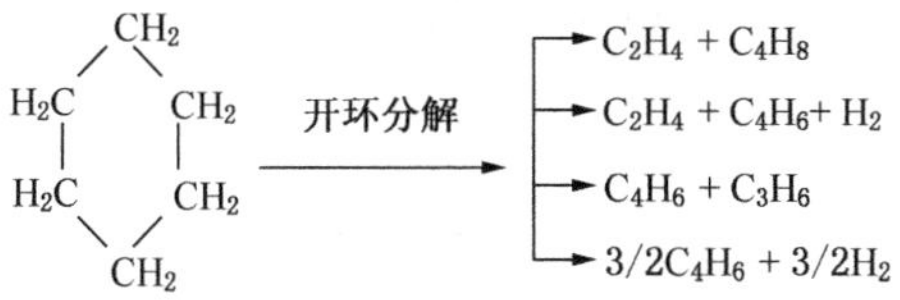

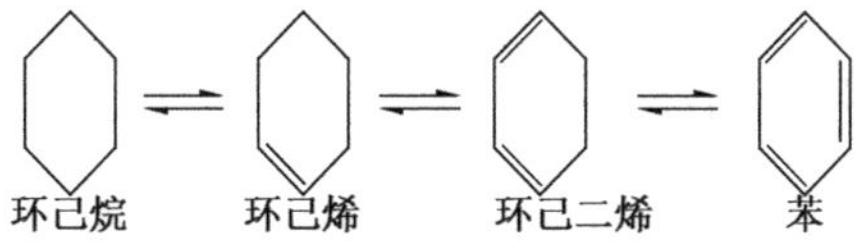

芳烃一次反应，不易裂解为烯烃，而在较高温度下易脱氢缩合为多环芳烃，进一步还会生成焦炭。

二次反应更为复杂，主要有三种类型，第一是烯烃进一步裂解；第二是烯烃加氢生成烷烃，或脱氢生成炔烃和二烯烃；第三发生缩聚反应，生成二烯烃、芳烃、焦油和焦。二次反应的最终结果是生炭生焦。

烯烃的生炭生焦不是一步完成的，在 900~1100℃ 的温度下，经炔烃而生炭。即：

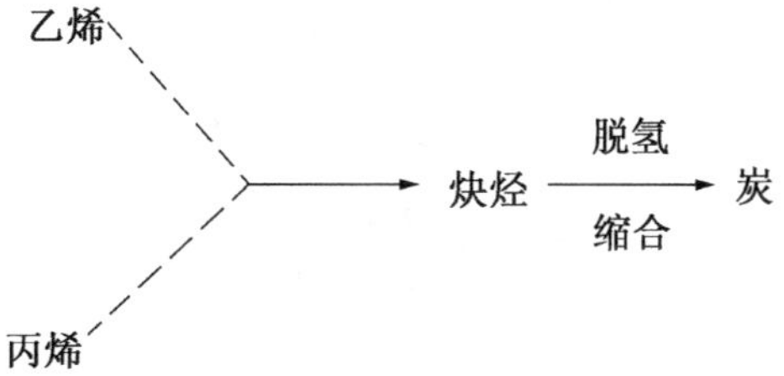

在 500℃ 以上的温度下，经芳烃而生焦。

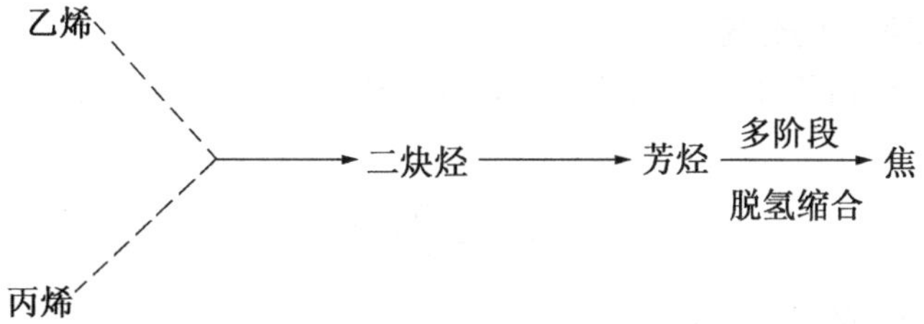

一般裂解温度在 800~900℃，所以二次反应主要是生焦。

对于裂解液体原料，一次反应可以视为一级反应，二次反应则可以视为二级反应。原料在反应管内所进行的一级反应及二级反应，可用下式表示。

$$F(d\alpha_R/dV)=k_P(N_P/V) \quad (2-86)$$

$$F(d\alpha_P/dV)=k_S(N_P/V)^2 \quad (2-87)$$

式中　F——进入裂解炉管的反应物的质量流率；

α_R——反应物进入微元段 dV 前的一次反应转化率；

N_R——反应原料的物质的量，mol；

k_P——一次反应速度常数;

N_P——一次反应产品的物质的量，mol;

α_P——以反应原料计的二次反应生成率;

k_S——二次反应速度常数。

裂解反应选择性是一次反应和二次反应相对速度的函数，可表示为:

$$\frac{\frac{F\mathrm{d}\alpha_P}{\mathrm{d}V}}{\frac{F\mathrm{d}\alpha_P}{\mathrm{d}V}}=\frac{k_n}{k_S}\cdot\frac{N_R}{N_P^2}\cdot V \tag{2-88}$$

在裂解条件下

$$V=\frac{N_{HC}RT}{p_{HC}} \tag{2-89}$$

式中　N_{HC}——烃的物质的量，mol;

p_{HC}——烃分压;

T——系统温度。

对式(2-88)积分为:

$$\int_0^{\alpha_R}\mathrm{d}\alpha_R=\int_0^{\alpha_R}\left[\frac{k_PN_R\cdot R\cdot N_{HC}\cdot T}{k_SN_P^2\cdot p_{HC}}\right]\mathrm{d}\alpha_R \tag{2-90}$$

为了便于求解，括弧内参数可选用平均法，则:

$$\frac{\alpha_R}{\alpha_P}=\left(\frac{k_P}{k_S}\right)_A\cdot\left[\frac{RN_{RA}\cdot N_{HCA}\cdot T_A}{N_{p_A}^2\cdot p_{HCA}}\right] \tag{2-91}$$

式中

$$N_{RA}=\frac{1}{\alpha_0}\int_0^{\alpha_0}N_R\mathrm{d}\alpha$$

$$N_{HCA}=\frac{1}{\alpha_0}\int_0^{\alpha_0}N_{HC}\mathrm{d}\alpha$$

$$N_{p_A}=\frac{1}{\alpha_0}\int_0^{\alpha_0}N_P\mathrm{d}\alpha$$

(三) 烃分压和平均烃分压

烃在混合气体(包括稀释剂)中的压力称为烃分压，以符号 p_{HC} 表示。烃分压可由式(2-92)计算。

$$p_{HC}=\frac{N}{N_t}p \tag{2-92}$$

式中　N——烃衡物质的量，mol;

N_t——混合气体总衡物质的量，mol;

p——系统总压。

如要计算不同转化率时的烃分压，可用式(2-93):

$$p_{HC}=\frac{1+\delta x}{(1+n_1+\delta x)}\cdot p \tag{2-93}$$

平均烃分压的定义如下:

$$p_{HCA}=\frac{1}{x_0}\int_0^{x_0}p_{HC}\mathrm{d}x \tag{2-94}$$

式中　p_{HCA}——平均烃分压；

p_{HC}——沿管长的烃分压。

烃裂解是物质的量增多的过程，降低烃分压不但对提高乙烯平衡组成有利，而且可增大一次反应对二次反应的相对速度，所以烃分压是衡量裂解选择性的重要参数。

第三节　裂　解　炉

一、概述

（一）辐射段

裂解原料乙烷、丙烷直到常压柴油和减压柴油，在裂解炉中被加热到高温时，会发生碳链断裂化学反应，产生低分子量烯烃。但是，这个热裂解过程是个十分复杂的多种反应的组合，除去生成所希望的烯烃（如乙烯、丙烯、丁二烯）以外，同时还会发生脱氢、异构化、环化、叠合和缩合等二次反应，因此，裂解反应产物是个组分众多的混合物。如何控制反应条件，使反应产物中所希望的烯烃为最多，对此国内外进行了长期研究。结果表明，烃类裂解在高温、短停留时间、低烃分压的条件下，对生产烯烃是有利的。因此，在考虑裂解炉的辐射管结构时，大多从管径、路数和管的长短等方面来满足裂解反应的需要。在反应的初期，从压力降方面看，由于反应转化率尚低，管内流体体积增大不多，以致线速度增大不多，由于管径小而引起压力降不严重，不致严重影响平均烃分压的增大；从热强度方面看，由于原料升温，转化率增长快，需要大量吸热，所以要求热强度大，管径小可使比表面积增大，可满足要求；从结焦趋势看，由于转化率尚低，二次反应尚不能发生，不致结焦，可以允许管径小一些。在反应的后期，从压力降方面来看，由于此时转化率较高，管内流体体积增大较多，以致线速度增大较多，管径小而引起压力降较严重，故以采用较大管径为宜；从热强度方面来看，由于转化率已较高，增长慢了，对热强度要求不高了，故管径大一些，对传热的影响不显著；从结焦趋势方面来看，由于转化率已较高，二次反应已在进行，结焦可能性较大，故要用较大管径，以延长操作周期。综上所述，反应初期时宜采用较小管径，反应后期时宜采用较大管径。

为了实现“高温、短停留时间、低烃分压”的目标，几乎所有构型的新炉管均采用了缩短管长的办法，如 SRT－Ⅰ型发展到 SRT－Ⅵ型炉，管长由八程 73m 缩至两程 25m 左右；USC 型炉由 W 型四程 45m 改为 U 型两程 21m；KTI 公司 GK 型炉则由 GK－Ⅲ型四程 40 多米缩短至 GK－Ⅴ型两程 25m 左右；林德公司的 Pyroeraek 型炉则由 4-2 型六程 70m 左右缩短至 1-1 型两程 20 多米，停留时间由 0.5s 以上降低到 0.15~0.25s。而毫秒炉采用单程炉管，管长缩短为 12m 左右，停留时间降至 0.1s 以下。

缩短管长同时也降低了炉管中物料的压降，压降从原来的 0.15MPa 左右降到 0.04MPa 或更低，由于烃分压下降，使选择性提高。但缩短管长也带来了传热面不足的缺点，为解决这个问题一方面可增加比表面（缩小管径），另一方也可寻求耐更高温的炉管材料，增加炉管表面的热强度。例如，炉管材料从 HK-40（耐温 1020℃）发展到 HP-40（耐温 1065℃）和 28Cr48Ni 钢（耐温 1200℃）。

经过改进，乙烯收率均有明显提高，见表 2-20，20 世纪管式炉裂解技术的发展见表 2-21。进入 21 世纪单台裂解炉生产能力发展到 120kt/a 以上。

表 2-20　几种炉型乙烯收率比较

炉型名称	SRI-Ⅱ	SRT-Ⅳ	毫秒炉	IFP	GK-Ⅲ
裂解原料	AGO	AGO	AGO	石脑油	AGO
管程数	6	4	1	7	4
炉管排布方式	4-2-1-1-1-1	8-4-1-1	1	1-1-1-1-1-1-1	4-4-2-2
乙烯单程收率/%	25.0	28.5	29.9	22.37	28.2

表 2-21　管式炉裂解技术的发展

年代	20 世纪 60 年代	20 世纪 70 年代	20 世纪 80 年代和 90 年代末
特点	中等深度	高深度，高选择性	高深度，高选择性，大生产能力
裂解温度/℃	760~780	800~860	800~920
停留时间/s	0.8~1.2	0.25~0.60	0.03~0.15
乙烯生产能力/(kt/a)	10~15	25~35	0~120
乙烯收率(全沸程石脑油单程收率)%	18~24	23~30	24~34
辐射段炉管平均热强度/[MJ/(m^2·h)]	167.5	210~293	293~356
炉膛热强度/[MJ/(m^2·h)]	167.5~335	210~628	628~1050
炉膛温度/℃	950~1000	1000~1100	1100~1200
炉管金属允许温度/℃	950	1000~1050	1050~1150
炉管配置	卧式	立式	立式
炉管形状	等径管	等径管，变径管	等径管、变径管、椭圆管
炉管材料	Cr18Ni18	Cr25Ni20	Cr25Ni20，Cr25Ni35NbW，28Cr48Ni5W，35Cr45Ni
处理原料	石脑油	石脑油、柴油	石脑油、柴油、减压柴油、加氢尾油

为了增大炉管的处理能力，又能合理地使管径和质量流速不超过允许范围，就要增加管子的路数和组数。在相同质量流速下，辐射炉管越长，压降越大，因此烃分压增加，且停留时间也增加，这对裂解是不利的。斯通-韦伯斯特、鲁姆斯、凯洛格、KTI 等公司从裂解基本原理出发，研究辐射炉管的管径、路数和管的长度等，提出了不同结构的炉型。

立管式裂解炉的辐射盘管大多采用单排管，由此保证辐射盘管受热均匀。也有采用双排盘管的，由此可在较低投资前提下获得较大的单炉乙烯生产能力，综合单排盘管和双排盘管的优缺点，也有采用混排辐射盘管的。它们的排布示意图见图 2-31。

单排布置的辐射盘管因受双面辐射，辐射传热效果最好，但在同样长度的辐射室中，所布置的炉管数最少；双排布置的辐射盘管因互相之间受到影响，其辐射传热效果最差，炉管表面管壁温度差较大，容易引起炉管变形，但可布置较多的炉管；而混排布置则介于上述两者之间。

(二) 高温裂解气的急冷和热量回收

裂解炉辐射盘管出口的高温裂解气高达 800℃以上，为抑止二次反应的发生，需将辐射盘管出口的高温裂解气快速冷却。

冷却高温裂解气的方法有两种，一是用急冷油(或急冷水)直接喷淋冷却；另一种方式

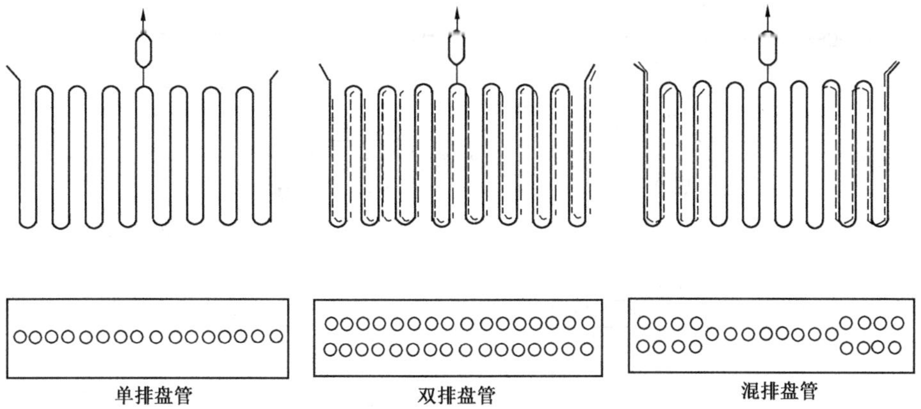

图 2-31　辐射盘管排列

是用换热器进行冷却。用换热器冷却时，可同时回收高温裂解气的热量而副产高位能的高压蒸汽，常称为急冷锅炉。在管式裂解炉裂解轻烃、石脑油和柴油的情况下，目前均采用急冷锅炉冷却裂解气并副产高压蒸汽。经急冷锅炉冷却后的裂解气温度尚在400℃以上(馏分油裂解时)，此时可再由急冷油直接喷淋冷却。在预分馏系统中可进一步回收急冷油的热量，副产低位能的低压蒸汽。

不同裂解原料裂解时急冷锅炉终期出口温度大不相同，裂解原料越重，急冷锅炉终期出口温度越高。根据裂解原料的情况，对高温裂解气冷却和热量回收有图 2-32 所示的四种方案。

1. 方案一　如图 2-32(a)所示，设置一级急冷锅炉。裂解炉辐射盘管出口的高温裂解气进入一级急冷锅炉，在此裂解气被高压锅炉给水冷却，并副产高压蒸汽。经一级急冷锅炉冷却后的裂解气进入急冷器，在此用急冷油直接喷淋而进一步冷却后送入预分馏系统。

轻烃裂解装置中往往不设急冷油系统，此时，急冷锅炉出口气体可集中用急冷水喷淋冷却后送入水洗塔。石脑油裂解时，急冷锅炉出口温度可限制在460℃以下，此时多将各台裂解炉经急冷锅炉冷却后的裂解气集中送入一台急冷器用急冷油喷淋冷却。柴油裂解时，急冷锅炉出口温度一般限定在初期400℃左右，末期500~600℃，此时大多在每台裂解炉单独设置急冷器，经急冷油喷淋冷却后的裂解气再汇合于裂解气总管，然后送入预分馏系统。通常一级急冷方式采用斯密特或包西格锅炉。

2. 方案二　如图 2-32(b)所示，设置二级急冷锅炉。裂解炉辐射盘管出口的高温裂解气进入第一级急冷锅炉，在此冷却至580℃左右(随裂解原料不同而有所变化)并副产高压蒸汽。经第一级急冷锅炉冷却后的高温裂解气再送入第二级急冷锅炉继续冷却裂解气，并副产高压蒸汽。第二级急冷锅炉出口裂解气进入急冷器用急冷油进行喷淋冷却，与方案一相同，对不同裂解原料，急冷器的设置也有所不同。

采用二级急冷锅炉是与采用小管径辐射盘管的裂解炉相匹配的。为了缩短停留时间并提高裂解温度，裂解炉辐射盘管向短长度、小管径的方向发展。相应，其单炉生产能力降低，为达到给定的单炉生产能力，单炉的辐射盘管数大大增加。在这种情况下，为降低辐射盘管出口至急冷锅炉入口之间高温裂解气的停留时间，提高裂解的选择性，采用二级急冷锅炉是

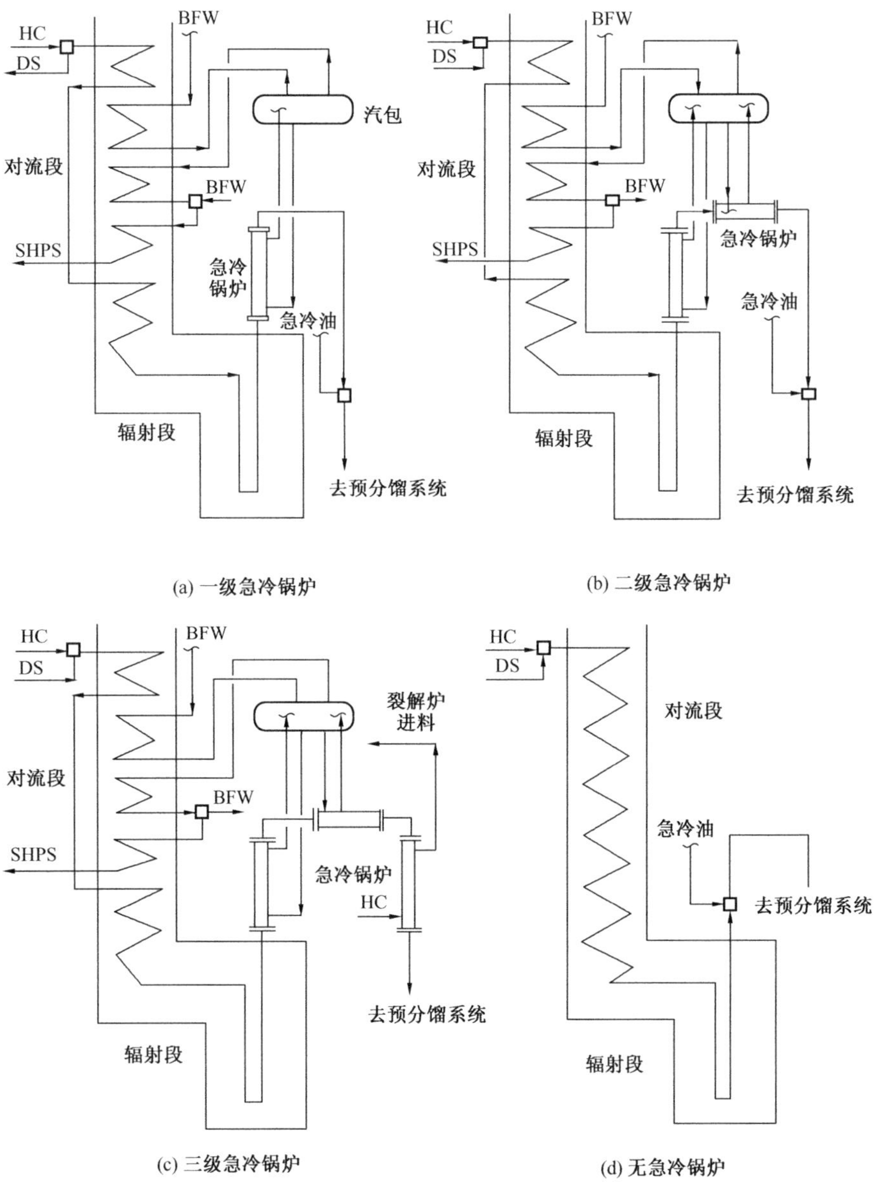

(a) 一级急冷锅炉 (b) 二级急冷锅炉 (c) 三级急冷锅炉 (d) 无急冷锅炉

图 2-32 高温裂解气热量回收方案

HC—烃进料；DS—稀释蒸汽；BFW—锅炉给水；SHPS—过热超高压蒸汽

行之有效的方法。正因为如此，斯通-韦伯斯特、凯洛格、布朗路特(Brown&Root)等公司均曾采用二级急冷锅炉与其单程或双程的小管径辐射盘管的裂解炉配套。

3. 方案三　如图 2-32(c)所示，设置三级急冷锅炉。在轻烃裂解装置中，可在二级急冷锅炉的基础上设置第三级急冷锅炉以进一步回收高温裂解气的热量。在轻烃裂解的情况下，已可通过二级急冷锅炉使裂解气冷却至 400℃以下，为进一步冷却裂解气，第三级急冷锅炉不再副产高压蒸汽。第三级急冷锅炉回收的热量多用于预热裂解原料，或用于预热锅炉给水，或用于发生中压蒸汽。布朗路特公司在裂解轻烃、乙烷、丙烷时就采用三级急冷锅炉的方法来回收热量。

经三级急冷锅炉冷却的裂解气温度可降至240℃左右，此时无需设置急冷器，而将裂解气直接送入预分馏系统。

4. 方案四　如图2-32(d)所示，不设置急冷锅炉，在裂解炉出口直接用急冷油喷淋冷却裂解气。在裂解*BMCI*值较高的重质裂解原料时，急冷锅炉终期出口温度可高达650℃以上。此时，急冷锅炉可以回收的热量占高温裂解气总热量的份额大大减小，从投资和效益的比较来看设置急冷锅炉未必经济。此时可以不设置急冷锅炉而采用直接喷淋急冷的方案。

采用直接急冷而不设置急冷锅炉时，高温裂解气的热量回收全部转移至急冷油系统。从回收的总热量看，与设置急冷锅炉的情况并无差别，但回收热量的能位是不同的。设置急冷锅炉可回收部分高位能热量(副产高压蒸汽)，不设置急冷锅炉时只能回收低位能热量(副产低压蒸汽)。

综上所述，一级急冷具有压降低、布置简单及投资省的优点，二级急冷则具有能提高乙烯收率、快速中止二级反应及多回收超高压蒸汽的优点。

采用二级急冷锅炉的主要缺点是设备和配管系统相对复杂，投资较高。对此，新近开发的双程套管急冷锅炉克服了这些缺点。斯通-韦伯斯特公司设计的乙烯工厂已采用双程套管急冷锅炉，改变了长期采用的二级急冷锅炉方案。

(三)管式裂解炉供热方式

管式裂解炉的供热由烧嘴来实现，烧嘴因其所安装的位置又分为底部烧嘴和侧壁烧嘴。管式裂解炉的供热方式有以下三种：全部由侧壁烧嘴供热，全部由底部烧嘴供热，由底部和侧壁烧嘴联合供热。

1. 全部由侧壁烧嘴供热方式　管式裂解炉采用侧壁烧嘴供热时，炉膛温度较为均匀，炉膛宽度可以较小。但是烧嘴数量多，燃料气配管复杂、投资高、操作调整及维修工作量大，并且只能使用气体燃料(包括汽化后的C_3和C_4液化气)。

2. 全部由底部烧嘴供热方式　全部由底部烧嘴供热的裂解炉，由于烧嘴的数量减少，使得烧嘴的布置和燃料配管的设计大为简化，而且投资省，操作调整简便，维修工作量少。此外，它使裂解炉对燃料的灵活性增加，更适合于与燃气轮机的联合。但是，由于底部烧嘴的供热高度有限，全部采用底部烧嘴使炉膛高度受到限制，且温度分布不够均匀。因此，需要采用一定措施改善炉膛内沿高度的温度分布。

3. 底部烧嘴和侧壁烧嘴联合供热方式　由于侧壁烧嘴供热方式中烧嘴数量多且不能烧液体燃料，而底部烧嘴供热方式中炉膛温度又不够均匀，底部烧嘴和侧壁烧嘴联合供热方式则克服了上述两种方式的缺点。采用底部烧嘴和侧壁烧嘴联合供热的方式时，在辐射段上部的侧墙通常设置几排侧壁烧嘴，在底部则设置底部烧嘴。侧壁烧嘴使用气体燃料，底部烧嘴为油气联合烧嘴，可以烧油也可以烧气。底部烧嘴供热的能力范围为40%~85%。

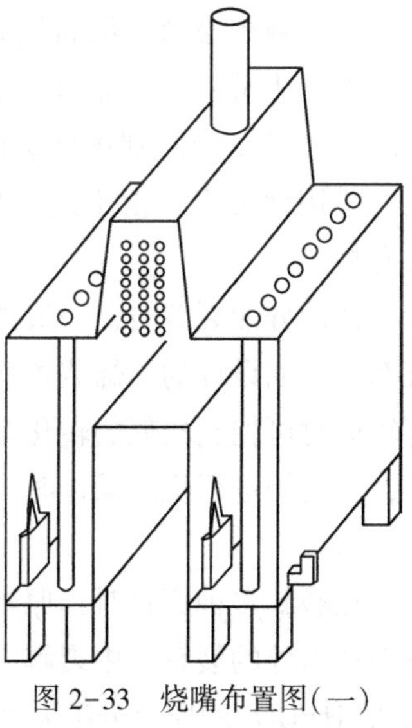

图2-33　烧嘴布置图(一)

裂解炉中烧嘴的排布可参考图2-33(底部供热)、图2-34(侧壁供热)，也可采取两者结合的排布方式。

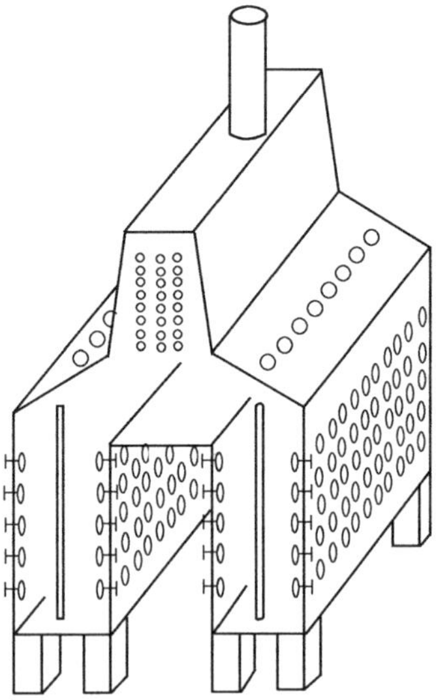

图 2-34　烧嘴布置图(二)

(四) 对流段、辐射段及急冷锅炉之间的配置

对流段与辐射段之间的配置有以下两个方面：一是对流段中物料的流路(通道)与辐射段炉管组数的关系，对流段中物料的流路数通常为 4 或 6 的倍数，相应辐射段中的炉管组数也应为 4 或 6 的倍数；二是一个对流段配置几个辐射段，通常一台裂解炉由一个对流段和一个辐射段组成，此时，大多采用两台裂解炉布置成门字形，这样可以一台裂解炉设置一台引风机，也可以两台炉共用一台引风机。少数工厂也采用所有裂解炉共用一个烟囱的方案，不过这种方式现在已很少采用。随着单台裂解炉生产能力的提高，近来也有一个裂解炉采用一个对流段配置两个辐射段的方案。

急冷锅炉的数量通常与对流段的物料的流路数或调节阀的数量有关：对一级急冷方案，急冷锅炉的数量则与其数量相等或是其的倍数，而二级急冷锅炉则与小容量的炉管相匹配比较好。

20 世纪 70 年代单台裂解炉的乙烯生产能力一般为 30～60kt/a。目前，单台裂解炉的乙烯生产能力可达 150kt/a 以上(以石脑油进料计)。裂解炉的台数应根据装置生产能力、原料种类和工艺技术来选定。考虑到裂解炉的清焦周期和日常维修，原则上应设置一台备用裂解炉。为保证装置的小时产量一定，安排裂解炉的能力及操作有以下几种途径：

① 设置一台备用炉，当一台裂解炉清焦或维修时，把备用炉投入生产以保持产量不变；

② 当一台裂解炉清焦或维修时，把其余的裂解炉的产量提高以维持产量不变；

③ 当一台裂解炉清焦或维修时，裂解炉的总产量减少，当清焦完毕后，裂解炉的总产量则超过 100%。

为了减少裂解炉的备用系数，有的公司采用第二个方案，经验表明，在目前裂解炉操作条件已十分苛刻的条件下，这种方案实际难于实施。而林德公司有时采用第三个方案，当乙烯产量富余时则用低温储罐储存，当裂解炉清焦或维修时，不足的乙烯则由储罐补充。采用此方案，由于进入压缩分离系统的物料经常波动，使得操作不稳定，给操作带来麻烦。

在馏分油裂解时，一般需将副产的乙烷循环返回裂解炉进行裂解，由此提高装置的乙烯收率。早期设计的乙烯装置均单独设置乙烷裂解炉，此时，乙烷转化率较易控制。在运转负荷较低时可控制较低的转化率，在运转负荷提高后可相应提高转化率。目前新近设计的裂解炉，乙烷炉进行烧焦操作时，1 台或几台液体炉可以作为乙烷炉的备用炉，暂时裂解循环乙烷、丙烷。

在裂解多种原料时，原则上性质相近的原料在同一裂解炉中裂解，而性质相差较远的原料则在另外的裂解炉中裂解，即分炉裂解，如原料为石脑油(NAP)、轻烃(如 NGC)、加氢尾油(HVGO)的原料分配方案如图 2-35 所示。

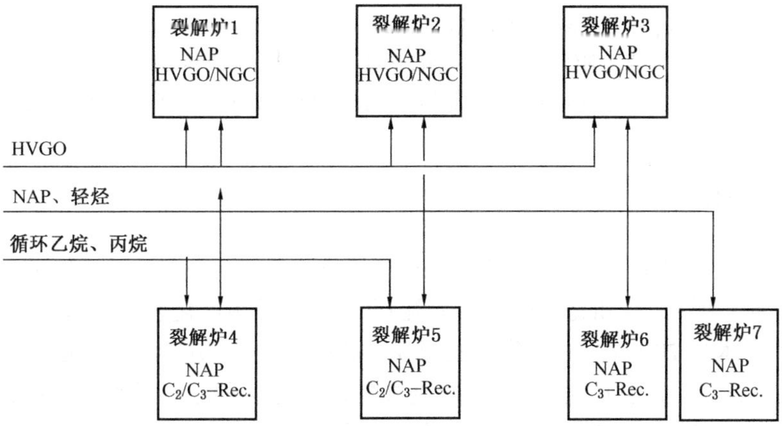

图 2-35　裂解炉系统原料分配示意图

(五)乙烯装置规模

随着乙烯装置规模的不断扩大，乙烯装置裂解炉规模也相应扩大。各年代乙烯装置生产能力与相应的裂解炉能力比较见表 2-22。

表 2-22　各年代乙烯装置生产能力与相应的裂解炉能力比较

年　代	乙烯装置规模/(kt/a)	裂解炉规模/(kt/a)	国　内　装　置
20 世纪 60~70 年代	100~300	20~30	天津、中原、辽化、吉化
20 世纪 70~80 年代	300~600	30~60	茂名、齐鲁
20 世纪 80 年代至今	600~1000	60~150	燕山、福建、天津、镇海

由表 2-22 可以看出，裂解炉大型化是当今世界裂解炉发展的大趋势，也是各专利商技术开发的重点。裂解炉大型化的优点为：

① 可节省约 10%以上的投资；

② 由于炉子台数减少，便于管理、维修；

③ 可以更有利于实现优化控制；

④ 操作费用亦可相应降低。

当裂解炉规模大型化之后，为了确保装置的长期平稳运行，在材料选用、工程设计方面也有相应提高。主要特点包括以下几个方面：

① 采用线性急冷锅炉，以减少机械清焦次数；

② 采用火焰向上的侧壁烧嘴或采用一、二排常规侧壁烧嘴，以降低侧壁烧嘴的数量，甚至全部采用底部烧嘴供热的方式；

③ 采用更好的合金钢，如 35Cr45NiNb 或 28Cr48NiW，以能耐更高温并改善其蠕变性能；改善辐射炉管的支撑系统，如鲁姆斯的 SRT-Ⅵ的 A-H 型支架及 CBL 炉采用的弹簧吊架。

④ 采用先进控制，以优化裂解深度、裂解炉负荷、稀释蒸汽比、各组 COT 平衡和供热控制等。

但是，裂解炉大型化也是有一定的限制因素的，不能盲目追求大型化。裂解炉大型化的限制因素有：

① 操作弹性：保证在任何一台裂解炉停车时(清焦或检修)，不会对下游的压缩、分离装置引起波动；

② 机械限制：为实现扩大裂解炉的能力，需要延长长度、宽度、高度等，然而机械设

计应满足有关规范、标准，并易于维修；

③ 工艺性能：在小型裂解炉得到证实的技术，在用于大型裂解炉时，应确认是否可行。

结合乙烯装置的大型化的需要，开发与之相配的裂解炉，是各管式炉裂解工艺专利商开发工作的重点。

二、CBL 裂解炉

CBL 裂解技术是由中国石化工程建设公司(原北京石油化工工程公司)北京化工研究院及南京工业炉研究所(原兰州化工机械研究院)联合开发的国产化裂解技术。

CBL 裂解技术从 20 世纪 80 年代开发至今，已有 20 多年历史，炉型也由 CBL-Ⅰ型发展到 CBL-Ⅴ型，裂解原料包括循环乙/丙烷到加氢尾油等各种原料类型。同时，随着乙烯装置规模的扩大，尤其是百万吨级规模乙烯装置的出现，对裂解炉单炉能力提出了新的要求。CBL 开发组在中国石化集团公司和国家有关部门的支持下，开发了 100kt/a 裂解炉、150kt/a 裂解炉，并正在开发 200kt/a 裂解炉。

近年来，中国石化使用 CBL 技术建设的大型裂解炉的应用业绩见表 2-23。

表 2-23　CBL 大型裂解炉的应用业绩

序　号	炉　　型	能力/(kt/a)	数量	建设地点	开车时间	适　用　原　料
1	CBL-Ⅲ(SL-Ⅰ)	100	2	燕化	2000 年 9 月	HVGO、HGO、NAP
2	CBL-Ⅴ(SL-ⅠM)	110	2	茂名	2006 年 1 月	C_2^0、NAP、HVGO
3	CBL-Ⅲ(SL-Ⅰ)	100	11	天津	2009 年 9 月	C_2^0 ~HVGO
4	CBL-Ⅲ(SL-Ⅰ)	100	9	镇海	2009 年 9 月	NAP ~HVGO
5	CBL-Ⅰ(SL-Ⅰ)	120	1	镇海	2009 年 9 月	C_2^0/ C_3^0
6	CBL-Ⅲ(SL-Ⅰ)	150	1	镇海	2009 年 9 月	C_5^0/ NAP
7	CBL-Ⅴ(SL-ⅠM)	120	8	武汉	待定	C_2^0 ~HVGO

20 世纪 80 年代，CBL 开发小组提出了三个“2”的 CBL 技术特点，即 2-1 型炉管、二级急冷、稀释蒸汽二次注入。随着对裂解原理的进一步研究，并对引进的裂解技术反复消化吸收，同时在裂解炉设计、建设过程中不断积累经验，在原有的 CBL 技术基础上有所更新。CBL 裂解炉炉膛多采用单辐射段、单对流段结构；当单炉生产能力高于 150kt/a 时，为了缩短辐射段长度，可采用双辐射段、单对流段结构。炉管构型仍然采用 CBL 炉传统的 2-1 型，根据原料的情况，适当加以变化。为了有效延长运行周期，提高裂解炉的在线生产率，在辐射段炉管内加装了扭曲片。急冷锅炉采用一级急冷形式；根据原料情况，以及所采用的炉管构型情况，配置传统急冷锅冷或线性急冷锅炉。供热系统采用侧壁和底部联合供热。对流段稀释蒸汽注入方式则视原料性质而定，当裂解原料为轻柴油或加氢尾油等重质原料时，则采用 CBL 炉的二次注入方式；当裂解原料为石脑油等轻质原料或气相原料时，则采用一次注入方式。

CBL 裂解炉技术特点如下。

(1) 液体原料裂解。目前用于设计的炉管构型有 2-1 型、改进 2-1 型及 4-1 型等高选择性两程炉管。一程采用小直径炉管快速升温；二程采用较大直径炉管，以利于降低烃分压。技术人员可根据不同裂解原料和能力要求，选用相应的炉管构型。

2-1 型、改进 2-1 型及 4-1 型炉管，均有较大的比表面积。特别是第一程炉管的比表面积达 75~95m^2/m^3，加快了物料在入口端的升温速度，提高了炉管前端的管壁温度，缩小了整个炉管的管壁温差，有效利用了整体炉管。其中 2-1 型、改进 2-1 型炉管可配置线性或 U 型急冷锅炉。

上述几种高选择性炉管均很好地体现了高温、短停留时间、低烃分压的特点。炉管构型参数选择符合世界裂解技术发展趋势，其选择性相近，均具有良好的裂解选择性和适宜的运行周期。

① 急冷方式：二级或一级；

② 稀释蒸汽注入方式：一次(轻质油或重质油)或二次(重质油)；

③ 供热方式：底部与侧壁联合供热，通常底部占 70%；

④ 热效率：93%~95%；

⑤ 引风机可采用变频调速。

(2) 气体原料裂解。采用停留时间适中的四程炉管(2-1-1-1)，其停留时间可根据实际情况在 0.4~0.8s 之间。设计的主要出发点为 1 组 2-1-1-1 型炉管与 1 台线性急冷锅炉相连接，急冷方式可以是线性或 U 型急冷锅炉。

(3) 原料适应性及能力。在原料适应性方面，CBL 裂解技术已涵盖气体原料到加氢裂化尾油。裂解炉能力从 20kt/a 到 150kt/a 以上。

CBL 型裂解炉辐射段炉管构型如图 2-36 所示。

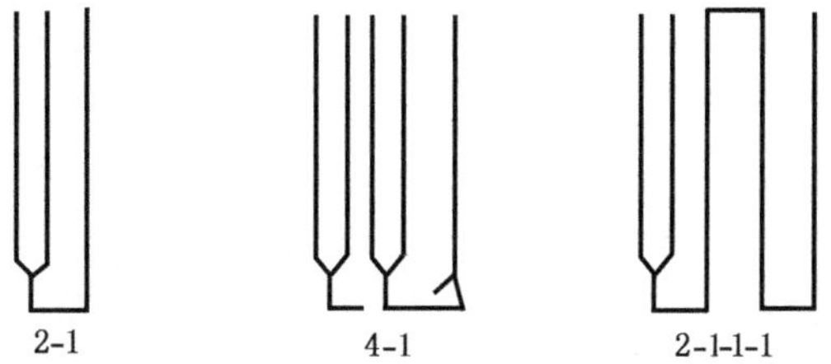

图 2-36　CBL 裂解炉炉管构型

三、SRT 型裂解炉

ABB 鲁姆斯公司开发、建设的 SRT(Short Residence Time，短停留时间)型裂解炉，具有物料在辐射段停留时间短、裂解温度高、烃分压低的特点，因此，选择性较高。

随着裂解技术的不断发展，SRT 型裂解炉已经发展到 SRT-Ⅶ型，SRT-Ⅹ型裂解炉也在开发过程中。同时，为了配合不断扩大的乙烯装置生产能力，单台裂解炉的乙烯规模也相应提高，从早期的 20kt/a 发展到现在的 250kt/a 以上。在炉管构型方面，为了适应“高温、短停留、低烃分压”的需要，由早期的多程炉管发展为目前的双程炉管，炉管总长度也由 60 多米缩短到 20 多米，相应停留时间也由 0.4s 左右缩短到 0.2s 左右。

急冷锅炉形式由早期 SRT 型炉采用的传统急冷锅炉发展到浴缸式急冷锅炉、快速急冷锅炉等多种急冷形式。

SRT 型裂解炉通常一个对流段配置一个辐射段，对流段布置在辐射段上部的一侧，对流段顶部设置烟囱和引风机。对流段内设置原料、稀释蒸汽和锅炉给水预热管束。从 SRT-Ⅳ型炉开始，对流段还设有超高压蒸汽过热管束，因而取消了蒸汽过热炉。SRT 型裂解炉通常采用一次蒸汽注入，即将未经对流段过热的稀释蒸汽注入经预热或未经预热的原料中，再进入对流段进一步预热至横跨温度。当裂解重质原料时，也可采用二次蒸汽注入的方案：未经对流段过热的一次稀释蒸汽与预热后的原料混合后，进入对流段进一步预热，然后与经对流段过热的二次稀释蒸汽混合使原料完全汽化并过热，之后进入对流段进一步过热至横跨温度。

早期 SRT 型裂解炉多采用全部由侧壁烧嘴供热的方案，为适应裂解炉烧油及降低投资、减少维修的需要，目前多采用侧壁和底部烧嘴联合供热的方案。底部烧嘴最大供热量可占总热负荷的 85%。

SRT 型裂解炉通常采用四大组或六大组进料控制系统，与之相对应，对流段预热原料或稀释蒸汽的管束排布通常为：

①每排 4 根或 8 根；

②每排 6 根或 12 根。

对锅炉给水或超高压蒸汽管束的布置则视对流段宽度而定。而急冷锅炉的数量通常为 2 台(30~40kt/a)、3 台或 4 台(45~60kt/a)、6 台(80~100kt/a 左右)。

SRT 型裂解炉的炉管构型及其特点见表 2-24，表中所列 SRT-Ⅱ型、SRT-Ⅲ型和 SRT-Ⅳ型裂解炉的结构尺寸仅为某一盘管的特例。

表 2-24　SRT 型裂解炉辐射盘管

项　目	SRT-Ⅰ	SRT-Ⅱ	SRT-Ⅲ
开　发　时　间	1953~1964 年	1972 年	1974 年
炉管排列	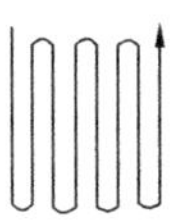	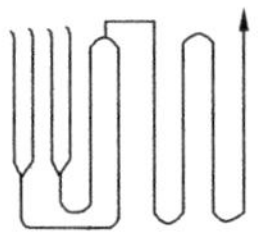	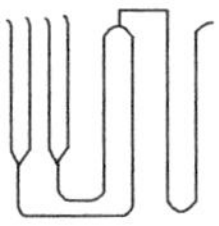
程数	8P	6P33	4P40
管长/m	80~90	60.6	51.8
管径/mm	75~133	64　96　152 1 程　2 程　3~6 程	64　89　146 1 程　2 程　3~4 程
表观停留时间/s	0.6~0.7	0.47	0.38
适用原料	从乙烷到石脑油	从乙烷到柴油	从乙烷到重柴油
单台生产能力/(kt/a)	20~30	30~40	45~50
炉管平均热强度/[GJ/(h·m^2)]	251	293~377	293~377
炉管组数/台	4	4	6

项　目	SRT-Ⅳ(HC)	SRT-Ⅳ(HS)、SRT-Ⅴ	SRT-Ⅵ
开　发　时　间	1984 年	1985~1987 年	1994~1999 年
炉管排列	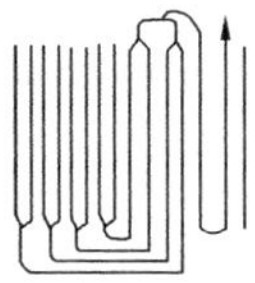	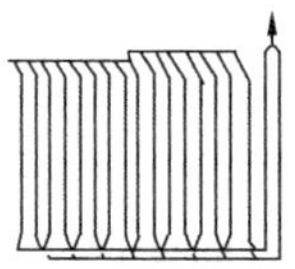	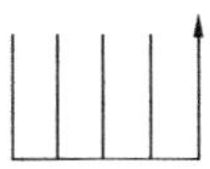
程数	4 程(8-4-1-1)	2 程(16-2)	2 程(4-1)
管长/m		21.9	-21
管径/mm		41.6　116 1 程　2 程	>50　>100 1 程　2 程
表观停留时间/s		0.21~0.3	0.2~0.3
适用原料	乙烷到加氢尾油	乙烷到加氢尾油	乙烷到加氢尾油
单台生产能力/(kt/a)	30~60	30~60	50~100
炉管平均热强度/[GJ/(h·m^2)]			
炉管组数/台	4~6	4~6	16~24

由表 2-24 可以看出，除 SRT-Ⅰ型炉以外，其他构型炉管均是采用分枝变径管，在辐射段前一部分采用小口径管，提供了较高的炉管 *A/V* 之比，并缩短停留时间，使原料进入裂解炉管后，快速升温到裂解温度，迅速加大热强度。在炉子出口部分采用较大管径，以使烃分压较低，使裂解气迅速离开高温区，以减少二次反应，提高乙烯收率并延长清焦周期。SRT 型的发展，就是根据这一原则开发新型裂解炉的，管径由粗变细，枝管逐渐增多，停留时间由 0.6s 缩短到 0.2s 左右，以轻柴油为原料，裂解温度从低于 800℃提高到约 840℃。

（一）SRT-Ⅰ型裂解炉

SRT-Ⅰ型炉是 20 世纪 50~60 年代开发的，主要用于乙烷或轻烃裂解。

最早的 SRT-Ⅰ型炉采用四组 10 程等径的炉管，每两组合并进入一台斯密特型急冷锅炉。20 世纪 70 年代末期鲁姆斯公司对 SRT-Ⅰ型炉作了改进，辐射段炉管由 10 程改为 6 程，对流段增加了换热面积，降低了排烟温度，热效率由 87%提高到 93%。

（二）SRT-Ⅱ、SRT-Ⅲ型裂解炉

1. SRT-Ⅱ、SRT-Ⅲ型裂解炉的比较　SRT-Ⅰ型裂解炉辐射盘管为多程等径管，其停留时间为 0.6~0.7s，适用于轻烃和石脑油原料的裂解。由于停留时间长，不仅难于继续改善石脑油裂解的产品收率分布，也不能适应柴油裂解的需要。为此，鲁姆斯公司在 20 世纪 70 年代初期开发了 SRT-Ⅱ型炉。它采用分枝变径管并缩短炉管的长度，以达到缩短停留时间的目的。由于采用分枝变径管改善了温度分布和热强度分布，管径减为 6 程，管长缩短，停留时间可控制在 0.4~0.5s。新型的 SRT-Ⅱ型辐射盘管应用于轻柴油裂解取得成功，使管式裂解炉对原料的适应范围大幅度拓宽。

为适应管式裂解炉裂解减压柴油的需要，鲁姆斯公司在 SRT-Ⅱ型裂解炉基础上在 70 年代末期研究开发了 SRT-Ⅲ型裂解炉。与 SRT-Ⅱ型裂解炉相比，主要在两方面作了较大改进，一是在对流段增设了高压蒸汽过热段，相应取消了蒸汽过热炉；二是进一步改进了辐射盘管。新的辐射盘管材质由原来采用的 25Cr25Ni(HK)系列合金钢改为采用 25Cr35Ni(HP)系列合金钢，使炉管耐热温度提高了 50~80℃。同时，在多程分枝变径管的基础上进一步缩短管长(管长 50~60m)，其停留时间降至 0.4s 以下。

SRT-Ⅱ型和 SRT-Ⅲ型裂解炉的辐射盘管分为两类，一类是高选择性盘管(HS 型)，多采用 4 程盘管，管长约 50m，其裂解选择性相对较高而处理量相对较低；另一类是高生产能力盘管(HC 型)，多采用 6 程盘管，管长超过 60m，其裂解选择性略低而处理量相对较大。

2. SRT-Ⅱ型裂解炉　SBT-Ⅱ型炉辐射段采用四组炉管，每两组炉管合并进入一台斯密特型急冷锅炉，全炉共两台急冷锅炉。对流段物料流路数与辐射段炉管组数相一致，采用四大组进料。预热原料及稀释蒸汽的换热管束，每排布置 4 根或 1 根炉管。对流段采用一次蒸汽注入方式，稀释蒸汽不过热，直接与原料油在炉外混合后进入对流段预热。辐射室内炉管采用单行竖式排列，有四组管，为双面辐射。

SRT-Ⅱ裂解炉采用侧壁与底部联合供热方案，侧壁与底部供热之比为 6∶4。

3. SRT-Ⅲ型裂解炉　目前，世界上采用的 SRT-Ⅲ型裂解炉，是采用变径管组，管组的最后几根材质是 HP-40 合金，每台炉有 6 组管，每两组炉管用一台急冷锅炉(TLE)。

由于 SRT-Ⅲ型炉采用了 HP-40 合金炉管，具有了更好的高温机械性能，使用 HP 合金后，管壁最高允许温度由Ⅱ型炉的 1040℃提高到了 1100℃。为了改进炉管的抗应力疲劳和渗碳性能，有时在合金中加入钨、铌等元素，将使用温度提高到 1150℃。采用 HP 合金炉管后，每组炉管投资比 HK 炉管投资增加 10%~15%。但由于每台炉采用 6 组炉管，因此以生产能力相比投资费用反而有所下降。据鲁姆斯公司资料，SRT-Ⅲ型炉与 1973 年设计的装置相比，乙烯装置炉区投资节省了 7%，占地节省 10%。

采用 HP 合金炉后，炉膛温度升高到 1200℃左右。为此，鲁姆斯公司在 SRT-Ⅲ型炉上使用了一种可塑性耐火材料，耐温达 1320℃。

SBT-Ⅲ型炉的热效率高达 93.5%，远远高于Ⅱ型炉的热效率，主要措施是降低排烟温度。为此，鲁姆斯公司对对流段作了改进，即将对流段原来Ⅱ型炉的 3 组换热器改为 4 组，柴油在 40~60℃下直接进入对流段(原设计要用急冷油加热到 150℃)，由急冷锅炉产生的高压蒸汽直接进入对流段过热至 510℃(省掉高压蒸汽过热炉)。离开最后对流段的烟气温度最终可降至 100℃左右，烟气温度过低，烟气中的三氧化硫将与水化合生成硫酸，腐蚀管壁和烟道。因此，SBT-Ⅲ型炉要求燃料中的硫含量低于相应排烟温度所允许值。

SRT 型炉采用约翰津克(John Zink)型烧嘴。鲁姆斯公司认为底部烧油烧嘴的供热高度为 6.6m(20ft)，再往上为侧壁烧嘴供热。对于过去设计的高 10m 左右的炉管最大烧油量可达 60%，对于 SRT-Ⅲ型炉，由于炉管长度达 14.8m(45ft)，最大烧油量约为 40%。

辐射段供热采用侧壁与底部联合供热的方式。

(三) SRT-Ⅳ(HC)型裂解炉

为了提高乙烯的收率，20 世纪 80 年代初期开发了新的 SRT-Ⅳ(HC)型，辐射炉管为 8-4-1-1排列，材质为 HP-40Nb(25Cr-35Ni-Nb)。

SRT-Ⅳ型裂解炉与 SRT-Ⅱ型炉相比，主要由于辐射段入口管的分枝增多，管径变小，增加了比表面积，从而使乙烯收率有较大增加，并比 SRT-Ⅱ型节能。因此，用 SRT-Ⅳ型(HC)炉管改造 SRT-Ⅱ型炉所获得的经济效益是非常明显的。

(四) SRT-Ⅳ(HS)和 SRT-Ⅴ型裂解炉

前面介绍的为采用多程分枝变径管的 SRT-Ⅱ、Ⅲ和Ⅳ(HC)型裂解炉。这几种构型的炉管处理的原料量均较大，每组炉管年产乙烯 7500~10000t，所以又称为大容量的炉管，其停留时间在 0.4s 左右。通常采用两组辐射炉管合并进入一个双套管型急冷锅炉(斯密特型)，对流段的物料组数或流路数(指原料、稀释蒸汽)与辐射段炉管组数一致。由于这几种类型的炉管处理量大，炉管程数又较多，因此其压降较大，通常在 0.1MPa 左右。由以上可知这几种裂解炉停留时间较长，压降较大(相应其烃分压较高)，裂解温度较低，因而裂解性能较差，其乙烯收率较低。这几种炉型中 SRT-Ⅳ(HC)裂解炉性能最好，其裂解产品乙烯收率也较高。

鲁姆斯公司为克服上述炉型的缺点，以实现“高温、短停留时间、低烃分压”这一目标，在 20 世纪 80 年代中期相继开发了 SRT-Ⅳ(HS)(现在又称 SRT-Ⅴ)及 SRT-Ⅴ型(现在又称 SRT-VF)型裂解炉，为便于与国内的说法相一致，以下通称 SRT-Ⅳ(HS)及 SRT-Ⅴ，这两种炉管为两程高选择性炉管(HS 型)。SRT-Ⅴ型与 SRT-Ⅳ型裂解炉辐射炉管的排列和结构相同。SRT-Ⅳ型为光管，而 SRT-Ⅴ型裂解炉的辐射炉管则为带内翅片的炉管。内翅片可以增加管内给热系数，降低管内传热的热阻，由此相应降低管壁温度，并延长清焦周期。

采用双程辐射盘管可以将管长缩短到 22m 左右，其停留时间可缩短到 0.2s 左右，相应地，裂解选择性进一步得到改善。

SRT-Ⅳ(HS)型及SRT-Ⅴ型裂解炉每一小组炉管，由第一程6~12根小口径炉管通过一个联箱合并进入第二程一根较粗的炉管，这种构型的炉管常采用8根第一程小口径炉管和一根第二程大口径炉管，又称其为8-1型炉管。其主要特点是辐射管为2组8-1交叉排列，见图2-37。在出口管端合二为一，紧接着两大组盘管的出口又合二为一，出炉进入TLE。SRT-Ⅴ型裂解炉辐射盘管第一程炉管内表面为"梅花"形状的拔制炉管，其翅数及翅型为8翅直型。由于入口管数量多，进一步增加了传热面积。支管的直径一般为40~50mm，材料为HPM或HKM，出口管直径为100~130mm，材料为HP。SRT-Ⅴ型比SRT-Ⅳ型裂解炉生产能力一般提高10%，以石脑油为原料、中等裂解深度为例，乙烯收率约为31%~32%，清焦周期为70~90天。

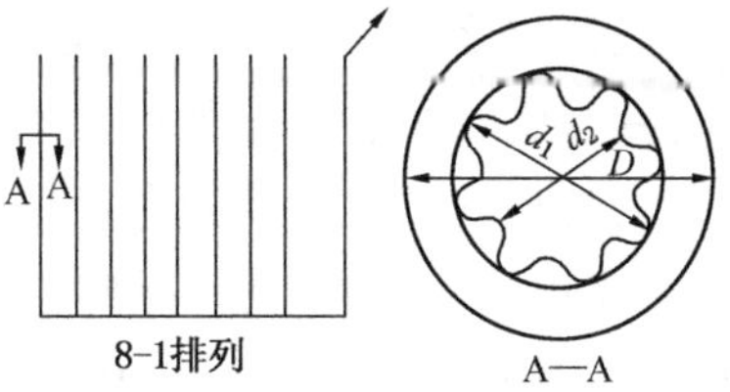

图2-37　SRT-Ⅴ型炉示意图

(五) SRT-Ⅵ型裂解炉

以ABB鲁姆斯设计的100kt/a乙烯的SRT-Ⅵ型裂解炉为例介绍。裂解原料包括气相的循环乙烷、丙烷，LPG及液相的石脑油、轻柴油、加氢尾油等。

辐射段炉管采用两程4-1型、高选择性炉管构型。这种炉管结构，物料在炉管内停留时间短，而且压降较低。每4个4-1组成一大组，因此，又称16-4型炉管。

SRT-Ⅵ型裂解炉在裂解石脑油工况下，裂解深度可以控制在乙烯/丙烯为0.5左右，同时也可以根据实际需要，在更高或较低的裂解深度下运行。以石脑油为裂解原料时，运行周期通常在60天左右。

对流段随着原料种类的不同，排布也有所不同。一般来说，若裂解原料是轻质原料，如气体原料或石脑油等，在对流段不设稀释蒸汽过热段；而对于重质裂解原料，如加氢尾油等，则在对流段设置稀释蒸汽过热段。常规的SRT-Ⅵ型裂解炉的对流段排布由以下几段组成：原料预热器、锅炉给水预热器、上混合预热器、超高压蒸汽过热器和下混合预热器等。

SRT-Ⅵ型裂解炉推荐浴缸式急冷锅炉，也可以选择传统型急冷锅炉，但当采用传统型急冷锅炉时，由于急冷锅炉入口处的绝热反应体积不同，乙、丙烯收率会降低0.05~0.1个百分点。

SRT-Ⅵ型裂解炉采用底部、侧壁联合供热，底部供热比例约占总供热量的80%~85%。

(六) SRT-Ⅵ型裂解炉与SRT-Ⅰ、Ⅱ、Ⅲ、Ⅳ、Ⅴ型炉的比较

SRT-Ⅳ(HS)型和SRT-Ⅴ型裂解炉第1程盘管一般为6~12根炉管，用入口文丘里以使对流段进料均匀分配到辐射盘管。第1程炉管汇集于汇总管，然后进入2根第2程盘管。由于第1程炉管数较多，汇总管线相对较长(约2~4m)。为避免汇总管线因端部流速小而可能发生过热，汇总管线尚需与辐射室隔离并保温。这就导致裂解气在汇总管线内在绝热条件下进行裂解反应，在此，裂解气大约形成10~25℃左右的温降。为解决这个问题，鲁姆斯公司又开发了SRT-Ⅳ型裂解炉。新炉型的辐射盘管为8-2(或4-1)排列的双程分枝变径盘管，第1程为8根炉管，第2程为2根炉管。改进后盘管第1程的汇总管长度缩短，并用变径方式解决了汇总管端部可能因传热差而造成过热的问题，汇总管不必再隔离保温，相应克服了汇总管中因绝热反应而使裂解气温度下降的问题。

SRT-Ⅵ型裂解炉与SRT-Ⅳ(HS)、SRT-V型炉相比，其共同点是均为两程高选择性炉管。其改进之处为：由第一程炉管合并进入第二程炉管之间的集合管，由原来的等径管变为变径管；炉管的吊架由原来的平衡重锤系统改为"A"型支架；急冷锅炉系统也由原来的斯密特型锅炉改为快速急冷锅炉或浴缸式多个入口分布系统的改进斯密特锅炉。此外，SRT-Ⅵ型炉全部采用底部烧嘴供热方案，进一步降低了投资，减少了维修工作量。SRT-Ⅵ型裂解炉进一步保留了SRT型裂解炉的特点，即每组炉管的处理量大。对流段物料的进料组数与一大组炉管4组4-1(又称16-4)相对应。通常一台裂解炉布置4大组(16小组4-1)或6大组(24小组4-1)炉管，每一大组炉管配一个急冷锅炉。裂解炉的能力为年产乙烯50~100kt。

鲁姆斯公司从20世纪60年代至今，其SRT型裂解炉由SRT-Ⅰ型炉发展至现在的SRT-Ⅵ型炉。这些炉中：SRT-Ⅰ型裂解炉采用多程等径辐射盘管，从SRT-Ⅱ型裂解炉开始，SRT型裂解炉均采用分枝变径管辐射盘管，随着炉型的改进，辐射盘管的程数逐步减少。其Ⅳ(HS)、Ⅴ、Ⅵ型裂解炉均采用双程分枝变径管。

分枝变径盘管是在入口段采用多根并联的小口径炉管，而出口段则采用大口径炉管，沿管长流通截面积大体保持不变。由于小管径炉管单位体积的表面积大，相应可以提高入口段炉管单位体积的热强度，由此加快辐射段入口段物料温升速度，并将热量更多转移到入口段，降低了高温出口段热负荷。这就使沿管长的热负荷分配更趋合理，沿管长的物料温度和管壁温度趋于平缓，相应可以保证缩短停留时间并提高裂解温度。曾对两种辐射盘管进行比较，盘管1为等径多程盘管，管程为4程，管内径为57mm，总管长为35.3m。盘管2为分枝变径管，管程为4程，总管长为35.3mm。第1程为4根内径57mm并联管，第2程为两根内径89mm并联管，第3和第4程为内径127mm单管。比较结果如表2-25所示。与等径盘管相比，分枝变径管停留时间较长，但处理量大得多。

自从SRT-Ⅱ裂解炉采用多程分枝变径盘管之后，SRT型裂解炉改进的主要途径是在分枝变径管基础上逐步减少管程，缩短管径。从SRT-Ⅳ型裂解炉开始，基本形成双程分枝变径管的格局。随着辐射盘管的改进，其裂解工艺性能随之改善。

表2-25　不同辐射盘管裂解工艺性能比较

盘　管	盘管1(等径盘管)	盘管2(分枝变径管)	盘　管	盘管1(等径盘管)	盘管2(分枝变径管)
烃进料/(kg/h)	740	3190	平均烃分压/kPa	94	86
出口气体温度/℃	875	833	出口流速/(m/s)	277	227
初期最高管壁温度/℃	972	972	出口质量流速/[kg/(m^2·s)]	80	70
平均停留时间/s	0.09	0.16	预测清焦周期/天	45	60
压力降/kPa	15	12			

鲁姆斯公司以典型的石脑油为裂解原料，对SRT-Ⅰ、SRT-Ⅲ、SRT-Ⅳ(HC)、SRT-Ⅳ(HS)，SRT-Ⅴ型炉进行了比较。比较采用的科威特石脑油规格如下：

相对密度　$d_{15.6}^{15.6}$　　0.743

ASTM(体)/℃

　IBP　　49

10%	86
30%	126
50%	151
70%	167
90%	182
EBP	197
PONA/%	
P	67.3
N	19.6
A	13.1

不同炉型的操作条件，产品收率比较见表 2-26，炉管内物料的温度分布见图 2-38。

表 2-26　不同炉型的操作性能比较

项　　目	炉　管　构　型				
	SRT-Ⅰ	SRT-Ⅲ	SRT-Ⅳ(HC)	SRT-Ⅳ(HS)	SRT-Ⅴ
每组投料量/(kg/h)	3969	2517.5	4263.84	1442.5	1601.2
蒸汽/油质量比	0.5	0.5	0.5	0.5	0.5
炉出口压力(A)/kPa	170	170	170	170	170
横跨温度/℃	621	621	621	621	621
炉出口温度/℃	843.0	831	832.0	849	850.6
表观停留时间/s	0.62	0.37	0.33	0.25	0.23
Δp/kPa	145.6	35.4	48.3	21	27.9
C_2H_4(单程)/%	26.5	28.65	28.85	29.5	29.5
C_2H_4(返回)/%	30.7	32.35	32.35	33.05	33.05
运转周期/天	60	60	60	60	60

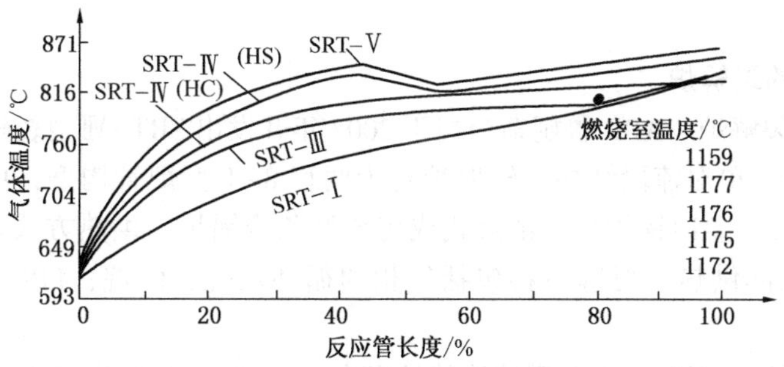

图 2-38　炉管内物料温度分布的比较

SRT-Ⅲ、SRT-Ⅴ、SRT-Ⅵ型炉的炉管内物料温度及热强度沿管长的分布见图 2-39、图 2-40。裂解全流程石脑油和乙烷时，在相同裂解深度和转化率条件下的收率见表 2-27a和表 2-27b。

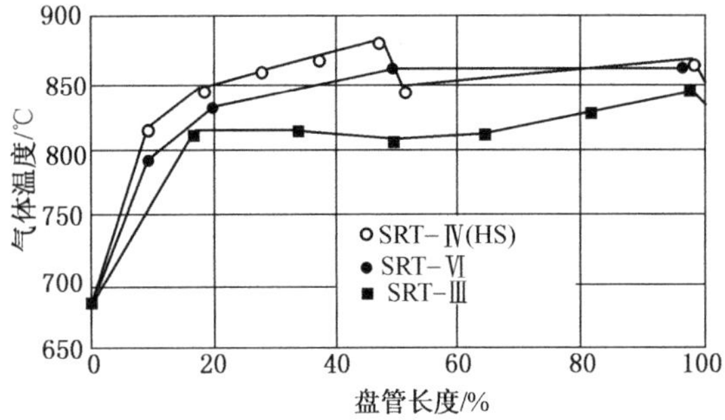

图 2-39　物料温度分布的比较

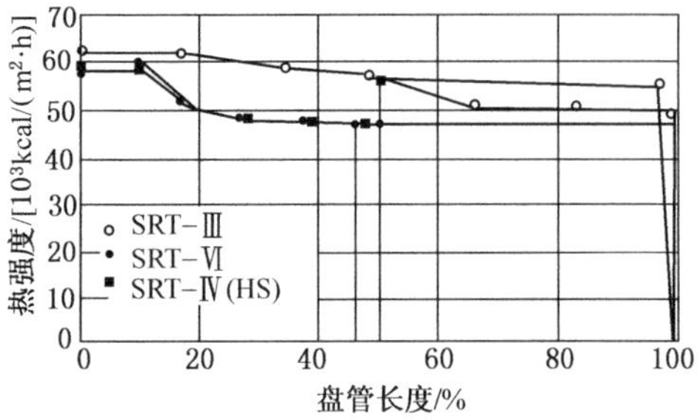

图 2-40　盘管热强度分布的比较

表 2-27a　裂解石脑油时(深度相同)不同炉型的收率比较

项　　目	炉　　型		
	SRT-Ⅲ	SRT-Ⅴ	SRT-Ⅵ
收率/%			
CH_4	18.3	17.4	17.35
C_2H_6	4.8	4.2	4.15
C_2H_4	27.95	30.0	30.3
C_3H_6	14.0	15.1	15.25
C_4 馏分	8.95	9.20	9.23
C_5~汽油	19.16	17.57	17.29
燃料油	4.25	3.62	3.56
分子量	28.30	28.08	28.02
节约原料/%	base(基准)	6.8	7.8

表 2-27b　裂解乙烷时(转化率为 65%)不同炉型的收率比较

项　　目	炉　　型		
	SRT-Ⅲ	SRT-Ⅴ	SRT-Ⅵ
收率/%			
H_2	3.85	3.88	3.89
CH_4	4.99	4.44	4.34
C_2H_4	51.15	52.05	52.20
C_4 馏分	1.85	1.71	1.70
分子量	18.84	18.82	18.81
节约原料/%	base(基准)	1.75	2.0

由图 2-39 可见，SRT-Ⅳ(HS)及 SRT-Ⅴ型炉的物料温度沿管长的温度分布中，在 50%管长附近处物料温度出现下降，这是因为集合管中发生绝热反应所致。随着辐射盘管的改进，物料温度沿管长分布更趋平缓，在管长 20%至出口的范围内，物料温度相差仅在 40℃之内。

由表 2-27 可见，随着辐射盘管结构的改进，其裂解选择性相应改善，所得裂解产品的烯烃收率随之提高。

(七) 新开发的裂解炉

1. SRT-Ⅶ型裂解炉　ABB 鲁姆斯公司于 2007 年开发出 SRT-Ⅶ型裂解炉。SRT-Ⅶ型裂解炉采用双辐射段、单对流段结构。辐射炉管为两程 8-1 型炉管构型，单台炉子的生产能力可以达到 150kt/a。急冷锅炉采用浴缸式或传统型急冷锅炉。供热方式采用底部、侧壁联合供热或者全部底部供热。裂解原料包括气相的循环乙烷、丙烷，LPG 及液相的石脑油、加氢尾油等。

以石脑油为裂解原料时，8-1 型炉管的长度为 15~18m，运行周期为 40~50 天。目前可以设计的最大能力的气体炉为 355kt/a，最大能力的液体炉为 275kt/a。急冷锅炉仍然采用传统型急冷锅炉。

2. SRT-Ⅹ型裂解炉　为了适应乙烯装置的进一步大型化发展的需要，ABB 鲁姆斯公司正在开发新的裂解炉型——SRT-Ⅹ型。在 SRT-Ⅹ型裂解炉中，辐射段炉管沿着垂直于裂解炉周向方向排布，采用多排炉管设计。这样可以在相同裂解炉长度的情况下，通过改变辐射段炉管的排数，实现提高裂解炉生产能力的目的，解决了裂解炉的能力受到裂解炉长度的限制的问题。对流段换热管的排布方向与辐射段炉管的排布方向垂直，与其他 SRT 型裂解炉是一致的。由于辐射段炉管排布的变化，燃烧器排布方式也有所改变，排布多排底部烧嘴。

四、USC 型裂解炉

(一) 概述

斯通-韦伯斯特公司在 20 世纪 60 年代末期开发了 USC(Ultra Selective Conversion)裂解技术，即超选择性裂解炉。USC 裂解技术与其他常规裂解技术相比，根据其裂解温度、停留时间及烃分压的选择，可以使其裂解产品中的乙烷等副产品较少，而乙烯收率较高。

斯通-韦伯斯特公司的 USC 型裂解炉为单排双辐射立管式裂解炉，辐射盘管为 M 型、W 型或 U 型盘管。由于采用的炉管管径较小，因而单台裂解炉盘管数较多(12~192 组)。每 2 组或 4 组辐射盘管配一台 USX 型(套管式)一级急冷锅炉，多台 USX 型二级急冷锅炉，出口裂解气再汇总送入一台二级急冷锅炉。近期开始采用双程套管式急冷锅炉(SLE)，将两级急冷锅炉合为一级 U 型 SLE 急冷锅炉或线型 SLE 急冷锅炉。

在 20 世纪 70、80 年代，由于裂解炉的乙烯年产量在 30~60kt，USC 型裂解炉通常采用 16~24 组 W 型盘管或 32~48 组 U 型盘管，因而一台裂解炉通常由一个辐射段和一个对流段构成，对流段布置在辐射段上部的一侧。随着裂解炉能力的提高，当乙烯年产量在 100kt 左右时，USC 型裂解炉通常采用两个辐射段共用一个对流段的布置。

USC 型裂解炉对流段通常采用两大组或四大组进料，对流段内设有烃进料预热、稀释蒸汽过热、锅炉给水预热、高压蒸汽过热以及原料和稀释蒸汽混合过热。对于轻质原料通常采用一次蒸汽(经过过热)注入方式；而对于重质原料则采用二次蒸汽注入方式，此时一次及二次蒸汽均经过过热。

最早的 USC 型裂解炉，当装置燃料全部为气体时，通常采用侧壁烧嘴供热方案；如装置燃料除气体燃料外尚需使用部分液体燃料时，则多采用侧壁烧嘴与底部烧嘴联合供热方案，此时底部烧嘴可以烧气也可以烧油，其供热量占总热负荷的 60%~70%。近来 USC 型裂解炉为简化燃料系统的配管和操作、控制及维修，大多采用全部底部烧嘴供热的方案。

由于 USC 型裂解炉辐射盘管为短管长、小管径炉管，所以单管处理能力较低，每台裂解炉盘管数较多。为保证对流段进料能均匀地分配于每根辐射盘管，在辐射盘管入口设置了文丘里喷管。

随着裂解技术的不断发展，USC 型裂解炉的生产能力也不断提高。USC 裂解炉的发展史见表 2-28。

表 2-28　USC 裂解炉发展史

年　代	裂解炉规模/(kt/a)	年　代	裂解炉规模/(kt/a)
20 世纪 70 年代	30~40	1995	110~150
20 世纪 80 年代	50~60	现在	150~235
20 世纪 90 年代	80~90	将来	235~350

USC 型裂解炉的裂解原料广泛，可以裂解从循环乙烷、丙烷到加氢尾油等多种原料。

(二) 辐射段炉管构型

1. 炉管构型比较　USC 型裂解炉的特点之一是它的辐射段炉管。斯通-韦伯斯特公司从

20世纪60年代后期开始开发的USC型裂解炉采用的炉管构型有U型、W型和M型，其中U型及W型炉管采用管径小、管程短的构型，U型为两程，W型为四程。U型炉管管长较短，处理能力较小，但其停留时间短、裂解选择性较高，近期多采用U型炉管。W型炉管管长较U型炉管长，其处理能力也较U型大，此种炉管多在20世纪70~80年代采用。而M型炉管则采用较大口径的炉管，此种炉管多采用六程管，其处理能力最大，其停留时间最长，通常用于轻烃的裂解。USC型裂解炉不同炉管构型的比较见表2-29。

表2-29　斯通-韦伯斯特裂解炉不同炉管的比较

	管内径/mm				管长/m	停留时间/s
	第1程	第2程	第3程	第4~6程		
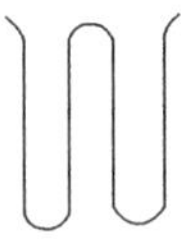	63.5	69.9	76.2	82.9	43.9	0.35
	63.5	73	82.6	89	43.9	0.304
	65~95				35~45	0.3~0.4
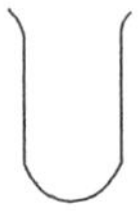	51	63.5			26.9	0.2~0.25
	35~65				20~30	0.15~0.25
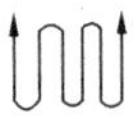	100~125				60~80	0.5~0.6

20世纪80年代中期，斯通-韦伯斯特公司又推出了新式的USC型裂解炉，仍然是“W”形。但管径变细，以轻柴油为原料，裂解炉出口温度为808℃，停留时间为0.3s，乙烯收率为27.7%，丙烯收率为13.05%。80年代末90年代初该公司推出了U型裂解炉，第一程管径为45mm，第二程为56mm，每程长为10.5m，停留时间为0.2~0.25s，乙烯收率进一步提高。

斯通-韦伯斯特公司认为，在低烃分压的条件下停留时间对裂解选择性的影响远比烃分压的影响更为显著。停留时间与质量流速成反比，与辐射盘管长度成正比。由于质量流速的提高受阻力降的限制，因此，缩短停留时间最有效的途径就是缩短辐射盘管的管长。

然而在相同管径和相同质量流速之下，为达到给定的裂解深度，辐射盘管的热强度和管壁温度将随管长的缩短而提高。为此，需要在缩短管长的同时相应减小管径，由此通过增加表面积与容积之比以补偿管长缩短所增加的表面热强度。在相同裂解深度和质量流速下，限定辐射盘管管壁温度时，小管径炉管可以达到更短的停留时间。

采用小管径盘管的主要问题是单管生产能力降低，对相同生产能力的裂解炉而言，所需盘管数量相应增加。

由于入口段辐射盘管物料温度较低，盘管可以承受较大的热强度，又由于入口段体积流量较低，因而可以采用较小的管径。由此形成入口段管径小于出口段管径的变径管。与分枝变径管不同，USC裂解炉的W型和U型盘管均为不分枝变径管，随着管径的增大其截面积也随之增加。以W型不分枝变径管与截面积基本保持不变的分枝变径管进行比较(表2-30)，在入口截面积相同的条件下，不分枝变径管处理量大，停留时间短，平均表面热强度低，烃分压低，仅阻力降略高。

表 2-30 不分枝变径盘管与分枝变径盘管的比较

项 目	盘管 1	盘管 2	项 目	盘管 1	盘管 2
盘管形式	不分枝变径管（W 型）	分枝变径管（4 程）	平均表面热强度/[MJ/(m^2·h)]	352.54	403.09
总管长/m	39.6	42.7	出口处表面热强度/[MJ/(m^2·h)]	280.12	357.68
管材	HK-40	HK-40			
允许最高管壁温度/℃	1065	1065	平均烃分压/kPa	65	70
稀释蒸汽比	0.7	0.7	最大烃分压/kPa	74	81
每组盘管投油量/(kg/h)	1545	1114	停留时间/s	0.2235	0.2577
炉管出口压力/MPa	0.184	0.184	清洁管压力降/kPa	150	130
物料横跨温度/℃	565	565	乙烯收率比较/%	+0.63	基准
最大清洁管管壁温度/℃	974	974			

USC 型裂解炉的辐射段炉管构型有 U 型、W 型和 M 型。根据裂解原料性质的不同，选用不同的炉管型式。各种炉管构型的原料使用情况及裂解炉能力比较见表 2-31。

表 2-31 各种炉管构型的原料使用情况及裂解炉能力比较

炉 型	炉管构型	组数	能力/(kt/a)	原料种类
U 型	1-1	48~192	60~175	LPG~HVGO
W 型	1-1-1-1	24	60	LPG~AGO
M 型	1-1-1-1-1-1	12~32	80~235	气体原料

针对辐射段炉管在裂解炉运行过程中会出现弯曲、变形的现象，斯通-韦伯斯特公司对两程炉管的连接结构进行了改进，推出第二代 U 型管。第二代 U 型管各组炉管采用了对称的连接结构，使各组炉管的换热管长相同，受热均匀。这种结构，可以使各组物料的停留时间相同，在相同的裂解工况下操作，从而运行周期也相近，实现有效延长整台裂解炉的运行周期。第一、二代 U 型管构型见图 2-41。

USC 型裂解炉辐射段炉管参数见表 2-32。

表 2-32 USC 型裂解炉辐射段炉管参数

炉 管 构 型	U 型	M 型	炉 管 构 型	U 型	M 型
炉管长度/m	20~30	55~80	停留时间/s	0.15~0.25	0.4~0.6
炉管内径/mm	35~65	85~115	单组处理量/(kg/h)	300~700	1100~3000

2. USC 型裂解炉的配置 USC 型裂解炉 U 型炉管的典型配置见表 2-33。

表 2-33 U 型炉管裂解炉的配置

炉管组数	辐射段数量(单台炉)	裂解炉能力/(kt/a)	炉管组数	辐射段数量(单台炉)	裂解炉能力/(kt/a)
28U	单	20.6	80U	双	60~70
32U	单	30~40	96U	双	70~80
48U	单	40~60	132U	双	约 100
64U	单或双	50~80	160U	双	约 120
72U	单或双	60.5	192U	双	150~200

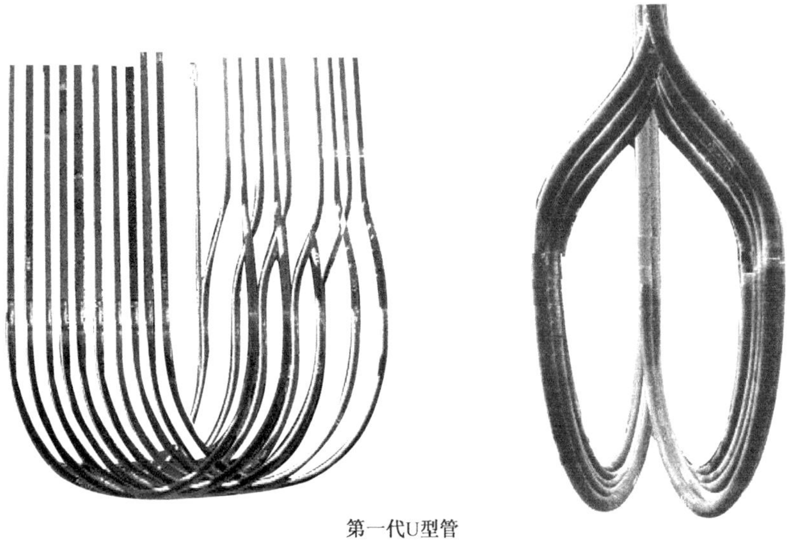

第一代U型管

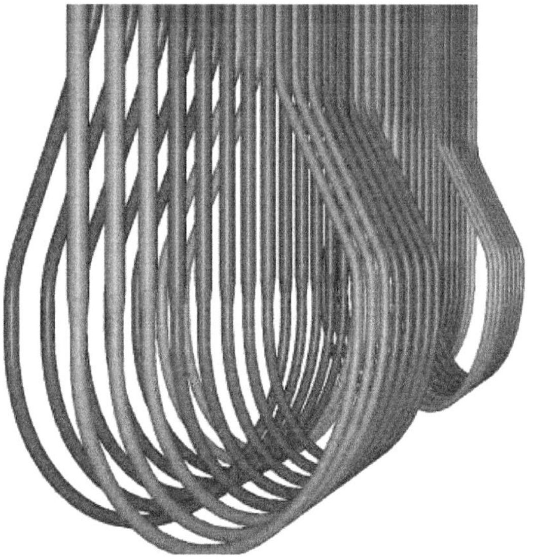

第二代U型管

图 2-41　第一、二代 U 型管构型

U 型炉管与急冷锅炉的配置有以下几种形式，见图 2-42。

USX 与 TLX 急冷锅炉的特点如下：

① USX 急冷锅炉直接与炉管相连，裂解气在管线中的停留时间极短，因此减少了二次反应和生焦量。

② 裂解气在进入急冷锅炉时有平稳的速度分布。因为，USX 是一个套管式换热器，直接用管道与炉管连接，仅在 USX 入口处稍有一点扩大部分，因此线速度基本平稳变化。对于一般急冷锅炉由于入口后有一个扩大的封头部分，造成速度急剧变化，会产生一些涡流，因而增加结焦机会。

③ 操作周期较长，斯通-韦伯斯特公司的急冷锅炉采用轻柴油时，操作周期为 100 天，而采用轻质烃原料为 240 天。

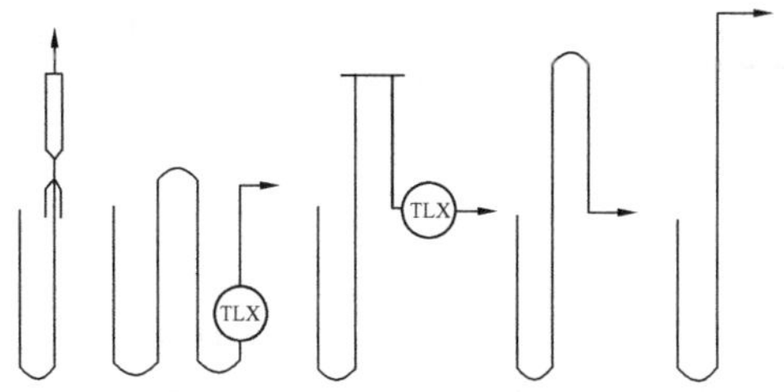

图 2-42　急冷锅炉配置

TLE—急冷锅炉；USX-D—D 型双套管急冷锅炉；USX-Ω—Ω 型双套管急冷锅炉；TLX—管壳式急冷锅炉；SLE—线性急冷锅炉；M-SLE—改进线性急冷锅炉

SLE 与 M-SLE 急冷锅炉克服了 USX 与 TLX 急冷锅炉的缺点（USX 与 TLX 之间的联结较为复杂），通常采用一个 U 型炉管与一个 SLE 或 M-SLE 相联使得炉管与急冷锅炉之间的联结及急冷系统内部的联结更加简单。M-SLE 与 SLE 相比，SLE 为 U 型，而 M-SLE 为线型，其结果更为简单。

USC 型裂解炉，不同的炉管采用不同的急冷锅炉形式。M 型炉，一级急冷采用套管式急冷锅炉，二级急冷采用管壳式急冷锅炉；U 型炉，一级急冷采用 U 型急冷锅炉或 USC-Ω、TLX 型急冷锅炉，二级急冷采用线性急冷锅炉。

此外，针对传统的管壳式急冷锅炉存在高温裂解气绝热体积大，目的烯烃减少，以及高温管板容易存在结焦现象等问题，斯通-韦伯斯特公司推出的这种线性急冷锅炉由多个双套管式换热器组成，无需高温管板，避免了其结焦的问题；每组辐射段炉管直接对应一根急冷锅炉换热管，绝热体积减小，有效减少了目的烯烃的损失；而且，由于换热管管径较大，裂解气在急冷锅炉内的压降降低，有利于裂解反应的进行。

3. USC(W)型裂解炉　USC(W)型裂解炉的主要特点如下：

① 热强度高，停留时间短，超选择性裂解；

② 单排管双面辐射，炉管受热均匀；

③ 采用多组小管径炉管可增加比表面积；

④ 采用变管径结构，从进口到出口，管径逐程增加，有利于降低烃分压；

⑤ 炉墙设置气体烧嘴，炉底设备抽气联合烧嘴，烧油量约占总燃料量的 30%~40%。

USC(W)型裂解炉炉管由很多组 W 型炉管组成，通常为 16、24、32 组，为了使每组炉管中物料流量相同，在每组炉管的辐射段入口处设计和安装了限流孔板或文氏管结构。

每一组 W 型炉管由四根不同管径的炉管组成，前两根材质为 HK-40，后两根为 HP-40，均为高心浇铸管，内壁机械加工。在 180°弯头处改变管径，弯头为瓷模普通铸造，内壁不加工，炉管寿命约为 8~10 年。

USC 型裂解炉辐射段的侧墙和端墙采用耐火砖和隔热砖的砌砖结构，在火焰直接冲刷部位采用耐火度较高的耐火砖（LBK-28 型砖），在非火焰直接冲刷部位，则采用隔热性能好一些的耐火砖（LBK-23 型）。斯通-韦伯斯特公司认为采用砖托板的砖拉钩结构并用灰浆砌筑的炉墙，虽然结构复杂，但在使用过程中比采用可塑性耐火材料可靠。

辐射段炉顶衬里是比较容易损坏（掉砖）的部位，斯通-韦伯斯特公司最近采用几层不同耐火度的陶瓷纤维毡，用金属杆吊挂固定，据称使用效果良好。

某装置裂解炉系统共有 7 台斯通-韦伯斯特公司的超选择性裂解炉（USC 型炉），其中一台备用，每台 USC 型炉有 16 组三次变径炉管。USC 型炉的结构参数及裂解产物分布见表 2-34a 和表 2-34b。

表 2-34a　USC 型裂解炉 W 型盘管的结构参数

结构型式	裂解原料	管内径/mm				平均热强度/[(MJ/m²·h)]	平均停留时间/s	平均烃分压/kPa	乙烯平均收率/%	总长度/m
		第 1 程	第 2 程	第 3 程	第 4 程					
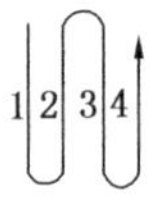	石脑油	63.5	69.85	76.2	82.55	322.384	0.35		30.5	
	轻柴油	63.5	73	82.6	89	303.543	0.304	75.9	24.7	43.9

表 2-34b　USC 裂解炉的产品收率

裂解原料	石脑油		轻柴油	减压柴油
原料油相对密度($d_{15.6}^{15.6}$)	0.73~0.74	0.71~0.73	0.8125	0.885
原料油馏程/℃				
IBP	40	40	171	340
50%	120	110	270	410
EP	210	180	347	480
产品收率/%				
H_2	0.76	0.89	0.58	0.41
CH_4	11.70	13.94	9.67	6.85
C_2H_2	0.30	0.47	0.33	0.11
C_2H_4	25.60	28.37	24.76	19.63
C_2H_6	3.52	3.60	3.58	3.29
C_3H_4	0.76	1.21	0.58	0.23
C_3H_6	15.08	13.42	15.31	13.95
C_3H_8	0.43	0.48	0.38	0.11
C_4H_8	4.52	4.35	5.40	5.05
其余 C_4 馏分	5.72	4.20	5.90	8.05
C_5	4.80	3.68	4.46	5.14
B	4.20	5.60	4.37	2.84
T	2.65	3.05	3.22	2.57
X	3.15	3.35	1.99	2.02
C_4~C_8 非芳烃	8.60	5.40	1.96	4623
C_9 以上	8.21	7.99	17.51	25.52

在该装置的 USC 型裂解炉内，对流段位于辐射段上部，管束从底向上排列，有稀释蒸汽过热、烃和蒸汽混合预热、高压蒸汽过热、烃原料预热和节能器(锅炉给水)。高压蒸汽在送到独立燃烧的蒸汽过热炉之前先在对流段高压蒸汽过热管束预热到规定温度。

USC 型裂解炉可采用燃料气和燃料油，此装置设计燃料油最大用量为炉子总热负荷的 30%。USC 型炉仪表设计是使 16 组裂解炉管在相同的裂解深度下操作。稀释蒸汽和烃均分四股进入对流段，在分成四股流之前有一台流量控制器，然后通过节流孔。每组对流管在进入辐射段之前又分成四组管，在此设有流量分配喷嘴(文丘里)，以保证流量均匀分布，同时在喷嘴出料时对压力回收最大。

USC 型炉为 16W 型、3 次变径炉管，每组炉管有 4 程 4 根炉管，炉管总长为 43.9m，炉管内径分别为 63.5、69.85、76.2、82.55mm。每台炉处理能力为 17.486t/h(共裂)、16.759t/h(轻烃)，22.463t/h(轻柴油)和 19.098t/h(天然气液体/乙烷、丙烷)。

USC 型裂解炉采用约翰-津克公司的 FFC 型炉底烧嘴(16 个)和 PMC 型炉壁烧嘴(80

个)燃烧辐射加热炉管。

装置中采用斯通-韦伯斯特公司的急冷系统，它是由 USX 急冷锅炉和 TLX 两级急冷换热器组成。USX 叫做超选择性换热器，是斯通-韦伯斯特公司的专利。TLX 是一般壳管式水平换热器，每台炉 16 组炉管，每两组管配一台 USX 急冷锅炉，一台炉共配 8 台，然后汇总到一台 TLX 壳管式换热器中，USX 和 TLX 共用一个汽包。

4. USC(U)型裂解炉　随着裂解原料、生产能力的不同，USC 型裂解炉辐射盘管的结构参数相应有所变化。为提高裂解选择性，USC 型裂解炉近来更多采用 U 型辐射盘管。单台裂解炉盘管数可多达 192 组，石脑油裂解的单台裂解炉乙烯产量可达 150~200kt/a。

图 2-43 所示 U 型双程不分枝变径辐射盘管为某馏分油裂解炉采用的盘管。该裂解炉可适应石脑油和轻柴油裂解原料，并可以馏分油与乙烷、丙烷进行共裂解。馏分油裂解时单炉乙烯产量为 32kt/a。

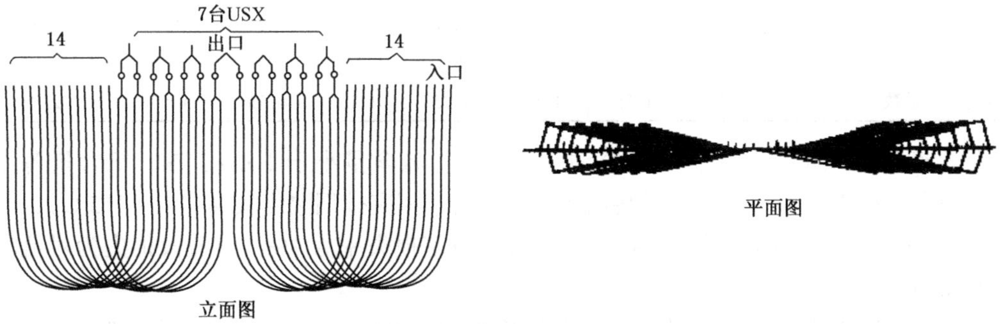

图 2-43　USC 型裂解炉 U 型盘管排列

所用 U 型双程辐射盘管第 1 程盘管内径为 51mm，管长为 12.163m，管间距为 160mm，管中心距炉墙距离为 1520mm。第 2 程盘管内径为 63.5mm，管长度为 12.163m，管间距为 160mm，管中心距炉墙距离为 1520mm。弯头内径为 51mm，管长为 2.129mm，管中心距炉墙距离为 1230.5mm。急冷锅炉入口与辐射管出口之间的联接管线内径为 63.5mm，管长为 2.394m。入口段、出口段、弯头、连接管的外表面积分别为 65.3、85.1、11.4、16.5m^2。

第 1 程辐射盘管材质为 HK-40 合金钢管，弯头为 HP-Mod，第 2 程辐射盘管材质为 HP-4W，出口联接管材质为 HP-Mod。该辐射盘管对不同裂解原料和不同操作工况下的工艺参数如表 2-35 所示。

表 2-35　USC 型裂解炉(U 型盘管)操作参数举例

裂解原料	石脑油和乙烷		轻柴油和乙烷		轻柴油		蒸汽开车	
稀释蒸汽比	0.55	0.55	0.80	0.80	0.80	0.80		
KSF	2.91	2.91	2.0	2.0	2.0	2.0		
操作工况	初期	终期	初期	终期	初期	终期	低过剩空气	高过剩空气
流量/(kg/h)								
馏分油进料	14953	14953	15032	15032	17437	17437	0	0
循环乙烷	1820	1820	1705	1705	0	0	0	0
稀释蒸汽	9255	9225	13390	13390	13950	13950	9352	9352
锅炉给水	20667	19362	22853	17007	23335	16966	4817	8109
过热蒸汽	21454	21096	22668	18699	23505	18961	4709	8140
烟气	50191	52021	51254	52857	53049	53789	9025	31115

续表

裂解原料	石脑油和乙烷		轻柴油和乙烷		轻柴油		蒸汽开车	
热负荷/MW								
对流段(工艺物料)	9.46	10.15	8.99	9.72	9.59	10.27	1.60	2.46
对流段(BFW-EHPS)	7.30	7.95	7.87	8.22	8.17	8.28	0.45	4.09
辐射段	14.22	13.86	14.74	14.28	14.79	14.17	2.02	1614
总热负荷	33.38	34.59	34.08	35.15	35.28	35.77	4.53	9.34
急冷锅炉	10.19	9.22	10.64	7.05	10.96	7.13	2.58	2.58
温度/℃								
物料横跨温度	566	591	527	552	552	580	467	623
急冷锅炉入口	853	859	831	836	831	834	816	816
急冷锅炉出口	384	443	391	553	393	558	364	364
炉膛	1085	1128	1074	1118	1096	1136	847	829
排烟	145	149	148	163	151	165	119	171
过剩空气系数	1.15	1.15	1.15	1.15	1.15	1.15	1.50	2.55

该裂解炉可以部分烧油，对燃料油的要求为：硫含量小于1.0%，镍、钒含量各小于10^{-5}，钠含量小于5×10^{-5}。由于燃料油硫含量较高，相应排烟温度较高(145~165℃)，裂解炉热效率为92.5%~93%。除排烟损失外，其辐射室损失率为1%，对流段损失为对流段热负荷的0.5%。

图2-44为W型盘管各工艺参数(总传热系数、管壁温度、物料温度、热强度、烃分压)沿管长的分布。图中也表示出结焦对各工艺参数的影响。

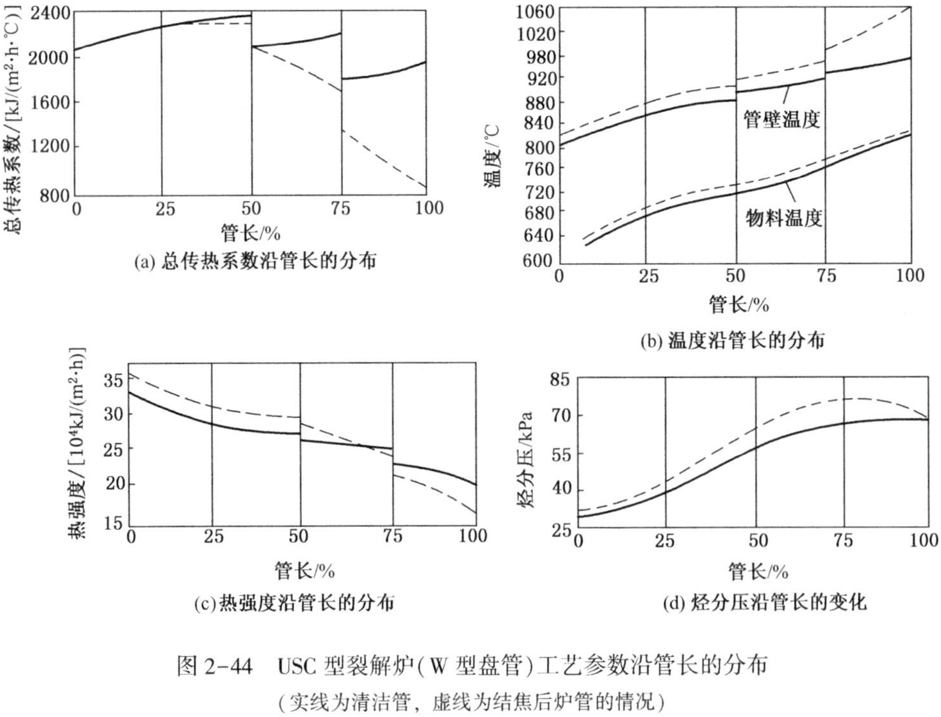

图2-44　USC型裂解炉(W型盘管)工艺参数沿管长的分布

(实线为清洁管，虚线为结焦后炉管的情况)

(三) 斯通-韦伯斯特公司新概念裂解炉

对提高能量效率的要求反映在斯通-韦伯斯特公司的每一项研究中，这其中包括燃气轮机组合(GTI)或燃烧空气预热(CAP)。单一进口和出口的USC炉管是简单的，改动起来有限大的灵活性。这种灵活性也可用来对机械布置重新进行考虑。在重新考虑机械布置时，USC的基本概念可全部应用到顶部燃烧、短停留时间(FFS)的裂解炉设计中。

① 控制液体进料汽化，避免预热段堵塞。

② 振动倾斜部位，防止预热段后部堵塞。

③ 烃闪蒸至干点，防止堵塞。

④ 反应器结构最佳化，获得高效率。

⑤ USX热交换器，保持收率。

⑥ TLX交换器，获得最高能量效率。

FFS概念提供了新颖的USC技术。由于USC是整个顶部燃烧的，故CTI或CAP的夹杂物就是一种将燃烧介质带到顶部燃烧器的单一物质。质量轻的空气预热器可装在构架上或同一水平面上。降低燃烧箱的高度可减少辐射炉管热通量的变化，使之达到一种可接受的水平，但是单一对流段需有两个辐射箱。这样做，并未增加裂解炉的占地面积。为了节省空间，公共设施可重新安排。双程辐射炉管设计可使辐射炉管焙烧成型。估计FFS要比传统的USC型裂解炉便宜一些。由于最大热量释放处(底部)是在远离最高工艺温度(顶部)的地方，故可减少堵塞。

FFS裂解炉构造、FFS补充新技术的炉型结构和FFS保留USC特点的炉型结构分别如图2-45~图2-47所示。

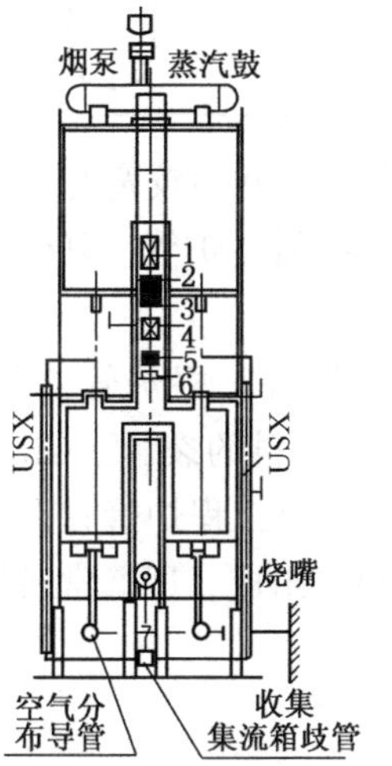

图2-45　FFS裂解炉

1—省热器；2—烃；3—烃与蒸汽；4—高热蒸汽；5—烃与蒸汽；6—稀释蒸汽

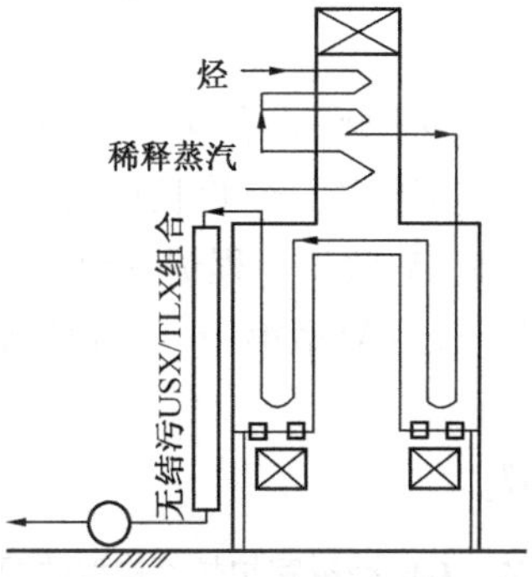

图2-46　FFS补充新技术的炉型结构

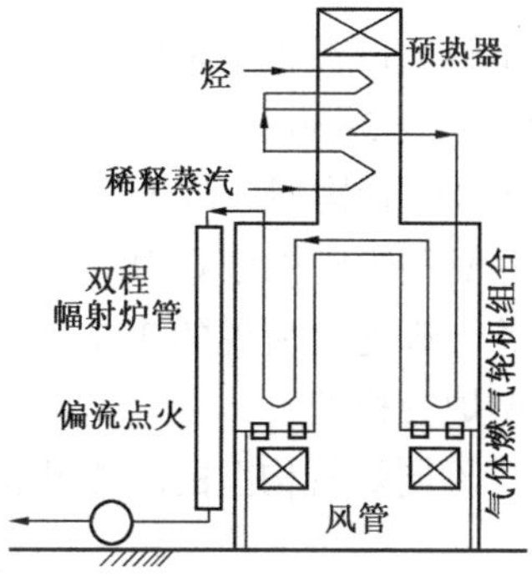

图2-47　FFS保留USC特点的炉型结构

五、KTI GK裂解炉

(一) 概述

Technip公司的裂解炉采用早期荷兰动力技术国际(KTI)公司开发的裂解炉型。原KTI公司从1973年开发出GK-Ⅰ、GK-Ⅱ型裂解炉后，又相继开发了GK-Ⅲ、GK-Ⅳ、GK-Ⅴ型裂解炉。辐射段炉管的停留时间也由早期的0.4s缩短到0.2s以内，管程数减少，炉管长度缩短。随后Technip公司又开发出GK-Ⅵ型裂解炉。辐射段炉管采用双程分支变径管，由于停留时间进一步缩短，使其裂解选择性得到改善。对于气体原料，Technip 公司多采用 SMK 型裂解炉。

另外，与其他公司一样，为了适应乙烯装置生产规模的不断扩大，单台裂解炉的能力也相应提高。在 20 世纪 80 年代以前，GK 炉单炉生产能力为 40~60kt/a；到了 80~90 年代，GK 炉单炉生产能力提高到 100kt/a 左右；进入 21 世纪，GK 炉单炉能力逐步发展到 100kt/a 以上的生产规模。

根据不同的原料种类，Technip 公司采用不同的炉管构型。各种 GK 型裂解炉炉管构型见表 2-36。

表 2-36　GK 型裂解炉辐射盘管

炉　型	GK-Ⅱ	GK-Ⅲ	GK-Ⅳ	GK-Ⅴ
炉管排列	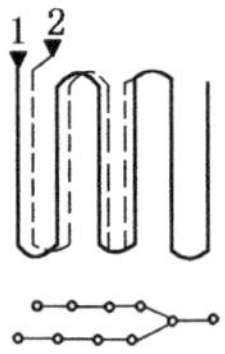	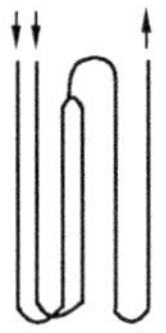	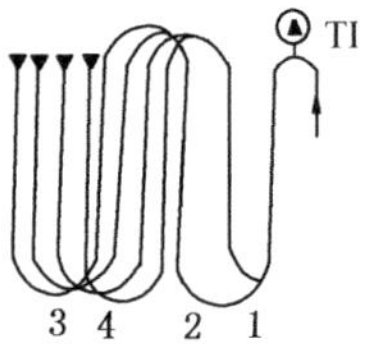	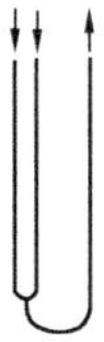
炉　型	SD/GK-Ⅰ	MK	SMK	GK-Ⅵ
炉管排列	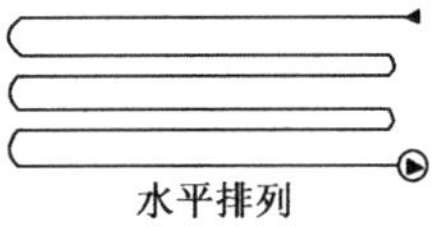	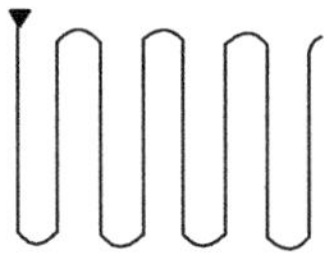	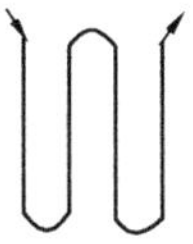	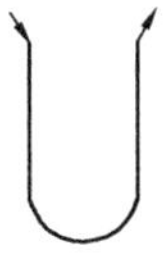

其中，SMK 型炉管布置应用于循环乙烷、丙烷等气体原料；当原料范围较宽时，特别是有轻柴油、加氢尾油等重质原料时，可以采用 GK-Ⅲ、GK-Ⅴ、GK-Ⅵ型炉管。其余炉管构型目前已经很少采用。

从表 2-36 可以知道，SMK 型炉管构型共有 4 程，每程炉管都只有一根炉管，即 1-1-1-1炉管构型。由于这种炉管构型程数多，炉管长度长，适应气体原料的裂解。GK-Ⅴ、GK-Ⅵ型炉管构型则为两程炉管。GK-Ⅴ型第一程炉管由 2 根管组成，第二程炉管只有一根炉管，即通常所说的 2-1 炉管构型；GK-Ⅵ型第一、二程炉管由 1 根管组成，即通常所说的 U 型炉管构型。

不同炉管构型的配置见表 2-37。

表 2-37　GK 型裂解炉炉管构型的配置

炉管构型	GK-Ⅲ	GK-Ⅴ	GK-Ⅵ	SMK
生产能力	高	中等	高	高
适应原料	液体原料	液体原料	液体原料	气体原料
停留时间/s	0.35	0.2	0.2	0.35
选择性	中等	高	高	高
急冷锅炉形式		传统或线性 TLE	传统或线性 TLE	二级急冷

随着裂解炉大型化以后，较为常用的裂解炉型为 GK-Ⅵ型。辐射炉管采用 1-1 型炉管构型，停留时间控制在 0.2s 左右。

对于 SMK 型的气体裂解炉，采用二级急冷方式，其中一级急冷锅炉采用套管式；对于其他炉型，采用一级急冷方式，可以采用传统急冷锅炉，也可以采用线性急冷锅炉。

Technip 公司的裂解炉供热系统通常采用侧壁、底部联合供热方式。底部烧嘴采用扁平火焰的低 NO_x 型烧嘴。在以前的裂解炉中，侧壁烧嘴采用附墙式无焰烧嘴，与其他公司相近。在最新炉型中，所采用的侧壁烧嘴结构类似底部烧嘴，火焰垂直向上，可以提高单个侧壁烧嘴的热负荷，减少侧壁烧嘴的数量，降低生产维修费用。全炉只设置一排侧壁烧嘴。

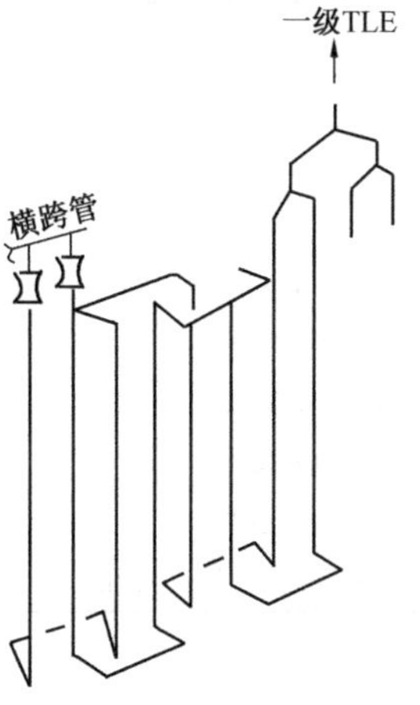

图 2-48　SMK 型炉管结构图

（二）GK 型裂解炉工艺介绍及比较

Technip 公司在裂解乙烷时现在通常采用 SMK 型炉管，其炉管排列为 1-1-1-1，停留时间为 0.37s，炉管内径为 95.3mm，通常 4 组 SMK 型炉管合并进入 1 台一级 TLE，其结构示意图见图 2-48。

GK 型裂解炉辐射室可设置 4 大组、6 大组或 8 大组辐射盘管，每组辐射盘管有 4 小组或 8 小组盘管。每 4 小组或 8 小组盘管出口的裂解气合并进入一台急冷锅炉。Technip 公司一般均采用一级急冷锅炉回收裂解气热量。

为适应裂解炉烧油的需要，GK 型裂解炉采用侧壁和底部烧嘴联合的烧嘴布置。底部烧嘴可以烧气也可以烧油，其最大供热量可占总热负荷的 70%。侧壁烧嘴是以燃烧气为燃料的无焰烧嘴。

GK 型裂解炉在裂解不同原料时采用不同的对流排布及稀释蒸汽注入方式。当裂解气体原料时，稀释蒸汽不过热并采用二级急冷方式回收裂解气的高温热量。当裂解石脑油或轻柴油时也采用一次稀释蒸汽注入，但稀释蒸汽须在对流段进一步过热。当裂解重质原料时，采用二次稀释蒸汽注入，此时一次蒸汽不过热，而二次蒸汽则在对流段经过过热。

GK 型裂解炉随着炉管结构的改进，其工艺参数和裂解选择性也随之改善。但各种 GK 型裂解炉分枝变径管大体上均保持沿管长方向截面积不变，即各程炉管虽然管子内径有差异，但不同管程的炉管总截面积相等。这一点与鲁姆斯公司的 SRT 型裂解炉在设计思想上相一致。在最高管壁温度大体相同的条件下，随着管程的减少，管长的缩短，其停留时间随着缩短，裂解温度相应提高，裂解产品的烯烃收率也随之提高。表 2-38 是不同 GK 型裂解炉特性的比较。此外对 GK-Ⅲ、GK-Ⅴ型炉在裂解石脑油时进行了比较，见表 2-39。GK-Ⅴ型炉裂解不同原料时的比较见表 2-40。

表 2-38　不同 GK 型裂解炉特性的比较

炉　型	GK-Ⅲ	GK-Ⅳ	GK-Ⅴ	炉　型	GK-Ⅲ	GK-Ⅳ	GK-Ⅴ
炉管排列	4-4-2-2	4-4-2-1	2-1	停留时间/s	0.428	0.296	0.193
盘管组数	8	8	32	炉出口温度/℃	845	845	858
急冷锅炉台数	2	2	4	压降/kPa	59	61	57
石脑油裂解收率/%				炉膛高度/m	11.06	15.35	13.40
CH_4	16.54	16.02	15.42	烃进料量/(t/h)	26.70	26.27	25.80
C_2H_4	29.96	30.45	31.00	清洁管最高管壁温度/℃	1027	1026	1026
C_3H_6	14.96	15.20	15.54	运转末期结焦厚度/mm	3.4	3.4	3.9
C_4H_6	5.10	5.29	5.62	管壁温度平均温升/(℃/d)	2.4	2.4	2.7
$C_1^0/C_2^=$	0.549	0.526	0.497	平均热通量/[kJ/(m^2·h)]	353055	373825	292920
稀释蒸汽比	0.6	0.6	0.6	辐射盘管总重/t	15.1	12.7	12.35

表 2-39　GK-Ⅲ、GK-Ⅴ型炉性能比较

项　　目	GK-Ⅲ	GK-Ⅴ	
		较短停留时间	短停留时间
原料(石脑油)/(kg/h)	基准	-4488	-6482
炉出口温度/℃	842	849	854
炉出口压力(A)/kPa	173	173	173
停留时间/s	0.36	0.21	0.15
乙烯收率/%	基准	+2.60	+3.55
丙烯收率/%	基准	+2.60	+3.55
燃料消耗/(GJ/h)	基准	-33.44	31.77
高压蒸汽产量/(kg/h)	基准	-9610	-8580

表 2-40　GK-Ⅴ型炉裂解不同原料的比较

项　　目	石脑油	轻柴油	丁　烷	丙　烷	乙烷/丙烷
稀释蒸汽比	0.45	0.60	0.40	0.35	0.35
裂解深度	P/E① =0.52	P/E① =0.55	96%	92%	65%
原料量/(t/h)	29.50	30.85	29.50	29.50	23.59
炉出口温度(COT)/℃	868	849	879	879	869
乙烯产量②/(t/h)	8.70	9.00	11.48	11.31	11.60
丙烯产量②/(t/h)	4.52	5.00	4.45	4.14	0.76
燃料消耗②/(GJ/h)	232.4	249.1	250.1	242.0	219.7
热效率②/%	93.5	92.8	91.4	91.6	91.7
运转周期/天	85	60	75	60	45

① 丙烯对乙烯的产量比。

② 初期与末期的平均值。

综上所述，KTI 型裂解炉的特点如下：

① 短的停留时间；

② 高的出口温度；

③ 低的压力降，低的烃分压；

④ 高的选择性；

⑤ 高的热效率，设计的排烟温度可低达 95℃，热效率可达 94%以上。

GK 型裂解炉的典型裂解参数可汇总如表 2-41 中。

表 2-41　GK 型裂解炉典型裂解参数

裂解原料	炉出口温度/℃	稀释蒸汽比	运转周期/天	
			停留时间 0.15~0.25s	停留时间 0.25~0.4s
乙烷	840~860	0.3	50~60	70~100
丙烷/丁烷	860~870	0.35~0.4		
石脑油	850~870	0.5	40~50	60~90
轻柴油	800~820	0.65~0.75	30~40	40~50
加氢减压柴油	830~850	0.8	35~45	50~70

其裂解不同原料时的典型收率见表2-42。

表2-42 GK型裂解炉裂解不同原料时的典型收率

项 目	乙 烷	石脑油	凝析油	重柴油	加氢尾油
裂解温度/℃	865	860	845	835	825
稀释蒸汽比	0.3	0.5	0.6	0.7	0.8
收率/%					
H_2	2.99	0.95	0.83	0.58	0.65
CH_4	14.67	15.44	13.47	9.28	11.00
CO/CO_2	0.21	0.39	0.14	0.16	
乙炔	0.47	0.55	0.47	0.14	
乙烯	49.68	28.91	29.27	19.43	25.00
乙烷	20.78	3.05	3.26	3.02	
丙炔/丙二烯	0.09	0.74	0.70	0.28	
丙烯	2.78	13.36	16.29	12.73	13.00
丙烷	0.35	0.29	0.42	0.47	
C_4	2.59	7.96	10.86	9.09	
苯	2.60	15.44（苯、甲烷、二甲苯合计）	16.31（苯、甲烷、二甲苯合计）	7.72（苯、甲烷、二甲苯合计）	
甲烷	0.39				
二甲苯	0.02				
乙苯+苯乙烯	0.46	1.84		136	
$C_5 \sim C_9$	0.88	5.18	5.09	10.60	
$\sum C_{10}$	1.06	5.90	2.89	25.14	

（三）GK型裂解炉应用举例

GK-Ⅲ、GK-Ⅴ型裂解炉是应用得比较多的GK型裂解炉，下面分别就其应用作一些介绍。

1. GK-Ⅲ型裂解炉的应用 某厂为了提高产量和节省能耗，对原有裂解炉进行了改造，并新增了KTI公司的GK-Ⅲ型裂解炉，KTI的GK-Ⅲ型裂解炉的辐射炉管排布见图2-49。每台炉有4组炉管，连接1台急冷锅炉，炉管材料含25%铬、35%镍。当以轻柴油为原料，稀释蒸汽比为0.75，裂解炉出口温度为808℃，停留时间为0.37s时，乙烯收率达28.17%，裂解炉热效率为93%，其裂解产品分布见表2-43。

表2-43 GK-Ⅲ裂解炉的裂解产物分布

项 目	目前的石脑油裂解炉	改造后石脑油裂解炉	新加的KTI轻柴油裂解炉	乙烷裂解炉
组分/%				
H_2	0.64	0.70	0.63	3.95
CH_4	12.95	13.57	9.76	4.65
$CO\text{-}CO_2$	0.02	0.02	0.03	0.01
C_2H_2	0.25	0.32	0.25	0.52
C_2H_4	25.11	26.27	28.17	51.23
C_2H_6	4.24	3.99	4.35	34.04
甲基乙炔	0.25	0.31	0.21	0.08

续表

项　　目	目前的石脑油裂解炉	改造后石脑油裂解炉	新加的 KTI 轻柴油裂解炉	乙烷裂解炉
丙二烯	0.18	0.21	0.15	0.05
C_3H_6	16.30	15.63	15.64	1.65
C_3H_8	0.51	0.47	0.48	0.23
C_4H_6	4.86	4.97	5.70	1.13
C_4H_8	4.76	4.14	5.23	0.37
C_4H_{10}	0.22	0.19	0.05	0.02
C_5S	5.61	4.96	5.75	0.55
C_4H_6	6.09	6.75	5.23	0.84
C_6 非芳烃	2.14	1.67	1.60	0.04
甲苯	4.44	4.59	2.61	0.14
C_7 非芳烃	0.68	0.44	0.38	0.05
二甲苯	2.35	2.29	0.89	0.00
乙苯	0.30	0.27	0.32	0.01
苯乙烯	1.00	1.17	0.81	0.08
C_8 非芳烃	0.31	0.17	0.02	0.00
C_6 馏分	3.08	1.72	1.85	0.03
C_{10}^+	3.71	5.18	9.89	0.33
小计	100.00	100.00	100.00	100.00
裂解炉出口温度/℃	810	835	808	840
稀释蒸汽比	0.6	0.5	0.75	0.4
C_3/C_2 馏分质量比	0.58	0.54	0.50	—

GK-Ⅲ型裂解炉的对流段排布见图 2-50，其工艺参数见表 2-44，其他技术参数见表 2-45。

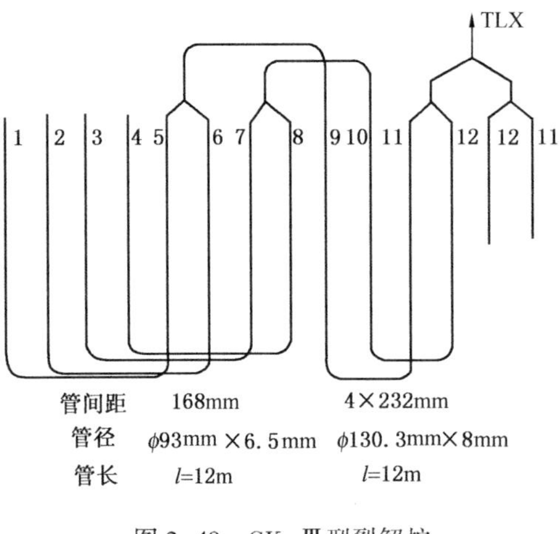

图 2-49　GK-Ⅲ型裂解炉炉管排布示意图

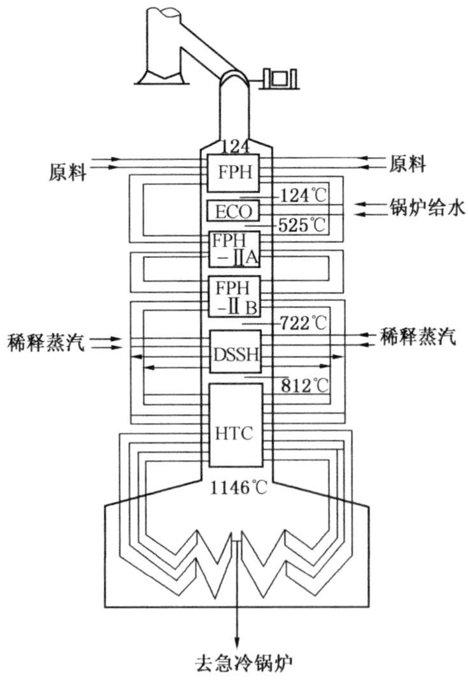

图 2-50　GK-Ⅲ型裂解炉对流段排布

表 2-44　GK-Ⅲ型裂解炉主要操作参数

项　　目	大庆轻柴油	大庆石脑油	辽河混合石脑油
乙烯生产能力/(t/h)	3.125	3.125	3.125
原料进料量/(t/h)	9.978	10.242	9.830
稀释蒸汽比	0.75	0.60	0.6
原料温度/℃	85	85	85
FPH-Ⅰ出口温度/℃	137	133	128
FPH-ⅡA 出口温度/℃		198	181
FPH-ⅡB 入口温度/℃		163	151
FPH-ⅡB 出口温度/℃	336	290	286
DSSH 出口温度/℃	432	507	612
ECO 入口温度/℃	127	127	127
ECO 出口温度/℃	325	325	325
横跨温度/℃	600	632	628
炉出口温度/℃	809	850	850
排烟温度/℃	124	124	124
高压蒸汽产量/(t/h)	10.960	12.679	12.236

表 2-45　GK-Ⅲ型裂解炉的技术参数

项　　目	裂解原料		项　　目	裂解原料	
	大庆柴油	合同石脑油		大庆柴油	合同石脑油
进料量/(t/h)	9.978	10.242	排烟温度/℃	125	125
乙烯单程收率/%	28.16	27.65	运转周期/天	65	70
乙烯生产能力/(t/h)	3.125	3.125	炉体表面温度/℃	60~65	60~65
丙烯单程收率/%	15.64	13.64	辐射炉管最高壁温(运行末期)/℃	1090	
燃料消耗/(GJ/h)	70.63	68.94	TLX裂解气出口最高温度(末期)/℃	620	
高压蒸汽(12MPa)/(t/h)	10.96	11.93	TLX 最大允许压降/kPa	25	
炉子热效率/%	93.4	93.5			

2. GK-Ⅴ型裂解炉的应用　以某乙烯工厂采用的 GK-Ⅴ型裂解炉为例。该裂解炉可适应石脑油和轻柴油裂解原料，并可进行馏分油(石脑油或轻柴油)和循环乙烷共裂解。单台裂解炉乙烯生产能力为 32.5kt/a，其辐射盘管排列如图 2-51 所示。

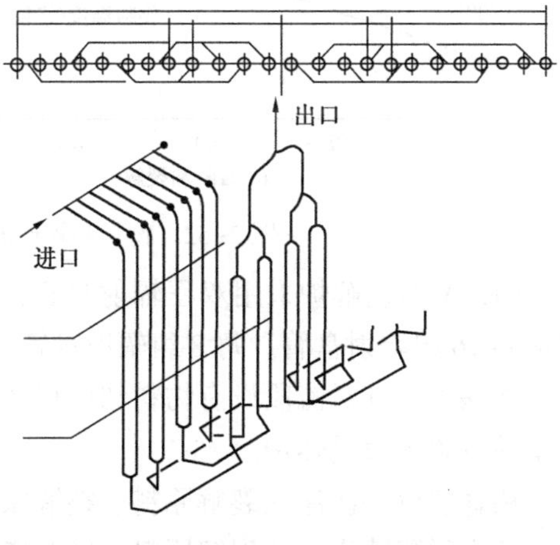

图 2-51　GK-Ⅴ型裂解炉辐射盘管排列示意图

该裂解炉共 4 组盘管，每组有 4 根盘管，每根盘管为双程分枝变径管。其第 1 程炉管为 2 根并列的小管径管(内径 59mm，壁厚 6.5mm，管长 11.255m)，第 2 程为单根大管径管(内径 83mm，壁厚 7.5mm，管长 12.909m)。辐射段工艺参数如表 2-46 所示。

表 2-46　GK-Ⅴ型裂解炉辐射段工艺参数举例

项　目	石脑油	轻柴油	石脑油+循环乙烷
烃进料量/(kg/h)	14641	13974	13717
稀释蒸汽比	0.6	0.75	0.5
物料分子量(进/出)	37.9/25.3	38.3/25	32.9/23.1
操作温度(进/出)/℃	598/822	596/831	620/851
操作压力(进/出)/MPa	0.19/0.151	0.194/0.152	0.181/0.15
压降/kPa	38	41	31
流速/(m/s)	179	190	171
计算最高管壁温度/℃	1037/1096	1043/1095	1043/1098
最高允许管壁温度/℃	1115	1115	1115
文丘里最大允许压差/kPa	50	50	50
出口联结管线速/(m/s)	179	190	171
辐射段吸热量/kW	11546	11907	10509
辐射盘管外表面积/m^2	145.1	145.1	145.1
平均热强度/(kW/m^2)	79.6	82.1	72.4
总热负荷/kW	26500	27418	24104
过剩空气(底部/侧壁)/%	10/15	10/5	10/15
烧嘴数(底部/侧壁)	12/48	12/48	12/48
供热比例(底部/侧壁)/%	60/40	60/40	60/40
烟气量/(kg/h)	37245	38661	33873
烟气分子量	27.58	27.80	27.58
烟气横跨温度/℃	1151	1156	1148
燃料热值/(kJ/kg)	51839	49964	51839
燃料量/(kg/h)	1840	1975	1674

GK-Ⅴ型裂解炉在石脑油裂解和轻柴油裂解时物料温度和管壁温度沿管长的分布如图2-52所示。

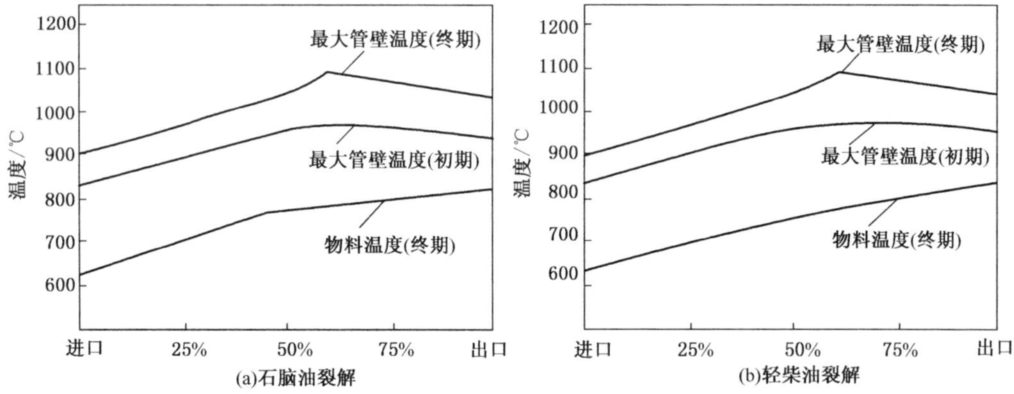

图 2-52　物料和管壁温度沿管长分布(GK-Ⅴ型裂解炉)

GK-Ⅴ型裂解炉采用双程辐射盘管，30kt/a左右乙烯生产能力(以馏分油裂解计)的裂解炉共16组辐射盘管。每8组辐射盘管出口裂解气合并进入一台急冷锅炉，一般均采用一级急冷锅炉。其对流段设有物料和稀释蒸汽预热炉、锅炉给水预热炉和高压蒸汽过热炉，不必单独设置蒸汽过热炉。

稀释蒸汽一次注入裂解原料。裂解原料经对流段预热后再与对流段中过热的稀释蒸汽混合。注入稀释蒸汽后的裂解原料再经对流段预热至物料横跨温度后送入辐射盘管。

裂解炉采用侧壁烧嘴和底部烧嘴联合的方案。侧壁烧嘴烧气，底部烧嘴可以烧气也可以烧油，底部烧嘴供热量可占总热负荷的 70%。

随着乙烯装置规模的不断提高，要求与之相适应的裂解炉的规模也相应提高。KTI 公司已设计出许多大型炉。这些大型炉大多采用 GK-Ⅲ、GK-Ⅴ型炉管，并且均采用一级急冷。当采用 GK-Ⅲ型炉管时，通常采用 16 组 GK-Ⅲ型炉管，4 台 TLE；当采用 GK-Ⅴ型炉管时，通常采用 48 组 GK-Ⅴ型炉管，此时配置 6 台 TLE。这几种大型炉均为单辐射段、单对流段结构。当炉管组数超过 48 组 GK-Ⅴ型炉管或 16 组 GK-Ⅲ型炉管时，GK 型裂解炉则采用两个辐射段配置一个对流段的布置。大型炉采用的 GK-Ⅲ、GK-Ⅴ型炉管的排布见图 2-53、图 2-54。

图 2-53　GK-Ⅲ型炉管排布(2-2-1-1)

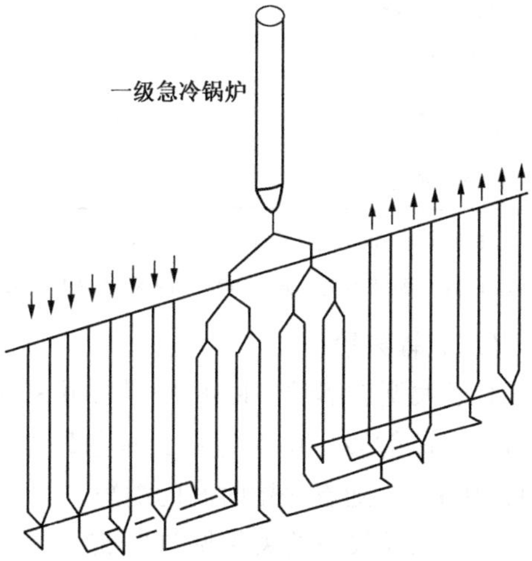

图 2-54　GK-Ⅴ型炉管排布(2-1)

六、毫秒裂解炉

(一) 概述

KBR 裂解炉是 KBR 公司的毫秒裂解炉。KBR 裂解炉是综合凯洛格(Kellogg)公司、布朗路特(Brown & Root)公司和 Exxon 公司三方技术长处后形成的 SCORE 裂解炉。目前，KBR 裂解炉(简称 SC 炉) 是停留时间最短、裂解温度最高、选择性最好的超短停留时间毫秒管式裂解炉。毫秒炉裂解技术与其他常规裂解技术相比，在裂解炉的结构及裂解产物的分布方面有较大的不同。物料在毫秒炉辐射段炉管内的停留时间仅为 0.05~0.1s，比其他裂解炉的停留时间短，而单程乙烯收率有所提高。

KBR 裂解炉有 SC-1、SC-2 和 SC-4 三种型式，均采用小口径管，管内径约 25~38mm，直管长度为 10~13m，单炉膛构型。裂解温度为 880~900℃，裂解原料较宽，从循环乙、丙烷到轻柴油(终馏点 570℃以上)。但轻柴油的裂解运行经验较少，而且裂解炉实际操作时间也较短。表 2-47 列出了 SC 型裂解炉结构参数。

表 2-47　SC 型裂解炉结构参数

炉　　型	SC-1	SC-2	SC-4
炉管构型	单程	U 型	W 型
炉管简图		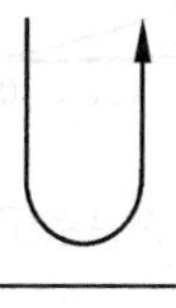	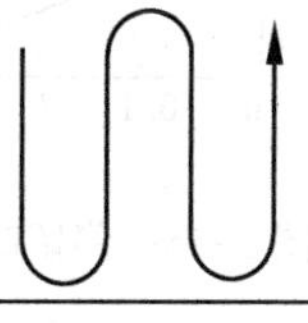

续表

炉　　型	SC-1	SC-2	SC-4
炉管长度/m	~12	45~49	21~24
停留时间/s	0.08~0.12	0.20~0.25	0.35~0.45
运行周期/天	30~35	35~56	50~80
清焦时间/天	18~20	24~30	24~48
单程乙烯收率①/%	29.7	28.4	
单程丙烯收率①/%	17.7	17.0	
单程乙烯收率②/%	33.6	31.9	
单程丙烯收率②/%	15.1	14.4	

① 以轻石脑油为例，低选择性，丙烯/乙烯比为0.60。

② 以轻石脑油为例，高选择性，丙烯/乙烯比为0.45。

(二) 辐射段

对于大型裂解炉，KBR公司采用SC-1型裂解炉，生产能力为年产乙烯200kt，裂解炉结构为双辐射段、单对流段，辐射段炉管采用单程炉管构型。物料在管内停留时间仅为0.08~0.12s，随着停留时间的缩短，裂解炉的选择性随之提高，烯烃收率也相应提高。停留时间与乙烯收率的关系见图2-55。

辐射段炉管采用梅花型(内翅结构)，称为MERT管。这种炉管改变了炉管内流体的流动情况，可以减少焦的形成，从而有效延长辐射段炉管的运行周期。换热管管径为51~58mm(外径)，管长约为12m，材质为25-35合金钢。由于辐射段炉管采用单程换热管的设计，在辐射段中，物料下进上出，与急冷锅炉连接。

(三) 急冷锅炉

对于裂解石脑油等原料的SC-1型裂解炉，采用二级急冷锅炉。一级急冷锅炉采用套管式急冷锅炉，二级急冷锅炉采用管壳式急冷锅炉。急冷锅炉配置方案见图2-56。

(四) 供热系统

SC-1型裂解炉的供热系统为全部底部供热，只有底部烧嘴，不设侧壁烧嘴。图2-57为典型的SC-1型裂解炉的布置图。

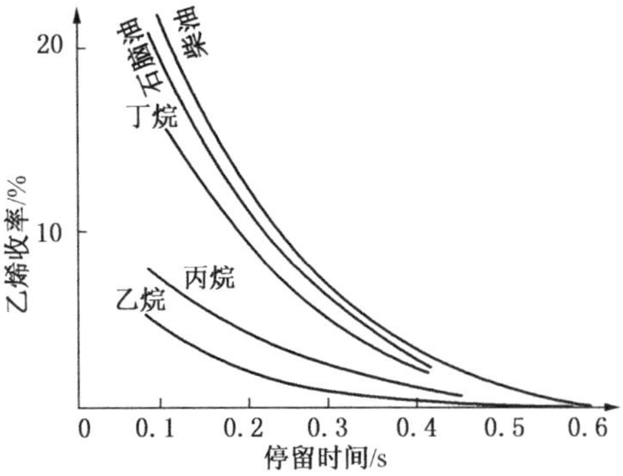

图2-55　停留时间与乙烯收率的关系图

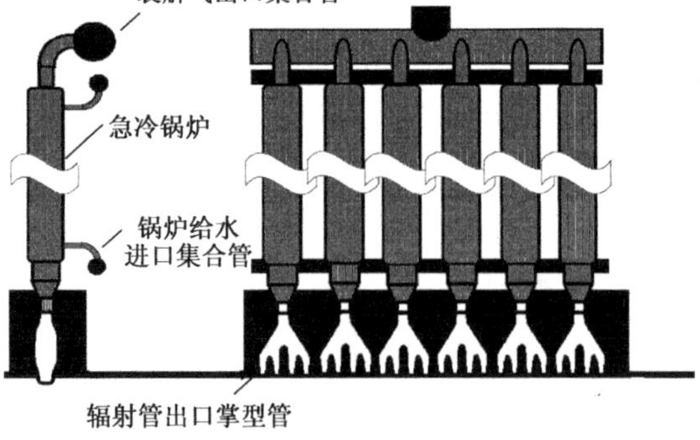

图2-56　SC裂解炉急冷锅炉配置方案

七、Pyrocrack 型裂解炉

(一) 概述

林德公司从 20 世纪 60 年代开发裂解技术，开发了 Pyrocrack 型裂解炉。Pyrocrack 型裂解炉通常为双辐射段、单对流段结构。

Pyrocrack 型裂解炉的结构见图 2-58 及图 2-59 所示。

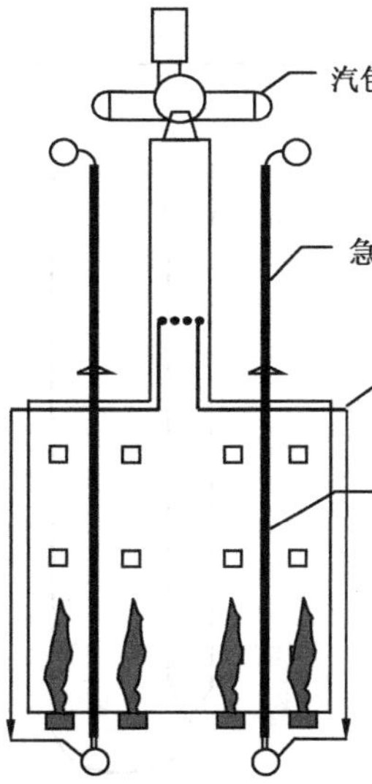

图 2-57　SC-1 型裂解炉典型布置图

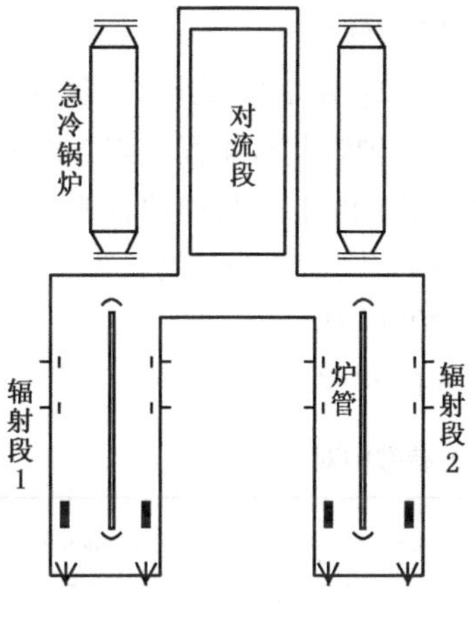

图 2-58　Pyrocrack 型裂解炉结构示意图一

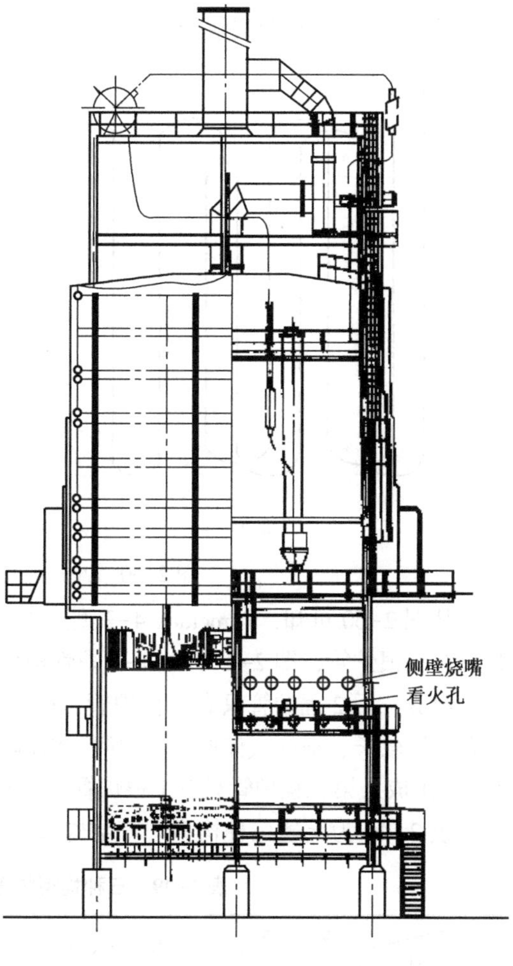

图 2-59　Pyrocrack 型裂解炉结构示意图二（Pyrocrack 2-2 型）

(二) 辐射段

Pyrocrack 型裂解炉的辐射段炉管构型有：Pyrocrack 4-2 型、Pyrocrack 2-2 型和 Pyrocrack 1-1 型。不同炉管构型的选择，根据原料情况确定。一般情况下，当裂解原料为气体原料时，通常采用 Pyrocrack 4-2 或 Pyrocrack 2-2 型炉管；液体原料可采用 Pyrocrack 1-1 型炉管。Pyrocrack 1-1 型炉管可以获得较高的烯烃产量，而 Pyrocrack 4-2 型炉管的裂解炉生产能力较高。

Pyrocrack 型裂解炉的炉管构型、相应的适用原料及裂解炉规模见表 2-48。

表 2-48　Pyrocrack 型裂解炉的炉管构型、相应的适用原料及裂解炉规模

原　　料	C_2	C_2	NAP/HGO
炉管构型	Pyrocrack 4-2	Pyrocrack 2-2	Pyrocrack 1-1
炉管组数	24	40	96
辐射段类型	双辐射段	双辐射段	双辐射段
投油量/(t/h)	58	61	74
供热负荷/MW	140	136	152
单炉能力/(kt/a)	240	249	165

各种 Pyrocrack 型裂解炉的炉管构型简图见图 2-60。

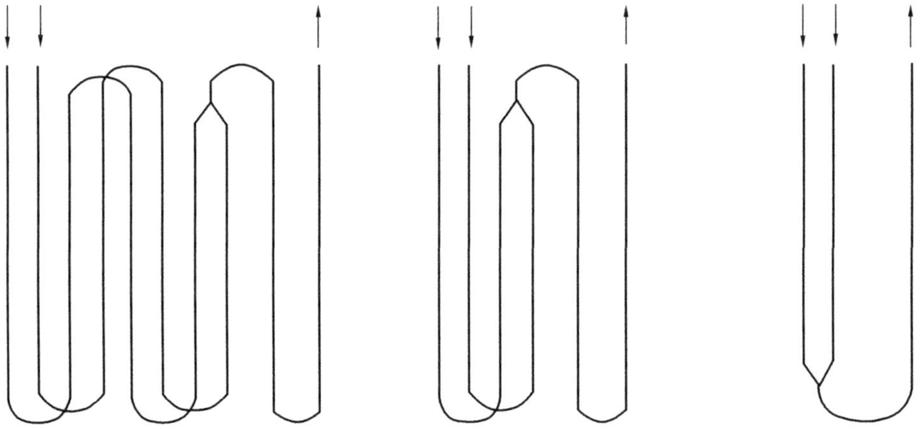

4-2　　2-2　　1-1

图 2-60　Pyrocrack 型裂解炉的炉管构型简图

从图 2-60 可知，Pyrocrack 4-2 型炉管共有 6 程，前 4 程炉管由 2 根管组成，第 5、6 程炉管只有一根炉管，即 2-2-2-2-1-1 炉管构型。Pyrocrack2-2 型炉管共有 4 程，前 2 程炉管由 2 根管组成，后 2 程炉管只有一根炉管，即 2-2-1-1 炉管构型。由于这两种炉管构型程数多，炉管长度较长，适应气体原料的裂解。Pyrocrack1-1 型炉管构型则为 2 程炉管，第一程炉管由 2 根管组成，第二程炉管只有 1 根炉管，即通常所说的 2-1 炉管构型。

表 2-49 为上述三种构型炉管结构参数及工艺参数之间的对比。

表 2-49　三种构型炉管结构参数及工艺参数的对比

项　目 \ 炉　型	Pyrocrack 4-2	Pyrocrack 2-2	Pyrocrack 1-1
炉管构型	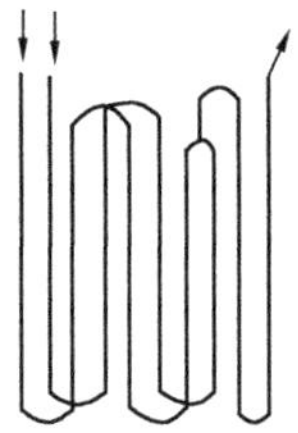	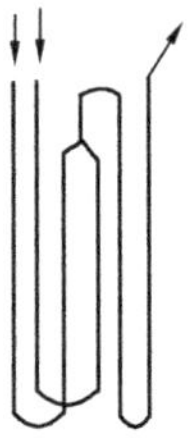	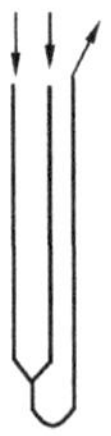
炉管直径	ϕ65mm 五、六程 ϕ135mm	一、二程 $\phi_{内}$ 78mm 三、四程 $\phi_{内}$ 112mm	一程 $\phi_{内}$ 43mm 二程 $\phi_{内}$ 62mm
炉管总长度/m	55	36~42	17~19

续表

项　目＼炉　型	Pyrocrack 4-2	Pyrocrack 2-2	Pyrocrack 1-1
每台炉炉管组数	8	16	48~64
每台炉 TLE 台数	2(一级)	4(一级)	6~8(一级)
在炉管内的停留时间/s	0.40~0.5	0.25~0.30	0.15~0.20
横跨温度/℃		石脑油 604 AGO 537	石脑油 611 AGO 545
炉管最高允许温度/℃		1100	1100
炉出口温度/℃		石脑油 853 AGO 824	石脑油 857 AGO 828
对炉管的评述	能力最高	高能力、高选择性	选择性最高

图 2-61 和图 2-62 分别为 Pyrocrack 1-1 型和 Pyrocrack 2-2 型辐射盘管炉管布置图。由于 Pyrocrack 1-1 型辐射盘管管长进一步缩短，停留时间缩短到 0.2s 以内，其裂解选择性明显得到改善。表 2-50 是 Pyrocrack 1-1 型和 Pyrocrack 2-2 型辐射盘管裂解性能的比较。表中原料油消耗是以混合馏分油为基础，其中石脑油约占 57%，轻柴油约占 28%，加氢裂化尾油约占 15%。

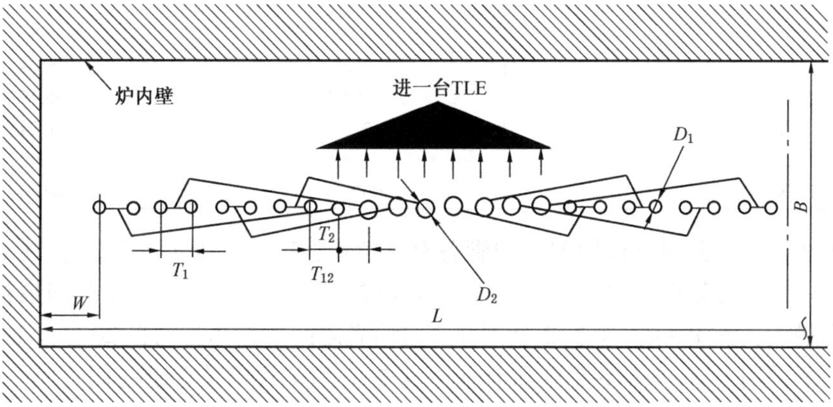

D_1=43mm（壁厚6mm）　T_1=94mm　L=10434mm　W=240mm
D_2=62mm（壁厚6mm）　T_2=126mm　B=2700mm

图 2-61　Pyrocrack 1-1 型裂解炉炉管排列和尺寸

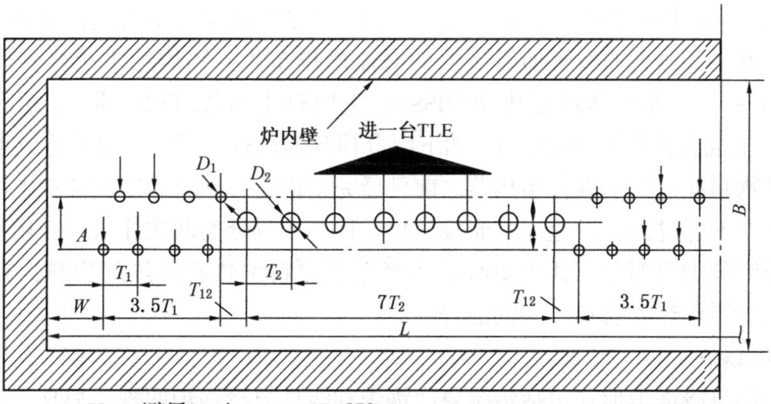

D_1=78mm（壁厚6mm）　T_1=270mm　L=8550mm　W=300mm
D_2=112mm（壁厚6mm）　T_2=227mm　B=2700mm　A=200mm

图 2-62　Pyrocrack 2-2 型裂解炉炉管排列和尺寸

表 2-50　Pyrocrack 1-1 和 Pyrocrack 2-2 型辐射盘管的比较

项　　目	Pyrocrack 1-1 型	Pyrocrack 2-2 型
裂解炉特性		
单台裂解炉盘管数	64	16
每台裂解炉 TLE 数	8	4
每组盘管进料量/(kg/h)		
石脑油进料时	476	1982
轻柴油进料时	468	1945
加氢裂化尾油进料时	417	1737
炉出口温度/TLE 入口温度/℃		
石脑油进料时	857/851	853/850
轻柴油进料时	828/822	824/820
加氢裂化尾油进料时	838/834	834/832
产品收率(含乙烷循环裂解)/%		
富氢气体	0.82	0.85
甲烷	13.95	15.07
乙烯	31.18	29.98
丙烯	15.62	15.02
丙烷	0.78	0.81
丁二烯	5.53	5.29
其余 C_4	4.05	3.81
C_5 馏分	3.38	3.04
芳烃	14.97	15.97
$C_6 \sim C_8$ 非芳烃	3.27	3.24
燃料油	6.45	6.92
300kt/a 乙烯原料消耗量/(t/a)	962914	1001325

综上所述，林德公司三种构型的炉管各有其特点：Pyrocrack 1-1 型选择性最高，停留时间最短，单组炉管处理能力最小；Pyrocrack 4-2 型选择性较差，停留时间最长，单组炉管处理能力最大；而 Pyrocrack 2-2 型则介于这两者之间。林德公司在 20 世纪 80 年代设计的裂解炉主要采用 Pyrocrack 4-2 型和 Pyrocrack 2-2 型炉管以及介于它们之间的炉管构型，在 90 年代设计的裂解炉则主要采用 Pyrocrack 1-1 型炉管。

(三) 对流段

根据不同的裂解原料性质，采用不同的对流段排布方式。当原料为气体原料或轻质液体原料时，对流段采用稀释蒸汽一次注入方式，而对于加氢尾油等重质液体原料，则采用稀释蒸汽二次注入方式。典型的裂解加氢尾油的对流段排布为：锅炉给水预热器(ECO)、上原料预热器(FPH-Ⅰ)、稀释蒸汽过热器(DSS)、下原料预热器(FPH-Ⅱ)、超高压蒸汽过热器(HPSSH)、上混合预热器(HTC-Ⅰ)和下混合预热器(HTC-Ⅱ)。为了适应重质原料的性质，既要满足物料在进入下混合预热器之前已经完全汽化，同时又要保证在上混合预热器出口的物料汽化率不能过高，以免在对流段结焦，稀释蒸汽分为两次注入。在稀释蒸汽过热器过热的稀释蒸汽分为两部分，其中 20%注入经过下原料预热器预热的物料，剩余的 80%注入经上混合预热器预热的物料、蒸汽混合物。

(四) 急冷锅炉

林德公司的急冷锅炉形式包括传统急冷锅炉和线性急冷锅炉两种。另外，不同的裂解原料，所配置的急冷锅炉也不一样。对于气体原料，采用两级急冷形式；对于液体原料，采用一级急冷形式。

线性急冷锅炉是针对传统式急冷锅炉存在的问题开发出来的，其优点在于：

① 由于每个辐射段炉管对应一根急冷锅炉换热管，可以节省辐射段的静态铸造管件；

② 取消传统急冷锅炉入口的带衬里的封头；

③ 取消传统急冷锅炉中的管板，避免了管板腐蚀的现象。

林德公司的急冷锅炉配置简图见图 2-63。

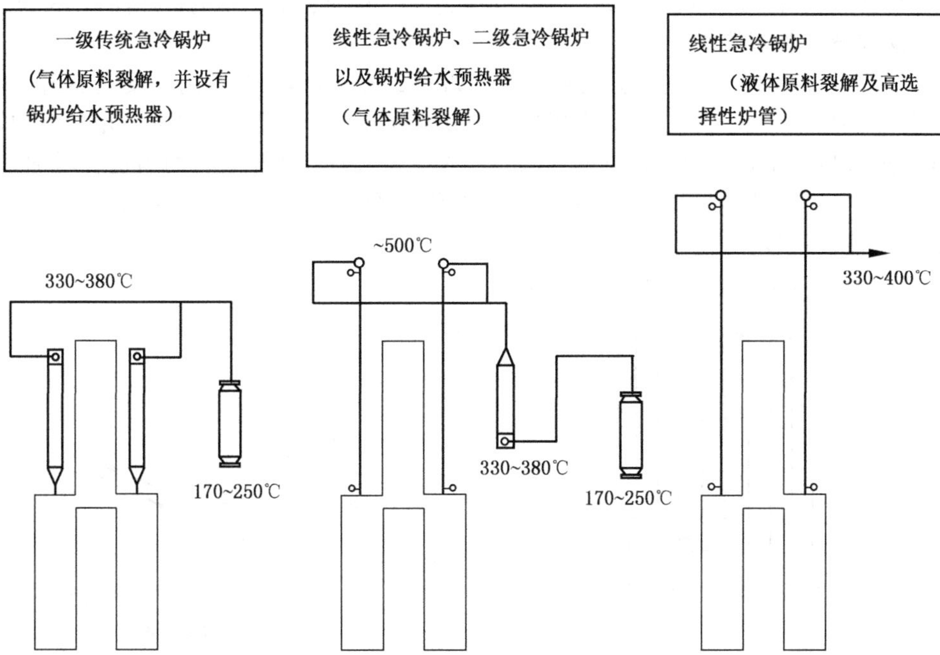

图 2-63 Pyrocrack 型裂解炉急冷锅炉配置简图

(五) 供热系统

经过对裂解炉三种供热系统——全部侧壁供热，全部底部供热以及底部、侧壁联合供热的 CFD 模拟、分析，林德公司认为，侧壁、底部联合供热方式可以提供较为均匀的供热曲线，有益于各种物料在相近的裂解操作条件下运行。

八、新型炉的发展

(一) 陶瓷裂解炉

停留时间非常短的裂解炉裂解深度受辐射炉管材质的限制。对于使用普通金属炉管的乙烷炉，最高转化率一般为 60%~70%，相当于出口工艺温度为 870℃，炉管管壁温度高达 1100℃，在更高的管壁温度下操作，会加速结焦，即使用含量非常高的铬镍合金，最后也会导致金属渗碳和破坏。因而长期以来一直在研究使用陶瓷等其他材料制造裂解炉管，除了可实现更高的裂解温度外，陶瓷材料还没有催化中心，不会促进催化结焦。

斯通-韦伯斯特公司对一种陶瓷炉管在高乙烷转化率条件下进行的试验室试验表明，裂解炉运转时间延长，炉管内没有结焦形成。这种陶瓷裂解炉可以使乙烷裂解生成乙烯的转化率达到 90%，比常规装置高出 20~25 个百分点。

IFP 和 Gaz de France 公司开发了可允许工艺温度超过 1000℃，乙烷转化率超过 90%的高温陶瓷炉。该炉设计了一些进料的垂直通道，每一个通道被碳化硅壁分割。在通道内原料被一头封端的辐射管加热，这些辐射管配置在一系列与反应物料流动方向垂直的层面上，碳化硅材料可经受高达1400℃的温度，具有高导热性和形成副产物的低催化活性。陶瓷外管只通过辐射将热量传给裂解炉，通过对流传给工艺物料，阻止了燃烧产物对工艺物料的污染。一部分燃烧气体的再循环由内管诱导，使外管表面有更均匀的温度分布。在工艺温度为1050℃时，燃烧效率和热流量预计分别为70.7%和3.86W/cm^2。

这种陶瓷裂解炉已进行了中试规模试验，使用电加热元件。原料采用含1.5%乙烯的乙烷，在反应器流出物温度为1000℃和乙烷转化率为95.5%时，对乙烯的选择性为73.5%。

(二) 逆向分枝管裂解炉

Plehirs和Froment提出的逆向分枝管构型，如图2-64所示。为了满足反应器出口端快速升温，各端供热量要求大，但是如果提高热强度会损害炉管寿命，因此必须增加各炉管的比表面积。逆分枝管是将一般分枝管倒过来，即入口为大直径单根管，而后逐程增加管数，缩小管径，将出口变为四根管。图2-65为几种炉管构型轴向温度分布，从图可以看出，逆向分枝管升温速度最慢。

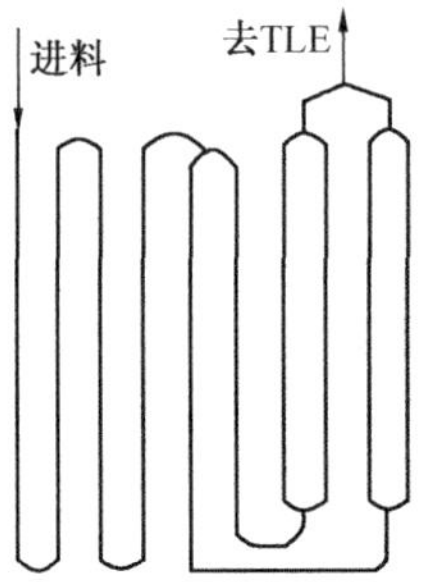

图2-64　逆向分枝管结构和尺寸

程数		每程管数	管内径/mm	长度/m	S/V
第一段	4	1	114	52.2	35.09
第二段	1	2	96	13.1	41.67
第三段	1	4	73	12.9	54.79
总长度				78.2	40.95

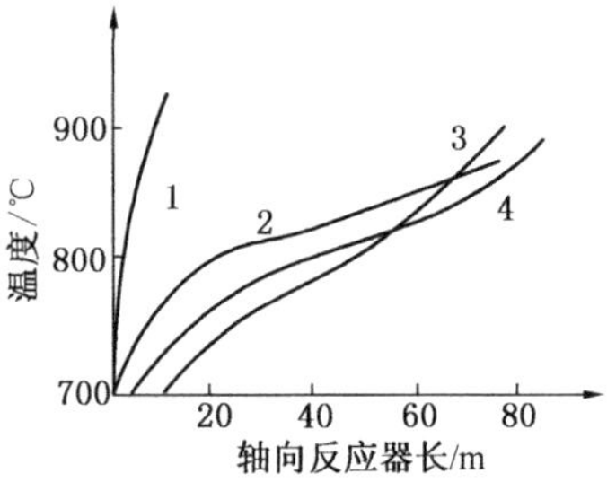

图2-65　几种构型炉管物料温度分布

1—毫秒炉管；2—一般分枝管；3—逆向分枝管；4—单一直径管

表2-51为几种构型炉管的有关数据比较，表2-52为收率比较。从表2-52中可以看出，逆向分枝管的收率较一般分枝管高，但比毫秒炉管低，这主要是它的裂解温度比一般分枝管高37℃。由于逆向分枝管裂解温度高，出口管径小，对结焦敏感性大，因而管壁温度、压降、结焦速率、炉管壁温比一般分枝管高，其运转周期只达一般分枝管的50%。

表2-51　几种构型炉管运转周期比较①

项　目	单一直径管	一般分枝管	逆向分枝管	毫秒炉管
炉管出口温度/℃	884	872	909	929
炉管出口压力/kPa	168	170	171	172
烃进料量/(kg/h)	2500	3700	3200	120
停留时间/s	0.65	0.52	0.54	0.12
最高管壁温度/℃	965	976	1025	1060
压降/kPa	149	87	122	13
允许管壁温度/℃	1040	1040	1120	1120
内壁温度/℃	953	968	1012	1054
结焦速率/[g/(m^2·h)]	16.8	19.2	49.1	96.5
炉管壁温升/(℃/d)	1.46	1.69	4.32	8.46
运转周期/天	51	41	22	7

① 原料为85%C_3H_8+15%C_3H_6。

表 2-52　几种构型炉管收率比较①

项　　目	单一直径管	一般分枝管	逆向分枝管	毫秒管
裂解温度/℃	884	872	909	929
丙烷转化率/%	89.6	89.6	89.7	89.4
收率/%				
氢	1.84	1.88	1.90	2.06
甲烷	21.38	21.30	20.91	19.39
乙烯	37.81	37.91	39.11	40.07
乙烷	8.15	7.89	7.58	7.24
丙烯	13.34	13.39	13.67	14.74
丁二烯	1.47	1.53	1.59	1.54
C_5^+	5.52	5.56	4.69	3.92

① 原料为 85%C_3H_8+15%C_2H_8。

(三) 各公司新型大型炉结构特点

目前各公司新型大型炉结构特点见表 2-53。

表 2-53　各公司新型大型炉结构特点

公　司	鲁姆斯	林　德	Technip	斯通-韦伯斯特	KBR	中国石化
炉型	SRT-VⅡ	Pyrol-1	GK-V	USC	SC-1	CBL-V
炉管构型	8-1	2-1	2-1	1-1	1	2-1
炉管组数	12	96	48	192		
停留时间/s	0.2~0.25	0.15~0.2	0.15~0.25	0.15~0.25		
急冷方式	一级	一级	一级	一级/二级	一级	一级
供热方式	底/侧	底/侧	底/侧	底/侧	底	底/侧
能力/(kt/a)	150	165(液)	110~225	175(液)	200(气)	200
炉膛结构	双	双	单/双	双	双	双

从表 2-53 看出，最近推出的大型裂解炉的特点如下：

① 炉管构型采用停留时间短、选择性高的单程或两程炉管，两程炉管采用 1-1 型(又称 U 型)、2-1 型或 4-1，8-1 型。

② 辐射段炉管组数越来越多，即通过增加炉管组数来提高裂解炉的能力。

③ 供热系统采用全部底部供热或底部与侧壁联合供热。在采用联合供热的情况下，适当减少侧壁供热的比例，其目的是为了减少烧嘴的数量，降低投资，方便维修。

④ 为了缩短辐射段长度，在大型裂解炉中，多采用双辐射段、单对流段结构。

⑤ 根据不同的炉管构型，结合不同的裂解原料，分别采用不同的新型急冷锅炉形式，以充分回收裂解气的热量。

⑥ 不断提高裂解炉的控制技术水平，以提高裂解炉的运转周期和使用寿命。

第四节　裂解炉结焦和结焦抑制剂

管式裂解炉辐射段炉管和急冷锅炉套管内的结焦，是限制管式裂解炉生产周期的主要因素。烃类高温热裂解生产乙烯时，管式裂解炉辐射段炉管内表面和急冷锅炉套管内表面伴随着焦炭的形成。这种高温条件下形成的焦炭是热的不良导体，会使炉管传热阻力增大、炉管内径变小，导致炉管外壁表面温度升高、炉管内流体压降增大，甚至堵塞管道，影响操作。炉管外表温度达到炉管材质所能承受的最高温度或者压降达到裂解炉的最大压降时，裂解炉必须进行清焦，清除管内的焦炭以后才能再次进行生产。清焦次数的增加，会对乙烯及副产品产量、燃料消耗、炉管寿命等带来不利影响。因此，业内对如何减少结焦开展了研究，有的成果已在工业上应用。

一、急冷锅炉、对流段结焦

烃类裂解时，不仅在裂解炉管内结焦，而且也会在急冷锅炉内结焦。急冷锅炉结焦主要由两方面引起：一是由于急冷锅炉入口的裂解气流动紊乱，部分气体经过较长时间的停滞发生多次脱氢反应促使焦炭生成；二是由于裂解气经充分冷却，高沸点组分冷凝在传热管内壁，缓慢进行脱氢缩聚反应，逐渐重质化，进而变为焦油状或焦炭状的物质。

在气体原料和轻质馏分油裂解时，对流段一般不会出现结焦情况，但重质油和二次加工油裂解时，对流段有可能出现结焦。其原因是液体烃在对流段加热时，有些不稳定芳烃化合物逐渐缩合成大分于化合物，粘在管壁上，逐渐脱氢成为焦。因此，研究影响对流段结焦因素和解决结焦措施成为裂解工艺重要课题之一。

1. 原料性质与结焦关系　久富胜机等对重质油结焦反应进行研究，试验是在400～500℃条件下进行的，加热后的沥青状试样用苯及喹啉进行溶剂分级，分成能溶于苯的成分(BS)，不溶于苯的成分(BI)，能溶于喹啉的成分(QS)，不溶于喹啉的成分(QI)。这些组分的结焦模型为

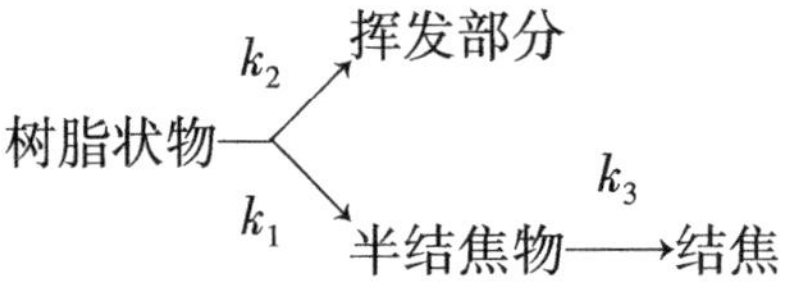

这里的树脂状物为BS，半结焦物为BI－QS，结焦为QI。反应速率常数k_1、k_2、k_3是用Gauss-Newton法对联立微分方程进行数值求解，并与试验结果进行拟合而推算出来的。

重质油的化学结构特性因数K与反应活化能及频率因子之间的相互关系如图2-66和图2-67所示。因此，从特性因数K可预测出各温度下的结焦反应。

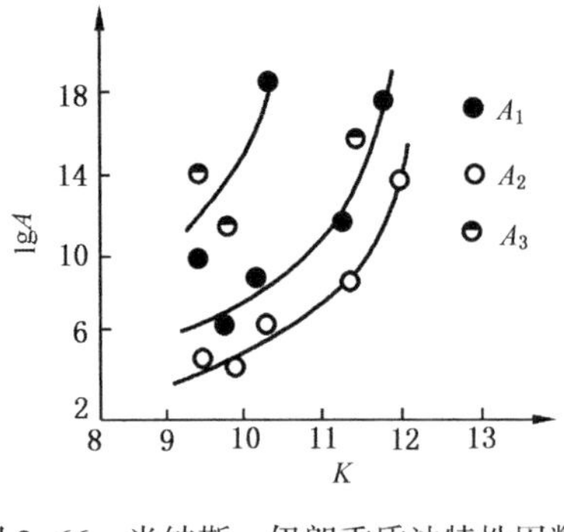

图2-66　米纳斯、伊朗重质油特性因数(K)和频率因子(A)的关系

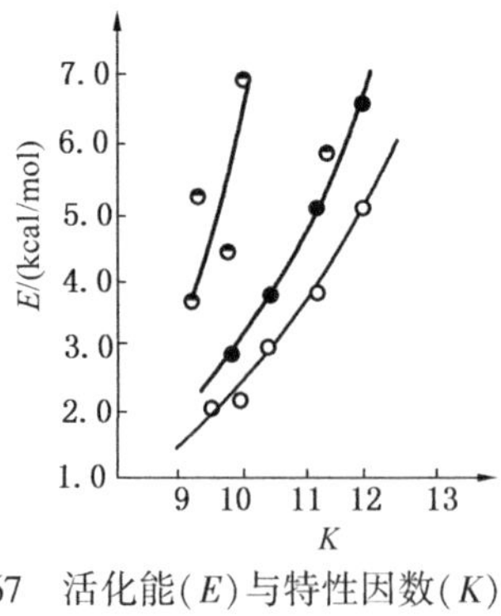

图2-67　活化能(E)与特性因数(K)的关系

根据北京化工研究院对流段结焦试验结果，对流段结焦与原料中易聚合的不稳定芳烃化合物有关，易聚合的芳烃化合物越多，结焦也就越多。

2. 结焦量与质量流率关系　质量流速影响结焦量，质量流速增大，使高分子化合物不易黏附在管壁上，减少进一步脱氢成焦机会。因此，质量流速愈大，结焦量也就愈小(在北京化工研究院试验装置上进行试验所得结果证实了这一点)。

3. 避免对流段结焦方法　对流段结焦区域是物料汽化率达到一定程度时才会结焦，在炼油工业上如延迟焦化等装置，采用这个原理避免了加热段结焦。但是，在乙烯装置中，要求对流段物料必须全部汽化后进辐射段。解决对流段结焦措施是用管外闪蒸方法，即物料经预热后进闪蒸罐，闪蒸气体进辐射段裂解(国外已有三篇专利报道了此方法)。

意大利树脂(Societa Italiana Resine SPA)公司采用一次闪蒸法脱除重质油，然后与二次水蒸气混合进辐射段高温裂解，如图 2-68 所示。斯通-韦伯斯特公司以减压柴油或减压渣油为原料，采用二段闪蒸。第一段与过热水蒸气混合进行闪蒸，第二段用第一段闪蒸所得气相物，经过热后再会同第一次残留的液相重组分进行二次闪蒸。闪蒸气相物进行高温裂解制乙烯，液相残余物则外排作燃料，流程如图 2-69 所示。埃索研究和工程公司(Esso Research and Engineering Co)以原油或含不饱和烃的重质油为原料，第一段闪蒸原料先进对流段预热，

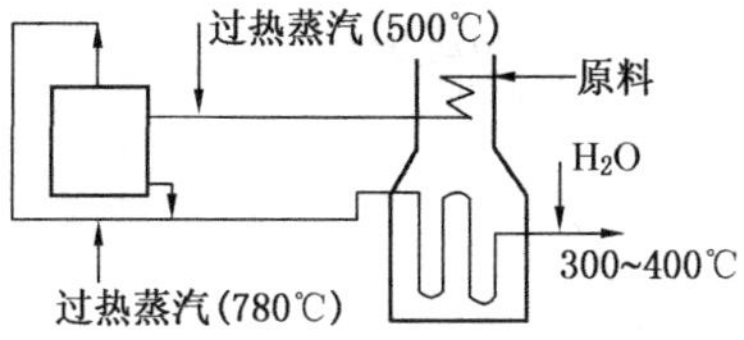

图 2-68　意大利树脂公司流程

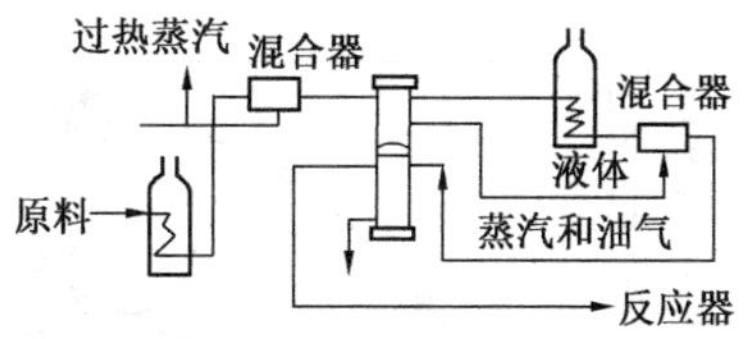

图 2-69　斯通-韦伯斯特公司流程

进闪蒸罐分离出气体再与蒸汽混合进裂解炉裂解制乙烯。闪蒸后液相与蒸汽混合经预热段再进第二闪蒸罐，闪蒸气体进第二裂解炉裂解制乙烯，流程如图 2-70 所示。北京化工研究院曾以脱沥青油为原料，进行管外闪蒸除焦工艺研究，也得到了较好的结果。

为了解决重质油在对流段结焦问题，壳牌公司最早提出了对流段二次注汽技术，而后各乙烯公司发展和应用了此项技术。对流段二次注汽技术是：原料在对流段经预热到 200℃左右时，通入占总量 15%左右的过热蒸汽混合，使 70% 的原料汽化，然后进入混合物预热模块，经预热后再通入其余 85% 的蒸汽与原料混合，使原料 100%汽化。汽化后的混合物料再经对流段进一步预热后进入辐射段。

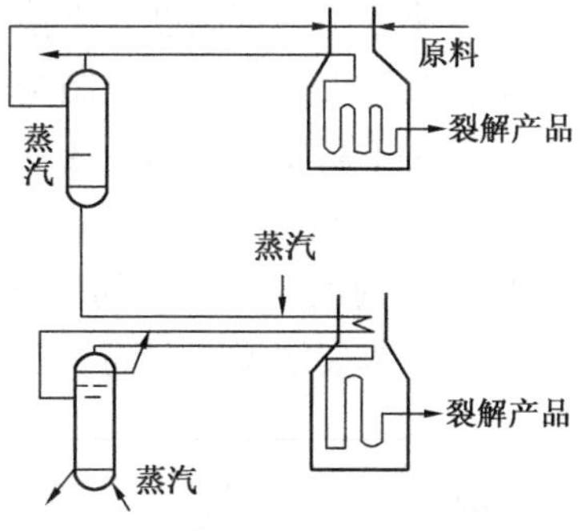

图 2-70　埃索研究和工程公司流程

在应用二次注汽技术时，应注意稀释蒸汽(DS)必须过热到 450℃左右；在原料没有全部汽化前，管壁温度应低于物料开始裂化温度；二次注汽时，工作点温度与原料露点温度均相差 25℃。

二、辐射段结焦

(一)影响辐射段结焦的因素

1. 原料性质　烃类裂解过程中结焦主要由原料中的芳烃化合物以及裂解气二次反应物形成。原料中芳烃含量愈多，结焦速率也就愈快。例如，当以含芳烃 15%左右的轻柴油为裂解原料时，工业运转周期达 60 天，而以含芳烃 46%的科威特减压柴油为裂解原料时，工业运转周期仅有 7~20 天。

2. 裂解温度　提高裂解温度，裂解深度增加，二次反应加快，因此结焦速率增加，焦层增加随焦层温度指数规律增加。乙烷、乙烯、丙烷、丙烯原料在不同裂解温度时结焦量如图 2-71 所示。

在裂解炉管内结焦过程大体经历两步，第一步是由于二次反应生成的结焦母体向管内壁迁移，称为传质过程；第二步是结焦母体到达管内壁后，在管内壁表面上发生结焦反应，称为表面反应。当温度不太高时，结焦母体从气相迁移到管内壁的传质过程速率比管表面的结焦反应速率快。所以，结焦速率是由表面反应速率决定的，受反应动力学控制，于是管壁温度对结焦速率的影响极大。当温度较高时，管表面的结焦反应速率比传质过程速率要快，结焦速率由传质速率控制，如图 2-72 所示。

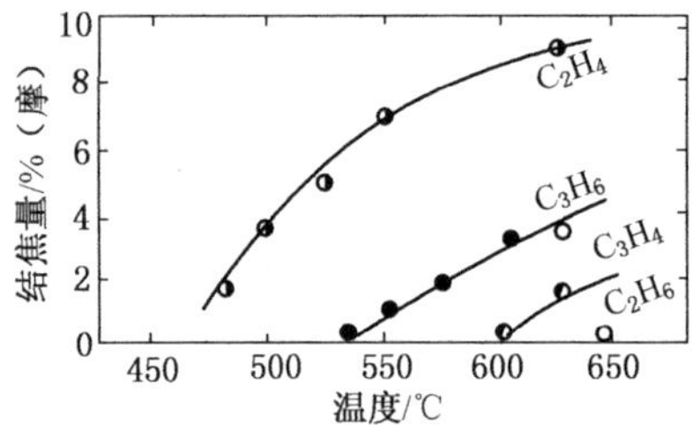

图 2-71　乙烷、乙烯、丙烷、丙烯在不同温度时结焦量

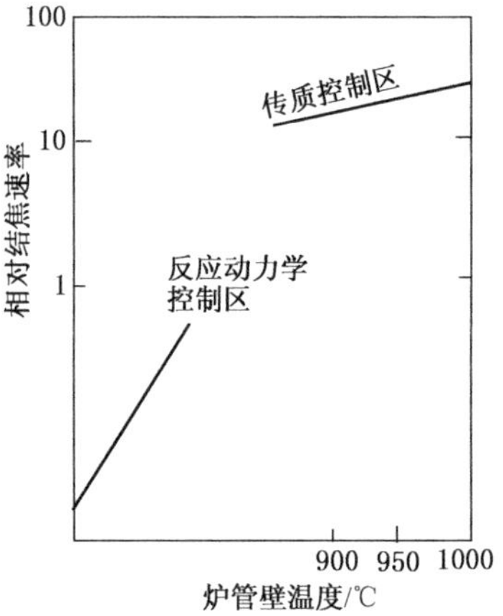

图 2-72　结焦速率与炉管壁温度的关系

结焦速率和管壁温度有直接关系，结焦率决定炉子的运转周期。对于膜转化率小于 5% 的炉子，炉管表面温度是控制结焦率的因素。对于低质量流速和小管径，主要受高的膜效应影响，而对于高质量流速主要受高管壁温度影响。裂解炉运转周期、管壁温度和炉子出口温度之间的关系如图 2-73 所示。

3. 停留时间　停留时间增加，同样使裂解深度提高，二次反应增加，因此结焦速率加快。例如，苯裂解温度愈高，接触时间愈长，结焦也就愈严重，如图 2-74 所示。

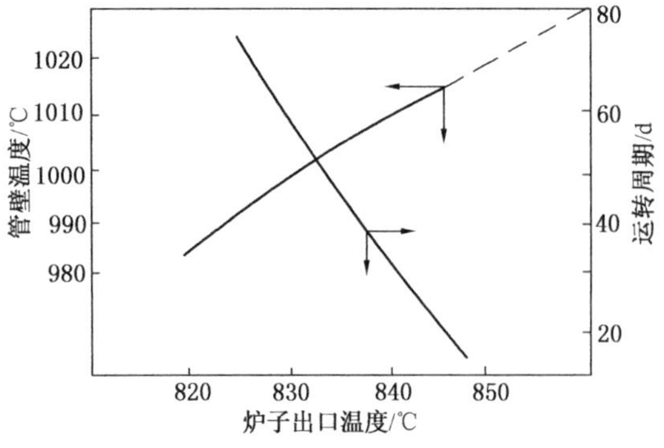

图 2-73　运转周期、管壁温度和炉子出口温度之间的关系(原料量不变)

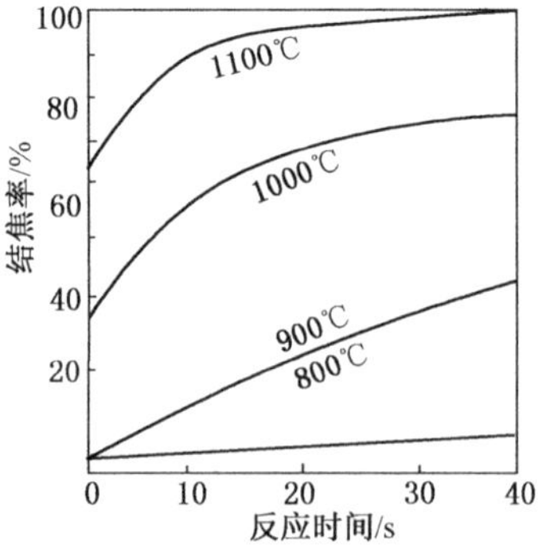

图 2-74　苯结焦率与反应时间的关系

4. 烃分压　烃分压提高，结焦速率增加。降低烃分压有两种办法，一是降低炉管出口

总压，但要考虑裂解气压缩机吸入压力，因此不能过分降低。第二是提高稀释蒸汽比以降低烃分压，由于稀释蒸汽量增大，管内流体流速提高，管壁膜厚减小，结焦率减小。另外，炉管中的铁和镍对烃类生炭反应有催化效应，而水蒸气对铁和镍有氧化作用，可以抑制它们对生炭反应的作用，而且水蒸气对已生成的炭具有一定的脱除作用。丙烷裂解时，稀释蒸汽比对结焦的影响如图 2-75 所示。

5. 炉管表面材质　炉管表面材质在烃类热裂解时，对焦形成有催化效应。不少学者进行了研究，认为 Al、Cu、W 能使烃类向生成碳和氢的方向分解，而 Fe、Co、Ni 影响更大，Si、As、Sb、Zn 影响较小。以丙烷为原料，用石英做标准反应器，将 Cr、Cu、Zn、Fe、Ni 等用电镀法涂在反应器上研究其结焦影响，结果列于表 2-54。

从表 3-52 可看出，与石英管比较，所有金属对裂解均有催化效应，涂 Cr 的表面生焦量最少，而涂 Fe 和 Ni 的管则具有高的结焦速率。材质影响催化结焦速率按下列顺序递减，Ni >Fe>Zn>Cu>Ti>Cr>石英。当焦沉积覆盖在金属表面时，金属催化效应明显减弱。正庚烷裂解时结焦速率变化见图 2-76。

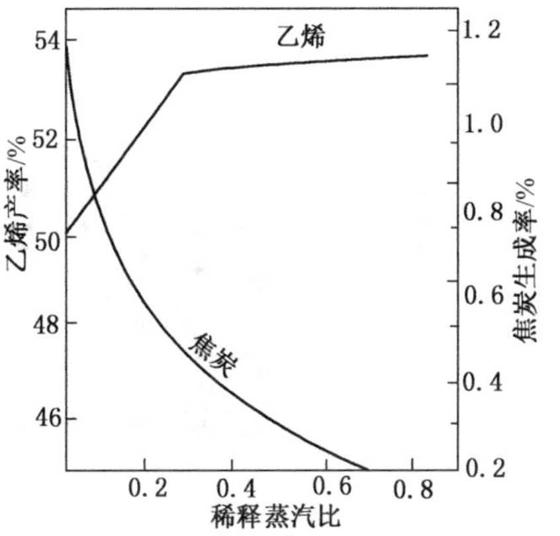

图 2-75　稀释蒸汽比对乙烯产率和焦炭的影响(温度为 800℃，停留时间为 1s)

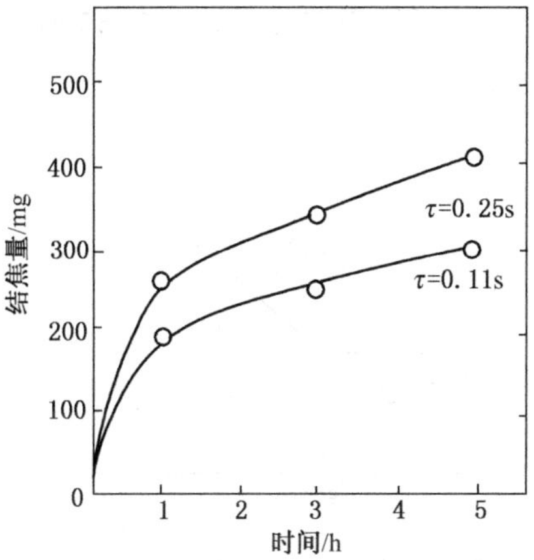

图 2-76　结焦量与运转时间的关系

表 2-54　不同材质对结焦的影响

反应器表面材质	结焦量/%	反应器表面材质	结焦量/%
石英管	0.1	Zn	4.75
Cr	0.76	Ni	15.6
Cu	2.24	Fe	9.76

(二)结焦模型

一般从原料性质和工艺条件两个方面对结焦动力学和结焦模型进行研究。

1. 鲁姆斯公司建立的结焦模型　该结焦模型分两步，第一步是结焦母体从管内气相向管壁迁移，第二步是管内壁表面发生结焦反应。在工业裂解炉中，管壁温度比气体温度高得多，所以炉管结焦速率是由传质控制的过程，而传质系数 k_m 与质量流速 W 和管径有关，则结焦速率为

$$R_c = \frac{\text{焦沉积量}}{\text{天数}} = \frac{KW^{0.8}}{(D-2\Delta)^{1.8}} \tag{2-95}$$

式中 W——总的物料流速；

D——裂解炉管内径；

Δ——焦炭的厚度；

K——系数。

裂解炉运转周期 Q_c 由下式给出

$$Q_c = \frac{\Delta_{max}}{R_c} \tag{2-96}$$

式中 Δ_{max}——达到金属材料最高允许温度时焦炭厚度；

Q_c——炉管的运转周期。

对于一个既定的裂解炉，结焦速率 R_c 可表示为雷诺数 Re 和管径的函数关系，如图2-77所示。

2. 用结焦指数直接关联蒸汽裂解炉结焦速率　结焦指数与各种蒸汽裂解原料关系见图2-78。当中等裂解深度为 $1.5<KSF<2$、温度为 800~820℃、蒸汽/石脑油之比等于 0.5 时，结焦指数与运转周期关系如表 2-55 所示。

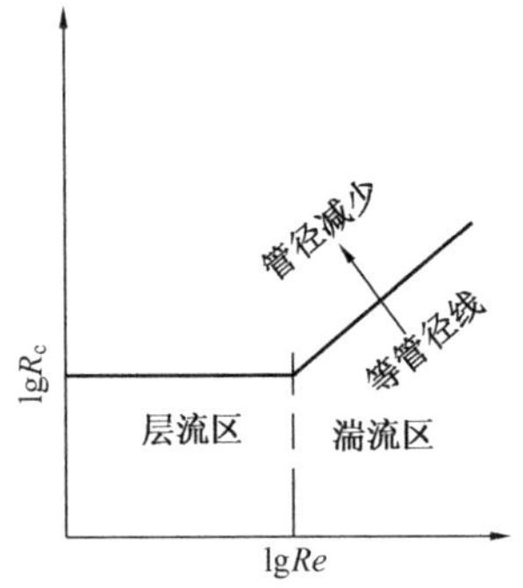

图 2-77　结焦速率与 Re 和管径的函数关系

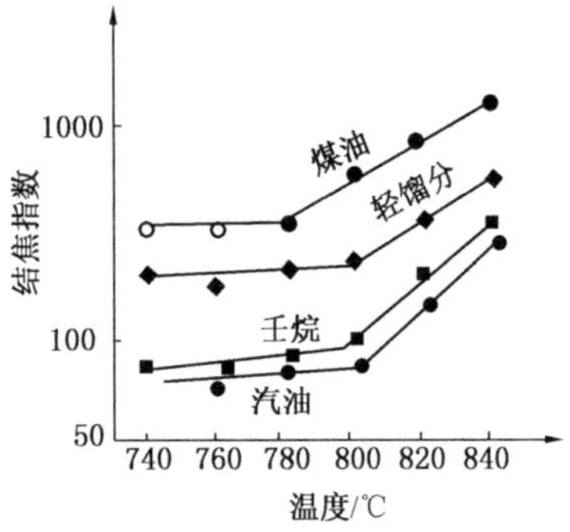

图 2-78　结焦指数与裂解原料关系

表 2-55　结焦指数与运转周期关系

结焦指数	运转周期/天	结焦指数	运转周期/天
100	180~200	175	50~60
135	90~100	200~210	30~40

3. 用裂解深度关联结焦速率　裂解深度定义为：

$$S = T^m \tau^n \tag{2-97}$$

当 $\tau < 0.35$s 时
$$S = T^{9.4}\tau^{0.4} \times 10^{-27} \tag{2-98}$$

当 $\tau > 0.35$s 时
$$S = T^{-24.4}\tau^{0.8} \times 10^{-74} \tag{2-99}$$

式中 T——裂解温度,℃；

τ——停留时间，s。

正庚烷结焦量与裂解深度函数的关系见图 2-79。将北京化工研究院的裂解中试数据，用裂解深度关联结焦速率，如图 2-80 所示。

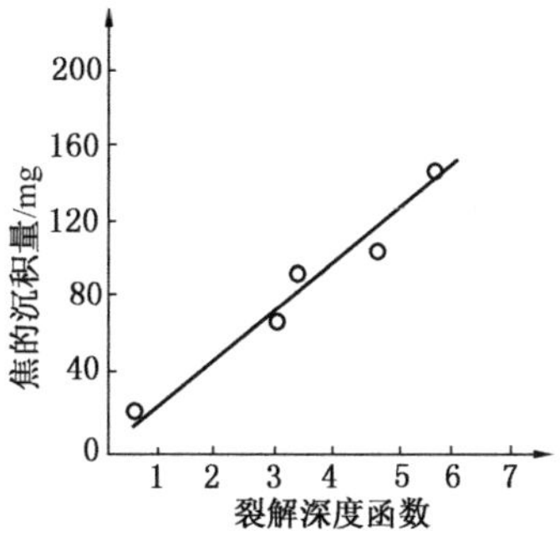

图 2-79　裂解深度函数与结焦量的关系

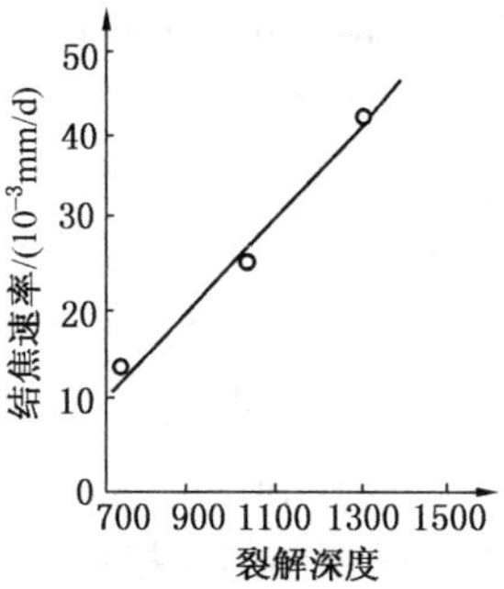

图 2-80　裂解深度与结焦速率的关系

4. 用反应机理模型建立结焦模型　丙烷裂解结焦机理模型有以下四种。

模型Ⅰ
$$C_3H_8 \xrightarrow{k_1} \text{产品} \tag{2-100}$$
$$C_3H_8 \xrightarrow{k_2} \text{焦} \tag{2-101}$$

模型Ⅱ
$$C_3H_8 \xrightarrow{k_1} \text{产品} \tag{2-102}$$
$$C_3H_6 \xrightarrow{k_3} \text{焦} \tag{2-103}$$

模型Ⅲ
$$C_3H_8 \xrightarrow{k_1} \text{产品} \tag{2-104}$$
$$C_2H_4 \xrightarrow{k_4} \text{焦} \tag{2-105}$$

模型Ⅳ
$$C_3H_8 \xrightarrow{k_3} \text{产品} \tag{2-106}$$
$$C_3H_6 \xrightarrow{k_5} \text{焦} \tag{2-107}$$
$$C_2H_4 \xrightarrow{k_6} \text{焦} \tag{2-108}$$

对于模型Ⅱ，结焦反应速率方程为

$$R_c = k_3 C_{C_3H_6} = k_3 \left[\frac{XY_{C_3H_6}}{1+\delta+X} \left(\frac{p_t}{RT} \right) \right] \tag{2-109}$$

当 R_c 和 $C_{C_3H_6}$ 被测定，则 k_3 即可得到，频率因子 A 和活化能 E 也可得到，所以焦厚可根据下式计算：

$$\Delta t_c = \frac{A\exp(-E/RT) C_{C_3H_6} \Delta t}{\rho_c \times 10^6} \tag{2 - 110}$$

式中　R_c——结焦速率，g/(m^2·h)；

k——反应速率系数，mol/(m^3·s)；

$C_{C_3H_6}$——平均丙烯浓度，mol/m^3；

p_t——总压，Pa；

Δt_c——焦厚，m；

A——频率因子，g/(mol·s)；

R——气体常数，R=8.314J/(mol·K)；

E——活化能，J/mol；

X——转化率；

ρ_c——焦密度，kg/m^3；

T——流体温度，K；

$Y_{C_3H_6}$——丙烯选择性；

δ——稀释因子；

Δt——时间间隔，s。

(三)辐射段抑制结焦措施

1. 改变裂解反应条件　当原料一定时，工艺条件是影响炉管结焦速率的主要因素，低烃分压、短停留时间和低反应温度对改善结焦是有利的。但是，要考虑烯烃收率，需要有一定裂解深度，所以通常是降低烃分压改善炉管结焦。

2. 加氢热裂解　采用氢气为稀释剂，在高温(625~1000℃)、停留时间为0.1s左右、无催化剂情况下进行热裂解，结果加氢抑制了芳烃缩聚过程，使裂解汽油中芳烃含量很高，燃料油量显著减少，结焦情况大为改善。但是，由于在加压、高温及氢存在下，对裂解炉管材质要求很高，同时分离系统需消耗较多能量，因此目前处在试验阶段。

3. 裂解原料预处理　用加氢处理、芳烃抽提等工艺，降低芳烃含量，提高氢含量。原料经加氢处理后，脱硫、脱氮，并使双烯烃、烯烃饱和。随着加氢深度的提高，多环芳烃饱和成单环芳烃，单环芳烃转化成环烷烃，多环环烷烃也可开环成单环、烷基环烷烃，从而使油品质量提高，改善炉管结焦情况，并提高烯烃收率。但加氢作为原料预处理步骤，投资较高，在某种条件下，异构烷烃含量高，裂解后生成甲烷和丙烯多。因此，原料加氢处理时，应选择适当深度使其适合管式炉裂解炉的需要。

4. 炉管表面进行处理　在炉管表面涂一层对结焦催化效应少的材质，如炉管表面涂敷氧化硅，涂敷的方法是使烷氧基硅烷在750~800℃的水蒸气气流中进行化学沉积。短期试验证明炉管表面不进行处理其结焦速率比炉管涂敷氧化硅高10倍，长期试验可高2~3倍。用于涂敷的其他材质还有氧化铬、氧化铝、氮化硼等。也有在铸造耐热钢时加入Ca、Ba、Be、Li等金属。用这些材质制造裂解管可明显地抑制结焦。

5. 新型炉管

(1)进行炉管抛光处理。日本大同公司和壳牌公司将炉管金属合金抛光成镜子一样光滑的表面，可降低焦的积累。

(2)在炉管铸造中，改变炉管性能。瑞典Sandvik公司开发一种改良型辐射管APMT，由FeCrAl合金通过迅速凝固工艺制成，具有优越的抗渗碳性，可以减轻焦的形成、延长运行周期、增加乙烯收率。

由JGC公司和Special Metals公司联合开发的铁基热抗氧扩散的增强(ODS)合金，有高的抗蠕变强度和高的抗腐蚀性，可延长裂解炉运转周期和提高生产能力。

也可在铸造耐热钢时加入Ca、Ba、Be、Li等金属，用这些材料加工的裂解管可明显地抑制结焦。

(3)陶瓷管的开发。IFP和加拿大NOVA公司开发的高温陶瓷管，可在超高温度下裂解，提高裂解苛刻度，不易结焦。

(4)渗铝合金炉管。美国Oak Ridgel国家实验室开发了一种裂解炉管新材料，这种新材料炉管表面上有一层3.2mm厚的铝化合物覆盖着，在炉管制造过程中，通过共挤出、共铸造把铝化合物掺入炉管中，与普通的铬-镍不锈钢炉管相比，在抑制结焦和防渗碳性能上提高了一个数量级。

6. 强化传热技术　强化传热技术，是利用改进炉管几何形状，或导入强化传热构件，通过强迫管内流体改变前进方向，改变内部流动状况来改善炉管导热系数和抗结焦性能，起到强化传热作用。

强化传热技术有三菱公司的椭圆管技术、凯洛格公司的内螺旋翅片技术、鲁姆斯公司的内螺旋梅花管和内肋片、外钉头强化传热管技术。

日本的久保田公司的混合元件强化传热技术(MERT)见图 2-81，该炉管与光管相似，传热系数提高 20%~50%，内表面积增大 2%，压降增大 2~3.5 倍。在相同裂解深度下，装置的运行周期为光管的 2 倍，已在日本、韩国多台裂解炉上使用。

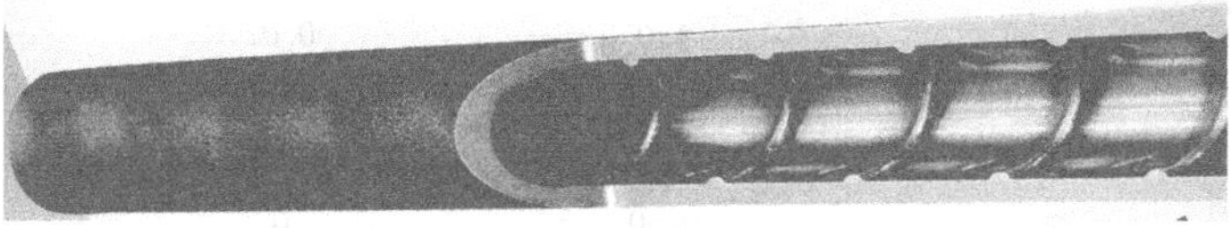

图 2-81　MERT 管

中国石化北京化工研究院和中科院沈阳金属研究所合作开发了炉管内置扭曲片强化传热的技术，扭曲片炉管如图 2-82 所示。炉管加装扭曲片后，可增大管内对流传热系数，降低管壁温度，延缓结焦，有效延长裂解炉的运转周期。目前已在国内多台裂解炉上推广应用。

三、结焦抑制剂

向裂解原料中加入结焦抑制剂，可减少结焦量，延长运转周期。结焦抑制剂种类较多，如硫化物、脂肪族聚硅氧烷等、碱金属或碱土金属化合物、含磷及硫磷化合物。我国杭州化工研究院等单位做了大量工作，推出了多种结焦抑制剂。

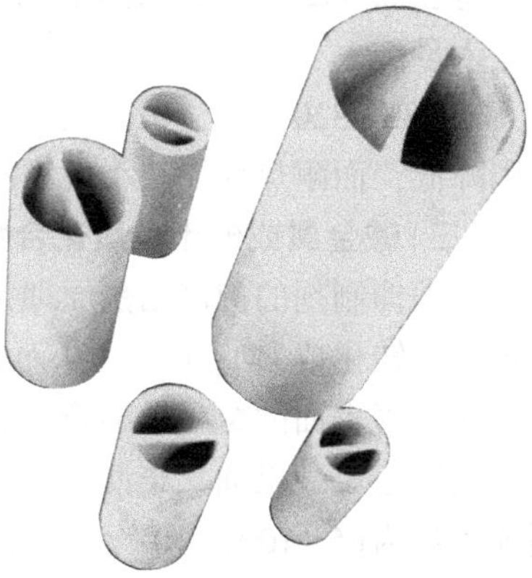

图 2-82　扭曲片强化传热管

(一) 硫化物

如元素硫、噻吩、硫醇、硫化钠水溶液、$(NH_4)_2S$、NaS_2O_3、KHS_2O_4、$(C_2H_4)_2SO_2$、$(CH_3)_2S_2$、二苯硫化物、二苯二硫化物等，均可作为抑制剂使结焦量减少。

由于一些裂解原料中本身就含有硫，所以通常不再加硫，而以轻烃(如乙烷、丙烷)或加氢尾油为裂解原料时由于原料中含硫较少(少于 10×10^{-6})则需加硫。含硫化合物可以使炉管表面钝化，抑制管壁金属的催化效应。但这类抑制剂存在着一个问题：金属氧化物为炉管内表面的抗腐蚀保护层，与含硫化合物反应转化成金属硫化物而使得抗腐蚀能力下降，高温下某些硫化物(如硫化镍)的溶解又会使管壁金属流失，造成炉管的腐蚀。国内外用得较多的是二甲基二硫，但它的抑焦性能一般，有刺激性臭味和毒性，生产和使用时对环境有污染。

(二) 脂肪族聚硅氧烷

脂肪族聚硅氧烷具有疏水性和抗黏附性，可以减少炉管表面与炭粒、炭粒与炭粒之间的黏附，炭粒在气流冲刷之下，会随裂解气离开炉管，从而降低炉管管壁的积炭量。

聚硅氧烷有二甲基聚硅氧烷、二乙基聚硅氧烷等，加入聚硅氧烷的量是原料的 0.1%~

0.0001%。在宽馏分油(38~176℃)中，水蒸气稀释比为0.5时，裂解结果如表2-56所示。

表2-56　抑制剂效果

抑　制　剂	裂解温度/℃	停留时间/s	抑制剂量(对原料)/%	结焦量(对原料)/%
苯甲基聚硅氧烷	780	1.0	0	0.50
	780	1.0	0.01	0.05
	810	0.75	0	0.54
	810	0.75	0.01	0.05
	850	0.50	0	1.3
二乙基聚硅氧烷	850	0.50	0.01	0.6
	780	1.0	0	0.50
	780	1.0	0.01	0.05
	810	0.75	0	0.54
	810	0.75	0.01	0.10
	850	0.50	0	1.30
	850	0.50	0.01	1.05

乙烷裂解时，在原料中可注入0.01%左右的硫(可以注入二硫化碳、硫化氢、硫醇)。一般根据裂解气中CO及CO_2的含量调整硫的注入量，使乙烷炉出口裂解气中CO及CO_2含量保持在0.002%~0.5%之间，如CO和CO_2含量超过此值，可加大注入量，反之可减少硫的注入量。

在780~820℃下，聚硅氧烷能降低结焦量，在820~850℃的较高温度下，聚硅氧烷的效果则降低，而耐热性能较小的二乙基聚硅氧烷降低结焦量更少。

(三)碱金属或碱土金属化合物

该类抑制剂的抑制结焦原理是其可催化焦与水蒸气发生水煤气反应，使裂解过程中形成的焦不断转化成CO、CO_2，从而减少了焦炭在炉管壁上的表观沉积量。此外，这些盐类化合物对炉管表面的覆盖，屏蔽了表面上铁、镍等金属原子的催化结焦作用。

当以乙烷、煤油、柴油、丙烷-丁烷、直馏汽油、二次加工汽油等为裂解原料时，抑制剂加入量为$(5\sim100)\times10^{-6}$，一般为$(30\sim40)\times10^{-6}$。例如，碱金属盐作抑制剂，其抑制结焦作用明显，以石脑油为原料，在小型试验装置上进行结焦试验，其结果列于表2-57。从表中数据可以看出，碱金属羰酸盐比无机酸盐抑制效果高3~4倍。

表2-57　碱金属盐抑制剂抑制效果

抑　制　剂	加入量/10^{-6}	效果(以无添加剂时的焦量为100)
无抑制剂	0	100
CH_3COOK	100	15
CH_3COONa	100	20
K_2CO_3	100	70
Na_2CO_3	100	60
KCl	100	80
NaCl	100	70

前苏联乙烯厂经改造后，采用了碱金属化合物做结焦抑制剂。工业试验表明，使用抑制剂后，裂解炉运转周期可以从一般 700～900h 增加到 2000h，因而减少了检修次数，并相应地使合金材料损耗降低一半。

(四)含磷及硫磷化合物

含磷及硫磷化合物主要有磷化氢、磷酸、磷酸盐、亚磷酸盐等。这类物质可以在炉管表面形成一层膜，钝化管壁金属，从而抑制管壁的催化效应，同时还能改变结焦形态，使焦垢变得松散、易碎、易剥落、较易除去。

美国纳尔科化学(Nalco Chemical)公司介绍用含磷添加剂——纳尔科 5210 和硫磷化合物——纳尔科 5211，作抑制剂后，不仅抑制结焦，还能改变结焦形态，使焦变松软、易碎、易剥落、较易除去。在试验装置上，对这两种抑制剂进行试验，分析表明，CO 浓度高，说明结焦速率大，焦炭沉积多。图 2-83 中 CO 浓度曲线表明，含磷化合物明显地降低了 CO 浓度。

为了观察抑制剂的效果，绘制了在各种温度下加入 50×10^{-6}磷/硫复合添加剂，加入 200×10^{-6}含磷添加剂以及空白结焦速率图，如图 2-84 所示。Nalco 结焦抑制剂已在美国的 10 套生产装置上使用，在裂解乙烷-丙烷混合物的乙烯装置上使用，运转时间由平均 39 天延长到 130 天。在不减少运转时间的情况下，降低稀释蒸汽比，估计扣除化学品费用后，单蒸汽一项，每台裂解炉每年就可节省约 1.5 万～2 万美元。因此，添加结焦抑制剂，对延长运转周期、降低炉管材料与能源消耗、提高经济效益是有益的。

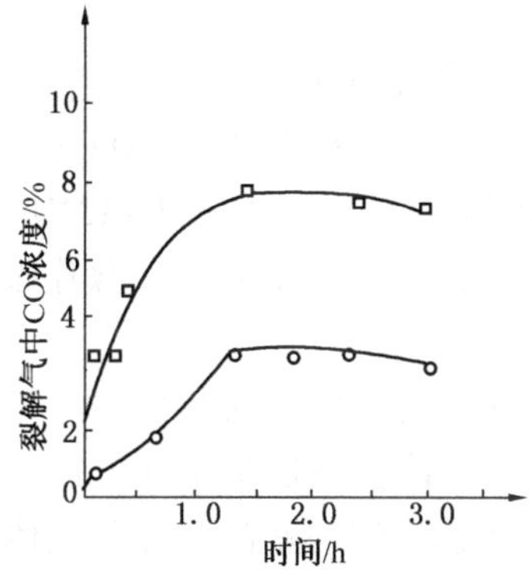

图 2-83　加入结焦抑制剂后的CO 浓度曲线

□—空白试验；○—500×10^{-6}纳尔科 5210

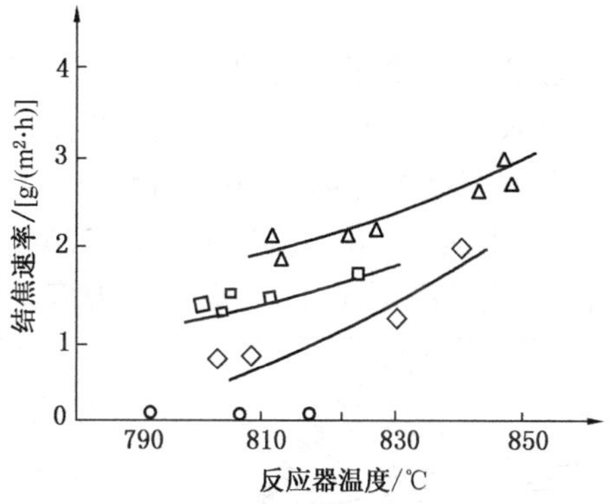

图 2-84　结焦抑制剂效果

△—空白试验；○—50×10^{-6}纳尔科 5211；◇—200×10^{-6}纳尔科 5210(含磷)；□—纳尔科 5211+20×10^{-6}硫

第五节　裂解气急冷

一、概述

急冷系统包括急冷锅炉，急冷油、急冷水及稀释蒸汽的发生系统。

(一)裂解气的急冷

可以采用直接急冷法(喷淋急冷油或水)或者间接急冷法(急冷锅炉)。

1. 直接急冷　用冷剂与裂解气体直接接触，使裂解气迅速冷却。根据所用冷剂的不同，可分为水直接急冷和油直接急冷。

(1) 水直接急冷。水直接急冷的过程是在裂解炉出口高温裂解气中，由急冷器直接喷入雾状热水，热水直接与高温裂解气接触，热水吸收了裂解气中大量的热量而汽化，从而使裂解气急速降温。

采用水直接急冷时，为了防止含油污水的大量排出，必须考虑急冷水的闭合循环。另外，因有油水的乳化现象，必须设法提高油水的分离效果。

(2) 油直接急冷。在裂解炉出口的急冷器中喷入液化气或轻质汽油，一方面急冷油吸收裂解气中的热量而发生裂解反应，获得额外的乙烯、丙烯等，使裂解气中烯烃含量提高4%~8%；另一方面由于急冷油裂解吸热，而使裂解炉出口的高温气体急剧降温。急冷油也可用回收的轻质燃料油，但因急冷油在200~300℃的温度下很快聚合，在循环使用中黏度要增大，且易在急冷系统内结焦，所以必须维持急冷油的黏度稳定。

总之，直接急冷的冷却效果好、流程简单，但其最大的缺点是不能回收高温裂解气的热量，经济性差。因而，目前国外除了裂解易结焦的原油或减压柴油等重质烃类外，一般都不采用直接急冷技术。

2. 间接急冷　间接急冷是用冷剂通过器壁间接与裂解气接触，使裂解气迅速冷却。为了回收高温裂解气的热量来发生蒸汽，以提高裂解炉的热效率和降低产品成本，一般采用急冷换热器进行间接急冷。急冷换热器又称输送管线换热器(Transfer Line Heat Exchanger)，常以“TLE”或“TLX”表示。急冷换热器与汽包所构成的发生蒸汽的系统称为急冷锅炉(或废热锅炉)。

一般急冷换热器管内走高温裂解气，裂解气的压力(G)约低于0.1MPa，温度高达800~900℃，进入急冷换热器后要在极短的时间内(一般在0.1s以下)下降到350~600℃(因原料而异)，传热强度约达418.7MJ/(m^2·h)左右。管外走高压热水，压力约为11~12MPa，在此产生高压水蒸气，出口温度为320~326℃。因此，急冷换热器具有热强度高、操作条件极为苛刻、管内外必须同时承受较高的温度差和压力差的特点。

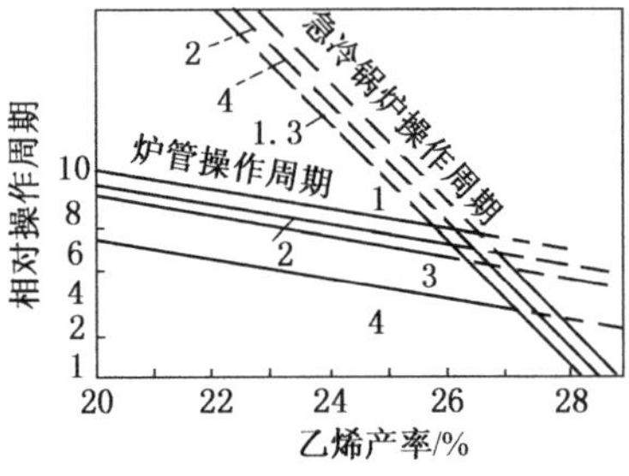

图 2-85　石脑油管式炉裂解时裂解炉和急冷锅炉的操作周期

1—SR [illegible]

烃类裂解时，不仅在裂解炉管内结焦，而且也会在急冷换热器内结焦。急冷换热器结焦的原因一是因为急冷器入口部分的裂解气流动紊乱，部分气体经过较长时间的停滞发生二次反应促使焦炭生成；二是裂解气经充分冷却，高沸点组分冷凝在传热管壁，缓慢地进行脱氢缩聚反应，逐渐重质化，相继变为焦油状或焦炭状的物质。急冷换热器结焦的标志是管表面温度上升、裂解气出口温度上升、炉管压力降增大，于是不得不停工清焦。所以，急冷换热器的结焦限制了裂解装置操作周期的延长。

由图 2-85 可见，在低裂解深度时，裂解炉管的结焦是装置操作周期的限制因素，而在高裂解深度时，急冷换热器的结焦则是装置操作周期的限制因素。

在工业生产中要求装置的操作周期不能过短，所以要减少急冷换热器的结焦倾向，急冷换热器的主要操作条件就是要控制好裂解气出口温度，应高于裂解气的露点。裂解气的露点与使用的裂解原料有关，裂解原料含氢量的高低，大体上决定了裂解气露点的高低。露点的高低决定了急冷换热器出口温度的高低，从而也决定了要求发生水蒸气压力的高低，其相互关系如表 2-58 所示。

当裂解气出口温度一旦达到露点或低于露点温度时，大量液体产品凝结在急冷换热器的管壁上，在高温裂解气的长期作用下，这些液体产物进一步焦化结焦，堵塞列管，影响急冷换热器的正常运转。

表 2-58　裂解气露点、急冷换热器出口温度和发生水蒸气压力的关系

原　料	裂解气露点/℃	急冷换热器出口温度/℃	发生水蒸气压力/MPa
炼厂气	约 300	300~350	>4
石脑油	约 350	350~400	>11
轻柴油	约 420~450	450~550	>12

对于体积平均沸点在 130~400℃的裂解原料油，查图 2-86 可得出急冷换热器出口温度范围。图中，裂解原料油的体积平均沸点 T_B 可按式(2-23)计算。

图 2-86 是根据经验式 $T_x = 0.56T_B + \alpha$ 标绘的。图中画有斜线的带宽是表示 α 值的影响，α 值随裂解深度而异，裂解深度较深时，α 值较大。其值在 340~420℃内变动。

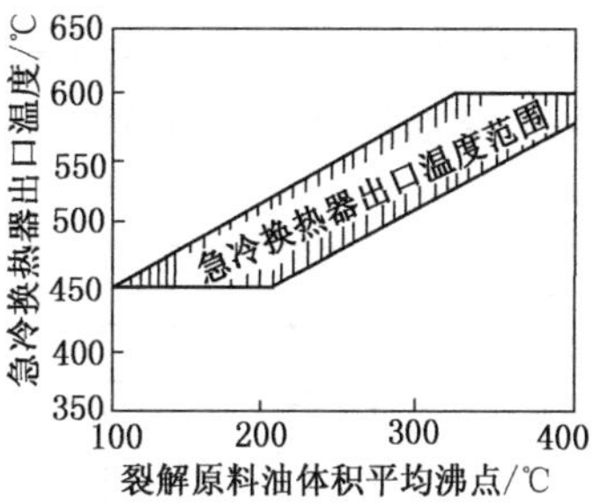

图 2-86　急冷换热器出口温度与原料体积平均沸点的关系

(二) 油洗、水洗

裂解气经过急冷换热器后，进入油洗和水洗。

1. 油洗　油洗的作用一是将裂解气继续冷却，并回收其热量；二是使裂解气中的重质油和一部分轻质油冷凝洗涤下来回收，然后送去水洗。

汽油分馏塔顶温度应以水蒸气不在塔顶冷凝为原则，一般约为 105~110℃左右。汽油分馏塔的釜温是急冷系统的一个重要参数，为了更有效地回收热量和降低投资，希望塔釜温度较高。但是，汽油分馏塔釜温越高，则塔釜中急冷油的轻组分越少，其黏度也越高。因此，从急冷油的黏度考虑，保证急冷油系统的稳定运转，汽油分馏塔的釜温不能过高。石脑油裂解时，由于重质燃料油量很少，为了保证急冷油系统的稳定运转，使急冷油黏度保持在 $(4.5\sim5)\times10^{-4}m^2/s$(50℃)以下，汽油分馏塔釜温一般应在 190℃以下。轻柴油裂解时，重质燃料油量、塔釜温度可以控制在较高的水平。一般常压柴油裂解时，汽油分馏塔釜温可维持在 200~230℃。

2. 水洗　水洗的作用一是将裂解气继续降温到 40℃左右，二是将裂解气中所含的稀释蒸汽冷凝下来，并将油洗时没有冷凝下来的一部分轻质油也冷凝下来。

急冷水塔顶温度越低，则带入压缩机的水蒸气及汽油馏分越少，加之压缩机入口温度低，则吸入量大。但是，急冷水塔顶温度的低限决定于冷却水的水温，在使用循环水的情况下，冷却水温一般为 30~32℃，塔顶温度可控制在 36~40℃之间。

现以轻柴油作裂解原料为例，其流程说明如下。

(1) 急冷锅炉及高压蒸汽发生系统。由轻柴油裂解炉和乙烷裂解炉出来的高温裂解气，分别经急冷锅炉迅速冷却至 450~550℃与 350~425℃，同时得到副产 11.8MPa(G)的高压蒸汽。

高压锅炉给水由开工锅炉送来，经蒸汽过热炉对流段预热后加入少量磷酸钠去裂解炉对流段，然后进入汽包。汽包内的锅炉给水利用热虹吸原理流经急冷锅炉循环，以产生高压饱和蒸汽。经气液分离后，进入对流段或蒸汽过热炉过热至520℃后，并进入高压蒸汽管网。

为保证高压蒸汽发生系统的水质要求，将少量锅炉给水连续排放至高压蒸汽排放罐，并经排污冷却器冷却后至碱洗塔作洗涤水用。

(2) 急冷油系统。如图 2-87 所示，由急冷锅炉出来的裂解气，在急冷器中用急冷油(180℃)冷至 250℃后进入汽油分馏塔(1)，裂解气冷却至 109℃后，进入急冷水塔(3)。汽油分馏塔釜急冷油大部分由急冷油循环泵送到稀释蒸汽发生器(7)，然后分别进轻柴油原料预热器及急冷器。小部分急冷油送至燃料油汽提塔(2 上塔)进行汽提，塔顶气相返回汽油分馏塔，塔底裂解燃料油产品则用燃料油成品泵送裂解燃料油贮罐。裂解燃料油由泵送至重质燃料油系统，供开工锅炉和蒸汽过热炉作燃料用。

从汽油分馏塔第十三块塔板抽出少量物料，进入轻柴油汽提塔(2 下塔)进行汽提，塔顶气相返回汽油分馏塔，塔釜裂解轻柴油产品送裂解轻柴油冷却器冷却后，进裂解轻柴油罐。裂解轻柴油送至轻质燃料油系统，供裂解炉作燃料用。

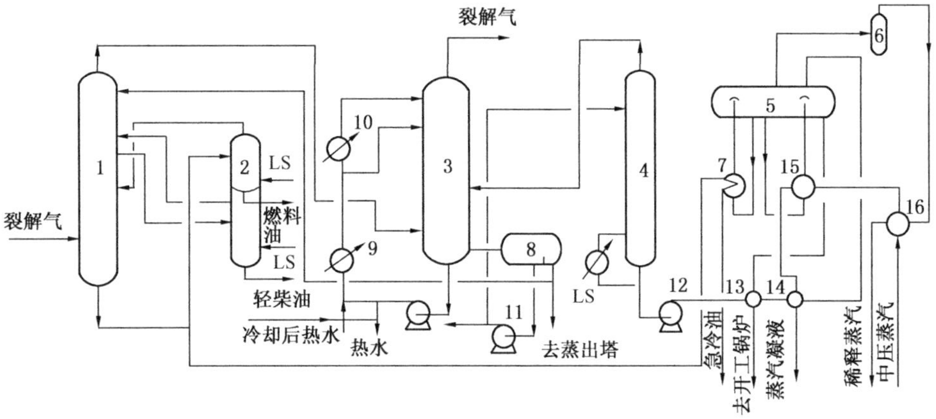

图 2-87 急冷系统简图

1—汽油分馏塔；2—汽提塔；3—急冷水塔；4—工艺水汽提塔；5—稀释蒸汽包；6—分离器；7—稀释蒸汽发生器；8—急冷水沉降槽；9，10—急冷水冷却器；11—工艺水汽提塔加料泵；12—蒸汽发生器加料泵；13，14—工艺水预热器；15—稀释蒸汽发生器；16—换热器

(3) 急冷水系统及稀释蒸汽发生系统。从汽油分馏塔顶出来的裂解气进入急冷水塔，将裂解气冷却至 40℃后进入裂解气压缩机，塔顶出口气体中加入氨水，以防酸性气体的腐蚀。急冷水塔釜温度为 80℃，塔内冷凝下来的汽油与急冷水进入急冷水沉降槽(8)进行油水分离。急冷水沉降槽第一段分出的 80℃急冷水，一部分先去分离工段作工艺用热源后返回，并与其余部分的急冷水一起进入急冷水冷却器(9)。急冷水经冷却至 55℃后，大部分进入急冷水塔第六板，少部分再经急冷水冷却器(10)冷却至 37℃作为急冷水塔顶回流。

急冷水沉降槽第二段分离出来的急冷水，由工艺水汽提塔加料泵(11)送工艺水过滤器，进入工艺水汽提塔(4)，汽提出的酸性气体及轻烃返回急冷水塔。在工艺水汽提塔加料泵入口注入防泡剂，在工艺水汽提塔进口工艺水中加入碱液，塔顶出口气体中注入缓蚀剂，以防止急冷水系统腐蚀。

经汽提之后的急冷水称为工艺水。由稀释蒸汽发生器加料泵(12)，依次经工艺水预热器(13 和 14)，进入稀释蒸汽包(5)。稀释蒸汽包中的工艺水借热虹吸原理在稀释蒸汽发生器中循环，并发生 0.7MPa(G)的稀释蒸汽。稀释蒸汽不足部分用中压蒸汽为热源在稀释蒸汽发生器(15)中发生，并通过换热器(16)把稀释蒸气过热到180℃。中压蒸汽还可直接补入稀释蒸气系统以控制去裂解炉的稀释蒸汽压力。

为避免碱液带入裂解炉炉管，稀释蒸汽需经分离器(6)进一步分离液滴。

急冷水沉降槽第三段分离的裂解汽油，大部分由汽油分馏塔回流泵送至汽油分馏塔顶作为回流，另一部分送至汽油汽提塔汽提。

二、稀释蒸汽产生系统

(一) 稀释蒸汽(DS)产生系统的作用

对于乙烯装置烃类原料蒸汽热裂解而言，稀释蒸汽的作用是降低裂解烃分压、提高烯烃收率、改善反应选择性、减少结焦反应。不同裂解原料的裂解参数和烃汽比，见表2-59。

表 2-59　不同裂解原料的裂解参数和烃汽比

裂解原料	乙烷 C_2H_6	丙烷 C_3H_8	正丁烷 C_4H_{10}	液化石油气 LPG	轻烃 LHC	石脑油 NAP	轻柴油 LGO	常压柴油 AGO	减压柴油 VGO	加氢尾油 HVGO
裂解温度(COT)/℃	860	850	845	845	845	840	800	790	775	800
单程乙烯收率/%	54.0	41.1	39.6	38.2	37.8	28.9	24.9	24.0	22.0	28.5
稀释蒸汽比 DS/HC	0.30	0.30	0.35～0.40	0.35～0.40	0.35～0.40	0.50～0.55	0.70～0.75	0.70～0.75	0.75～0.85	0.80

在乙烯装置中，DS虽然与裂解炉关系密切，但是除了裂解过程影响因素外，DS还涉及其他相关工艺区以确保能量的充分利用和工艺水的平衡。乙烯装置工艺系统中的水平衡主要分布在裂解炉区、急冷区、压缩区，见图2-88。

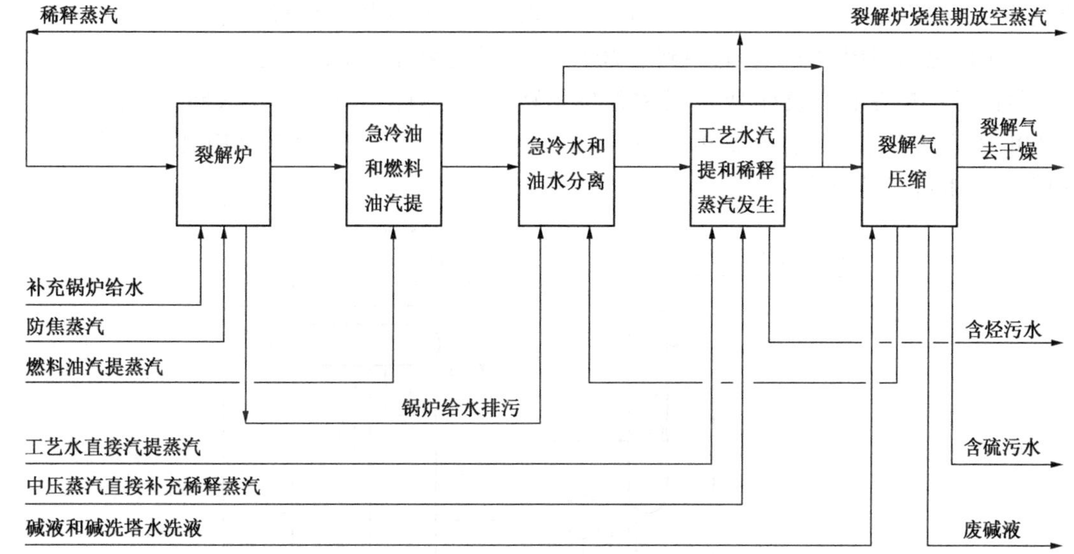

图2-88　乙烯装置工艺系统水平衡图

在工艺系统水平衡中，除防焦蒸汽、汽提蒸汽、补充锅炉给水、冷凝水、碱液等之外，DS产生系统是流程最长、流量最大、操作运行中发生问题最多的部分，故DS产生系统是工艺水平衡中最关键的系统之一。乙烯装置一般将DS冷凝、分离除烃再重新汽化发生DS，形成“稀释蒸汽→工艺水→稀释蒸汽”的循环，从而使污水排放量降至最少。

(二) 稀释蒸汽产生系统的工艺流程

稀释蒸汽产生系统主要包括：DS 发生器、DS 汽包和工艺水汽提塔，也有将卧式 DS 汽包改进为立式 DS 发生塔，其原则流程，见图 2-89。

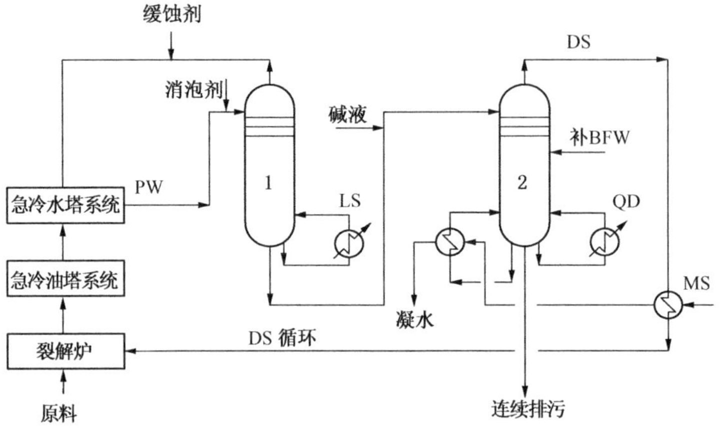

图 2-89　稀释蒸汽产生系统原则流程图

1—工艺水汽提塔；2—稀释蒸汽发生塔

来自急冷水塔塔釜油水分离罐的工艺水从工艺水汽提塔塔顶进入，该塔塔釜由蒸汽直接注入加热或设置塔釜再沸器由盘油或低压蒸汽间接加热，将工艺水中的轻烃汽提到塔顶，其气相量一般控制在进料量的 3%左右，并返回急冷水塔，塔釜工艺水用泵送入 DS 发生塔塔顶。工艺水在 DS 发生塔塔釜通过 DS 发生器被急冷油加热汽化生成 DS，DS 不足部分由中压蒸汽补充加热汽化，同时塔釜连续排污以控制水质、减少腐蚀并保持工艺水的平衡。DS 在进裂解炉区之前需用中压蒸汽过热到近 200℃，以满足裂解工段的工艺要求。

目前各乙烯专利商设计 DS 产生系统的思路基本一致，工艺流程也大同小异，图 2-90 为 ABB 鲁姆斯工艺流程，图 2-91 为 Shaw S & W 工艺流程，图 2-92 为 KBR 工艺流程，图 2-93为 Technip 工艺流程。

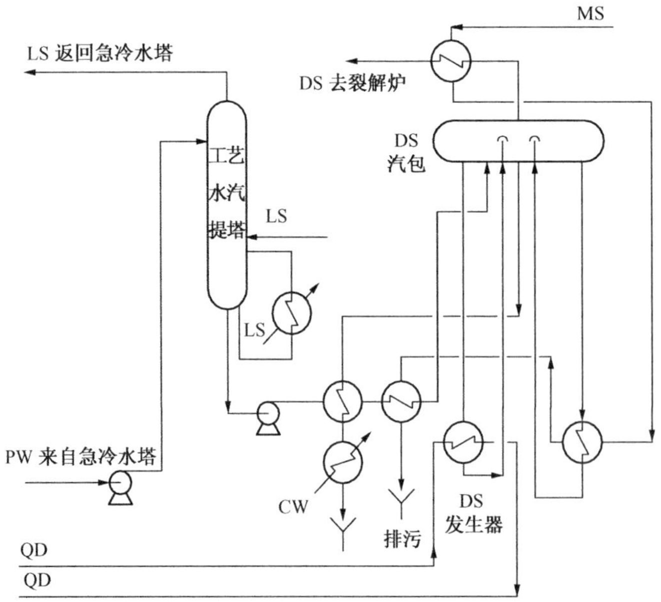

图 2-90　ABB 鲁姆斯稀释蒸汽产生系统工艺流程图

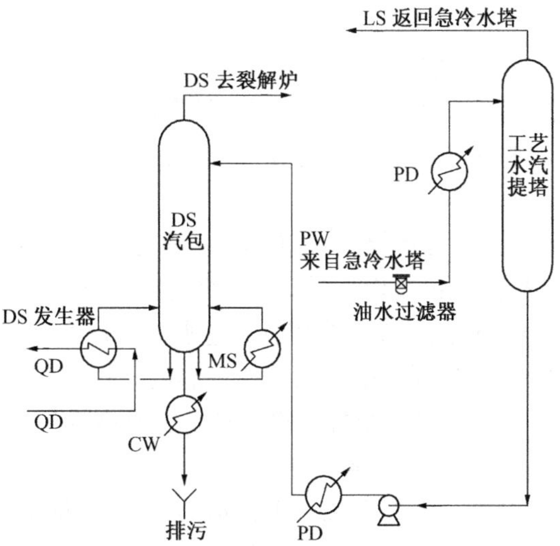

图 2-91　Shaw S & W 稀释蒸汽产生系统工艺流程图

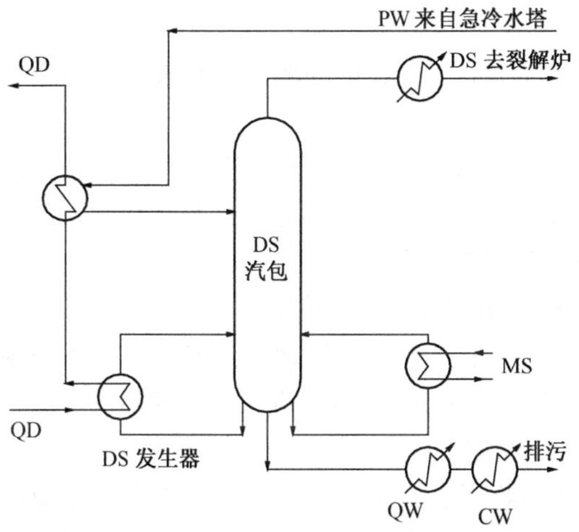

图 2-92　KBR 稀释蒸汽产生系统工艺流程图

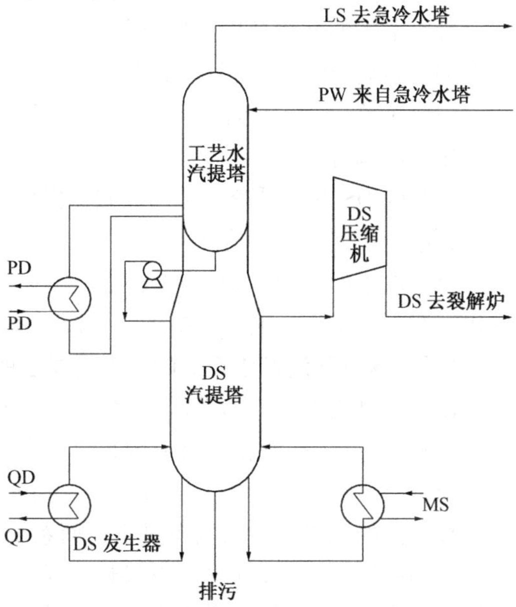

图 2-93　Technip 稀释蒸汽产生系统工艺流程图

（三）稀释蒸汽产生系统技术、设计和操作的关键因素

1. DS 发生系统工艺技术的关键因素

（1）工艺水汽提塔塔釜热源。设置再沸器，由盘油或低压蒸汽间接加热，或使用 DS 直接注入加热，或使用低压蒸汽直接注入加热。从节能减排的角度来看，设置再沸器间接加热方案具有较大优势。

（2）DS 过热热源。设置换热器，由过热中压蒸汽间接加热，或使用中压蒸汽直接注入到饱和 DS 中以过热 DS。过热中压蒸汽直接发生 DS，不仅排污量大，而且易使换热器腐蚀，故间接加热优势明显。

（3）DS 循环使用。在满足裂解过程要求的前提下，综合考虑 DS 在裂解炉区和急冷区的循环过程，尽可能兼顾和优化。

2. DS发生系统工艺设计的关键因素

(1) DS的工艺参数。一般裂解炉所需DS压力是设计DS产生系统的惟一依据。

(2) DS排污系数。其排污包括连续排污和间歇排污，连续排污设计一般控制在进料量的3%~5%。

(3) 工艺水汽提塔。早期设计需要注入20mg/kg消泡剂和3mg/kg缓蚀剂，近期设计用加大工艺水汽提塔塔径、提高塔顶气相管线设计等级的方法替代。

(4) 工艺水pH值。注入稀碱液以严格控制工艺水的pH值，使之保持在8~10左右。

(5) 中压蒸汽发生DS。首先利用中压蒸汽的过热度，然后将过热度较小、接近饱和状态的中压蒸汽去发生DS，这样换热效果好，也不易腐蚀换热器。

3. DS发生系统操作运行的关键因素

(1) DS发生系统是耦合性很强的系统，工艺水的发泡、乳化和设备的结垢、腐蚀之间相互影响；工艺水品质差、DS发生量低、蒸汽消耗多、排污量大之间关系密切。

(2) DS发生系统与急冷油塔系统、急冷水塔系统前后相互关联，急冷油塔塔顶温度偏高、塔釜温度偏低、急冷水塔塔釜温度偏高、急冷油黏度偏高、工艺水pH值偏大或偏小等因素都会影响DS发生系统的正常操作运行。

(3) DS发生系统运行的优劣直接关系到裂解炉乃至乙烯装置的长周期满负荷稳定运行和节能降耗减排。

(4) 因DS发生系统的工艺控制、操作运行条件不同，存在的问题差异较大，但该系统都具有进一步优化和提升的空间。

(5) 由于影响DS发生系统正常运行的因素不同，故DS发生系统改进没有单一标准的优化方案可供参考，需要根据实际情况，不断摸索，循序渐进，才能达到系统优化的目的。

(四) 稀释蒸汽产生系统的一般易发生的操作问题和原因

1. 工艺水品质差　实际运行的工艺水COD超过1000mg/kg，甚至高达1600mg/kg，远远大于600mg/kg正常值。其原因是：一方面，当上游工艺水发生波动时，容易产生水击现象使液位指示失真，液位发生扰动，污物无法沉降；另一方面，设备进水口与排污口距离太近，故排掉的几乎是上游新鲜进水，而系统污物无法排放。

2. DS带液　由于工艺水含碱性物质和有机脂类物质，在一定条件下易发生皂化反应产生泡沫。当DS以泡沫夹带方式将碱液带入裂解炉炉管时，会严重影响裂解炉正常运行，使炉管结焦加速、使用寿命缩短、裂解炉运行周期缩短。

3. DS发生器结垢堵塞　DS发生器管程急冷油中的高黏度组分和焦粒沉积会导致管程结垢堵塞；DS发生器壳程工艺水中的有机高聚物易在管束外表面结垢，而工艺水中的金属盐类也易在管束外表面浓缩结垢。

4. DS发生器腐蚀泄漏　腐蚀主要发生在管束外表面，有酸腐蚀、碱腐蚀、氧腐蚀、应力腐蚀和冲刷腐蚀，其中酸腐蚀、碱腐蚀、氧腐蚀是管束腐蚀穿孔的主要原因。若1台DS发生器管束腐蚀穿孔泄漏，使管程急冷油进入壳程会污染和堵塞整个DS产生系统。

5. DS发生量低　由于DS发生器传热面积与急冷油塔塔釜温度关系密切，若急冷油塔塔釜温度较低，则DS发生器传热面积大幅度增加。以生产能力300kt/a乙烯装置为例，不同温度下DS发生器传热面积与急冷油塔塔釜温度相互关系，见图2-94。当急冷油塔塔釜温度比设计值低时，取热量就少；当DS发生器结垢后，换热效果就差。这两大因素必然导致

DS 发生量降低，如：某大型乙烯装置实际 DS 发生量为 40t/h，而设计值为 55t/h。

6. 蒸汽消耗多　当急冷油黏度大大高于设计值时，将严重影响 DS 发生器的换热效果使 DS 发生量下降，只能补充中压蒸汽，这是蒸汽消耗增加的主要原因之一。如：某大型乙烯装置实际中压蒸汽消耗是设计值的 2.02 倍。

7. 排污量大　DS 发生量低需要补充中压蒸汽，势必改变工艺水系统的动态平衡，这是污水排放量增加的主要原因。如：某大型乙烯装置实际污水排放是设计值的 2.87 倍。

8. 工艺水 pH 值波动大　调节 pH 值的 NaOH、有机胺、氨各有优缺点，如果单独使用 NaOH 调节，易引起 pH 值较大波动。

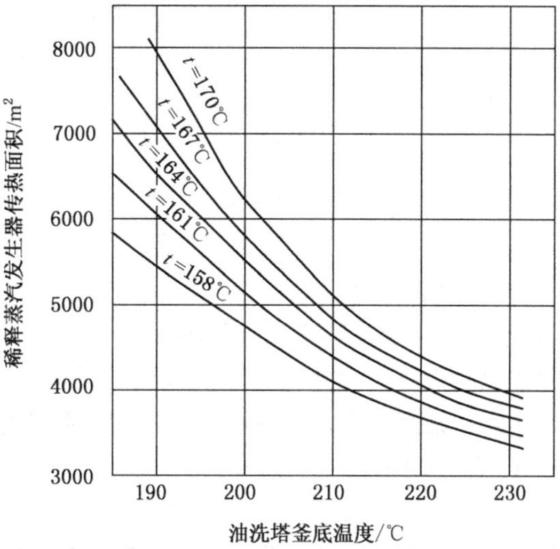

图 2-94　DS 发生器传热面积与急冷油塔塔釜温度关系

9. 急冷水乳化　其原因可分为物理因素和化学因素两大类，如：急冷水温度、油水密度差、类表面活性物等。

（五）稀释蒸汽产生系统的改进措施

1. 工艺水品质差　设置工艺水进水水封段，将进水口改为底部进入并在设备内保持一定高度；将进水与排污 2 个接口布置在设备上距离最远处。改进后，工艺水的 COD 恢复到 400～700 mg/kg 的正常值范围内，水质好转，DS 发生系统运行情况明显改善。

2. DS 带液　新设计的 DS 发生系统在 DS 发生塔内设置了高效除沫网，增加了工艺水汽提塔塔径。已建成的 DS 发生系统将 DS 汽包液位控制在 45%～55%之间，甚至仅控制在 35%左右；万不得已，可注入消泡剂。

3. DS 发生器结垢堵塞　新设计的 DS 发生系统增加了 DS 发生器、急冷油过滤器、急冷水过滤器。已建成的 DS 发生系统必须明确合理的换热器、过滤器运行周期，定期切出换热器、过滤器并清除设备上的结垢物，避免发生堵塞现象。

4. DS 发生器腐蚀泄漏　加强缓蚀剂注碱量的调整，严格控制工艺水 pH 值在 8～10 左右；控制工艺水中的溶解氧不大于 0.1mg/kg，否则就需注入 3～10mg/kg 的除氧剂。保持正常的工艺水排污量以防止腐蚀 DS 发生器的杂质在设备内浓缩和聚集；监控 DS 发生器进料工艺水与 DS 发生系统排污水中的 Fe^{2+}浓度，使二者浓度差小于 0.02mg/kg，以保证 DS 发生器腐蚀速率在允许的范围内。

5. DS 发生量低　新设计的 DS 发生系统增加了急冷油减黏系统，已建成的 DS 发生系统需要优化急冷油减黏系统的运行，尽可能提高急冷油塔塔釜温度，增加取热量。另外，从源头上保证工艺水水质，防止 DS 发生器出现结垢堵塞和腐蚀泄漏的问题。根据图 2-94 所示，增加 DS 发生器备台，提高换热面积；在有条件的情况下，将 DS 压力由 0.65MPa(G)减少到 0.60MPa(G)，降低对应的 DS 汽化温度，提高传热温差。

6. 蒸汽消耗多　一旦急冷油塔塔釜取热量稳定，DS 发生量增加，界外注入的中压蒸汽量就自然而然地减少。而在操作运行过程中，根据实际情况，优化 DS 总管系统压力分程控制的位置参数，调整压力调节器的信号输出，确保信号输出与调节阀动作一致，可减少不必要的直接中压蒸汽输入。

7. 排污量大　在排污水导电率低于 1000μS/cm 且急冷水液位正常时，尽可能减少 DS 排污量。最关键的是：一旦 DS 发生量增加并稳定下来，界外注入中压蒸汽量就相应地减少，根据工艺水系统的水平衡情况，污水排放量也可相应地减少并可恢复到正常值。

8. 工艺水 pH 值波动大　采用 NaOH、有机胺联合调节 pH 值的方案，发挥 NaOH 中和能力强、有机胺缓冲性能好的特点，使工艺水 pH 值控制在允许的范围内。

9. 急冷水乳化　严格控制工艺水 pH 值和急冷水塔塔釜温度以及裂解汽油干点，避免类表面活性物带入 DS 系统。另外，可以增设高效液/液聚结器以解决急冷水含油乳化问题，使工艺水中的烃含量减少至 500mg/kg 以下。以 700kt/a 乙烯装置为例，每年可节省 30 万美元操作费用，1 年就可收回增加设备的投资。

(六) 某大型乙烯装置稀释蒸汽产生系统存在问题和改造效果

1. 存在问题

(1) 工艺水系统。其开车初期不稳定的原因：由于 Shaw S & W 新线与 ABB 鲁姆斯老线 2 种不同工艺流程的 DS 总热量在 247. 947~253. 344GJ/h 之间，而 Shaw S & W 新线急冷油循环量仅为 ABB 鲁姆斯老线的 1/2 左右，故 Shaw S & W 新线急冷油放热较少。Shaw S & W 新线工艺水系统和外部中压蒸汽系统需要同时运行，这样造成工艺水循环系统开车初期发生不稳定现象。

(2) DS 发生罐再沸器。其堵塞和泄漏的原因有：① 采用 295℃ 过热中压蒸汽加热，一旦传热恶化局部过热将损坏列管；② 设备加工时列管和管板焊接残余应力大，尤其是在焊缝两侧；③ 设备酸洗过程中，若酸洗过度则极易腐蚀列管和管板；④ 设备和管线布置不合理可能使工艺水发生汽蚀现象，发生水力冲击而产生震动并剥蚀和腐蚀再沸器。

(3) 工艺水汽提塔。其锥形筒节处局部侧壁减薄泄漏的原因有：① 化学剂直接送入，造成局部浓度过高而腐蚀设备；② 制造设备使用的板材有砂眼缺陷；③ 蒸汽进口接管内部挡板脱落导致蒸汽直接冲击筒壁。

2. 改进措施

(1) 工艺水系统　Shaw S & W 新线工艺水系统和外部蒸汽系统需要紧密配合、严格控制、优化操作，才能达到满负荷平稳运行的要求；乙烯装置开车初期可直接使用中压蒸汽，待运行稳定后再切入 DS，从而保证工艺水循环系统的稳定。

(2) DS 发生罐再沸器　从工艺流程和设备本体等方面考虑，可采取如下改进措施：① 采取一定的措施，将过热中压蒸汽的过热度降到接近饱和温度，防止入口处局部过热；② 改进现有再沸器的结构，在换热器列管与管板焊接处，提高易发生腐蚀部位的焊接强度，避免焊接和紧固螺柱产生的残余应力；③ 在急冷水分离器内注入消泡剂以提高油、水分离效果，防止工艺水夹带烃油引起局部过热；④ 工艺水保持适当的 pH 值，避免 pH 值过小使列管和管板发生酸性腐蚀，同时也要避免局部碱液浓缩而产生碱性腐蚀；⑤ 增加水汽自然循环倍率，减少汽、液二相气泡破裂的汽蚀现象以减缓设备剥蚀。

(3) 工艺水汽提塔。工艺流程和设备本体的改进措施如下：① 化学助剂由直接送入设备改为间接进入；② 在减薄筒体内部先焊一块相应面积的防冲加强板作为临时处理措施；③ 按原图纸重新制造 ϕ1600~ϕ2200 锥形筒节和各零部件，再将原变径段从设备中割除焊入新的锥形筒节组件；④ 在对着蒸汽进口管的筒壁内侧焊接一块防冲加强板。上述改进措施实施以后，按 JB 4730—94 标准，对接环焊缝以及锥形筒节本体的对接纵焊缝均应经 100%

射线检测并进行水压试验，以达到检验Ⅱ级合格水平。

3. 改造效果　通过上述一系列改进，该大型乙烯装置解决了运行过程中的“瓶颈”：① 乙烯产量由 37.5t/h 提高到 40.6t/h，按 8000h/a 计算，装置年生产能力由 300kt/a 扩大到 325kt/a；② 乙烯装置运行周期由 12 个月延长到 30 个月，开工率从 91.32% 上升到 96.53%，由此，提高乙烯生产能力 14.5%，增产乙烯 44 kt/a。

三、减黏塔

为了提高汽油分馏塔的釜温，乙烯流程中设置了一台减黏塔。汽油分馏塔塔釜用热油泵抽出一股热油通入减黏塔，用乙烷裂解炉来的裂解气汽提汽油分馏塔中的热油，较轻的组分返回汽油分馏塔，重组分用燃料油泵打入燃料油罐。当乙烷裂解炉清焦时，用高压蒸汽对该股热油进行汽提。通过这一措施，连续地脱除循环急冷油中的较重组分，使循环急冷油的黏度降低，从而使得汽油分馏塔的釜温可以从 200℃ 提高到 230℃。减黏塔的操作压力为 167kPa，操作温度为 260~280℃，其不仅便于热油的热量充分利用，而且每吨乙烯可以降低能耗 712MJ，详见图 2-95。

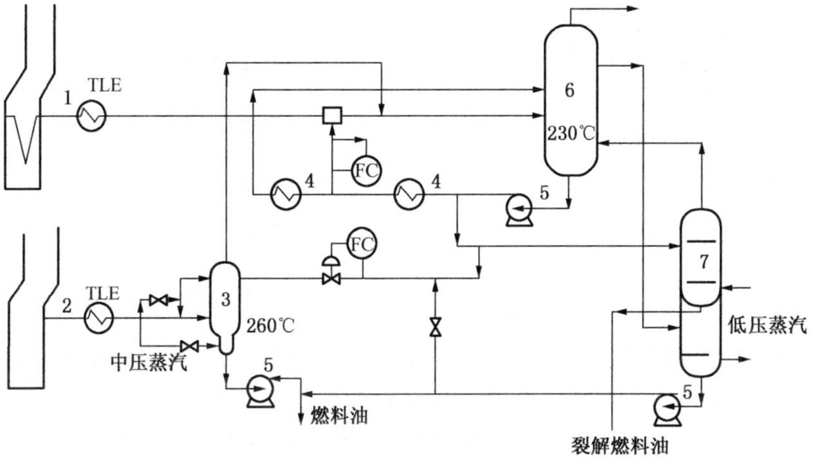

图 2-95　黏度调节塔

1—裂解炉；2—乙烷裂解炉；3—降黏塔；4—冷却器；5—泵；6—汽油分馏塔；7—轻柴油/燃料洁汽提塔

第六节　裂解炉与燃气轮机联合

一、概况

自从 20 世纪 70 年代以来，由于航机陆用技术迅速发展，工业用燃气轮机的制造技术日臻完善，无论就其运行的可靠性、大修周期、制造成本等均可与常规动力设备(内燃机、蒸汽轮机)相竞争，而其联产节能的经济性却明显地高于后者。因此，世界上一些先进工业国家，首先发展了燃气轮机与锅炉结合联产热电(见图 2-96)，而最近几年热电联产又向前发展了一步，即燃气轮机和生产工艺用热相联合(见图 2-97)。例如，乙烯装置中裂解炉和蒸汽过热炉用燃气轮机结合，使能耗降低约 8%~22%。采用燃气轮机联产系统可以大幅度降低能耗，其原因在于燃气轮机利用了燃料油的高位热能作功(发电或驱动机泵)之后，其排气不但具有较高的温度(450~550℃)，而且含有丰富的氧气(这是燃气轮机所特殊需要的，详见流程概述)。这种排气既可利用其物理热作为热源生产蒸汽或加热工艺介质，也可以利用其化学含氧量来作为工艺炉燃料燃烧的助燃剂。因此，燃气轮机实际上也就起了空气预热器的作用，但它却是一个具有作功能力的空气预热器。从热力学观点来说，燃气轮机是起了顶部循环的功能。其排气送入工艺炉作助燃剂，排气的能量又得到非常充分的利用，从而使工艺炉子的燃料消耗大幅度下降。因此，就整个联产系统而言，总的燃料利用率都在80%以上，远远高于常规火力发电厂或蒸汽动力系统。

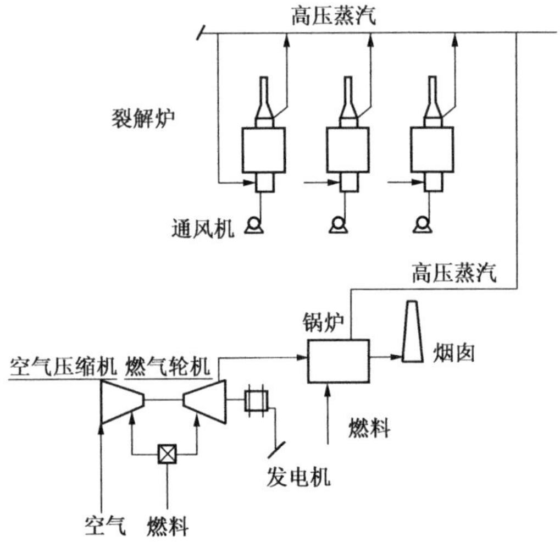

图 2-96　燃气轮机和锅炉匹配联产热电

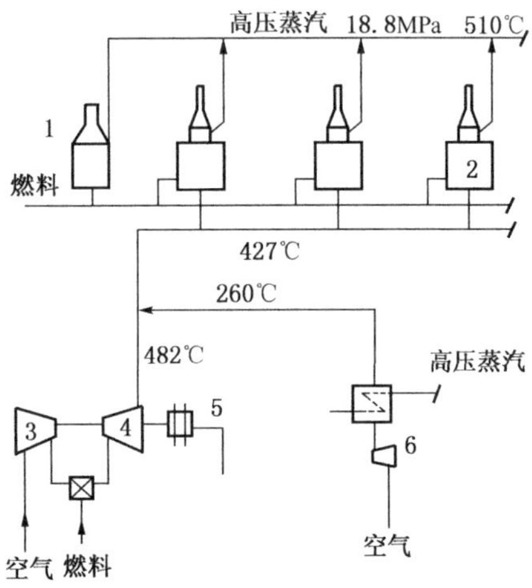

图 2-97　燃气轮机和裂解炉联合

1—蒸汽过热炉；2—裂解炉；3—空气压缩机；4—燃气轮机；5—发电机；6—空气鼓风机

乙烯装置中的燃气轮机，一般用来带动发电机，这种联合的优点是不会因为燃气轮机产生故障而使整个装置停车。另外一种联合方式是燃气轮机带动裂解气压缩机、丙烯压缩机或乙烯压缩机，与由蒸汽轮机带动的压缩机相比，其优点是既不必设置开工锅炉，又可避免由蒸汽轮机带动损失大量的冷凝热和需用大量冷却水；其缺点是若燃气轮相有故障即相起装置停车。当压缩机由燃气轮机驱动时，功率与转速必须相匹配。例如，根据美国通用电气公司的设计，可选用双轴 MS5000，转速为 4670r/min 的燃气轮机来驱动丙烯压缩机。

二、流程概述

将大气中的空气和燃料气或油压缩到约 1.4MPa，送入燃烧室内燃烧。高温高压的燃烧产物在燃气轮机中膨胀，大约有三分之二的功用于带动空气压缩机。其余三分之一的功用于发电或带动压缩机。

为了不使燃烧温度过高，一般要求空气过剩 4~5 倍，使燃烧室出口温度在 1200℃以下，以便保护燃气轮机。燃气轮机排出的烟道气，一般为 450~550℃，烟气含氧量随燃气轮机的特性参数(温比、压比)而定，通常在 15%~18%。如果含氧量低于 15%，为了保证工艺炉内一定的燃烧温度，有时需补充一部分空气(有时补充的空气经过预热)，再与炉子的底部燃料一起进底部烧嘴燃烧。由于含氧量较环境空气低，因此燃烧产生的烟道气比常规炉约多 17%。

在刚开车时，燃气轮机的排气经备用烟囱排放到大气(时间尽量缩短)，当机器和仪表运转正常后，再把排气切换到裂解炉，投入正常运转。

正常运转时，有一台空气鼓风机备用，一旦燃气轮机出故障，立刻开动备用鼓风机，以环境空气代替燃气轮机的排放气，使裂解炉继续运转。对于这种既要能以燃气轮机排气，又要能以环境空气作助燃剂都能正常运行的炉子来说，助燃剂的氧含量必须在15%以上。只有这样才能使炉子的设计在助燃剂变更时能实现辐射段和对流段热负荷自动补偿，从而保证工艺物料在炉中的总吸热量不变，并且使炉子辐射段出口烟道气温度不致变化太多（≤50℃），能够满足炉子的工艺热力特性要求。这一点已为国外的实践所证实。

三、燃气轮机简单循环系统

在理想的等压燃气轮机简单的循环中，假设工质为理想气体，在压缩、加热、膨胀和放热四个热力过程内没有损耗，比热容和流量也不变，如图2-98所示。图中1~2为压气机中等熵压缩，2~3为燃烧室中等压加热，3~4为燃气轮机中等熵膨胀，4~1为大气中等压放热。

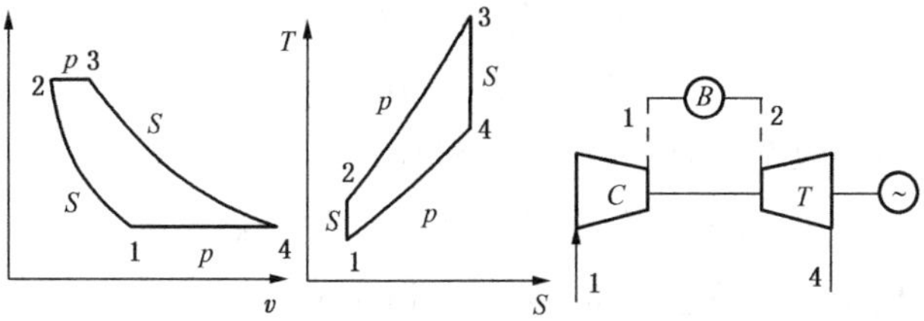

图2-98　等压燃气轮机简单循环

燃气轮机和裂解炉匹配（燃机排气作助燃剂）的循环见图2-99(a)和(b)，是属于开式循环燃气轮机。图中1~2为理想压缩，1~3为实际压缩过程，3~4为第一燃烧室（燃气轮机燃烧室）燃烧过程，4~5为理想膨胀过程，4~6为实际膨胀过程，6~7为第二燃烧室（裂解炉燃烧室）燃烧过程，7~8为裂解炉内放热过程。

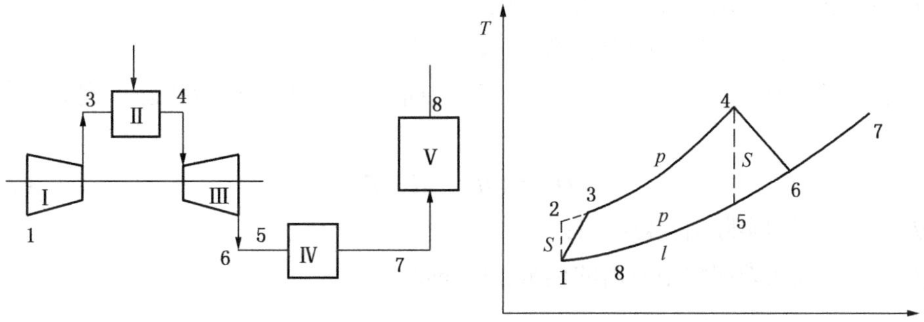

(a)热力系统图　　(b)热力过程图

图2-99　燃气轮机简单循环热力系统图及热力过程图

Ⅰ—空气压缩机；Ⅱ，Ⅳ—第一、第二燃烧室；Ⅲ—燃气轮机；Ⅴ—裂解炉（开工锅炉、加热炉）

下面介绍等压燃气轮机简单循环的计算：

1. 压缩机的功能　从图2-99(b)可知，压缩过程从状态1至3，其压缩机功耗（又称压气机比功）为：

$$H_3 = H_1 + (H_2 - H_1)/\eta_c \tag{2-111}$$

$$W_c = H_3 - H_1 \tag{2-112}$$

式中　H_1、H_3——压缩机进口和出口每摩尔空气的实际焓，kJ/mol；

H_2——压缩机出口每摩尔空气理想焓，kJ/mol；

η_c——压缩机的效率；

W_c——压缩机的功耗，kJ/mol。

2. 第一燃烧室(燃气轮机燃烧室) 消耗的燃料热量　状态 3 到 4 为第一燃烧室的燃烧过程，其所需的燃料热量如下。

$$QF_1 = H_4 M_1 - H_3 \tag{2-113}$$

式中　H_4——燃烧室出口的实际烟气焓，kJ/mol；

M_1——空气对一次烟气的物质的量比，mol/mol；

QF_1——第一燃烧室每摩尔空气消耗的燃料热量，kJ/mol。

3. 燃气轮机发出的功　从状态 4 到 6 是燃气轮机的膨胀过程，其发出的功为：

$$H_6 = H_4(H_4 - H_5)\eta_T \tag{2-114}$$

$$W_T = (H_4 - H_6)M_1 \tag{2-115}$$

式中　η_T——燃气轮机的效率，通常为 87%~90%；

W_T——燃气轮机发出的功(又称燃气轮机的比功)，kJ/mol；

H_5，H_6——燃气轮机排气的理想焓和实际焓，kJ/mol。

4. 第二燃烧室(裂解炉燃烧室)消耗的燃料热量　从 6 到 7 是第二燃烧室的燃烧过程，其所需的燃烧热量为：

$$H_7 = (H_6 M_1 + QF_2)/M_2 \tag{2-116}$$

则

$$QF_2 = H_7 M_2 - H_6 M_1 \tag{2-117}$$

式中　H_7——第二燃烧室出口烟气的实际焓，kJ/mol；

M_2——空气对二次烟气的物质的量比，mol/mol；

QF_2——第二燃烧室消耗的燃料热量，kJ/mol。

5. 在裂解炉中烟气放出的热量　在裂解炉中烟气放热的过程为状态 7 到 8，其放热量为：

$$Q_B = (H_7 - H_8)M_2 \tag{2-118}$$

式中　H_8——排烟的实际焓，kJ/mol；

Q_B——烟气在裂解炉中放出的热量，kJ/mol。

四、裂解炉和燃气轮机匹配的经济效益

图 2-100 和图 2-101 分别是具有表面冷凝器的蒸汽轮机系统和燃气轮机系统的示意图。两个系统以同样多的燃料，产生同样多的功。当采用蒸汽轮机时，排出的蒸汽温度为 49℃，在表面冷凝器中被水带走的热量是 7.07GJ/h，这部分的热量被浪费了，而且消耗了大量冷却水，同时从烟道气带走了 0.84GJ/h 的热量。当采用燃气轮机时，燃气轮机排出的烟道气温度为 538℃，进入急冷锅炉。用于产生蒸汽的热量为 6.12GJ/h，若烟道气排放的温度为 149℃，则排放到环境的热量为 1.79GJ/h。由此可知，采用具有表面冷凝器的蒸汽轮机，损失的热量远远大于燃气轮机与产生蒸汽的锅炉相结合的方法。

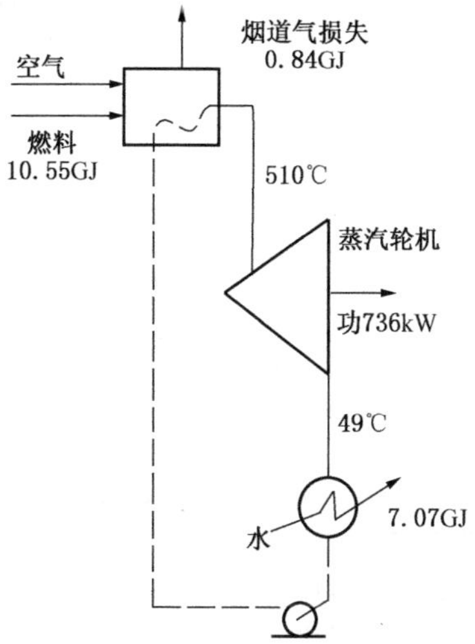

图 2-100　蒸汽轮机系统

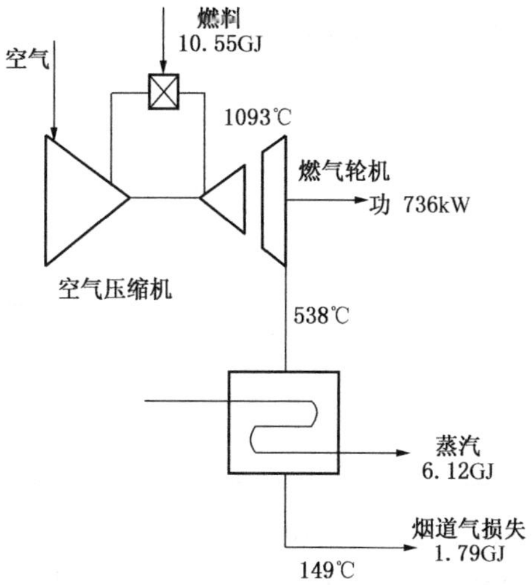

图 2-101　燃气轮机系统

图 2-102 和图 2-103 是没有燃气轮机匹配和有燃气轮机匹配的裂解炉区能耗比较。由图可知，燃料的消耗在没有燃气轮机时，只比有燃气轮机时少消耗 5.2%，在高压蒸汽的输出量相同的情况下，有燃气轮机时，多发电 25000(kW·h)/h。如果按常规发电热耗折算(1kW·h 电能相当于 10867kJ 热能)，有燃气轮机匹配的裂解炉系统反而节省了 14.5%的燃料。

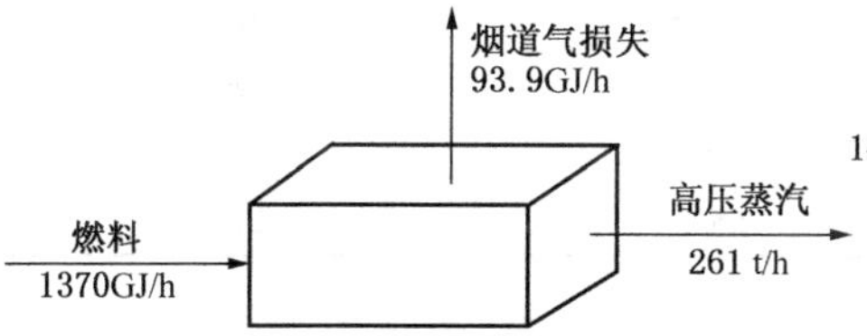

图 2-102　裂解区燃料消耗

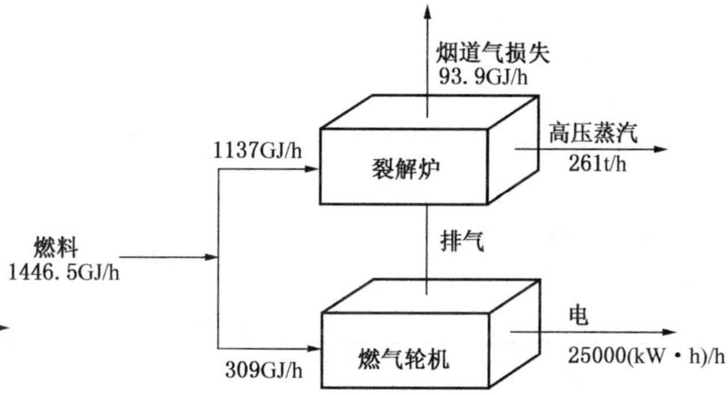

图 2-103　裂解炉和燃气轮机相匹配的燃料消耗

某年产 360kt 的乙烯装置，有 10 台轻柴油裂解炉，2 台乙烷裂解炉，1 台蒸汽过热炉，炉子排烟温度为 230℃，燃烧空气不预热。当把 6 台轻柴油裂解炉和 1 台蒸汽过热炉与燃气轮机相匹配时，能耗从每吨乙烯 31.9GJ 降到 29.1GJ，约降低能耗 8.7%，相当于节省燃料油 23.76kt/a。没有燃气轮机和有燃气轮机的能耗比较见表 2-60。从表 2-60 可知，裂解炉与燃气轮机相匹配，燃料和电耗增加很少，但多产电 18000kW/h。

表 2-60　裂解炉不与燃气轮机匹配和与燃气轮机匹配的能耗比较

项　　目	没有燃气轮机	有燃气轮机
输出中压蒸汽/(t/h)	138.7	138.7
燃料气消耗/(GJ/h)		
裂解炉	955.548	732.754
燃气轮机		222.794
共计	955.548	955.548

续表

项　目	没有燃气轮机	有燃气轮机
燃料油消耗/(GJ/h)		
裂解炉	265.848	421.762
蒸汽过热炉	192.28	172.216
蒸汽锅炉	438.482	405.46
共计	896.61	1002.364
电/kW		
消耗	3500	4300
输出		18000

斯通-韦伯斯特公司认为，年产300kt乙烯装置的裂解炉与燃气轮机匹配，每吨乙烯可省能耗5558MJ。日本三井油化浮岛石化厂2号乙烯装置，为了进一步降低能耗，增设了燃气轮机系统与裂解炉相匹配，使每吨乙烯能耗从原来的24240MJ下降到18840MJ。

鲁姆斯公司对750kt/a乙烯装置裂解炉是否采用燃气轮机，以及与燃气轮机的不同匹配方式进行了比较，结果见表2-61。

表2-61　采用燃气轮机时不同匹配方式的能耗比较①

项　目	不采用燃气轮机	燃气轮机和裂解炉匹配	燃气轮机和锅炉匹配
燃料燃烧热/(GJ/h)			
裂解炉	2403.5	2173.6	2403.5
燃气轮机		585.2	585.2
小计	2403.5	2758.8	2988.7
4.0MPa蒸汽输出/(Mt/h)	0	+85	+90
输出功率/kW	0	+42800	+42800
比能耗/(kJ/kg)	23286	20586	22885

① 原料为轻柴油。

从表2-61可知，燃气轮机与裂解炉匹配比与锅炉匹配省能耗，比不采用燃气轮机更省，约省能耗13.6%。

应当指出的是，就目前的技术水平而言，与裂解炉联合的燃气轮机都需要用轻质燃料(轻油或气体)。在我国，相对煤炭而言，它们的价格都是昂贵的。如果燃气轮机联产仅仅用来发电，那么在煤炭资源丰富而电价又较便宜的地区，其经济性就应认真进行评估。如果某些石化企业有富裕的气体燃料(如合成氨的弛放气或其他废气)，或所在地电价十分昂贵，采用燃气轮机联产无论是发电还是驱动机泵，都是可行的。

表2-62列出了燃气轮机的主要性能参数，以供选用时作参考。

表2-62　有关燃气轮机的性能数据(ISO状态)

型　号	燃气轮机功率/kW	热比/[kJ/(kW·h)]	效率/%	压比	排气量/(kg/s)	透平转速/(r/min)	排气温度/℃
GE10-1	11250	11489	31.40	15.50	47.50	11000	482
PGT16	13720	10295	35.00	20.20	47.30	7900	491
PGT20	17464	10238	35.20	15.70	62.5	6500	475

续表

型　号	燃气轮机功率/kW	热比/[kJ/(kW·h)]	效率/%	压比	排气量/(kg/s)	透平转速/(r/min)	排气温度/℃
PGT25	22417	9919	36.30	17.90	68.90	6500	525
PGT25+	30226	9084	39.60	21.5	84.30	6100	500
PGT25+G4	33057	9047	40.00	23.20	89.60	6100	510
LM6000	42262	8787	41.10	28.00	125.00	3600	455
LMS100	98196	7997	45.00	40.00	206.90	3600	417
MS5001	26830	12687	28.40	10.50	125.20	5094	483
MS5002E	31100	10285	35.00	17.00	102.00	5714	511
MS6001B	42100	11230	32.10	12.20	141.10	5163	548
MS7001EA	85400	10990	32.70	12.60	292.00	3600	537
MS9001E	126100	10650	33.80	12.60	418.00	3000	543

通过对国内某公司900kt/a乙烯装置增加燃气轮机项目的研究，即：方案一，与裂解炉匹配的燃气轮机组功率为85MW；方案二，与裂解炉匹配的燃气轮机组功率为113MW，比方案1功率大28MW；这两种方案都有效地利用了所有燃气轮机组的乏气，作为裂解炉的助燃空气，约有80%~85%的助燃氧气是靠燃气轮机组的乏气提供的，而其余的氧需求量由环境空气补给，我们得出如下结论。

(1) 在现有装置的基础上，对现有8台液体裂解炉采用燃气轮机与裂解炉相结合的方案是可行的，技术是可靠的。除增加燃气轮机组等新设备外，还需要对现有裂解炉的对流段部分炉管、引风机及烧嘴进行改造，对接入系统电网进行相应改造，并增加除氧器系统与超高压锅炉给水泵。

(2) 采用燃气轮机组与裂解炉相结合的方案在能耗上与现有装置相比，两个方案分别可以节能20%和30%。

(3) 第1方案项目总投资为62639万元，第2方案项目总投资为71837万元。

(4) 采用燃气轮机组与裂解炉相结合的方案的经济效益较好，两个方案项目所得税后财务内部收益率分别为35.49%和40.47%，相应的项目回收期分别为4.95年和4.64年。

(5) 采用燃气轮机组与裂解炉相结合的方案可以减少二氧化碳的排放量5%~10%左右。

以上技术不仅适用于已有石化装置的改造，而且也适用于新建装置。

由于我国石油资源储量有限，近年原油时口量占消费量一半，而且国际原油价格波动也很大。但是，我国煤炭资源丰富、储存量大，采用以煤岩替燃料油的“以煤代油”工艺技术可缓解时口原油的压力。目前，又有一种“整体煤气化联合循环工艺技术”可用于乙烯装置，保证乙烯装置稳定可靠运行和达到节能减排目的，从而增加乙烯装置的竞争力，是乙烯装置可持续发展的重要基础和战略选择。

整体煤气化联合循环(IGCC，Integrated Gasification Combined Cycle)工艺作为一种新型、洁净的煤炭利用工艺，是当今国际上正在兴起的一种先进的洁净煤发电技术，具有高效、低污染、节水、综合利用好等优点。它的原理是：煤经过气化和净化后，除去煤气中99%以上的硫化氢和接近100%的粉尘，将固体燃料转化成燃气轮机能够使用的清洁气体燃料以驱动燃气轮机发电，再使燃气发电与蒸汽发电联合，故此技术发电效率可达到45%以上，并有望今后达到50%以上。该技术比同容量常规燃煤机组节水1/2，在实现多联产的同时，也能经济有效地去除二氧化碳以减少温室气体对环境的影响，故IGCC技术是目前已进入商业化运行的洁净煤气电技术中发电效率和环保最好的技术。此外，IGCC技术的燃料适应性强，对高硫煤有独特的适应性；而且IGCC技术也可用于对燃油联合循环机组及老燃煤电厂的改造，达到提高效率、改善环境、延长寿命的目标。现在全世界已建成的IGCC电站总容量已达到8GW，已建、在建和拟建的IGCC电站近30套，最大的为美国440MW机组，计划或规划中的最大容量为德国900MW机组，故IGCC发电技术在环保要求严格的西方发达国家的发电行业占据相当大的份额。我国已在福建省兴建了一套IGCC装置。

参 考 文 献

1 王松汉，何细藕主编. 乙烯工艺与技术. 北京：中国石化出版社，2001
2 何细藕. 乙烯工业，1999，(3)
3 陈滨主编. 乙烯工学. 北京：化学工业出版社，1997
4 方邦铝，陈滨. 石油化工，1980，(3)
5 陈滨，方邦铝. 化工学报，1983，(4)
6 CN2498159Y
7 CN2814300Y
8 CN201068434Y
9 CN201068433Y
10 US5464057
11 US5816322
12 US5029637
13 US5813453
14 US5579831
15 US6845813
16 US6202740
17 王天普. 石油化工清洁生产与环境保护技术进展. 北京：中国石化出版社，2006
18 李广华，王明耀. 乙烯工业，2008，20(3)：56~64
19 赵光燮，李红梅，冯立等. 乙烯工业，2008，20(4)：24~29
20 胡天生. 乙烯工业，2008，20(4)：38~42
21 刘玉东，胡光银，刘庆龙等. 乙烯工业，2007，19(3)：15~18
22 郭英爽，胡海东，孙新民. 乙烯工业，2008，20(4)：34~37
23 阮海燕. 乙烯工业，2008，20(4)：30~33
24 田雪. 乙烯工业，2002，14(2)：47~49
25 张晓东. 乙烯工业，2002，14(3)：24~27
26 何琨，曹新天，吴德荣等. 乙烯工业，2004，16(增刊)：338~342
27 张新伟. 乙烯工业，2001，13(4)：46~50
28 范德明. 工业泵选用手册. 北京：化学工业出版社. 1998
29 钱颂文. 管式换热器强化传热技术. 北京：化学工业出版社. 2003
30 陈匡民. 过程装备腐蚀与防护. 北京：化学工业出版社. 2001
31 徐明成. 乙烯工业，2002，14(2)：59~62
32 徐国庆，田丽珊. 石油化工，2002，31(2)：121~125
33 段立强，徐钢，林汝谋等. 中国电机工程学报，2004，24(12)：263~267
34 张斌，李政，倪维斗. 煤炭转化，2005，28(2)：7~17

35 张斌，倪维斗，李政. 中国动力工程学报，2005，25(1)：141~14
36 何琨，吴德荣，马紫峰. 武汉理工大学学报，2006，28 增刊Ⅱ(11)：125~130
37 何琨，吴德荣，马紫峰. 中国气体，2007，(5)：79~83
38 常弘哲，张永康，沈际群. 燃料与燃烧. 上海：上海交通大学出版社，1993
39 韩昭沧主编. 燃料及燃烧(第二版). 北京：冶金工业出版社，1993
40 岑可法等著. 高等燃烧学. 杭州：浙江大学出版社，2002
41 钱家麟主编. 管式加热炉(第二版). 北京：中国石化出版社，2003
42 王秉铨主编. 工业炉设计手册(第 2 版). 北京：机械工业出版社，1996
43 化工部工业炉设计技术中心站组织编写. 化学工业炉设计手册. 北京：化学工业出版社，1988
44 侯凌云，候晓春编著. 喷嘴技术手册. 北京：中国石化出版社，2002
45 API PUBLICATION 535. Burners for Fired Heaters in General Refinery Services(Second Edition). WASHINGDON D. C.：API PUBLISHING SERVICE，2006
46 薄宗昭，韩昭沧. 工业炉，1988(1)：41
47 CN 201069161Y
48 US 5238395
49 US 5980243
50 刘运桃编著. 管式加热炉技术问答(第二版). 北京：中国石化出版社，2000
51 王子延主编. 热能与动力工程测试技术. 西安：西安交通大学出版社，1997
52 赵良省编著. 噪声与振动控制技术. 北京：化学工业出版社，2004
53 Fired Steam Generators Performance Test Code. ASME，1998
54 Fired Heaters for General Refinery Service. API，2006
55 国家环境保护局科技标准司编. 大气污染物综合排放标准详解. 北京：中国环境科学出版社，1997

第三章 压 缩 系 统

压缩系统包括裂解气压缩、脱除酸性气体和干燥及制冷。裂解气的压缩和脱除酸性气体，目的是除去杂质和达到分离所需的压力。裂解气中酸性气体、水分、炔烃等杂质的存在对深冷分离和烯烃的进一步加工利用妨碍极大。酸性气体不但会使催化剂中毒，还会腐蚀设备管道。水分和二氧化碳在低温下会凝结成冰和固态水合物，堵塞设备管道，影响分离操作。因此，裂解气在深冷分离前必须进行预处理。

对裂解气进行压缩，一方面可提高深冷分离的操作温度，从而节约低温能量和低温材料；另一方面加压会促使裂解气中的水与重质烃冷凝，所以可除去相当量的水分和重质烃，从而减少了干燥脱水和精馏分离的负担。但是，加压太大也是不利的，这会增加动力消耗，提高对设备材质的强度要求，此外还会降低烃类的相对挥发度，增加分离的困难。一般认为经济上合理而技术上可行的压力约为3.7MPa。

压缩比以及温度的限制，是抑制在离心压缩机内产生聚合物的主要措施。虽然控制了压缩机出口裂解气的温度，但少量的聚合物还是会产生的，需用较高沸点的芳香族系洗油洗净叶轮。

压缩机的入口压力一般为0.14MPa，提高入口压力虽可节约压缩机功率，但对裂解反应不利。压缩机的类型主要有离心式和往复式两种，新建的大型乙烯生产工厂均采用离心式压缩机。

第一节 典型压缩工艺流程

裂解气压缩的压比较大，一般均在25以上，为降低能耗并限制裂解气在压缩过程中的温升，均采用多段压缩，段间设置中间冷却。裂解气压缩合理的段数，主要是由压缩机各段出口温度所限定。为避免在压缩过程中温升过大造成裂解气中二烯烃在较高温度下发生大量聚合，以致发生形成聚合物堵塞叶轮流道和密封件的情况，通常要求正常操作时各段裂解气出口温度低于100℃。裂解气段间冷却通常采用水冷，相应各段入口温度一般均为38～40℃。在此限定条件下，裂解气压缩的单级压缩比被限制在2.2以下，相应裂解气压缩一般均需采用五段才能满足各段出口温度低于100℃的要求。为减少段数，方案之一是适当提高压缩机各段出口温度。这种方案适用于轻烃裂解装置，此时，裂解气中二烯烃含量较低，可以适当提高各段出口温度，由此可以采用四段压缩，压缩机由三缸减少为二缸，可以节省投资。另一方案是适当降低压缩机段间冷却温度而采用四段压缩。此时，为保证各段出口温度低于100℃，常常在某段段间冷却时先水冷后再用丙烯冷剂冷却，使下一段入口温度降至38℃以下，从而可以提高该段压缩比并保证出口温度低于100℃。段间采用丙烯冷剂冷却虽然会增加冷冻功耗，但可能由降低投资、减小段间压力降而在经济上得到平衡。必须注意，裂解气段间冷却的温度受水合物形成的限制。为防止水合物形成而堵塞设备和管道，加压后裂解气温度不宜低于15℃。

裂解气压缩过程中，随着压力的升高，在段间冷却过程中将有部分重组分冷凝。尤其在高压端段间冷却时，相当量的碳三和碳四馏分也将冷凝。在馏分油裂解时，通过压缩机段间凝液可直接获得裂解汽油馏分、碳三和碳四混合馏分，其总量约相当于进口裂解气的25%~30%。分凝出的裂解汽油馏分经汽提处理后可直接作为产品送出界区，汽油汽提塔一般设置在压缩机一段入口。由高压端分凝出的碳三及碳三以上混合馏分(简称轻烃凝液)，经凝液汽提塔脱除凝液中碳二馏分后可直接送至脱丙烷塔。凝液汽提塔主要处理裂解气压缩机四段和五段凝液，其塔压大体与四段入口相平衡。通过上述段间凝液的处理，使进入深冷分离系统的物料明显减少。

裂解气中酸性气的脱除需要在一定压力下进行。酸性气脱除系统一般设置在三段出口与四段入口之间，近来也有不少装置将其设置在四段出口与五段入口之间。

随着裂解气被压缩，重组分被液化。不同专利商根据各自工艺的特点，把裂解气的分离与裂解气的压缩相结合以降低压缩及制冷的能量消耗。布朗路特公司开发的前脱丙烷前加氢工艺流程中，经脱丙烷塔分离裂解气之后，只需对脱丙烷塔塔顶气体进一步压缩升压。由于塔顶气体仅为碳三和碳三以下轻组分，且塔顶温度较低，因而可以采用较高压比。所以，在前脱丙烷工艺流程中可采用四段压缩以节省投资。采用五段压缩工艺流程时，脱丙烷塔设置在四段压缩之后。当采用四段压缩工艺流程时，脱丙烷塔则设置在三段压缩之后。

裂解气干燥通常设置在压缩机最后一段出口，对前脱丙烷前加氢工艺流程也设置在三段出口。

在设置凝液汽提塔时，可以将凝液汽提塔釜液直接送至脱丙烷塔，此时尚需设置碳三馏分干燥系统。也有些乙烯装置设置凝液干燥器，凝液汽提塔釜液经液相干燥后送至脱丙烷塔，此时无需设置碳三馏分干燥系统。

为减少裂解气压缩机段间返回量，有些乙烯装置在裂解气压缩系统中不设置凝液汽提塔，此时，裂解气压缩机五段出口气体经冷却至15℃后即进行气液分离，气体经气相干燥后送入低温分离系统，凝液则经液相干燥后也送入低温分离系统。

一、五段压缩工艺流程

(一) 三段压缩出口碱洗并带凝液汽提塔的五段压缩工艺流程

图3-1即为此种压缩工艺流程示意图，目前美国鲁姆斯公司、意大利TPL公司采用此种流程。该流程分为五段压缩，段间用冷却水进行冷却，五段出口气体经冷却水冷却后尚要进一步用低温物料和丙烯冷剂冷却到15℃。段间凝液分两部分处理，重组分经汽油汽提塔获得裂解汽油馏分，轻组分经凝液汽提塔获得碳三和碳三以上轻烃凝液。此外，尚在压缩机三段出口设置酸性气脱除系统(碱洗或醇胺液-碱洗)，以脱除裂解气中的CO_2和H_2S。

如图3-1所示，由水洗塔来的裂解气经一段吸入罐进入压缩机一段压缩，出口气体经水冷后进入二段吸入罐。吸入罐中的凝液含水和重烃(裂解汽油)，在罐中由界面控制，水相由水泵送回水洗塔，油相由裂解汽油泵送至裂解汽油汽提塔。由水洗塔油水分离所得裂解汽油与压缩机凝液回收的裂解汽油一起在此汽提塔进行汽提，汽提的轻组分返回压缩机一段吸入罐，汽提后的裂解汽油作为产品送出界区。

二段吸入罐的气体进入压缩机二段压缩，出口气体经水冷后进入三段吸入罐。三段吸入罐的凝液减压返回到二段吸入罐，气相则进入压缩机三段进行压缩。

三段压缩出口气体经水冷后进入三段出口分离罐，分离罐中的凝液减压返回三段吸入罐，而气相则进入酸性气脱除系统。脱除酸性气后的裂解气进入四段吸入罐，吸入罐中的冷凝水返回水洗塔，气相进入压缩机四段压缩。

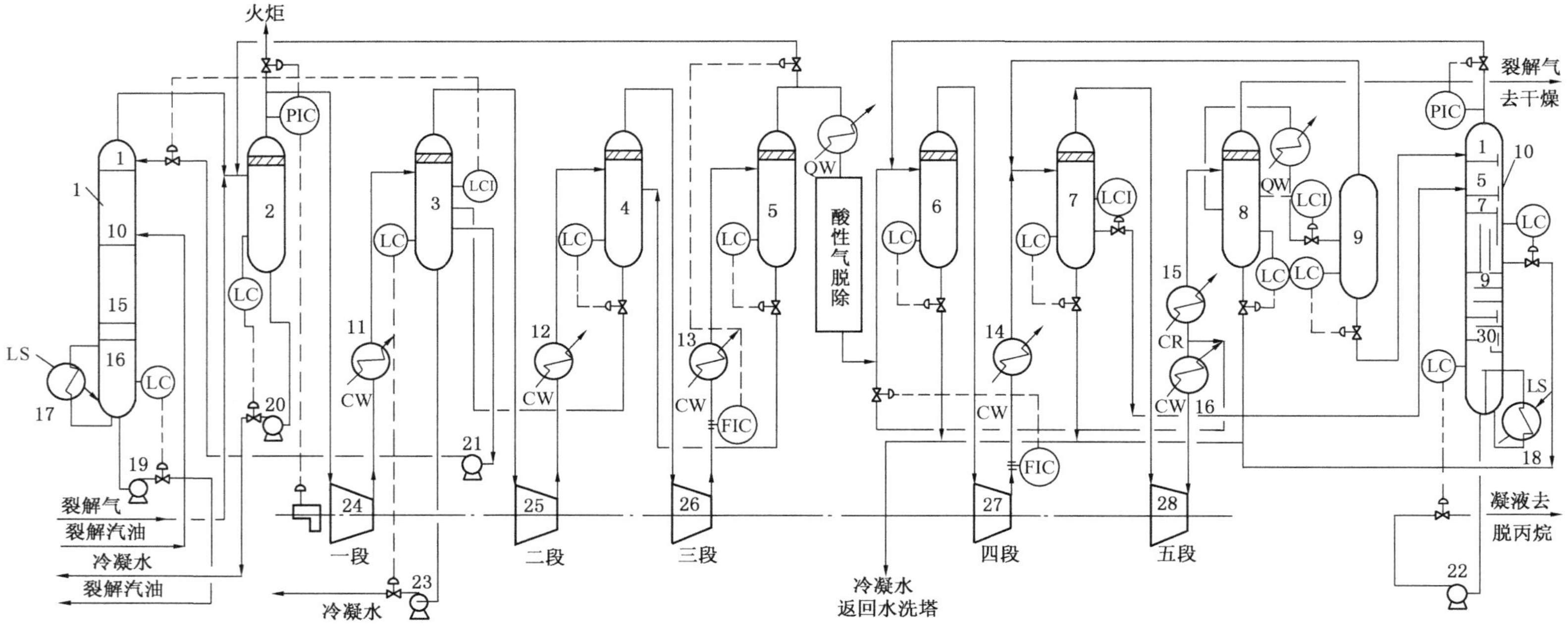

图 3-1 裂解气五段压缩工艺流程（三段压缩出口碱洗、带凝液汽提塔）

1—汽油汽提塔；2—一段吸入罐；3—二段吸入罐；4—三段吸入罐；5—三段出口分离罐；6—四段吸入罐；7—五段吸入罐；8—五段出口分离罐；9—闪蒸罐；10—凝液汽提塔；11、12、13、14、15、16—段间冷却器；17—汽油汽提塔再沸器；18—凝液汽提塔再沸器；19—汽油泵；20—冷凝水泵；21—凝液泵；22—凝液汽提塔釜液泵；23—冷凝水泵；24—压缩机一段；25—压缩机二段；26—压缩机三段；27—压缩机四段；28—压缩机五段四段压缩出口裂解气经水冷后进入五段吸入罐，罐中凝液由界面控制，其水相由底部排出送至水洗塔，而油相的液态烃则送至凝液汽提塔第五块塔板。五段吸入罐中的气相进入压缩机五段进行压缩。

压缩机五段出口气体经水冷后，再经丙烯冷剂冷却至15℃，然后送入五段出口分离罐。分离罐中的凝液由界面控制，其水相由底部排出返回水洗塔，而油相的液烃经急冷水过热至47℃左右，然后减压至闪蒸罐。闪蒸罐的气相返回四段吸入罐，液相送至凝液汽提塔塔顶。五段压缩出口分离罐的气相则送至干燥器，干燥后裂解气则送入低温分离系统。

凝液汽提塔塔釜用低压蒸汽加热，塔釜温度控制在66~70℃，保证塔釜釜液中碳二馏分含量在10^{-4}(体)以下。

在压缩机调速范围内(设计转速的85%~105%)，以转速控制压缩机一段吸入压力。而压缩机最小流量则以“三返一”和“五返四”的旁路调节阀控制，以避免压缩机进入喘振区。

设置凝液汽提塔的优点是：将裂解气中的部分C_3~C_8馏分由压缩凝液回收而直接送至脱丙烷塔，其量约为裂解气至低温分离系统进料量的18%~24%。由此相应使冷箱和脱甲烷系统的进料量减少，从而“降低”深冷分离系统的能耗。但是，设置凝液汽提塔将增大裂解气压缩机四段和五段循环量，仅凝液汽提塔塔顶返回四段入口的量，即裂解气总量的8%~14%。由此，裂解气压缩机的能耗将随之增加。

（二）四段压缩出口碱洗，不设凝液汽提塔的五段压缩流程

1. 顺序分离及前脱乙烷工艺流程　从减少裂解气压缩机返回量而降低能耗的思路出发，凯洛格和林德等公司采用的五段压缩工艺流程均不设置凝液汽提塔。由于段间循环返回的裂解气量减少，裂解气压缩机的功耗有所降低，为降低深冷分离系统的冷冻能耗，此时常在脱甲烷塔之前设置预分馏塔，以减少冷箱低温部分和脱甲烷塔的处理量。图3-2所示为凯洛格公司在某大型乙烯装置(680kt/a)采用的五段压缩工艺流程。

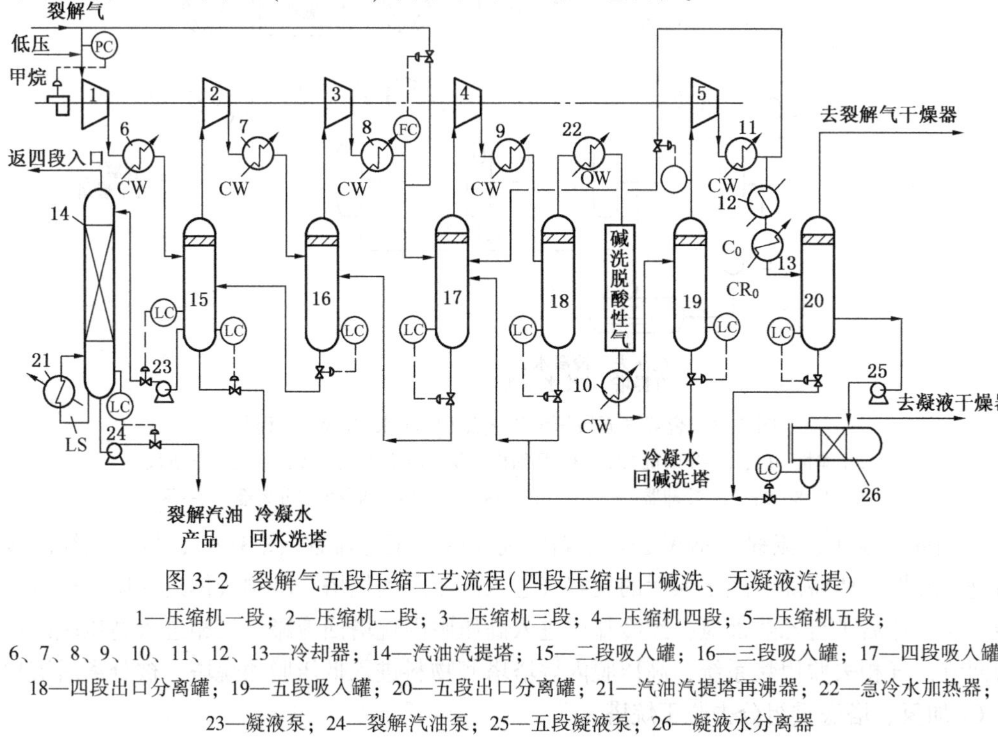

图3-2　裂解气五段压缩工艺流程(四段压缩出口碱洗、无凝液汽提)

1—压缩机一段；2—压缩机二段；3—压缩机三段；4—压缩机四段；5—压缩机五段；
6、7、8、9、10、11、12、13—冷却器；14—汽油汽提塔；15—二段吸入罐；16—三段吸入罐；17—四段吸入罐；
18—四段出口分离罐；19—五段吸入罐；20—五段出口分离罐；21—汽油汽提塔再沸器；22—急冷水加热器；
23—凝液泵；24—裂解汽油泵；25—五段凝液泵；26—凝液水分离器

该流程的特点是：酸性气的脱除设在压缩机四段出口；不设凝液汽提塔；压缩机五段出口分离罐中的气体送至裂解气干燥器，而凝液则送至凝液干燥器，干燥脱水后的裂解气和凝液均送至低温分离系统，五段凝液不再返回压缩机。

如图3-2所示，由水洗塔来的裂解气和脱甲烷塔返回的低压甲烷进入裂解气压缩机一段压缩，出口气体经冷却后进入二段吸入罐。二段吸入罐中冷凝水返回水洗塔，液态烃送至裂解汽油汽提塔，气体则进入压缩机二段进行压缩。

二段压缩出口气体经冷却后进入三段吸入罐，罐中凝液返回一段吸入罐，气体则进入三段压缩。三段压缩出口气体经冷却后进入四段吸入罐，罐中凝液返回三段吸入罐，气体进入四段压缩。四段压缩出口气体经冷却后进入四段出口罐，罐中凝液返回四段吸入罐，气体经急冷水加热后送入酸性气脱除系统。脱除酸性气之后的裂解气经冷却进入五段吸入罐，罐中冷凝水返回碱洗塔，气体则进入五段压缩。

五段压缩出口气体经水冷后，再用循环返回裂解的丙烷及丙烯冷剂冷却至15℃，然后进入五段出口分离罐。分离罐中的气体送至裂解气干燥器脱水，而凝液则经水分离器分离过量冷凝水之后，送至凝液干燥器进行液相干燥脱水。经干燥脱水处理后的裂解气和凝液均送入深冷分离系统。

林德公司的裂解气五段压缩工艺流程与凯洛格公司工艺流程相似，其五段压缩出口的气体和凝液也分别进行气相和液相干燥，后送入脱乙烷系统(前脱乙烷流程)。林德公司较注意裂解气压缩机前三段段间冷却的阻力降，认为其阻力降对压缩机功耗影响较大。为此，常常在前三段段间冷却采用特殊设计的低阻力降换热器。有时甚至采用直接水喷淋冷却的方式降低段间阻力降。林德公司压缩流程示意图见图3-3。

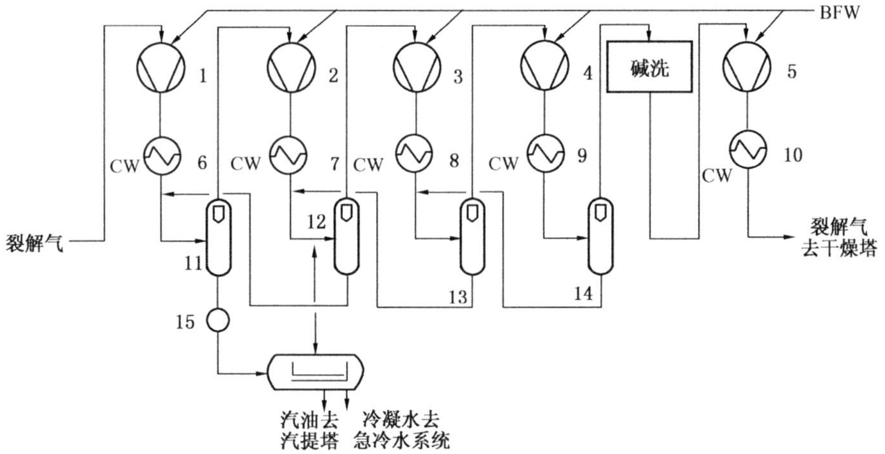

图3-3　裂解气五段压缩工艺流程[注水(BFW)流程]

1—压缩机一段；2—压缩机二段；3—压缩机三段；4—压缩机四段；5—压缩机五段；
6、7、8、9、10—冷却器；11、12、13—吸入罐；14—四段出口分离罐；15—泵

2. 前脱丙烷工艺流程　S&W公司最新的前脱丙烷工艺流程(图3-4)，裂解气经四段压缩后进行酸性气体脱除。经干燥后的裂解气进入高压脱丙烷塔，塔顶气体进入压缩机五段进一步压缩，然后进行乙炔加氢，经冷却后进入高压脱丙烷塔回流罐，液相进入高压脱丙烷塔作为回流，气相去脱甲烷系统，高压脱丙烷塔塔底物料进入低压脱丙烷塔，被分离后塔顶物料去C_3加氢、塔底重组分去脱丁烷塔。

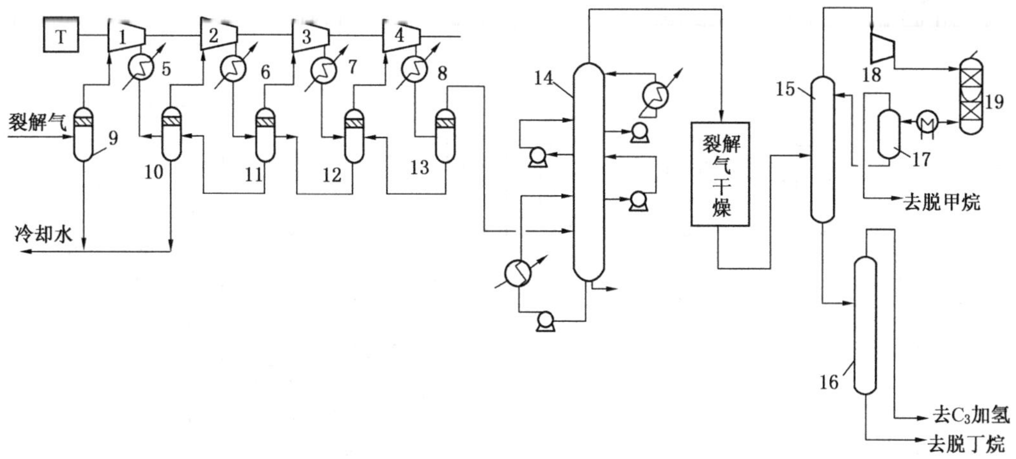

图 3-4 裂解气五段压缩工艺流程(前脱丙烷)

1—压缩机一段；2—压缩机二段；3—压缩机三段；4—压缩机四段；5、6、7、8—段间冷却器；
9、10、11、12—吸入罐；13—四段排出罐；14—碱洗塔；15、16—脱丙烷塔；17—回流罐；
18—压缩机五段；19—C_2 加氢反应器

二、四段压缩工艺流程

(一) 前脱丙烷工艺流程

在前脱丙烷工艺流程中，一般将脱丙烷塔设置在三段压缩与四段压缩之间。此时，四段压缩进口气体为脱丙烷塔塔顶气体，仅含碳三和碳三以下轻组分，由此可以放宽对压缩机出口温度的限制。此外，脱丙烷塔塔顶温度较低，相应四段入口温度也低，为维持一定出口温度，单段压缩比可以较大。因此，在前脱丙烷分离流程中，裂解气压缩一般均采用四段压缩，大多数情况下压缩机为二缸。

图 3-5 为布朗路特公司曾采用的前脱丙烷四段压缩工艺流程。如图所示，裂解气由一段吸入罐进入压缩机一段进行压缩，出口气体经水冷后进入二段吸入罐。二段吸入罐凝液中的冷凝水返回一段吸入罐，再由一段吸入罐送回水洗塔。二段吸入罐的液态烃送至裂解汽油汽提塔，其塔顶气体返回一段吸入罐，塔釜裂解汽油作为产品输出界区。

二段吸入罐气体送入二段压缩，二段出口气体经水冷后进入三段吸入罐。罐中凝液返回二段吸入罐，气体进入三段压缩。三段压缩出口气体经水冷后进入三段出口罐，罐中凝液返回三段吸入罐，气体则送至酸性气脱除系统，以脱除裂解气中的 CO_2 和 H_2S。

脱除酸性气后的裂解气送入第一干燥器，干燥后的裂解气经冷却后送入高压脱丙烷塔。其塔釜液送至低压脱丙烷塔，塔顶气体送至裂解气压缩机四段。四段出口气体送至加氢脱炔系统，在此脱除裂解气中的乙炔和部分甲基乙炔、丙二烯。脱除炔烃后的裂解气送入第二干燥器脱水，干燥后裂解气用丙烯冷剂冷却，然后送入高压脱丙烷塔回流罐。罐中凝液作为高压脱丙烷塔塔顶回流，未冷凝的气体则送至脱甲烷系统。

高压脱丙烷塔塔釜液经换热冷却后送入低压脱丙烷塔塔顶。塔顶气体经丙烯冷剂冷凝后，经换热返回高压脱丙烷塔。低压脱丙烷塔塔釜液送至脱丁烷塔。

上述工艺流程中，为避免脱丙烷塔塔釜再沸器和下塔塔体因二烯烃聚合而堵塞管道和设备，采用了双塔脱丙烷流程。早期，前脱丙烷分离流程的脱丙烷塔为高压单塔流程，由于塔釜温度高，其再沸器和下塔本体内均有大量聚合物产生，产生的聚合物形成再沸器中的污

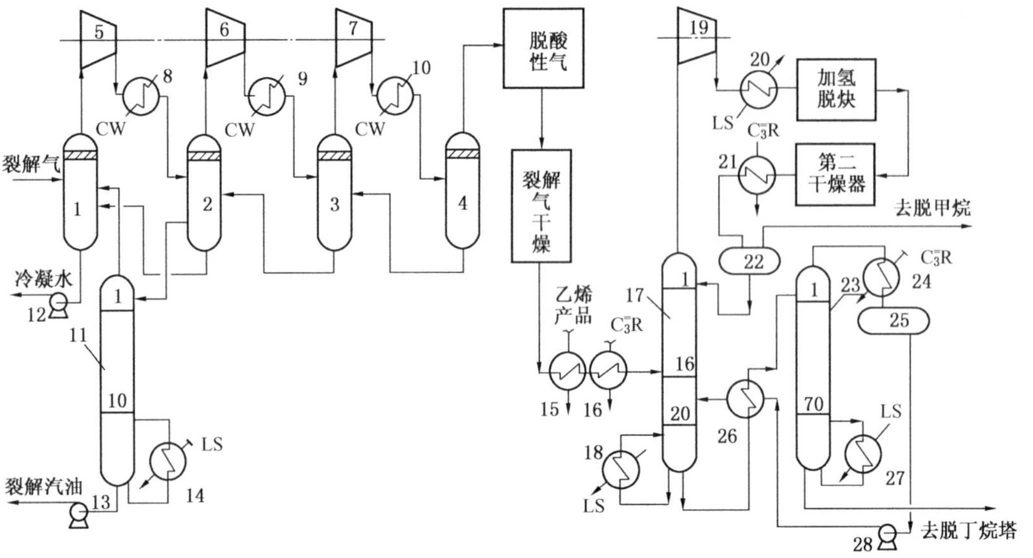

图 3-5　裂解气四段压缩工艺流程(B&R 前脱丙烷)

1—一段吸入罐；2—二段吸入罐；3—三段吸入罐；4—三段出口分离罐；5—压缩机一段；6—压缩机二段；7—压缩机三段；8—一段出口冷却器；9—二段出口冷却器；10—三段出口冷却器；11—汽油汽提塔；12—冷凝水泵；13—裂解汽油泵；14—再沸器；15—换热器；16—丙烯冷却器；17—高压脱丙烷塔；18—再沸器；19—压缩机四段；20—加热器；21—丙烯冷却器；22—回流罐；23—低压脱丙烷塔；24—冷凝器；25—回流罐；26—换热器；27—再沸器；28—泵

垢，并堵塞下塔塔体内流道。此时，除需设置备用再沸器以便切换清理之外，尚需设置备用下塔，需 3~6 个月切换清洗一次。为此，近来较多采用双塔脱丙烷或低压单塔脱丙烷工艺流程。与单塔低压脱丙烷相比，双塔脱丙烷工艺流程的冷冻功耗较低，但投资稍有增加。

图 3-6 为高压单塔前脱丙烷工艺流程中四段裂解气压缩工艺流程的示意图。

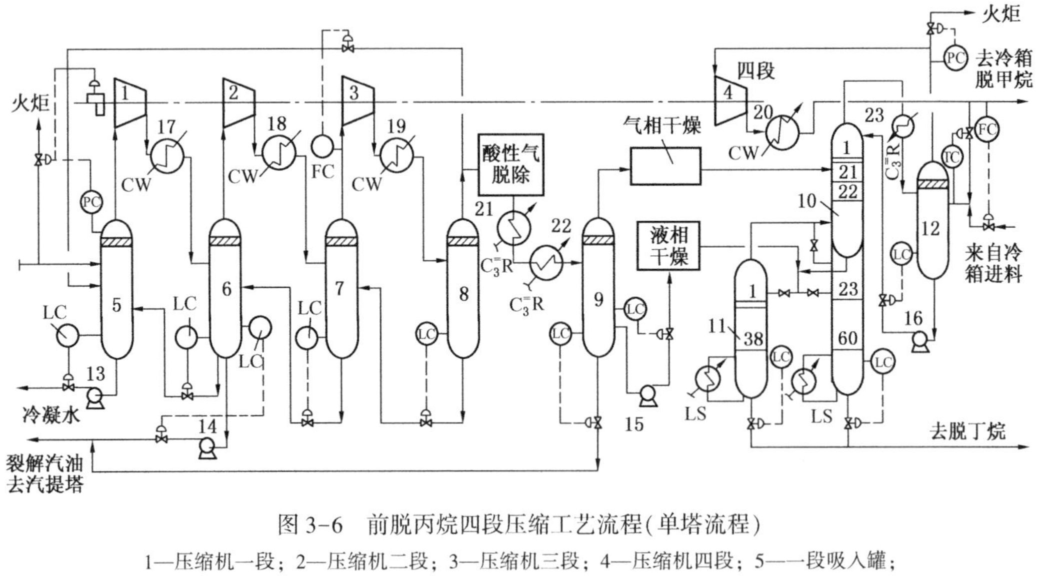

图 3-6　前脱丙烷四段压缩工艺流程(单塔流程)

1—压缩机一段；2—压缩机二段；3—压缩机三段；4—压缩机四段；5—一段吸入罐；6—二段吸入罐；7—三段吸入罐；8—三段出口分离罐；9—干燥器进料罐；10—脱丙烷塔；11—脱丙烷塔备用下塔；12—回流罐；13—冷凝水泵；14—裂解汽油泵；15—干燥器进料泵；16—回流泵；17、18、19、20—段间水冷却器；21、22—丙烯冷却器；23—冷凝器

(二)顺序分离流程

在顺序分离流程中，也有采用裂解气四段压缩工艺流程，以降低装置投资。图 3-7 所示为斯通-韦伯斯特公司在顺序分离流程中曾采用的四段压缩工艺流程(馏分油裂解装置)。

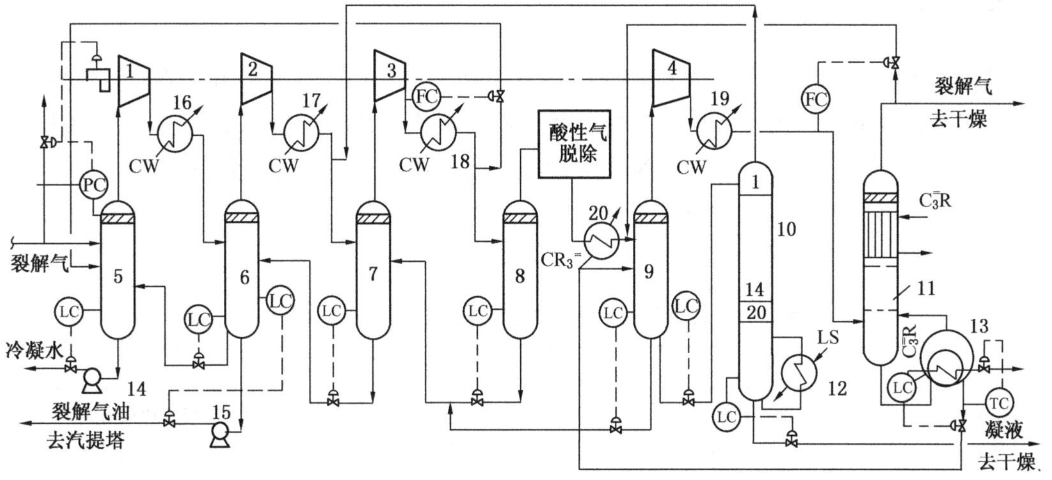

图 3-7 裂解气四段压缩工艺流程(顺序分离流程)

1—压缩机一段；2—压缩机二段；3—压缩机三段；4—压缩机四段；5—一段吸入罐；6—二段吸入罐；7—三段吸入罐；8—三段出口分离罐；9—四段吸入罐；10—凝液汽提塔；11—丙烯冷却器；12—再沸器；13—丙烯加热器；14—冷凝水泵；15—裂解汽油泵；16—一段出口冷却器；17—二段出口冷却器；18—三段出口冷却器；19—四段出口冷却器；20—丙烯冷却器

如图 3-7 所示，水洗塔来的裂解气经一段吸入罐进入压缩机一段进行压缩，一段吸入罐中的冷凝液用泵送回水洗塔。一段压缩出口气体经冷却后送入二段吸入罐，罐中冷凝水返回一段吸入罐，而冷凝的裂解汽油则由泵送至裂解汽油汽提塔。二段吸入罐的气体进入裂解气压缩机二段进行压缩，二段出口气体经冷却后送入三段吸入罐。三段吸入罐的凝液返回二段吸入罐，气体则进入裂解气压缩机三段进行压缩。

三段压缩出口气体经冷却后送入三段出口罐，为保证压缩机最小流量，三段出口设有“三返一”旁路管线，当三段出口流量降至给定最小流量时，旁路调节阀开启，部分三段出口气体减压返回一段入口。

三段出口罐中的凝液返回三段吸入罐，而气体则送至酸性气脱除系统。脱除酸性气的裂解气用丙烯冷剂冷却至 22~23℃，然后送入四段吸入罐。

四段吸入罐中的冷凝水返回三段吸入罐，而液态烃则送至凝液汽提塔。凝液汽提塔塔顶气体返回压缩机三段入口，其操作压力约为 0.65MPa，塔顶温度约为 19℃，塔釜温度约为 57℃，釜液中碳二馏分含量控制在 0.2%以下。釜液中含水量约 0.1%(摩)，经油水分离器分离水分后，送至凝液干燥器进行干燥。干燥后的凝液送至脱丙烷塔，由此，碳三系统不再另设干燥器。

四段吸入罐的气体进入四段压缩，压缩出口气体经水冷却器冷却后送入特殊设计的丙烯冷却器，在该冷却器中裂解气被冷却至 15℃。其中未冷凝的气体送至裂解气干燥器，冷凝液用气态丙烯冷剂加热，未蒸发的凝液返回四段吸入罐。

四段出口气体管线上设有“四返四”旁路管线，用以保证压缩机四段的流量不低于限定的最小流量。当四段出口流量接近设定的最小流量时，旁路调节阀开启，四段出口气体减压返回四段吸入罐。裂解气返回管线中，当裂解气减压返回低压段时，可能伴随降温过程，应注意防止因过度降温而产生冻结。

三、压缩工艺参数

裂解气五段压缩的工艺参数实例如表 3-1 所示。其中，装置 A 和 B 是在三段压缩出口与四段吸入口之间设置酸性气脱除系统，并设有凝液汽提塔。装置 C 是在四段压缩出口与五段吸入口之间设置酸性气脱除系统，未设凝液汽提塔，五段压缩出口气体经冷却至 15℃后，气体和凝液分别经气相和液相干燥后送入低温分离系统。A、B、C 三套装置均为顺序分离工艺流程。

表 3-1 裂解气五段压缩工艺参数实例(顺序分离流程)

项目	装置 A①					装置 B①					装置 C				
裂解原料	石脑油和轻烃					轻柴油					轻烃和石脑油				
工艺技术	低压脱甲烷					高压脱甲烷					高压脱甲烷				
乙烯生产能力/(kt/a)	150					300					680				
段数	一段	二段	三段	四段	五段	一段	二段	三段	四段	五段	一段	二段	三段	四段	五段
级数						2	3	3	4	4	3	3	3	5	8
质量流量/(t/h)	64.13	58.78	54.68	58.02	55.90	137.41	129.99	125.13	131.56	147.92	218.8	219.1	215.0	206.7	197.3
进口体积流量/(10^3m/h)	44.95	22.08	10.50	5.72	2.79	95.5	47.3	22.0	12.0	6.66	107.9	54.46	27.24	12.74	6.12
进口条件															
温度/℃	37	38.1	38.4	41.8	38.8	40	38	38	40	37	38	34	36	37.2	38
压力/MPa	0.131	0.257	0.521	1.005	1.968	0.135	0.259	0.539	1.023	1.94	0.13	0.245	0.492	0.998	2.028
分子量	27.82	26.56	25.47	25.41	24.9	28.11	27.64	27.17	27.16	27.37	23.473	24.228	24.014	23.392	22.698
绝热指数 k	1.19	1.20	1.20	1.20	1.205	1.184	1.192	1.201	1.212	1.227	1.227	1.228	1.231	1.237	1.249
压缩系数 Z	0.994	0.990	0.981	0.965	0.925	0.992	0.986	0.975	0.954	0.906	0.995	0.990	0.981	0.966	0.937
出口条件															
温度/℃	84	88	89	91	90	93.4	93.4	93.4	91.2	91.7	87.8	85.6	90.6	92.2	92.2
压力/MPa	0.27	0.537	1.06	1.995	3.756	0.286	0.579	1.133	1.99	3.793	0.260	0.509	1.019	2.108	4.125
绝热指数 k	—	—	—	—	—	—	—	—	—	—	1.206	1.205	1.207	1.215	1.228
压缩系数 Z	—	—	—	—	—	—	—	—	—	—	0.994	0.988	0.979	0.961	0.935
多变压头/m	7260	7844	7771	7462	6960	7635	8232	7653	6702	6338	8150	8429	8485	8815	8398
多变效率/%	83	83.1	80.6	80.5	76.1	74.65	77.87	75.4	75.7	74.98	83.1	84.3	80.5	83.2	82.8
压缩比	2.06	2.09	2.03	1.99	1.908	2.12	2.23	2.10	1.95	1.96	2.0	2.08	1.99	2.11	2.04
转速/(r/min)	8280					5105					3743				
功率/kW	8481					17606					29698				

① 装置 A 和 B 中的 k 和 Z 为进出口平均值。

表 3-2 为裂解气四段压缩工艺参数的实例。装置 A 为前脱丙烷(高压单塔)分离流程，

装置B、C为顺序分离流程，均设有凝液汽提塔，酸性气脱除系统均设在三段出口与四段入口之间。

表3-2 裂解气四段压缩工艺参数实例

项 目	装 置 A				装 置 B				装 置 C			
裂解原料	轻柴油				石脑油和轻柴油				轻烃和轻柴油			
乙烯生产能力/(kt/a)	115				160				300			
工艺流程	前脱丙烷				顺序分离流程				顺序分离流程			
段数	一段	二段	三段	四段	一段	二段	三段	四段	一段	二段	三段	四段
进口条件												
温度/℃	40	40	40	-33.9	40.6	38.9	38.5	22.2	40.6	35	35	35
压力/MPa	0.135	0.273	0.567	1.025	0.130	0.284	0.651	1.460	0.115	0.275	0.654	1.491
分子量	28.23	29.07	28.16	23.20	27.57	26.72	26.07	24.77	24.9	24.36	24.36	24.4
流量/(t/h)	50.30	51.50	48.40	38.60	76.97	71.51	68.96	64.25	117.06	109.15	110.08	114.60
平均绝热指数 k	1.18[①]	1.076[①]	1.076[①]	1.086[①]	1.186	1.193	1.200	1.218	1.203	1.207	1.208	1.211
压缩系数 Z					0.993	0.986	0.970	0.931				
喘振点/%					61	56	68.5	70				
出口条件												
温度/℃	92.4	92.4	93.7	79.9	95.2	97.7	102.0	95.5	108.1	103.6	104.5	106.3
压力/MPa	0.302	0.596	1.245	3.648	0.305	0.672	1.578	3.683	0.3024	0.6955	1.679	3.788
压缩比	2.23	2.18	2.196	3.56	2.346	2.366	2.424	2.523	2.63	2.53	2.567	2.54
转速/(r/min)					5759	5739	9183	9183				
多变压头/m					87319	89899	93735	95618				
多变效率/%					84.0	80.6	79.3	74.6				
各段功率/kW					2256	2260	2299	2352	4646.5	4400.2	4456.1	4570.2
总功率/kW	4680				9272[②]				18073			

① 出口处绝热指数。
② 加变速箱损失。

四、凝液汽提塔工艺参数

凝液汽提塔的目的是将压缩机四段和五段凝液汽提而脱除其中 C_2 和 C_2 以下轻组分，脱轻组分后的凝液可直接送至脱丙烷塔。裂解气压缩机为五段时，凝液汽提塔的操作压力通常与压缩机四段入口压力相平衡，其操作压力为1.0~1.1MPa，四段压缩时，凝液汽提塔操作压力常与压缩机三段入口压力相平衡，为0.6~0.7MPa。塔釜温度的选取以保证塔釜釜液中 C_2 馏分含量低于规定值为原则。但是，为避免塔釜和再沸器因聚合物生成而结垢严重，一般要求塔釜温度不超过78℃。

对凝液汽提塔釜液中的 C_2 馏分含量，因 C_3 分离系统设计不同而有不同的要求。当 C_3 分离系统在脱丙烷塔之后设有足够脱乙烷设施时，则凝液汽提塔釜液中的 C_2 馏分含量可以较高，否则，应将凝液汽提塔釜液中的 C_2 馏分控制较低。

表3-3为几家不同乙烯工厂设计的凝液汽提塔工艺参数实例。

表 3-3　凝液汽提塔工艺参数实例

项　目	装置 A	装置 B	装置 C	项　目	装置 A	装置 B	装置 C
乙烯生产能力/(kt/a)	160	150	300	塔顶压力/MPa	0.66	0.98	1.10
裂解原料	轻柴油和石脑油	轻烃和石脑油	轻柴油	塔顶气量/(kg/h)	1138	2945	10536
裂解气压缩工艺	四段压缩	五段压缩(有苯洗塔)	五段压缩(无苯洗塔)	塔釜采出量/(kg/h)	5913	6455	22658
				釜液中 C_2 量/10^{-6}(摩)	<2000	<100	<26
进料量/(kg/h)	7051	9400	33194	塔板数/块	20	18	30
塔顶温度/℃	18.7	30	21.8	塔径/mm	900	850	1300
塔釜温度/℃	59.2	75	66	塔板间距/mm	600	450	550

第二节　酸性气体的脱除和裂解气干燥

裂解气中的酸性气体主要是指 CO_2、H_2S 和其他气态硫化物。通常采用碱洗或用一乙醇胺和二乙醇胺吸收剂洗涤脱除，具体情况介绍如下。

一、酸性气体杂质的来源和危害

裂解气中的酸性气体主要来自以下几方面：

(1) 气体裂解原料带入的硫化物和 CO_2；

(2) 液体原料中所含硫化物(如：硫醇、硫醚、噻吩、硫茚等)在高温下与氢气和水蒸气反应生成 H_2S 和 CO_2，如：

$$RSH+H_2 \longrightarrow RH+H_2S \tag{3-1}$$

$$RSR'+2H_2 \longrightarrow RH+R'H+H_2S \tag{3-2}$$

$$R—S—S—R'+3H_2 \longrightarrow RH+R'H+2H_2S \tag{3-3}$$

 $+4H_2 \longrightarrow C_4H_{10}+H_2S$　　(3-4)

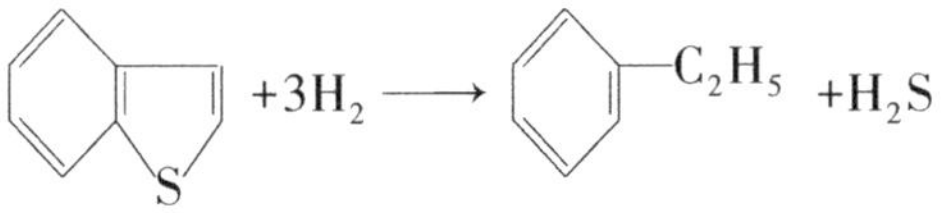

(3-5)

$$CS_2+2H_2 \longrightarrow C+2H_2S \tag{3-6}$$

$$COS+H_2 \longrightarrow CO+H_2S \tag{3-7}$$

$$CS_2+2H_2O \longrightarrow CO_2+2H_2S \tag{3-8}$$

$$COS+H_2O \longrightarrow CO_2+H_2S \tag{3-9}$$

(3) 裂解原料烃和炉管中的结炭与水蒸气反应可生成 CO 和 CO_2，如：

$$C+H_2O \longrightarrow CO+H_2 \tag{3-10}$$

$$CO+H_2O \longrightarrow CO_2+H_2 \tag{3-11}$$

(4) 烃与水蒸气反应也可生成 CO_2，如：

$$CH_4+2H_2O \longrightarrow CO_2+4H_2 \tag{3-12}$$

(5) 当裂解炉中有氧进入时，氧与烃类反应生成 CO_2，如：

$$C_nH_m+\left(n+\frac{m}{4}\right)O_2 \longrightarrow nCO_2+\frac{m}{2}H_2O \tag{3-13}$$

总之，在管式炉裂解的条件下生成 CO_2 的可能性比生成 H_2S 为小。但蓄热炉、熔盐炉、火焰裂解炉等有燃烧气(主要含 CO_2)进入系统，所以其裂解气中的 CO_2 含量比 H_2S 含量高。

这些酸性气体的带入和生成，对裂解气的进一步加工危害较大。H_2S 含量较高时能严重腐蚀设备，还能使裂解气脱水操作所用的分子筛寿命缩短，使脱炔烃操作所用的钯催化剂中毒(少量硫化物对非钯催化剂可增加其加氢脱炔烃的选择性)。CO_2 在深冷低温操作的设备中结成干冰堵塞设备和管道，破坏正常生产。酸性气体杂质对于产品合成也有危害，例如乙烯低压聚合时，CO_2 和硫化物会使低压聚合催化剂的金属碳键分解，破坏其催化活性；乙烯高压聚合时，CO_2 在循环乙烯气中积累，降低了乙烯的分压，从而影响聚合速率和聚乙烯的分子量。鉴于上述原因，在分离裂解气之前首先要脱除其中的酸性气体。工业上一般是用物理吸收方法，或用化学反应与吸收相结合的方法，采用吸收剂洗涤裂解气，可同时除去 CO_2 和 H_2S、RSH 等。吸收剂最好能满足下列要求：

(1) 对 H_2S 和 CO_2 的溶解度大或反应性能强，而对乙烯、丙烯溶解度小或不起反应；

(2) 在操作条件下其蒸气压低、稳定性高，可减少消耗和避免污染产品；

(3) 黏度小，可节省循环动力费用；

(4) 腐蚀性小，设备可用一般钢材；

(5) 来源丰富价格便宜。

裂解气中的酸性气含量为 0.2%~0.4%(摩)，一般要求将裂解气中的 H_2S 和 CO_2 分别脱除至 10^{-6}以下。一般，乙烯装置采用碱洗法脱除裂解气中的酸性气。当裂解原料硫含量过高时(例如，硫含量超过 0.2%)，为降低碱耗量，可考虑增设可再生的溶剂吸收法(常用乙醇胺法)脱除大部分酸性气，然后再用碱洗法作进一步精细净化，以保证将 H_2S 和 CO_2 脱除至 10^{-6}以下。

可以针对这些要求去寻找和研究各种有效的吸收剂。工业上使用最多的吸收剂是 NaOH 溶液和醇胺溶液等。下面介绍几种工业上常用的吸收剂及其净化方法。

二、碱洗法

(一) 原理

碱洗法是用 NaOH 溶液洗涤裂解气，在洗涤过程中 NaOH 与裂解气中的酸性气体发生化学反应，见反应式[式(3-14)和式(3-15)]。生成的碳酸盐和硫化物溶于废碱液中，因而使酸性气体自裂解气中脱除。

$$CO_2+2NaOH \longrightarrow Na_2CO_3+H_2O \tag{3-14}$$

$$H_2S+2NaOH \longrightarrow Na_2S+2H_2O \tag{3-15}$$

从反应[式(3-14)、式(3-15)]的热力学因素来看，它们的化学平衡常数都很大，倾向于完全生成产物。在平衡产物中，CO_2、H_2S 的分压实际上可降低到零，因此有可能在生产中使 CO_2、H_2S 在裂解气中的含量降低到 10^{-6}以下。

比较 CO_2 和 H_2S 与 NaOH 的反应速率发现，后者的速率要比前者快得多，过程的总反应速率受 CO_2 与 NaOH 反应速率的控制。因此，在进行碱洗塔设计时主要考虑 CO_2 的吸收速率，可忽略 H_2S 的吸收速率，或者是用总酸性气体的含量，即(H_2S+CO_2)的含量来代替 CO_2 的含量进行设计计算。

(二) CO_2 在 NaOH 溶液中的吸收速率

据研究，当用 NaOH 溶液在板式洗涤塔中吸收 CO_2 时，过程受 CO_2 在液相中的扩散控制，气泡与液相之间的传递阻力可以忽略，CO_2 与 NaOH 之间的化学反应可按快速拟一级反应处理。在工业操作条件下，当 c_{OH^-}/c_{CO_2} 的值很大时，CO_2 的吸收速率方程为：

$$r_a = Spy\sqrt{Dkc_{OH^-}} \qquad (3-16)$$

式中 r_a——单位时间单位面积吸收 CO_2 的量，kmol/(m^2 · h)；

S——CO_2 在 NaOH/Na_2CO_3 溶液中的物理溶解度，kmol/m^3；

p——操作压力，MPa；

y——CO_2 的摩尔分数,%；

D——CO_2 在溶液中的扩散系数，m^2/h；

k——反应速率常数，m^3/(kmol · h)；

c_{OH^-}——OH^- 浓度，kmol/m^3。

从上式可以看出，影响 CO_2 吸收速率的因素很多，而这些参数之间又存在着一定的关系。OH^- 浓度是碱液浓度和已经用过的碱量的函数，y 由进、出洗涤塔的总压和对应的气相中 CO_2 的浓度来决定，而 S、D、k 则要受洗涤温度、浓度以及溶液组成的影响。

1. CO_2 的物理溶解度　CO_2 在 NaOH/Na_2CO_3 水溶液中的物理溶解度受溶液的温度和离子强度的影响，通常是随着溶液温度和离子强度的升高而下降。在给定温度下的物理溶解度常用下式计算：

$$\lg \frac{S}{S_0} = -k_s I \qquad (3-17)$$

式中 S、S_0——CO_2 在实际溶液和纯水中的溶解度，kmol/m^3；

k_s——常数，m^3/kmol；

I——总离子强度，kmol/m^3。

$$I = \frac{1}{2}\sum c_i Z_i^2$$

式中 c_i——溶液中 i 离子的浓度，kmol/m^3；

Z_i——i 离子的化合价。

2. CO_2 的扩散系数　扩散系数 D 与溶液的温度和浓度有关，随着温度的升高而升高，随着溶液浓度的升高而下降。在碱和碳酸盐溶液中 CO_2 的扩散系数 D 可从 Arneld 数据利用 Stokes-Einistein 方程估算，该方程如下：

$$\frac{D\mu}{T} = 常数 \qquad (3-18)$$

式中 D——CO_2 的扩散系数，m^2/s；

μ——溶液黏度，Pa · s；

T——绝对温度，K。

碱和碳酸盐溶液的黏度可以用 Hitchcock 的数据估算。

3. 反应速率常数　反应速率常数 k 与溶液的温度、组成和离子强度有关。在给定温度下，反应速率常数 k 随溶液的总离子强度变化，其关系如下式所示：

$$k = k_0 \cdot 10^a \qquad (3-19)$$

式中 k、k_0——实际溶液和无限稀释溶液中的反应速率常数，m^3/(kmol · h)；

a——常数。

综上所述，当吸收过程的温度、压力和溶液的组成确定以后，就可以用以上各式，对 NaOH 洗涤系统中 CO_2 的实际吸收速率进行估算。

(三) 影响碱液洗涤的主要因素

从吸收速率方程的讨论可知，影响吸收速率的因素很多，而且彼此有一定的联系，因此在确定碱洗塔操作条件时，必须对影响吸收速率的因素进行综合分析。

含有酸性气体(假设为 CO_2)的裂解气，在通过各块塔板上的洗涤液以后，其 CO_2 含量从 y_2 下降到 y_1，其下降量是可以计算的。为此对洗涤液总高度 H 的微分高度 $dH(=Ndh)$，进行物料衡算。

$$-Gdy = r_a F_v A dH \tag{3-20}$$

式中 G——裂解气的摩尔流量，kmol/h；

dy——通过微分高度 dH，CO_2 含量的下降量，%(摩)；

F_v——单位体积洗涤液的相界面积，m^2/m^3；

A——洗涤塔的横截面积，m^2。

将式(3-20)代入式(3-16)，得：

$$-Gdy = Spy\sqrt{Dkc_{OH^-}}F_v ANdH \tag{3-21}$$

由于裂解气中的酸性气体含量很低，因此可假设流过洗涤塔任一截面的气体摩尔流速 G 保持恒定。另外，由于洗涤液的循环量与新鲜碱液的加入量相比要大得多，所以可以假设 S、D、c_{OH^-}在洗涤塔亦保持恒定。因此积分式(3-21)，得：

$$N = \frac{G}{F_v AH} \cdot \frac{\ln(y_2/y_1)}{pS\sqrt{Dkc_{OH^-}}} \tag{3-22}$$

由式(3-22)可见，当洗涤塔的 G、y_2、y_1、A 确定以后，理论塔板数 N 由 F_v、H、p、S、D、k、c_{OH^-}诸因素决定。下面讨论各影响因素。

1. 温度的影响　从式(3-22)可见，洗涤塔的塔板数受 D、k、S 的影响，而 D、k、S 都与温度有关，因此所需要的塔板数与操作温度存在着一定的依赖关系。图 3-8 给出了塔板数与温度的关系。由图可见，随着洗涤操作温度的升高所需塔板数是下降的。例如，操作温度为 293K 时，需要 38 块塔板，而温度升高到 323K 时，只需 23 块塔板。

升高洗涤塔操作温度虽然有利于降低塔高，但是温度不能过高，过高的温度将导致裂解气中重烃的聚合，聚合物的生成会堵塞设备和管道，影响装置的正常操作。另外，热碱(>50℃)对设备有腐蚀性，因此碱洗塔的操作温度通常控制在 40℃左右。

2. 压力的影响　提高洗涤塔的操作压力有利于 CO_2 的吸收(如图 3-9 所示)，故碱洗操作通常是在一定的压力下进行的。但是操作压力过高，会使裂解气中的重烃的露点升高，重烃在洗涤塔中冷凝。因此碱洗操作通常是在 0.8~10MPa 下进行。

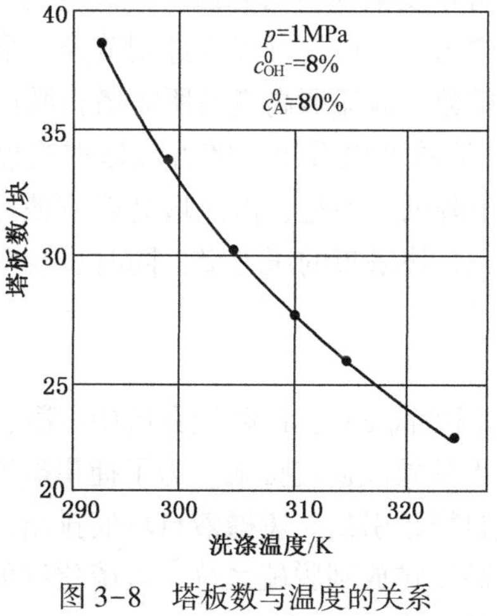

图 3-8　塔板数与温度的关系

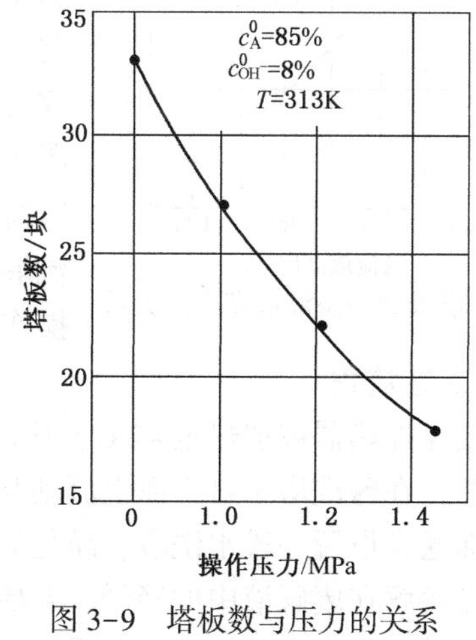

图 3-9　塔板数与压力的关系

3. 洗涤液中碱浓度的影响　从式(3-22)可以看出，塔板数直接与c_{OH^-}有关，而c_{OH^-}受碱浓度和已用掉的碱量的影响。除此以外，碱浓度的大小还将影响D、k、S，因此碱浓度对塔板数的影响是诸因素共同作用的结果(有些影响因素互相增强，有些则互相抵消)。

提高碱液浓度有利于CO_2的吸收(如图3-10所示)，提高碱液浓度可使新鲜碱液加入量及废碱液的排出量下降。但提高碱液浓度对于气液吸收过程来说，吸收速率直接受气液相接触面积的影响。当降低碱用量时，为了不影响气液相的良好接触，必须提高洗涤液的循环次数，最终将增加操作费用。另外，碱液浓度的提高还受Na_2CO_3在洗涤液中的溶解度的限制。碱液浓度的提高会降低Na_2CO_3的溶解度，一旦Na_2CO_3析出就会影响吸收操作的正常进行。同时，随着碱液浓度的提高，裂解气中烯烃的聚合速度也会加快，聚合物的形成会给操作带来一系列的麻烦。

因此，碱液浓度的选择应该既保证一定的吸收速率(所需的塔板数不是很多)，又要使洗涤液的循环次数不多(所需的操作费用不是很大)。碱液浓度通常控制在5%~10%。

除了操作参数的影响外，塔板数还将受碱利用率和塔板结构的影响。

4. 碱利用率的影响　提高碱利用率会降低新鲜碱液的加入量，当洗涤液循环比不变时，为保持气液相的良好接触，必须增加塔板数。因此，随着碱利用率的提高，所需塔板数要增加(见图3-11)，若不增加塔板数，就要增大洗涤液的循环次数(会提高操作费用)。

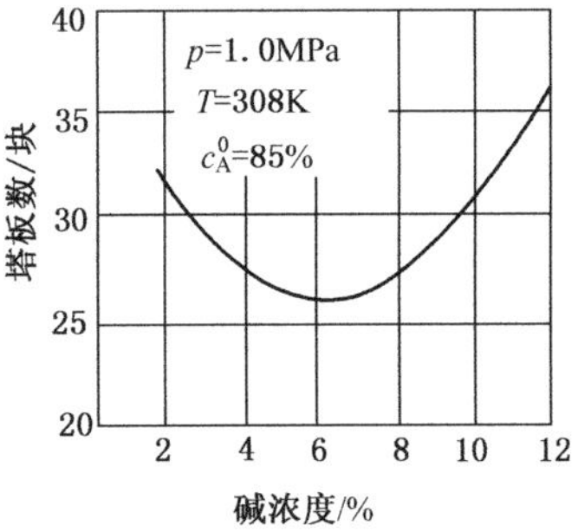

图3-10　塔板数与碱液浓度的关系

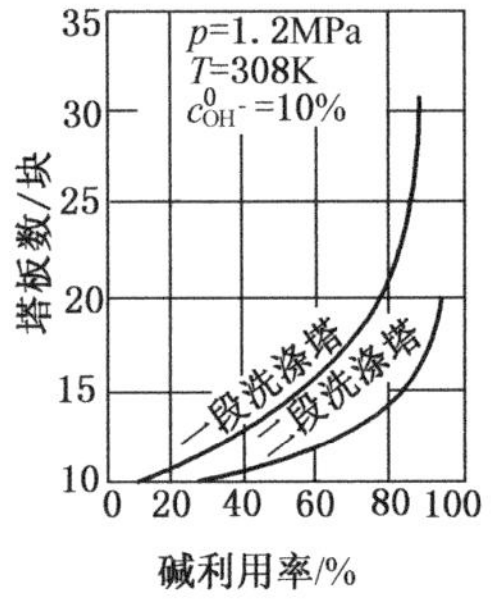

图3-11　塔板数与碱利用率的关系

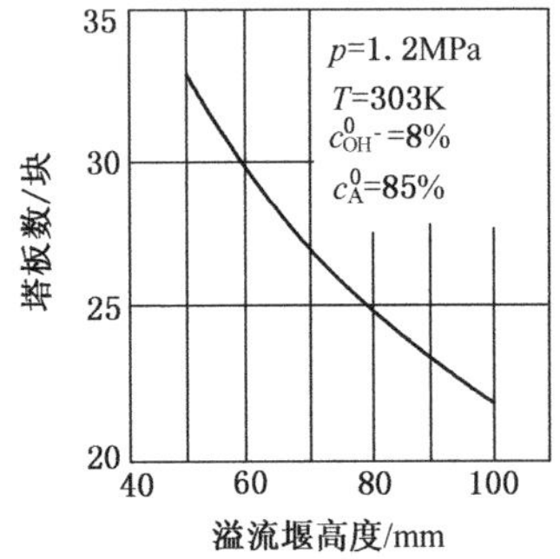

图3-12　塔板数与溢液堰高度的关系

5. 塔板结构的影响　从式(3-22)可见，F_v和H的影响塔板数的两个参数。F_v又是洗涤塔中气体线速度和h的函数，而H受液体负荷和溢流堰高度的影响。因此，从塔板结构角度考虑，可以通过调节溢流堰高度来改变所需的塔板数。溢流堰高度与所需塔板数的关系如图3-12所示。从图可以看出，随着溢流堰高度的提高所需塔板数是下降的。但是，溢流堰高度应该适当，溢流堰过高会增大每块塔板的压力降，同时也会降低塔的操作弹性。

(四) 工艺流程

裂解气经加热器被加热至42℃，比碱洗塔操作温度高2℃，以防烃在塔中冷凝，进入碱洗塔的底部，在碱洗塔中自下而上流动与从上部淋下的碱液逆流接触。为了捕集碱液，在碱洗塔的上部通常设置一段水洗段，净化后的裂解气自塔顶引出。废碱液自塔底排出，进入脱气槽，脱除溶解在废碱液中的轻烃，若硫化物含量高则排放到脱硫系统，含硫化物低可用作燃料气。废碱液经中和后排出净化系统，也可做其他用途。

即使在常温操作条件下，在有碱液存在时，裂解气中的不饱和烃仍会发生聚合，生成的聚合物将聚积于塔釜。这些聚合物为液体，但与空气接触易形成黄色固体，通常称为“黄油”。“黄油”的生成可能造成碱洗塔塔釜和废碱液罐的堵塞，而且也为废碱液的处理造成麻烦。由于“黄油”可溶于富含芳烃的裂解汽油中，因此，常常采用注入裂解汽油的方法，分离废碱液中的“黄油”。

在碱洗塔中新鲜碱液的加入量应该等于净化裂解气中所含的酸性气体所需的碱量，由于酸性气体含量不是很高，所以新鲜碱液加入量不是很多。新鲜碱液一次通过碱洗塔其浓度降低到废碱液的排出浓度，因此全塔碱浓度比较低，因而增加了所需的塔板数，并提高了压力降，其碱的利用率也比较低。

为了解决上述问题，生产中常采用多段碱洗塔。在每一段中碱的浓度下降不多，这样就可以减少所需的塔板数，并降低压力降。

图 3-13 为两段碱洗的工艺流程(以 KTI/TPL 采用的工艺流程为例)。如图所示，裂解气压缩机三段出口裂解气经冷却并分离凝液后，再由 37℃ 预热至 42℃，然后进入碱洗塔。该塔为三段，一段水洗段为泡罩塔板，二段和三段为碱洗段(填料层)，裂解气经两段碱洗后，再经水洗段水洗后进入压缩气四段吸入罐。补充新鲜碱液浓度为 18%~20%，保证一段循环碱液 NaOH 浓度为 5%~7%。部分一段循环碱液补充到二段循环碱液中，以平衡塔釜排出的废碱。二段循环碱液 NaOH 浓度为 2%~3%。

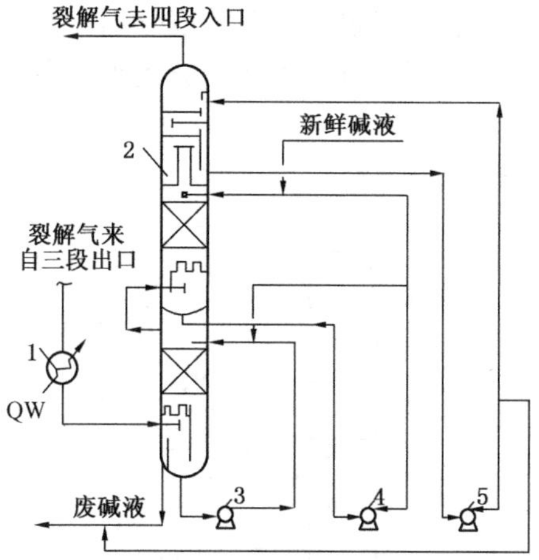

图 3-13 两段碱洗工艺流程

1—预热器；2—碱洗塔；3、4、5—碱液循环泵

林德公司也较多采用两段碱洗，但碱洗工艺系统设在裂解气压缩机四段出口，且入口裂解气不进行预热。

图 3-14 所示为鲁姆斯公司设计采用的三段碱洗工艺流程。与传统三段碱洗工艺相比，

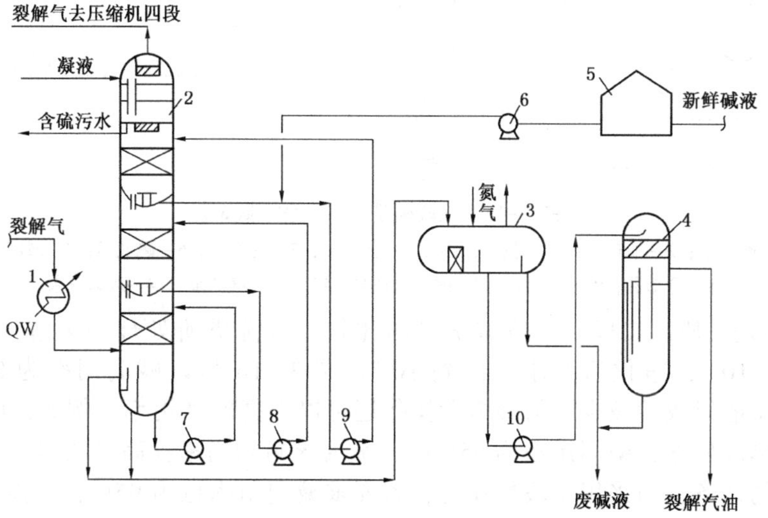

图 3-14 鲁姆斯三段碱洗工艺流程

1—预热器；2—碱洗塔；3—废碱分离罐；4—裂解汽油分离罐；5—碱液槽；
6—碱液补充泵；7、8、9—碱液循环泵；10—废碱液泵

其改进主要在两方面，其一是碱洗塔的三段碱洗均采用填料塔，与采用浮阀塔盘相比，全塔压力降可由浮阀塔盘时的80~120kPa降为50~60kPa，由此可使裂解气压缩机功耗降低1%~1.5%；其二是改进了废碱液与“黄油”的分离，将碱洗塔釜液采出的废碱液与“黄油”一起送入废碱罐，罐内注入一定量裂解汽油，使“黄油”溶解于裂解汽油，再经裂解汽油分离器使废碱与裂解汽油分离，分离出的裂解汽油返回裂解气预处理系统(水洗塔)。此时必须注意碱液和裂解汽油分离，当界面控制不佳时，可能使大量碱液带入水洗塔，由此，不仅造成急冷水乳化，而且可能使碱带入裂解炉。

图3-15为斯通-韦伯斯特公司曾采用的三段碱洗流程。如图所示，压缩机三段出口裂解气经冷却并分离凝液后进入碱洗塔釜，三段循环碱液用急冷水加热，再由碱液加热裂解气。各段循环碱液的碱浓度分别控制为2%、5%~7%、10%~12%。塔釜排出的废碱液加注裂解汽油后，在分离罐内分离废碱中的“黄油”。

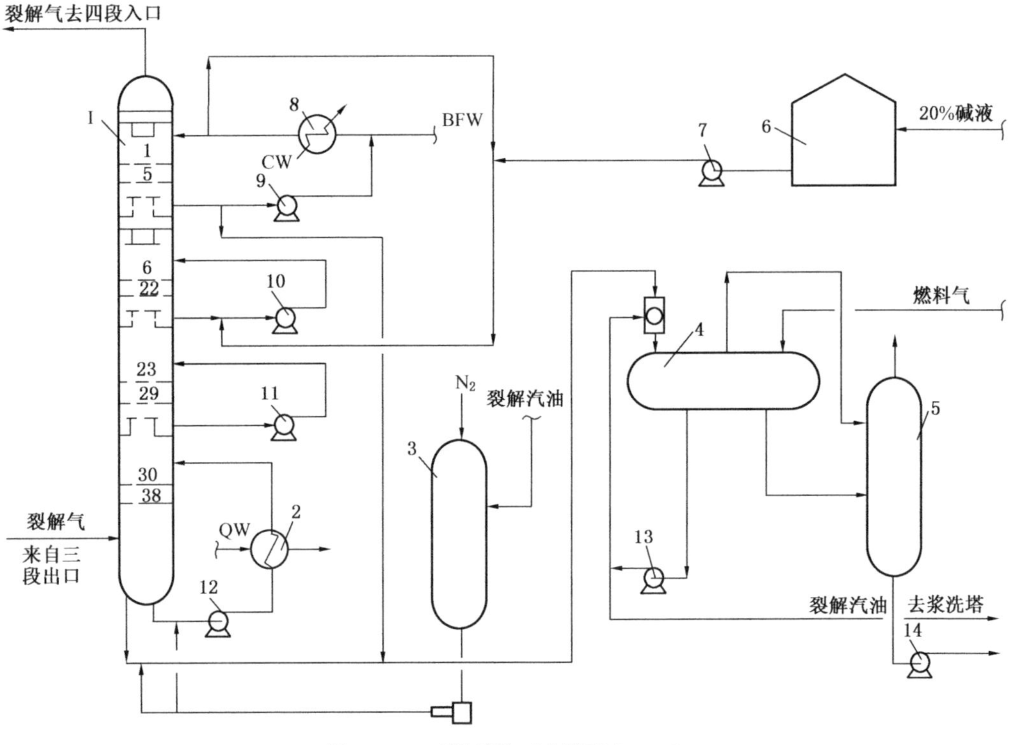

图3-15　三段碱洗工艺流程(S&W)

1—碱洗塔；2—加热器；3—裂解汽油罐；4—分离罐；5—脱气罐；6—碱液槽；7—碱液泵；8—冷却器；9、10、11、12—碱液循环泵；13—裂解汽油泵；14—废碱液泵

图3-16是一段、二段、三段碱洗塔的比较。碱洗塔所处理的裂解气在净化前含CO_2量为40×10^{-6}，净化后要求下降到10^{-6}。图3-16是以碱利用率为85%做比较，段数增多所需塔板数就减少，另外多段操作还可以提高碱利用率。例如，由图3-16可见，当采用单段操作，碱利用率为85%时，欲要求碱利用率提高至95%，必须有42块塔板。同样的任务，当采用二段操作时，若要求碱利用率也为95%，只需要20块塔板就够了。

乙烯装置碱洗塔典型工艺参数如表3-4所示。

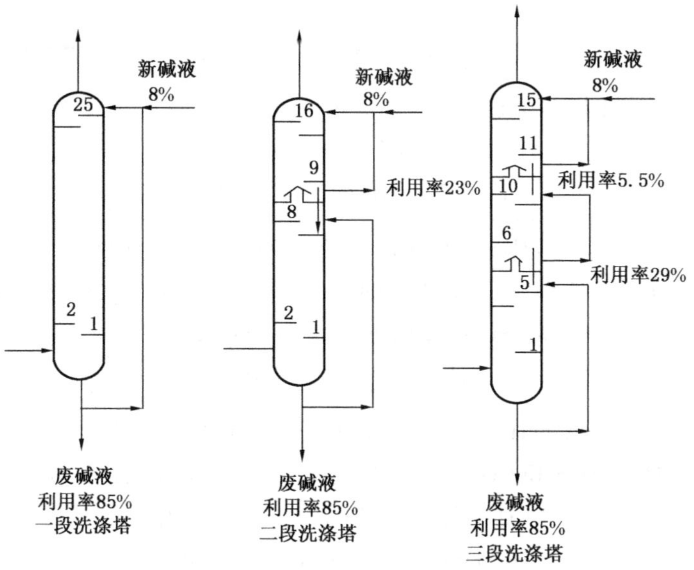

图 3-16 不同段数的碱洗塔比较

表 3-4 乙烯装置碱洗塔典型工艺参数

项 目	装 置 A	装 置 B	装 置 C	装 置 D	装 置 E
工艺技术	KTI/TPL	S&W	Lummus	Lummus	Kellogg
乙烯生产能力/(kt/a)	160	160	140	300	680
碱洗工艺	两段碱洗	三段碱洗	三段碱洗	三段碱洗(长尾曹达法)	三段碱洗
裂解气压缩	五段压缩	四段压缩	五段压缩	五段压缩	五段压缩
碱洗塔位置	三段出口	三段出口	三段出口	三段出口	四段出口
碱洗塔压力/MPa	1.0	1.55	0.97	1.02	2.03
塔釜操作温度/℃	42	49	43	40	43
塔径/mm	2150	2000	1900	2800	2950
塔结构					
水洗段	泡罩板(5个)	波纹板(5个)	泡罩板(3个)	泡罩板(3个)	筛板(5个)
碱洗段	鲍尔环填料(各段8500mm)	波纹板(33个)	鲍尔环填料(各段8500mm)	浮阀塔板(45个)	筛板(30个)
各段碱洗循环量/(m^3/h)	35~40	27~30	28~30	30~35	35~37
裂解气进气量/(kg/h)	63400	62000	51750	114800	195470

三、长尾曹达法

(一) 原理

由反应[式(3-14)、式(3-15)]可见，脱除1mol的CO_2或H_2S理论上需要消耗2mol NaOH，如果能控制碱洗条件，可使反应按下式进行：

$$CO_2+NaOH \longrightarrow NaHCO_3 \qquad (3-23)$$

$$H_2S+NaOH \longrightarrow NaHS \qquad (3-24)$$

因此1mol的CO_2或H_2S理论上只需要消耗1mol NaOH，这就是长尾曹达法(改进的碱洗法)的基本出发点。

(二) 反应历程

当裂解气中 $n(CO_2)/n(H_2S)=2\sim1/3$(摩尔比，下同)时，碱洗操作温度为40℃、操作压力为1MPa时，反应按以下历程进行。当NaOH过量时，反应生成 Na_2S 和 Na_2CO_3：

$$CO_2+2NaOH \longrightarrow Na_2CO_3+H_2O \quad (3-25)$$

$$H_2S+2NaOH \longrightarrow Na_2S+2H_2O \quad (3-26)$$

$$CO_2+H_2S+4NaOH \longrightarrow Na_2CO_3+Na_2S+3H_2O \quad (3-27)$$

当NaOH消耗净后，H_2S、CO_2 和生成的 Na_2S 反应，生成 Na_2CO_3 和NaHS：

$$CO_2+H_2O+2Na_2S \longrightarrow Na_2CO_3+2NaHS \quad (3-28)$$

$$H_2S+Na_2S \longrightarrow 2NaHS \quad (3-29)$$

$$CO_2+H_2S+3Na_2S+H_2O \longrightarrow Na_2CO_3+4NaHS \quad (3-30)$$

当 Na_2S 消耗净后，H_2S 和 CO_2 可继续与生成的 Na_2CO_3 反应，生成 $NaHCO_3$ 和NaHS

$$CO_2+H_2O+Na_2CO_3 \longrightarrow 2NaHCO_3 \quad (3-31)$$

$$H_2S+Na_2CO_3 \longrightarrow NaHCO_3+NaHS \quad (3-32)$$

$$CO_2+H_2S+2Na_2CO_3+H_2O \longrightarrow 3NaHCO_3+NaHS \quad (3-33)$$

上述反应历程可用图3-17表示。由图可见，若反应能进行到终点，溶液中的 Na_2CO_3 将全部被消耗，而NaHS的浓度最高。在实际操作中不可能将 Na_2CO_3 全部耗尽，因为当溶液中存在一定量的 $NaHCO_3$ 时，Na_2CO_3 和 $NaHCO_3$ 就会结晶析出，因此，碱洗操作应避免进入(D)区，最好是控制在(B)、(C)交界的区域进行。析出结晶时的液相组成与浓度的关系参见图3-18。由图可知，当进料气体中 CO_2 与 H_2S 的摩尔比在1/3~2范围内时，即使生成的 $NaHCO_3$ 浓度为1%~2%，只要 Na_2CO_3、NaHS浓度在投影线范围(E)，就会有结晶析出。为在生成 $NaHCO_3$ 时防止结晶析出，需供给NaOH或水，以使 Na_2CO_3 和NaHS浓度下降，保持在(F)范围内。

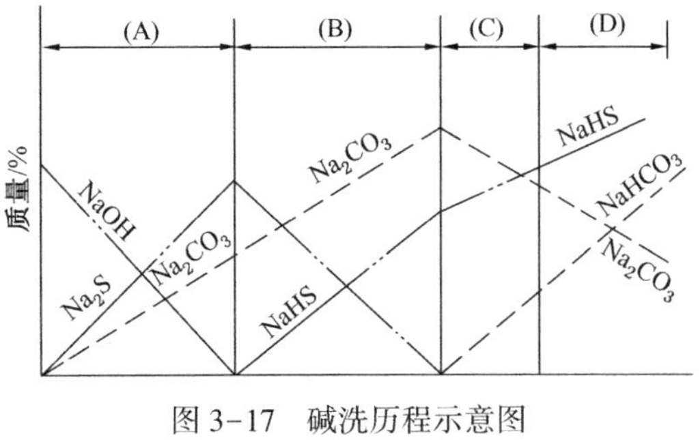

图3-17　碱洗历程示意图

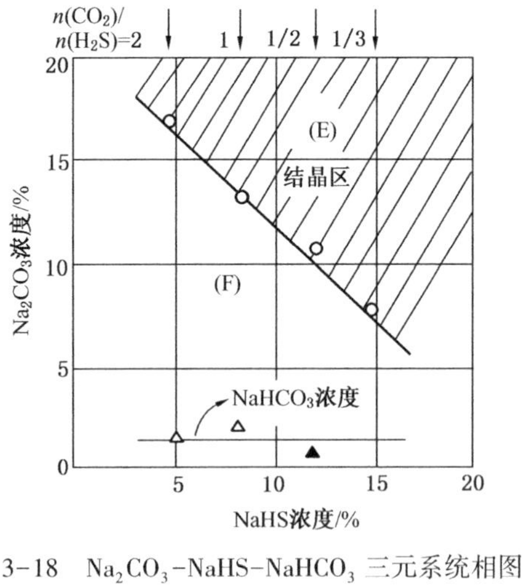

图3-18　Na_2CO_3-NaHS-$NaHCO_3$ 三元系统相图

(三) 工艺流程

图3-19为长尾曹达法工艺流程，全塔分为四段，一段为水洗段(泡罩板)，其余三段为碱洗段(浮阀塔板)。新鲜碱液补入一段碱洗，在按常规碱洗操作时，一段循环碱洗循环液NaOH含量控制为15%左右，二段和三段循环液NaOH含量则分别控制为5%~7%和

2%～3%。按长尾曹达法工艺过程操作时，一段循环液碱浓度控制为8%～10%，二段循环液碱浓度控制为3%～5%。三段循环液碱浓度为零，循环液中无游离碱。显然，按长尾曹达法工艺过程设计碱洗塔，碱洗塔塔板数高于常规碱洗的过程。

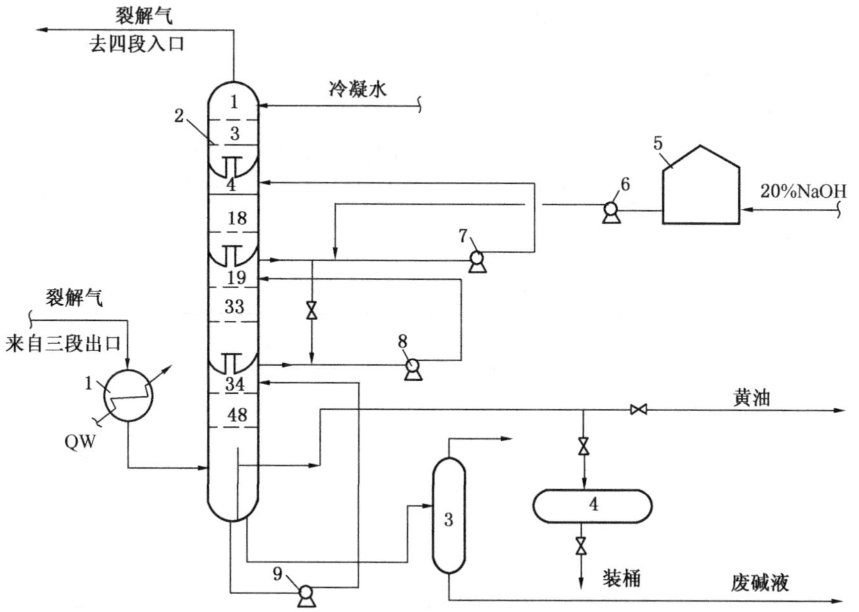

图3-19 长尾曹达法三段碱洗流程

1—预热器；2—碱洗塔；3—脱气罐；4—黄油罐；5—碱液槽；6—碱液泵；7、8、9—碱液循环泵

如图3-19所示装置开车时可按常规碱洗法操作，以后逐步过渡到长尾曹达法，可根据废碱液的颜色使碱洗操作控制在所需要的区域。反应在不同区域时，溶液的颜色如表3-5所示。

表3-5 反应程度和废碱液的颜色

区 域	废碱液颜色	区 域	废碱液颜色
(A)	很淡的浅褐色、透明	(B)、(C)边界	绿色、透明
(B)	橙黄色、透明	(C)	橙色、透明

采用长尾曹达法需采用三段碱洗，上两段的循环碱液中保持一定的游离碱，最下一段的循环液中NaOH含量控制为零。相应，采用长尾曹达法碱洗的废碱液与常规碱洗的废碱液完全不同。以某低硫柴油裂解装置为例，在不同操作方案时，所得废碱液典型组成如表3-6所示。

表3-6 碱洗废碱液的典型组成 %

组 成	长尾曹达法	常规碱洗法
NaHS	4～7	0
Na_2CO_3	9～11	6～8
Na_2S	0～0.5	8～10
Na_2SO_3	0.5～2	—
$Na_2S_2O_3$	0～0.3	—
NaOH	0	2～3
H_2O	平衡	平衡

四、乙醇胺类脱除硫化氢与二氧化碳

(一) 原理

用乙醇胺作吸收剂除去裂解气中的 CO_2 和 H_2S，是一种物理吸收和化学吸收相结合的方法，所用的吸收剂主要是一乙醇胺(MEA)和二乙醇胺(DEA)。

一乙醇胺(MEA)与二乙醇胺(DEA)是气体净化工业中最常用的两种胺类。三乙醇胺由于它的效率低(因为它的当量值较高)、反应能力弱(因为它是叔胺)和稳定性差，所以大部分已经被一乙醇胺和二乙醇胺所取代了。乙醇胺是无色黏稠的吸湿性液体，能以任意比例与水及低碳醇类相混合。其物性如表 3-7 所示。

表 3-7　乙醇胺的主要物性

名　　称	一乙醇胺(MEA)	二乙醇胺(DEA)
分子式	$HOC_2H_4NH_2$	$(HOC_2H_4)_2NH$
分子量	61.08	105.14
沸点(常压)/℃	170.5	269
凝固点/℃	10.5	28
临界常数		
压力/MPa	5.984	3.273
温度/℃	350	442
密度(20℃)/(kg/m³)	1018	1095
蒸气压(37.8℃)/kPa	0.1400	0.0077
黏度(20℃)/mPa·s	24.1	350
对酸性气的吸收能力(以 MEA 为 100)	100	58

醇胺的分子结构特点是分子中至少有一个羟基(—OH)和一个氨基(—NH_2 或 $>$NH)。按一般规律，羟基能降低化合物的蒸气压，并能增加其在水中的溶解度，因而可以配成水溶液。氨基则赋予水溶液以碱性，以促使其对酸性气体杂质的吸收，一般配成 10%~30%水溶液使用。

以一乙醇胺为例，吸收 CO_2 和 H_2S 时，发生如下反应：

$$2HO—C_2H_4—NH_2 \xrightleftharpoons{H_2S} (HO—C_2H_4—NH_3)_2S \xrightleftharpoons{H_2S} 2HO—C_2H_4—NH_3HS \quad (3-34)$$

$$2HO—C_2H_4—NH_2 \xrightleftharpoons{CO_2+H_2O} (OH—C_2H_4—NH_3)_2CO_3$$

$$\xrightleftharpoons{CO_2+H_2O} 2HO—C_2H_4—NH_3HCO_3 \quad (3-35)$$

$$2HO—C_2H_4—NH_2+CO_2 \rightleftharpoons HO—C_2H_4—NHCOONH_3—C_2H_4—OH \quad (3-36)$$

以上反应是可逆反应，其特点是温度低、压力高时反应向右，并放热，温度高、压力低时反应向左，并吸热。

由图 3-20 可见，当温度下降或压力上升(随之 H_2S 蒸气压增大)时，溶液中吸收的被化学结合的 H_2S 增多[摩尔比 $n(H_2S)/n(MEA)$ 上升]。所以，可在常温和常压或加压下吸收 H_2S，而按反应(3-34)的正方向生成$(HO—C_2H_4—NH_3)_2S$，进而生成 $HO—C_2H_4—NH_3HS$，此时的吸收剂称为富液。富液在加热、低压下(或汽提)按式(3-34)的逆反方向分解出 H_2S(解吸)，使吸收剂再生(此时的吸收剂称为贫液)，重新循环使用。可减少消耗量。

由图 3-21 也可看到，温度、压力对一乙醇胺溶液中吸收的被化学结合的 CO_2 量的影响(与图 3-20 有类似的规律)。所以，也可在常温和常压或加压下吸收 CO_2，按式(3-33)、式(3-36)的正方向生成 $HO—C_2H_4—NH_3HCO_3$ 和 $HO—C_2H_4—NHCOONH_3—C_2H_4—OH$。随后，可在加热、低压下(或汽提)使之按反应(3-35)、式(3-36)的逆方向分解出 CO_2(解吸)，使吸收剂再生，重新循环使用。

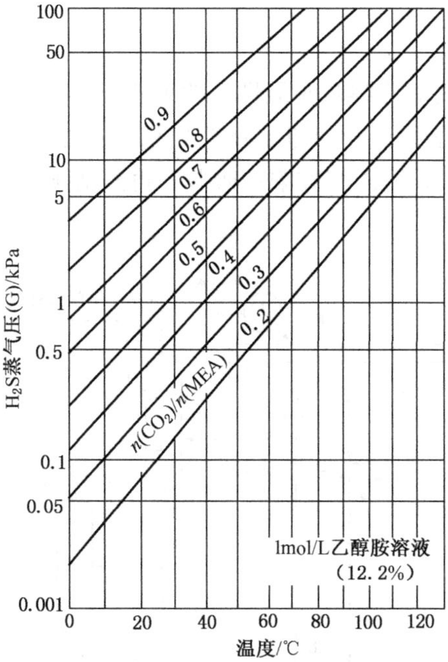

图 3-20 温度、蒸气压对一乙醇胺溶液中被化学结合的 H_2S 含量的影响

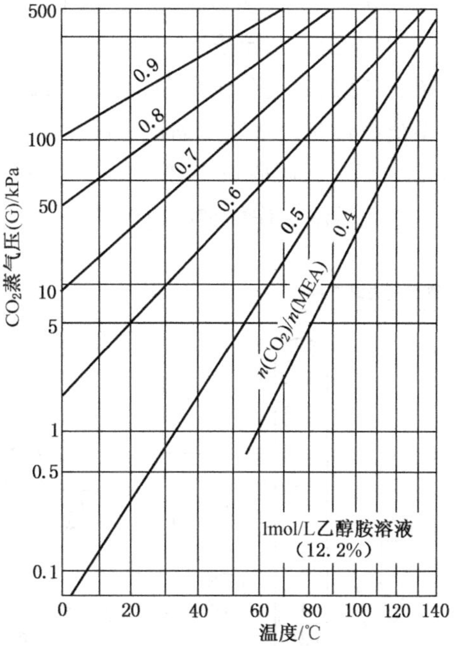

图 3-21 温度、蒸气压对一乙醇胺溶液中被化学结合的 CO_2 含量的影响

在低碳化度($\alpha<0.3$)时，CO_2 的平衡压力可表示如下：

$$\text{MEA：} \lg p_{CO_2} = 15.566 - 4.08\times10^3/T + 2\lg\alpha \tag{3-37}$$

$$\text{DEA：} \lg p_{CO_2} = 12.146 - 2.65\times10^3/T + 1.78\lg\alpha \tag{3-38}$$

式中 p_{CO_2}——平衡压力，Pa；

T——温度，K；

α——碳化度，mol/mol。

在低的 CO_2 分压 p_{CO_2} 下，CO_2 在 MEA 溶液中的溶解度比其他乙醇胺溶液(DEA、TEA)中的溶解度大得多。随着压力的增加，其差别减小，当 $p_{CO_2}>0.1$MPa 时，CO_2 在各种乙醇胺中的溶解度大致相同。

MEA 与羟基硫和二硫化碳反应是不可逆的，反应产生的固体产物将在溶液中累积，不仅造成溶剂损失，而且还需不断过滤以便净化溶液。DEA 与羟基硫和二硫化碳反应速率较 MEA 慢，反应产物也不相同，因此以 DEA 为吸收剂时羟基硫和二硫化碳造成的溶剂损失比 MEA 少。

在乙醇胺溶液中，H_2S 的吸收速率比 CO_2 快得多，但是在 H_2S 和 CO_2 共存时，二者的溶解度均有明显下降。

乙醇胺水溶液是表面活性物质，易于形成稳定的泡沫，尤其在气体及液体负荷较高时，更易起泡。为防止起泡，除限制流速之外，可通过蒸馏和过滤除去系统中的杂质(如硫化铁、重质烃、硫化硫酸盐均可促进起泡)。必要时需注入消泡剂(硅油及高沸点醇)。

含 CO_2 的乙醇胺溶液对碳钢有一定腐蚀性，对碳钢的腐蚀速率为 Cr18Ni10Ti 不锈钢的 10~100 倍。在 115℃，$\alpha=0.65$ 时，对碳钢的腐蚀速率可达 0.34mm/a。提高温度，腐蚀率进一步提高。因此，部分设备应使用不锈钢。

(二) 典型工艺流程

图 3-22 所示是鲁姆斯公司曾在乙烯装置上采用的乙醇胺脱酸性气的工艺流程。乙醇胺洗涤系统设置在裂解气压缩机三段出口，三段出口裂解气经冷却并分离凝液，再用急冷水加热至 45℃后送入吸收塔底部。裂解气中酸性气大部分被乙醇胺溶液吸收，再经塔顶凝液洗涤后，送入碱洗塔作精细净化。

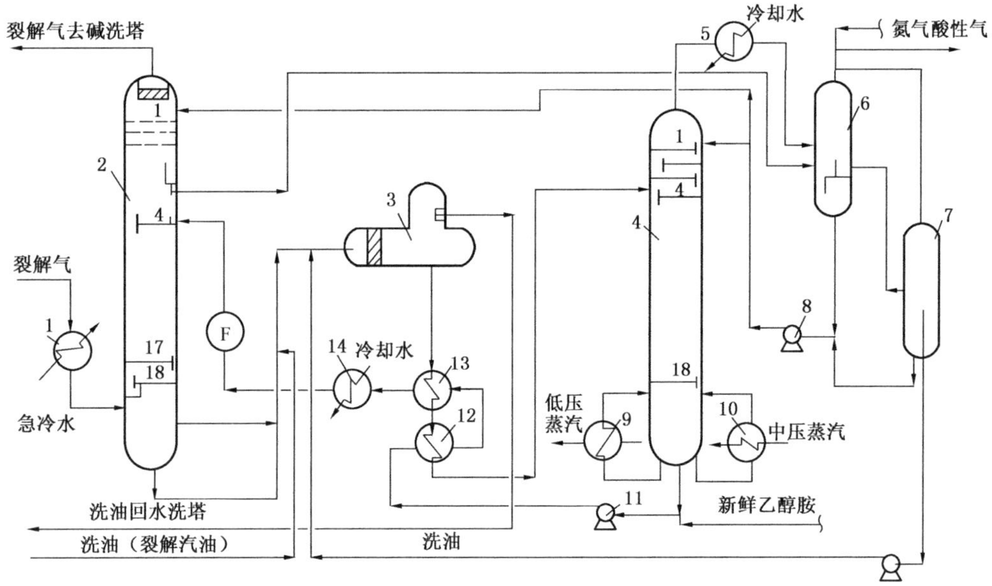

图 3-22　乙醇胺脱除酸性气工艺流程

1—加热器；2—吸收塔；3—汽油-胺分离器；4—汽提塔；5—冷却器；6、7—分离罐；8—回流泵；9、10—再沸器；11—胺液泵；12、13—换热器；14—冷却器

吸收了 CO_2 和 H_2S 的富液由吸收塔塔釜采出，在富液中注入少量洗油(裂解汽油)以溶解富液中的重质烃及聚合物。富液和洗油经分离器分离洗油后，送到汽提塔进行解吸。汽提塔中解吸出的酸性气经塔顶冷却并回收凝液后放空。解吸后的贫液再返回吸收塔进行吸收。

乙醇胺法的缺点如下：

(1) 乙羰基硫(COS)反应后不能再生，所以不宜用于净化 COS 含量高的气体；

(2) 容易腐蚀设备；

(3) 乙醇胺吸收剂在再生过程中一部分要挥发，同时在高温下乙醇胺还易分解；

(4) 由于吸收剂需要再生循环，所以其能耗高；

(5) 乙醇胺溶液吸收时，也能吸收丁二烯和重质二烯烃，再生受热易聚合。

为了克服乙醇胺法的上述缺点，还发展了一种环丁砜-醇胺混合溶液的吸收剂，即Sulfinol法。此法仍可用图3-22所示的设备和流程，可用于脱除CO_2、H_2S、RSH，尚可脱除COS，溶剂不易被COS劣化、不起沫、不腐蚀设备，溶剂负荷大于一乙醇胺溶液。目前，已用于天然气的净化。

（三）过程溶液的选择

一般来说，一乙醇胺溶液可认为是吸收H_2S与CO_2的较好溶剂，除非在特殊条件下才要求采用其他胺类，例如，气体中含有的杂质能与一乙醇胺发生不可逆反应，需要具有选择性，以及要求较低的蒸气损失等。

优先采用一乙醇胺的主要原因，是因为它的价格合适、反应能力强、稳定性好，而且容易从沾污的溶液中回收。它的两个主要缺点是蒸气压相当高，在气体净化操作的大多数条件下能与COS反应而不能再生。前一缺点通常可用简单的水洗从气流中吸收蒸发的胺来克服，后一缺点是一乙醇胺只能用于净化天然气和其他一般不含COS（或CS_2）的气体。在石油炼厂气中通常总含有COS，所以二乙醇胺是被优先采用的溶剂。如果要在CO_2存在下选择地吸收H_2S，一般要用某一种叔胺（三乙醇胺或甲基二乙醇胺）来吸收。但是，这些方法在工业上并没有广泛采用。

胺溶液的浓度可以任意选择，通常是根据腐蚀性与操作经验来选择，而不是按购买胺的价格最低的标准来决定。对于一乙醇胺溶液，一般使用浓度为15%~20%，有时也采用浓度低达10%或高达30%的。通常认为，低浓度的胺溶液对钢制设备的腐蚀性较小。这可能是由于溶液中所含的胺和酸性气体化合物浓度较低之故。根据操作经验，推荐设计选取浓度为15%的一乙醇胺水溶液。

应该注意增加胺浓度通常可减少溶液的循环量，因而可降低操作成本。但这一影响并不像预期那么大，其主要原因是在相当的酸性气体与胺摩尔比的情况下，较浓的溶液上酸性气体的蒸气压也较高的缘故。另外，当试图以较少量溶液吸收同量的酸性气体时，由于反应热使温度大大升高，结果使溶液上酸性气体的蒸气压增大。

从经济上来看，似乎没有理由不使用较浓的二乙醇胺溶液，但浓度较高具有某些缺点，如烃类的溶解度增加与腐蚀性较大。显然，较浓的溶液价格也要更贵些。

（四）在填料塔中吸收CO_2

用一乙醇胺溶液在填料塔中吸收CO_2，从已发表的数据来看，清楚地说明了以常用的胺类吸收CO_2，液膜为控制因素。通常关联时，采用K_{Ga}（气膜总传质系数）比采用K_{La}（液膜总传质系数）更为普遍。因为前者易从实验数据计算，并且当CO_2的脱除效率为主要因素时，对工业吸收塔的设计可直接应用。

一般来说，K_{Ga}随液体喷淋量增加而增加，并随溶液中CO_2浓度的增加而降低。提高温度或胺浓度，会使K_{Ga}增加至一最大值，然后降低。K_{Ga}随溶液上CO_2分压的增高而降低，这种现象可用伴有化学反应的吸收过程所导出的理论方程式来解释。溶液中H_2S浓度与H_2S蒸气压关系如图3-23所示。

斯尼松和雷布斯关于一乙醇胺水溶液吸收CO_2的数据最为完全，但由于这些数据是在填充5~6mm高的玻璃环（直径为2.54cm）的小型塔中得到的，所以应用这些数据作为设计依据的价值便降低。将温度、分压、黏度、溶液中CO_2含量与一乙醇胺浓度等影响联系起来，有如下方程式：

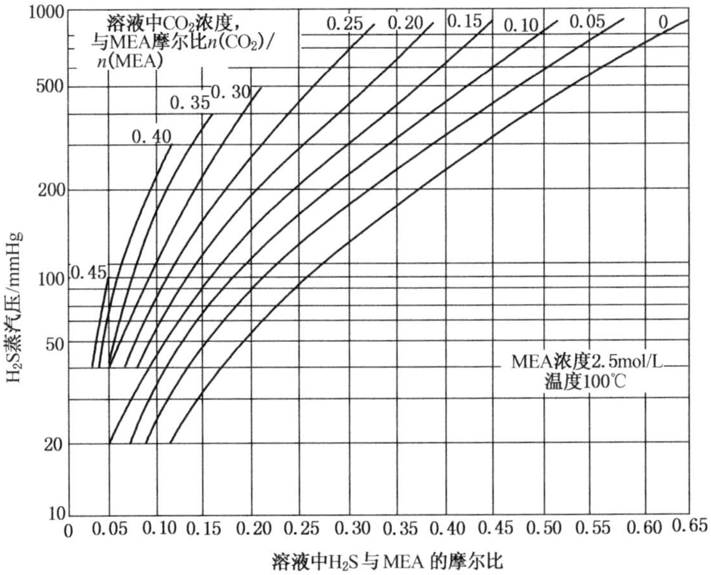

图 3-23　在 100℃下溶解 CO_2 对 2.5mol/L 一乙醇胺溶液上 H_2S 蒸气压的影响(暮包尔与莫那汉的数据)

$$K_{Ga} = 0.56/\mu^{0.68}[1 + 5.7(0.5 - C)Me^{0.0067T-8.4p}] \qquad (3-39)$$

式中　K_{Ga}——气膜总传质系数，1b・mol/(h・ft^3・atm)；

μ——黏度，cP；

C——溶液中 CO_2 与一乙醇胺的摩尔比；

M——溶液中胺浓度，mol/L；

T——温度，℉；

p——分压，atm。

上式是根据液体流量为 695lb/(h・ft^2)与气流速度为 0.09~0.55ft/s 导出的。气流速度无显著影响，但液体流量影响十分重要。若整个阻力在液相中，则 K_{Ga}可假定近似随 $L^{2/3}$变化，而外推至其他液体流量时亦可使用，但有时与指数不甚相符。可是，将斯尼松和雷布斯的数据外推至其他填料尺寸时颇为可疑，因为这个因素对吸收系数的影响还不大清楚。修伍得与贺洛威发现填料尺寸对 K_{Ga}有影响，而且事实上液体流量的指数也受所用填料尺寸的影响。例如，他们的数据指出，当液体流量与斯尼松和雷布斯的值[695lb/(h・ft^2)]差不多时，1/2 英寸填料的 K_{Ga}(CO_2 解吸时)几乎为 2 英寸填料的 2 倍。

将在大塔中一乙醇胺溶液吸收的少数有用数据与斯尼松和雷布斯的数据比较，似乎可以指出，他们所用的小填料的 K_{Ga}值比用 3/8 英寸或更大填料的塔所能预期的 K_{Ga}值大 2~10 倍。

除了上述各变数外，再计及液体流量与填料尺寸的影响，便得如下的一乙醇胺溶液在填料中吸收 CO_2 的一般公式。

$$K_{Ga} = F\left(\frac{L}{\mu}\right)^{2/3}[1 + 5.7(C_e - C)Me^{0.0067T-3.4p}] \qquad (3-40)$$

式中　L——液体流量，lb/(h・ft^2)；

C_e——平衡时溶液中 CO_2 与一乙醇胺的摩尔比；

F——填料形式与尺寸的校正因素，其近似值如表 3-8。

此公式仅适用于 CO_2 分压低于 1/2atm，温度低于 125℉，以及 CO_2 与一乙醇胺的物质的量比小于 0.5 时。

由于 K_{Ga} 对 CO_2 分压与溶液饱和度非常敏感，故发现其值在任何吸收塔中从塔顶至塔底变化均甚大。当取全塔平均 K_{Ga} 值时，两个变数[p 与(C_e-C)]用对数平均值最为满意。

表 3-8 填料形式及尺寸的校正因素

填　　料	F	计算 F 值的根据
5~6 毫米玻璃填料环	7.1×10^{-3}	斯尼松和雷布斯的数据，1 英寸塔、1atm
3/8 英寸瓷质填料环	3.0×10^{-3}	没有发表的 4 英寸塔数据，1atm
3/4×2 英寸聚乙烯泰勒环(Tellerettes)	3.0×10^{-3}	泰勒与福特的数据，8 英寸塔，1atm
1 英寸钢质填料环、1 英寸瓷质鞍形填料	2.1×10^{-3}	泰勒与福特的数据，8 英寸塔，1atm
1½英寸与 2 英寸瓷质填料环	$(0.4\sim0.6)\times10^{-3}$	格里戈里与沙曼以及未发表的两个工业设备的数据，压力(G)为 30~300lb/in^2

式(3-40)对若干填料数据的应用示于图 3-24 中。从此图找出代表各种填料的直线与公用纵坐标(例如 1000)的交点，就可估计 F 值。图 3-24 只采用了格里戈里与沙曼有限的实验次数，因为有很多次实验产品气体中的 CO_2 含量为零，同时也采用了泰勒与福特、斯尼松与雷布斯的数据。很明显，此值不能与对数平均推动力联用。由于这些设备测定的物料衡算不够好，所以选取了根据气体与液体的数据所观察到的 K_{Ga} 的平均值。溶液的物性数据见图 3-25~图 3-30。

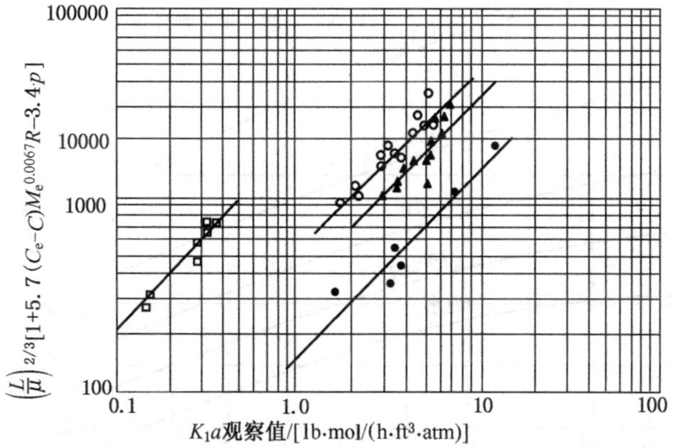

图 3-24 采用不同填料时一乙醇胺溶液吸收 CO_2 的 K_{Ga} 关系图

□—2in 瓷环，11 $\frac{3}{4}$in 内径的塔，格里戈吕和沙曼的数据；

○—1in 钢环，8in 内径的塔，泰勒和福特的数据；

▲—$\frac{3}{4}$×2in 聚乙烯泰勒填料，8in 内径的塔，泰勒和福特的数据；

●—5~8mm 玻璃环，1in 内径的塔，斯尼松和雷布斯的数据

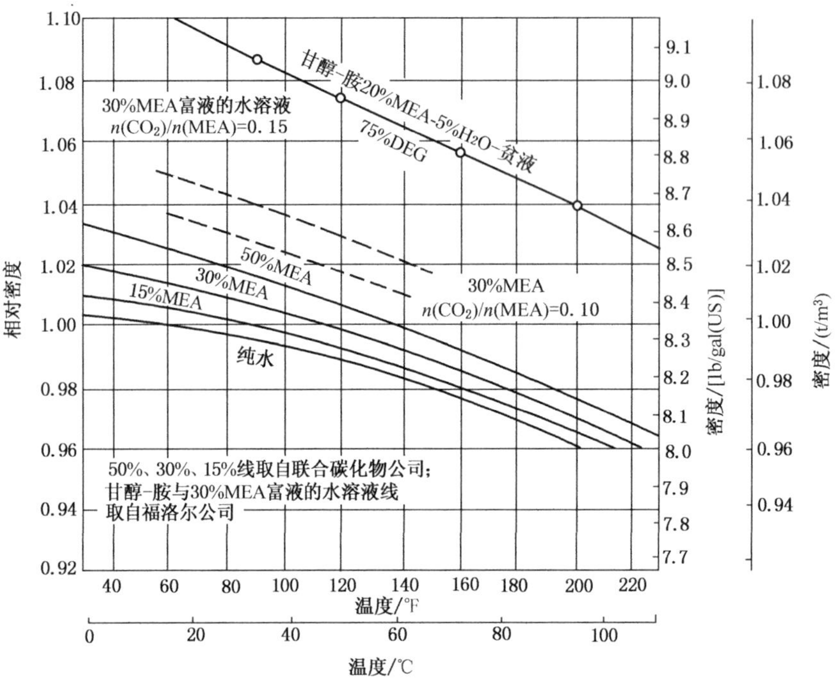

图 3-25　一乙醇胺溶液的相对密度

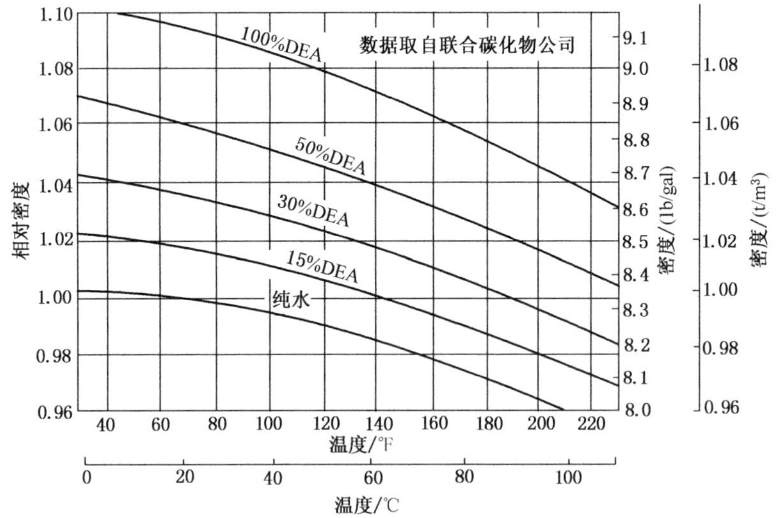

图 3-26　二乙醇胺溶液的相对密度

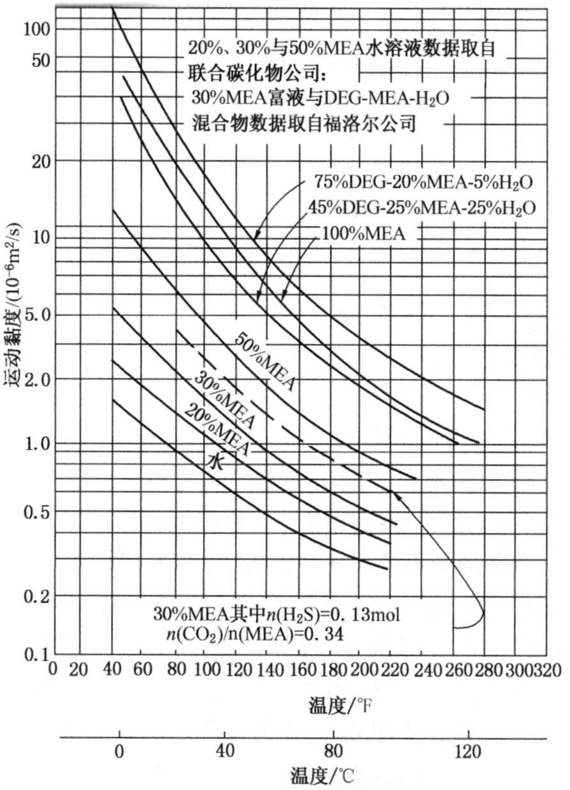

图 3-27 一乙醇胺溶液的黏度

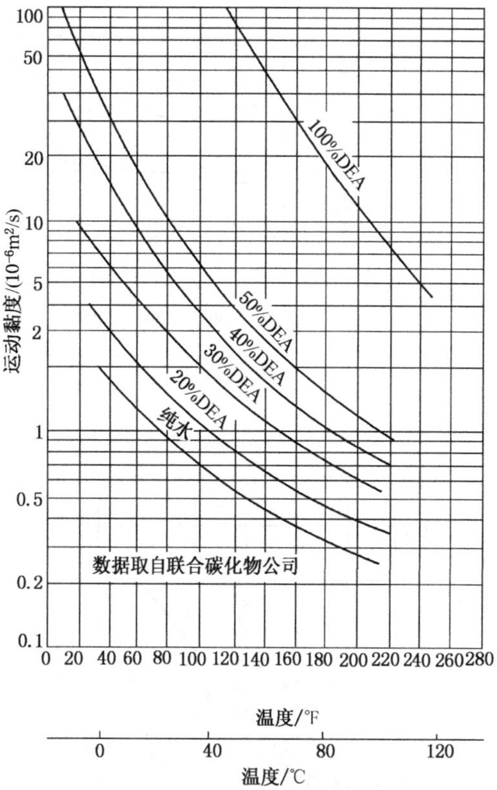

图 3-28 二乙醇胺溶液的黏度

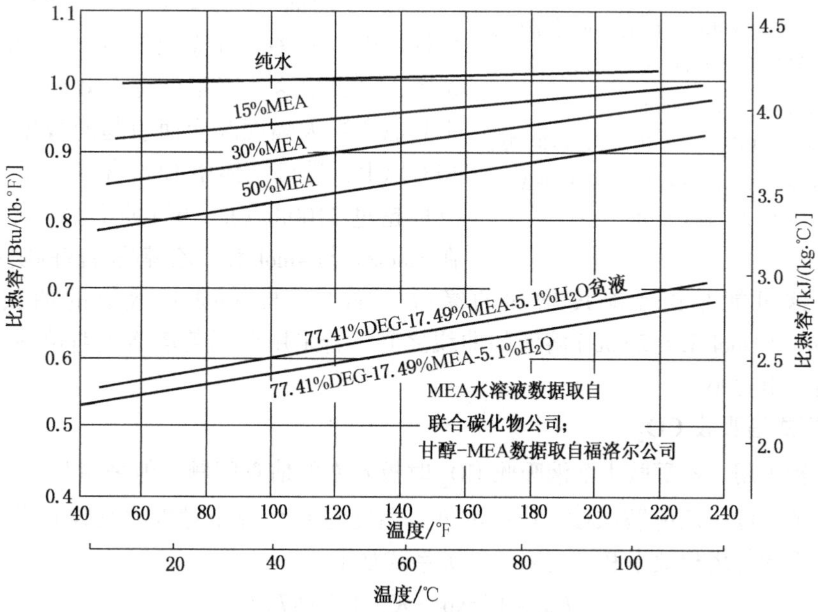

图 3-29 一乙醇胺溶液的比热容

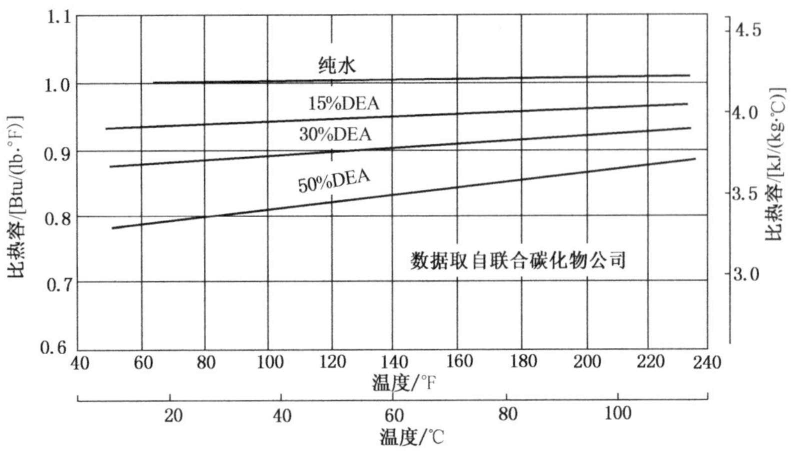

图 3-30 二乙醇胺溶液的比热容

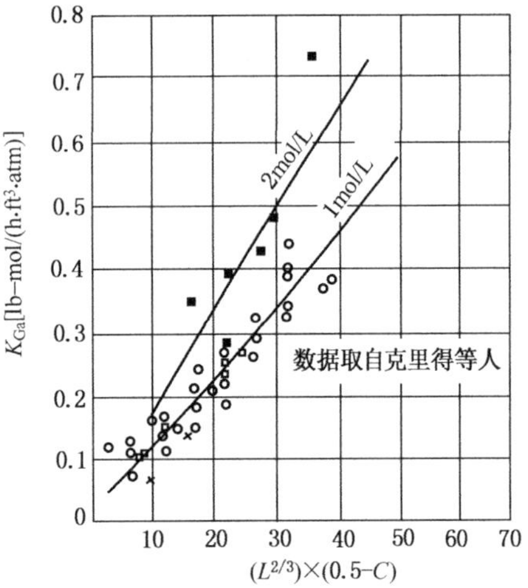

图 3-31 在填充 3/4in 瓷环的 8 英寸塔中，用乙二醇胺水溶液吸收 CO_2 的 K_{Ga} 值

L—液体流量，980~2500 lb/(h·ft²)；

C—液体中 CO_2 与 DEA 的摩尔比，0.175~0.475；

○—0.99mol/L DEA；×—1.07mol/L DEA

□—2.10mol/L DEA

在某些场合下也用二乙醇胺与三乙醇胺吸收 CO_2，但它们的效率比用一乙醇胺低得多。斯尼松与雷布斯的数据在比较三种乙醇胺的吸收效率方面是有价值的，因为他们在同一设备中对每一种乙醇胺都进行了研究。在相同条件下，一乙醇胺溶液的 K_{Ga} 值比二乙醇胺大 2~2.5 倍，比三乙醇胺大 20~30 倍。克里得与马洛内发表了更加接近于工业生产规模的数据，即在设备中用二乙醇胺溶液吸收 CO_2 的数据(在直径为 8in 的塔中填充3/4in 的瓷环)。他们发现，K_{Ga} 随溶液饱和度增加而降低，随溶液流量增加而增加，并随 CO_2 分压增加而降低。其 1mol/L 与 2mol/L 二乙醇胺溶液的 K_{Ga} 数据示于图 3-31。作系数与($L^{2/3}$)×(0.5-C)的关系图，以表示这些因素的综合效应。为了减少由于其他变数大幅度改变而引起的数据分散，凡在 40℃以上，进口气体中 CO_2 含量大于 20%，液体流量超过 2100lb/(h·ft²)的实验均不包括在内。在 3mol/L 与 4mol/L 二乙醇胺溶液的实验中，发现系数降低，这可能是由于黏度增加的缘故。3mol/L 与 4mol/L 溶液的曲线位置落在图 3-31 所示的 1mol/L 与2mol/L溶液的曲线之间。若采用金属英塔洛克斯填料，则传质效率更高，而且阻力小。

(五) 板式塔吸收 CO_2

科耳分析了用一乙醇胺水溶液吸收 CO_2 时板效率的估算问题。他采用与式(3-39)相似的式子关联了黏度、乙醇胺浓度、CO_2 浓度、温度与 CO_2 分压对吸收系数的影响，并根据下式把吸收系数与塔板效率联系起来。其关系式如下：

$$E_{MV}=1-\exp[-K_G(A/V)RT_A] \tag{3-41}$$

式中 E_{MV}——单板的谬弗里蒸气效率；

A——塔板的接触界面，等于接触面 a 与接触高度 h 之乘积，ft^2/ft^2；

V——气体的实际体积，$ft^3/(h \cdot ft^2 \cdot$ 塔板数)；

R——气体常数；

T_A——绝对温度，K。

对于特定的塔，在设计气体速度下测得，$K_G(A/V)$ 可用下式表示：

$$K_G(A/V) = \frac{1.2 \times 10^{-4}}{\mu^{0.68}} \left[1 + 1.2(0.5 - C) M e^{0.0067T - 3.4p} \right] \quad (3\text{-}42)$$

上式是由工业生产塔在 1atm 下，气体以约 35ft/s 的空塔线速度通过泡罩齿缝的操作数据推导而得。当气流速度降低时，塔板效率增加，这可能是由于 A/V 增加的缘故。若在 35ft/s 下 A/V 的校正因素取为 1，则在较低气流速度下的 A/V 校正因素值可由图 3-32 估计。

如果胺溶液中 CO_2 的平衡浓度远高于每摩尔一乙醇胺含 0.5molCO_2 时，则与式(3-40)一样，因素 $(0.5-C)$ 可用 (C_c-C) 代替。该方程式可用于单块塔板，当浓度改变不大时也可用于多块塔板。在后一种情况下，对于温度、黏度与溶液浓度等变数应采用平均值，而 CO_2 分压则取对数平均值较好。

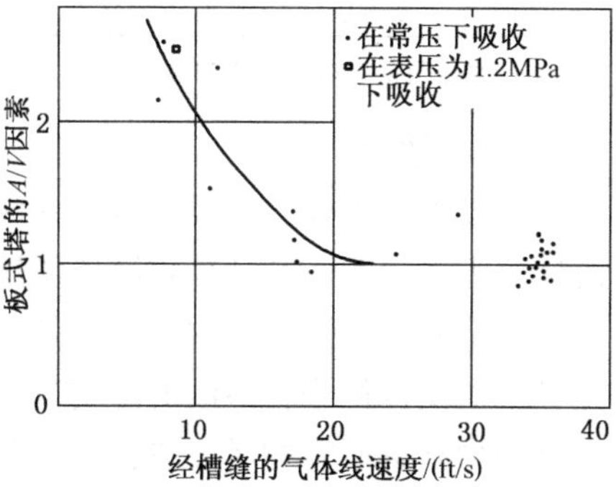

图 3-32　在较低气流速度下 $K_G(A/V)$ 的校正因素

用式(3-42)算出 $K_G(A/V)$，当在必要时对较低气流速度作了校正之后，从式(3-41)便可估算出 E_{MV}。气流中 CO_2 含量由 y_1 降低至 y_2 所需要的塔板数 n，可用下式估算：

$$n = \frac{\ln\left(\frac{y_1}{y_2}\right)}{\ln(1-E_{MV})} \quad (3\text{-}43)$$

式中假定板效率为常数，且液面上的 CO_2 蒸气压为零。

用二乙醇胺溶液操作的塔，其板效率的估算尚没有可以采用的关系式。但若假定相似的关系成立，并且接受斯尼松与雷布斯所发现的在二乙醇胺溶液中吸收 CO_2 时，其 K_{Ga} 近似为一乙醇胺的一半，则可预期板效率为 5%～15%。

（六）H_2S 与 H_2S-CO_2 混合物的吸收

用胺溶液的 H_2S 吸收速率的研究工作，比 CO_2 吸收速率的研究工作做得要少些。但是，设计 H_2S 吸收塔时，一般对缺少吸收速率数据并不担心，因为 H_2S 的吸收效率相当高。事实上，对 H_2S 含量而言，离开胺吸收塔顶的净化气体，确能与进入溶液达到平衡。如果需要非常纯的气体，则解吸塔的操作效果要比吸收塔的操作效果更为重要。

雷布斯与斯尼松研究了用一乙醇胺与二乙醇胺水溶液吸收 H_2S。一般，在相同条件下，H_2S 吸收系数为 CO_2 吸收系数的 3～5 倍。H_2S 吸收与 CO_2 吸收相似，增加乙醇胺转化率，增加气体中酸性气体含量，或降低液体流量，其结果均使吸收系数降低。但是，温度的影响不一样，即使在低温范围内，升高温度也能使吸收系数降低。因为吸收系数较高，所研究的每一种胺对 H_2S 吸收均具有一定的选择性。当混合气体中所含 CO_2 为 H_2S 含量的 2.5～20 倍时，H_2S 吸收系数为 CO_2 的 6～10 倍。表 3-9 为测得的单独吸收 H_2S 时的典型数据。所有实验都是在温度高于 77℉，液体流量为 400lb/($h \cdot ft^2$) 条件下进行的。

表 3-9　一乙醇胺和二乙醇胺溶液中 H_2S 的吸收系数[①]

吸收剂	气流中 H_2S/%		溶液中 H_2S 与乙醇胺的摩尔比		K_{Ga}/[lb·mol/(h·ft^3·atm)]
	进口	出口	进口	出口	
2.5mol/L 一乙醇胺	1.08	0.11	0.007	0.107	39.9
2.5mol/L 一乙醇胺	1.08	0.40	0.207	0.275	25.6
2.5mol/L 一乙醇胺	8.80	3.86	0.007	0.378	11.2
2mol/L 二乙醇胺	2.62	0.39	0.007	0.101	12.8
2mol/L 二乙醇胺	2.56	1.64	0.266	0.315	5.7

①斯尼松与雷布斯用直径 25.4mm 吸收塔，内填充 5~6mm 玻璃填料所作的数据。

(七)解吸

与吸收塔同样，解吸塔可设计成填料塔或板式塔，而且塔径可按通用的设计公式计算。设计的主要问题，是计算再沸器的热负荷与确定所需要的塔高。

在普通的解吸操作中，热量是通过再沸器管内由蒸汽或热介质供应的。必须供应足够的热量，以便提供进料溶液的温度升高至贫液离开再沸器温度所需要的显热，提供胺-酸性气体化合物分解所需的反应热，使水蒸发成蒸汽与酸性气体一起离开塔的解吸段。

典型的一乙醇胺与二乙醇胺溶液的比热容数据示于图 3-29 与图 3-30，相对密度见图 3-25 和图 3-26。图中有一富液的数据，以说明酸性气体对富液比热容的影响。必须注意，甘醇-胺溶液由于甘醇的影响，其比热容较水溶液为低。

表 3-10 列出了反应热的近似值。当一乙醇胺溶液中 CO_2 与一乙醇胺的摩尔比(表示了碳酸盐或氨基甲酸酯的浓度)增至 0.5 时，CO_2 与一乙醇胺的反应热几乎为常数。当 CO_2 浓度较高时，反应热急剧下降。H_2S 与一乙醇胺的反应热，虽然没有明显地发生突变，但也随溶液中的 H_2S 浓度而有一些改变。

表 3-10　乙醇溶液吸收 H_2S 与 CO_2 的反应热

酸性气体	胺类	反应热/(kJ/kg)	酸性气体	胺类	反应热/(kJ/kg)
H_2S	一乙醇胺	1907	CO_2	一乙醇胺	1919
H_2S	二乙醇胺	1189	CO_2	二乙醇胺	1519
H_2S	三乙醇胺	930	CO_2	三乙醇胺	1465

解吸所需蒸汽量，取决于产生产品气体所需要的溶液纯度、解吸塔的高度以及溶液的性质。随酸性气体离开解吸塔的蒸汽，通常被冷凝作为回流液返回塔中，结果在热负荷中增加了操作对显热与潜热的需要。离开解吸塔的酸性气体中水与解吸的酸性气体的摩尔比通常称为“回流比”，在设计中可用来衡量解吸蒸汽的数量。在工业操作、设计中，在采用一乙醇胺水溶液净化高压天然气，且对气体纯度要求很严时，常用的典型回流比为 3∶1；在类似的要求下，使用甘醇-胺时，为 1∶1；当采用一乙醇胺水溶液而要求不高时，以及对大多数的二乙醇胺净化装置，为 2~2.5∶1。

解吸塔所需的塔板数(或填料高度)，通常不是根据严格的计算而是凭经验确定的。对于常用的一乙醇胺水溶液与二乙醇胺净化装置或用甘醇-胺的净化装置，其典型解吸塔在加料位置以下有 12~20 块塔板，而在加料位置以上，为了防止胺的蒸发损失，有 2~6 块塔板。分流设备显然需要更多的塔板。例如，其中有一座解吸塔共有 33 块塔板，并且其底板和自下向上第 17 块板上装有升气管板。

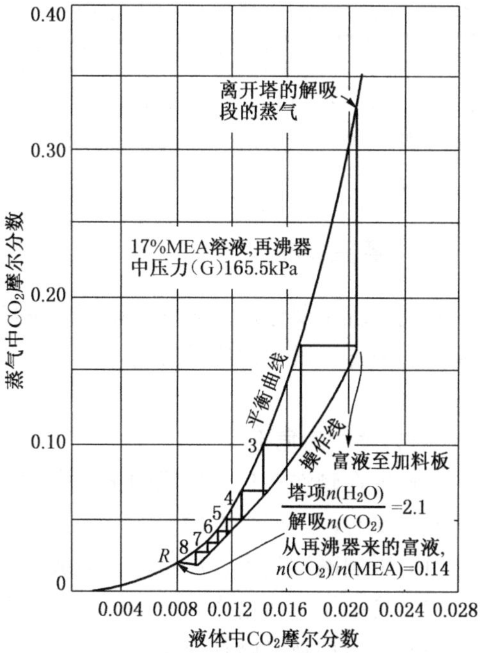

图 3-33 从一乙醇胺水溶液中解吸 CO_2 的塔板数计算

对于不易挥发的胺，例如二乙醇胺与三乙醇胺，为了充分回收胺蒸气时，在加料板以上所需要的板数较少。典型的二乙醇胺与三乙醇胺净化装置用2~4块塔板，一乙醇胺用4~6块塔板，单从平衡条件看，此塔板数似乎太保守。但必须注意，在解吸塔的加料板上可能发泡，所以在加料位置以上的塔板可用来脱除蒸气以及夹带的胺沫。

从一乙醇胺水溶液中脱除 CO_2，最困难的是解吸操作，因为一乙醇胺-CO_2 化合物比较稳定。图 3-33 所示为 17%一乙醇胺水溶液解吸塔的近似逐板分析。平衡曲线系从有效的蒸气压数据外推而得，由于在加料位置与再沸器之间的溶液中水含量有变化，所以液体浓度用 CO_2 对水与一乙醇胺的摩尔分数来表示。解吸塔的假定操作条件为：

（1）再沸器压力为0.166MPa，温度为116℃；

（2）塔顶压力为 0.14MPa，温度为 98℃。

可以看出，8 块理论塔板与足够量的水蒸气可使每摩尔离开解吸段的 CO_2 产生 2.1mol 的水，而从再沸器出来的贫液中每摩尔一乙醇胺含 0.14mol CO_2。由平衡曲线形状可知，增加塔板数对降低所需回流比的意义不大。

（八）废胺液的处理

裂解气脱除酸性气体过程中，胺（如一乙醇胺）可发生降解，生成硫代硫酸盐或碳酸铵等，大部分可再生循环使用，一部分作废胺液。对年产 300kt 乙烯装置大约每吨乙烯产生废胺 0.03~0.04kg。大部分一乙醇胺从降解物中回收后返回胺洗系统再利用，少部分浓缩物专门储存在废胺槽里，集中去焚烧炉焚烧。

（九）醇胺法与碱洗法的比较

醇胺法与碱洗法相比，其主要优点是吸收剂可再生循环作用，当酸性气含量较高时，不论从吸收液的消耗还是废水处理量来看，醇胺法明显优于碱洗法。

醇胺法与碱洗法相比，其主要缺点如下：

（1）醇胺法对酸性气杂质的吸收不如碱洗彻底，一般，醇胺法处理后的裂解气中酸性气含量仍达$(30 \sim 50) \times 10^{-6}$，尚需在醇胺法处理裂解气后，再用碱洗法进一步脱除裂解气中的酸性气，使 CO_2 和 H_2S 含量均低于 10^{-6}，以满足乙烯生产的要求。

（2）醇胺液吸收剂虽可再生循环使用，但由于挥发和降解，仍有一定损耗。由于 MEA 等醇胺液与羟基硫、二硫化碳反应是不可逆的，气体中这些硫化物含量高时，吸收剂损失更大。

（3）醇胺水溶液呈碱性，但当有酸性气存在时，溶液 pH 值急剧下降，从而对碳钢设备产生腐蚀。尤其在酸性气浓度高而且温度也高的部位（如贫富液换热器、汽提塔及再沸器），腐蚀更为严重。因此，醇胺法对设备材质要求高，投资相应较大。

（4）醇胺溶液可吸收丁二烯和其他二烯烃，吸收二烯烃的吸收剂在高温下再生时易生成聚合物，由此既造成系统结垢，又损失了丁二烯。

因此，一般情况下乙烯装置均采用碱洗法脱除裂解气中的酸性气，只有当酸性气含量较高(例如：裂解原料硫含量超过0.2%)时，为减少碱耗量以降低生产成本，可考虑采用醇胺法预脱裂解气中的酸性气，但仍需用碱洗法进一步作精细脱除，以保证裂解气中 CO_2 和 H_2S 均小于 10^{-6}。

五、黄油抑制

碱洗系统主要作用是脱除裂解气中的硫化氢和二氧化碳等酸性气体，防止后续工段使用的催化剂中毒，避免深冷系统内形成干冰。因此碱洗系统的稳定运行影响到整个乙烯装置的正常运行。

(一) 黄油的危害

裂解气在碱洗过程中生成的黄油常常会影响碱洗效果和碱洗系统的正常运行。黄油造成的危害主要有以下四个方面：

(1) 影响碱洗效果，严重时会造成裂解气碱洗不合格，影响下游处理。

(2) 易结垢，堵塞塔内分布器、塔盘和/或填料，缩短碱洗系统的运行周期。

(3) 会增加新鲜碱补充量，加大装置运行成本。

(4) 会造成废碱液的含油量和COD指标不合格，给下游处理设施的操作带来困难。

为了延长碱洗系统运行周期，需要采取有效措施抑制黄油的生成。

(二) 黄油的组成及生成机理

1. 黄油的组成　黄油是裂解气在碱洗过程中生成的聚合物的统称。根据黄油的红外光谱分析结果，黄油主要由烯烃聚合物以及含氧聚合物组成。

2. 黄油的生成机理　由于碱洗过程中会有部分丁二烯等不饱和化合物冷凝或溶解在碱液中，这些不饱和化合物会聚合生成黄油主要组成之一的烯烃聚合物。一般认为不饱和化合物在痕量氧、热和金属离子的作用下易形成自由基，然后链增长，形成聚合物。自由基引发生成聚合物的反应过程如下：

(1) 链的引发：　$$RH+O_2 \longrightarrow R\cdot +HOO\cdot \tag{3-44}$$

产生的自由基R· 非常活泼，与氧继续反应生成过氧化物自由基 $R\cdot +O_2 \longrightarrow ROO\cdot$，过氧化物自由基又夺取烃类分子中的H，生成过氧化物和新的自由基。

(2) 链的转移：　$$ROO\cdot +RH \longrightarrow ROOH+R\cdot \tag{3-45}$$

新的自由基又与氧进行反应，使链得以增长，过氧化物在金属离子的诱发下，夺取烃类分子中的H而再次产生新的自由基：

$$ROOH \longrightarrow RO\cdot +OH\cdot \tag{3-46}$$

$$RO\cdot +RH \longrightarrow ROH+R\cdot \tag{3-47}$$

$$OH\cdot +RH \longrightarrow H_2O+R\cdot \tag{3-48}$$

(3) 链的增长：　$$M+R\cdot \longrightarrow MR\cdot\ (=M_n\cdot)$$

(4) 链的终止：　$$2M_n\cdot \longrightarrow \text{聚合物(黄油主要组成之一)}$$

$$R\cdot +ROO\cdot \longrightarrow ROOR \tag{3-49}$$

含氧聚合物主要来自于裂解气中的醛或酮在NaOH的作用下发生的Aldol缩合反应，即两个分子 α-位碳原子上有活泼氢原子的醛或酮，在NaOH作用下，反应生成 β-羟基醛，然后进一步加成至一定分子量的聚合物(黄油主要组成之一)，即：

醛：

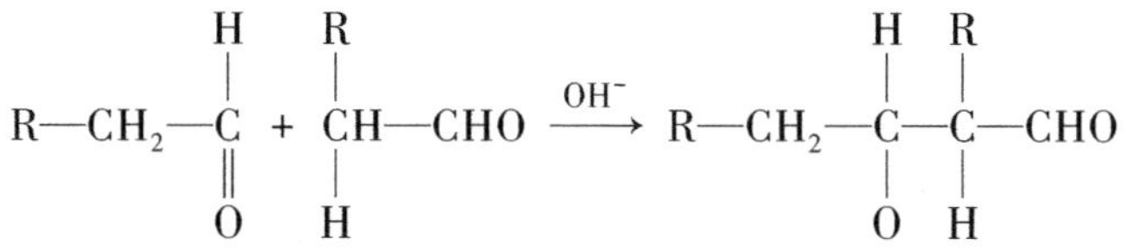

(3-50)

或酮：

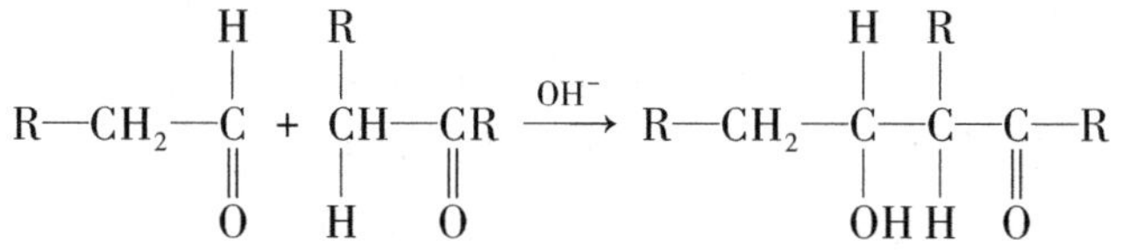

(3-51)

……

（三）影响黄油生成的因素

从黄油的生成机理可知，以下因素将会影响黄油的生成：

1. 碱洗塔温度和裂解气进塔温度　碱洗塔温度偏高，易造成不饱和化合物聚合生成黄油；而裂解气进塔温度偏低，则易造成裂解气中的较重组分冷凝或溶解在碱液中，提高了聚合反应物的浓度，也会促进聚合反应的进行。

2. 氧含量　系统中的氧气会影响黄油的生成：一方面氧气存在会诱发不饱和化合物的聚合；另一方面氧气的存在会促进醛酮等羰基化合物的生成，进一步发生 Aldol 缩合反应生成黄油。

3. 碱浓度　碱洗塔中的碱浓度较高时，会提高碱洗效果；但是碱浓度偏高，又易促进醛酮 Aldol 缩合反应生成黄油。

（四）抑制黄油生成的措施

根据黄油的生成机理，可采取以下措施抑制黄油的生成：

1. 优化裂解气进塔温度和碱洗塔温度　要在裂解气进塔温度和碱洗塔温度之间寻找一个平衡点，既要防止裂解气进塔温度偏低造成大量不饱和化合物的冷凝，进一步聚合生成黄油，又要防止碱洗塔温度偏高加速聚合反应。根据装置的实践经验，碱洗塔的温度控制在 40~43℃比较适宜。还有一种方法值得推荐：在裂解气进塔前设置两个换热器，通过第一个换热器将裂解气适当降温，除去裂解气中较重组分；再通过第二个换热器将裂解气适当升温，避免裂解气在碱洗过程中降温过多，造成冷凝。

2. 消除系统中的氧气　氧气主要来自装置开车初期，由于置换氧气不到位，仍然会有微量的氧气存在。应尽可能将碱洗系统中的氧气彻底置换。

碱洗系统在运行过程中也会带入少量氧气。通常是由于在进新碱液时，特别是在每次向新碱罐进碱液后，用空气吹扫新碱液注入管线时，会将部分氧气带入碱罐中，然后这部分氧气便会随碱液进入碱洗塔内。应尽可能在向碱罐注碱时先将氧气置换干净然后再进行注入；碱罐新碱液注入后，再用氮气吹扫管线，减少进入碱罐的氧气。

3. 控制碱浓度　严格控制各段碱浓度，尤其是弱碱浓度。碱洗塔各段碱浓度只要能够保证足够化学吸收反应即可，浓度不必过高。碱浓度过高会造成 Aldol 缩合反应加快，促进黄油的产生。弱碱段是脱除裂解气中的硫化氢和二氧化碳等酸性气体的第一道关口，是生成黄油的主要场所，弱碱浓度控制尤其重要，控制在 2%左右比较合适。

4. 使用黄油抑制剂　使用黄油抑制剂可以在不改变工艺条件的情况下进行，能有效抑制黄油的生成，方便易行，已在多家乙烯装置中有成功的应用案例。

（1）黄油抑制剂的作用机理。黄油抑制剂是根据黄油的生成机理，采取标本兼治，治本为主、治标为辅的思路研制而成的。它的主要作用机理为：

① 治本部分能尽量防止自由基的生成，一旦自由基形成，能迅速与自由基反应，中止

链增长。

$$R\cdot + I\cdot \xrightarrow{\text{极快}} RI \quad (3-52)$$

R· 为自由基，I· 为高效链终止剂。

该反应极快，几乎不可逆，从而基本上消除了自由基，达到了迅速终止链增长的目的。

② 治标部分一旦黄油产生，它能将黄油分散在碱液当中，使之不易在设备表面黏附，同时清净一部分黏附在设备表面上的黄油，改善吸收效果。

(2) 国内黄油抑制剂的主要产品。国内黄油抑制剂开发起步较晚。1994 年大庆石化化工一厂碱洗系统废碱中出现黄油超标，影响后续工段处理，急需解决该问题。杭州市化工研究院闻此音讯，立即组织研发人员攻关，开发出黄油抑制剂 HK-1312，并提供产品给大庆石化化工一厂进行工业化考核，通过考核后相继在茂名乙烯、扬子乙烯、燕山乙烯、东方乙烯、广州乙烯、兰州乙烯和中原乙烯等装置上推广应用，业绩得到业内的认可。

上海良田化工有限公司 2000 年根据上海石化 2# 乙烯装置生产需求，开发了黄油抑制剂 LT-5，该产品在工业装置上应用成功，之后被推广到上海石化 1# 乙烯和上海赛科乙烯。尤其 LT-5 在上海赛科乙烯装置碱洗塔的应用为其碱洗系统连续运行近四年提供了必要条件，产品性能得到了充分的验证，深受用户好评。

(3) 黄油抑制剂的使用方法。

① 注入点。分别选择在各段碱输送泵之前。注入系统示意图如图 3-34 所示。

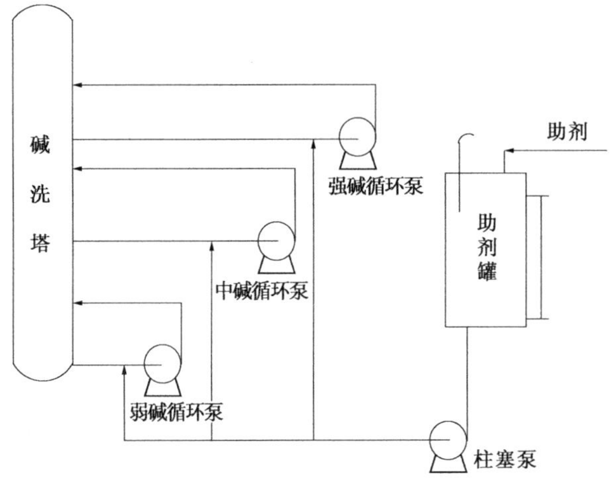

图 3-34　黄油抑制剂注入系统示意图

② 注入量。注入量以裂解气中三烯烃(乙烯、丙烯、丁二烯)总量为基准(因为根据黄油生成机理可知，黄油聚合单体主要由这三种烯烃衍生而来)，浓度为 20~80μg/g。具体浓度应视裂解原料、装置工况以及抑制黄油的要求等来确定。

③ 使用效果评价。评价黄油抑制剂优劣的主要依据是使用助剂前后各段的黄油生成量、塔的碱洗效果及废碱液中的油含量和 COD 指标的变化情况。

总之，通过控制碱洗塔温度、裂解气进塔温度、系统当中的氧含量、碱浓度以及使用黄油抑制剂可有效抑制黄油的生成。

六、裂解气干燥

裂解气中含有水，这些水分在深冷分离操作时会结成冰。另外，在高压和低温条件下，水还能与甲烷、乙烷、丙烷等烃生成烃水合物（白色结晶物），简称水合物，例如 $CH_4 \cdot 6H_2O$、$C_2H_6 \cdot 7H_2O$、$C_3H_8 \cdot 17H_2O$ 等。图 3-35 表示了各种烃水合物的生成条件，其各线表示了各种物质生成水合物的起始条件。只要操作温度和压力所对应的点处在图线左上方的区域，即生成水合物。例如，当有水分存在下，混合气中 C_3H_8 的分压为 506.5kPa，温度降到 5℃时，就能生成水合物。如继续升高压力或降低温度，也能生成水合物。一般的规律是压力愈高，生成水合物的起始温度也愈高，但到达某状态后，压力再升高，其生成水合物的起始温度不变，如图中垂直于横坐标的线段所示的位置。对于烃类混合气体，则生成水合物的起始条件可由其相对密度来预计。见图 3-36。

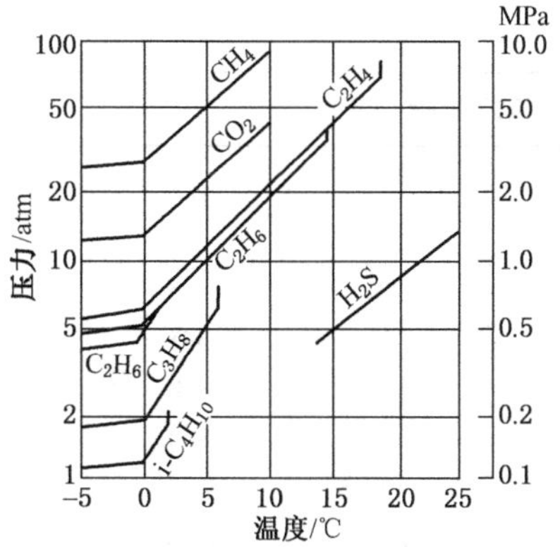

图 3-35　各种物质生成水合物的温度和压力

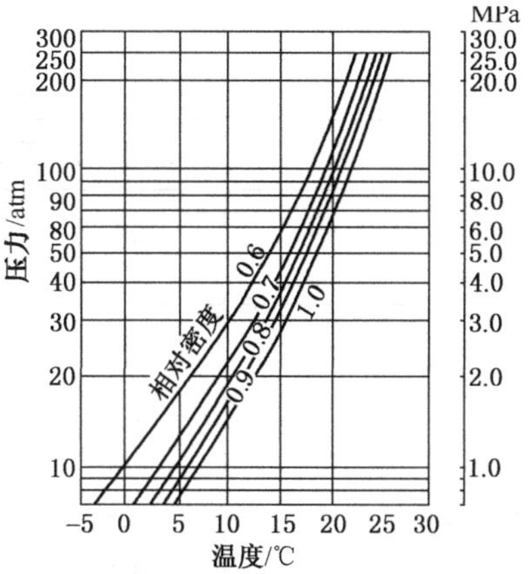

图 3-36　烃类气体生成水合物的温度和压力

图 3-35 中曲线为裂解气经压缩、除去重组分后的相对密度，曲线所对应的温度和压力即为该相对密度下的裂解气生成烃水合物的起始条件，凡温度和压力的点落在曲线左上方的区域，即能生成烃水合物。由图可见，裂解气如含有水分不脱除，就能与烃在塔内或管道内生成烃水合物。冰或烃水合物结在管壁，增加动力消耗，甚至堵塞管道和设备，以至造成停车。为了排除这个故障，可用氨、甲醇、乙醇来解冻，因为这些物质可以降低水的冰点和烃水合物的生成起始温度。

裂解气压缩机出口压力为 3.5~3.7MPa，经冷却至 15℃左右即送入低温分离系统，此时，裂解气中饱和水含量为 $(600 \sim 700) \times 10^{-6}$，需要进行干燥脱水处理。为避免低温系统冻堵，通常要求将裂解气中含水量脱除至 10^{-6} 以下，相应，进入低温分离系统的裂解气露点在 -70℃以下。

由图 3-36、图 3-37 可见，在加压条件下，水与烃类生成水合物的温度比水分结冰的温度高得多。为减少裂解气干燥器的负荷，常常将裂解气压缩机出口裂解气冷却至尽可能低的温度。但为避免水合物的生成，此冷却温度一般限制在 15℃左右。

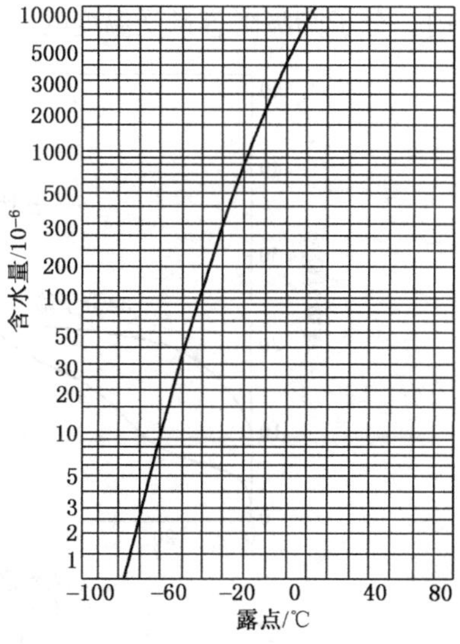

图 3-37　空气的露点与含水量关系

（一）干燥剂

裂解气干燥器采用的干燥剂为 3A 分子筛或活性氧

化铝，其性能如表 3-11、表 3-12 所示。

表 3-11 3A 型分子筛技术指标

指标名称	ϕ2.00~2.80mm	ϕ2.80~4.75mm
静态水吸附/%	≥21.0	≥21.0
静态乙烯吸附/%	≤0.30	≤0.30
轻装堆密度/(g/cm^3)	≥0.68	≥0.68
粒度/%	≥95	≥95
点接触抗压碎强度/(μg/颗)	≥45	≥70
抗压碎力变异系数	≤0.20	≤0.20
磨耗率/%	≤0.30	≤0.30
包装品含水量/%	≤1.50	≤1.50

表 3-12 活性氧化铝技术指标

名称 \ 含铝量/%	91.0	91.5	93.6	94.6	92.3
烧失量/%	8	7.2	6.0	4.5	1.6
比表面积/(m^2/g)	301	303	385	395	380
堆密度/(kg/m^3)	900	900	890	850	910
填装密度/(kg/m^3)	910	909	900	880	920
静态吸附容量/%(KH=60%)	16.5	17.0	18~20.5	19~21	18.5
动力吸水/%	31.0	32.0	34~36	38~40	34.0
机械强度/(kg/颗)	40.0	35.0	41.0	32.0	45.6
孔体积/(mL/g)	0.480	0.525	0.598	0.625	0.528

图 3-38 为活性氧化铝和 3A 分子筛吸附水分的等温吸附曲线和等压吸附曲线。分子筛是典型的平缓接近饱和值的郎格谬尔型等温吸附曲线，在相对湿度达 20%以上时，其平衡吸附量接近饱和值。但即使在很低的相对湿度之下，仍有较大的吸附能力。而活性氧化铝的吸附容量随相对湿度变化而变化很大，在相对湿度超过 60%时，其吸附容量高于分子筛。随着相对湿度的降低，其吸附容量远低于分子筛。由等压吸附曲线可见，在低于 100℃的范围内，分子筛吸附容量受温度的影响较小，而活性氧化铝的吸附量受温度的影响较大。

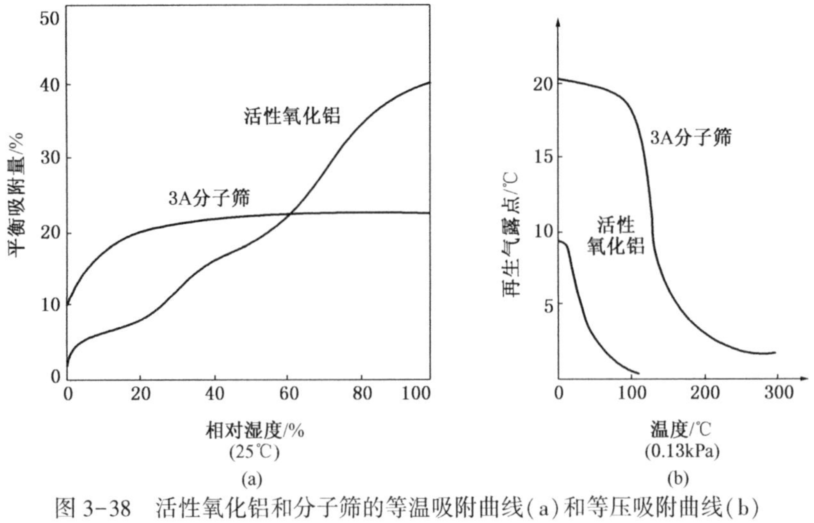

图 3-38 活性氧化铝和分子筛的等温吸附曲线(a)和等压吸附曲线(b)

3A 分子筛是钾型晶体结构，能吸附临界直径不大于 0.3nm 的分子。3A 分子筛也是离子型极性干燥剂，对极性分子特别是水有极大的亲和力，易于吸附；而对 H_2、CH_4 和碳三以上烃类均不易吸附。因而，用于裂解气和烃类干燥时，不仅烃的损失少，也可减少高温再生时形成聚合物或结焦而使干燥吸附附性能劣化。相反，活性氧化铝可吸附碳四不饱和烃，不仅造成碳四烯烃损失，影响操作周期，而且再生时易形成聚合物或结焦而使干燥剂性能劣化。

3A 分子筛的吸附能力大，约比活性氧化铝大 3 倍。吸附水量为分子筛质量的 21%。

早期，裂解气干燥以活性氧化铝为干燥剂，采用三床操作(两床串联操作，一床再生)，目前裂解气干燥广泛采用 3A 分子筛，并采用两床操作。

1. 穿透吸附容量　当干燥系统处于稳定吸附平衡状态时，其浓度梯度的分布形状和长度基本不变，称之为吸附带。吸附带以一定的速度在固定床中移动，当吸附带到达固定床底部时，流出物中水分浓度开始急剧上升的位置就是穿透点。流体达到穿透点所用的时间称为穿透时间。与穿透时间对应的吸附容量称为干燥床的穿透吸附容量。

穿透吸附容量 f_c 与干燥剂平衡吸附量 q_0、吸附带长度 L_a、干燥床层高度 H 的关系如下：

$$f_c = q_0\left(1-\frac{L_a}{2H}\right) \tag{3-53}$$

吸附带长度可由流速 u(cm/s)、床层高度 H(cm)和总容量系数 K_a 估算如下：

$$L_a = 4\sqrt{\frac{Hu}{K_a}} \tag{3-54}$$

对活性氧化铝，可取 $K_a = 3.15s^{-1}$；对分子筛可取 $K_a = 4.0s^{-1}$。

相应，穿透时间 t_B 可估算如下：

$$t_B = \frac{Vf_c}{W_{H_2O}} \tag{3-55}$$

式中　V——干燥剂填装量，kg；

f_c——穿透吸附量，kg/kg；

W_{H_2O}——水分量，kg/h；

t_B——穿透时间，h。

2. 有效平衡吸附量　有效平衡吸吸量 q_d 代表干燥剂实际反复使用时的有效平衡吸附量，表示如下：

$$q_d = q_0(1-B) - q_R \tag{3-56}$$

式中　q_0——平衡吸附量，kg/kg；

B——平衡剂劣化度，即为劣化后吸附量与初期吸附量之比；

q_R——残留吸附量，kg/kg。

在不同再生条件下，总会在干燥剂中残留一定量的水分，称之为残留吸附量。除再生时床层温度不均匀，或出现短路而影响残留吸附量之外，残留吸附量主要取决于再生温度和再生气露点。图 3-39 和图 3-40 为活性氧化铝和分子筛残留水含量与再生条件的关系。由图可见，不同干燥剂在相同再生条件下的残留水量不同。为保持相同的残留水量，分子筛需要的再生温度比活性氧化铝所需再生温度略高。

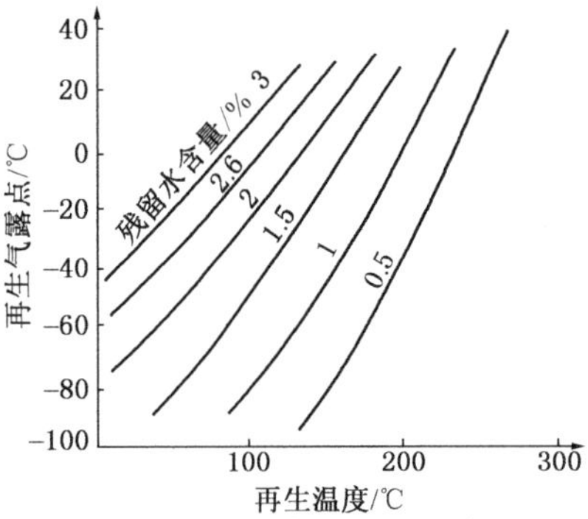

图 3-39　活性氧化铝残留水量与再生条件的关系

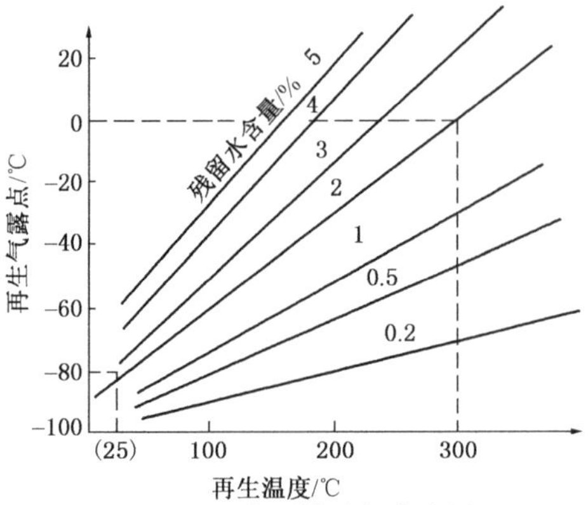

图 3-40　分子筛残留水含量与再生条件的关系

3. 干燥度　以同样相对湿度的再生气在相同温度下再生干燥剂，得到的干燥度也是相同的，与干燥剂的种类无关。活性氧化铝作为干燥剂时，出口气体干燥度可表示如下：

$$p=\frac{p_0p_1}{p_2}E \tag{3-57}$$

式中　p——出口气体中水蒸气分压；

p_0——出口温度对应的饱和水蒸气分压；

p_1——再生气的水蒸气分压；

p_2——再生温度下的饱和水蒸气分压；

E——再生系数。

对分子筛而言，当再生温度超过 150℃后，再生系数 E 稳定在 0.1~0.11 之间。可见，提高出口气的干燥度，使用湿度无限低的再生气并无意义。表 3-13 为林德公司分子筛分别在 200℃和 350℃再生温度下，改变再生气体中水蒸气分压所得出口气体的干燥度(露点)。由表可以看出，在 350℃再生时，要想得到出口气体的露点为-96℃的干燥度，就必须使用露点为-57℃的再生气体。此时 E 值为 10 左右，这与平衡曲线的偏离是很显著的。而为得到露点为-76℃干燥度的出口气体，如使用露点为 40℃的再生气于 350℃加热再生即可，此时，再生系数 E 约为 0.1。通常，经济的再生条件应选择在 $E<1$ 的范围。

表 3-13　干燥度与再生条件的关系①

再生温度 200℃					再生温度 350℃				
出口水量		再生气露点		再生系数 E	出口水量		再生气露点		再生系数 E
露点/℃	分压/kPa	露点/℃	分压/kPa		露点/℃	分压/kPa	露点/℃	分压/kPa	
-96	3.06×10^{-6}	-74.5	1.32×10^{-4}	11.8	-96	3.11×10^{-6}	-57	1.61×10^{-3}	10
-89	1.06×10^{-5}	-60	1.08×10^{-3}	5.0	-93	5.52×10^{-6}	-40	2.13×10^{-3}	2.33
-86	2.0×10^{-5}	-50	3.8×10^{-3}	2.6	-91	8.02×10^{-6}	-30	3.79×10^{-2}	1.14
-82	4.0×10^{-5}	-30	3.79×10^{-2}	0.54	-88.5	1.27×10^{-5}	-20	0.102	0.665
-76	1.06×10^{-4}	-10	0.259	0.212	-87	1.65×10^{-5}	-10	0.259	0.343
-72	2.0×10^{-4}	0	0.609	0.170	-85	2.33×10^{-5}	0	0.609	0.206
-70	2.6×10^{-4}	10	1.22	0.110	-84	2.66×10^{-5}	10	1.22	0.18
-68	6.65×10^{-4}	20	2.33	0.145	-82	3.99×10^{-5}	20	2.33	0.09
-60	9.98×10^{-4}	30	4.23	0.120	-80	5.32×10^{-5}	30	4.23	0.068
-57	1.6×10^{-3}	40	7.36	0.109	-76	1.06×10^{-4}	40	7.36	0.08

① $p=\frac{p_0p_1}{p_2}E$，式中，p_1(G)为 3.15kPa(25℃)；p_2(G)为 1.702×10^4kPa(350℃)。

乙烯装置正常操作中均以深冷分离所得甲烷馏分为再生气，其露点在-70℃以下。按此，再生温度为200~220℃时，裂解气的干燥度最低可达-96~-102℃之间。

(二)工艺流程

图3-41为裂解气干燥的工艺流程，其中再生部分为全装置各干燥系统所共用。乙烯装置裂解气干燥脱水及再生系统应适应以下三种工况。

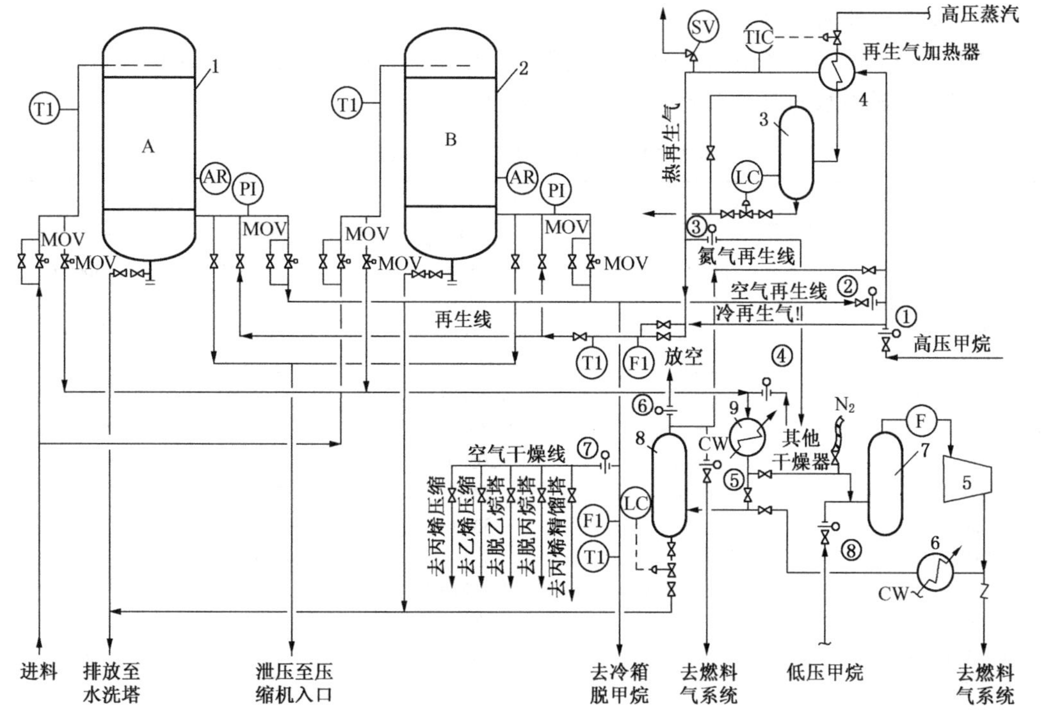

图3-41 干燥脱水和再生系统

1—干燥器A床；2—干燥器B床；3—凝液罐；4—加热器；5—燃料压缩机；6—冷却器；7—吸入罐；8—压缩机出口罐；9—冷却器

1. 正常操作工况 裂解气在一个床层中进行干燥脱水，另一床层用甲烷进行再生。以图3-41工艺流程为例，裂解气如在A床吸附脱水，则裂解气沿床层自上而下进行干燥，底部干燥脱水后的裂解气进入冷箱和脱甲烷系统。在A床进行干燥时，B床用甲烷进行再生。作为再生气体的高压甲烷沿再生线由床层底部进入干燥器进行再生。再生气部分经高压蒸汽加热为热再生气，部分可不加热(冷再生气)，由此，可根据再生加热冷却曲线调节再生气温度。再生后气体经水冷却后送入燃料气系统。在此操作工况下，图3-41中所示盲板中，①、③、④、⑤、⑧均为开通的状态，而②、⑥、⑦则应为盲死的状态。

2. 开工工况 在乙烯装置开工过程中，裂解气干燥器必然在冷箱和脱甲烷系统之前投入运转。在冷箱和脱甲烷系统尚未正常之前，甲烷中烃类含量较高，不能用甲烷作为再生气(易在高温下生成聚合物)。此时，需用氮气进行干燥剂的再生。在设置有甲烷压缩机的情况下(见图3-41)，作为再生用的氮气可以循环使用，此时，再生用氮气含水量为甲烷压缩机出口压力(0.35~0.4MPa)和冷却温度下的饱和含水量。如前所述，只要控制好再生温度，仍然可以保证裂解气的干燥度。

在未设置甲烷压缩机的情况下，当甲烷未达合格(烯烃含量低于3%)之前，则需连续提供氮气作为再生气，由于不能循环使用，因而氮气用量较大。

在氮气干燥时，图 3-41 所示流程①、②、⑤、⑥、⑦、⑧管盲板均为盲死状态。

3. 空气干燥工况　新建乙烯装置施工完毕后，需在系统进行氮气置换之前对低温分离系统用空气进行干燥。此时，由裂解气压缩机进行空气运转，压缩空气由裂解气干燥器进行干燥脱水。干燥后的空气由空气干燥线分配到各低温系统。如图 3-41 所示，此时盲板①、③、④、⑤、⑥、⑧均盲死，而盲板②、⑦打开。

空气干燥操作时，再生用气为干燥空气。

再生气的加热过去多用加热炉进行加热，目前大多使用高压或超高压蒸汽进行加热。

裂解气干燥脱水的典型工艺参数如表 3-14 所示。

表 3-14　裂解气干燥脱水工艺参数实例

项　目	A 装置	B 装置	C 装置	
过程特点	气相双床吸附	气相双床吸附	气相双床	液相双床
裂解气量/(kg/h)	49300	91520	165995	30690
操作压力(G)/MPa	3.375	3.479	3.893	3.580
操作温度/℃	15	15	15.6	15.6
平均分子量	23.0	23.45	22.70	42.72
含水量/10^{-6}(摩)	~670(饱和)	~650(饱和)	~510(饱和)	~1.1%
吸附剂	3A 分子筛	3A 分子筛	3A 分子筛	3A 分子筛
吸附剂量/kg	10390	20500	32500	
干燥器直径/mm	2100	2800	35000	
床高/mm	4000	5300	—	
设计吸附容量/%	7.1	5.35	5.0	
	(按再生周期 30h)	(按再生周期 30h)		
允许压差/kPa	40	80	40	18
出口含水量/10^{-6}(摩)	<1	<1	<1	<1
再生周期/h	30	24	24	16
			(初期可达 36)	
再生气	高压甲烷	高压甲烷	高压甲烷	高压甲烷
最大再生气量/(kg/h)	2800	5000	8500	
最高再生温度/℃	230	250	250	250

裂解气干燥剂再生过程如图 3-42 所示。如再生周期为 24h，再生时间应控制在 16h 以内。主要步骤如下(泄压并倒空后)：

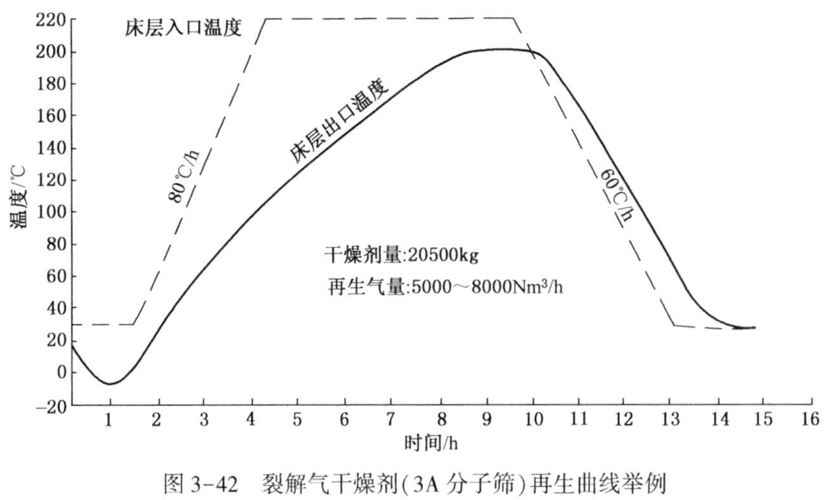

图 3-42　裂解气干燥剂(3A 分子筛)再生曲线举例

(1) 冷再生。以30℃冷甲烷吹1h，再将甲烷升至50~60℃进行冷再生，至出口温度达5℃左右，冷再生完成。

(2) 升温。使床层入口温度按50~80℃/h速度升温至220~230℃。

(3) 恒温。待床层出口温度升至190~200℃时，恒温1h。

(4) 降温。以60℃/h的降温速度降低入口温度，待出口温度达30℃时，再生完成。

第三节 制 冷 系 统

冷冻循环制冷系统一般由蒸发器、压缩机、节流阀、冷凝器组成。制冷过程分四个步骤，第一步蒸发是在低压低温下使液态工质(或称冷冻剂)蒸发，蒸发过程要从周围吸收热量，从而使进入蒸发器的被冷物料深度冷冻。第二步压缩是在低压低温下对气态工质进行压缩，使其压力和温度升高。第三步冷凝是在冷凝器中使气态工质冷凝液化，液化过程要向周围放出热量，并被冷却剂(一般用冷水)带走。第四步节流是液化后的工质通过膨胀阀(或称节流阀)降压汽化，由于节流膨胀过程极为迅速，工质汽化所需热量来不及从周围环境中吸收，而全部取自工质本身。工质节流后除小部分气化外，大部分成为低压低温的液态工质，又可进行下一次的冷冻循环，反复从低温处吸热，向高温处放热，进行冷冻循环制冷。

乙烯装置通常采用乙烯、丙烯制冷。乙烯冷剂从压缩机出口，经水冷再经丙烯冷剂冷却，直到全部冷凝，这一乙烯-丙烯联合制冷过程，又叫复叠制冷。乙烯、丙烯冷剂，经乙烯压缩机和丙烯压缩机分别压缩后，再经冷却和冷凝，然后凝液在不同压力下闪蒸，其不同温度的液相，作为不同的制冷级别。各段撤出的不同温度的闪蒸蒸汽作不同级位的热剂，供相应温度级位的热量用户使用(如精馏塔再沸器)。制冷工质作为热剂，实际上是回收冷量的一种手段。

冷剂的级位数目和负荷应根据具体工艺要求确定。理论上，从降低传热不可逆性和提高能量利用效率看，闪蒸级数愈多和制冷温度级愈多，则能量利用效率愈好，但是设备费愈大，操作也愈复杂。乙烯-丙烯复叠制冷循环的制冷温度与能量单耗关系见图3-43。

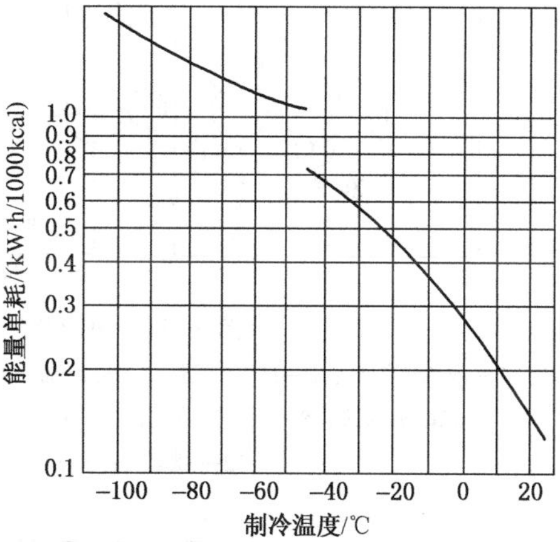

图3-43 乙烯-丙烯复叠制冷循环的制冷温度与能量单耗的关系(丙烯冷凝温度为43.4℃时标绘)

制冷温度级位愈低，能量单耗愈高，所以要合理地组织冷剂的利用。一定温度级位的冷剂，一般指定供给相应温度级位的冷量用户使用。目前，也有一些公司采用混合冷剂制冷和过冷节流。

一、丙烯和乙烯制冷系统

(一) 丙烯制冷系统

在乙烯装置中，丙烯制冷系统为裂解气分离装置提供-40℃以上各温度级的冷量。其主要冷量用户为裂解气的预冷、乙烯冷剂冷凝、乙烯精馏塔、脱乙烷塔、脱丙烷塔塔顶冷凝等。各部分冷量用量随分离流程的不同而不同，表3-15是不同裂解气分离装置中丙烯制冷系统的冷量分配实例。由表可见，裂解气分离装置中丙烯制冷系统的最大冷量用户是乙烯精馏塔塔顶冷凝器，其量约占丙烯制冷系统总功率的60%~70%。其次为乙烯冷剂的冷凝和冷却所耗冷量，约占丙烯制冷系统总功耗的17%~20%。

乙烯装置的丙烯制冷系统有的设置四个温度级，有的设置三个温度级，也有的只设置两个温度级。相应分别采用四级节流、三级节流和两级节流的制冷循环。

下面以两级及四级节流丙烯制冷系统来说明采用不同原料时制冷负荷的区别。两级节流丙烯制冷系统流程见图3-44，分别提供-30℃、12.7℃两个温度级别的冷量，其工艺参数见表3-16。四级节流丙烯制冷系统流程见图3-45，分别提供-40℃、-24℃、-7℃和6℃四个不同温度级别的冷量，其工艺参数见表3-17。

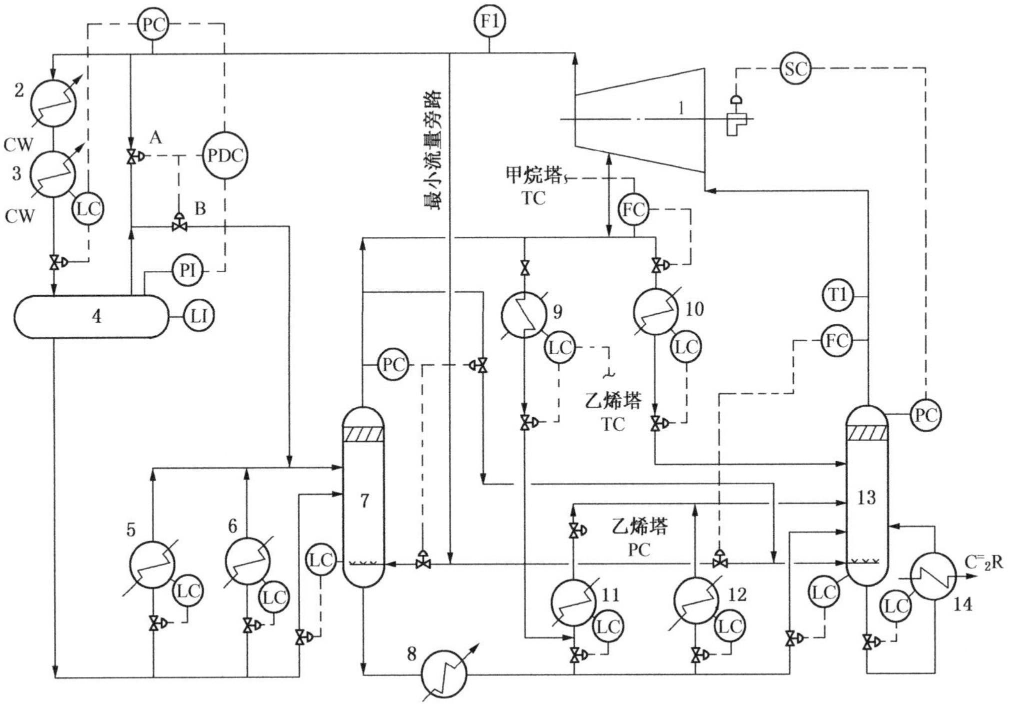

图3-44 两级节流丙烯制冷系统(凯洛格工艺流程)

1—丙烯压缩机；2—冰冷却器；3—冷凝器；4—丙烯储罐；5—丙烯塔塔顶冷凝器；6—干燥器进料冷却器；7—二段吸入罐；8—脱甲烷塔再沸器；9—乙烯塔再沸器；10—脱甲烷塔再沸器；11—乙烯塔塔顶冷凝器；12—裂解气冷却器；13—一段吸入罐；14—乙烯冷剂冷凝器

表3-15 乙烯装置丙烯制冷系统冷量分配实例

冷量用户	装置A(300kt/a)			装置B(680kt/a)		
	温度/℃	冷量/(10^{12}kJ/h)	占总功率比例/%	温度/℃	冷量/(10^{12}kJ/h)	占总功率比例/%
乙烯精馏塔塔顶冷凝	~40	57.03	~59.7	~29	125.23	~70.2
裂解气进料预冷	~40	6.03	~6.3	~29	11.96	~6.7
乙烯冷剂冷凝	~40	16.37	~17.2	~29	30.57	~17.1
脱乙烷塔塔顶冷凝	~24	9.63	~5.2	—	—	—
乙烯冷剂冷却	~24	2.47	~1.3	—	—	—
脱丙烷塔塔顶冷凝	3	21.35	~7.6	12.7	23.96	~3.5
乙烯冷剂冷却	3	1.21	~0.4	—	—	—
甲烷化反应器出料冷却	3	0.34	~0.1	—	—	—
裂解气五段出口冷却	18	9.55	~20	12.7	17.06	~2.5
乙烯冷剂冷却	18	1.33	~0.2	—	—	—

表 3-16 两级节流丙烯制冷系统工艺参数实例

裂解原料	乙烷/丙烷裂解			石脑油裂解		
丙烯压缩机分段	一 段	抽 气①	二 段	一 段	抽气①	二 段
流量/(kg/h)	578720	+99235	479485	548140	-82052	630192
进口条件						
压力(G)/MPa	0.208	0.784	0.834	0.208	0.897	0.891
温度/℃	-30.5	38.9	38.9	-30.5	13.2	38.2
分子量	42.081	42.081	42.081	42.081	42.081	42.081
C_p/C_V	1.189	1.168	1.168	1.189	1.194	1.171
Z_1	0.938	0.891	0.890	0.938	0.833	0.880
容积流量/(m^3/h)	162860	9076	41265	154254	5621	50010
出口条件						
压力(G)/MPa	0.834		1.721	0.891		1.721
温度/℃	38.9		77.80	42.2		73.3
C_p/C_V	1.168		1.168	1.168		1.170
多变效率/%	80.1		83.0	80.9		84.6
多变压头/m	7240.5		4197.8	7582.8		3737
喘振点						
(按体积流量)/%	71.4		71.9	75.3		59.7
转速/(r/min)		3526			3523	
功率/kW		20740			21450	

①补入压缩机气量为“-”，由压缩机抽出气量为“+”。

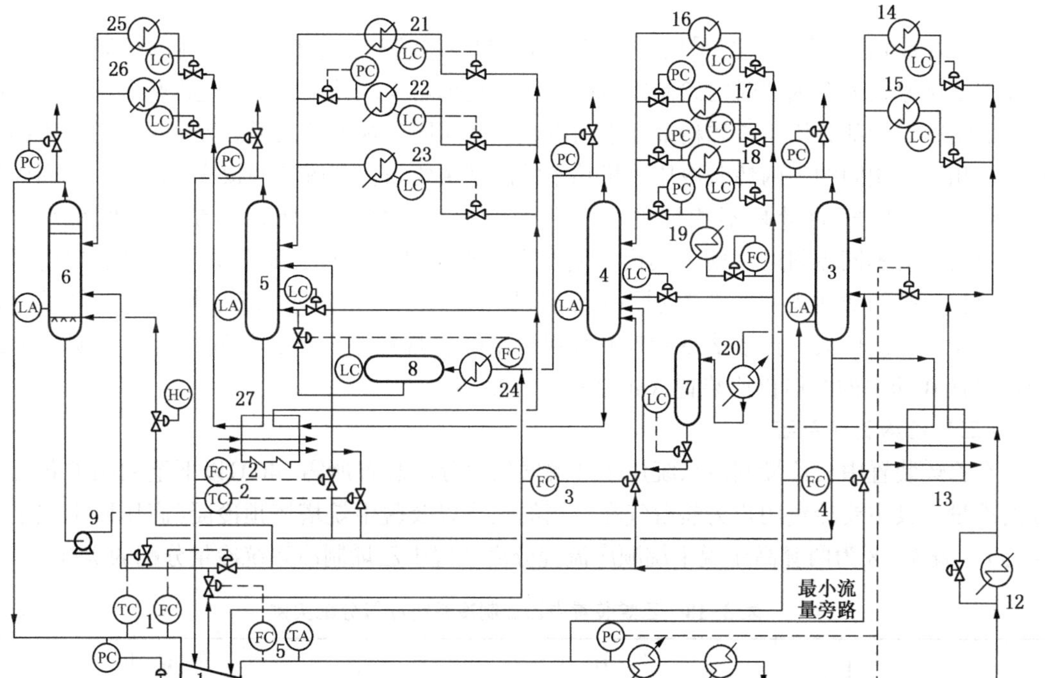

图 3-45 四级节流丙烯制冷系统(鲁姆斯工艺流程)

1—丙烯压缩机；2—丙烯储罐；3、4、5、6—一、二、三、四段吸入罐；7、8—丙烯储罐；9—丙烯泵；10—丙烯冷却器；11—冷凝器；12—过冷器；13—过冷器(冷箱)；14—乙烯冷剂冷却器；15—脱丙烷塔塔顶冷凝器；16—苯洗塔塔顶冷凝器；17—氢气干燥器进料冷却器；18—裂解气冷却器；19—BTX 塔顶冷却器；20—乙烯产品气化器；21—乙烯冷剂冷凝器；22—裂解气冷却器；23—脱乙烷塔塔顶冷凝器；24—乙烯精馏塔再沸器；25—乙烯精馏塔塔顶冷凝器；26—裂解气冷却器；27—丙烯冷剂过冷器

表 3-17 四级节流丙烯制冷系统工艺参数实例

装置名称	装置A					装置B					
裂解原料	轻柴油					石脑油和轻烃					
压缩机分段	一段	补气	二段和三段	补气	四段	一段	补气	二段	三段	补气	四段
流量/(kg/h)	219450	59850	279300	32550	311850	75352	28812	104164	91750	4637	95812
进口条件											
吸入压力/MPa	0.13	0.261	0.261	0.965	0.965	0.132	0.256	0.256	0.481	0.896	0.896
吸入温度/℃	-40	-24	-10.6	18	54.4	-40	-23.9	-11.5	19.3	25.6	49.8
C_p/C_V	1.172		1.157		1.153	按BWRS方程进行计算					
Z_1	0.960		0.924		0.871	按BWRS方程进行计算					
容积流量/(m^3/h)	74888		52725		18614	25089		19994	10227		6150
出口条件											
出口压力/MPa	0.261		0.965		1.672	0.256		0.481	0.896		1.627
出口温度/℃	-7.8		59		88	-6.8		19.3	51.6		83
压比	2.01		—		1.74	1.94		1.879	1.863		1.816
多变压头/m	3163		7408		3339	3153		3273	3523		3564
多变效率/%	74		75.5		75	75.4		81.3	80.4		77.8
功率/kW	2554		7458		3780	840		1160	1110		1220
轴功率/kW	13792(105%负荷)					4330					
正常转速/(r/min)	4638					7840					
最大转速/(r/min)	4870					8337					

从表3-16可以看出，当采用两级节流丙烯制冷系统时，原料为轻烃时丙烯制冷压缩机所耗功率比原料为石脑油时丙烯制冷压缩机所耗功率略少。其主要原因是丙烯制冷压缩机所提供的制冷量大部分用于乙烯精馏塔塔顶冷凝，而对同一规模的乙烯装置来说，乙烯塔的处理量是相近或相同的。丙烯制冷压缩机功率的区别主要来自裂解气的预冷，因为对不同原料的裂解，其裂解气的量是不相同的。但由于裂解气进料预冷所占冷量的比例很小，为6%~7%,故对不同原料的裂解，其丙烯制冷压缩机的功耗不同，重质原料裂解的功耗要比轻质原料裂解的功耗大。原料差别不大则其功耗也接近；原料差别大，则因裂解气量相差大，其功耗相差也大。虽然表3-17中所列两个装置规模不一样，但同样可以说明以上结论：装置B功率的两倍仍比装置A的功率要小得多。

(二) 乙烯制冷系统

在乙烯装置中，乙烯制冷系统用于裂解气低温分离装置所需-40℃以下至-102℃各温度级的冷量。其主要冷量用户为裂解气在冷箱的预冷以及脱甲烷塔塔顶冷凝(高压脱甲烷工艺流程)。表3-18为两套高压脱甲烷顺序流程分离装置中乙烯制冷系统冷量分配的实例。

表 3-18 乙烯装置中乙烯制冷系统冷量分配实例

冷置用户	装置A			装置B		
	温度/℃	冷量/(10^{12}kJ/h)	占总功率比例/%	温度/℃	冷量/(10^{12}kJ/h)	占总功率比例/%
乙烯塔顶尾气冷凝	-55	1.273	~2.4	—	—	—
裂解气预冷	-55	1.587	~3.1	-59	12.4	~1.5
裂解气预冷	-75	5.003	~37.6	-83	12.28	~53
裂解气预冷	-101	1.214	~13.9	-99.5	2.49	~15.2
脱甲烷塔塔顶冷凝	-101	3.785	~43.0	-99.5	4.95	~30.3

由表 3-18 可见，对高压脱甲烷的顺序分离流程而言，乙烯制冷系统的冷量(按功率消耗计)30%～40%用于脱甲烷塔塔顶冷凝，其余 60%～70%用于裂解气脱甲烷进料的预冷。

乙烯制冷系统均采用复叠制冷循环，乙烯冷剂用丙烯制冷系统提供的-40℃温度级冷量进行冷凝。

大多数乙烯制冷系统均采用三级节流的制冷循环，相应提供三个温度级的冷量。也有采用两级节流或四级节流的制冷循环，相应提供两个或四个温度级的冷量。采用三级节流制冷循环时通常提供-50℃、-70℃、-100℃左右三个温度级的冷量，其典型工艺流程如图 3-46 所示(鲁姆斯工艺流程)。

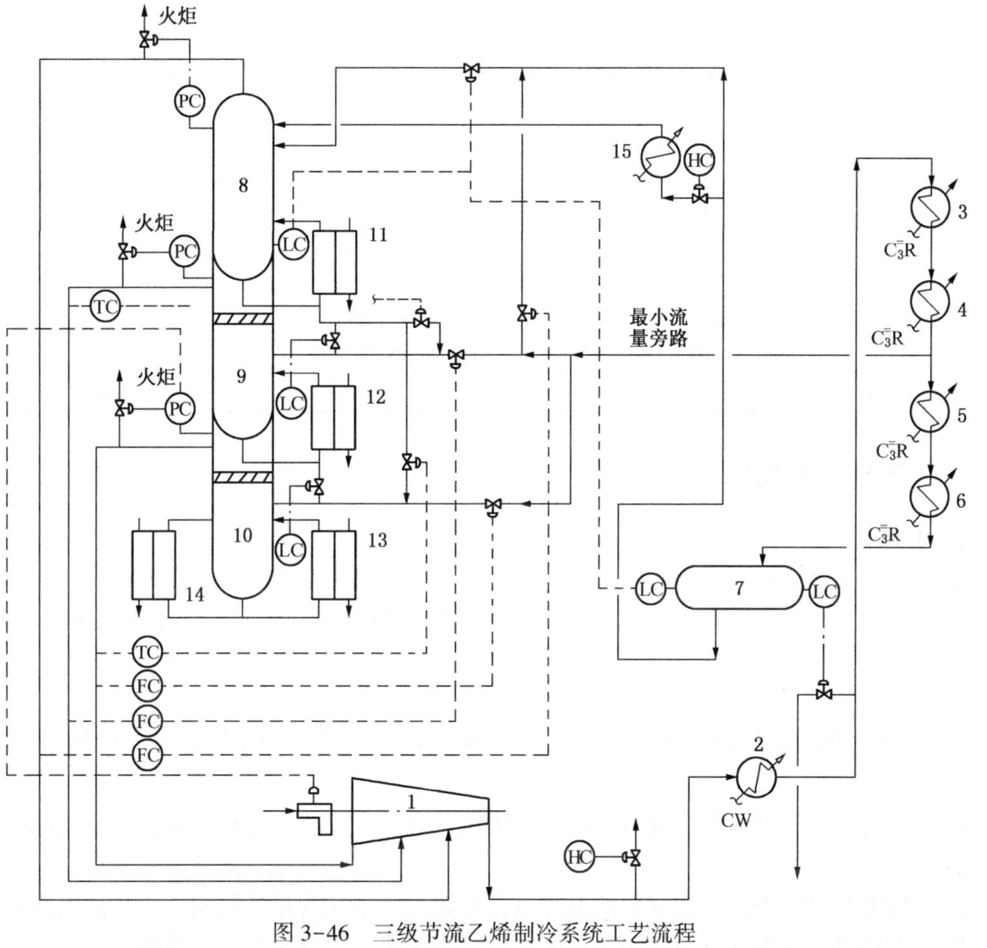

图 3-46 三级节流乙烯制冷系统工艺流程

1—乙烯压缩机；2—水冷却器；3、4、5—丙烯冷却器；6—冷凝器；7—乙烯储罐；8—第一分离罐；9—第二分离罐；10—第三分离罐；11—裂解气冷却器；12—裂解气冷却器；13—脱甲烷塔塔顶冷凝器；14—裂解气冷却器；15—乙烯塔顶尾气冷凝器

表 3-19 是乙烯装置中所用三级节流封闭循环乙烯制冷系统的典型工艺参数。

如果把表 3-19 中装置 A、B 的规模均提高到 680kt/a，则装置 A 的乙烯制冷功率约为 4805kW，装置 B 的乙烯制冷功率为 4880kW(100%)。从这些数据可以看出，对不同原料的裂解，乙烯制冷功率相差不大。这是因为对重质原料其裂解气量大，甲烷量小；对轻质原料裂解气量小，但甲烷量大，所以综合效果是相近的。

表 3-19　三级节流乙烯制冷系统工艺参数举例

装置名称	装　置　A					装　置　B					装　置　C				
乙烯生产能力/(kt/a)	150					300					680				
裂解原料	石脑油和轻烃					轻柴油					轻烃和石脑油				
段数	一段	补气	二段	补气	三段	一段	补气	二段	补气	三段	一段	补气	二段	补气	三段
流量/kg/h	3485	7397	10882	7091	17973	15620	16940	32560	15070	47630	17372	35361	52734	57980	110712
进口条件															
吸入压力/MPa	0.112	0.417	0.417	0.682	0.682	0.107	0.410	0.410	0.889	0.889	0.111	0.270	0.266	0.737	0.733
吸入温度/℃	-101	-75	53.5	-62.8	-33.2	-101.4	-75	-41.5	-55	-7.8	-101.5	-83.8	-71.8	-59.4	-34.4
C_p/C_V						1.287		1.265		1.258	1.323	1.321	1.321	1.321	1.298
Z_1						0.968		0.945		0.923	0.961	0.929	0.944	0.862	0.908
容积流量/(m^3/h)	1530		1590		1761	7229		5141		3894	7666	6482	11329	4293	9765
出口条件															
出口压力/MPa	0.417		0.672		2.667	0.410		0.889		1.835	0.226		0.733		2.21
出口温度/℃	-7.8		-14.7		73	-7.2		16		53	-50.6		-6.7		42.8
多变压头/m	8294		3336		10912	8422		5865		5932	4991.4		6745		8281
多变效率/%	69.7		65.1		72.4	68.1		71.5		69.1	77.8		79.3		80.5
功率/kW	132		140		788	526		728		1114					
总功率/kW	1060					2368(110%负荷)					4720				
正常转速/(r/min)	11410					9777					7396				
最大转速/(r/min)	12316					10419					8146				

二、甲烷制冷系统

(一) 概述

在裂解气深冷分离装置的脱甲烷过程中，为减少甲烷中乙烯含量以保证较高的乙烯回收率，脱甲烷的操作温度需降至-100℃以下。为保证回收的甲烷馏分和氢馏分达到95%左右的纯度，则其操作温度更将降至-170℃左右。乙烯装置中通常采用如下几种方式提供-100℃以下的冷量：

(1) 设置甲烷制冷系统。此时，利用已有的丙烯和乙烯制冷系统，组成丙烯-乙烯-甲烷复叠制冷系统。

(2) 利用裂解气中的甲烷进行等焓节流膨胀，或通过膨胀机进行等熵膨胀而制取所需的低温冷量。

(3) 利用裂解气中的甲烷制取低温冷量受裂解气中甲烷含量的限制，当其低温冷量不能平衡所需冷量时，可用部分甲烷循环返回裂解气压缩机，以此满足冷量平衡。

在采用高压脱甲烷分离流程时，利用裂解气中的甲烷进行等焓或等熵膨胀制取的低温冷量可以满足冷量的平衡。在采用中压脱甲烷时，仅用裂解气中的甲烷制取低温冷量时，冷量略有不足。此时，一般采用少量甲烷循环返回裂解气压缩机的方式补充低温冷量。当采用低压脱甲烷时，仅用裂解气中甲烷制取的低温冷量远不能满足冷量平衡。此时，或需设置甲烷制冷系统，或采用甲烷循环返回裂解气压缩机的方案以平衡低温冷量。由于所需补充的低温冷量较大，因而，采用甲烷循环返回裂解气压缩机的循环甲烷量将比中压脱甲烷时大。

(二) 甲烷制冷系统典型工艺流程

乙烯装置中的甲烷制冷系统均采用丙烯-乙烯-甲烷复叠制冷系统，此时，甲烷压缩机一般为两段活塞式压缩机，段间设置冷却器。

甲烷制冷系统可采用开式循环系统，也可采用闭式循环系统。开式循环系统中作为制冷介质的甲烷与脱甲烷分离系统中的甲烷馏分相连通，而闭式循环系统中作为制冷介质的甲烷在封闭系统中循环。这两种系统相比，开式循环系统的功耗略高，对1000kg乙烯产品而言，开式循环系统的功耗比闭式循环系统的功耗高1.0~1.2kW。但其投资较闭式循环系统为低。开式循环系统的操作简单、可靠，尤其在要求输出高压甲烷量较大时，其应用比闭式循环系统更为广泛。

图3-47为乙烯装置中闭式循环甲烷制冷系统典型工艺流程。如图所示，经冷量回收的低压甲烷(约0.5MPa)进入甲烷压缩机，一段压缩出口气体经水冷却器冷却后送入二段压缩。二段压缩出口(约3.2MPa)气体经水冷却器冷却后，再经换热器12和丙烯冷却器4冷却，然后在冷凝器5中用乙烯冷剂使其冷凝。冷凝后液态甲烷经换热器12过冷后减压节流至0.5MPa，送入甲烷压缩机吸入罐8。吸入罐8中的液态甲烷供脱甲烷塔塔顶冷凝器9作为冷剂，蒸发的甲烷返回吸入罐8。吸入罐8中的气态甲烷经换热器12回收冷量后(约升温至3.5℃)返回甲烷压缩机一段。由此构成一个封闭循环制冷系统。

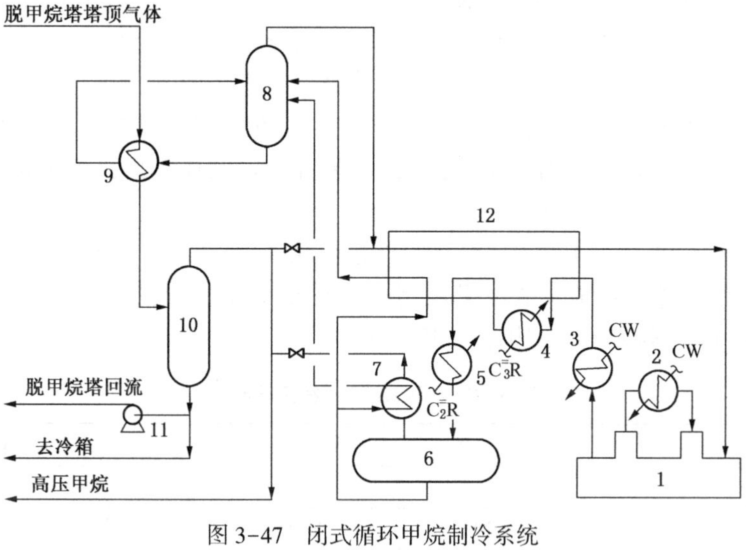

图3-47　闭式循环甲烷制冷系统

1—甲烷压缩机；2—压缩机段间冷却器；3—压缩机出口冷却器；4—丙烯冷却器；5—冷凝器；6—液态甲烷储罐；7—不凝汽冷却器；8—甲烷压缩机吸入罐；9—脱甲烷塔塔顶冷凝器；10—脱甲烷塔回流罐；11—脱甲烷塔回流泵；12—换热器

图3-48为乙烯装置中开式循环甲烷制冷系统典型工艺流程。如图所示，脱甲烷 塔塔顶气体(0.58MPa)经换热器4回热后进入甲烷压缩机一段入口，一段压缩出口气体经水冷却器2冷却后送入二段压缩。二段压缩出口气体(约3.97MPa)经水冷却器3冷却后，再经换热器4冷却，然后送入冷凝器5用乙烯冷剂使其冷凝。冷凝的液态甲烷经换热器4过冷后送入脱甲烷塔回流罐6，回流罐中的液态甲烷部分作为脱甲烷塔回流，部分送入冷箱作为冷剂。回流罐中的气态甲烷与脱甲烷塔顶甲烷混合，部分返回甲烷压缩机，部分作为中压甲烷输出。

当需要输出高压甲烷时，可由甲烷压缩机二段出口经水冷却器冷却后直接输出界区。

为节省投资，可省去换热器4，此时，可将脱甲烷塔塔顶气体的回热和甲烷压缩机出口气体的冷却安排在裂解气进料冷却的冷箱系统中。

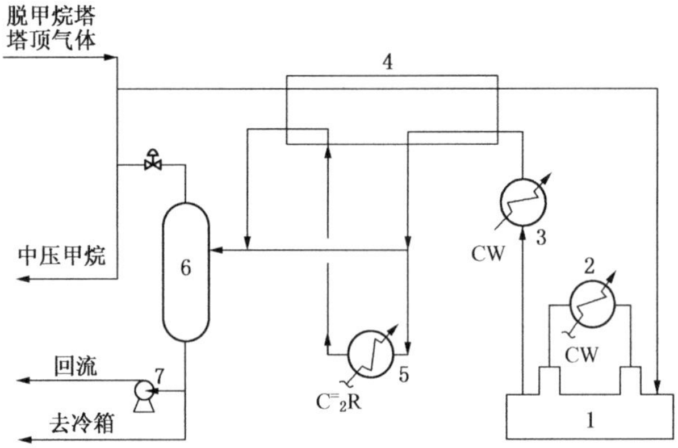

图 3-48　开式循环甲烷制冷系统

1—甲烷压缩机；2—段间冷却器；3—出口冷却器；4—换热器；
5—冷凝器；6—脱甲烷塔回流罐；7—脱甲烷塔回流泵

(三) 工艺参数

乙烯装置甲烷制冷系统一般采用活塞式甲烷压缩机，考虑到活塞式压缩机的停车维修，一般均设置两台压缩机，考虑一定的备用系数。为节省投资，每台甲烷压缩机可按60%负荷配置。正常操作时，两台压缩机均投入运转操作，当其中一台进行维修时，尚可维持60%的制冷负荷。此时并不影响乙烯工厂的生产能力，但乙烯回收率有一定的降低，冷箱和脱甲烷系统的操作会有一定的波动。近期，从装置稳定操作考虑，越来越多地设置两台100%负荷的甲烷制冷压缩机，操作中一开一备。

表3-20为某乙烯工厂(150kt/a 乙烯生产能力)甲烷制冷系统的工艺参数。该制冷系统为开式循环的甲烷制冷系统，单台甲烷制冷压缩机额定工况的生产能力为正常工况的120%，共设置两台甲烷制冷压缩机，一开一备。

表 3-20　甲烷制冷系统工艺参数

级　数	正常工况		额定工况	
	一　级	二　级	一　级	二　级
流量/(kg/h)	6884	6884	8092	8092
吸入条件				
压力/MPa	0.581	1.353	0.581	1.534
温度/℃	26.7	39.0	26.7	39
分子量	15.39	15.39	15.43	15.43
C_p/C_V	1.306	1.305	1.305	1.305
Z_1	0.991	0.9817	0.991	0.979
容积流量/(m^3/h)	1939.9	831	2237	869
出口条件				
压力/MPa	1.377	3.972	1.558	3.972
温度/℃	98	131	108	121
C_p/C_V	1.282	1.291	1.280	1.294
Z_1	0.9904	0.984	0.990	0.981
压比	2.370	2.936	2.681	2.589
功率/kW	373	462	492	483
总功率/kW	835		975	
转速/(r/min)	370		370	
段间压降/MPa	0.024		0.024	

选用的甲烷制冷压缩机为双作用活塞式压缩机，分两段压缩，段间设冷却器。甲烷压缩机结构参数如表 3-21 所示。

表 3-21 甲烷制冷压缩机结构参数举例

项 目	一级	二级	项 目	一级	二级
活塞排量/(m^3/h)	2746	1128	最大活塞速度/(m/s)	5.8	5.8
余隙容积/%	9.5	12.5	正常活塞速度/(m/s)	3.577	3.577
容积效率/%	81.46	77.04	活塞杆直径/mm	90	90

为适应负荷变化的要求，甲烷制冷压缩机设有卸载装置，压缩机可在 0%，25%、50%、75%、100%五个负荷工况下操作。

三、多元制冷

乙烯装置中传统的单组分冷剂一般有三种：甲烷、乙烯和丙烯，它们可提供的冷级一般分别是：丙烯 18℃、2℃、-23℃和-40℃，乙烯-62℃、-75℃和-101℃，甲烷-136℃和-142℃。把其中的两种组分组合在一起就是二元冷剂，把三种组分全部混合在一起，就组成了所谓三元冷剂，可为乙烯装置提供其中的两部分或全部冷级的冷量。近年来，为了减少设备台数，节省布置场地，美国鲁姆斯公司先后推出了两种多元制冷，即甲烷-乙烯二元制冷和甲烷-乙烯-丙烯三元制冷。这一技术首先应用在改造装置中，后来逐渐推广到新建装置上。应该说，改建装置由于受场地的限制，这一技术的优势更为明显。

(一) 二元制冷

目前所使用的二元冷剂主要是指甲烷-乙烯二元冷剂，在低压脱甲烷的流程中，可代替乙烯和甲烷两台制冷压缩机组，为乙烯装置提供-62℃到-142℃级的冷量。在乙烯装置中，甲烷制冷和乙烯制冷是相对较小的两台压缩机组，将它们合二为一，组成一台稍大一点的机组，经济上是划算的。所以除了改造装置之外，二元制冷在一些新建装置上也得以应用。

二元冷剂的配比是由所使用的冷级及其负荷大小决定的，一般乙烯在 60%(摩)，甲烷在 40%(摩)左右，另外配制甲烷时还会引入少量的氢气。甲烷-乙烯二元冷剂常温下难以冷凝，所以需与丙烯制冷组成复叠制冷，而且压缩机的出口压力往往要求比较高，如 4.0MPa(G)以上，才能保证一次性全凝，这样可以使二元冷剂的组分稳定，便于控制。当然在改造装置中，如果有乙烯冷剂可以使用，二元制冷压缩机的排出压力也可以稍微降低。典型的甲烷-乙烯二元制冷流程如图 3-49 所示。

由甲烷-乙烯组成的二元冷剂，经蒸汽轮机驱动的三段离心式制冷压缩机压缩，压力可达到约 4.35MPa(G)，温度在 66℃左右。这些气相冷剂，首先用冷却水，随后用 13℃、-4℃和-27℃的丙烯冷剂依次冷却脱过热；然后进入冷箱内的尾气换热器，先用-40℃的丙烯冷剂部分冷凝，再用二元冷剂全部自凝，并储存于二元冷剂凝液收集罐中。压缩机的排出压力由用于自凝的二元冷剂量调节，同时凝液收集罐的低液位超弛控制，以保证液封，防止气相冷剂短路。

凝液收集罐中的二元冷剂，大部分都要返回到冷箱内温度更低的尾气换热器中进行过冷，其中最冷的一股可过冷到大约-136℃，进入到二元冷剂反凝罐中，分离出因过冷而解吸出的氢气，然后为脱甲烷塔(和分凝分馏塔)提供冷量，并与其他不同过冷度的二元冷剂一起，依次将裂解气冷却冷凝到-55℃、-72℃、-95℃和-133℃等。

汽化出的气相冷剂再经过一定程度的过热后，按照不同的汽化压力，则分别进入制冷压

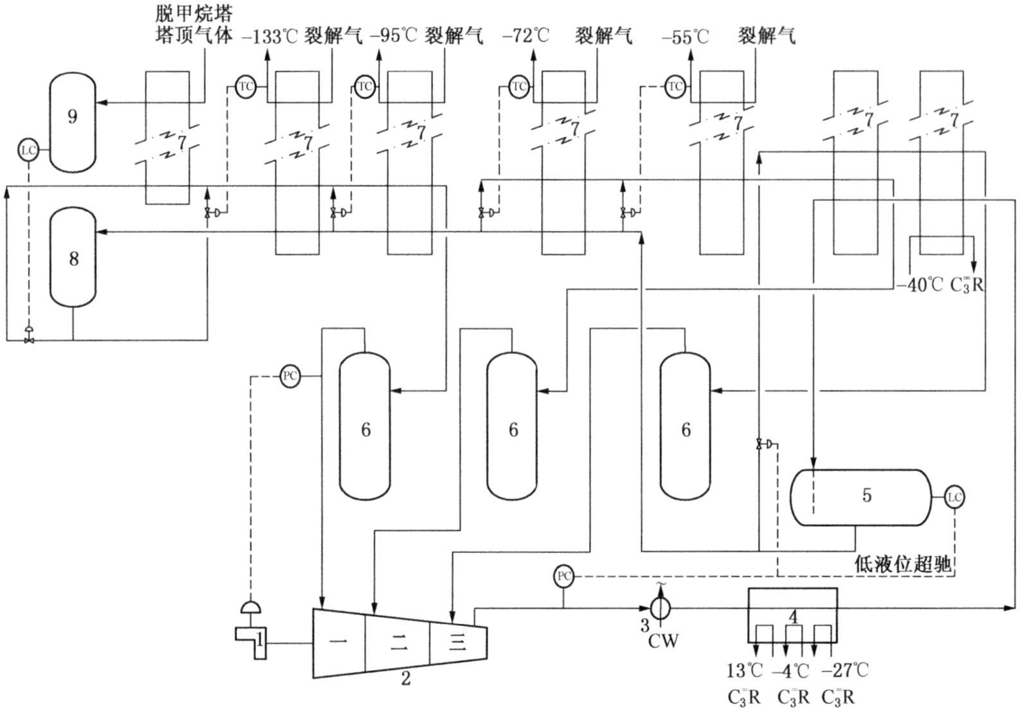

图 3-49　二元制冷压缩机典型流程示意图

1—驱动蒸汽轮机；2—二元制冷压缩机；3—水冷却器；4—丙烯冷却器；5—出口冷剂收集罐；
6—入口吸入罐；7—冷箱；8—冷剂反凝罐；9—脱甲烷塔回流罐

缩机的一、二或三段吸入罐。在二元制冷压缩机系统中，因各段都有温度较低的气相冷剂返回，所以一般不设段间冷却器。同传统乙烯、丙烯制冷压缩机一样，二元制冷压缩的转速也常由一段入口的压力决定。

某 100kt/a 乙烯装置的二元制冷压缩机的正常操作参数如表 3-22 所示。

表 3-22　二元制冷压缩机一工况的正常操作参数

操作参数	一段	二段	三段
各段吸入量/(kg/h)	35000	63800	37700
各段总流量/(kg/h)	35000	98800	136500
吸入温度/℃	-96.8	-0.6	10.5
排出温度/℃	70.9	25.6	65.8
吸入压力(G)/MPa	0.05	1.50	2.14
排出压力(G)/MPa	1.50	2.14	4.35

(二) 三元制冷

三元制冷是将传统的甲烷、乙烯、丙烯三种冷剂按一定比例混合在一台制冷压缩机中压缩。压缩后的混合冷剂先由冷却水部分冷凝即分凝，冷凝液作为重冷剂，相当于传统制冷方式中的丙烯冷剂，为未冷凝的气相和工艺物料提供高温度级别的冷剂。未被冷凝的气相由重冷剂继续分凝，冷凝液为中冷剂，向系统和工艺物料提供冷量，气相最后再由中冷剂全部冷凝，提供轻冷剂。如此，由一台压缩机就可完成传统三台压缩机的作用。某典型三元制冷流程如图 3-50 所示。

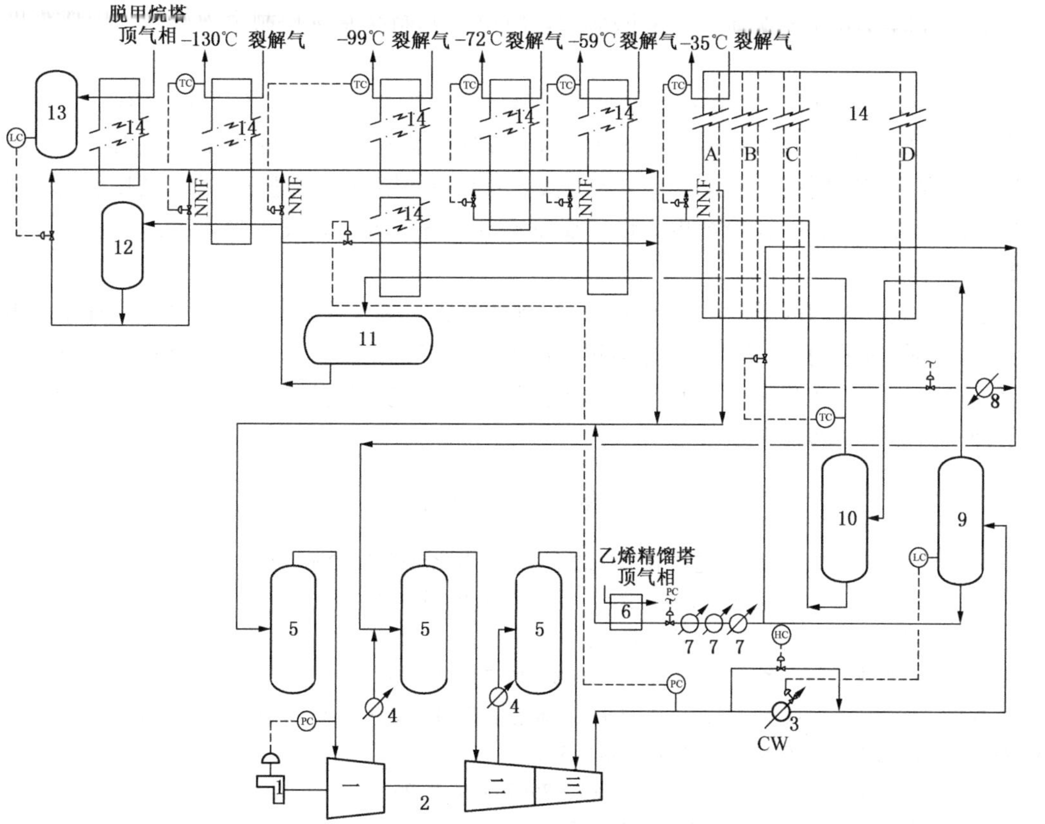

图 3-50　三元制冷压缩机典型流程示意图

1—驱动蒸汽轮机；2—三元制冷压缩机；3—出口水分凝器；4—压缩机段间冷却器；5—压缩机各段吸入罐；6—乙烯精馏塔冷凝器；7—冷量回收换热器；8—低压脱丙烷塔冷凝器等用户；9—重冷剂收集罐；10—中冷剂收集罐；11—轻冷剂收集罐；12—轻冷剂反凝罐；13—脱甲烷塔回流罐；14—冷箱中的板翅式换热器

国内某改造装置新建三元制冷系统的冷剂组成见表 3-23。三种组成不同的冷剂替代传统的甲烷、乙烯和丙烯制冷系统可为乙烯装置提供全部的冷量负荷。如重冷剂主要为乙烯精馏塔、脱乙烷塔和低压脱丙烷塔提供冷剂，并冷却/冷凝裂解气和中冷剂等；中冷剂的作用是在冷箱内将裂解气冷却到-72℃，冷凝轻冷剂；轻冷剂则主要为低压脱甲烷塔提供冷量，并将裂解气冷却至-130℃以下。

表 3-23　三元冷剂组成　　　　%(摩)

冷剂组分	三元冷剂	重冷剂	中冷剂	轻冷剂
氢气	0.11	0.02	0.03	0.76
甲烷	8.99	4.49	6.90	37.37
乙烯	8.30	6.74	9.41	17.03
丙烯	82.60	88.75	83.66	44.84
分子量	38.5	39.9	38.9	29.6
分凝比例/%		80.7	9.5	9.8

三元冷剂中各组分的配比也是由各冷级的负荷决定的，一般丙烯含量要在 80%(摩)以上，甲烷在 10%(摩)以下，其他为乙烯，另加少量的氢气。组分越轻，需要的冷凝压力越高，但所获得的致冷温度也会越低。由于各级三元冷剂是分凝获得的，组成各不相同，但进

入压缩机各段时组分又要保持相对的稳定，所以三元制冷系统控制更为复杂，操作难度也更高。

和二元制冷一样，三元制冷也是一个闭路循环系统，一般为三段压缩，蒸汽轮机驱动。制冷压缩机的设计除了要考虑常温下重冷剂的分凝，还要考虑轻冷剂的最终全凝，所以其排出压力比丙烯制冷要高，但比二元制冷为低。冷剂在使用前也要进行过冷，使用后还要进行过热。深度过冷之后的轻冷剂也应设置反凝罐等。各段入口要设置吸入罐，段间还设有冷却器。

配制三元冷剂的丙烯由于是在常温下得到的，它所带入的微量水分等杂质，在最低温度段的狭窄换热流道内(如冷箱)可能会积聚而发生冻堵；再加之三元制冷控制的复杂性，所以目前仅限于在改造装置上采用，要在新建的大型乙烯装置内推广应用，还需要进行许多深入的理论研究和实践摸索工作。

参　考　文　献

1　王松汉，何细藕主编．乙烯工艺与技术．北京：中国石化出版社，2001
2　李作政，冷寅政．乙烯生产与管理．北京：中国石化出版社，1992
3　陈滨．乙烯工学．北京：化学工业出版社，1997
4　赵百仁，王振维，王泽尧等．化学工程，2008，36(7)：16~19
5　刘秀喜，林明喜，薛成山．高纯气体的性质、制造和应用．北京：电子工业出版社，1997
6　吕云江．乙烯工业，2004，16(增刊)：309~313
7　赵百仁，李广华，王建民．化工进展，2007，26(7)：964~969
8　盛在行．化工进展，2002，21(9)：663~667
9　王吉平．化工进展，2006，25(9)：1105~1109
10　王松汉．石油化工设计手册．北京：化学工业出版社，2002
11　李志庭，唐迪平，王吉平．乙烯工业，2006，18(1)：43~45
12　赵百仁．乙烯工业，2007，19(2)：39~43
13　王承刚，郝东波. 乙烯碱洗塔黄油生成原因及控制方法. 河南化工，2003，9
14　张晓彤，孙兆林，姜恒. 红外光谱在乙烯装置碱洗系统黄油组成及生成机理分析中的应用研究. 光谱实验室，2003，2
15　王琪文，何海，李文义. 碱洗塔堵塞原因分析及解决措施. 乙烯工业，2006，4
16　邱华，章颖颀，李强，张春利. 乙烯装置碱洗塔堵塞原因分析及对策. 乙烯工业，2002，3
17　丛彦祥，孙东民，王明臣. 优化碱洗塔操作减少黄油生成. 乙烯工业，2007，1
18　刘立新. 碱洗塔防聚合研究. 广州石化科技，2006

第四章　分　离　系　统

目前世界上主要分离流程有鲁姆斯公司的顺序分离流程，凯洛格布朗路特公司(KBR)开发的前脱碳三前加氢流程，斯通-韦伯斯特公司也推出 HIRS 流程作为他们的技术，另外还有林德公司的前脱乙烷前加氢流程。但从目前看来，大家认为前脱碳三前加氢流程简单，是很值得采用的流程。国内也进行了大量开发和研究，中国石化工程建设公司(SEI)推出了分凝分馏塔流程，该流程采用双塔脱甲烷，能降低制冷压缩机的能耗。几种流程的主要特点如下。

(1) 鲁姆斯顺序分离流程。

① 顺序流程，低压脱甲烷；

② MADP 加氢采用催化精馏新技术；

③ 低压丙烯精馏塔与丙烯制冷压缩机构成开式热泵；

④ 二元或三元混合制冷新技术；

⑤ 与中国石化合作，有低压急冷和分凝分馏塔(CFT)技术。

(2) 凯洛格-布朗路特公司前脱丙烷流程。

① 前脱丙烷前加氢双塔脱丙烷；

② 有 30%~35%的乙烯产品从脱乙烷塔塔顶抽出；

③ 乙烯精馏塔和乙烯制冷压缩机构成开式热泵。

(3) 林德公司前脱乙烷流程。

① 前脱乙烷前加氢；

② 脱乙烷塔采用双压操作；

③ 乙烯精馏塔与乙烯制冷压缩机构成开式热泵。

(4) 斯通-韦伯斯特公司前脱丙烷流程。

① 前脱丙烷前加氢；

② 采用 HIRS 或 ARS 技术和预脱甲烷塔；

③ 乙烯精馏塔和乙烯热泵压缩机构成开式热泵。

(5) 分凝分馏塔流程。

① 采用分凝分馏塔；

② 双塔脱甲烷；

③ 前脱丙烷前加氢。

本章将结合生产实际，介绍裂解气分离的原理、方法、典型工艺流程及其操作参数与模拟计算，讨论碳二、碳三加氢的原理、催化剂及工艺过程。

第一节　脱甲烷塔系统

一、概述

脱甲烷塔系统包括两个部分，第一部分是原料的预冷，约占总冷负荷的 40%，第二部分是脱甲烷塔，约占总冷负荷的12%。因此，该系统约占总冷负荷的一半(所占总冷负荷的大小因裂解原料和流程而异)，甲烷-氢气的分离引起了广泛的重视。

甲烷-氢气分离是利用低温，使裂解气中除甲烷-氢气外的各组分全部液化，然后将不凝气体甲烷-氢气分去，此操作在脱甲烷塔内进行。脱甲烷塔是深冷分离中温度最低的精馏塔。

甲烷-氢气分离在整个深冷分离系统中所占费用最大，所耗冷量很大，工艺又最复杂，它的操作效果严重地影响产品的纯度和以后的分离工序，所以是裂解气分离的关键。对整个深冷分离系统来讲，设计上的考虑、工艺上的安排、设备和材料的选择，也是围绕脱甲烷-氢气这一中心来进行的。

在顺序分离流程中，进入脱甲烷系统的裂解气除含有氢气、甲烷之外，尚含有碳二至碳五以上的各种烃类。在前脱丙烷的分离流程中，进入脱甲烷系统的裂解气除氢气和甲烷之外，其余为碳二和碳三馏分。在前脱乙烷的分离流程中，进入脱甲烷系统的裂解气仅含氢气、甲烷和碳二烃类。显然，在不同分离流程中，进入脱甲烷系统的气体组成相差甚大。

对于脱甲烷塔而言，其轻关键组分为甲烷，重关键组分为乙烯。在脱甲烷塔中分离甲烷-氢气，一方面要使塔顶尾气中乙烯含量尽可能低，以提高乙烯收率；另一方面又要使塔釜的甲烷含量尽可能低，以提高乙烯纯度。与此同时，还要尽量减少能量消耗。当塔釜产品甲烷含量高于0.5%(体)时，一般尚需设置第二脱甲烷塔脱除甲烷。近来，大多数工厂均将塔釜产品中甲烷含量控制在0.5%(体)以下，此时无需设置第二脱甲烷塔。

影响脱甲烷塔乙烯得率的主要因素是甲烷/氢气比、操作温度和压力。甲烷/氢气比值越大，塔顶尾气中乙烯损失越小，乙烯的收率越高。相反，裂解气中氢气和惰性气体含量越多，甲烷/氢气的比值越小，就必须损失更多的乙烯和乙烷，以满足塔顶露点的要求，因此乙烯的收率降低。不同甲烷/氢气摩尔比所需的操作条件见表4-1。

表4-1 不同甲烷/氢气摩尔比所需操作条件

原料	$n_{CH_4}:n_{H_2}$ (摩尔比)	将乙烯全部分出时脱甲烷塔塔顶冷凝器出口温度/℃		在-100℃时甲烷氢馏分中乙烯的平均摩尔分数/%	
		3.1MPa	4.5MPa	3.1MPa	4.6MPa
煤油裂解	3.5:1	-101	-90	1	—
丙烷裂解	1:1	-114	-103	4	2
乙烷裂解	1:4	-134	-126	19	11

压力增大，温度降低均有利于减少尾气中乙烯损失，提高乙烯收率。但压力增大，使甲烷和乙烯的相对挥发度减小，不利于组分的分离，影响乙烯纯度。若要达到同样的分离效果，势必增加塔板数和回流量，也相应增加了材料和冷量的消耗。降低压力，使操作温度降低，能增大甲烷和乙烯的相对挥发度，对组分的分离有利，但塔顶温度受到冷剂最低温度的限制。如用乙烯作制冷剂，获得的最低制冷温度是-101℃，这时一定量的乙烯损失仍不可避免。若要更低温度，就必须用甲烷作制冷剂，以获得-140℃的低温，这时乙烯的损失才可不计。

提高乙烯收率的主要措施是节流膨胀制冷，利用脱甲烷塔顶尾气的自身节流膨胀，降温到-130~-160℃，从而可回收尾气中的乙烯，同时还能富集氢气，此过程是在冷箱中进行的。裂解气经干燥和预冷后直接进入脱甲烷塔，而塔顶所得甲烷-氢气馏分再经冷凝分离而获得富甲烷馏分和富氢气馏分，这样的工艺流程称之为后脱氢工艺流程。此时冷箱放在脱甲烷塔之后。

如果将干燥后的裂解气在预冷过程中进行分凝，通过分凝方法将裂解气中大部分氢气和部分甲烷分离，由此不仅减少了进入脱甲烷塔的甲烷量，更使 n_{CH_4}/n_{H_2} 大幅度下降，从而大大改善脱甲烷塔的操作，提高乙烯回收率。这样的工艺流程被称为前脱氢工艺流程。从20世纪60年代后期开始，大中型乙烯装置均广泛采用这种前脱氢工艺流程。此时冷箱放在脱甲烷塔之前。

(一) 后冷(后脱氢)

图4-1是脱甲烷塔后冷(后脱氢)流程图，图中各点物料组成见表4-2，后冷是通过尾气的节流膨胀来获得低温。塔顶尾气约含3%~4%(摩)的乙烯，经第一冷箱换热器(2)、气流分离罐(3)后，冷凝下来的乙烯和甲烷通过节流膨胀阀(A)，降温至-130℃左右，再与进入第一冷箱换热器的进料尾气进行热交换，含26%左右乙烯的循环气，被送回压缩机。气液分离罐(3)出来的甲烷和氢气不凝气体，经第二冷箱换热器(4)、气液分离罐(5)后，冷凝下来的甲烷通过节流膨胀阀(B)，降温至-140℃左右，依次在冷箱换热器中换热得甲烷尾气。气液分离罐(5)出来的不凝气为富氢气，经冷量利用后引出。

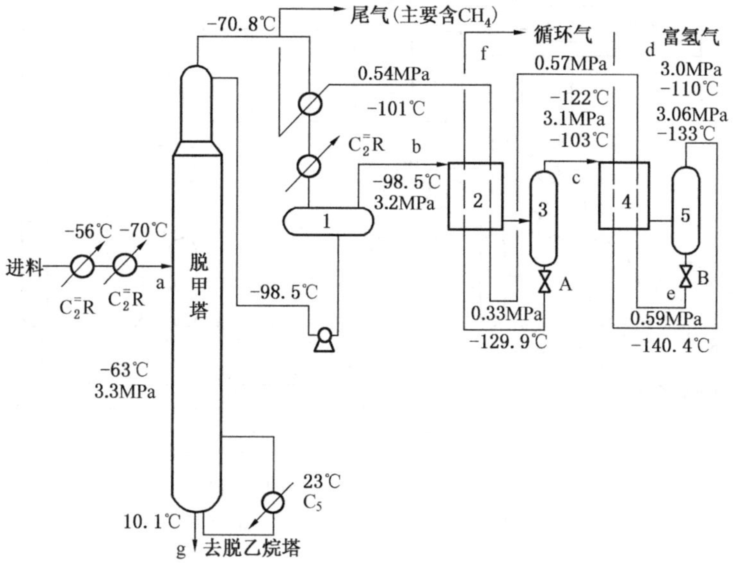

图4-1 脱甲烷塔后脱氢流程

1—回流罐；2—第一冷箱换热器；3，5—气液分离罐；4—第二冷箱换热器；A，B—膨胀阀

表4-2 图4-1中各点物料组成 %(摩)

组 分	a	b	c	d	e	f	g
H_2	14.54	31.87	33.15	69.82	0.97	0.67	
CO	0.10	0.25	0.27	0.57			
CH_4	30.09	64.79	64.50	29.57	95.16	71.83	1.00
C_2H_2	0.43						0.79
C_2H_4	34.42	3.00	2.04	0.04	3.79	26.37	60.76
C_2H_6	7.10	0.09	0.04		0.08	1.37	12.98
C_3H_4	0.38						0.71
C_3H_6	10.33						18.98
C_3H_8	0.34						0.63
C_4^+	2.27						4.15
Σ	100.00	100.00	100.00	100.00	100.00	100.00	100.00

(二) 前冷(前脱氢)

图 4-2 是脱甲烷塔前冷(前脱氢)流程图，图中各点物料组成见表 4-3。经预处理后的裂解气由 0℃、-20℃、-43℃丙烯冷冻剂降温到-37℃ a 点，在气液分离罐分出凝液 c 点，其中含氢量已极少，作脱甲烷塔第一股进料。气体 b 点经冷箱换热器和-56℃、-70℃乙烯冷冻剂降温到-65℃，分出凝液 e 点，作第二股进料。气体 d 点经冷箱换热器和-101℃乙烯冷冻剂降温到-96℃，分出凝液 g 点，作第三股进料。气体 f 点经冷箱换热器降温到-130℃，分出凝液 i 点，作第四股进料。气体 h 点经冷箱换热器后，分出主要含甲烷的凝液 k 点，经节流膨胀阀降温到-161℃，然后作冷冻剂依次经过五个冷箱换热器，最后引出作化工原料、燃料或脱水干燥的再生气。气体 j 点主要含氢气，作冷冻剂依次经过五个冷箱换热器，然后引出，经甲烷化脱一氧化碳后，供加氢脱炔烃用。四股进料在脱甲烷塔中精馏分离，塔顶尾气主要含甲烷，乙烯含量极少，甲烷尾气经节流膨胀制冷，依次通过四个冷箱换热器，然后引出。

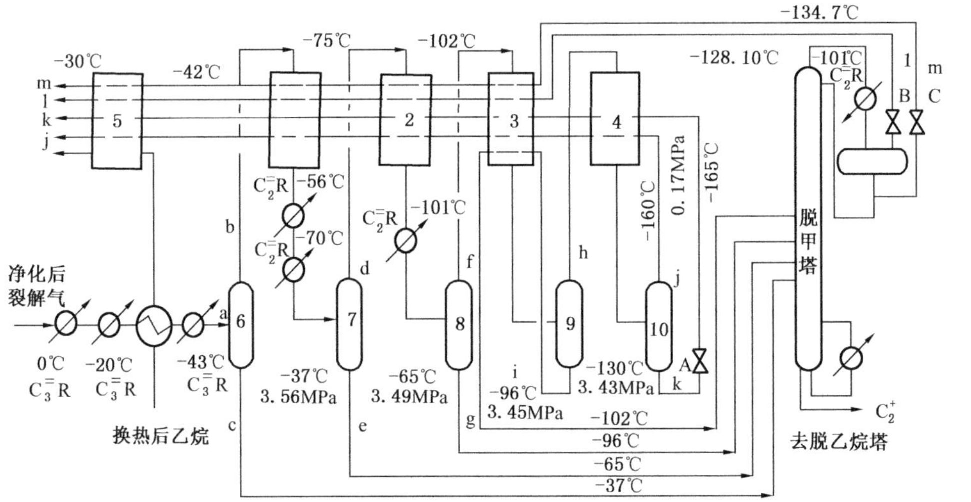

图 4-2　脱甲烷塔前冷前脱氢流程

1，2，3，4，5—板翅式换热器；6，7，8，9，10—气、液分离罐；A，B，C—节流阀

表 4-3　图 4-2 中各点物料的组成　　%(摩)

组　分	a	b	c	d	e	f	g	h	i	j	k	l	m
H_2	15.05	27.81	0.89	36.39	0.96	48.62	0.99	70.29	1.05	91.48	0.98	4.19	0.12
CO	0.12	0.23		0.30		0.41		0.60		0.78			
CH_4	29.37	41.67	15.73	46.75	2574	46.65	47.04	28.95	85.52	7.74	98.33	95.74	99.11
C_2H_2	0.44	0.31	0.59	0.19	0.70	0.05	0.59		0.16				
C_2H_4	34.09	23.99	45.29	14.44	53.88	4.00	44.65	0.16	12.43		0.67	0.07	0.76
C_2H_6	7.30	3.83	11.15	1.67	10.60	0.26	5.74		0.82		0.02		0.01
C_3H_4	0.40		0.84										
C_3H_6	10.67	2.02	20.28	0.25	7.55	0.01	0.97		0.02				
C_3H_8	0.35	0.05	0.68	0.01	0.20		0.02						
C_4^+	2.21	0.09	4.55		0.37								
Σ	100.00	100.00	100.00	100.00	100.00	100.00	100.00	100.00	100.00	100.00	100.00	100.00	100.00

(三) 前冷和后冷的比较

前冷(前脱氢)流程和后冷(后脱氢)流程相比，前冷的优点是采用逐级冷凝和多股进料，

可节省低温冷冻剂并减轻脱甲烷塔的负荷；不仅乙烯回收率高，氢气的回收率也高（前冷90%以上，后冷 53%），而且可获得浓度为 91%~95%的富氢气（后冷只有 70%左右）；进料前分离氢气，增大了甲烷/氢气比，从而提高了脱甲烷塔的分离效果。前冷的缺点是脱甲烷塔的适应性小，流程复杂，自动化要求高。

由于脱甲烷塔进料预冷和脱甲烷塔操作的冷冻功率消耗约占深冷分离系统全部冷冻功率消耗的 50%，所以脱甲烷塔系统的冷量回收非常重要，因此近年来倾向于前冷（前脱氢）流程，原料深度预冷，并且多股进料。

（四）脱甲烷塔内物料起泡特性

脱甲烷塔物料在低温操作条件下有一定的发泡性，而且，低压脱甲烷塔内物料的发泡性更高。在塔板设计中必须充分注意到这一因素，从而对塔内流速、板间距等加以控制。忽视脱甲烷塔内物料的发泡性，将严重影响脱甲烷塔的处理能力。

表 4-4 为高压脱甲烷塔和低压脱甲烷塔内物料的物理性能和发泡性试验数据。由表可见，由于操作温度的降低，低压脱甲烷塔内物料的表面张力成倍增加，相应，其发泡性更强。

表 4-4　脱甲烷塔物料性质和发泡性

名称	高压脱甲烷塔				低压脱甲烷塔			
	塔顶		塔底		塔顶		塔底	
气体密度 $\rho_V/(kg/m^3)$	48.09		60.92		9.62		12.82	
液体密度 $\rho_L/(kg/m^3)$	336.65		448.87		416.81		529.02	
表面张力 $\sigma/(mN/m)$	4.8		2.5		9.1		9.8	
σ/ρ_V	0.1		0.041		0.95		0.76	
T/℃	-90		4.5		-129		-45.6	
p/MPa	3.10		3.13		7.24		7.2	
T_r	0.95		0.95		0.78		0.78	
p_r	0.68		0.62		0.16		0.15	
发泡性	塔顶	$20^{\#}$板	$30^{\#}$板	塔釜	塔顶	$20^{\#}$板	$30^{\#}$板	塔釜
发泡因子	2.3	2.6	2.3	2.0	3.7	3.2	2.7	1.8
消泡时间/s	6	7	5	3	7	11	8	6

二、高压法脱甲烷

20 世纪 60 年代以前，乙烯工厂深冷分离部分多采用后脱氢高压脱甲烷工艺，而 60 年代后期，前脱氢高压脱甲烷工艺开始取代后脱氢脱甲烷工艺，主要是布朗路特和斯通-韦伯斯特公司采用的前脱碳三前加氢流程。

下面介绍布朗路特和斯通-韦伯斯特公司高压脱甲烷工艺流程。

1. 带涡轮膨胀机的前脱氢高压脱甲烷工艺流程　斯通-韦伯斯特公司在 20 世纪 80 年代中期以前均采用带涡轮膨胀机的前脱氢高压脱甲烷工艺流程，目前，已被各专利商广泛采用。其典型工艺流程如图 4-3 所示。

该流程与简单前脱氢高压脱甲烷工艺流程相似，采用裂解气逐级冷凝分离的方法脱除裂解气中的氢气和部分甲烷，使得脱甲烷塔进料中甲烷量减少，甲烷/氢气之比很低。在简单前脱氢高压脱甲烷工艺流程中，是用逐级冷凝分离所得液态甲烷馏分减压节流，利用等焓膨胀而制取低于-101℃以下的低温。如图 4-3 所示，该工艺流程中，利用富甲烷馏分(k)减压节流提供-165℃的冷量，利用富甲烷馏分(m)减压节流提供-134.7℃的冷量。此外，当不要求输出 3.0MPa 左右的高压甲烷时，可将气态高压甲烷(l)减压节流而制取约-128.4℃ 左右的冷量。这种以气态甲烷减压节流制取冷量的方式，不仅制冷量小，而且损失较大。如将气态甲烷的减压节流(等焓膨胀)改为通过对外作功的膨胀机膨胀(等熵膨胀)，则可大幅度提高制冷效率。以馏分油裂解的 300kt/a 乙烯装置为例，以作外功的膨胀机膨胀代替等焓节流膨胀，可回收大约 280~320kW 机械功，并使乙烯制冷功耗减少 450~500kW。

脱甲烷塔塔顶气液分离罐的高压甲烷，如在-98℃温度下由 3.0MPa(G)经涡轮膨胀机减压至 0.45MPa(G)，其温度大约降至-140℃，膨胀机出口带有一定量液态甲烷(约 16%~18%)。为减少膨胀机出口气体的带液量，则可将高压甲烷回热到一定程度后再经膨胀机进行膨胀。如图 4-3 所示，在回流罐(10)中-98℃的高压甲烷，先经冷箱回收冷量，使其回热至-67℃左右，再进入涡轮膨胀机，经等熵膨胀后，其压力由 2.9MPa 降至 0.53MPa，温度降至-127℃左右，经冷箱回收冷量后，再经压缩机增压后作为中压甲烷产品。此时，涡轮膨胀机即由甲烷增压压缩机制动。当以轻烃、石脑油和 AGO 为原料时，各主要点物料组成见表 4-5。

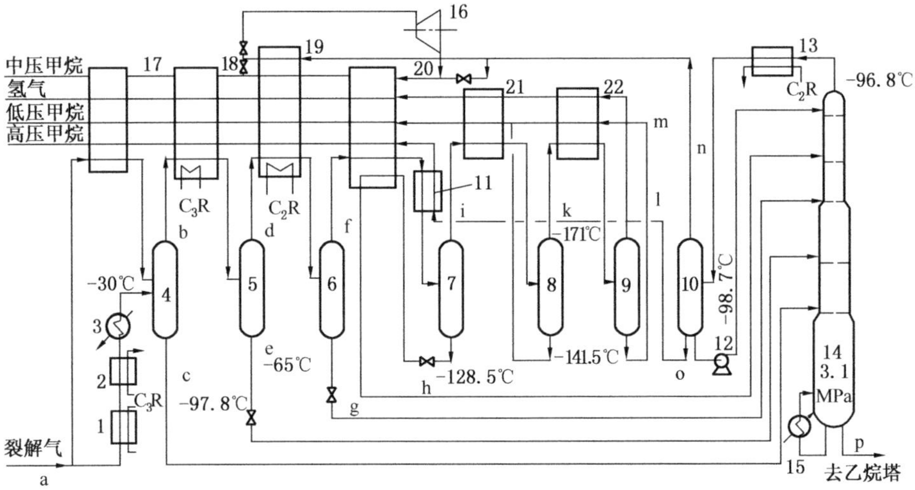

图 4-3　斯通-韦伯斯特公司带涡轮膨胀机高压脱甲烷工艺流程

1，2，3—丙烯冷却器；4，5，6，7，8，9，10—气液分离罐；11—乙烯冷却器；12—回流泵；13—塔顶冷凝器；14—脱甲烷塔；15—再沸器；16—涡轮膨胀机；17，18，19，20，21，22—冷箱

表 4-5　斯通-韦伯斯特公司带膨胀机高压脱甲烷流程主要点物料组成　　%(摩)

位置	a	b	c	d	e	f	g	h	i	j	k	l	m	n	o	p
氢	20.35	31.29	1.14	46.18	1.51	60.32	1.78	2.51	73.69	3.8	82.01	2.79	95.11	7.83	0.82	
甲烷	22.85	30.10	10.14	35.53	19.23	36.64	38.33	75.80	25.12	93.33	17.06	95.44	4.09	91.32	98.67	0.02
乙炔	0.51	0.35	0.77	0.13	0.80	0.02	0.48	0.09								0.90
乙烯	33.16	27.89	42.40	14.73	54.21	3.82	49.00	19.19	0.27	2.45	0.01	0.09		0.02	0.13	58.68
乙烷	10.31	6.92	16.25	2.48	15.81	0.35	9.16	1.84	0.01	0.10						18.29
MAPD	0.50	0.08	1.25		0.23		0.01									0.89
丙烯	8.06	2.29	18.17	0.2	6.46		0.85	0.02								14.29
丙烷	1.51	0.37	3.50	0.03	1.06		0.11									2.68
丁二烷	0.96	0.08	2.51		0.23		0.00									1.70

续表

位　置	a	b	c	d	e	f	g	h	i	j	k	l	m	n	o	p
其他 C_4	1.11	0.10	2.89		0.29		0.01									1.97
C_5	0.26	0.01	0.70		0.02											0.46
苯	0.05		0.14													0.09
其他 C_6	0.01		0.03													0.02
甲苯	0.00		0.01													0.00
其他 C_7	0.00		0.01													0.01
其他 C_8	0.00															0.00
C_9~200℃	0.00															0.00
CO	0.36	0.52	0.09	0.71	0.15	0.85	0.27	0.55	0.91	0.84	0.92	1.68	0.80	0.83	0.38	
总计	100	100	100	100	100	100	100	100	100	100	100	100	100	100	100	100

2. 带预脱甲烷并设膨胀机的高压脱甲烷流程　如图4-4所示脱甲烷流程为斯通-韦伯斯特公司在20世纪80年代中所推出的流程，其目的是对前述流程进行改进，以达节能的目的。

干燥的裂解气在进入一系列脱甲烷塔进料预冷器前，通过一台附设的过滤器，脱除全部干燥剂粉末。裂解气在脱甲烷1号进料罐进行气液分离前，被循环乙烷、脱甲烷塔底物料和两级丙烯冷剂冷却。

1号进料罐的液相进入脱甲烷塔预分馏塔，在该塔内，把甲烷和氢气从液相中分馏出来，然后送入脱甲烷塔。预分馏塔的塔底物经与裂解气换热后送入脱乙烷塔，脱甲烷预分馏塔的进料用丙烯冷剂加热，塔底也用丙烯冷剂再沸。

脱甲烷塔1号进料罐的气相在进入脱甲烷塔2号进料罐前，在冷箱中用脱甲烷塔塔顶馏出物和乙烯冷剂进一步冷却，该进料罐的液相为脱甲烷塔的第二股进料，气相在冷箱中用脱甲烷塔塔顶馏出物和乙烯冷剂进一步预冷，然后进入脱甲烷塔3号进料罐，该进料罐的液相为脱甲烷塔的第三股进料。气相在冷箱中用脱甲烷塔的返回物流预冷，然后进入脱甲烷塔塔顶精馏器作为第四股进料。

多股进料的脱甲烷塔，把甲烷和更轻的组分与乙烯和更重的组分分开，用气态丙烯再沸，用最低级位的乙烯冷剂冷凝。脱甲烷塔塔顶精馏器的馏出物被膨胀后的脱甲烷塔塔顶物料流部分冷凝，并连续送入脱甲烷塔塔顶精馏器的回流罐，该罐叠放在精馏器顶部。罐内的液相回流到脱甲烷塔塔顶精馏器，气相则进入尾气膨胀机的第一段，用涡轮膨胀机实现精馏与低温的结合，保证在尾气中基本没有乙烯损失。

膨胀后的气体在精馏冷凝器中被加热，并连续进入膨胀机的第二段，最终的膨胀尾气在精馏冷凝器中再次被加热，在冷箱中进一步加热到-40℃，然后重新被压缩作为再生介质或燃料。

脱甲烷塔精馏器回流罐中的一部分气体不进入涡轮膨胀机，而是直接通过氢气冷箱进入冷冻环路，生产95%(摩)的氢气和甲烷。在用裂解气回收热量后，氢气进入变压吸附装置(PSA)，产生高纯度氢气。

本工艺由于正确地选用换热器的结构，可靠地防止了冷箱的结垢问题。只有在裂解气被部分冷凝以后，除掉了全部残存的干燥剂颗粒，原料气才进入冷箱。此外，还有以下特点：专有的塔顶精馏器设计，保证了乙烯在燃料气中的损失可以忽略不计；由于采用预分馏塔，减少了脱甲烷塔的负荷，并采用了更有效的脱乙烷塔操作，节能显著。设计中采用有预分馏塔、塔顶精馏器的脱甲烷系统，使脱甲烷塔进料压力较低，避免了塔顶段的流体力学问题，

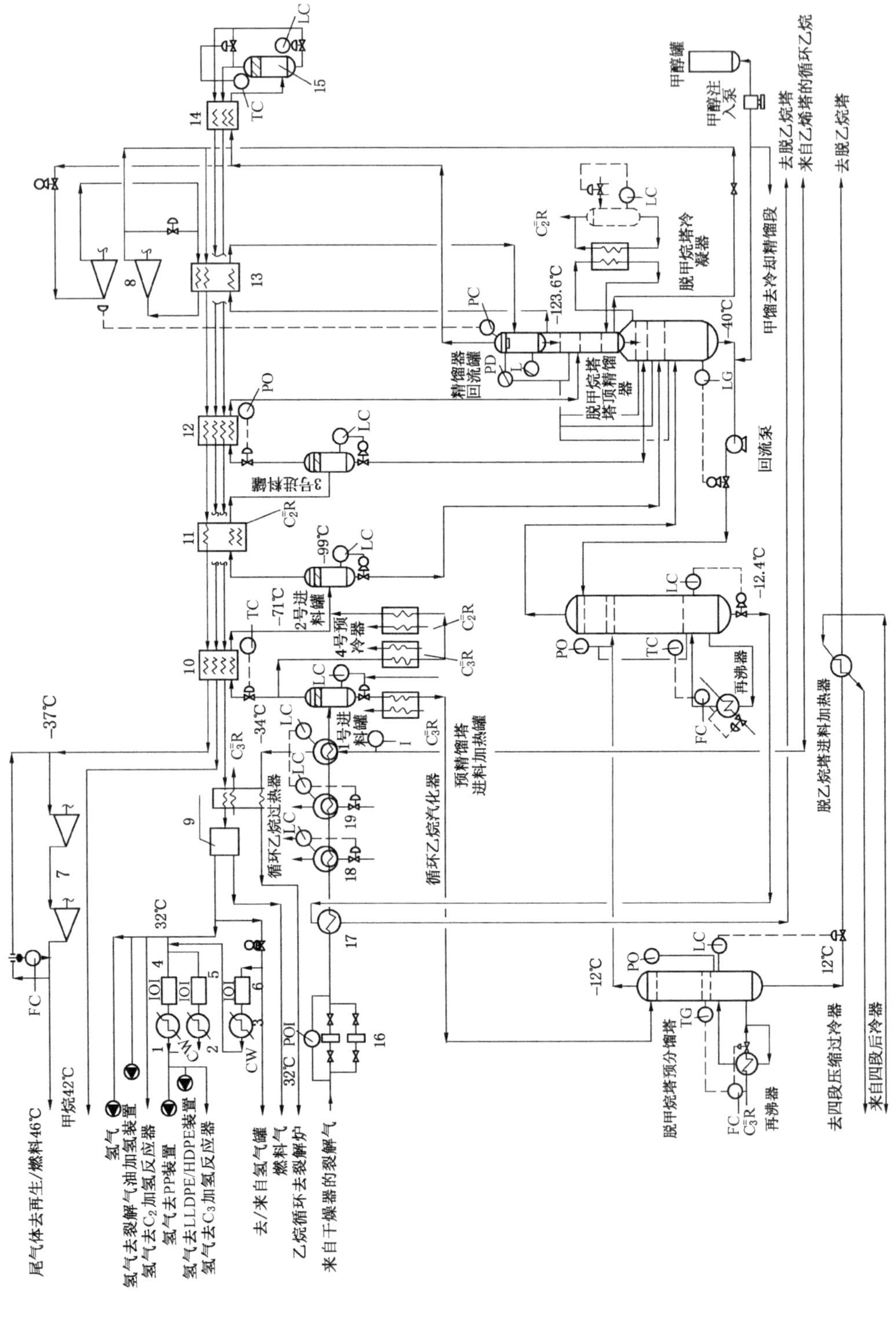

图 4-4　脱甲烷系统流程

1，2，3—后冷器；4，5，6—氢气压缩机；7—尾气再压缩机；8—尾气膨胀机；9—变压吸附装置；10—1 号冷箱；11—2 号冷箱；12—3 号冷箱；13—精馏器冷凝器；14—氢气冷箱；15—氢气罐；16—过滤器；17，18，19—分别为脱甲烷塔 1 号、2 号、3 号预冷器显著地提高了脱甲烷塔回流泵的温度，避免了低温液体泄入塔的底段，以防止再沸器故障；两段涡轮膨胀机具有很高的安全系数，每级均可单独操作，在两段都发生故障时（几率极少），从脱甲烷塔冷凝器提供所需要的液体甲烷冷剂；脱甲烷塔系统采用工艺物流间重复换热，以减少冷冻功率；变压吸附装置氢气产品的产量关系到下游加氢和超精馏系统的效益，因为除掉氢气中的杂质可简化精馏设备和减少内部循环量。采用变压吸附装置，而不采用甲烷化系统来产生高纯度氢气是一条特有的安全途径。

三、低压法脱甲烷

20 世纪 70 年代中期，对脱甲烷塔进行了重要改进，即采用高压（3.4MPa）预冷和低压（0.59MPa）脱甲烷系统代替一般的高压（3.4MPa）预冷和高压（2.94MPa）脱甲烷系统，见图 4-5。

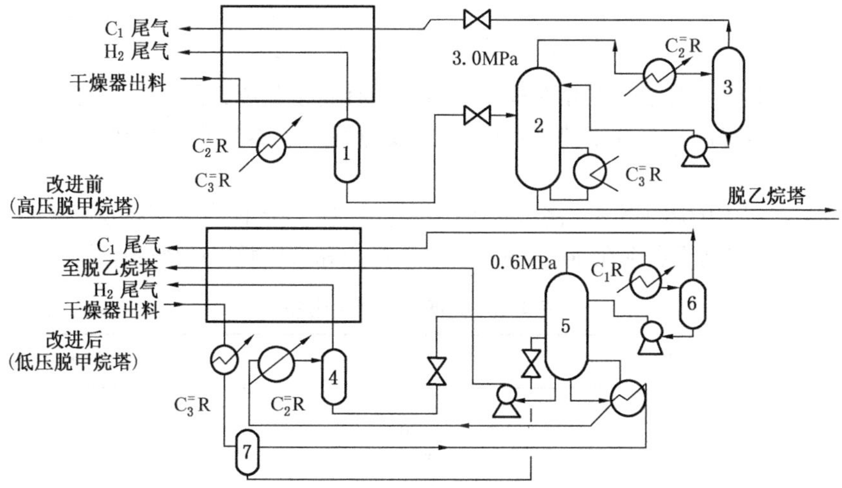

图 4-5 鲁姆斯公司脱甲烷塔流程图

1—进料分离罐；2—高压脱甲烷塔；3—高压脱甲烷塔回流罐；4—1 号脱甲烷塔分离罐；5—2 号脱甲烷塔分离罐；6—低压脱甲烷塔；7—低压脱甲烷塔回流罐

改进后，采用原料气本身经过再沸器降温代替冷冻剂制冷降温，而且在低压下脱甲烷，可提高甲烷和乙烯的相对挥发度，大大降低了最小汽提量和最小回流比（低压系统为 0.1~0.2，高压系统为 0.8~1.0），从而节省了能量。

改进后的特点如下。

(1) 分成两股进料。此两股进料，一股接近饱和液体，一股接近饱和蒸气，这样可大大降低最小回流比和最小汽提量，进一步节省能量。

(2) 采用闭环甲烷制冷系统。低压脱甲烷塔系统最终塔顶气体温度可达-135℃，采用一个独立的闭环甲烷制冷系统进行制冷回收。

(3) 增设脱苯塔。为防止低温下原料中苯冻结的可能，经压缩后的裂解气，先通过一个脱苯塔，使其苯含量少于 2×10^{-6}。

(4) 原料气的预冷。采用翅片式热交换器，可以很好地进行热交换，有效地回收冷量。和一般的列管式热交换器相比，乙烯回收率提高 3%，丙烯、乙烯制冷压缩机的总功率减小 8%，还可回收 95%（摩）以上的富氢气。

(5) 仅适用于甲烷/乙烯比较高的裂解气。

典型的前脱氢低压法脱甲烷流程如图 4-6 所示。低压法脱甲烷的主要优点如下。

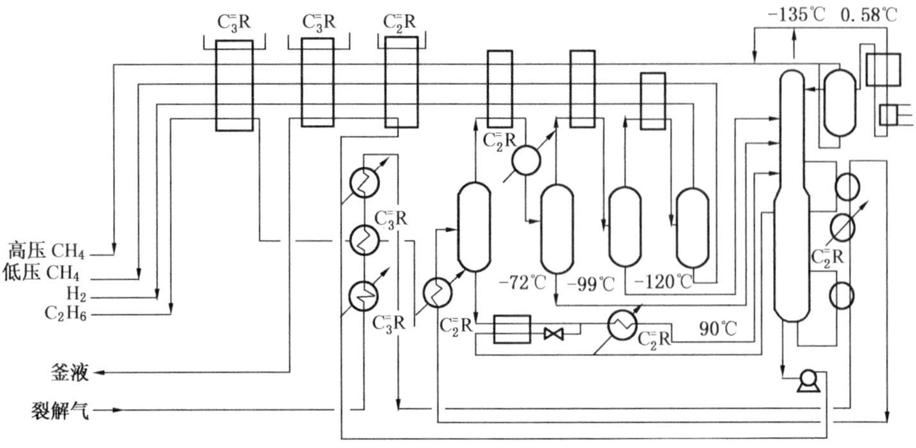

图 4-6 前脱氢低压法脱甲烷工艺流程

(1) 在低压下甲烷对乙烯的相对挥发度增大，有利于分离，降低了回流比。

(2) 塔釜加热省掉一个外来热源(丙烯)，改为裂解气本身直接加热，因而效率高节省了能量。

实践证明低压脱甲烷的物料比高压脱甲烷更易起泡，因此该塔采用高效填料塔，若填料采用英塔洛克斯，可控制泛点率在 40%~50%以下。高压和低压脱甲烷塔的操作数据见表 4-6。

表 4-6 高低压脱甲烷比较

项目 \ 塔名	高压脱甲烷塔	低压脱甲烷塔
塔顶压力/MPa	3.06	0.60
塔釜压力/MPa	3.20	0.63
塔顶温度/℃	-98.87	-135.92
塔釜温度/℃	5.91	-53.26
回流比	0.87	0.0914
理论板数	42	41
釜液中甲烷含量/%	0.072	0.002
塔顶冷剂	乙烯(-102℃)	甲烷(-140℃)
塔釜热剂	丙烯(18℃)	裂解气

例如 450kt/a 乙烯装置，采用低压脱甲烷工艺流程，能耗比高压脱甲烷降低 3790kW，详见表 4-7，而其投资增加很少。

表 4-7 低压脱甲烷降低的能耗

项目	能耗/kW	项目	能耗/kW
裂解气压缩机	-400	甲烷制冷压缩机	1000
丙烯制冷压缩机	-2640	塔底泵	170
乙烯制冷压缩机	-1920	共计降低能耗	3790

但低压脱甲烷塔的流程不适合所有的裂解原料，只适用于裂解产品的 CH_4/C_2H_4 比值较大的场合。低压法要求有足够的甲烷和乙烯进入系统，以提供一定量的回流。当 100%乙烷裂解时，CH_4/C_2H_4 比值很低，回流的液体不能从进料中提供，这就要增加塔顶回流比，从而增加高能位冷量的消耗(甲烷制冷)，经济上毫无吸引力，不如采用传统的高压法工艺流程。

而柴油、石脑油，甚至液化石油气的裂解产物中 CH_4/C_2H_4 比值较大，CH_4 产率较高。此时，脱甲烷塔最高进料点(即温度级位最低点)具有足够充分的甲烷凝液进入塔内，因而能够确保脱甲烷塔的最小回流量。

概括起来说，低压法的原料适用范围为：

① 100%柴油；

② 70%石脑油+30%乙烷；

③ 100%石脑油；

④ 液化石油气。

当然，重柴油或减压柴油均包括在内，虽在第二种情况下有 30%乙烷，但因 70%石脑油可提供足够量的 CH_4，可保证 CH_4/C_2H_4 比值足够大，仍能达到节能之目的。

该系统还采取了以下的节能和降低乙烯损失的措施。

(1) 进料预处理。由分离罐来的凝液是饱和液体，若直接减压（等焓节流）进甲烷塔必然部分被汽化，引起理论塔板数增加。从热力学观点看，等焓节流熵是增加的，导致精馏过程有效能损失的增加。采用自身节流冷却，即饱和液体通过一个过冷器，然后分支一部分液体经乙烯冷剂再过冷，直接进入低压脱甲烷塔；另一部分液体降压被预冷，这样就完成了一部分汽化。由于采用过冷器的特殊进料措施，使前后过程熵的变化不大，见图 4-7。

另外从有关的二元蒸馏图来看，如果液体直接降压进入塔中（如图 4-8 所示），精馏段和提馏段的操作交于 A 点，此时 $q=0.5$。但是，采用分支进料，B 点 $q=1$，饱和液相；C 点 $q=0$，饱和气相。由于分支进料，操作线改变，所需的理论板数大为减小，从而达到减小回流比的目的。

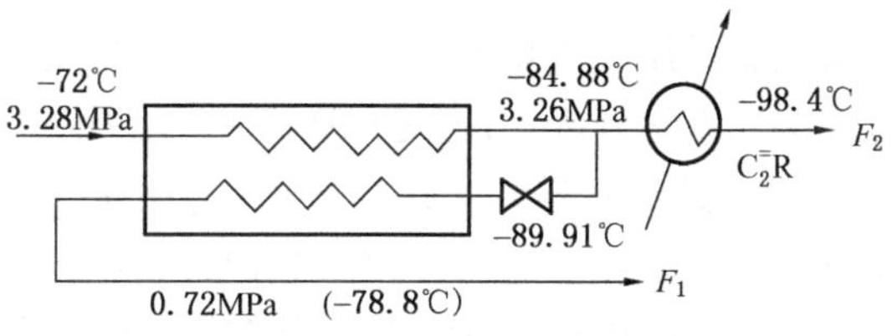

图 4-7　进料过冷示意图

F_1—甲烷塔第一股进料；F_2—甲烷塔第二股进料

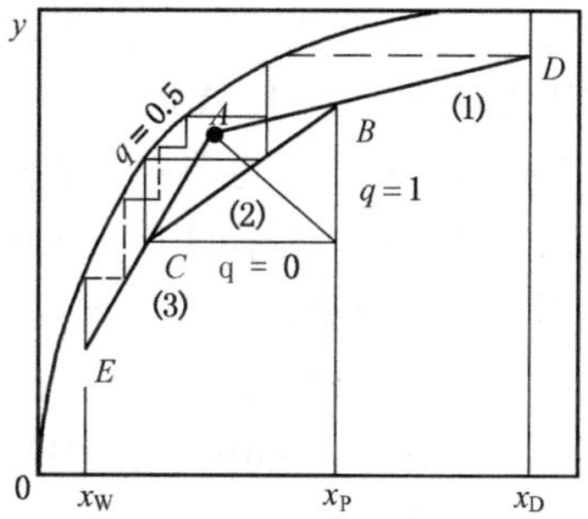

图 4-8　特殊进料措施的二元精馏

对高、低压甲烷塔利用电子计算机作了比较计算，相平衡常数采用 BWRS 状态方程，高压塔原料为轻柴油，低压塔原料按 85%轻柴油、15%石脑油裂解。结果表明，低压脱甲烷由于压力降低使甲烷对乙烯的相对挥发度增大，因而回流比大为减少。

(2) 设置塔顶蒸馏塔。当裂解原料为乙烷或乙烷/丙烷混合物时，一套 600kt/a 的乙烯装置尾气中将有 422kg/h 以上的乙烯损失，相当于乙烯产量的 0.55%，而且这一损失是在脱甲烷塔采用多股进料，并且采用膨胀机之后的损失。假如没有膨胀机，乙烯损失将是 1450kg/h。

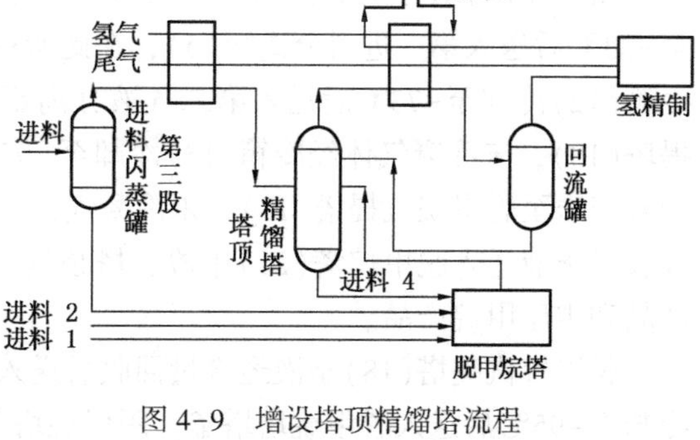

图 4-9　增设塔顶精馏塔流程

为减少乙烯损失，斯通-韦伯斯特公司提出增设塔顶精馏塔（图 4-9）代替第四股进料闪蒸罐。来自脱甲烷塔第三股进料闪蒸罐的气体，和塔顶馏分在此精馏塔内进行精馏。这一措施可以把乙烯损失减少到约 6.4kg/h，即回收 416kg/h 的乙烯。表 4-8 示出设置塔顶精馏塔与原系统的收益比较。

表 4-8　设置塔顶精馏塔与原系统的收益比较

项　　目	原　系　统	有精馏塔
尾气流量/(kg/h)	9693	9278
尾气中乙烯损失/%(摩)	1.6	0.03
或(kg/h)	422	6.4

四、中压法脱甲烷

采用低压脱甲烷后，大大降低了脱甲烷塔的汽提量与回流比，从而节省了冷量，能耗大大降低。一套 450kt/a 乙烯装置，采用低压脱甲烷，其能耗要比高压脱甲烷降低 3790kW。但为了满足低压脱甲烷塔塔顶温度的要求(-135℃)，低压脱甲烷工艺流程相应增加了独立的闭环甲烷制冷系统，因此低压脱甲烷仅适用于以石脑油、轻柴油等重质原料裂解的气体分离，以保证有足够的甲烷进入系统，提供一定量的回流。而对乙烷、丙烷等轻质原料进行裂解，则由于裂解气中甲烷量太少，不适宜采用低压脱甲烷工艺。

文献报道了对以石脑油为裂解原料，600kt/a 乙烯装置模拟的主要结果。通过对制冷和脱甲烷系统进行热平衡表明，从裂解气冷凝过程所放出的热量大于其分馏所需热量，因此可以用冷的工艺物流回收热工艺物流的热量，从而减少外部输入的热量。具体讲若把脱甲烷塔系统的压力降到 1.2~1.6MPa，就可以用裂解气做两个脱甲烷塔再沸器的热源，而裂解气则从 15℃冷却到-35℃，也节省了裂解气冷却所需冷量。

为取得降低脱甲烷操作压力的效果，而又克服低压脱甲烷低温冷量不平衡的缺点，TPL 公司采用了中压脱甲烷的工艺流程。根据有效能热力学分析，TPL 公司认为中压脱甲烷过程与高压脱甲烷过程相比，过程热力学效率可由 27%提高至 29%，节能效果十分明显。

TPL 公司对在 0.6MPa、1.2MPa(低中压)、1.65MPa(高中压)和 3.1MPa(高压)四种压力下所需的总压缩功率进行了比较。结果发现，在 1.2MPa 时所需总压缩功率为最低，为 47620kW，当采用低压时由于丙烯制冷机和甲烷增压机功率增加而使总功率增加了 265kW；采用高中压时，则由于裂解气压缩机，丙烯、乙烯制冷机功率均增加，总功率增加 400kW，采用高压时则由于丙烯和乙烯制冷机功率增加，总功率增加 1550kW。因此，采用低中压双塔式脱甲烷系统所需的总压缩功率是最低的，采用此种压力操作，每吨乙烯所需总压缩功率为 0.58~0.60kW·h。

图 4-10 所示为 TPL 公司曾采用的中压脱甲烷工艺流程。经干燥处理后的裂解气经冷却至-33℃后送入第一进料分离罐(5)，在此所得凝液送入脱甲烷汽提塔(18)，未冷凝气体经冷箱(12)冷却至-73℃后送入第二气液分离罐(6)。在分离罐(6)中所得凝液送入脱甲烷汽提塔(18)，未冷凝气体经冷箱(13)冷却至-95℃后送入第三气液分离罐(7)。分离罐(7)中的凝液送至脱甲烷汽提塔(18)，未冷凝气体经冷箱(14)冷却后送入乙烯吸收塔(22)。乙烯吸收塔釜液送入脱甲烷塔(21)中段，塔顶气体经冷箱(15、16)进一步冷却，由此获得氢气产品和中压甲烷产品。

脱甲烷汽提塔(18)釜液经冷量回收后送入脱乙烷塔，塔顶采出气体经塔顶冷却器(20)冷却至-95℃后送入脱甲烷塔塔釜。脱甲烷塔釜液部分作为脱甲烷汽提塔(18)的回流，部分

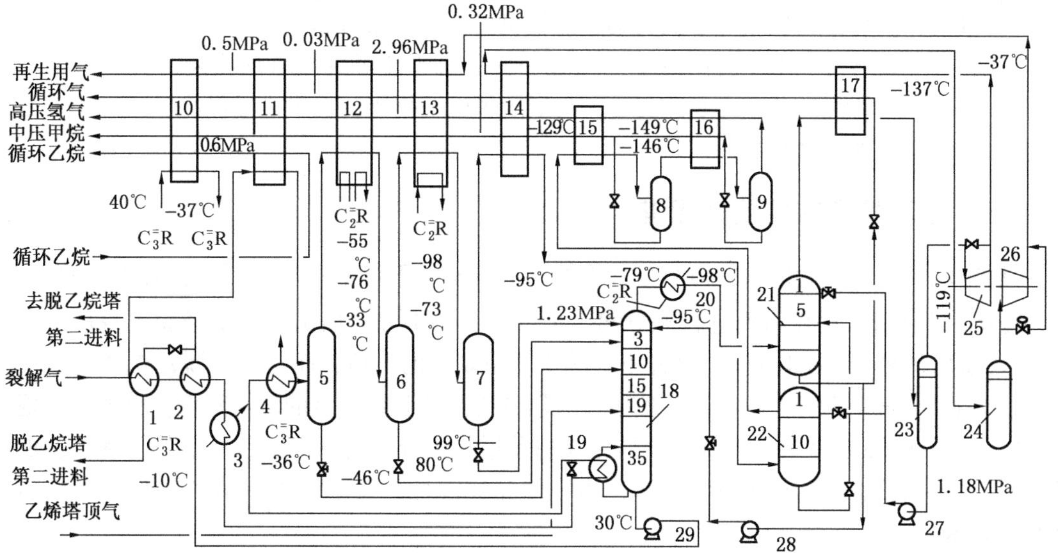

图 4-10　前脱氢中压脱甲烷工艺流程

1，2，3，4—换热器；5，6，7，8，9—气、液分离罐；10，11，12，13，14，15，16，17—冷箱；18—脱甲烷汽提塔；19—再沸器；20—冷凝器；21—脱甲烷塔；22—乙烯吸收塔；23—回流罐；24—压缩机吸入罐；25—膨胀机；26—压缩机；27，28—回流泵；29—釜液泵

送入冷箱(17)为脱甲烷塔塔顶冷凝提供冷量，经冷量回收后作为循环气返回裂解气压缩机。在馏分油裂解时，此循环气约占裂解气进料的 4.4%。与低压脱甲烷相比，循环气量明显下降。某馏分油裂解装置中压脱甲烷系统中各塔工艺操作参数如表 4-9 所示。

表 4-9　中压脱甲烷各塔操作参数举例

项　目	脱甲烷汽提塔			脱甲烷塔		乙烯吸收塔	
塔顶温度/℃	-79			-113		-122	
塔釜温度/℃	-30			-96		-117	
塔顶压力(G)/MPa	1.23			1.19		3.05	
塔顶采出量/(kg/h)	8608			6091		4428	
回流量/(kg/h)	3339			408		853	
塔径/mm	1200			750		750	
板间距/mm	610			500		500	
塔板类型	浮阀			浮阀		浮阀	
塔板号	7	10	32	2	6	1	8
气相负荷/(kg/h)	9650	7800	11350	6050	5950	4400	4300
液相负荷/(kg/h)	21050	45050	49250	450	2850	850	700
气相温度/℃	-56.6	-47.0	-32.3	-110.6	-105.8	-121.2	-118.7
液相温度/℃	-59.6	-49.0	-32.6	-112.87	-109.9	-121.7	-120.2
液相表面张力/(mN/m)	8.8	9.3	7.3	8.84	9.33	7.97	8.62
黏度/mPa·s	0.092	0.11	0.094	0.07	0.075	0.06	0.065

脱甲烷塔(21)塔顶气体经冷箱(17)冷却至-119℃后送入回流罐(23)，回流罐中凝液作为脱甲烷塔(21)和乙烯吸收塔(22)的回流，未冷凝气体送至涡轮膨胀机(25)进行绝热膨胀。膨胀机出口气体送入冷箱(17)为脱甲烷塔塔顶冷凝提供冷量，进一步由冷箱(14)回收其冷

量后送入压缩机吸入罐(24)，经压缩机增压后用作再生气。在此，涡轮膨胀机与压缩机构成联合机组，涡轮膨胀机用压缩机制动，压缩机由涡轮膨胀机驱动。

在馏分油裂解时，中压脱甲烷工艺流程中膨胀机为脱甲烷塔塔顶冷凝提供的冷量约占43.5%，循环气提供的冷量约占56.5%。与低压脱甲烷相比，膨胀机提供冷量的份额大大增加，循环甲烷量则随之减少。

五、脱甲烷塔前的预分馏塔

脱甲烷塔一般多股进料，但组分最重的一股进料，不仅量最多，而且含有大量的 C_3 和 C_4 组分。若在进脱甲烷塔前进行预分离，把一部分重组分分离出来，不经脱甲烷塔，直接去脱乙烷塔加料(见图 4-11)，这样不仅减少脱甲烷塔的负荷，而且由于脱乙烷塔多了一股进料，相当于事先进行一次分离，使脱乙烷塔的冷凝器和再沸器的负荷降低。例如，三菱化成公司的 300kt/a 乙烯装置，在高压脱甲烷塔前增加预分馏塔后，脱乙烷塔的再沸器，加热用的低压蒸汽由 15t/h 降低到约 7t/h，由于回流比降低，每小时可以节省丙烯制冷机功率约 1200kW。

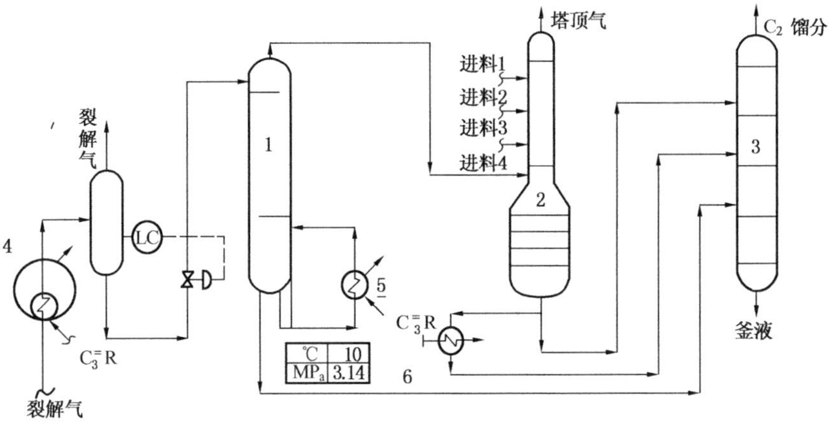

图 4-11　预分馏塔系统示意图

1—预分馏塔(新)；2—脱甲烷塔；3—脱乙烷塔；4—冷却器；5—再沸器(新)；6—进料加热器

预分馏塔操作压力为 3.14MPa，塔顶温度约为-30℃，塔釜温度为 10℃，塔釜中甲烷控制含量低于 0.60%。由于该塔和脱甲烷塔的物料易起泡，故采用英塔洛克斯填料。我国某厂改造后，每吨乙烯节省能耗 130MJ。

六、脱甲烷塔顶采用膨胀机

高压脱甲烷塔顶压力约为 3.04MPa，原来通过节流膨胀，其节流效率很低，节流后温度约为-133℃。膨胀机制冷是等熵膨胀过程，节流膨胀是等焓膨胀过程，以膨胀机代替节流阀，即以等熵膨胀代替等焓膨胀。通过膨胀机后，温度为-136℃，压力约为 0.49MPa。由于等熵膨胀对外作功，所以制冷能力比等焓膨胀要大。以 300kt/a 乙烯装置为例，增加一台膨胀机可节省能量为：

冷冻级	Q/(GJ/h)	功率/kW
-75℃	0.63	200
-101℃	0.84	390

相当于每公斤乙烯降低能耗188kJ。此外，由于膨胀机制冷深度高，尚可降低第四分离罐的温度，减少甲烷氢尾气中乙烯含量，增大乙烯回收率。目前，这一技术在高压脱甲烷流程中已采用，而且在一般老厂技术改造中也已采用，收益颇大。其流程见图4-12，300kt/a乙烯装置所用膨胀机的主要工艺参数见表4-10。

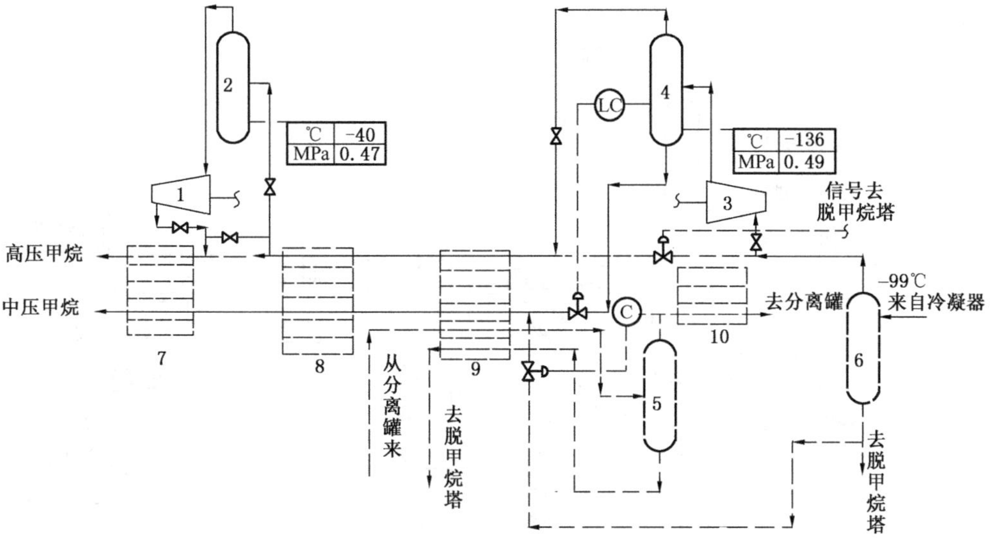

图4-12 膨胀机系统

1—压缩机；2—压缩机入口吸入罐；3—膨胀机；4—膨胀机出口分离罐；5—分离罐；6—回流罐；7—冷箱1；8—冷箱2；9—冷箱3；10—冷箱4

表4-10 膨胀机工艺参数

项 目	设计条件(一)		设计条件(二)	
	膨胀机	压缩机	膨胀机	压缩机
入口压力/MPa	3.10	0.50	3.10	0.50
入口温度/℃	-98	30	-98	30
出口压力/MPa	0.60	0.73	0.60	0.72
出口温度/℃	-135.95	67.6	-136.6	67
流量/(kg/h)	11122.6	9335.44	9512.75	8093.49
功率/kW	244	235	215	205
转速/(r/min)	44000		43600	
效率/%	83	75	82	75
液体/%	16.069	—	14.917	

七、甲烷制冷压缩机系统

由裂解气深冷系统来的四股料分别送入脱甲烷塔，该塔操作压力为0.67MPa，这个压力足够满足塔顶甲烷产品用于干燥再生时所需的压力。

回流冷凝液的冷量由一个开式的甲烷制冷循环系统提供。脱甲烷塔用主再沸器和中间再沸器进行加热，加热介质为裂解气。釜液用泵输送并冷却乙烯冷剂和丙烯冷剂，然后分成二股，一股直接送往脱乙烷塔，另一股进一步回收冷量后送往脱乙烷塔。

甲烷制冷系统是一个开式系统，如图4-13所示，在这个系统中，脱甲烷塔顶气体一部分被压缩和液化，生成的液态甲烷直接用作脱甲烷塔回流和冷箱的冷剂。送往甲烷制冷压缩机的部分脱甲烷塔顶气体，先预热到常温，然后在电动机驱动的二级往复式压缩机中由0.61MPa压缩到3.93MPa。压缩机出料先经水冷却，然后用进压缩系统的脱甲烷塔顶气体与乙烯冷剂冷却、冷凝和过冷。过冷的甲烷液体送往回流罐，一部分液体在压力下流入脱甲烷塔作回流，其余的液体去冷箱提供最低温度级的冷量，为了连续运转，设有两台压缩机，一台备用，一台运行。

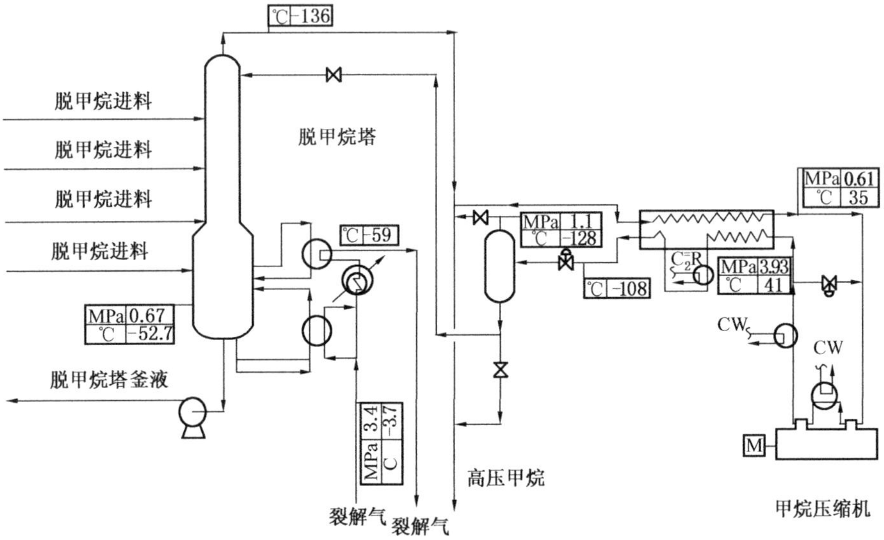

图4-13　脱甲烷塔和甲烷压缩机系统工艺流程

甲烷制冷压缩机是往复式压缩机，其结构特征为卧式对称平衡型，无油润滑、双级、双作用、水冷、电驱动，对300kt/a乙烯装置，电动机功率通常为1000kW，压缩介质为CH_4、H_2、C_2H_4、CO，分子量约为15.5，压缩机的工艺参数如表4-11所示。

表4-11　甲烷压缩机主要参数

级　数	流量/(kg/h)	吸入压力/MPa	排出压力/MPa	吸入温度/℃	排出温度/℃	电机功率/kW	转速/(r/min)
一　级	6825	0.59	1.6	35	123	1000	428
二　级	6825	1.57	3.9	41	116		

八、脱甲烷塔由浮阀塔改造成多降液管塔板

脱甲烷塔用于脱除裂解气中的氢和甲烷，是裂解气分离装置中投资最大、能耗最多的环节。深冷分离的冷冻功耗占全装置冷冻功耗的相当一部分。脱甲烷塔的主要任务是将裂解气中的C_1及H_2与C_2及以上组分分离，关键组分为CH_4和C_2H_4。它在不同流程中所起的作用不同，在顺序分离流程中，该塔为第一台塔，用于脱除裂解气的C_1馏分；在前脱丙烷分离流程中，进入脱甲烷塔的馏分仅含H_2-C_3馏分；在前脱乙烷分离流程中，进入脱甲烷塔的馏分仅含H_2-C_2馏分；无论在哪种流程中，脱甲烷塔都起到了分离最轻组分的作用，因此，该塔塔顶的乙烯含量决定了该系统乙烯的排放量，影响乙烯收率，一般要求该指标达到100×10^{-6}以下。

脱甲烷塔按操作压力可分为低压脱甲烷和高压脱甲烷两种，目前两种工艺都有应用。脱甲烷塔的共同特点是塔内各段表面张力较小($<7\times10^{-3}$N/m)，物系属易起泡系统，因此，该

塔内件通常采用板式塔或散堆填料，必须具有消泡能力，由于高压下填料的效率会急剧下降，因此高压脱甲烷塔一般采用板式塔。该塔另一特点是塔内操作液气比极大，部分塔段气液流动参数甚至超过1，塔板的操作弹性往往由降液管控制。按以上特点，浙江工业大学大学开发的降液管能力大、具有较强消泡能力的DJ系列型塔板（如图4-14所示）和国外MD多降液管塔板是很好的选择。

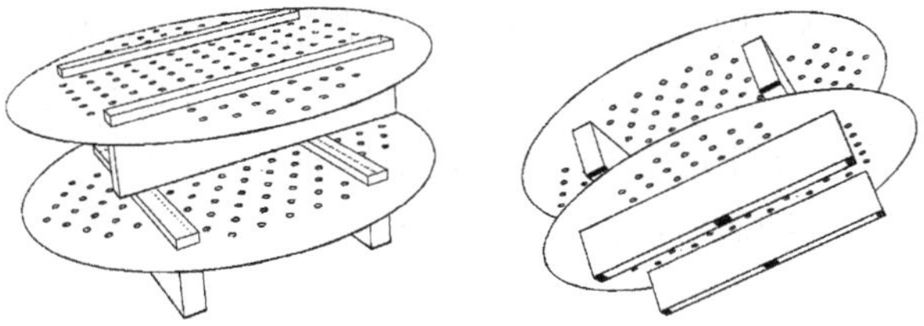

图4-14　DJ系列塔板结构示意图

某200kt/a乙烯装置中的脱甲烷塔属低压脱甲烷工艺，操作压力为0.6MPa。原塔为一异径塔，上部塔径为DN1300mm，下部塔径为DN1700mm，共装有68层普通浮阀塔板。改造后塔内各段液气比均较大，各段气液流动参数分别为0.198、0.251、0.361、0.665、1.15、0.909，从以上数据也可以看到该塔下部液气比极高，属特大液气比操作，采用DJ-3型塔板进行改造非常合适。

改造时将内件由浮阀一对一更换成DJ-3型塔板（如图4-15所示），效果理想，处理能力提高了33.2%，还有15%的操作弹性余量。设计要求塔顶甲烷中的乙烯含量不高于100×10^{-6}。塔底关键组分甲烷含量不高于100×10^{-6}，开车后各项指标均达到并超过设计要求，效果很好，达到国际领先水平。另有二套规模相当脱甲烷塔也采用DJ-3型塔板改造，取得相同的效果，实现了节能降耗减排效应。而且证实DJ型塔板很适用于脱甲烷塔这一类易起泡物系。

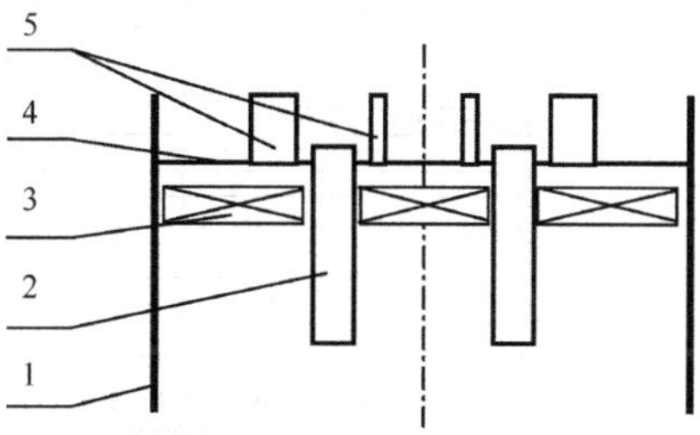

图4-15　DJ-3型塔板结构示意图
1—塔壁；2—降液管；3—复合填料；4—塔板；5—导流板

第二节　脱乙烷和脱丙烷系统

一、脱乙烷塔

（一）概述

在顺序分离流程中，裂解气经脱甲烷系统脱除氢气、甲烷等轻组分之后，由脱甲烷塔塔釜所得碳二及碳二以上馏分，送入脱乙烷塔。在此，由塔顶切割出碳二馏分，以进一步精制并分离出乙烯产品。脱乙烷塔釜液则为碳三和碳三以上馏分，需送至脱丙烷塔进一步加工。

在前脱乙烷工艺流程中，脱乙烷塔进料为干燥后裂解气，此时，脱乙烷系统的作用是将裂解气切割为两个馏分。塔顶为含有氢气、甲烷和碳二的馏分，塔釜为碳三和碳三以上重组分。塔顶轻馏分送至脱甲烷系统，而釜液则送至脱丙烷系统。

在前脱丙烷分离流程中，脱乙烷塔进料为碳二和碳三馏分的混合物，既已脱除氢、甲烷等轻组分，也已脱除碳四和碳四以上重组分。此时，脱乙烷塔塔顶所得碳二馏分可进一步精制以分离出乙烯产品，塔釜所得碳三馏分也可进一步精制分离出丙烯产品。

因此，在不同分离流程中，脱乙烷塔进料也不相同，切割分离的塔顶和塔釜产品也将有很大差别。

脱乙烷塔工艺参数的选取，直接影响脱乙烷塔的操作和乙烯装置的节能。不同的分离流程须根据其特点选择合理的工艺参数。

脱乙烷塔操作压力越高，则塔顶冷凝要求的冷剂温度可以越高。但是，随着塔压的升高，相对挥发度降低，回流比增大。因此，脱乙烷塔存在一个临界压力，该压力应根据不同的分离流程而变化。此外，由于塔釜温度也将随塔压的升高而升高，而过高的塔釜温度可能造成再沸器和塔盘形成聚合物而结焦，所以，为避免塔釜生成聚合物，最好将塔釜温度控制在80℃以下。

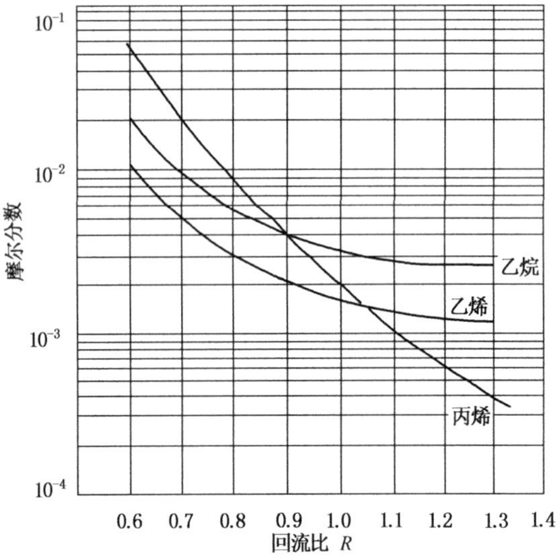

图 4-16 脱乙烷塔中不同回流比与塔顶中丙烯含量和塔釜中碳二馏分的关系

另外一个影响脱乙烷塔操作的因素为回流比。在一定塔板数的情况下，塔釜中碳二馏分含量和塔顶中丙烯含量均随回流比增大而下降。图 4-16 所示为操作压力为 2.8MPa(G)，理论塔板数为 20 时，不同回流比与塔釜碳二馏分含量和塔顶丙烯含量的关系。

在早期脱乙烷塔设计中，通常取较大回流比和较少塔板数，塔釜碳二馏分含量控制在 0.6%(摩)左右。此时，一般均设置第二脱乙烷塔，在碳三馏分进入丙烯精馏前，再次脱除碳三馏分中的乙烷。近期脱乙烷塔设计，一般采用较小回流比和较多塔板数，塔釜碳二馏分含量控制在100×10^{-6}(摩)左右。此时一般均不再设置第二脱乙烷塔。但在碳三馏分加氢脱炔后，需由丙烯精馏塔巴氏提馏段或甲烷汽提塔脱除碳三馏分中轻组分。

(二) 前脱乙烷

目前，仅林德公司采用前脱乙烷工艺流程，见图 4-17。裂解气压缩机五段出口气体经冷却(15℃)和分离后，裂解气凝液经液相干燥后直接进入低压脱乙烷塔(5)。未冷凝的裂解气经换热器(1、2)预冷至-30℃左右后送入高压脱乙烷塔(4)。高压脱乙烷塔操作压力约为 3.45MPa(G)，由塔顶分离出碳二和甲烷、氢气等轻组分。在采用前加氢工艺技术时，塔顶轻组分经加氢脱炔后送入脱甲烷系统。在采用后加氢或溶剂抽提法脱炔时，则将塔顶轻组分送至脱甲烷系统，待脱除氢气和甲烷后，再对碳二馏分进行脱炔处理。

为避免塔釜温度过高，高压脱乙烷釜液仍含相当碳二馏分，为此，需将此釜液送入低压脱乙烷塔(5)。低压脱乙烷塔操作压力约为 2.45MPa(G)，塔釜温度约为 82℃。低压脱乙烷塔釜液送至脱丙烷塔，塔顶气体送入冷凝器(6)。冷凝器(6)以丙烯、乙烯和脱甲烷塔釜液为冷剂。经冷凝器冷却后的塔顶采出物料送入回流罐(7)，回流罐中的液体作为高压和低压脱乙烷塔的回流，未冷凝气体经换热器(2)回收冷量后返回裂解气压缩机五段入口。

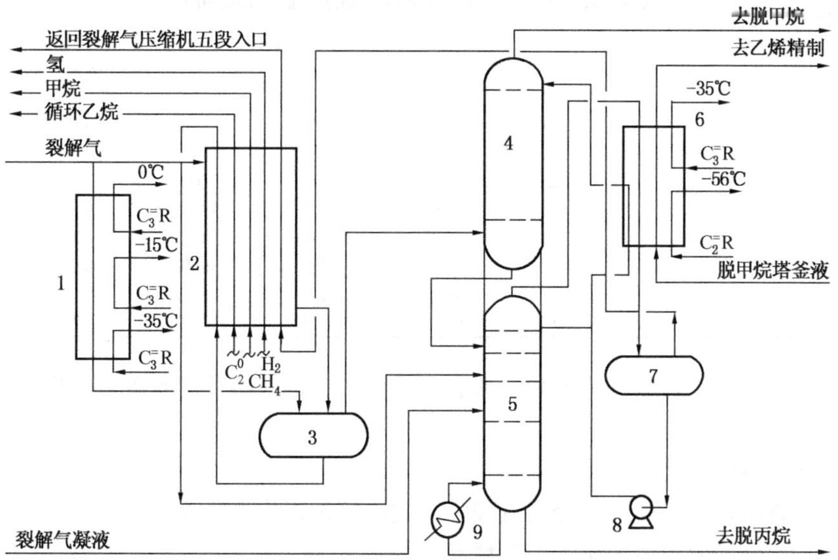

图 4-17　前脱乙烷工艺流程

1，2—进料预冷器；3—气液分离罐；4—高压脱乙烷塔；5—低压脱乙烷塔；6—塔顶冷凝器；7—回流罐；8—回流泵；9—再沸器

林德公司认为其前脱乙烷流程有以下优点：

① 投资低，由于其独特的流程，裂解气的预冷因具有高的能量回收只需两步就可实现；由于从气液分离罐(3)到低压脱乙烷塔(4)不需要泵，且高压脱乙烷塔只需 10 多块塔板，因此两个塔可以叠加在一起建设。

② 与单塔相比，要节省制冷压缩机的功率。

③ 由于低压脱乙烷塔的压力低，因而可以保证其塔釜温度在 80～85℃之间，这样可以减少聚合物的形成，最终可使其操作周期达 6 年以上。

以 500kt/a 乙烯装置为例，对前脱乙烷和后脱乙烷进行了比较，其比较基础、比较结果见表 4-12、表 4-13。

表 4-12　比较基础(物料平衡)　　t/a

原　料	乙　烷	丙　烷	石脑油
裂解深度(转化率)	60%	93%	中等深度
H_2	67200	34100	25600
CH_4	9550	312000	220510
C_2H_4	500000	500000	500000
C_3H_6	10000	139150	291300
C_4H_6	14500	37750	88200
C_4H_8	5900	12200	88350
BTX	3900	42300	233850
裂解汽油	4200	22100	162450
燃料油		12500	60100
总计	615250	1112100	1670360

表 4-13　前脱乙烷与后脱乙烷的比较(压缩功)　kW

项　目	乙　烷		丙　烷		石脑油	
	前脱乙烷	后脱乙烷	前脱乙烷	后脱乙烷	前脱乙烷	后脱乙烷
压缩	23630	23630	25250	25250	24550	24550
预冷	1155	1450	2322	3045	2992	3990
脱乙烷	1550	3255	1897	2200	2925	3225
制冷	9250	9460	12300	9304	10686	6208
脱甲烷	-2585	-705	-4406	-460	-2760	771
乙烯精馏	4640	6023	3850	5630	4050	6820
总计	37640	43113	41213	44969	42443	45564
每千克乙烯所需压缩功	0.602	0.689	0.659	0.719	0.68	0.729

华东理工大学为了适应乙烯装置扩大能力的需要，也推出了前脱碳二流程，以降低脱甲烷塔和脱乙烷塔负荷。

(三) 后脱乙烷

在顺序分离流程和前脱丙烷分离流程中，脱乙烷过程均设置在脱甲烷之后。此时，脱乙烷塔塔顶碳二馏分经脱炔后即送入乙烯精馏系统。

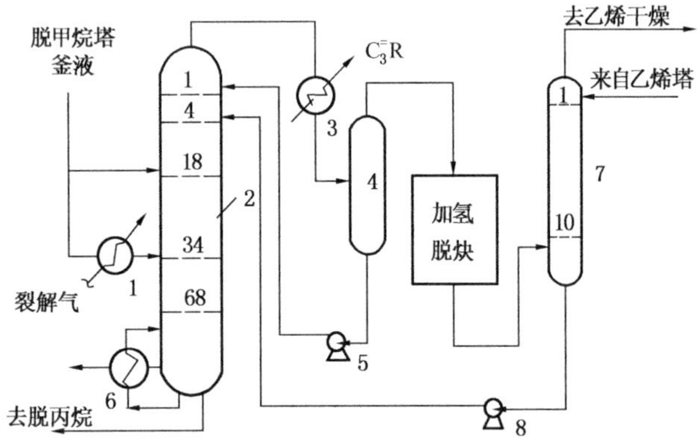

图 4-18　后脱乙烷工艺流程

1—换热器；2—脱乙烷塔；3—冷凝器；4—回流罐；5—回流泵；6—再沸器；7—绿油塔；8—泵

图 4-18 是后脱乙烷典型工艺流程。如图所示，脱甲烷塔釜液分两股进入脱乙烷塔(2)，塔釜釜液送入脱丙烷塔，塔顶采出气体(碳二馏分)经冷凝器(3)部分冷凝后送入回流罐(4)，凝液作为回流，未冷凝气体则送至加氢脱炔。加氢脱炔的碳二馏分送入绿油塔(7)，在此用乙烯精馏塔中段抽出的碳二馏分洗涤，以脱除绿油，绿油塔釜液送回脱乙烷塔。某 300kt/a 馏分油裂解装置脱乙烷塔工艺参数如表 4-14 所示。

图 4-18 工艺流程中碳二加氢系采用产品加氢的方案，当采用全馏分加氢时，脱乙烷塔顶采出的碳二馏分先经加氢脱炔处理，然后再用部分加氢脱炔后物料作为脱乙烷塔回流。

表 4-14　脱乙烷塔工艺参数举例

塔　板　数①	1~17	18~33	34~68	塔　板　数①	1~17	18~33	34~68
塔径/mm	2400	2400	2400	流相负荷/(kg/h)	35365	61256	95887
塔板间距/mm	425	525	575	流相密度/(kg/m³)	409	447	452
操作温度/℃	-14	-1	62	液体黏度/mPa·s	0.0673	0.064	0.0585
操作压力(G)/MPa	2.27	2.29	2.33	最大允许干板压降/Pa	617.4	617.4	617.4
气相负荷/(kg/h)	84816	77660	71247	起泡特性	正常	正常	正常
气相密度/(kg/m³)	44	45	54				

① 指实际塔板数。

设置绿油洗涤塔时，可以用乙烯精馏塔中段抽出的碳二馏分作为回流，也可以设置塔顶冷凝器进行部分冷凝，以其凝液作为回流。此外，也有一些装置并不设置绿油塔，而仅设置绿油分离罐。

改进的脱乙烷塔流程是将脱乙烷塔塔顶气相不经冷凝器直接进入乙炔加氢反应器，加氢后的产品经过碳二绿油塔及干燥器进入乙烯精馏塔，脱乙烷塔回流来自乙烯塔的侧线。其流程如图 4-19 所示，从脱甲烷塔塔釜来的有两股进料，接近泡点状态的一股在脱乙烷塔约第 10 块塔板进入，另一股在进脱乙烷塔前经过预热后大约在第 28 块塔板进入，这样能从进料中回收更多的冷量。

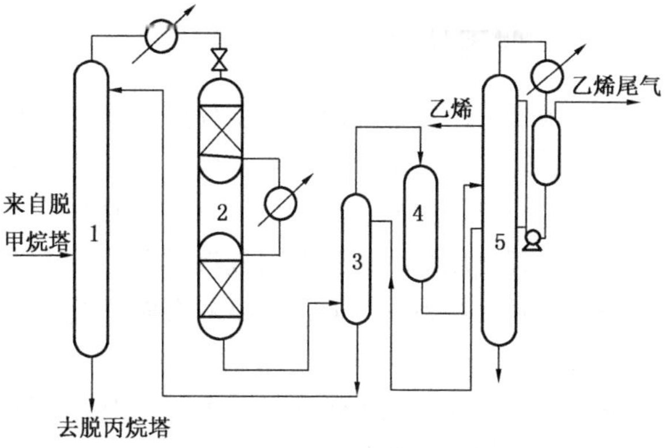

图 4-19　联合脱乙烷系统
1—脱乙烷塔；2—加氢反应器；3—绿油吸收塔；4—干燥器；5—乙烯塔

脱乙烷塔没有回流冷凝器，而是从乙烯精馏塔抽出一股侧线作为脱乙烷塔的回流液体。这股液体先在绿油吸收塔内吸收乙烯精馏塔进料中所带的绿油，然后用泵送到脱乙烷塔塔顶作为回流，这样可减少总的冷冻需要量，脱乙烷塔再沸器所需热量由急冷水提供。脱乙烷塔塔底产品送往脱丙烷塔，塔顶气相经乙炔转化进料换热器换热后，进入乙炔转化器，乙炔用选择加氢生成乙烯、乙烷的方法脱除。当气相中乙炔的浓度相当低时，转化反应器为单床反应器；当浓度较高时，则采用带有中间冷却的双床反应器，但需有一台备用转化反应器，使催化剂再生时加氢操作能连续进行。乙炔转化反应器出来的物料在乙炔转化反应器出料冷却器中冷却，再经进料换热器换热后去绿油吸收塔。乙炔转化反应器床层的温升与加入氢气的质量成正比，为防止乙炔转化反应器飞温，一般设置反应器高温报警联锁，当乙炔转化反应器温度达到某一设计值时，联锁系统自动切断氢气和碳二馏分的进料及反应器出料，同时自动打开乙炔转化反应器放空至火炬阀，将系统中的碳二馏分及氢气送至火炬系统。

反应的副产品是乙炔聚合物，俗称绿油。而绿油将妨碍乙烯精馏塔进料的正常干燥操作，干燥对于防止冻结是非常重要的。反应器出料经冷却后在一个填料塔内，用从乙烯塔侧线抽出的乙烯-乙烷液体逆流进行洗涤以脱除绿油。绿油塔底物料用泵打到脱乙烷塔顶作为回流，所含绿油随脱乙烷塔塔釜料带入脱丙烷塔，最后留在裂解汽油中。绿油塔顶气体经过乙烯干燥器，干燥后进入乙烯塔。

采用联合脱乙烷流程有下列优点。

(1) 节约冷冻量。乙烯塔回流量大，所以塔顶消耗大量-40℃丙烯冷剂。由于乙烯塔进料中乙烯浓度较高，相应塔板的温度比较低，因此可以采用中间再沸器来回收冷量。但用预冷裂解气来回收冷量受到一定的限制，同时又没有更合适的物料充分回收中间再沸器的冷量，为此提出了脱乙烷塔和乙烯塔的联合操作方案，实际上是乙烯塔又增加了一个中间再沸器。它的热负荷相当于脱乙烷塔顶冷凝器，节约了脱乙烷塔-24℃丙烯冷量，少回收了乙烯塔釜-8℃丙烯冷量，两个冷冻级别的差是联合操作方案所节省的冷冻量(300kt/a 乙烯装置冷冻量约为 500kW)，每吨乙烯降低能耗 156MJ。

(2) 脱乙烷塔操作压力比原来的 2.3MPa 降低，有利于乙烯和乙烷分离，减小回流。

(3) 省掉了脱乙烷塔顶冷凝器，节约了投资。

(4) 减小了乙烯塔再沸器的加热面积。

(5) 由于压力低，脱乙烷塔釜温也低，因此可以采用急冷水加热，节约蒸汽。

二、脱丙烷塔

在顺序分离流程和前脱乙烷分离流程中，脱乙烷塔釜液为碳三和碳三以上的馏分，其中碳二及更轻组分基本脱除。脱乙烷塔釜液送入脱丙烷系统，在此由塔顶分离出碳三馏分(丙烷和丙烯)，塔釜液为碳四和碳四以上的馏分。

当裂解气压缩系统设有凝液汽提塔时，该塔釜液也将送入脱丙烷系统。为避免碳二等轻组分带入脱丙烷系统，通常，凝液汽提塔釜液中碳二含量控制在 100×10^{-6}(体)以下。同样，乙烷塔釜液中碳二含量也控制在 100×10^{-6}(体)左右。如果脱丙烷系统的进料中碳二馏分含量较高以致可能影响丙烯产品质量时，则需在碳三溜分进入丙烯精馏塔之前采取措施，以脱除其中过量的碳二馏分。

脱乙烷塔釜液是已经干燥脱水的物料，而凝液汽提塔釜液中则含有饱和水。因此，当凝液汽提塔釜液进入脱丙烷系统时，仍需设置碳三馏分干燥器。近来，一些工厂不设凝液汽提塔，一些设置凝液汽提塔的装置相应设置凝液汽提塔釜液干燥器，在这种情况下，不必再设置碳三馏分干燥器。

在前脱丙烷分离流程中，脱丙烷系统的进料是含氢气、甲烷、碳二、碳三及碳三以上馏分的裂解气。由于含大量轻组分，为在塔顶分离出碳三馏分，所需冷凝温度大大降低，为防止冻结堵塞，裂解气应在干燥后进入脱丙烷系统。

对于脱丙烷塔而言，其轻关键组分为丙烷，重关键组分为丁二烯。塔顶分离出的碳三馏分中碳四含量一般控制在 1000×10^{-6}(摩)以下，而塔釜液中的碳三馏分则控制在 500×10^{-6}(摩)以下。过多碳四馏分带入塔顶，将使丙烯精馏塔塔釜温度过高，而过多碳三馏分带入塔釜，将造成脱丁烷塔塔压升高。

脱丙烷塔进料中含大量碳四和碳四以上不饱和烃，在较高温度下极易生成聚合物而使再沸器结垢，甚至造成塔板堵塞。在顺序分离流程和前脱乙烷分离流程中，脱丙烷塔进料为碳三和碳三以上馏分。当塔压(G)为1.1~1.2MPa时，其塔顶温度为27~30℃，塔釜温度则在104℃以上。此时，不仅再沸器因聚合物结垢而需要每两三个月清理一次，而且塔体提馏段也会因生成聚合物而使塔板堵塞。为此，除需设置备用再沸器外，尚需设置备用下塔，以便切换进行清理。为解决这个问题。20世纪70年代初期开始较多采用低压脱丙烷，将脱丙烷操作压力(G)降至0.76MPa左右，相应其塔顶温度降至14℃左右，而塔釜温度则降至82℃以下。在此操作条件下，如适当注入阻聚剂，则可避免塔体因聚合物形成而堵塞塔板，因而无需设置备用下塔。而且，由于塔釜温度降至82℃以下，再沸器中聚合物的生成大大减少，在釜温控制良好并适当注入阻聚剂的条件下，再沸器可能一年清理一次。

降低脱丙烷塔操作压力虽然解决了下塔设置和再沸器中因聚合物生成而结垢和堵塞问题，但因随着操作压力的降低，其塔顶冷凝温度相应降低，而冷冻功耗随之增加。为减少冷冻功耗，近来较多采用双塔脱丙烷工艺流程，由此，既降低了冷冻功耗又解决了聚合物结垢的问题，但投资有所增加。

(一) 前脱丙烷工艺流程

前脱丙烷是在裂解气尚未分离氢气、甲烷和碳二馏分等轻组分之前，先进行脱丙烷操作。此时，脱丙烷塔塔顶物料为含氢气、甲烷、碳二和碳三的混合物，因此其塔顶冷凝温度较低，与顺序流程相比，其裂解气压缩机功耗较低，而冷冻功耗较高。

前脱丙烷塔可以设置在裂解气压缩机三段出口，也可以考虑设置在四段或五段出口。轻柴油裂解时不同方案的能耗比较如表 4-15 所示。

表 4-15　不同脱丙烷方案的功耗比较(300kt/a 乙烯装置)　　kW

方　案	顺序流程低压脱丙烷	前脱丙烷流程		
		压缩机三段出口(0.98MPa)	压缩机四段出口(1.74MPa)	压缩机五段出口(3.5MPa)
裂解气压缩机	0(基准)	-500	-200	-100
丙烯压缩机	0(基准)	+3300	+1360	+550
乙烯压缩机	0(基准)	-100	-100	-50
合计	0(基准)	+2700	+1050	+400

前脱丙烷塔设置在裂解气压缩机三段出口时，其功耗较设置在高压段为高。但是，脱丙烷塔设置在三段出口时，由于塔压较高，其塔釜温度已过高。从降低塔釜温度出发，一般均将脱丙烷塔设置在三段出口。

在单塔前脱丙烷工艺流程中，裂解气三段出口气体经脱除酸性气后，用丙烯冷剂冷却至15℃，冷却后的裂解气分别经气相和液相干燥后送入脱丙烷塔。脱丙烷塔塔顶所得碳三和碳三以下轻组分经四段压缩后送入冷箱和脱甲烷系统，而塔釜液则送至脱丁烷塔。

由于塔釜温度高[操作压力为 1.05MPa(G)时，塔釜温度约为 98℃]，不仅再沸器因聚合物结垢而需定期(约 3 个月)清理，其下塔也因聚合物生成而可能造成塔板堵塞，需 3~6 个月清理一次。因此，除设置备用再沸器之外，尚需设置备用下塔，以便切换清理。

在双塔前脱丙烷工艺流程(图 4-20)中，裂解气压缩机三段出口裂解气经脱除酸性气后再进一步干燥脱水。干燥后的裂解气经产品乙烯和丙烯冷剂冷却后送入高压脱丙烷塔，塔顶所得碳三和碳三以下馏分送入四段压缩。四段压缩出口气体经加氢脱炔后再经第二干燥器干

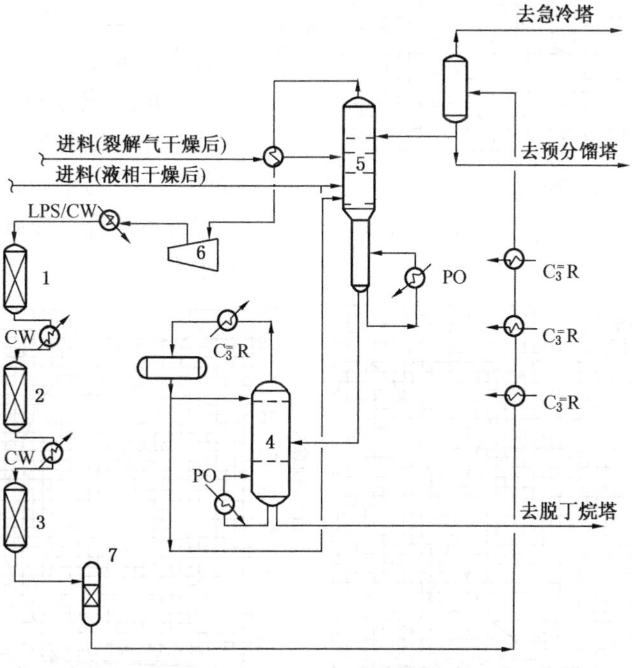

图 4-20　双塔前脱丙烷前加氢工艺流程

1，2，3—前加氢反应器；4—低压脱丙烷塔；5—高压脱丙烷塔；
6—裂解气四段压缩机；7—干燥器

燥脱水，干燥后气体经丙烯冷剂冷却而部分冷凝。未冷凝气体送至冷箱和脱甲烷系统，凝液则作为高压脱丙烷塔回流。

为避免高压脱丙烷塔塔釜温度过高而产生聚合物的堵塞问题，需将其塔釜温度控制在80℃以下，由于塔压较高，塔釜液含有相当量的碳三馏分。含有碳三和碳三以上重组分的釜液送至低压脱丙烷塔，塔顶采出物料经冷凝后返回高压脱丙烷塔，塔釜液为碳四和碳四以上重组分，可直接送至脱丁烷塔。

(二) 后脱丙烷工艺流程

在顺序分离流程和前脱乙烷分离流程中，均以脱乙烷塔釜液作为脱丙烷塔进料。在裂解气压缩过程中设置凝液汽提塔时，凝液汽提塔釜液也作为脱丙烷塔进料。由于脱丙烷塔设置在脱乙烷之后，因而其塔顶采出的物料为碳三馏分，仅含少量的碳二轻组分。

在后脱丙烷流程中，为降低冷冻功耗，早期较多采用高压脱丙烷。此时，塔顶冷凝器只需水冷却即可，不必耗用冷量。但是，由于塔釜温度较高，聚合物生成量大，再沸器和下塔塔板均有大量结垢，不仅需要设置备用再沸器，尚需设置备用下塔。为此，目前多采用低压脱丙烷以避免下塔的切换清理，但冷冻功耗略有增加。

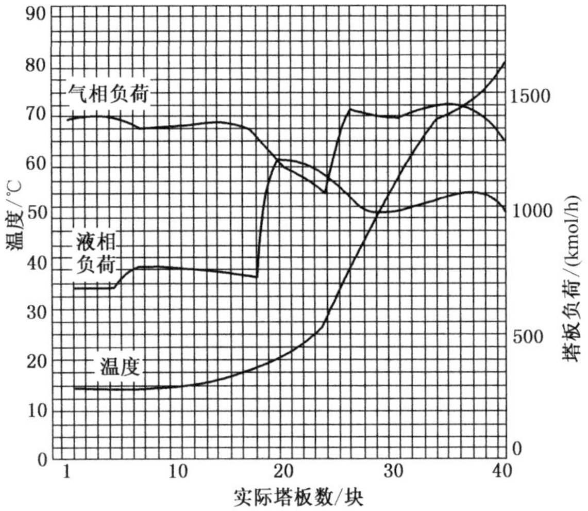

图 4-21　脱丙烷塔温度和负荷分布图

单塔低压脱丙烷工艺流程，当碳三馏分加氢采用全馏分加氢时，脱丙烷塔回流为加氢后馏分，当采用产品加氢时，脱丙烷塔回流为未加氢的馏分。目前，大多采用产品加氢方案。

图 4-21 为低压脱丙烷塔温度和负荷的沿塔板分布。该塔分别在第 16 块塔板和第 22 块塔板进料，因而在相应位置出现液相负荷的突变。

该塔组成分布如图 4-22 所示，由组成分布可以看出，脱丙烷塔精馏段组成的变化较为平稳，提馏段内碳三馏分含量急剧下降，而碳四馏分含量相应急剧上升。

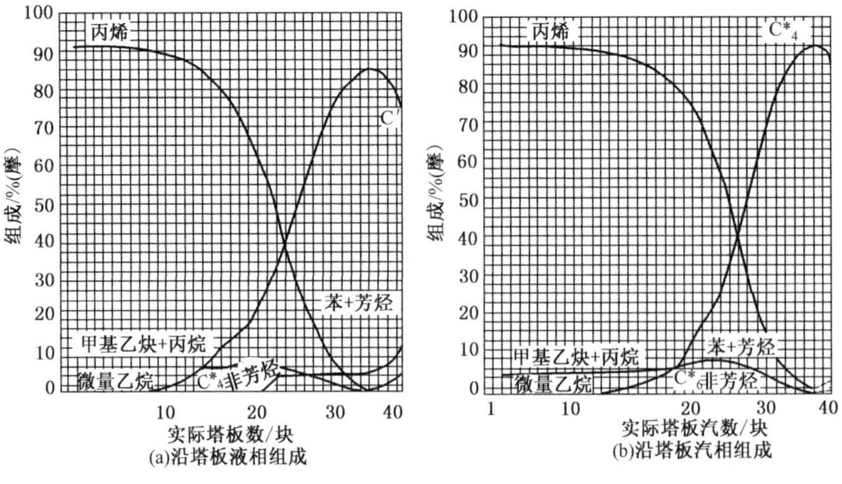

图 4-22　脱丙烷塔沿塔组成分布

为降低冷冻功耗，同时又避免塔釜温度过高而形成的聚合物结垢和堵塞问题，一些工厂采用了双塔脱丙烷工艺流程。图 5-43 是后脱丙烷时双塔脱丙烷工艺流程。

如图 4-23 所示，脱乙烷塔釜液送入高压脱丙烷塔，其操作压力为 1.38MPa(G)，塔顶温度为 38.6℃，塔釜温度为 78℃。塔顶冷凝器为水冷，冷凝液一部分作为塔顶回流，一部分送至碳三加氢脱炔系统。塔釜用蒸汽加热，为减少加热蒸汽用量，设置了用急冷水加热的中间再沸器。塔釜液中尚含碳三约 27%(摩)，釜液经换热冷却至 50℃，送入低压脱丙烷塔塔顶，裂解气凝液气提塔釜液则送至低压脱丙烷塔第 13 板。

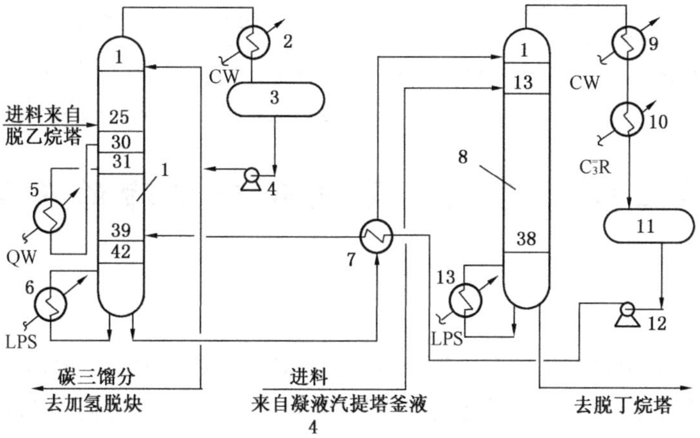

图 4-23　双塔后脱丙烷工艺流程

1—高压脱丙烷塔；2—冷凝器；3，11—回流罐；4，12—回流泵；5—中间再沸器；6，13—再沸器；7—换热器；8—低压脱丙烷塔；9—水冷冷凝器；10—丙烯冷却冷凝器

低压脱丙烷塔操作压力为 0.58MPa(G)，塔顶温度为 42.2℃，塔釜温度为 76℃。塔顶采出气体先经水冷却器冷却，再进入冷凝器用丙烯冷剂冷却而使其全凝。冷凝温度为 23℃，冷凝液中含碳三馏分约 45%(摩)，经与高压脱丙烷塔釜液换热后返回高压脱丙烷塔第 39 板。

低压脱丙烷塔塔釜用低压蒸汽加热，为避免过多碳三馏分带入脱丁烷塔而使脱丁烷塔塔压升高，其塔釜液中碳三馏分含量应控制在 0.5%(摩)以下。

表 4-16 为某乙烯工厂(石脑油裂解)双塔后脱丙烷流程中两塔的操作参数实例。

表 4-16　双塔后脱丙烷流程中两塔工艺参数实例

项　　目	高　压　塔				低　压　塔	
塔板数/块	1~24	25~30	31~38	39~42	1~12	13~28
塔板间距/mm	450	650	650	650	450	625
塔内径/mm	1200	1200	1200	1200	900	900
温度/℃	41.4	47.1	52.2	71.2	42~60	62~80
压力/MPa	1.47	1.487	1.492	1.50	0.588	0.599
最大负荷						
蒸汽流量/(kg/h)	25889	25457	15754	16884	11010	10824
蒸汽密度/(kg/m^3)	33.21	33.57	33.73	34.82	14.41	15.83
液体流量/(kg/h)	13420	26601	16895	26789	12365	21112
液体密度/(kg/m^3)	478.8	486.4	489.6	498.6	560.2	595.3
液体黏度/mPa·s	0.0785	0.0795	0.0804	0.0805	0.0891	0.124
表面张力/(mN/m)	4.93	5.05	5.06	4.94	8.97	9.71
允许压降/Pa	1280	1420	1600	1360	1370	1310
起泡特性	正常	正常	正常	正常	正常	正常

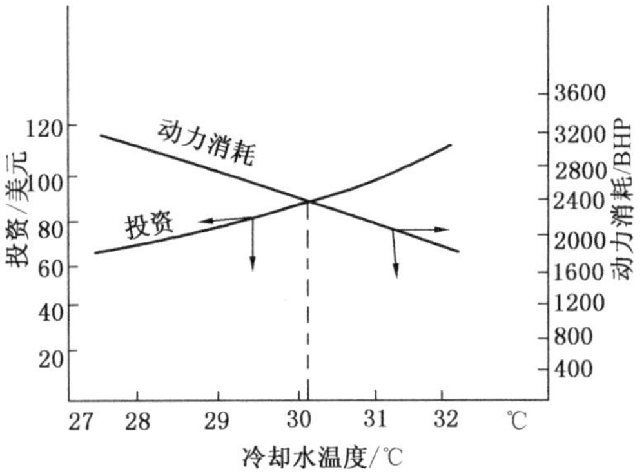

图 4-24　丙烯压缩机消耗功率与冷却水温度关系

一个年产 300kt 乙烯装置双塔脱丙烷比高压脱丙烷多耗电 750kW，比低压脱内烷节电 750kW。但是，双塔脱丙烷的动力消耗和冷却水温度有很大关系，当冷却水温度高时节约的电力明显下降，和双塔脱丙烷的投资增加相比在经济上就显得逊色。动力消耗、投资和冷却水温度的关系见图 4-24。从图中可以看出冷却水温度 30℃ 是经济点，当采用双塔脱丙烷工艺流程其冷却水温度超过 30℃ 时，动力消耗明显下降，投资明显上升。

第三节　乙炔、丙炔和丙二烯的脱除

一、概述

乙烯装置产生的裂解气是含有氢气、甲烷、乙烷、乙烯、丙烷、丙烯、混合碳四、混合碳五和裂解汽油等的混合物，此外还含有少量的二氧化碳、一氧化碳、硫化氢等酸性气体以及炔烃和水分。为满足下游加工产品的需要，通常要求对裂解气进行分离、精制以生产乙烯、丙烯、丁二烯和 1-丁烯等产品。

液态烃蒸汽裂解得到的裂解气中含有乙炔 0.1%~0.5%(摩)，丙炔和丙二烯(以下称 MAPD)0.2%~0.9%(摩)，并且炔烃的含量随着裂解深度的增加而增加，例如对于较高的裂解深度，乙炔含量甚至可以高达 0.9%(摩)。为获得聚合级的乙烯、丙烯，必须将乙炔、MAPD 脱除至要求指标。随着科学技术的发展，工业生产对聚合级乙烯和聚合级丙烯中所含的炔烃、二烯烃的限制日益严格，20 世纪 50 年代聚合级乙烯中乙炔的限制含量为 50×10^{-6}，聚合级丙烯中 MAPD 限制含量为 100×10^{-6}；60 年代乙炔含量为 10×10^{-6}，MAPD 为 30×10^{-6}；70 年代乙炔要求不超过 5×10^{-6}，丙炔、丙二烯分别小于 5×10^{-6}；80 年代末期聚合级乙烯中乙炔含量要求不大于 2×10^{-6}，现在要求小于 0.05×10^{-6}。聚合级乙烯产品的典型规格见表 4-17。

表 4-17　聚合级乙烯产品的典型规格　　10^{-6}(体)

组　分	50 年代	60 年代	80 年代	组　分	50 年代	60 年代	80 年代
乙烯/%(摩)	99.60	99.90	99.95	总　硫	10	5	1
H_2	10	5	1	氧	5	2	1
一氧化碳	10	5	1	甲醇	10	10	2
二氧化碳	100	10	2	水	10	10	5
乙　炔	10	5	2	甲烷+乙烷	平衡值	平衡值	平衡值
硫化氢	10	5	1				

裂解气中炔烃含量与裂解原料和裂解操作条件有关，对一定裂解原料而言，炔烃含量随裂解深度的提高而增加。在相同裂解深度下，高温短停留时间操作条件下将生成更多的炔烃。在烃类蒸汽裂解制取烯烃的生产装置中，裂解炉出口的裂解气通常含有 0.2%~0.7%(摩)的乙炔，如果裂解深度较高，乙炔含量甚至可以高达 0.9%(摩)。

在裂解气分离过程中，乙炔富集于碳二馏分，MAPD富集于碳三馏分。通常，碳二馏分中乙炔富集的浓度为0.3%~2.2%(摩)，MAPD富集于碳三馏分中的浓度为1%~5%(摩)。在KBR毫秒炉高温超短停留时间裂解条件下，碳二馏分中乙炔富集的浓度可高达2%~2.5%(摩)，碳三馏分中富集的MAPD浓度可达5%~7%(摩)。

在大中型乙烯工厂，裂解气中乙炔的脱除，主要采用溶剂吸收法和催化加氢法两种工艺。溶剂吸收法是使用二甲基甲酰胺(DMF)、丙酮和*N*-甲基吡咯烷酮(NMP)等溶剂吸收裂解气中的乙炔以达到净化目的，同时也相应回收一定量的乙炔。催化加氢法指的是在加氢催化剂存在下，在一定的工艺操作条件下，乙炔加氢生成相应的烯烃和烷烃，从而达到净化的目的。

溶剂吸收法与催化加氢法各有优缺点。目前，在不需要回收乙炔时，一般采用催化加氢法脱除乙炔。当需要回收乙炔时，则采用溶剂吸收法。实际生产装置中，兼有回收乙炔的溶剂吸收系统的乙烯工厂，往往同时设有催化加氢脱炔烃系统。两个系统并联，以具有一定的灵活性。

脱除MAPD的方法有催化加氢法、精馏法和催化加氢精馏法。催化加氢法是脱除MAPD最常用的方法。此外，在丙烯精馏塔内，可通过精馏法保证丙烯产品的MAPD含量达到规定要求，因而，一些乙烯装置也曾采用精馏法脱除丙烯产品中的MAPD。该法流程简单、投资省，但MAPD富集于塔釜，其浓度过高，可能引起聚合和爆炸，丙烯损失严重，丙烯精馏塔塔釜丙烷产品中含大量炔烃，既不宜直接作为民用液化气使用，也不宜返回裂解炉循环裂解，造成严重浪费。催化加氢法是脱除MAPD最常用的方法，此法可保证丙烯产品和碳三液化气的质量。鲁姆斯公司的MAPD催化精馏脱除法将催化加氢和精馏结合在一起，实现了碳三加氢在脱丙烷塔中一步完成。

由于选择加氢法工艺流程简单，能耗较少，没有环境污染，且随着新型高效加氢催化剂的研究开发成功，催化选择加氢法的应用日趋普遍，成为目前最常用的经济简单方法。根据工艺路线的不同，其又可分为前加氢和后加氢两种。

前加氢工艺流程是裂解气经碱洗脱除二氧化碳、硫化氢等酸性气体后，未经精馏分离，即进行加氢脱除炔烃的过程。在这种情况下进入加氢反应器的原料气中，除含有乙烯、丙烯、乙烷、丙烷外，还含有氢气和甲烷。

后加氢工艺是分出裂解气中所含氢气、甲烷等轻质馏分后，再将氢气适量配入到分离所得的碳二或碳三馏分中进行加氢的过程。此时，脱除乙炔的过程通常称为碳二加氢，脱除丙炔、丙二烯的过程称为碳三加氢，加氢反应器进料中烯烃的浓度都较高，一般达到75%~90%(摩)，且炔烃和二烯烃加氢反应所需的氢气由外部供给。

二、乙炔、丙炔前加氢

前加氢脱炔烃是指裂解气在进入脱甲烷塔之前所进行的脱炔烃操作。进入反应器的物料是裂解气中的碳二与更轻组分或碳三与更轻组分。前加氢脱除炔烃技术20世纪50年代就已开发成功，前加氢技术有脱乙烷前加氢流程(以林德公司为代表)和脱丙烷前加氢流程(以布朗路特公司为代表)。斯通-韦伯斯特公司也采用前加氢工艺，但与上述两公司的加氢工艺有所区别，即采用乙炔前加氢工艺和MAPD后加氢工艺。这种前加氢反应系统与乙烯装置的分离流程相结合，比后加氢系统有更多的优点。最近斯通-韦伯斯特公司又开发了混合相前脱丙烷前加氢流程。

前加氢脱除炔烃技术的优点在于与前脱丙烷(或乙烷)的分离工艺相配合，使乙烯分离流程简化，能量利用更合理。表现为：

(1) 分离流程简化，设备投资少，操作能耗低。

(2) 利用物料自身含有的氢气，不需另外补加氢气，也无需补加一氧化碳来调节碳二加氢催化剂的选择性。与后加氢相比，乙烯精馏塔不设“巴式精馏段”或第二脱甲烷塔分离剩余的氢气和甲烷，乙烯产品的纯度不受随氢气导入的杂质(如一氧化碳、甲烷等)的影响，生产的乙烯纯度更高。

(3) 前加氢催化剂绿油生成少，因此催化剂再生周期和使用寿命长。

(4) 由于在进行碳二加氢时也对50%以上的MAPD加氢，下游碳三加氢系统负荷降低。

越来越多的大型乙烯装置采用前加氢技术。目前大庆石化、茂名石化、上海石化、吉化、兰州石化、独山子石化、盘锦石化、抚顺石化、四川石化、惠州和扬巴等乙烯装置均采用前加氢技术。

随着裂解原料的重质化，前加氢脱除炔烃技术也显现出如下不足之处：

(1) 当加氢原料气中乙炔、丙炔、丙二烯共存时，当乙炔脱除至5×10^{-6}(摩)合格指标时，MAPD却达不到要求的脱除指标。

(2) 对反应器的控制手段不如后加氢多，加氢原料中有大量的氢气，若催化剂选择性较差，则副反应剧烈发生，不仅损失乙烯、丙烯，而且可能导致反应温度的失控，乃至出现催化剂床层“飞温”。

(3) 当采用重质原料进行裂解时，裂解气中碳四、碳五馏分的含量增多，若采用前脱碳五前加氢工艺，在加氢过程中宝贵的化工原料如丁二烯等组分，也随之加氢而白白损失。此外，裂解气中重质组分的存在，对加氢催化剂反应性能有较大的影响，催化剂会失活，使用寿命缩短。

(4) 由于物料中一氧化碳含量剧烈波动(剧增或剧降)，可能导致反应器容易漏炔或飞温。

(一) 前加氢工艺流程

乙烯分离技术主要分为三大类，分别为顺序分离技术、前脱丙烷前加氢技术和前脱乙烷前加氢技术。在前脱乙烷或前脱丙烷分离流程中，常常采用前加氢工艺流程。该工艺可采用等温反应器，也可采用绝热反应器，根据进料中炔烃含量，可以采用单段床，也可以采用多段床。具有代表性的前加氢工艺流程归纳如下。

1. 林德公司前脱乙烷工艺流程　林德公司在前脱乙烷分离技术中采用的前加氢脱乙炔工艺流程见图4-25。脱乙烷塔塔顶采出的气体为碳二和更轻组分，其典型组成如表4-18所示。

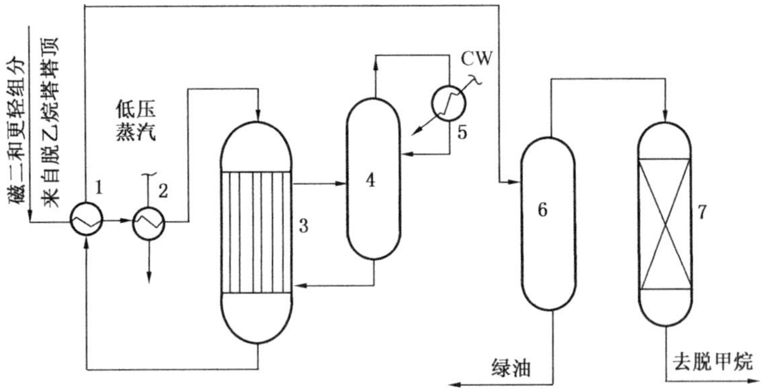

图4-25　林德公司前脱乙烷前加氢工艺流程

1—换热器；2—加热器；3—等温加氢反应器；4—甲醇凝液分离罐；5—甲醇冷却器；6—绿油罐；7—干燥器

表 4-18 脱乙烷塔塔顶采出气体组成 %(摩)

组 分	石脑油裂解	柴油裂解	组 分	石脑油裂解	柴油裂解
氢 气	18.95	15.21	乙 烯	40.61	44.87
一氧化碳	0.20	0.20	乙 烷	8.80	13.13
甲 烷	30.48	25.80	碳三馏分	0.10	0.10
乙 炔	0.86	0.69			

脱乙烷塔塔顶气体经预热后进入等温加氢反应器，在此进行加氢脱炔烃。加氢反应热由甲醇汽化而带出，汽化的甲醇用冷却水冷却。甲醇构成一个封闭自然循环系统，并以此控制加氢反应的温度。加氢后的气体与进料换热冷却后，经绿油罐分离绿油，然后进入干燥器再次进行干燥。干燥后气体送入冷箱和脱甲烷系统，以进行碳二馏分和甲烷、烃的分离。该工艺反应器出口物流中乙炔含量低于 10^{-6}(摩)，可保证产品乙烯中乙炔含量为 10^{-6}(摩)以下。乙炔转化成乙烯的平均转化率为 50%，无乙烯损失。催化剂的操作周期可达 5~8 年。

2. 布朗路特公司前脱丙烷前加氢工艺流程　布朗路特公司在前脱丙烷分离流程中采用的前加氢工艺流程见图 4-26。

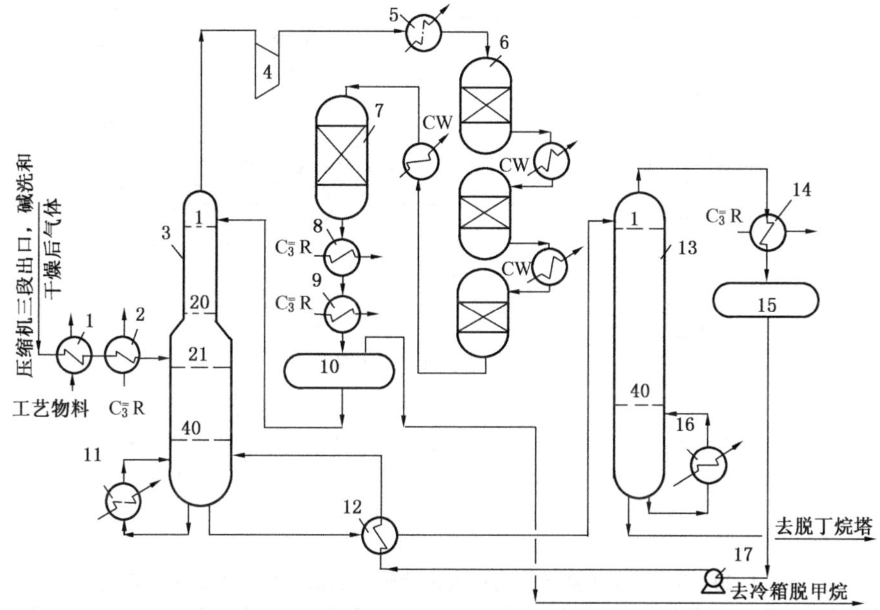

图 4-26 布朗路特公司前脱丙烷前加氢工艺流程

1，12—换热器；2，8，9—冷却器；3—高压脱丙烷塔；4—裂解气压缩机(四段)；5—加热器；6—加氢反应器(三段)；7—干燥器；10，15—回流罐；11，16—再沸器；13—低压脱丙烷塔；14—冷凝器；17—回流泵

如图 4-26 所示，经压缩机三段压缩并经脱除酸性气的裂解气，经第一干燥器干燥后进入高压脱丙烷塔。为避免脱丙烷塔下塔和再沸器结垢，另设低压脱丙烷塔。高压脱丙烷塔塔顶采出气体为碳三和碳三以下轻组分，其典型组成如表 4-19 所示。

高压脱丙烷塔塔顶气体经裂解气压缩机四段压缩后，经预热送入加氢反应器。反应器为三段绝热床(不设备用反应器)，段间设冷却器以控制反应温度。经三段绝热床加氢后，乙炔可脱除至 5×10^{-6}(摩)以下，丙炔(MA)转化率约为 80%，丙二烯(PD)转化率约为 20%。加氢后物料经干燥并冷却，凝液送至高压脱丙烷塔作为回流，未冷凝的气体则送至冷箱和脱甲烷系统。

表 4-19　高压脱丙烷塔塔顶采出气体组成　　%(摩)

组　分	石脑油裂解	柴油裂解	组　分	石脑油裂解	柴油裂解
氢气	16.50	12.96	甲基乙炔	0.41	0.36
一氧化碳	0.15	0.15	丙二烯	0.26	0.24
甲烷	26.14	21.98	丙烯	12.04	13.56
乙炔	0.75	0.56	丙烷	0.42	0.65
乙烯	35.50	38.25	碳四馏分	0.10	0.10
乙烷	7.73	11.19			

3. 斯通-韦伯斯特公司前脱丙烷前加氢工艺流程　斯通-韦伯斯特公司前脱丙烷前加氢工艺流程见图 4-27，其流程特点为乙炔加氢为前加氢，MAPD 加氢为后加氢。以油品为裂解原料时，进入乙炔前加氢反应器的物料组成见表 4-20。

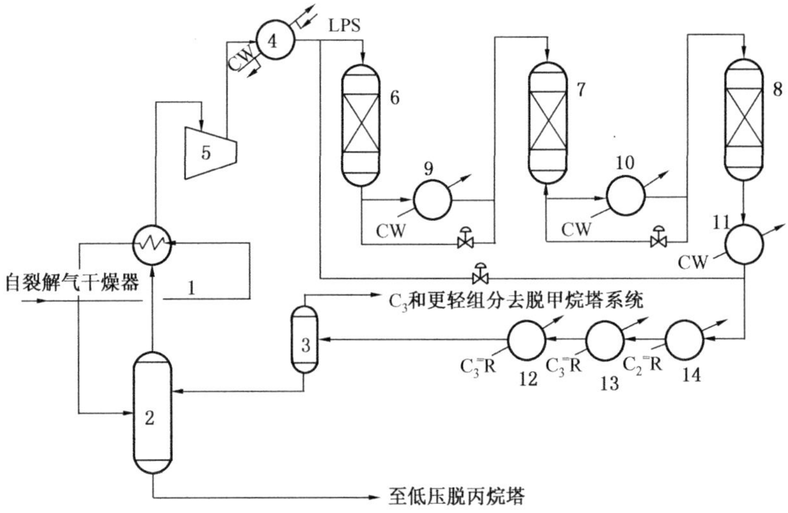

图 4-27　斯特-韦伯斯特公司前加氢工艺流程

1—出料冷却器；2—高压脱丙烷塔；3—回流罐；4—进料加热冷却器；5—压缩机第五段；6，7，8—加氢反应器；9—第一段间冷却器；10—第二段间冷却器；11—加氢后冷却器；12—冷凝器；13—回流冷凝器；14—产品乙烯加热器

表 4-20　斯通-韦伯斯特公司前脱丙烷碳二加氢反应器入口物料组成

组　分	组　成	组　分	组　成
氢气	14.80	甲基乙炔	0.18
一氧化碳	0.07	丙二烯	0.17
甲烷	23.53	丙烯	14.39
乙炔	0.66	丙烷	0.35
乙烯	39.04	碳四馏分	0.12
乙烷	6.69		

4. 斯通-韦伯斯特公司混合相前脱丙烷前加氢工艺流程　斯通-韦伯斯特公司混合相前脱丙烷前加氢工艺流程见图 4-28。

该工艺是将前脱丙烷塔塔顶物料中的乙炔进行选择性加氢，作为烯烃生产装置选择加氢脱炔的改良工艺。其特点是将目前串联使用的两段或三段床气相前加氢反应器系统中的第一段反应器改为混合相前加氢反应器，目的是降低催化剂床层温升，提高催化剂选择性和延长催化剂运行周期。该工艺将前脱丙烷塔塔顶含有甲烷、乙烯、丙烯、丙烷和乙炔等轻组分的气相物流冷却后送入压缩机，压缩机出口气相物流与来自气相加氢反应器下游的分离塔塔釜的液相物流混合，经水冷使之部分冷凝，直接进入混合相乙炔加氢反应器而使该反应器得到冷却和液相冲洗。该反应器操作条件：温度 0～40℃，压力 1.6～3.6MPa，催化剂为 0.1% Pd/Al_2O_3。混合相反应器出口物流冷却后进入分离塔，塔釜富含碳三组分物流引入高压脱丙烷塔塔顶作为回流液，分离塔塔顶气相物流经蒸汽加热后进入气相加氢反应器。任何乙炔选择性加氢催化剂都可用于此种气相加氢反应器，目前最普遍使用的是钯催化剂。气相加氢反应器出口物流通过冷箱，用碳三冷却剂进行冷却和部分冷凝后，进入分离塔分离成一种气相物流和一种液相物流。富含乙烯、甲烷和氢气等轻组分的气相从塔顶送往下游的脱甲烷塔和/或脱乙烷塔及其他进一步分离各组分的分离设备。富含丙烯和丙烷的液体从塔釜引出，用泵输送，一部分与分离塔塔釜液合并作为前脱丙烷塔塔顶回流液，另一部分作为混合相加氢反应器进料。

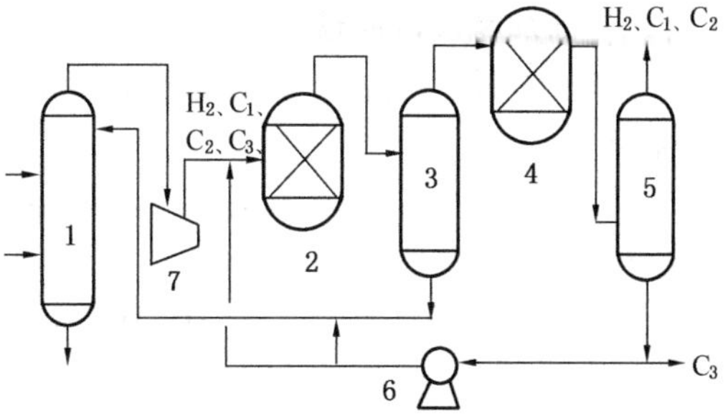

图 4-28　斯通-韦伯斯特公司混合相前脱丙烷前加氢工艺流程

1—高压脱丙烷塔；2—混合相加氢反应器；3，5—分离塔；4—气相加氢反应器；6—回流泵；7—压缩机

5. IFP 公司的裂解气混合相选择加氢工艺流程　IFP（Institut Francais du Petrol）公司提出裂解气混合相选择加氢工艺（见图 4-29）。该工艺将裂解气干燥器出口气相（裂解气）和液相（已加氢的裂解汽油）混合进入列管式混合相加氢反应器（开车时液相进料改用甲苯），反应器出口物流冷却后送入有 10 块塔盘的蒸馏塔。塔顶气相物流含有氢气、甲烷、碳二馏分、碳三馏分和碳四馏分，送入下游分离装置；塔釜液相物流含有 C_5～C_9 裂解汽油和少量碳四，一部分用泵循环与气相裂解气混合，其余作为汽油出售或送往芳烃装置。裂解气混合相选择加氢反应条件：气相空速（标准状况）2500h^{-1}，压力 2.0MPa，温度 40℃，液相空速（标准状况）10h^{-1}；催化剂 0.05% Pd/Al_2O_3。裂解气混合相选择加氢后，碳二馏分中乙炔含量<5×10^{-6}（摩），裂解汽油中顺丁烯二酸酐值<3，辛烷值约 98，二烯烃<0.3%（摩）、烯烃约 10%（摩）。运行 2 个月的反应结果见表 4-21。

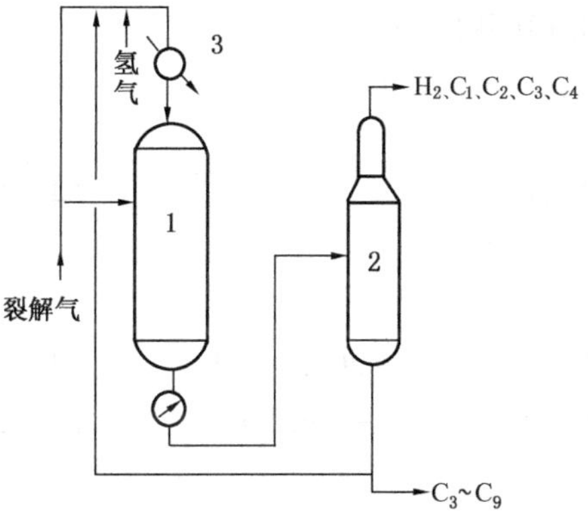

图 4-29　IFP 公司裂解气混合相选择加氢工艺流程

1—混合相加氢反应器；2—分离塔；3—换热器

表 4-21　裂解气混合相选择加氢反应器运行 2 个月的反应结果

反应物料	转化率/%	产　物	收率/%
乙炔	99.96	乙烯	100.8
MAPD	93.20		
丁二烯	93.10	丙烯	101.7
C_5～C_8（烯烃或芳烃）	95.40	丁烯	190.0

(二) 前加氢反应原理

就加氢的可能性来说，碳二馏分选择加氢存在以下系列放热反应：

主反应：

$$C_2H_2+H_2 \longrightarrow C_2H_4+174.3kJ/mol \quad (4-1)$$

副反应：

$$C_2H_4+H_2 \longrightarrow C_2H_6+136.7kJ/mol \quad (4-2)$$

$$C_2H_2+2H_2 \longrightarrow C_2H_6+311.0kJ/mol \quad (4-3)$$

$$C_2H_2+nC_2H_2+H_2 \longrightarrow C_{2n+2}H_{2n+4} \quad (4-4)$$

$$2C_2H_2+H_2 \longrightarrow C_4H_6 \quad (4-4a)$$

$$C_4H_6+nC_2H_2+H_2 \longrightarrow C_{2n+4}H_{2n+8}(\text{链增长}) \quad (4-4b)$$

$$CO+R/H+nH_2 \longrightarrow RCOH_n \quad (4-5)$$

式中，$RCOH_n$ 为含氧化合物；$n=0\sim1$；R/H 为炔烃、二烯烃或烯烃。

当温度高于 315℃时，也可能发生下列副反应：

$$C_2H_2 \longrightarrow 2C+H_2+227.8kJ/mol \quad (4-6)$$

$$C_2H_4 \longrightarrow CH_4+C \quad \Delta H=-125.5kJ/mol \quad (4-7)$$

$$mC_2H_2+nH_2 \longrightarrow \text{低聚物(绿油)} \quad (4-8)$$

在前脱丙烷前加氢工艺中，除上述反应外，还存在以下反应：

主反应：

$$CH_3—C\equiv CH+H_2 \longrightarrow C_3H_6+165kJ/mol \quad (4-9)$$

$$CH_2=C=CH_2+H_2 \longrightarrow C_3H_6+173kJ/mol \quad (4-10)$$

副反应：

$$C_3H_6+H_2 \longrightarrow C_3H_8+124kJ/mol \quad (4-11)$$

在裂解气加氢工艺中还有下列反应：

主反应：

$$CH_2=CH—C\equiv CH+H_2 \longrightarrow CH_2=CH—CH=CH_2+208kJ/mol \quad (4-12)$$

$$CH_3—CH_2—C\equiv CH+H_2 \longrightarrow CH_3—CH_2—CH=CH_2+166kJ/mol \quad (4-13)$$

副反应：

$$CH_2=CH—CH=CH_2+H_2 \longrightarrow CH_2=CH—CH_2—CH_3+107kJ/mol \quad (4-14)$$

$$CH_3—CH_2—CH=CH_2+H_2 \longrightarrow CH_3—CH_2—CH_2—CH_3+135kJ/mol \quad (4-15)$$

$$nC_4H_6 \longrightarrow (C_4H_6)_n(\text{聚合反应}) \quad (4-16)$$

在这些强放热反应中，既有竞争反应[如反应式(4-1)与反应式(4-2)]，又有串连反应[如反应式(4-3)]，还有平行反应[如反应式(4-4)、反应式(4-4a)、反应式(4-4b)]，在碳二馏分中乙烯是大量的。从上述热力学数据看，乙炔比乙烯易于发生加氢反应。然而由于乙烯的大量存在，从反应速率的角度来讲，乙烯加氢进一步生成乙烷的可能性也很大，因此加氢除炔烃的同时会造成乙烯的损失。

上述副反应的进行决定生成乙烯的选择性：

(1) 由于乙烯浓度高，乙炔生成乙烷比只生成乙烯的可能性大得多。

(2) 乙烯加氢生成乙烷的反应速率比乙炔加氢生成乙烯的反应速率快 10~100 倍，这表示乙烯的消失比生成更迅速。解决不利因素的关键是要使乙炔选择加氢生成乙烯，而乙烯不再或尽可能少地继续加氢生成乙烷。在前加氢反应中，只有通过降低反应温度的方法减少乙烷的生成量，氢炔比和一氧化碳浓度均无法调节。

(3) 吸附在催化剂表面上的乙炔易加氢二聚生成 1,3-丁二烯等不饱和烃，继续反应生成 C_6~C_{24}等高聚物(绿油)。在选择加氢反应中必须降低绿油生成量，因为一部分绿油会附着在催化剂上，堵塞孔道和活性中心，导致加氢活性和选择性逐渐下降。为了补偿活性的损失，在前加氢反应中只能提高温度，这样又引起乙烯选择性进一步下降和绿油生成量增加。如此恶性循环，使催化剂使用周期缩短，再生频繁，使用寿命变短，生产成本提高。

(三) 反应条件控制

影响前加氢催化剂反应性能的主要因素有反应温度，原料中炔烃、二烯烃的含量，空速，一氧化碳、二氧化碳、硫等杂质的浓度。

1. 反应温度　反应温度对催化剂加氢性能影响较大，乙炔、MAPD 加氢均是较强的放热反应，高温不仅有利于副反应的发生，而且对安全生产造成威胁。因此，反应温度应控制在一定范围内。前加氢使用非钯催化剂时，反应温度为 120~260℃，使用钯催化剂时，反应温度为 30~120℃。一般地说，提高反应温度，催化剂活性提高，但选择性则随温度的提高而降低。作为工业催化剂，要求尽可能在低温下具有良好的活性，以便在使用过程中，可以提高进料温度，弥补其活性的下降，从而达到催化剂长周期稳定运转，保证加氢产品合格。

2. 乙炔、MAPD 浓度　乙炔、MAPD 浓度 对催化剂反应性能有着重要的影响。加氢原料所含乙炔、MAPD 浓度高，反应放出热量多，若不能及时移走，将使催化剂床层温度较高，加剧副反应的进行，导致目的产品乙烯、丙烯加氢而损失，并造成催化剂表面结焦快的不良后果。因此，在反应器操作中需采取一些对策，例如：将加氢产品部分循环到反应器入口，以稀释进料炔烃的浓度；采用双段床或多段床加氢流程，分段配氢控制各反应段炔烃的转化率；反应器催化剂床层间设置冷却器及时移出反应热。

3. 氢炔比　加氢反应是按化学计量进行的反应，反应过程所需的氢气量可通过计算而得。以乙炔加氢反应为例，当氢炔比(氢气与乙炔摩尔比)超过 1.0 时，就意味着除了满足乙炔加氢生成乙烯需要的氢气外，有过剩的氢气出现。同理，在大量剩余氢气存在下，副反应加剧，大量的放热可能引起床层“飞温”，使催化剂性能严重受损，甚至造成重大事故。在反应器操作中，这种反应失控必须绝对防止。在前加氢反应中，氢炔比无法调节，乙炔和 MAPD 在非常大的氢炔比条件下进行加氢反应，对催化剂的要求是很苛刻的。

4. 一氧化碳　由于在钯催化剂上的吸附能力为：乙炔>一氧化碳>丁二烯>MA>PD>乙烯、丙烯>二氧化碳，可见一氧化碳对催化剂活性和选择性的影响很大。对前加氢催化剂而言，一氧化碳可以改善其选择性但同时抑制催化剂的活性，必须适当提高反应温度才能保证加氢产品合格，从而导致绿油生成量增加；另一方面，一氧化碳与氢气和不饱和化合物(如炔烃、二烯烃或烯烃)进行氢甲酰化反应生成醛和醇，或一氧化碳与烯烃进行聚合反应生成聚酮，这些含氧化合物也会促进绿油生成。在前加氢反应中，原料中一氧化碳含量在(400~1500)×10^{-6}(摩)范围波动，一氧化碳含量突然上升时，反应器容易漏炔，一氧化碳含量突然下降时，反应器容易飞温。

5. 丁二烯　原料中丁二烯含量增加，既降低了催化剂选择性，也降低了催化剂活性。通常要求进料中丁二烯含量最好控制在 0.1%(摩)以下。

三、乙炔后加氢

后加氢脱乙炔是对脱乙烷塔塔顶得到的碳二馏分进行催化加氢反应，脱除所含乙炔的工艺过程。后加氢技术由于成功地开发出性能优良的钯系催化剂，尤其是开发出不需要加入一氧化碳来调节乙烯选择性的含助催化剂的钯系催化剂，使流程简化，设备减少，操作能耗降低，催化剂再生周期和使用寿命延长。因此，后加氢技术具有很强的竞争力。后加氢工艺适用于顺序分离流程(以鲁姆斯公司为代表)。顺序分离碳二馏分后加氢脱除乙炔工艺流程见图4-30。依裂解原料不同，进入后加氢反应器的碳二馏分的组成也有所不同，见表4-22。

表4-22　进入后加氢反应器的物料组成　　%(摩)

组分＼原料	乙烷+丙烷	乙烷+丙、丁烷+凝析油	石脑油	轻柴油
甲烷	0.10	0.01	0.12	0.09
乙炔	0.40	0.53	0.67	0.60
乙烯	67.70	62.85	78.26	80.54
乙烷	31.60	36.41	20.68	18.59
丙烯	0.20	0.20	0.27	0.18

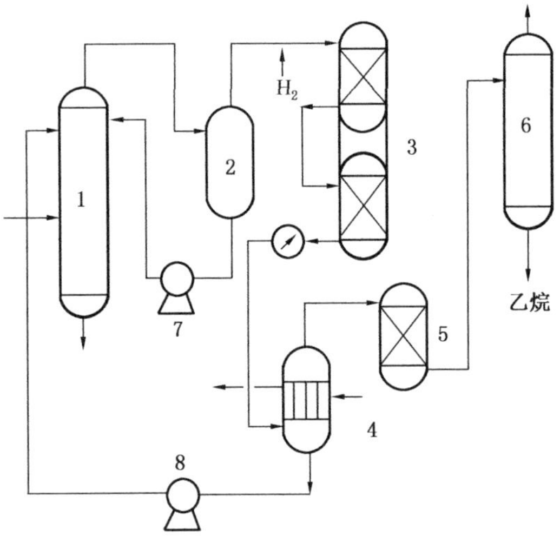

图4-30　顺序分离碳二馏分后加氢脱除乙炔工艺流程图

1—脱乙烷塔；2—回流罐；3—乙炔转化反应器；4—进料加热器；5—干燥器；6—乙烯塔；7，8—回流泵

后加氢除乙炔过程需脱除的乙炔含量通常为0.5%~2.5%(摩)，原料中乙烯浓度大于70%(摩)。与前加氢不同的是在需要进行后加氢的碳二馏分中无氢气、甲烷及一氧化碳，因此，必须加入适量的氢气以对乙炔进行加氢，并通过加入适量的一氧化碳以提高催化剂的选择性。后加氢的主要目的也是生产出符合规格要求的乙烯，实现高乙烯收率和较长的运行周期。

后加氢工艺又可细分为全馏分加氢和产品加氢两种。若加氢反应器进料中乙炔含量在1.5%(摩)以下[大多数在1.0%(摩)]时，采用产品加氢。当加氢原料中乙炔浓度超过1.5%(摩)时，宜采用全馏分加氢，否则，由于乙炔浓度高，反应放热增多，催化剂床层温升加大，随之危险性增大。从投资费用比较，两者无明显差异，决定因素在于安全性考虑和整个分离部分流程的统筹安排。

(一) 乙炔选择催化加氢反应和原理

在加氢催化剂存在下，碳二馏分中的乙炔加氢为乙烯。就加氢可能性来说，可发生式(4-1)~式(4-3)所示反应。

高温时还可能发生式(4-6)所示的裂解反应。从以上反应过程可以看出，乙炔加氢要求催化剂对乙炔加氢生成乙烯的选择性要好，对乙烯的吸附能力要低，以便乙烯生成后能很快脱附，减少被进一步加氢生成乙烷的机会，从而减少乙烯的损失。从生产的要求考虑，最好只希望发生式(4-1)反应，这样既脱除了原料中的乙炔，又增产了乙烯。

有理论研究认为乙炔加氢反应主要分为以下三个步骤：

第一步：乙炔和氢气扩散到催化剂表面，被活性中心吸附上一个C_2H_2或H_2；

第二步：活性中心上吸附的 C_2H_2，与再吸附的一个 H_2 进行反应，或活性中心上吸附的 H_2，与再吸附的一个 C_2H_2 进行反应，生成乙烯；

第三步：由于 C_2H_4 在活性中心上的吸附能力远比 C_2H_2 小，一旦 C_2H_2 转化成 C_2H_4，便会很快脱附，不能及时脱附的还有可能进一步加氢生成乙烷后再脱附。

副反应生成乙烷是由于活性中心上吸附了乙烯和氢气并发生了反应。副反应生成乙炔低聚物则是由于温度高时，氢气的吸附能力变弱，或者氢气不足时，活性中心上同时吸附了几个乙炔分子，导致聚合反应的发生。

在钯/氧化铝催化剂上，在没有乙烯存在的情况下，乙炔加氢生成的产物中绝大多数为乙烯，乙烷的生成量少。但如果有足量的乙烯存在，乙炔加氢生成乙烯的选择性就大为降低，乙烯加氢也将发生。为解释上述现象，人们使用 ^{14}C 标记的乙烯和乙炔与氘双标记技术进行研究，结果证明反应中存在三种活性位：Ⅰ型活性位，乙炔加氢生成乙烯；Ⅱ型活性位，乙炔加氢生成乙烷；Ⅲ型活性位，乙烯加氢生成乙烷。其中Ⅲ型活性位可能因为氢溢流效应而位于载体上。同样也有研究表明，在大量乙烯存在的条件下，乙炔转化率的高低与原料中乙烯的分压无关。

另一种理论认为，在钯/氧化铝催化剂上有两种吸附态的氢，即 α-PdH 和 β-PdH，α-PdH和乙炔加氢反应生成乙烯，而 β-PdH 和乙炔直接过度加氢生成乙烷。

研究还发现，在钯/氧化铝催化剂上存在着吸附强弱顺序：$C_2H_2 \gg CO > C_2H_4$、C_4H_6，因此工业操作中为尽量减少乙烯损失，采用过向碳二馏分中添加一氧化碳的做法，利用一氧化碳排斥乙烯在活性位上的吸附，从而起到减少乙烷生成量，提高选择性的作用。但工业使用中也发现，当氢炔比处于较低状态时，由于一氧化碳抑制催化剂的活性，催化剂无法有效脱除乙炔，致使乙炔转化率低；为阻止漏炔提高了反应温度，但提温后绿油生成量增加，又会缩短催化剂的运行周期和使用寿命。

根据吸附强弱顺序 $C_2H_2 \gg C_2H_4$，催化剂表面上乙炔作为强吸附质易于取代弱吸附质乙烯，易于发生乙炔加氢反应；同时，乙炔的脱附能力弱于乙烯，因此反应生成的乙烯也很容易脱附。改进催化剂时常采取添加助催化剂组分的做法，目的之一就是强化乙炔的竞争吸附能力，降低催化剂对乙烯的吸附能力，并使乙炔加氢生成的乙烯能够很快从催化剂上脱附，减少乙烯被进一步加氢生成乙烷的机会，达到提高选择性的目的。

（二）后加氢脱除乙炔工艺流程

1. 产品加氢和全馏分加氢　后加氢是对碳二馏分进行加氢。在顺序分离流程和前脱丙烷分离流程中采用后加氢工艺过程时，加氢过程设在脱乙烷塔之后，对脱乙烷塔塔顶采出的碳二馏分加氢，在前脱乙烷分离流程中采用后加氢工艺过程时，加氢过程设在脱甲烷塔之后，对脱甲烷塔塔釜的碳二馏分进行加氢。

在对脱乙烷塔塔顶采出的碳二馏分进行加氢时，可以采用全馏分加氢，也可以采用产品加氢。全馏分加氢是将脱乙烷塔塔顶碳二馏分全部进行加氢，加氢后的产品一部分作为脱乙烷塔回流，一部分送至乙烯精馏塔。产品加氢是仅对脱乙烷塔塔顶净产品进行加氢，而不对脱乙烷塔的回流进行加氢。两种加氢方式的工艺流程如图 4-31 所示。

显然，对相同乙烷塔进料而言，由于回流的稀释作用，全馏分加氢进料的乙炔浓度低于产品加氢时进料的乙炔浓度。当碳二馏分中乙炔含量在 1.5%~2.0%(摩)以下时，一般采用产品加氢流程。当碳二馏分中乙炔含量在 1.5%~2.0%(摩)以上时，可考虑采用全馏分加氢流程。

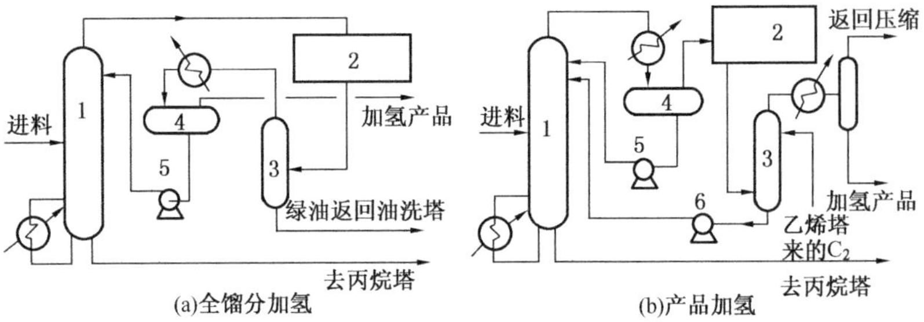

图4-31　全馏分加氢和产品加氢工艺流程

1—乙烷塔；2—碳二馏分加氢；3—绿油罐；4—冷凝器；5，6—回流泵

2. 全馏分加氢典型工艺流程　脱乙烷塔回流比一般为0.6~1.0，因此，全馏分加氢与产品加氢相比，加氢反应进料中乙炔浓度相差60%以上。由于全馏分加氢时进料中乙炔浓度相对较低，一般采用单段绝热床反应器。

3. 产品加氢典型工艺流程　产品加氢时，乙炔含量相对较高[高于0.7%(摩)]，一般采用多段绝热床或等温床反应器。采用两段绝热床反应器加氢工艺时，通常使得运转初期在第一段转化乙炔80%，其余20%在第二段转化；而在运转后期，随着第一段加氢反应器内催化剂活性的降低，逐步过渡到第一段转化20%，而第二段转化80%。采用三段加氢工艺时，流程可由一台等温床反应器和两台绝热床反应器串联而成，也可采用三段绝热床加氢工艺。在三段绝热床加氢工艺中，一般第一段乙炔转化50%，第二段乙炔转化40%，第三段乙炔转化10%。

国内现有的乙烯装置，全馏分加氢和产品加氢工艺均有采用。

(三) 后加氢工艺的优缺点

1. 后加氢工艺的优点　后加氢工艺的优点如下：

(1) 向反应器中配入仅满足乙烯产品规定乙炔含量所需的氢气量，既可避免大量的过剩氢气存在，也可减少乙烯损失。

(2) 对加氢反应有比较多的控制手段。例如通过改变配入氢气量、配入一氧化碳量和反应器入口温度等，使反应器易于控制、操作平稳，产品质量稳定。

(3) 反应器进料中所含的催化剂毒物浓度低，有利于延长催化剂寿命。

2. 后加氢工艺的缺点　后加氢工艺存在如下缺点：

(1) 为了满足乙烯产品中乙炔含量的要求，反应所需配入的氢气量大于按化学当量进行反应所需的氢气量，氢炔比一般为1.2~2.5，这样就使碳二馏分中有过剩的氢气和甲烷。为保证乙烯产品质量，必须在乙烯塔顶部设置“巴式精馏段”，乙烯产品由侧线采出，或在乙烯塔前设置第二脱甲烷塔，碳二分离系统由此变得复杂，因而会增加投资和能耗。

(2) 后加氢有生成低聚物(绿油)的副反应，低聚物会附着在催化剂上，覆盖催化剂的活性表面，使其反应性能降低，使用周期缩短，需要频繁再生。这就需要设置备用反应器，以保持脱炔工艺的连续操作，其后果是增加了装置投资和运转费用。催化剂的反复高温再生，也缩短了其使用寿命。

(四) 工业反应器的操作控制

1. 加氢原料的控制　后加氢除乙炔采用贵金属钯催化剂，价格昂贵，为使催化剂能够长周期正常运转，加氢原料中致使催化剂失活的毒物应尽量除净。乙炔加氢反应器进料中杂质限量如表4-23所示。

表 4-23　反应器进料杂质允许含量　　10^{-6}(摩)

杂质名称	允许含量	对催化剂影响	杂质名称	允许含量	对催化剂影响
硫(包括无机、有机硫)	<5	暂时中毒	氯	<2	暂时中毒
一氧化碳	<10	暂时中毒	甲醇	<50	暂时中毒
氧气	<2	暂时中毒	砷、汞等重金属	<0.002	永久性中毒
水	<20	暂时中毒	C_3^+重组分	<0.5%(体)	使催化剂结焦
NH_4^+、胺	<2	暂时中毒			

2. 进料温度的控制　乙炔加氢反应和其他的催化加氢反应相似，在一定的起始温度条件下，反应能够顺利进行，加氢产品达到要求指标。碳二馏分加氢时，在乙炔浓度一定的情况下，进料温度若较高，催化剂床层热点温度也较高。当以绝热式反应器操作时，由于进料温度高，加氢反应热有可能使催化剂床层温度大幅度上升，副反应得到加速，进一步使得反应温度的控制恶化，不仅对乙炔的选择加氢不利，还对催化剂本身及反应器的安全极其有害。因此，工业装置上为使加氢反应温度控制在一定温度范围内操作，反应器进料设有温度控制系统，既保证一定的催化反应起点温度，又避免进料温度变化对反应器正常操作的干扰。

3. 反应器压力的控制　碳二馏分除炔反应是属于分子数减少的反应，增加压力有利于反应的进行，转化率得到提高，反之亦然。因此，操作压力的波动会对加氢结果有影响，同时乙炔反应器与分离系统的脱乙烷塔、乙烯精馏塔相衔接，相互影响，所以碳二加氢系统的操作压力必须保持在规定值。

4. 氢炔比的控制　在反应器操作中，必须在适宜的氢炔比条件下进行加氢反应，目的是使乙炔加氢生成乙烯，以便获得最多的乙烯产量。

5. 一氧化碳浓度的控制　由于在钯催化剂上下列组分吸附能力强弱顺序为：乙炔>一氧化碳>丁二烯>MA>PD>乙烯、丙烯>二氧化碳，可见一氧化碳对催化剂活性和选择性影响很大。对后加氢催化剂而言，一方面一氧化碳可以改善其选择性但同时抑制催化剂的活性，必须适当提高反应温度才能保证加氢产品合格。另一方面，一氧化碳与氢气和不饱和化合物(如炔烃、二烯烃或烯烃)进行氢甲酰化反应生成醛和醇，或一氧化碳与烯烃进行聚合反应生成聚酮，这些含氧化合物也会促进绿油生成。在碳二、碳三加氢反应原料中一氧化碳的含量有一定限制，通常小于5×10^{-6}(摩)。但对有些加氢催化剂，如 G-58C 等，新鲜催化剂投用时，其加氢活性较高，在原料中配入一定含量的一氧化碳[一般为$(0.1\sim10)\times10^{-6}$(摩)]以调节催化剂的选择性，起到扩大催化剂“最佳选择性区”温度范围的作用。

四、丙炔和丙二烯后加氢

碳三馏分组成[%(摩)]通常为：乙烷微量，丙烷 2.9~3.5，丙烯 93~96，丙炔和丙二烯(MAPD)1~5，碳四及以上组分小于 0.5。丙烯产品要求丙炔和丙二烯的含量均小于5×10^{-6}(摩)。选择加氢将丙炔、丙二烯转化为丙烯，从而将其从碳三馏分中脱除，是乙烯装置普遍采用的技术。采用前加氢技术只能脱除大部分 MAPD(MA 的转化率为 80%，PD 的转化率为 20%)，MAPD 达不到要求的脱除指标。由于 MAPD 与丙烯的相对挥发度均接近 1，采用精馏方法将 MAPD 与丙烯分离比较困难，需要的塔板数很多，并要求丙烯中 MAPD 的含量低到5×10^{-6}(摩)以下。若用精馏方法除去 MAPD，为了安全，降低 MAPD 在丙烷馏分中的浓度，精馏塔塔釜液必须保持丙烷和丙烯有一定的浓度，使 MAPD 被稀释到 30%以下，丙烷馏分中损失的丙烯很多，因此，脱除MAPD加氢法一般采用后加氢技术。脱除丙炔、丙二烯的后加氢过程也为碳三加氢过程，目前MAPD后加氢有气相和液相加氢两种工艺。气相加氢工艺与乙炔后加氢类似，MAPD气相选择加氢催化剂活性低，反应温度高(60~100℃)，选择性差，绿油生成量大，运行周期仅有1~3个月，气体空速低($1500 \sim 2500h^{-1}$)；而MAPD液相加氢催化剂活性高，反应温度低(10~60℃)，丙烯选择性高，绿油生成量小，而且溶于液相中随反应物排出反应器，运行周期可长达18个月，液体空速高($20 \sim 90h^{-1}$)。MAPD液相加氢工艺被广泛采用。

我国乙烯装置中采用碳三气相加氢工艺的有上海石化的1#乙烯装置和吉林石化1#乙烯装置。采用碳三馏分催化精馏加氢工艺的燕山石化乙烯装置，也增加了液相加氢反应器作为保驾床。其他乙烯装置均采用液相加氢工艺。

(一) MAPD选择加氢反应原理

碳三馏分中含有丙烯、丙烷、丙炔、丙二烯和少量的碳二与碳四，因此碳三馏分选择加氢过程中主要存在以下反应：

主反应

$$CH_3—C \equiv CH + H_2 \longrightarrow C_3H_6 + 165kJ/mol \quad (4-17)$$

$$CH_2 = C = CH_2 + H_2 \longrightarrow C_3H_6 + 173kJ/mol \quad (4-18)$$

副反应

$$C_3H_6 + H_2 \longrightarrow C_3H_8 + 124kJ/mol \quad (4-19)$$

$$nC_3H_4 \longrightarrow (C_3H_4)_n\text{低聚物} \quad (4-20)$$

$$C_4H_6 \longrightarrow \text{聚合物} \quad (4-21)$$

选择加氢时在催化剂上的吸附顺序为：丙炔>丙二烯>丙烯，且丙炔加氢速率比丙二烯快1.2倍。但是，在MAPD的加氢过程中，加氢反应不是惟一可能的反应；由于半氢化状态自由基互相发生反应，热聚合及催化聚合的连续反应亦可能同时存在，在某些不利的反应条件下，可加速C_6烃类甚至C_9烃类的生成，特别是正己烯、甲基戊烯以及其他$C_6 \sim C_9$烯烃，随着碳链增长，生成$C_{12} \sim C_{24}$低聚物烃类。

在上述反应中主反应是目标反应，反应脱除MAPD同时增加丙烯产量，提高经济效益。从反应热数据看，MAPD加氢是强放热反应，MAPD含量越高，总反应热越大。因此需要及时有效地移出反应热，避免催化剂床层产生较大的温升，加快副反应进行，造成丙烯损失。同时加氢反应中生成的低聚物还会黏附在催化剂表面，降低催化剂活性，缩短其使用周期。

(二) MAPD后加氢流程

碳三液相加氢采用气、液、固三相碳三液相滑流床反应器，气相是连续相，液相是分散相，反应物料在催化剂表面形成一层均匀的薄膜，反应在固体催化剂表面进行。在滑流床反应器中，反应物料气、液相并流，向下流过催化剂床层。按照气、液相流速的不同，可获得滑流、脉动流、喷雾、鼓泡和泡沫等几种流动形态。描述参数有床层压降、荷液率、催化剂表面润湿率等。在液相加氢时，反应物料(碳三馏分)以液态流经催化剂床层，催化剂的表面不断被冲刷，同时碳三馏分本身也是一种溶剂，所以催化剂上的绿油被溶解下来，可得到较好的清洗，使用寿命得到延长。

碳三液相选择加氢可分两段床、单段床两种工艺。它们的共同点是均采用固定床反应器，反应在气、液、固三相中进行。而气相加氢则需将碳三馏分加热使之汽化，呈气态通过催化剂床层。液相加氢时，碳三馏分以液态通过反应器床层，因此催化剂的负荷能力大，即空速大，相对气相加氢而言，催化剂用量可以大大减少，因而反应器体积相应减少。液相加氢可在较低的温度下进行，一般为10~60℃，由于部分物料由液相变为气相移走了反应热，所以反应温度能保持在较低的温度，与气相加氢相比，副反应不易发生，“绿油”生成量明显减少。液相加氢的操作压力也不高，一般为1.0~3.0MPa，只要使物料保持液相即可。液相加氢特别适用于处理高炔烃、二烯烃含量的物料，且装置安全性得到保障。

我国乙烯装置碳三馏分采用液相选择加氢和气相选择加氢脱除MAPD的工艺流程如图4-32和图4-33所示。

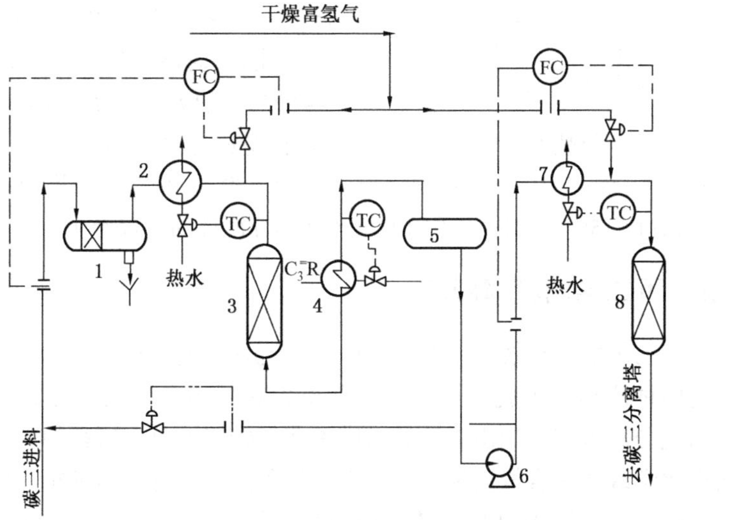

图4-32 MAPD液相后加氢工艺流程示意图

1—水聚结器；2—一段进料加热器；3—第一段反应器；4—一段产品冷却器；5—一段加氢产品储罐；6—第二段反应器进料泵；7—二段进料加热器；8—第二段反应器

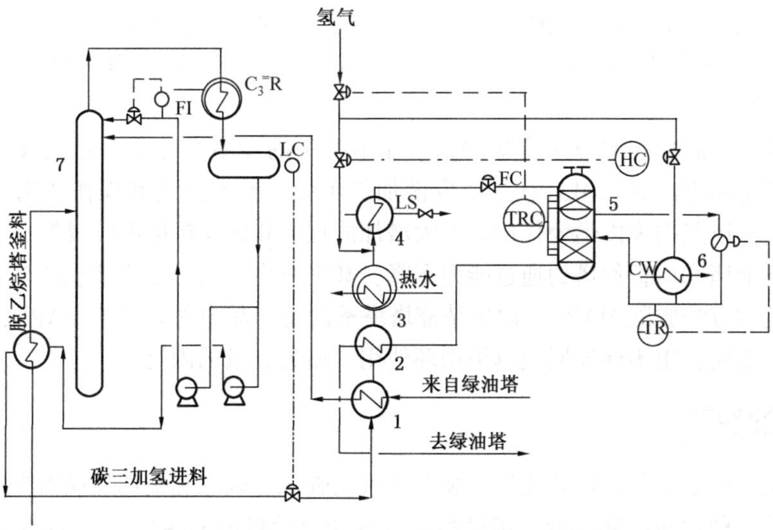

图4-33 MAPD气相后加氢工艺流程示意图

1—脱丙烷塔回流与反应器进料换热器；2—进出料换热器；3—进料蒸发器；4—进料加热器；5—加氢反应器；6—反应器段间冷却器；7—脱丙烷塔

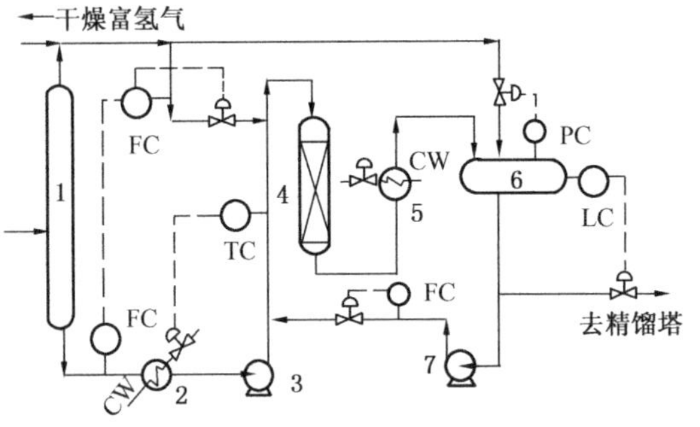

图 4-34 碳三液相加氢新工艺流程示意图
1—脱丙烷塔；2—换热器；3，7—泵；4—加氢反应器；
5—冷却器；6—分离罐

北京化工研究院和鲁姆斯公司合作，开发成功碳三液相加氢新工艺，流程见图 4-34。该新工艺的特点是：单段床液相加氢流程；催化剂性能好，生产能力大，液体体积空速高；以水作冷却剂代替通常采用的丙烯，可进一步降低能耗；工艺流程特别简单，因而投资省，且操作、维修方便，运转稳定。

碳三液相加氢新工艺经实际应用后，经济效益显著，使用 BC-L-83 催化剂具有优良的活性和选择性。加氢反应器入口温度为 25～45℃，反应压力为 1.0～2.8MPa，MAPD 含量为 1.2～2.5%(摩)，氢炔摩尔比为 1.2～2.5，液体空速为 50～150h^{-1}。单段床反应器出口丙炔脱除至小于 5×10^{-6}(摩)，丙二烯脱除至小于 10×10^{-6}(摩)，丙烯收率增加0.4%～2.0%。当碳三馏分中 MAPD 超过 2.5%(摩)时，采用加氢产品部分循环的流程操作。

五、丙炔和丙二烯的精馏脱除

烃类裂解生产乙烯的分离技术主要有顺序分离流程，前脱乙烷前加氢流程和前脱丙烷前加氢流程。在前两种流程中由脱丙烷塔塔顶获得含有丙烯、丙烷、丙炔和丙二烯的碳三馏分。而在前脱丙烷分离流程中则由脱乙烷塔塔釜获得碳三馏分。所得的碳三馏分可直接送至丙烯精馏塔获得化学级或聚合级丙烯产品。而丙炔和丙二烯进入丙烯精馏塔塔釜。绝大多数生产厂设置碳三馏分加氢脱 MAPD 系统，待 MAPD 脱除后再送入丙烯精馏塔，由此可使丙烯精馏塔塔釜丙烷产品中 MAPD 含量控制在 0.1%(摩)以下。

采用前脱丙烷分离流程时，由于乙炔和 MAPD 同时进入碳二加氢反应系统，不仅把乙炔全部脱除，还脱除大部分 MAPD，为节省投资，一般不再设置碳三馏分加氢脱除 MAPD 系统。高压脱丙烷塔的塔顶产物经碳二加氢系统、脱甲烷系统和脱乙烷系统后，脱乙烷塔的釜料和低压脱丙烷塔的塔顶产物合并在一起，进入碳三预汽提塔，用精馏方法把进料中的 MAPD 压到釜液中。

采用精馏方法脱除 MAPD 一定要严格控制塔釜中的 MAPD 浓度，远离爆炸限，保证安全生产。采用精馏方法脱除 MAPD 虽能取消加氢单元，节省投资和操作费用，但要以大大增加塔顶回流和塔釜损失丙烯为代价。大大增加能耗，MAPD 在提馏段聚集，还会导致生成低聚物，并逐渐堵塞塔板使塔的通过能力下降，甚至发生液泛，更为严重的是有发生爆炸的危险。采用精馏方法脱除 MAPD，丙烯精馏塔塔釜丙烷产品中含大量的 MAPD，不能直接作为民用液化气使用，也不能返回裂解炉循环使用，损失大量的丙烷。

六、绿油脱除

绿油是在乙烯装置和其他石化生产装置中所用碳二、碳三和碳四反应器中形成的一种低聚物。绿油是一种含 90%脂肪族二烯烃和 10%烯烃及烷烃的 C_4～C_{20}不饱和烃反应成分的混合物。这种绿油沸点范围为 120～400℃。绿油聚合物是由乙炔通过钯催化剂加氢生成乙烯和乙烷的副反应形成的，它是不可完全避免的。该聚合物形成始于乙炔与氢气二聚生成丁二烯，继之与乙炔连续加成、低聚生成一种吸附在 Pd 表面的主链分子。绿油的的生成量与以下几个因素有关：

（1）炔烃浓度和加氢催化剂性能，炔烃浓度越高生成绿油越多。

（2）工艺条件和反应段数，反应段多绿油生成量大，反应温度与绿油生成量成正比。

（3）氢炔比值，该值与绿油生成量成反比。

这种绿油的轻质馏分蒸发成为气体物流，同时部分重质馏分被吸附在催化剂孔上引起催化剂最终失活。其余的重质馏分以大部分小于5μm的细小液滴随气体被带走，因此气体中绿油的浓度大约$(100\sim1000)\times10^{-6}$(摩)，离开反应器的气体被冷却，且更多的绿油冷凝成细小液滴，它们沉积在下游热交换器、脱水器底部及在乙烯精馏塔内面。这些沉积的细小液滴导致下游设备的结垢。因而可能导致昂贵的非计划停工来清扫这些沉积的绿油。

1. 催化剂上绿油的脱除　催化剂上绿油的脱除方法有两种。

（1）通过催化剂的再生烧掉绿油。原理是绿油与氧发生反应生成CO、CO_2和H_2O，判断绿油脱除程度是测定再生尾气中CO、CO_2的浓度，为彻底脱除催化剂上的沉积绿油，确保加氢催化剂再生后有足够活性，一般采用蒸汽-空气再生操作。

（2）UOP公司和催化蒸馏技术公司使用溶剂洗掉沉积在催化剂表面上的绿油，溶剂包括γ-丁内酯、已烷等，用液体溶剂在约40~350℃的温度下间歇地冲洗催化剂床层除去催化剂上沉积的绿油，在从催化剂上冲洗绿油时，选少量的氢气通过含有溶剂的催化剂床层。从反应器流出物流中回收溶剂以再循环利用。

2. 气体中的绿油的去除　适用于从乙烯/乙烷物流中脱除绿油的工业方法有许多，包括：

（1）在绿油洗涤塔中用来自乙烯精馏塔的液态乙烯物流接触及逆流洗涤来自反应器的湿气物流，这种方法除去绿油是有效的，但由于增加物流，费用昂贵，降低了精馏系统的能力。

（2）湿气通过填料床的撞击，许多液滴被捕获在填料表面，液滴聚结后顺着填料表面慢慢地流掉。通过这种方法可以除去80%~90%的绿油，且大于1μm的微粒除去率达到99%。

（3）使用一种纤维材料的粗填料基层，安装在气液分离器中，这种网垫可以除去70%~80%的绿油，且可以除去95%的大于5μm的液滴。

（4）采用带有特殊配方和设计的滤介体的高效气液凝聚过滤器——Pall液体/气体凝聚过滤器除去绿油，此方法可除去99.98%大于0.3μm的气溶胶，并实现了98%~99%总绿油除去率。

3. 绿油去除装置的比较　对于0.2MPa的压力下100t/h的乙烯-乙烷蒸汽流，表4-24比较了用于乙炔加氢系统中绿油除去的装置。

表4-24　绿油去除装置的比较

单　位	洗涤塔①	填充床①	KO转鼓①	Pall凝聚过滤器
容器直径/mm	2000	2000	1700	700
容器长度/mm	9000	3500	2500	3500
塔盘数	10	NA	NA	4SepraSol Plus Coalescers
填料高度/mm	NA	2000	NA	NA
洗涤乙烯速率/(t/h)	5	NA	NA	NA
装置压降/kPa	0.1	0.5	0.01	0.2
绿油	100%的液滴	99%的液滴	95%的液滴	99.98%的液滴
除去液滴粒径/μm		>1.0	>5.0	>0.3
总绿油除去范围/%	99~100	80~90	70~80	98~99

① 基于斯通-韦伯斯特公司的经验数据。

由此比较，洗涤塔提供任何大小的液滴的最高程度绿油分离除去率为100%，还可除去少许蒸汽形式的绿油。然而，它也具有高操作费用(5%乙烯循环物流)并需要最大的用于塔的基本投资。因此，最好的分离方案是高效液体/气体凝聚过滤器系统，它对大于0.3μm的气溶胶除去率达到99.98%，基本投资适度，操作费用低。即使低于设计流速下这种分离方案也保持其高水平去除效率。

七、乙烯干燥

来自裂解炉的裂解气通常含有一定量的水分，为得到聚合级乙烯产品和满足生产过程的需要，脱除其中的水分是很重要的。供低压聚乙烯用的乙烯，其水分(按露点计)要求小于-55～-66℃，因此在工艺上采取前干燥(裂解气的干燥)和后干燥(乙烯的干燥)。该操作在技术上是成熟的，干燥剂也是定型产品，目前国内各大型乙烯装置均采用3A分子筛。

3A分子筛的孔径为0.3～0.33nm，它只吸收水分子，而不吸附比水大的其他分子。氢和甲烷分子比水分子小，虽然能通过分子筛孔口，但它们是非极性分子，不易被吸附。3A分子筛，国内外都可以生产，产品质量高低取决于分子筛对水吸附容量的高低，因而也造成分子筛使用寿命的不等。

八、甲烷化反应

在裂解原料(如石脑油、轻柴油、减压柴油等)蒸汽裂解分离制取乙烯、丙烯的过程中，副产相当数量的富氢馏分。这种富氢馏分(又称“粗氢”)是乙烯分离过程中各不饱和烃加氢的必要原料，其组成大致为：90%～96%氢气、4%～9%甲烷、$(1000\sim10000)\times10^{-6}$(通常小于$5000\times10^{-6}$)的一氧化碳和二氧化碳等杂质。如果这种氢气产品不经处理直接供给下游用户使用，会给后续过程造成很大的负面影响，因此对于粗氢的提纯处理十分必要。一般对于大多数的下游用户，要求经过提纯处理后氢气产品中一氧化碳和二氧化碳的总量小于$(5\sim10)\times10^{-6}$，甚至更低。甲烷化反应过程的主要作用是将混合气中对后续过程使用的催化剂具有毒害作用的一氧化碳和二氧化碳转化为惰性气体(甲烷)，最终得到纯度95%～98%的氢气。世界上最早开展甲烷化工作的是Satatier和Senderens，后来众多学者又进行了大量研究，使得这种气体净化方法在20世纪50年代就被广泛采用，至今仍是氢气净化的主要方法之一。

除了通过甲烷化反应提纯氢气的方法，由于制备氢气的原料和方法不同，还有几种不同的分离提纯氢气的工艺。其中因变压吸附制氢($PSA-H_2$)装置的工艺和操作简单，允许压力变化范围宽，对原料气的要求相对宽松，得到的氢气产品纯度高，使$PSA-H_2$成为氢气净化的主要方法之一。表4-25列出了几种氢气纯化技术，并对不同方法的特点及适用范围进行了简单的比较。

表4-25　几种氢气纯化技术比较

项　目	膜分离	变压吸附	深冷分离
规模/(Nm^3/h)	100～10000	100～100000	5000～100000
氢气纯度/%(体)	80～99	99～99.999	90～99
氢气回收率/%	75～85	80～95	最高98
操作压力/MPa	3～15或更高	0.5～3.0	1.0～8.0
压力降/MPa	高，原料产品压力比为2～6	0.1	0.2

续表

项 目	膜 分 离	变 压 吸 附	深 冷 分 离
原料氢气最小含量/%(体)	30	15~20	15
原料预处理	需要	可不需要	需要
产品中的一氧化碳含量	原料气中一氧化碳含量的30%	$<10\times10^{-6}$	万分之几
操作弹性/%	20~100	10~100	50~100
投资	低	低	较高
能耗	低	低	较高
操作难易	简单	简单	较难

(一) 反应原理

甲烷化反应是在催化剂存在下，用氢气还原一氧化碳和二氧化碳生成甲烷和水的反应。

一氧化碳、二氧化碳甲烷化反应方程式为：

$$CO+3H_2 \rightleftharpoons CH_4+H_2O \qquad \Delta H_{298}=-206kJ/mol$$

$$CO_2+4H_2 \rightleftharpoons CH_4+2H_2O \qquad \Delta H_{298}=-165kJ/mol$$

上述反应均是强放热反应，据反应热可以计算得知，在绝热条件下，大约每转化1%(摩)的一氧化碳和二氧化碳，温升分别为75℃和60℃。因此，对于绝热式反应器，富氢气中的一氧化碳、二氧化碳含量不宜过高，以确保操作安全。此外，乙烯装置分离技术中应尽量避免富氢馏分中夹带有乙烯。甲烷化反应中，乙烯加氢生成乙烷也是强放热反应，大约每转化1%(摩)的乙烯，温升为71℃左右，会加剧反应器的温升，高温时乙烯裂解生成的碳会附着在甲烷化催化剂上，使催化剂性能下降。

对于一氧化碳和二氧化碳的催化甲烷化过程，大体上基本遵循表面C_{ads}的加氢机理。但由于两者在结构上的差异，其吸附活化加氢过程是不同的。一氧化碳中的C为sp杂化，与O形成C═O键，并有一个孤电子，这个孤电子容易与催化剂表面的金属结合，成为吸附态的一氧化碳，强吸附的一氧化碳解离形成表面C_{ads}和O_{ads}，表面C_{ads}与活化氢经多步结合形成甲烷。二氧化碳中的C为sp_2杂化，二氧化碳分子存在着离域的π键体系，在催化剂表面的吸附形式有多种，形成的活化中间物种也有$^*CO_2$或$^*CO_3$或表面甲酸盐多种形式，生成的中间产物经多步脱氧加氢最后生成具有稳定结构的甲烷。对于一氧化碳和二氧化碳同时存在的竞争性甲烷化过程，Fujita认为催化剂对一氧化碳的弱吸附作用对表面C_{ads}的加氢具有抑制作用，导致一氧化碳的甲烷化选择性下降，而弱吸附的抑制作用对二氧化碳的甲烷化反应影响不明显，所以一氧化碳的弱吸附作用是造成一氧化碳甲烷化选择性下降的重要原因之一。

一氧化碳吸附在催化剂表面发生歧化反应，生成表面碳C_{ads}，表面碳再与氢作用生成甲烷，催化反应过程由下列基元反应构成：

$$CO+S \longrightarrow CO_{ads}$$

$$H_2+S \longrightarrow 2H_{ads}$$

$$CO_{ads}+S \longrightarrow C_{ads}+O_{ads}$$

$$2H_{ads}+O_{ads} \longrightarrow H_2O+S$$

$$O_{ads}+CO_{ads} \longrightarrow CO_2$$

$$C_{ads}+nH_{ads} \longrightarrow CH_{n_{ads}}+nS$$

$$CH_{ads} \longrightarrow \text{碳氢化合物}$$

式中，S表示表面。

由以上的机理可以得出，一氧化碳首先被催化剂的活性中心吸附并发生离解形成表面碳和表面氧，表面碳进一步与被吸附离解的氢反应生成表面碳氢物种。当 $n=4$ 时，即生成甲烷被脱附，同时也可形成碳数稍多的碳氢化合物。

对于一氧化碳的甲烷化催化机理，在镍催化剂上的表面碳机理得到比较普遍的认可，它能够较好地解释一氧化碳的脱氧加氢甲烷化过程，但与二氧化碳共存条件下的竞争甲烷化机理仍有待于进一步研究。

甲烷化反应实际上是属于费-托合成中的一种特例。尽管甲烷化反应动力学的研究很早，但至今没有一个公认的动力学方程，目前仅在以下几点达成了共识：

① 甲烷化反应速率对一氧化碳和二氧化碳浓度为一级反应，二氧化碳甲烷化速率比一氧化碳甲烷化速率慢。

② 在 300~400℃温度范围内，若甲烷化反应温度升高，则反应速率常数增大，反应速率加快。

③ 甲烷化反应速率与系统压力的 0.2~0.5 次方成正比，压力增加可加快反应速率。

④ 传质过程对甲烷化反应速率有显著的影响，一氧化碳含量在 0.25%以上时，反应属于内扩散控制；而一氧化碳含量低于 0.25%时，属于外扩散控制。因此，可以通过减小催化剂粒径，提高原料空速的途径，提高甲烷化反应速率。

（二）工艺介绍

在我国引进的乙烯装置中，富氢气体甲烷化有高温和低温两种工艺，前者的流程示于图 4-35。

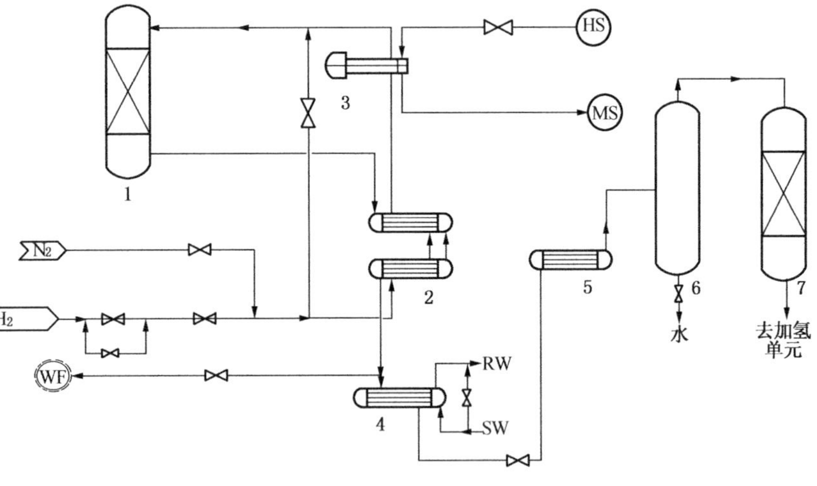

图 4-35　高温甲烷化反应工艺流程简图

1—甲烷化反应器；2—进/出物料换热器；3—进料加热器；4—出料冷却器；
5—丙烯急冷器；6—分离器；7—氢气干燥器

1. 高温甲烷化工艺　甲烷化反应的起始温度要求在 260℃以上。从冷箱出来的粗氢气的温度为 30℃，压力为 3.14MPa。氢气首先在甲烷化反应器进/出料换热器中被反应器出料所加热，然后再用高压蒸汽在甲烷化反应器进料加热器中进一步加热至 288℃。

该系统要求严格控制温度。反应进行需要高温，但是过分加热使催化剂处于不利环境中，而使系统更易出现操作问题。要注意控制，并及时调节进入甲烷化反应器进料加热器的高压蒸汽的流量。如果在不用高压蒸汽加热的情况下入口温度仍很高，去甲烷化反应器的物流就由旁路绕过甲烷化反应器进/出料加热器和甲烷化反应器进料加热器。

在甲烷化反应器进/出料换热器中，反应器出料通过与进料换热进行冷却，之后在甲烷化反应器出料冷却器中用冷却水冷却。这股氢气物流在氢气急冷器中再由丙烯冷剂进一步冷却，然后送往水分离和干燥装置。从干燥器出来的氢气产品被送入乙炔转化器和 MAPD 转化器去使用。剩余部分在流量控制器控制下送给其他用户。少量含一氧化碳的氢气在甲烷化反应器进/出料换热器入口之前分出，与进行了甲烷化反应之后的氢气混合，作为乙炔转化器的进料。这些少量的一氧化碳用于控制乙炔转化反应的选择性，防止其过度加氢转化成乙烷。

2. 低温甲烷化工艺　甲烷化反应进料温度要求为 150～180℃。从冷箱出来的粗氢气首先在甲烷化反应器进/出料换热器预热，然后在甲烷化反应器进料加热器用中压蒸汽加热至160℃。在甲烷化反应器进/出料换热器中，反应器出料通过与进料换热进行冷却，不经过冷却水冷却这股氢气物流直接在氢气急冷器中由丙烯冷剂进一步冷却，然后送往水分离和干燥装置。

低温甲烷化的优点如下：

(1) 进料加热器用中压蒸汽加热，提高了装置运行的安全性。

(2) 反应温度降低，减少了能量的消耗。

(3) 反应温度降低，防止镍晶粒长大，有利于甲烷化催化剂的长周期运行。

3. 甲烷化装置开停车注意事项

(1) 硫、氯、砷是甲烷化催化剂的毒物，注意进入甲烷化反应器的气体不应含有以上毒物。储存甲烷化催化剂时，不可与上述化学品混装在同一仓库。

(2) 由于粗氢气中含有一氧化碳，为了防止形成羰基镍，依据甲烷化工艺和甲烷化催化剂供应商的要求，反应器必须用氮气升温至安全温度，才能对甲烷化反应器进料。

(3) 停车时，为了防止形成羰基镍，应在甲烷化反应温度降至安全温度之前，必须切换为氮气继续降温。

(4) 当从反应器中卸出催化剂时，必须对催化剂进行氧化处理，待温度降至常温后，方能将催化剂卸出。

(5) 在催化剂从反应器卸出的过程中，周围环境应不含有一氧化碳气体，以免生成危及人体生命的剧毒物羰基镍。

第四节　乙烯和丙烯精馏

一、乙烯精馏

乙烯精馏的目的是以混合碳二馏分为原料，分离出合格的乙烯产品，并由塔釜获得乙烷产品。

在顺序分离流程和前脱丙烷分离流程中，均以脱乙烷塔塔顶产品作为乙烯精馏塔进料(除前加氢脱炔外，尚需在乙烯精馏塔进料前经脱炔和干燥处理)。在前脱乙烷分离流程中，则以脱甲烷塔釜液作为乙烯精馏塔进料。无论采用哪种分离流程，乙烯精馏塔进料均以碳二馏分为主，碳二馏分含量约占 99.6%(摩)以上，另含氢气和甲烷等轻组分在 0.12%～0.15%(摩)以下，丙烯等重组分在 0.1%～0.25%(摩)以下。因此，乙烯精馏塔可以近似看作

$C_2H_4-C_2H_6$ 二元精馏系统。

由图 4-36 可知，乙烯对乙烷的相对挥发度随压力的降低而升高。在相同压力下，乙烯对乙烷的相对挥发度将随温度的升高而升高，随乙烯浓度的增加而下降。由于乙烯对乙烷的相对挥发度随操作压力的下降而升高，因此，随操作压力的下降，在相同回流比下所需理论塔板数降低，在相同塔板数下所需回流比下降。乙烯精馏塔压力对回流比和理论塔板数的影响如图 4-37 所示。

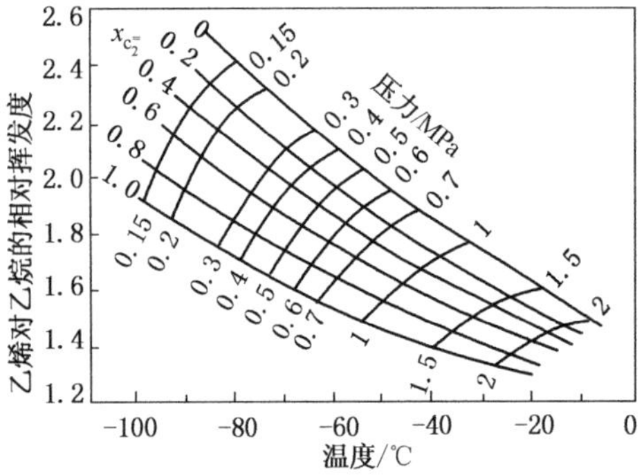

图 4-36　乙烯对乙烷的相对挥发度

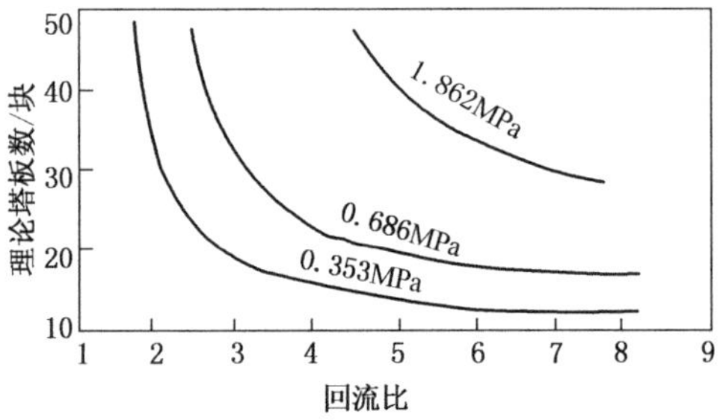

图 4-37　乙烯精馏塔压力对回流比和理论塔板数的影响

在相同塔板数的情况下，随着操作压力的下降，所需回流比降低，但塔顶冷凝温度也随之下降。表 4-26 列出了不同操作压力时乙烯精馏塔的操作参数和功耗。可见，低压乙烯精馏过程虽然降低了回流比而减少了冷冻功耗，但由于压缩功耗的增加，其总功耗仍比高压乙烯精馏过程的总功耗高。

表 4-26　乙烯精馏塔操作压力对操作参数和功耗的影响①

项　目	方案 1	方案 2	方案 3	项　目	方案 1	方案 2	方案 3
操作压力/MPa	0.245	0.637	1.813	冷冻功耗/kW	2307	3304	3510
塔顶温度/℃	-86	-56	-30.5	乙烯压缩功耗/kW	2621	1070	0
回流比	1.64	2.27	3.52	总功耗/kW	4928	4374	3510

① 装置规模为乙烯生产能力 300kt/a。

有效能分析结果表明，高压精馏与低压精馏的过程效率大致相等(约为 21%)。但是，高压乙烯精馏材质要求低，操作简便，总功耗低，因而目前大多采用高压乙烯精馏(2.0MPa 左右)方案。

目前世界上不同的专利商采用不同的分离流程，其中乙烯精馏可归纳为低压开式热泵流程和高压乙烯精馏工艺流程。

(一) 低压乙烯精馏

低压乙烯精馏塔操作压力一般为 0.5~0.8MPa(G)，此时塔顶冷凝温度为-50~-60℃，塔顶冷凝器需要乙烯作为冷剂。因此，当采用低压精馏时均与乙烯制冷系统组成开式热泵系统。

采用开式热泵系统时，如采用后加氢脱炔工艺，一般需设置第二脱甲烷塔，否则，氢气和甲烷等轻组分进入乙烯精馏塔后，可能在乙烯制冷系统中累积而导致乙烯压缩机超压。目前，林德公司和布朗路特公司仍采用低压精馏开式热泵的乙烯精馏工艺流程，但均采用前加氢脱炔工艺(或溶剂法脱炔工艺)，为节省投资，均不设置第二脱甲烷塔。此时，除需严格控制脱甲烷塔塔釜甲烷含量之外，应在脱炔后设置一定的轻组分脱除设施。由此避免轻组分带入乙烯精馏系统后而累积于乙烯制冷系统。目前斯通-韦伯斯特公司的乙烯精馏流程采用ARS、前脱丙烷、前端乙炔加氢等技术并设置第二脱甲烷塔，保证了乙烯产品不受污染。

低压乙烯精馏塔温度分布实例见图4-38，逐板组成分布见图4-39。

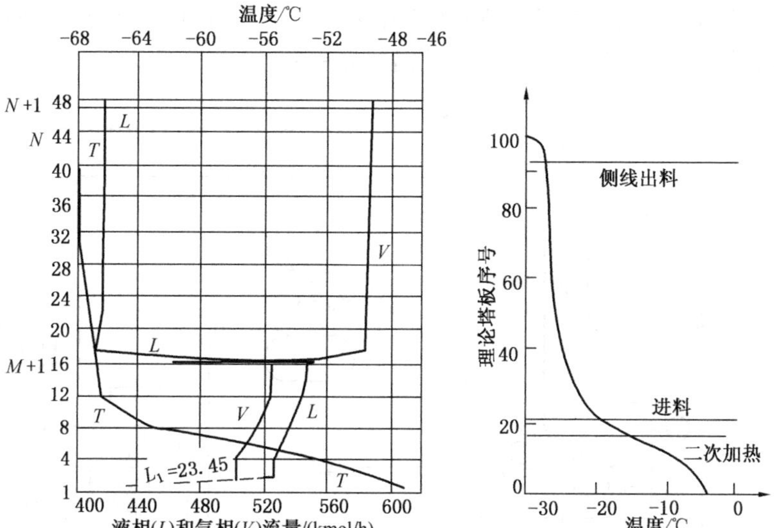

(a)低压乙烯精馏塔(塔板数48,回流比2.5)　　(b)带中间再沸器的高压乙烯精馏塔(理论塔板数95, 侧线采出)

图4-38　乙烯精馏塔温度沿塔分布实例

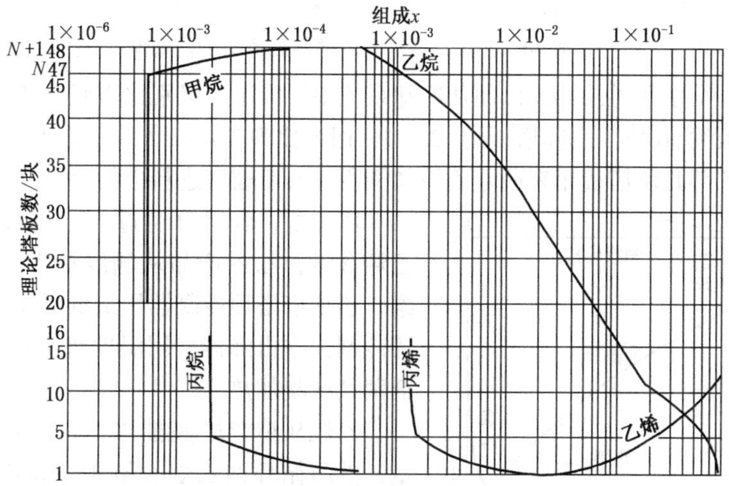

图4-39　乙烯精馏塔逐板液相组成图($R=25$，$N=47$，$M+1=16$)

（未表示甲烷在提馏段组成，丙烷、丙烯在精馏段组成）

由于乙烯对乙烷的相对挥发度随乙烯浓度的增加而下降，因此在精馏段内乙烯浓度增加十分缓慢。乙烯纯度要求越高，分离越困难。例如，在用60块实际塔板可达98%的乙烯纯度时，在操作条件不变的情况下，如将乙烯纯度提高到99.6%~99.8%，则需要实际塔板115~125块。

(二) 高压乙烯精馏

高压乙烯精馏塔操作压力一般为1.9~2.3MPa(G)，相应塔顶温度为-23~-35℃，塔顶冷凝器使用丙烯冷剂即可。

采用高压乙烯精馏时，一般均不设置第二脱甲烷塔。此时，多在乙烯精馏塔侧线采出乙烯产品，塔顶采出含氢气、甲烷的不凝气返回裂解气压缩机。

由于乙烯精馏塔操作温度较低，回流比较大，因此由再沸器和中间再沸器可回收相当的冷量。

图 4-40 是鲁姆斯公司在某轻烃裂解装置中采用的乙烯精馏工艺流程。该流程中，乙烯精馏塔塔顶操作压力为 1.77MPa(G)，塔顶温度为-36℃。

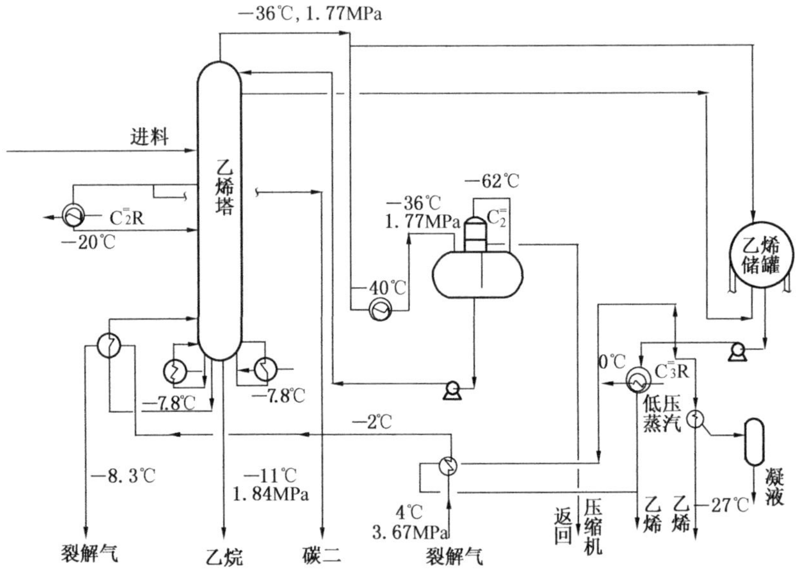

图 4-40 乙烯精馏塔和乙烯产品系统工艺流程

乙烯塔有一个中间再沸器，以便从冷却系统中回收温度级别比塔底再沸器低的冷量。该塔共有理论塔板约 96 块，实际塔板约 125 块，回流比为 3.4~3.6，乙烯从第 8~10 块塔板作为侧线出料，顶部几块塔板用来脱除乙炔加氢所带入精馏塔进料中的氢气和甲烷。

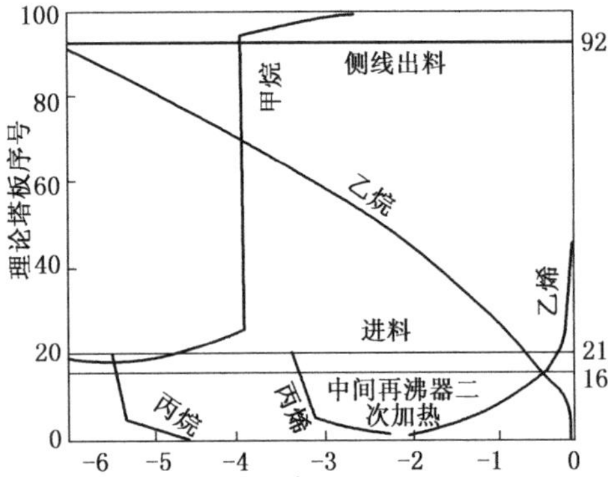

图 4-41 侧线出料带中间再沸器的高压乙烯精馏塔组成分布图

塔顶段，轻组分经过一台尾气冷凝器以降低乙烯含量，乙烯产品从侧线抽出送往乙烯成品储罐。乙烯塔塔顶冷凝器用最低温度级(-40℃)的丙烯冷剂，主再沸器采用温度级为-8~2℃的丙烯冷剂蒸气冷凝加热。

乙烷从精馏塔底抽出，在冷箱中汽化回收冷量，然后循环回乙烷裂解炉。高压乙烯和低压乙烯产品从乙烯储罐抽出，有一台泵供高压产品用，高压或低压乙烯产品，依后加工情况而定，汽化后送往界区。

图 4-41 为侧线出料带中间再沸器的高压乙烯精馏塔组成分布的一个实例，其组成变化趋势与低压乙烯精馏相近。

对高压乙烯精馏塔进行模拟后所得计算结果汇总于表 4-27，气、液负荷和温度分布分别见图 4-42 和图 4-43。

表 4-27 高压乙烯精馏塔气、液负荷和物性

塔板位置	1~7 块理论塔板	8~60 块理论塔板	61~72 块理论塔板	73~77 块理论塔板	78~92 块理论塔板
液相流速/(kg/h)	354835	280815	268465	264894	149933
液相密度/(kg/m^3)	526.850	524.324	505.116	480.711	430.386
液相黏度/10^{-5}Pa·s	7.6105	7.5842	7.6237	7.5964	7.2827
表面张力/(10^{-3}N/m)	5.0037	4.9242	4.9472	4.9179	4.5373
气相流速/(kg/h)	355858	357417	354972	245289	129898
气相密度/(kg/m^3)	32.099	32.8582	33.28689	33.30899	33.6387
气相黏度/10^{-6}Pa·s	8.1753	8.2032	8.2461	8.2623	8.2788
温度/℃	-34.1	-32.5	-26.2	-22.3	-11.3
压力(A)/kPa	1776	1816	1849	1854	1869

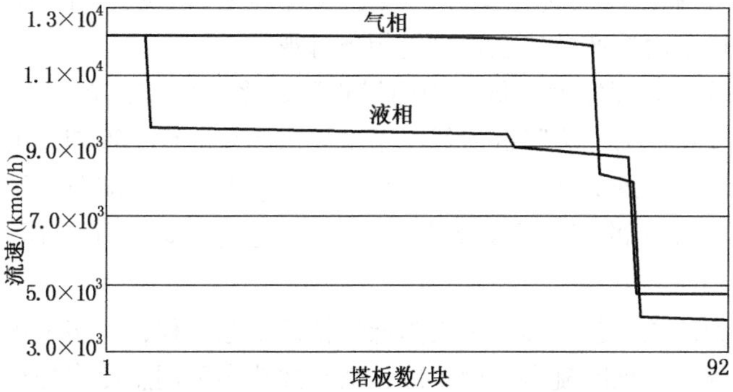

图 4-42 乙烯精馏塔气、液负荷沿塔板分布

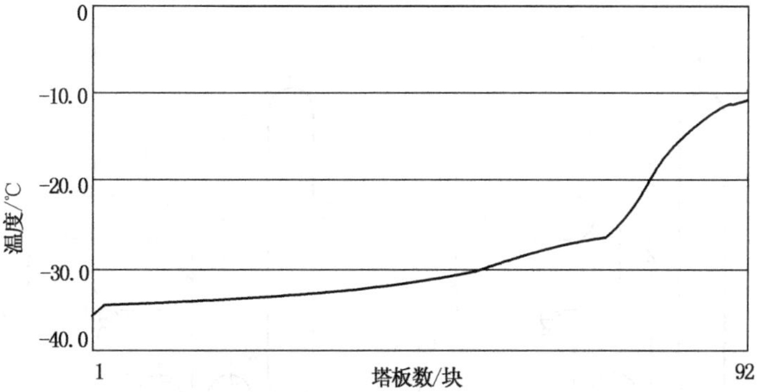

图 4-43 乙烯精馏塔温度沿塔板分布

(三) 乙烯精馏塔的节能

在低压和高压精馏塔中，甲烷在精馏段出现一个恒浓区，说明在此区域内塔板对甲烷几乎没有分离效果，只是在侧线采出后甲烷浓度才明显增加。因此，即使在侧线采出的乙烯精馏塔中，一旦进料中甲烷含量超过规定，乙烯产品甲烷含量将随之升高。

乙烯精馏塔精馏段所需回流比较大，而提馏段所需回流比较小，加之精馏段温度变化较小，因此，在乙烯精馏塔采用中间再沸器回收冷量是非常适宜的。目前，广泛在乙烯精馏塔设置中间再沸器，或用于预冷裂解气，或用于冷凝丙烯冷剂(闭式热泵)，或用于脱乙烷塔塔顶冷凝，或用于乙烯冷剂的冷凝，其节能效果十分明显。

二、丙烯精馏

在顺序分离流程和前脱乙烷分离流程中，由脱丙烷塔塔顶获得含有丙烯、丙烷、丙炔(甲基乙炔)和丙二烯的碳三馏分。而在前脱丙烷分离流程中则由脱乙烷塔塔釜获得这样的碳三馏分。由脱丙烷塔塔顶或脱乙烷塔塔釜所得碳三馏分可直接送至丙烯精馏塔而获得化学级或聚合级的丙烯产品，此时，丙烯精馏塔塔釜丙烷产品中含大量炔烃，既不宜直接作为民用液化气使用，也不适于返回裂解炉循环裂解。实际上，绝大多数生产厂均在丙烯精馏之前设置碳三馏分加氢脱炔系统，待脱除炔烃后再送入丙烯精馏塔，由此可使丙烯精馏塔塔釜丙烷产品炔烃含量控制在0.1%以下。

采用前加氢脱炔工艺流程时，为节省投资，一般不再设置碳三馏分加氢脱炔设施。由于前加氢时丙二烯和甲基乙炔的转化率分别只能达到20%和80%，相当部分丙炔未能转化，此时，丙烯精馏塔塔釜丙烷产品炔烃含量仍相当可观。

由于丙烯对丙烷相对挥发度甚低，因而塔板数较多，回流比较大。早期，为降低回流比，相应采用较低操作压力，为降低能耗，不少采用热泵流程。近期，由于广泛采用急冷水加热丙烯精馏塔再沸器，既降低了能耗，又简化了工艺流程，相应节省了投资。在馏分油裂解装置中，用急冷水加热的高压丙烯精馏工艺流程已完全取代了低压热泵丙烯精馏工艺流程。

丙烯精馏可分为两类工艺流程。一类为低压精馏工艺流程，大多采用热泵系统。另一类为高压精馏工艺流程，塔顶冷凝多采用水冷，塔釜加热多采用急冷水加热。

低压热泵工艺流程可采用两种流程(图4-44)，一种称为闭式热泵系统，一种称为开式热泵系统。

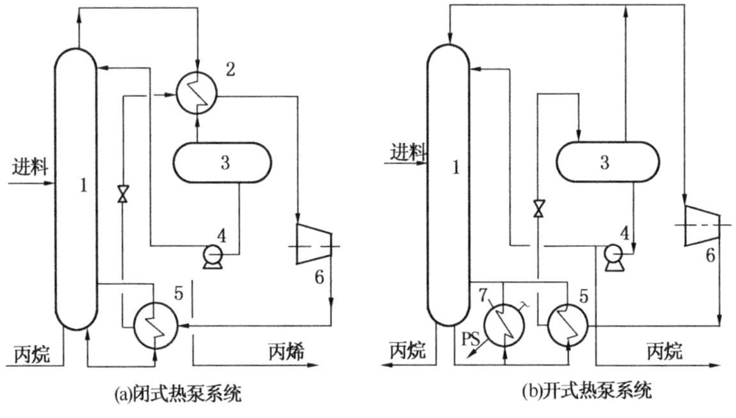

图4-44　低压丙烯精馏热泵工艺流程

1—丙烯精馏塔；2—塔顶冷凝器；3—回流罐；4—回流泵；
5—丙烯加热再沸器；6—丙烯制冷压缩机；7—蒸汽加热再沸器

图4-44(a)为闭式热泵系统，由丙烯压缩机、再沸器、冷凝器组成封闭循环系统。压缩机出口的丙烯冷剂作为再沸器的加热介质，同时在此冷凝。冷凝的丙烯冷剂作为塔顶冷凝器冷剂，蒸发的冷剂返回丙烯压缩机。

图4-44(b)为开式热泵系统，丙烯冷剂与产品丙烯混合在一起。压缩机出口丙烯作为再沸器加热介质，同时在此冷凝。冷凝的丙烯减压节流后送入回流罐，回流罐中的丙烯液体

一部分作为产品输出，一部分作为塔顶回流。回流罐中闪蒸的气态丙烯与塔顶气态丙烯均进入丙烯压缩机进行压缩。

图 4-45 所示为高压丙烯精馏工艺流程。其中图 4-45(a)为常规的工艺流程。此时，塔顶为水冷却，塔釜为急冷水加热。仅就丙烯精馏过程而言，高压精馏所需塔釜提供的热量和塔顶冷凝热负荷比低压精馏时高，但对馏分油裂解装置而言，急冷水尚需在循环过程用冷却水冷却，而用急冷水加热丙烯精馏塔再沸器，无论从塔釜加热和塔顶冷却来看，并不增加全装置供热和冷却水负荷。而高压精馏的电耗比低压精馏的电耗低得多，相应，高压精馏的运转费用明显低于低压精馏的运转费用。因此，在有急冷水可供利用时，低压精馏的热泵流程基本上均被急冷水加热的高压精馏流程所取代。高压与低压丙烯精馏的比较见表 4-28。

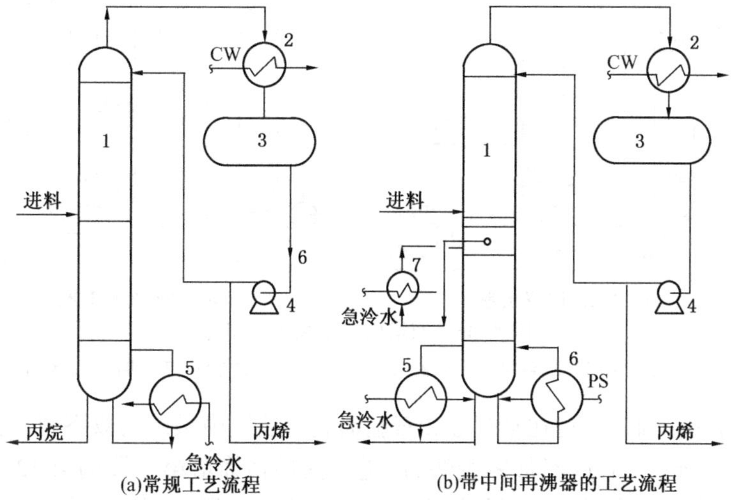

图 4-45　高压丙烯精馏工艺流程

1—丙烯精馏塔；2—塔顶冷凝器；3—回流罐；4—回流泵；
5—急冷水加热再沸器；6—蒸汽加热再沸器；7—中间再沸器

表 4-28　高压丙烯精馏与低压丙烯精馏热泵流程的比较

精　馏　流　程	高压丙烯精馏	低压丙烯精馏(热泵)
塔顶操作压力/MPa	1.83	0.98
回流比	12	9.9
塔板数/块	235	196
塔径/mm	4200	3800
急冷水加热再沸器热负荷/(kJ/h)	88×10^6	0
冷凝器水冷热负荷/(kJ/h)	88×10^6	8.4×10^6
电耗/kW · h	160	2700

在轻烃裂解装置中，急冷水提供的热量有限，可能不足以满足丙烯精溜塔塔釜加热所需。此时，除用急冷水加热再沸器外，设置低压蒸汽加热的再沸器，以满足塔釜所需的加热量。此时，为减少蒸汽用量，尚可设置急冷水加热的中间再沸器[图 4-45(b)]。此外，也有乙烯工厂在急冷水热量不足的情况下，先用急冷油加热急冷水，然后再用此急冷水加热丙烯精馏塔再沸器，由此提高低位能热量的利用率。

在生产聚合级丙烯产品时，丙烯精馏塔的实际塔板数大多在 200~240 块之间。相应塔高一般均在 85~90m 以上。因此，一些工厂采用双塔丙烯精馏工艺流程以降低单塔高度。同时可在较小回流比下获得较高纯度的丙烯产品。

图 4-46(a)是 KBR 公司在某毫秒炉裂解装置中采用的双塔丙烯精馏工艺流程。该流程丙烯产品纯度为 99.5%，塔顶冷凝温度为 42.7℃，冷凝压力为 1.62MPa，塔顶气体量为 421.9t/h，回流量为 389.05t/h，侧线采出丙烯产品量为 25.7t/h。第一段塔径为 5800mm，第二段塔径为 6000mm，各段塔高分别为 61.7m 和 62.6m。

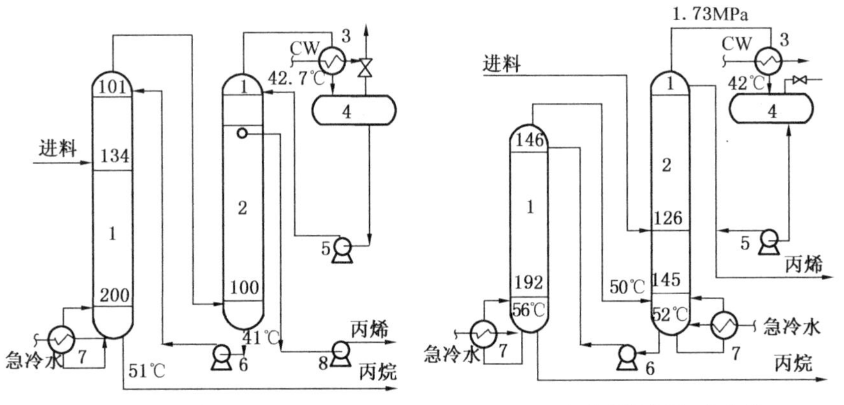

(a)KBR公司工艺流程　　(b)鲁姆斯公司工艺流程

图 4-46　双塔丙烯精馏工艺流程

1，2—丙烯精馏塔；3—冷凝器；4—回流罐；5—回流泵；6—输送泵；7—再沸器；8—丙烯产品泵

图 4-46(b)是鲁姆斯公司在某轻烃和石脑油裂解装置中采用的双塔丙烯精馏工艺流程。在该工艺流程中，碳三馏分(经加氢脱炔后)进入丙烯精馏塔第一段的第 126 块塔板。其塔顶冷凝器采用水冷却，冷凝液一部分作为丙烯精馏塔第一段的回流，另一部分则作为丙烯产品采出。丙烯精馏塔第一段塔釜用急冷水加热，塔釜温度控制在 52℃左右。其釜液用泵送至丙烯精馏塔第二段塔顶作为回流。第二段塔顶气体送至第二段塔釜，而第二段塔釜液则作为丙烷产品采出。某乙烯工厂采用这种双塔丙烯精馏流程的工艺参数如表 4-29 所示。该装置丙烯产品的采出量为 8.61t/h，塔顶回流量为 111.5t/h，塔顶冷凝器进口丙烯量为 120.2t/h。

表 4-29　双塔丙烯精馏工艺参数实例

分　段	第一段		第二段	分　段	第一段		第二段
塔板数/块	1~125	126~145	146~192	蒸气密度/(kg/m^3)	41.5	43.24	44.5
塔板间距/mm	400	460	425	液体流量/(kg/h)	150267	163906	111671
塔内径/mm	3000	3000	2500	液体密度/(kg/m^3)	464	454	436
操作温度(平均)/℃	46	49	53	液体黏度/mPa·s	0.07	0.07	0.07
操作压力/MPa	1.78	1.82	1.84	液体表面张力/(mN/m)	4.4	4.14	3.61
最大负荷				允许压降/Pa	1130	1210	1210
蒸气流速/(kg/h)	158955	159965	107929	起泡特性	正常	正常	正常

对高压丙烯精馏塔进行模拟，所得结果汇总于表 4-30。气、液负荷和温度分布分别见图 4-47 和图 4-48。

表 4-30　高压丙烯精馏塔气、液负荷和物性

塔　板　位　置	1~8 块理论塔板	9~95 块理论塔板	96~120 块理论塔板	121~164 块理论塔板
液相流速/(kg/h)	544804	511690	555702	390831
液相密度/(kg/m³)	471.043	468.513	465.397	454.621
液相黏度/(10^{-5}Pa·s)	6.8804	6.8161	6.7777	6.9154
表面张力/(10^{-3}N/m)	4.3786	4.253	4.1251	3.8723
气相流速/(kg/h)	544678	548772	553842	338481
气相密度/(kg/m³)	39.84292	40.94661	42.0665	43.4667
气相黏度/(10^{-6}Pa·s)	9.2721	9.295	9.3072	9.2347
温　　度/℃	44.4	45.6	46.9	57.1
压　　力(A)/kPa	1884	1928	1969	2235

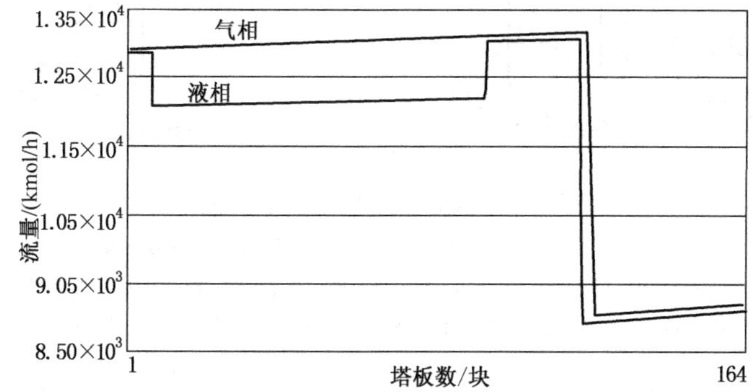

图 4-47　丙烯精馏塔气、液负荷沿塔板分布

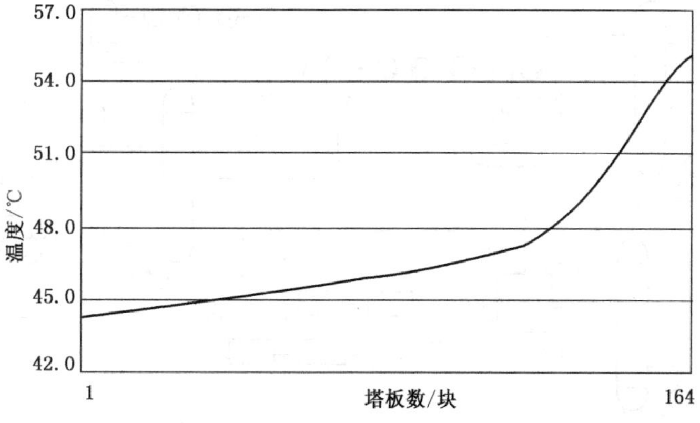

图 4-48　丙烯精馏塔温度沿塔板分布

第五节　分凝分馏塔技术

一、ARS 工艺与 HIRS 系统

1985 年开始，斯通-韦伯斯特公司采用空气产品公司的分凝分离器(Dephlegmator)，形成所谓的先进回收系统(Advance Recovery System)工艺流程，简称为 ARS 工艺技术。其流程示意图见图 4-49、图 4-50。

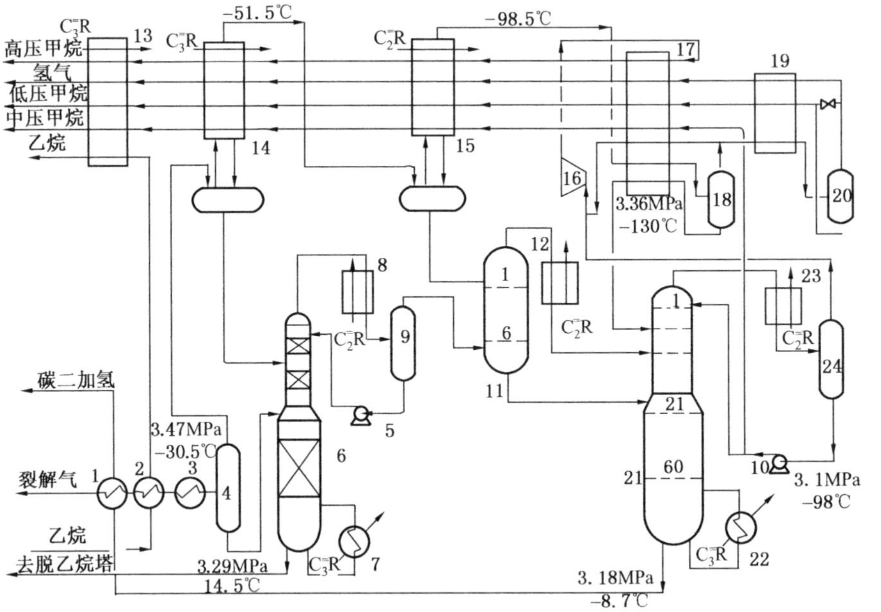

图 4-49　ARS 脱甲烷工艺流程举例

1，2，3—换热器；4—进料分离罐；5、10—回流泵；6—第一脱甲烷塔；7，22—再沸器；8，12，23—冷凝器；9，24—回流罐；11—第二脱甲烷塔进料精馏器；13，17，19—冷箱；14，15—分凝分离器；16—膨胀机；18，20—气、液分离罐；21—第二脱甲烷塔

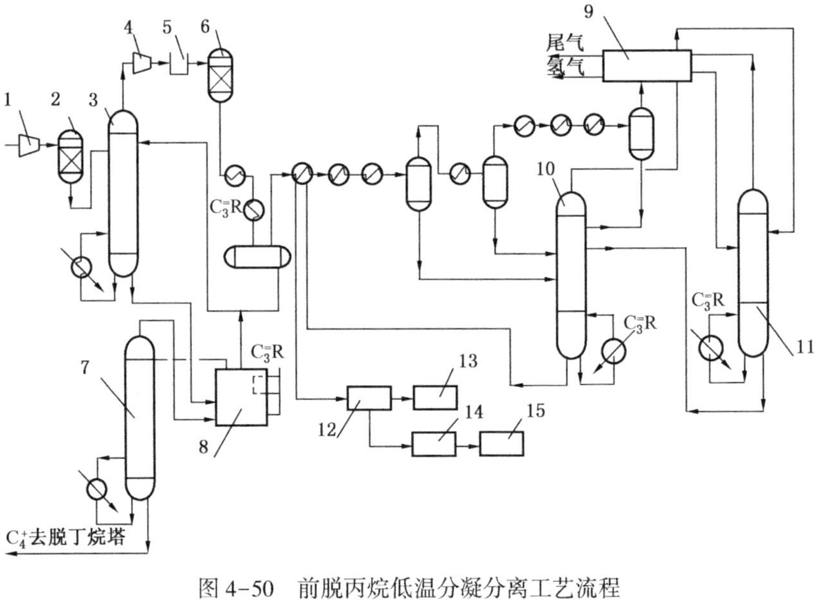

图 4-50　前脱丙烷低温分凝分离工艺流程

1—第三段裂解气压缩机；2，6—干燥器；3—高压脱丙烷塔；4—第四段裂解气压缩机；5—乙炔加氢；7—低压脱丙烷塔；8，9—分凝分离器；10，11—脱甲烷塔；12—脱乙烷塔；13—乙烯塔；14—脱丙烷塔；15—丙烯塔

如图 4-49 所示，裂解气进料经预冷至-30.5℃后进入气、液分离罐，所得重组分凝液作为第一脱甲烷塔第一股进料。此塔釜液用气态丙烯冷剂加热，并采出送至脱乙烷塔。而未冷凝的气体则送入第一分凝分离器(14)，由此分离的凝液作为脱甲烷塔第二股进料，在其中未冷凝的气体进入第二分凝分离器(15)。第一脱甲烷塔塔顶用丙烯冷剂冷凝，所得凝液

作为塔顶回流，未冷凝气体送入第二脱甲烷塔进料精馏器(11)。其塔顶用第二分凝分离器的凝液作为回流，塔釜液体送入第二脱甲烷塔作为该塔第一股进料，精馏器塔顶未冷凝气体经乙烯冷剂冷却后进入第二脱甲烷塔作为该塔第二股进料。

第二分凝分离器未冷凝气体经冷箱(17)冷却后送入气液分离罐(18)，所得凝液经冷箱(17)回热后送入第二脱甲烷塔作为该塔第三股进料，未冷凝气体部分经冷箱(19)冷却，经气、液分离后，气相为富氢气体，液相经减压节流回收冷量后作为低压甲烷产品送出。

第二脱甲烷塔塔顶气体经部分冷凝后送入回流罐(24)，回流罐中的液体部分作为回流，部分经减压回收冷量后作为中压甲烷产品送出。回流罐中未冷凝气体经涡轮膨胀机等熵膨胀，并回收冷量后作为甲烷产品送出。第二脱甲烷塔釜液不经脱乙烷塔而直接送至碳二加氢脱炔系烷，由此可使脱乙烷塔负荷降低 1/3 左右，从而达到增产和节能的目的。

此流程与前述流程不同之处是采用了 ARS 技术，它有以下特点：

(1) 在脱甲烷塔的激冷系统采用分凝分离器，不仅有传热而且有传质作用，在进脱甲烷塔前分离出氢气和大部分甲烷。

(2) 分离出一股不含碳三的碳二物料，不经脱乙烷塔直接去乙烯塔，不仅降低了脱乙烷塔的负荷，而且明显地降低了丙烯制冷机负荷。

(3) 由于前加氢，大大降低了碳三加氢的负荷。

(4) 由于采用了该先进分离流程，不仅降低了丙烯制冷机制冷负荷，而且大量降低了乙烯制冷机负荷。

(5) 由于采用了分凝分离器，在脱甲烷塔前预分了氢气和大量的甲烷，可使尾气中的乙烯损失减小。

(6) 带有尾气膨胀机，以便进一步降低尾气温度，回收冷量。

ARS 技术的核心是采用了高效、节能的分凝分离器，有人也将分凝分离器技术直接简称为 ARS 技术。该分凝分离器的设计专利属美国空气产品公司。1978 年该公司将其用于日本三井石化的乙烯装置。1985 年，斯通-韦伯斯特公司和莫比尔公司共同将此技术用于烃气分离工艺，该技术的主要组成是分凝分离器、进料预冷、膨胀机、分离罐等，如图 4-51 所示(应用分凝分离器，用于炼厂气分离的流程)。

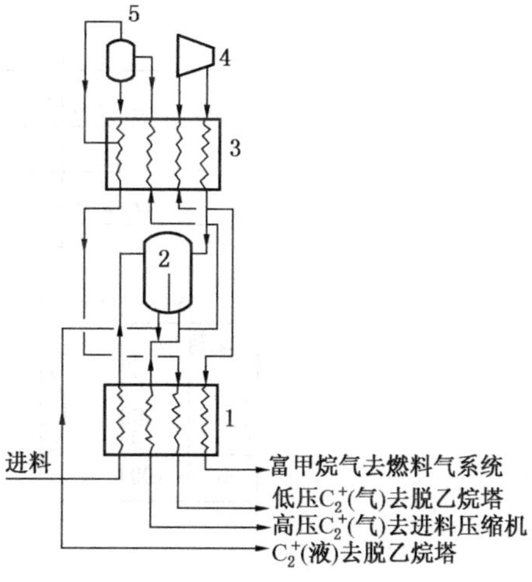

图 4-51　某化学公司分凝分离装置示意流程图

1—进料冷却器；2—分凝器分离罐；3—分凝器；4—膨胀机；5—低压闪蒸罐

分凝分离器技术一般用于以下几种情况：

(1) 物料本身回收价值较高，应用该技术进行回收。

(2) 进料中轻组分较多，但原设备能力不足，必须进行改造。

(3) 用在投资费用较高的深冷分离系统，以降低总设备投资费用。

(4) 要求降低下游关键设备的负荷。

(5) 相对挥发度较大的组分分离。

分凝分离器技术要点是传质、传热相结合，以自身冷凝的液体在翅片上形成膜状向下流动，与上升气流逆向接触进行传质和传热过程。分凝分离器技术应用于相对挥发度较大的气体分离，其效果更好，由于其翅片面积很大，使气、液达到了充分接触，从而大大增加了气、液分离效率。将传统乙烯装置激冷与脱甲烷系统相比较，采用先进的分凝分离器技术的优点如下：

(1) 传统的激冷系统只进行热交换过程，而分凝分离器是在传热的同时进行传质过程，起到了多级分离效果。传统流程是将进料裂解气全部从-35℃冷却到-70℃，在另外一个分离器中进行气、液分离；而分凝分离器技术是以-35℃进料到分凝分离器中逐级降温，并进行质量交换。气相轻组分被冷却到-70℃，液相重组分被冷却到-38℃(见图4-52和图4-53)，物料是在较小温差下被冷却分离的，一组分凝分离器相当于5~15块理论塔板。

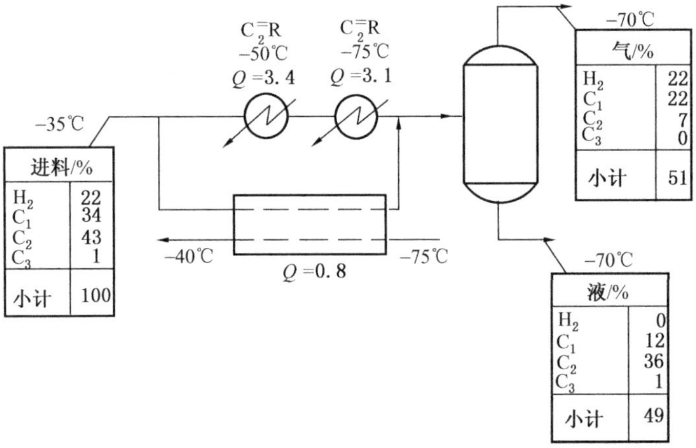

图4-52　常规的进料激冷系统

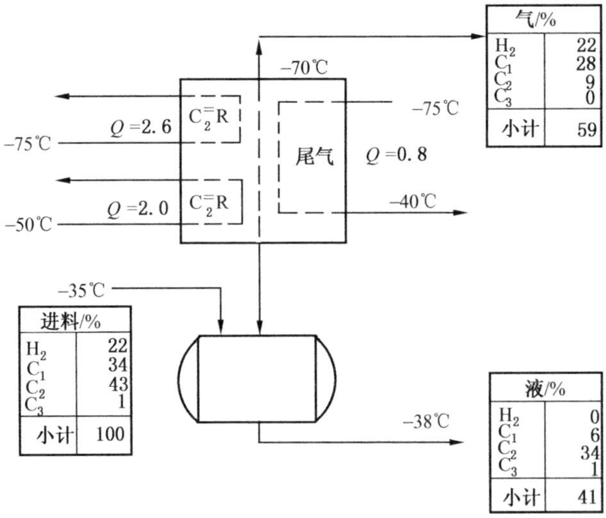

图4-53　分凝分离器激冷系统

(2) 分凝分离器技术可以较多地增加产量。与传统的激冷系统相比，分凝分离器是将被冷凝的液相分成两部分。一部分进入第一脱甲烷塔，另一部分进入第二脱甲烷塔后，其液相分出一部分直接经乙炔加氢，然后进入乙烯精馏塔，见图4-54。从图可知，进料乙烯(39%)中的14%直接从脱甲烷塔进入乙烯塔，余下的25%乙烯经脱乙烷塔后再去乙烯塔。这样，第一脱甲烷塔、脱乙烷塔的负荷可降低1/3左右，从而达到增加产量和降低能耗的目的。另外，由于乙烯塔分为两股进料，降低了回流比，这是降低能耗的重要因素。

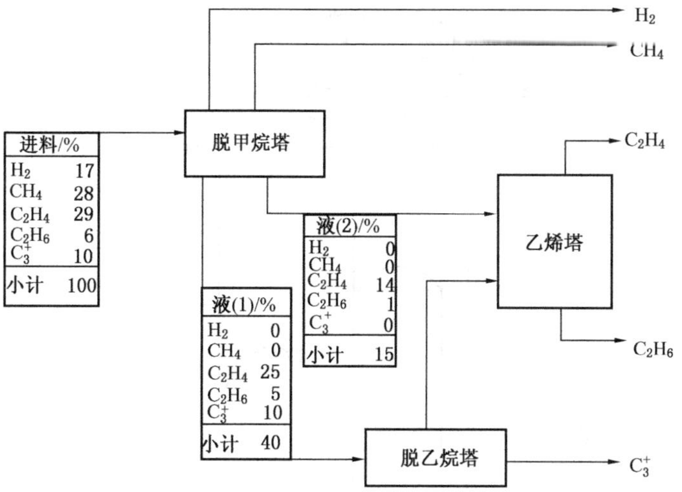

图 4-54 分凝分离技术低温区物料平衡

(3) 分凝分离器流程可以节省较多能量。其节能效果集中表现在乙烯制冷机负荷可大约降低 7%，丙烯制冷机负荷下降 10%，但其节能效果因进料气组成和工艺流程而异。也可用常规分离方法，对分离流程很好组合来达到降低能耗目的。

(4) 由于以上原因，可节省三机及脱乙烷塔等的投资费用，详见表 4-31。

表 4-31 普通激冷和先进激冷比较

项 目	普 通 激 冷	先 进 激 冷
原理	仅传热	既传热又传质
理论塔板数/块	1	5~15
冷剂	单组分冷剂	多组分冷剂
温差	大	小
进料组成对凝液组成的影响	敏感	不敏感
能耗	多	少
投资费用	高	低

2001 年，斯通-韦伯斯特公司又提出了改进的分凝分馏器——HIRS(Heat Integrated Rectifier Sysmm)，如图 4-55，精馏塔(1)是该精馏系统的核心，精馏塔有 4 块理论塔板。精馏塔主进料管线(4)被分成两股进料，第一股进料是一小部分，占总进料的 5%~50%，最好为 25%~35%，第二股进料是进料的大部分。小部分进料经由管线(5)作为系统的汽提蒸气进入精馏塔底部。总进料主要部分经由管线(6)进入位于高处的冷箱(3)，在此被冷却后，在比精馏塔管线(5)进料口位置更高的进料口进入精馏塔。塔顶气相经由管线(7)进入冷箱冷却后再进入回流罐(2)闪蒸。正常操作时，闪蒸后的液体经由管线(8)靠重力作为回流返回精馏塔；从回流罐顶部分离出来的气相作为产品经由管线(9)送出。精馏塔的液体经由管线(10)送出。

HIRS(由精馏塔、板翅式换热器和分离罐组成)与常规的精馏塔系统相比：在常规的精馏系统中，冷剂与精馏塔塔顶的气相换热，所需的冷剂冷级较高；而在 HIRS 中，冷剂先与塔顶部气相换热再与部分进料换热，提高了冷剂冷量的利用率。

HIRS 与 ARS 中的分凝分馏器相比：由于 ARS 的分凝分馏器中的冷凝液膜向下流动，与上升的气相逆流接触，这要求较低的气相流速，从而导致较大的设备尺寸；而 HIRS 的精馏塔中的气速上限则明显比分凝分馏器中的气速上限大，从而可使设备尺寸减小，节省投资费用。同时，由于设备尺寸的减小，相应也减少了设备的运输成本。

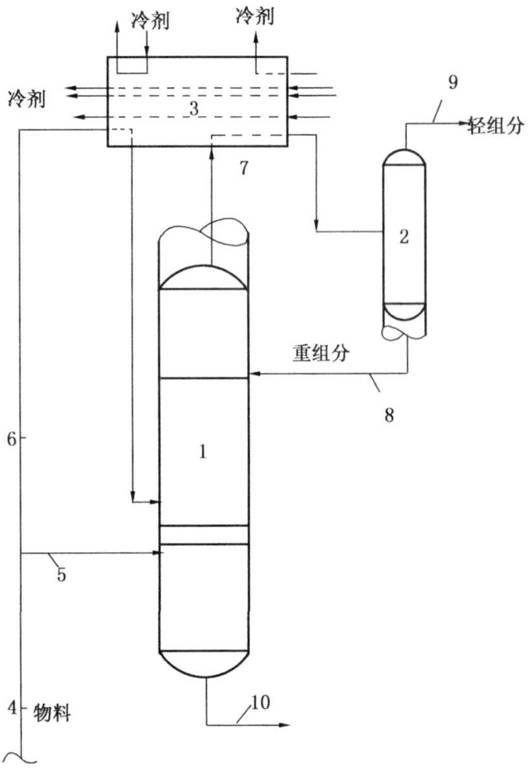

图 4-55　HIRS 系统示意图

1—精馏塔；2—回流罐；3—冷箱；4~10—物流号

二、分凝分馏塔及其分离流程

1. 分凝分馏塔　分凝分馏塔由三部分组成，上段为板翅式换热器，中段为填料，下段为塔釜，是否需再沸器，根据分离要求而定。在工艺流程组合中，传统的流程为一个换热器和一个分离罐(见图 4-56)，只能有传热的作用，用一个分凝分馏塔代替(见图 4-57)，起到既传热又传质的作用，而填料层又增加了传质的理论塔板数。本技术已于 2000 年获得美国专利(US6023943)，2001 年获得中国专利(CN1070385C)。

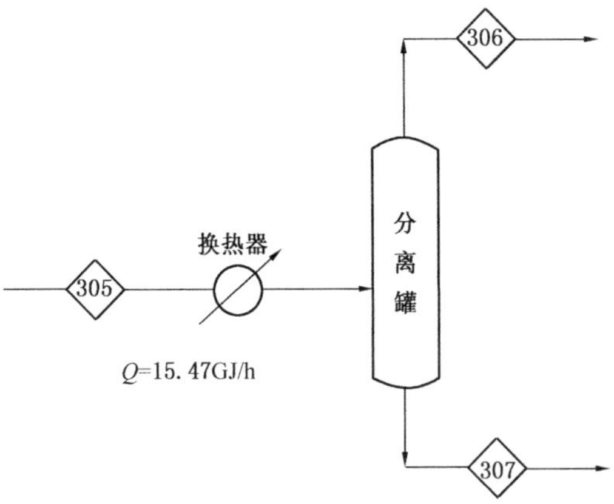

图 4-56　常规分离罐流程

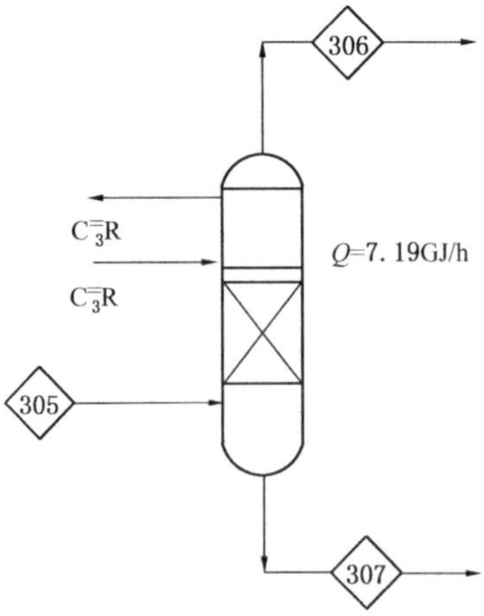

图 4-57　分凝分馏塔

传统的脱甲烷塔激冷工艺流程图见图 4-58，先进的分凝分馏塔激冷工艺流程图见图 4-59。

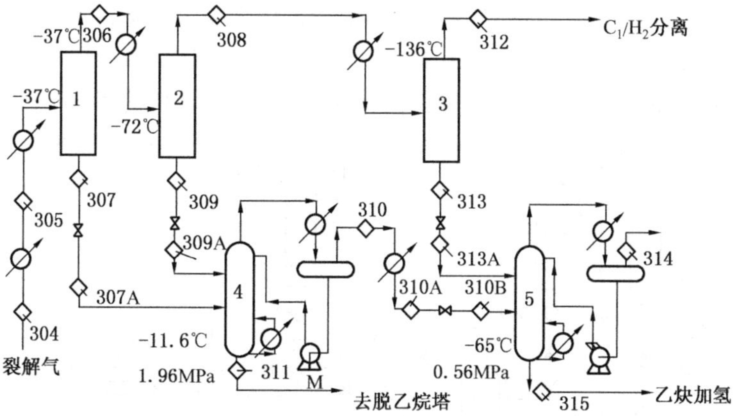

图 4-58 传统的脱甲烷塔激冷工艺流程(压力为绝压)

1—第一分离罐；2—第二分离罐；3—第三分离罐；4—第一脱甲烷塔；5—第二脱甲烷塔

2. 传统的工艺流程和分凝分馏塔的比较 冷却冷凝到-20℃的裂解气，通过第一进料分离罐后，其气、液相组成和流量见表 4-32。采用先进的分凝分馏塔技术，其相应的气、液相组成和流量见表 4-33。由对比结果可以看见，由于分凝分馏塔有传热和传质的作用，碳二以上轻组分的分出量比传统流程多 30%，而热负荷却下降了 50%，即丙烯冷剂耗量大大降低。

表 4-32 传 统 方 法

物 流 号	305	306	307
组成/%			
H_2	1.3	3.3	0.1
CH_4	19.0	38.9	7.4
C_2	50.0	52.7	50.0
C_3	19.4	5.0	28.6
C_4^+	10.3	0.1	13.9
合计	100	100	100
总量/(kg/h)	147390	57098	90292
分子量	23.5	16.7	31.7
温度/℃	-20	-37	-37

表 4-33 分凝分馏塔法

物 流 号	305	306	307
组成/%			
H_2	1.3	2.7	0.1
CH_4	19.0	33.4	5.2
C_2	50.0	59.5	42.0
C_3	19.4	4.4	34.5
C_4^+	10.3	0.0	18.2
合计	100	100	100
总量/(kg/h)	147390	74194	73196
分子量	23.5	18.1	34.0
温度/℃	-20	-37	-17

3. 激冷和脱甲烷塔系统　用传统法和分凝分馏塔法分别组成了两个激冷和脱甲烷塔系统流程，见图 4-58 和图 4-59，并用相同的裂解气对两个流程分别进行了模拟计算，计算结果见表 4-34 和表 4-35。计算结果表明，物料在进入脱甲烷塔之前，分凝分馏塔法可预分出大量的甲烷和氢气，大约是传统法的 2 倍，这样就大大降低了脱甲烷塔的负荷。与传统法相比，分凝分馏塔法所用各级冷剂的负荷也大大下降，估计可节省制冷压缩机功率 10%以上。

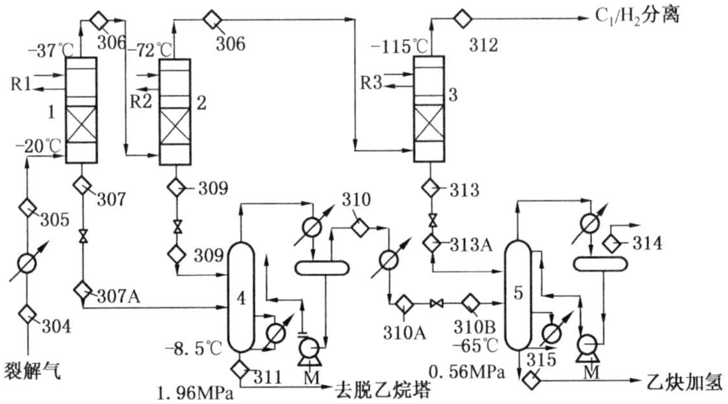

图 4-59　分凝分馏塔和脱甲烷塔工艺流程(压力为绝压)

1—第一分凝分馏塔；2—第二分凝分馏塔；3—第三分凝分馏塔；

4—第一脱甲烷塔；5—第二脱甲烷塔

表 4-34　传统法模拟计算结果

物　流　号	304	311	312	314	315
相态	混相	液相	气相	气相	液相
组成/%					
H_2	15.16	0.0	81.5	4.9	0.0
CH_4	28.00	0.01	18.2	95.0	0.0
C_2H_4	34.00	55.5	0.3	0.3	91.5
C_2H_6	7.77	14.6	0.0	0.0	7.8
C_3H_6	10.92	22.4	0.0	0.0	0.7
C_4^+	4.15	7.5	0.0	0.0	0.0
总流量/(kmol/h)	6263	3054	1069	645	495
温度/℃	-12.8	-11.6	-136	-134	-65
压力/kPa	3485	2024	3222	608	611

表 4-35　分凝分馏塔法模拟计算结果

物　流　号	304	311	312	314	315
相态	混相	液相	气相	气相	液相
组成/%					
H_2	15.16	0.0	43.38	7.25	0.0
CH_4	28.00	0.01	56.16	92.38	0.01
C_2H_4	34.00	49.04	0.3	0.29	92.74
C_2H_6	7.77	16.01	0.0	0.0	6.74
C_3H_6	10.92	25.4	0.0	0.0	0.0
C_4^+	4.15	9.54	0.0	0.0	0.0
总流量/(kmol/h)	6263	2670.17	2082.74	631.44	877.70
温度/℃	-12.8	-8.41	-114.67	-134.78	-65.40
压力/kPa	3485	2024	3222	608	611

4. 初步的激冷和脱甲烷塔工艺流程 图4-60是初步的激冷和脱甲烷塔工艺流程图。利用三个分凝分馏塔将大部分甲烷和氢气分出去，并采用两个脱甲烷塔，第二脱甲烷塔分出一股，先直接去碳二加氢，再去乙烯精馏塔，使乙烯塔有两股进料。该流程及操作参数的优化尚需进一步完善。

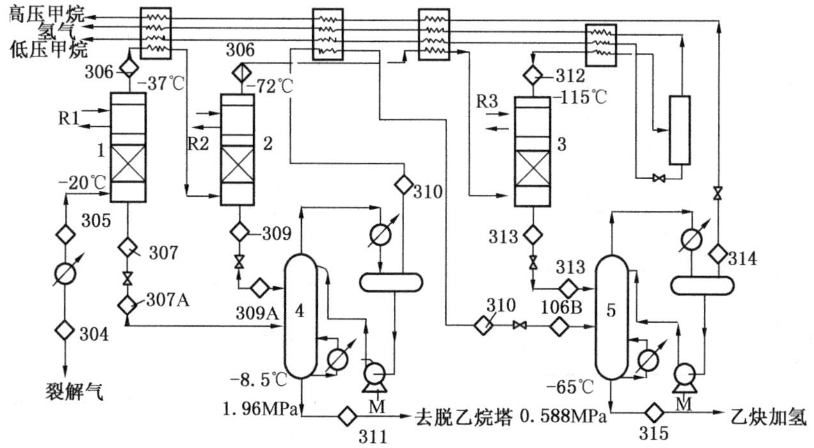

图4-60 分凝分离初步流程(压力为绝压)

1—第一分凝分馏塔；2—第二分凝分馏塔；3—第三分凝分馏塔；

4—第一脱甲烷塔；5—第二脱甲烷塔

5. 分凝分馏塔激冷脱甲烷工艺优点 该工艺具有如下优点：

(1) 大部分氢气、甲烷被分凝分馏塔分出，改善了脱甲烷塔的操作条件。

(2) 分离出一股碳二物流，直接去乙烯塔(或去碳二加氢)，乙烯塔有两股进料。

(3) 采用分凝分馏塔流程，可节省制冷压缩机功率10%以上。

(4) 该流程用于乙烯装置的改造，大幅度降低了脱甲烷塔和脱乙烷塔的负荷。

分凝分馏塔专利技术已应用于天津石化、茂名石化、燕山石化、镇海炼化等乙烯装置，并得到国内外乙烯专家的认可。

三、ARS、HIRS与分凝分馏塔的比较

ARS中的分凝分馏器、分凝分馏塔均是比传统的激冷分离系统(换热器与分离罐组合的系统)先进的单元设备。而HIRS则是比传统的激冷分离系统先进的一个系统，其由一个没有冷凝器和再沸器的塔和两个板翅式换热器构成。下面在相同的进料条件下，移出相同热量，对三个先进的分离设备或系统的分离性能进行了比较计算。分凝分馏器示意图见图4-61，其分离性能计算结果见表4-36；分凝分馏塔示意图见图4-57，其分离性能计算结果见表4-37；HIRS的示意图见图4-55，其分离性能计算结果见表4-38。

从表4-36~表4-38中的数据分析可知，分凝分馏塔的分离性能最好，塔顶气相中乙烯含量最低，而塔釜液相中乙烯含量最高，甲烷、氢气含量最少。HIRS的分离性能次之，分凝分馏器分离性能最差。但是，由于HIRS所需总冷量的2/3是由-85℃级别的冷剂提供，其余的冷量是由-72℃级别的冷剂提供，而分凝分馏器与分凝分馏塔所用的冷剂可用混合冷剂，从而实现渐进冷却或用多种冷剂冷却，所用的高等级冷剂量较HIRS少。因此，尽管三个系统所需的总冷量相同，但由于所需的冷剂级别不同，其实际的功耗也将不同。

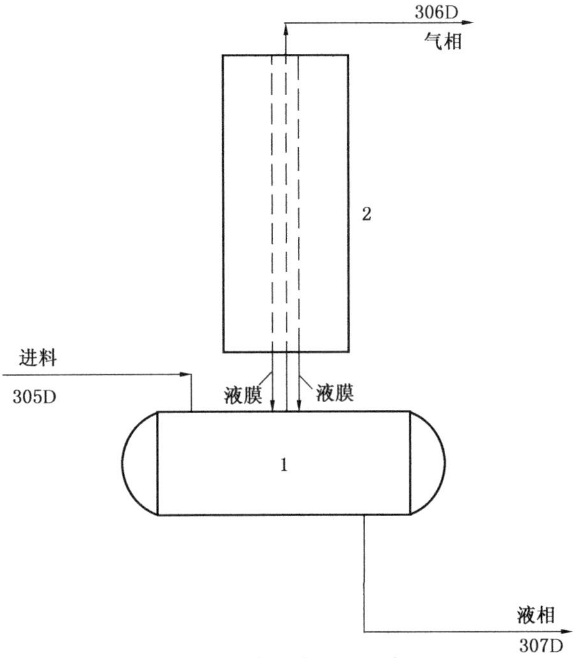

图 4-61 分凝分馏器示意图

1—分离罐；2—冷箱

表 4-36 分凝分馏器分离性能计算结果

物 流 号	305D	307D	306D
相态	气相	液相	气相
温度/℃	-54	-61.744	-85.306
压力/kPa	3543	3543	3533
流量/(kmol/h)	4000.0	1182.3	2817.7
组成/%(摩)			
氢	0.316	0.018	0.441
甲烷	0.395	0.215	0.470
乙烯	0.289	0.767	0.088

表 4-37 分凝分馏塔分离性能计算结果

物 流 号	305	307	306
相态	气相	液相	气相
温度/℃	-54	-56.346	-87.969
压力/kPa	3543	3543	3533
流量/(kmol/h)	4000.0	1186.8	2813.2
组成/%(摩)			
氢	0.316	0.017	0.442
甲烷	0.395	0.190	0.482
乙烯	0.289	0.793	0.076

表 4-38 HIRS 分离性能计算结果

物 流 号	10	9	4
相态	液相	气相	气相
温度/℃	-57.346	-82.389	-54
压力/kPa	3543	3533	3543
流量/(kmol/h)	1093.7	2906.3	4000.0
组成/%(摩)			
氢气	0.017	0.428	0.316
甲烷	0.197	0.469	0.395
乙烯	0.785	0.102	0.289

参 考 文 献

1 王松汉，何细藕．乙烯工艺与技术．北京：中国石化出版社，2000

2 王基铭，袁晴棠．石油化工技术进展．北京：中国石化出版社，2002

3 EP0624562 A1

4 US5414170

5 Hydrocarbon Process，2002，81(8)：31~32

6 Hydrocarbon Eng，2003，8(3)：56

7 WO2004/108638(A1)

8 Eur. Chem News，2000，73(1919)：31

9 Chem. Eng，2000，107(10)：19

10 Chem Week，2001，9 月 12 日

11 杨春生．乙烯工业，1996，8(1)：27-44

12 工业催化，1997，3：49~64

13 第11届全国催化学术会议论文集，220
14 魏海．乙烯工业，2000，12(1)：65~69
15 US6278033
16 Boitiaux J. P. Hydroc Procees，1985，(3)：51
17 廖丽华，程建民，汪志娟，吴庆风．化学工业与工程，2003，20(5)：275~278
18 马红江，张小工等．石油炼制与化工，2004，35(12)：23~28
19 李蓓．石油化工设计，2003，20(4)：33~35
20 WO9404777
21 高鸿顺，高步良等．齐鲁石油化工，1999，27(4)：241 ~244
22 US5628880
23 Gary R G. Selective Hydrogenation by Catalytic Distillation. AIChE Spring Annual National Meeting，1997
24 US6040489
25 WO9618704
26 US5595634
27 US5679241
28 US5925799
29 WO9909118
30 US5087780
31 US5888355
32 US5969203
33 US5059732
34 Schulz，G. Petrochem，1973，26，11
35 陈绍谦．化学研究与应用，1998，10(2)：154~158
36 Fujita S，Nakamura M，Doi T，et al. Appl Catal A，1993，104 (1)：87~100
37 任相坤，袁明，高聚忠．煤质技术，2006，(1)
38 李克兵，陈健，郜豫川．炼油，2000，Vol5，(3)
39 朱建华．上海煤气，2004，(3)
40 孙艳，苏伟，周理．氢燃料．北京：化学工业出版社，2005
41 候世杰．工厂动力，2004，(1)
42 张继明．辽宁化工，1995，(1)，9~12

第五章　乙烯装置的节能减排措施

第一节　装置能耗计算

为了衡量装置的先进性，除了考虑投资、环保等因素外，还应考虑另一重要因素，即装置的燃料、动力综合能耗。

一、能耗计算范围

乙烯装置的能耗计算范围包括装置的燃料消耗，除了裂解炉和蒸汽过热炉以外，若开工锅炉在乙烯装置内也应考虑；外部输入和输出蒸汽所消耗燃料的热量；电及循环水，或一次用水和海水所消耗燃料的热值。由于净化水、软水、氮气、仪表风等消耗的能量很少，国外一般不考虑，为便于和国外对比，因此不包括在计算范围内。

当汽油加氢或其他装置与乙烯装置的动力消耗联在一起时，应扣除汽油加氢或其他装置的能量消耗。

二、能耗计算方法一❶

（一）产生蒸汽所需热量计算方法

外部输入或乙烯装置输出的蒸汽所需燃料的热量和蒸汽的温度、压力、锅炉效率、锅炉排水量与乙烯装置蒸汽凝水温度有关。当不考虑热损失时，产生1kg蒸汽所需的热量可根据下式计算：

$$(AFV)_w = [h_1 + \eta_0 \cdot h_c - (1 - \eta_0) \cdot h_0] / \eta_B \tag{5-1}$$

式中　$(AFV)_w$——产生1kg蒸汽所需燃料燃烧的热量，kJ/kg；

h_1——蒸汽的焓，kJ/kg；

h_0——冷凝水的焓，kJ/kg；

h_c——锅炉排污水的焓，kJ/kg；

η_B——锅炉效率，取 $\eta_B = 0.9$；

η_0——锅炉排水率，取 $\eta_0 = 0.01$。

当用上式计算蒸汽所需燃料燃烧的热量时，为了不因锅炉的效率等因素影响乙烯装置本身的能耗，同时考虑国内外能耗的可比性，取锅炉效率 $\eta_B = 0.9$，锅炉排水率 $\eta_0 = 0.01$。当锅炉在乙烯装置内，而锅炉的效率达不到或超过90%时，应将所耗燃料的热值按 $\eta_B = 0.9$ 的标准校正，以便更具有可比性。

另外，在一般计算公式中冷凝水的焓 h_0 这一项，应该是锅炉给水的焓 h_{BFW}。但有的乙烯装置的冷凝水不返回蒸汽锅炉，也有的锅炉产生的蒸汽不专供乙烯装置使用，此时，锅炉给水的焓 h_{BFW} 往往低于冷凝水的焓 h_0，为使能耗计算更合理，公式中用 h_0 代替 h_{BFW}。

---

❶ 见全国乙烯行业协作组2000年9月2日《乙烯综合能耗计算方法座谈会纪要》。

（二）规定热值

为了使计算的能耗在国内外更具有可比性，将电的热值统一规定为 10241kJ/(kW·h)，循环水热值规定为 2508kJ/t，一次用水热值规定为 7106kJ/t，海水热值规定为 2926kJ/t。

为了统一计算标准，燃料的热值规定如下：

甲烷馏分：48070kJ/kg；

C_3、C_4 液化气：45980kJ/kg；

轻质燃料油：41382kJ/kg；

重质燃料油和渣油：38874kJ/kg。

为了计算方便，可列能耗计算表，如表 5-1 所示。

表 5-1　乙烯装置燃料动力综合能耗计算表①

能源名称	计算基准	单耗（以 1t 乙烯产品为基准）	每吨乙烯能量单耗/kJ
燃料油	kJ/t	t/t	
燃料气	kJ/t	t/t	
蒸汽(输入)	kJ/t	t/t	
蒸汽(输出)	kJ/t	t/t	
蒸汽(输出)	kJ/t	t/t	
蒸汽(输出)	kJ/t	t/t	
电(输入)	10241kJ/(kW·h)	(kW·h)/t	
电(输出)	10241kJ/(kW·h)	(kW·h)/t	
循环水	2508kJ/t	t/t	
一次用水	1106kJ/t	t/t	
海　水	2926kJ/t		
合　计			

① 燃料油和燃料气的计算基准按本节规定取值，不同等级的蒸汽按本节公式计算。

（三）计算实例

下面以某 660kt/a 乙烯装置为例，进行能耗计算。

乙烯装置能耗主要由燃料、蒸汽和电三部分组成，已知：

燃料消耗

甲烷、氢气　28025kg/h

混合 C_5　9812.5kg/h

混合 C_9　9425kg/h

蒸汽消耗

超高压蒸汽(输入)　88.28t/h

中压蒸汽(输出)　130.68t/h

低压蒸汽(输出)　4.19t/h

电消耗　12250kW

乙烯产量　82.5t/h

计算如下：

1. 燃料　燃料的热值如下：

甲烷、氢气　48070kJ/kg

混合 C_5　41870kJ/kg

混合 C_9　41870kJ/kg

燃料的总热值=28025×48070+9812.5×41870+9425×41870

=2152.64(GJ/h)

2. 蒸汽　产生1kg蒸汽所需燃料燃烧的热量根据下式计算：

$$Q_S = [h_1 + \eta_0 h_c - (1 + \eta_0) h_0] / \eta_b \qquad (5-2)$$

式中　Q_S——产生1kg蒸汽所需燃料燃烧的热量，kJ/kg；

h_1——蒸汽的焓，kJ/kg；

h_0——冷凝水的焓，取 h_0=556.87kJ/kg；

h_c——锅炉排污水的焓，取 h_c=556.87kJ/kg；

η_b——锅炉效率，取 η_b=0.9；

η_0——锅炉排水效率，取 η_0=0.01；

乙烯装置中常见蒸汽的热值查表5-2，得：

蒸汽(输入)　S_{119}(p=11.8MPa，T=520℃)：88.28t/h

热量　88.28×10^3×3169.94=279.84(GJ/h)

蒸汽(输出)　$S_{16.5}$(p=15.5MPa，T=290℃)：130.68t/h

热量　130.68×10^3×2704.72=353.45(GJ/h)

蒸汽(输出)　S_4(p=0.4MPa，T=200℃)：4.19t/h

热量　4.19×10^3×2559.55=10.72(GJ/h)

表5-2　乙烯装置中常见蒸汽的热值

蒸汽类型	压力/MPa	温度/℃	焓值/(kJ/kg)	热值[①]/(kJ/kg)
超高压蒸汽	12	540	3462.65	3228.55
		520	3409.89	3169.94
		500	3355.88	3109.94
		480	3301.03	3048.97
		460	3244.09	2985.71
	11	520	3420.78	3182.04
		500	3368.02	3123.42
		480	3314.01	3063.38
		460	3259.16	3002.46
		440	3202.22	2939.19
	10	520	3431.66	3194.14
		500	3382.68	3139.71
		480	3327.41	3078.28
		460	3273.82	3018.74
		440	3218.55	2957.32
	9	500	3391.47	3149.46
		480	3339.97	3092.22
		460	3287.63	3034.07
		440	3234.46	2974.99
	8	500	3403.19	3162.48
		480	3352.95	3106.67
		460	3301.87	3049.89
		440	3249.95	2992.20

续表

蒸　汽　类　型	压力/MPa	温度/℃	焓值/(kJ/kg)	热值[①]/(kJ/kg)
高压蒸汽	5	440	3294.75	3041.98
		420	3246.60	2988.51
		400	3198.03	2934.54
		380	3148.21	2879.15
	4.5	440	3301.87	3049.89
		420	3254.56	2997.35
		400	3207.24	2944.76
		380	3158.25	2890.33
	4	420	3262.52	3006.18
		400	3215.62	2954.05
		380	3167.88	2901.05
	3.5	400	3223.99	2963.39
		380	3177.09	2911.26
		360	3129.78	2858.72
	3	400	3232.01	2973.19
		380	3186.72	2921.98
		360	3140.67	2870.77
中压蒸汽	1.6	320	3080.38	2803.78
		300	3035.99	2754.50
		280	2991.19	2704.72
		260	2944.72	2653.05
	1.4	300	3041.44	2760.53
		280	2997.05	2711.21
		260	2951.84	2660.96
		240	2905.36	2609.34
	1.2	280	3003.33	2718.20
		260	2958.95	2668.88
		240	2913.31	2618.17
	1	260	2965.23	2675.87
		240	2921.69	2627.47
		220	2876.05	2576.76
	0.8	240	2929.22	2635.84
		220	2885.26	2587.02
		200	2840.04	2536.78
低压蒸汽	0.6	240	2936.34	2643.76
		220	2894.05	2596.78
		200	2850.93	2548.88
		180	2806.13	2499.09
	0.4	220	2902.43	2606.07
		200	2860.56	2559.55
		180	2818.27	2512.58
	0.2	220	2910.38	2614.91
		200	2870.19	2570.27
		180	2829.99	2525.60

① 根据式(5-1)的计算值，即$(AFV)_w$值。

3. 电

$$1kW = 10241kJ/h$$

$$10241 \times 12250 = 125.45(GJ/h)$$

4. 小时能耗

$$Q_{输入}=2152.64+279.84+125.45=2557.93(GJ/h)$$

$$Q_{输出}=353.45+10.72=367.17(GJ/h)$$

$$Q_{输入}-Q_{输出}=2193.76(GJ/h)$$

5. 每吨乙烯能耗

$$(Q_{输入}-Q_{输出})/82.5=2193.76/82.5=26.59(GJ/t)$$

6. 结论　根据燃料、蒸汽、电消耗，本装置每吨乙烯能耗为 26.59GJ(635 万大卡)，若考虑循环冷却水能耗，加上即可。将以上计算归纳成表 5-3。

表 5-3　乙烯装置燃料、动力综合能耗计算表①

项　　目	消　　耗		燃料消耗		能　　耗	
	单位	数量	单位	系数	单位	总量
燃料	GJ/t	26.09		1	GJ/t	26.09
超高压蒸汽（11.8MPa，520℃）	t/t	1.07	GJ/t	3.17	GJ/t	3.39
中压蒸汽（15.5MPa，290℃）	t/t	-1.58	GJ/t	2.70	GJ/t	-4.27
低压蒸汽（0.4MPa，200℃）	t/t	-0.051	GJ/t	2.56	GJ/t	-0.13
电	kW·h/t	148.48	kJ/kW·h	10241	GJ/t	1.52
综合消耗					GJ/t	26.6

① 负值为输出。

三、能耗计算方法二

耗能体系的能耗应按下式计算：

$$E_P=\sum(G_iC_i)+\sum Q_j \tag{5-3}$$

式中　E_P——耗能体系的能耗，kg/h；

G_i——燃料、电及耗能工质 i 消耗量，t/h，kW，m^3/h；

C_i——燃料、电及耗能工质 i 的能源折算值，kg/t，kg/kW·h，kg/m^3；

Q_j——耗能体系与外界交换热量所折成的一次能源量，输入时计为正值，输出时计为负值，kg/h。

单位能耗应按下式计算：

$$e_P=E_P/G_P \tag{5-4}$$

式中　e_P——单位能耗，kg/t；

G_P——耗能体系的进料量或合格产品量，t/h。

为了统一石油化工建设项目的设计能源消耗，建设部于 2007 年 10 月 23 日发布《石油化工设计能耗计算标准》(GB/T 50441—2007)，并规定自 2008 年 4 月 1 日起实施。在标准中给出了各工质能耗的折算指标。如表 5-4 所示。

表 5-4　各工质能耗折算指标

序　号	类　别	单位	能量折算值/MJ	能源折算值 C_i/kg 标准油	备　注
1	电	kW·h	10.89	0.26	
2	标准油①	t	41868	1000	
3	标准煤	t	29308	700	
4	汽油	t	43124	1030	
5	煤油	t	43124	1030	
6	柴油	t	42705	1020	
7	催化烧焦	t	39775	950	
8	工业焦炭	t	33494	800	
9	甲醇	t	19678	470	
10	氢	t	125604	3000	仅适用于化肥装置
11	10.0MPa 级蒸汽	t	3852	92	7.0MPa≤p②
12	5.0MPa 级蒸汽	t	3768	90	4.5MPa≤p<7.0MPa
13	3.5MPa 级蒸汽	t	3684	88	3.0MPa≤p<4.5MPa
14	2.5MPa 级蒸汽	t	3559	85	2.0MPa≤p<3.0MPa
15	1.5MPa 级蒸汽	t	3319	80	1.2MPa≤p<2.0MPa
16	1.0MPa 级蒸汽	t	3182	76	0.8MPa≤p<1.2MPa
17	0.7MPa 级蒸汽	t	3014	72	0.6MPa≤p<0.8MPa
18	0.3MPa 级蒸汽	t	2763	66	0.3MPa≤p<0.6MPa
19	<0.3MPa 级蒸汽	t	2303	55	
20	10~16℃冷量	MJ	0.42	0.010	显热冷量
21	5℃冷量	MJ	0.67	0.016	相变冷量
22	0℃冷量	MJ	0.75	0.018	相变冷量
23	-5℃冷量	MJ	0.80	0.019	相变冷量
24	-10℃冷量	MJ	0.88	0.021	相变冷量
25	-15℃冷量	MJ	1.00	0.024	相变冷量
26	-20℃冷量	MJ	1.17	0.028	相变冷量
27	-25℃冷量	MJ	1.42	0.034	相变冷量
28	-30℃冷量	MJ	1.76	0.042	相变冷量
29	-35℃冷量	MJ	2.00	0.048	相变冷量
30	-40℃冷量	MJ	2.26	0.054	相变冷量
31	-45℃冷量	MJ	2.55	0.061	相变冷量
32	-50℃冷量	MJ	2.93	0.070	相变冷量
33	新鲜水	t	6.28	0.15	
34	循环水	t	4.19	0.10	

续表

序　号	类　别	单位	能量折算值/MJ	能源折算值 C_i/kg 标准油	备　注
35	软化水	t	10.47	0.25	
36	除盐水	t	96.30	2.30	
37	除氧水	t	385.19	9.20	
38	凝汽机凝结水	t	152.81	3.65	
39	加热设备凝结水	t	320.29	7.65	
40	污水③	t	46.05	1.10	
41	净化压缩空气	$m^3$④	1.59	0.038	
42	非净化压缩空气	$m^3$④	1.17	0.028	
43	氧气	$m^3$④	6.28	0.15	
44	氮气	$m^3$④	6.28	0.15	
45	二氧化碳(气)	$m^3$④	6.28	0.15	

① 燃料应按其低发热量折算成标准油。
② 蒸汽压力指表压。
③ 作为耗能工质的污水，指生产过程排出的需耗能才能处理合格排放的污水。
④ 指 0℃和 0.101325MPa 状态下的体积。

第二节　提高裂解炉热效率

近年来，由于重视裂解炉能量综合利用的整体设计，所以热效率已提高到 94%~95%。

降低排烟温度可有效提高热效率，1975 年前裂解炉设计排烟温度为 190~240℃，热效率相应为 87%~90%，安排辅助热量回收装置回收烟道气中的热量，可使烟气温度降为 120~140℃，热效率达 92%~93%。但是，如果烟气温度低于烟气中酸性气露点温度，将出现对流段管排腐蚀问题。KTI 公司将回收的热量用于锅炉给水预热和产生稀释蒸汽，采用此项措施生产每吨乙烯可节能 1.8GJ。

日本昭和电工大分厂的第二套乙烯装置，裂解炉的烟道气排放温度设计值为 150℃，实际操作是 180℃，热量损失较大。经过改造，把烟道气首先用来预热燃烧空气，然后用来预热燃料气，最后预热锅炉给水(见图 5-1)，烟道气温度为 100~120℃，热效率提高到 94%以上。其中空气预热器采用管式换热器，每台炉顶装一台。

为了提高裂解炉的热效率，通常采取如下措施。

一、降低对流段末端物料入口温度

在设计中，一般排烟温度低于 130℃，但该温度取决于燃料中的硫含量。烟气和末端物料的温差是 30~70℃，因此热效率就比较高，见表 5-5。

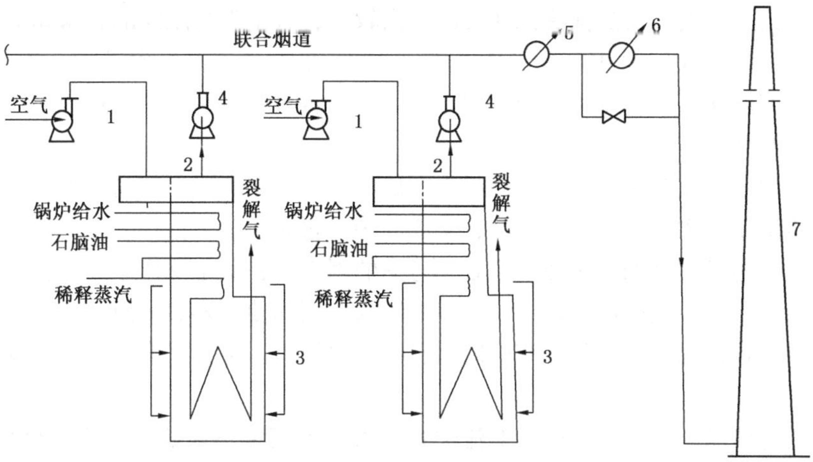

图 5-1　裂解炉区烟道气热回收流程图

1—送风机；2—空气预热器；3—裂解炉；4—引风机；5—燃料预热器；6—脱氧水加热器；7—烟囱

表 5-5　年产 300kt 乙烯装置热效率

	装置 1	装置 2	装置 3	装置 4
烟气温度/℃	160	230	110	200
对流段物料名称	锅炉水	AGO	AGO	锅炉水
末端物料温度/℃	112	155	60	130
加热炉热效率/%	92	86	93.5	92

通常对流段末端的物料是锅炉水或裂解原料，温度较低，只要有足够的传热面积，烟气温度是可以降下来的。但应考虑烟道气的露点，以防露点腐蚀。此外，烟气温度还受对流段高度及投资的限制。

在裂解炉或加热炉燃料中常含有硫，故燃料燃烧后在低温受热面上会凝结成含有硫酸的液体，对受热面产生严重腐蚀。因为它是在温度较低的受热面上发生的腐蚀，故称低温腐蚀。由于只有在受热面上结露后才会发生这种腐蚀，所以又称露点腐蚀。

表 5-6 为某种燃料油(含 C 86.5%、H 12.0%、S 1%)的烟气成分。由于一般燃料油中的碳、氢含量相差不多，所以表中的各数据具有一定的代表意义。

表 5-6　某种燃料油的烟气成分①

烟气成分②	过剩空气系数					
	1	1.1	1.2	1.3	1.4	1.5
N_2/m^3	8.68	9.55	10.4	11.28	12.15	13.02
O_2/m^3	0	0.23	0.46	0.69	0.92	1.15
湿烟气总体积$/m^3$	12.14	13.24	14.32	15.43	16.53	17.63
SO_2 含量$/10^{-6}$(体积)	563	516	477	443	413	387
蒸汽含量/%(体积)	15.2	13.9	12.8	11.9	11.1	10.4
CO_2/m^3	1.609					
SO_2/m^3	0.00683					
H_2O/m^3	1.844					

① 理论空气量为每 kg 油 14.4kg，雾化蒸汽量为每 kg 油 0.4kg。

② 以 1kg 燃料油为基准，在标准状态下的体积。

影响烟气露点温度和受热面腐蚀速度的因素较多，各个参数之间的关系如下。

燃料中含氢量高或(和)用蒸汽作雾化剂时，则烟气中的水蒸气含量多，露点温度升高。若燃料中含硫或硫化氢多，则烟气中的 SO_2 量增加；若过剩氧多，则 SO_2 转化成 SO_3 的量增多，露点温度升高。

当烟气中的水蒸气含量一定时，燃料中含硫量越多，露点温度越高，则在受热面上冷凝液体中的硫酸浓度越大。炉膛温度越高，生成的 SO_3 量越少。

低温腐蚀问题是提高加热炉热效率必须考虑的因素。在确定操作参数时，如果忽略了这个因素，就会使受热面遭受严重腐蚀，不但缩短受热面的使用寿命，而且还会影响正常的操作周期。所以，在提高加热炉热效率的同时，必须根据具体条件采取防止或减少低温腐蚀的措施。

对于管内走油品、管外走烟气的对流炉管，由于内膜传热系数比外膜传热系数大很多，所以管壁温度接近管内介质温度。在这种条件下，提高受热面壁温的措施主要是提高管内油品的温度。一般对流室入口油品温度应根据燃料中硫含量来确定，通常在60~110℃之间。

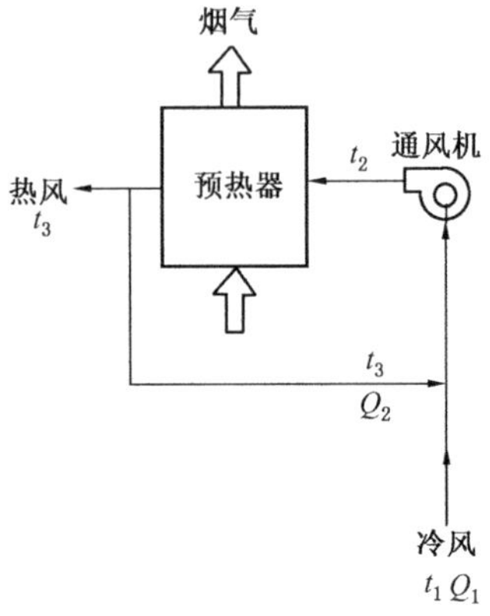

图 5-2　热风循环各参数关系图

$\frac{Q_2}{Q_1}=\frac{t_2-t_1}{t_3-t_2}$(设空气比热为定值)

Q—流量；t—温度

在采用空气预热器时，由于烟气侧和空气侧的传热系数相近，故提高预热器出口的烟气温度，或提高预热器入口空气温度，都可达到提高受热面壁温的目的。但前者会显著降低加热炉的热效率，所以通常采用后者。提高预热器入口的空气温度，可以利用装置的其他余热将进入预热器的空气温度提高到80℃左右。另外，也可采用热空气再循环的办法将预热器入口空气温度提高，其流程和各参数之间的关系见图5-2。但热空气再循环的办法可增大通风机流量，使耗电量增加，所以采用时要进行经济比较。

提高管式空气预热器管壁温度的另一种方法是在低温段采用卧管式，即空气走管内，烟气走管外，卧管式空气预热器管壁温度高于立管式的管壁温度，是因为在烟气横向冲刷管子时，增大了烟气的放热系数；而空气在管内纵向流动时，放热系数较低，故管壁温度接近于烟气温度。通常，卧式空气预热器的管壁温度约比立式高20~25℃。但是，卧式预热器空气进口处的管子，因受管材影响，壁温也可能过低，所以宜用保温材料涂敷在卧式预热器空气进口的管板上。另外，还应采取措施使空气均匀进入预热器管排，防止在空气流速偏大处壁温过低而引起腐蚀。由于卧管式预热器的管外侧与烟气接触，如管子间距适当，也为采用钢球除灰创造了良好条件。

二、改进对流段设计，提高热强度

1. 增大传热面　对流段利用翅片管增加传热面，但是烧油时翅片温度不能太高，否则清理管排表面积垢发生困难，一般烧油时翅片主要要求每英寸少于4个，翅片厚度以0.105mm为宜。某300kt/a乙烯装置采用翅片管，对流段炉管4in的翅片管规格是翅片高19mm，翅片厚1.27mm，翅片数为203个/m。

2. 增加对流段管束　除工艺管排外，还可增加稀释蒸汽过热管排、高压蒸汽过热管排和锅炉给水预热管排。增加高压蒸汽过热管排，可回收高位能量，同时可大幅度降低蒸汽过热炉负荷。

3. 缩短炉管与炉墙距离　一般对流段炉管和炉墙距离，国内为1.5d，斯通-韦伯斯特公司设计的为1.0d（d为管径）。缩短炉管与炉墙距离或沿炉壁安装挡板，均可防止烟气短路。

4. 清扫传热表面的积垢　清扫传热表面的积垢可提高热效率4%~5%，烧油时翅片管积垢较严重，降低传热效率。烧油（40%~50%）的裂解炉在对流段都安装有自动吹灰器，定时吹扫，当热效率严重下降时，尚需停车用蒸汽吹扫积垢。

5. 安装引风机　高热效率裂解炉都安装引风机，因为对流段管排密集，烟气温度较低，不足以维持炉箱负压，不利于烟气从辐射段向对流段转移。安装引风机，可将炉子由自然通风改为强制通风，同时强制通风可使烟气质量流速较高，从而提高传热系数，相对缩小对流段管排传热面。

三、降低过剩空气率

裂解炉的过剩空气率会明显地影响热效率，降低燃烧过剩空气率，可减少排烟气量、提高热效率。通常，当过剩空气率下降10%时，裂解炉热效率可提高2%（见图5-3）。为保证裂解炉在低过剩空气率下运转，采取以下几点措施。

1. 改进烧嘴性能　自然通风型气体烧嘴过剩空气率为15%，强制通风型气体烧嘴过剩空气率稍低。炉底油烧嘴选型与过剩空气率关系较大，自然通风型油烧嘴过剩空气率为20%~30%，强制通风型油烧嘴过剩空气率为10%~15%。此外，强制通风系统能够和空气预热器有效结合，因此应将自然通风型油烧嘴改为强制通风型。

2. 增设空气过剩率控制　当以气体为燃料时，过剩空气率可用计算机或DCS控制在5%~7%，当以液体为原料时，过剩空气率为10%。

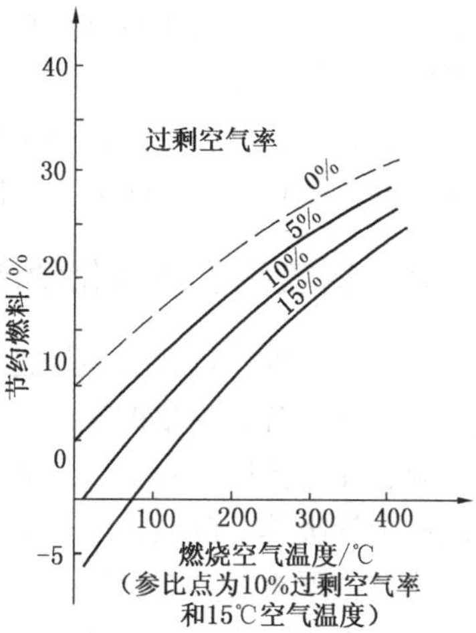

图5-3　燃烧空气温度与燃料节约的关系

3. 注意炉子密闭性　提高炉体的施工质量，改善炉子密闭性，减少空气漏入，最大可能地提高热效率。

4. 安装氧分析器　设置烟气氧含量监测仪表，自动分析烟气含氧量，并驱动风量自动调节机构，随时调整风门及烟道挡板，保证裂解炉在最低过剩空气率下运转。

四、预热燃烧空气和燃料气

预热燃烧空气和燃料气，可增加显热、节省燃料，预热燃烧空气可以利用烟道气、低压蒸汽、急冷水、急冷油或者其他废热源。当燃烧空气由常温预热到100℃，燃料用量由100%降到95.5%，则节省燃料4.5%。裂解炉侧壁气体烧嘴数量多，供应预热空气的连接管线多，投资较高，所以只是炉底大容量油烧嘴采取空气预热措施。

五、加强绝热保温降低炉体热损失

选用优质保温材料，增加保温层厚度，以降低热损失。炉壁热损失约占总供热量的2.5%~3%，现在最佳保温层厚度已为1970年的1.5倍。目前，炉壁除使用$Al_2O_3-SiO_2-$

CaO 三组分构成的硅铝系高温耐火砖外，还开发了可塑性耐火材料衬里和陶瓷纤维衬里，陶瓷纤维衬里是较好的高温绝热保温材料。

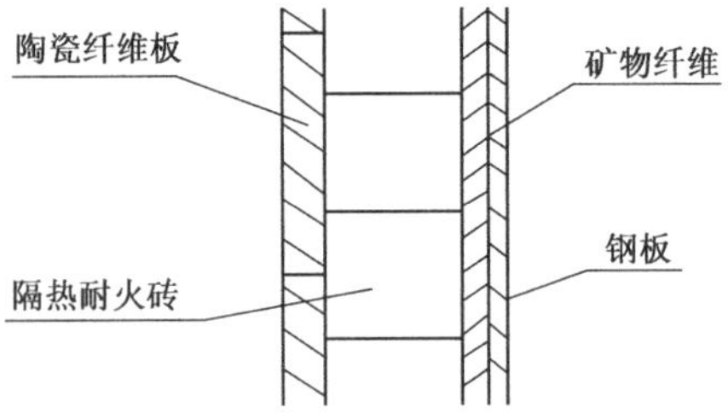

图 5-4　炉壁结构示意图

日本昭和电工大分厂乙烯装置，裂解炉炉壁粘贴一层陶瓷纤维板，其厚度为 50mm，以增加绝热性能(见图 5-4)。增加陶瓷纤维板后，使炉膛的散热损失下降 25%，热损失仅为 1.2%~1.3%，此措施还可延迟炉壁耐火材料的使用寿命。

裂解炉采取以上措施以后，应注意以下几个问题。

(1) 改造后，烟道气要有引风机，空气要有送风机。因此，必须考虑稳定运转，即使抽风机和送风机有故障，也不会影响裂解炉的操作。

(2) 由于空气和燃料预热，燃料减少，因而烟道气减少，而且过剩空气系数降低，也使烟道气减少，从而影响对流段的温度分布和换热量变化。

(3) 裂解炉上有许多烧嘴，不仅配管时要注意空气供应均匀，而且每个烧嘴要进行空气量的控制。另外，由于空气预热，空气的体积增大，烧嘴的锐孔孔径限制空气的流量，因此要考虑烧嘴的变化。

(4) 烟道气温度下降，会影响烟囱的抽力。例如，烟囱高 120m，大气温度为 20℃时，排气温度从 150℃降到 90℃，烟囱的抽力下降 2kPa。

六、对流段吹灰和化学清洗除灰

在裂解炉内，燃料在燃烧过程中因不完全燃烧产生部分微小的焦炭颗粒，同时为燃烧器提供的空气中含有少量的灰尘颗粒，这两种颗粒随着高温的烟气被带到裂解炉上部的对流段，附着在对流段炉管上，尤其是面积较大的翅片管，随着时间的延长形成积灰。积灰影响对流段炉管吸热，降低炉子热效率。为满足工艺要求，需不断地提高燃料量，这样，增加了装置能耗，严重时甚至会影响裂解炉正常运行。

为解决裂解炉对流段积灰的问题，我国在 20 世纪 70 年代末期引进了国外的蒸汽吹灰技术。而蒸汽吹灰存在除灰效果差、维修维护工作量大、蒸汽耗量大等诸多弊病。针对蒸汽吹灰器存在的问题，90 年代开发出多种声波除灰技术，其中使用最广泛的是一种高声强中频声波除灰器，它以显著的节能效果、免维护、安全可靠等优点，正逐步替代传统的蒸汽吹灰技术。对于没有设置吹灰器而积灰相当严重的裂解炉，可以考虑采用化学药剂清洗的方法进行除灰。

(一) 蒸汽吹灰器

1. 蒸汽吹灰器工作原理　蒸汽吹灰器的主要吹灰原理是利用位于炉外的电机使位于炉内的吹灰管以 360°方向旋转，将作为除灰介质的过热蒸汽由旋转的吹灰管上的喷口喷出，蒸汽射流直接喷射到裂解炉炉管换热面处，在高速过热蒸汽射流作用下积灰脱落，由此实现蒸汽射流吹灰。

2. 蒸汽吹灰器工作方式　蒸汽吹灰系统由蒸汽输汽管线及其连接附属设备(角阀、盘根等)、电机、吹灰管(固定式、伸缩式)及控制柜等组成。根据吹灰管的工作方式不同，又分为固定旋转式蒸汽吹灰器和长伸缩式旋转蒸汽吹灰器。其中固定旋转式蒸汽吹灰器是通过将吹灰管放置于对面炉墙的端帽而使其固定在裂解炉内，其吹灰管不能伸出炉外，吹灰时电机带动吹灰管进行 360°旋转；长伸缩式旋转蒸汽吹灰器通常位于炉内高温区或前后炉墙间距较大的炉内，当需要除灰时，吹灰管可通过电机将其伸入炉内，一边伸入，一边射流吹灰，当除灰结束后，吹灰管将被拉出炉外，并放置在炉外直至下一次除灰。

3. 蒸汽吹灰器存在的问题

（1）除灰效果差。对于蒸汽吹灰器而言只有蒸汽射流作用到的炉管换热面处才能实现吹灰。而通常裂解炉炉管的排数都较多，炉管排列紧密，翅片间隙小，翅片高度较高，蒸汽射流只能作用到位于吹灰管上下各 1~2 排且面对吹灰管一侧裂解炉炉管处的换热面，而对于背对吹灰管一侧的炉管换热面处、管束里面的炉管换热面处的积灰，蒸汽射流则无法作用到。因此造成蒸汽吹灰器吹灰范围小、存在吹灰死角，吹灰效果不理想，蒸汽射流无法作用到的地方积灰尤其严重，容易出现翅片管翅片被积灰埋没、翅片管积灰搭桥现象。

（2）机械故障多，维修维护工作量大。由于含有电机及其他转动、传动部件，因此蒸汽吹灰器经常出现角阀漏、弯头漏、盘根漏、吹灰管卡涩、换向开关失灵、电机烧毁等机械和电气故障，同时还需要大量的注油、润滑等日常机械和电气维护工作，以及零部件的定期更换等维修工作，装置岗位人员不得不耗费大量的维护工时来避免上述故障发生。若当上述故障没有得到及时维修时，会造成积灰更加严重，影响到裂解炉的正常生产运行。

又由于蒸汽吹灰器经常出现角阀漏、弯头漏、盘根漏等机械故障，因此造成蒸汽及冷凝水泄到炉内，造成炉管严重腐蚀；而长伸缩式蒸汽吹灰器的吹灰头具有很强的向前直流作用力，使对面炉衬的冲刷严重，甚至造成炉衬的局部损坏。

（3）吹灰介质——过热蒸汽耗量大。蒸汽吹灰器所采用的蒸汽射流直喷的形式，靠的是大量的高速蒸汽直接喷射在炉管的表面，耗气量大，蒸汽能源浪费严重。

（二）高声强中频声波除灰器

1. 高声强中频声波除灰器工作原理　高声强中频声波除灰器工作原理是过热蒸汽经高声强中频声波除灰器内的高声强换能器调制，将汽体的内能转换成声能，激发产生频率处于 2000~4000Hz 之间的高声强中频声波。该结构独特的声波发声装置不仅气声转换效率高，能量集中，而且所激发产生的单一中频声波，具有较强的波动绕射能力，可顺利穿过多排炉管。多个声波除灰器经过合理布局，可使声波在炉内叠加形成高声强均匀除灰声场，其声压级高达 145dB 以上，此强声场作用在炉管换热面上，破坏了灰粒与灰粒之间、灰粒与炉管之间的结合力，使灰粒处于悬浮状态而随烟气流带走，从而达到保持炉管清洁无灰的目的。

2. 裂解炉声波除灰系统应用

（1）声波除灰系统组成。高声强中频声波除灰系统由高声强中频声波除灰器、输汽管线和防爆可编程自动控制柜组成(具体参见图 5-5)。通常根据裂解炉对流段炉管排布和炉体结构将声波除灰系统分成若干组，合理布局除灰声场，其中每组各个声波除灰器通过输汽支管与输汽管线的干管相连，该干管通常有 1/100~1/50 的坡度，以利于排凝，而各组声波除灰器工作则由防爆可编程自动控制柜通过控制相对应的各气动开关阀门来实现。

（2）声波除灰控制系统操作。根据裂解炉燃料使用情况，声波除灰每星期投用 1~2 次即可满足其生产要求。防爆可编程自动控制柜通常置于裂解炉附近可操作处，其防爆等级为 dIIBT4。该控制柜采用进口的可编程控制器，其控制系统抗干扰性强，稳定性高，无需更换电池等日常维护，可使本系统长期处于最佳工作状态。

现场声波除灰的自动控制程序已预先输入至控制柜中的可编程控制器，而整个声波除灰运行过程中的各个参数(如：排凝时间、暖管时间、各组声波除灰时间、各组声波除灰间歇时间、蒸汽排空时间等)的改变则不必更改已设定程序，而只需通过修改可编程自动控制柜上的拨码器即可以实现，给现场实际操作带来极大的便利。

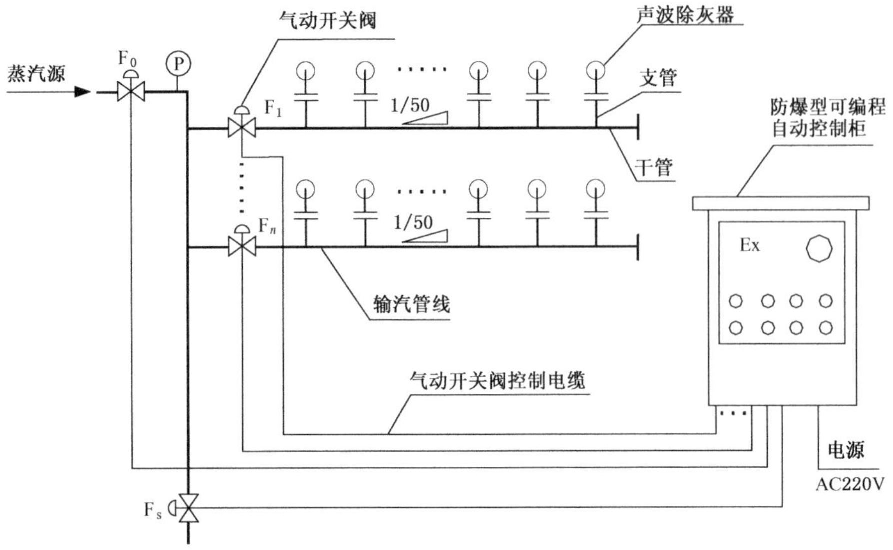

图 5-5　高声强中频声波除灰系统组成示意图

裂解炉声波除灰现场操作时首先接通控制柜电源，再接通阀门电源，按下“启动”按钮，声波除灰按设定程序自动运行完成一个声波除灰全过程，最后切断控制柜电源，声波除灰完毕。其中裂解炉声波除灰自动控制采用如下控制逻辑：首先将排凝阀 F_s 及控制声波除灰器的各组阀 $F_1 \sim F_n$ 依次打开，将管道内可能存有的少量水排净；接下来将控制声波除灰的各组阀 $F_1 \sim F_n$ 关闭，打开主汽阀 F_0，进行暖管后关闭排凝阀 F_s；然后各组声波除灰器依次工作，开始声波除灰(每次只能有一组声波除灰器工作)，直至除灰结束，再将主汽阀关闭 F_0，打开排凝阀 F_s 及控制声波除灰的各组阀 $F_1 \sim F_n$，将管道内残存的蒸汽全部排空后全部关闭，整个除灰过程全部完成。

声波除灰运行过程中如需停止除灰，则按下“启动/停止”按钮即可。运行中若遇到紧急情况，应按下“主电开关”的“停止”按钮，此时声波除灰系统停止运行。再次运行时，只需重复上述步骤即可。该控制系统含有自动及手动两种除灰方式，当裂解炉中某区段积灰较厚时，通过采用手动方式对该区段进行重复除灰，可提高除灰质量，满足生产需要。

3. 高声强中频声波除灰器的技术特点

(1) 汽-声转换效率高，除灰声压级高。声波除灰器直接置于炉内，声波能量全部集中作用于炉管上的积灰，声波能量几乎没有损失和浪费。独特的声波除灰方式即：由若干台声波除灰器组成一组，共同工作时声波可以相互叠加，可在一定范围内产生高声压级、完全均布的除灰声场，作用在换热面处的声压级可在145dB以上，由于高声强中频声波有较强的波动绕射能力，可顺利穿过多排炉管，可以彻底清除炉管上各个方位的积灰，没有除灰死角。

(2) 除灰效果显著，见效快，节能降耗显著。对于新建裂解炉可以长期保持炉管清洁无灰；对于因使用其他类型吹灰器无效或因没有设置吹灰器而造成翅片管积灰严重的裂解炉，只要投用高声强中频声波除灰器20s左右即可见到烟囱冒出大量积灰，并可观察到声波除灰前后排烟温度明显下降。

例如，某乙烯装置裂解炉，其燃料为裂解碳五。原来使用蒸汽吹灰器，后因吹灰效果差，于2003年12月28日投用高声强中频声波除灰系统，除灰效果非常显著，与蒸汽吹灰器相比排烟温度下降了12℃，排烟温度对比见图5-6。

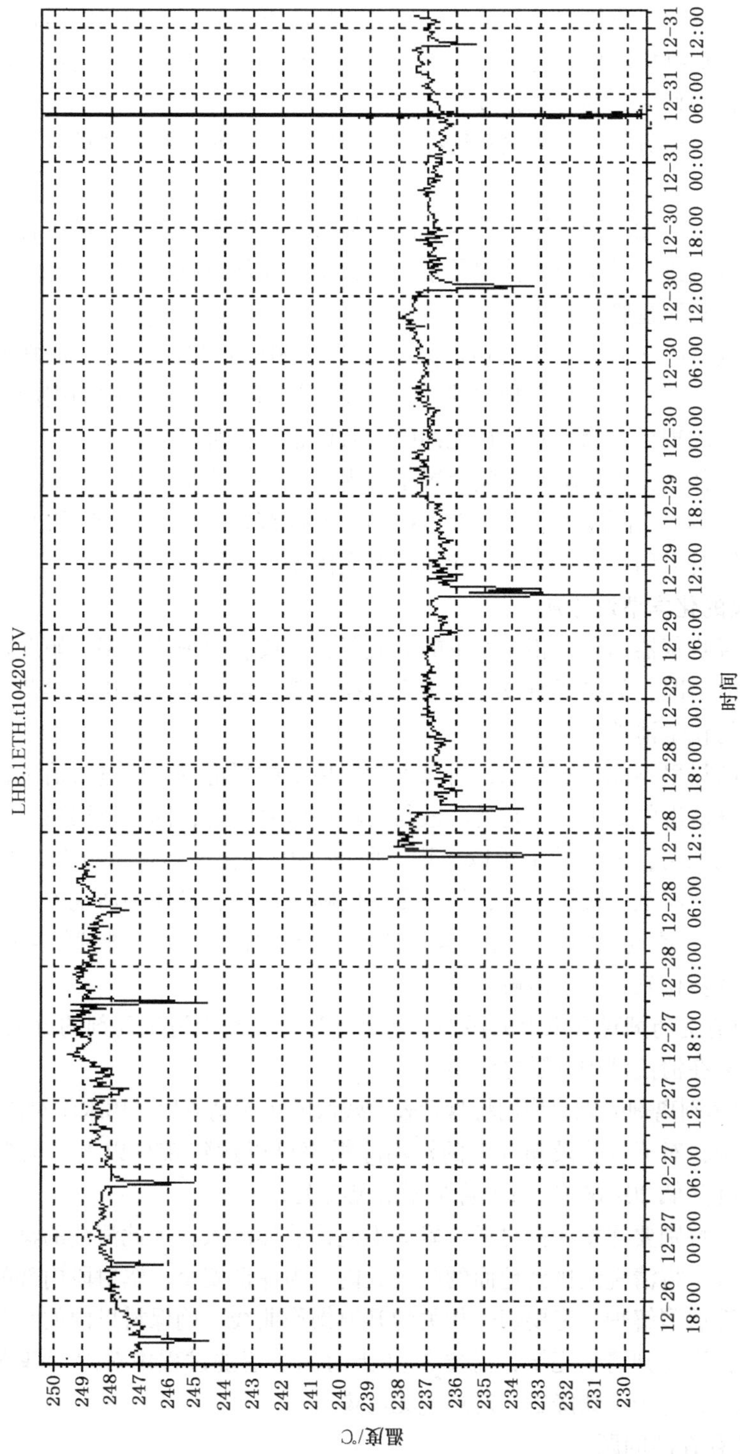

图 5-6　蒸汽吹灰和中频声波除灰裂解炉排烟温度对比图

(3) 系统运行稳定可靠，主要部件耐用。高声强中频声波除灰器无任何转动和传动部件，且蒸汽管道连接简洁；可编程自动控制柜防爆等级满足现场安全、防护要求，并且该防爆可编程自动控制柜具备就地调试和检测、保护等功能，充分保证系统能够安全经济运行，因此整个声波除灰系统可靠性高，并能够在恶劣的环境下无故障长期稳定运行。

(4) 免维护、免维修，使用寿命长。无转动、传动部件，无需日常机械和电气维护，节省维修费用，减轻操作人员的劳动强度。

(5) 系统操作简单方便。声波除灰可按设定程序实现除灰过程中的排凝、暖管、除灰的全自动化运行。

(6) 无蒸汽泄漏、无冷凝水进入炉内。高声强中频声波除灰系统的输汽管线设计了完善的暖管、排凝、蒸汽排空子系统和控制子系统，且不存在任何机械泄漏，完全避免了凝液和蒸汽泄漏对裂解炉对流盘管造成腐蚀。

(7) 声波除灰器除灰时所产生的声波频率处于2000~4000Hz之间，而炉体等设备本身固有的频率为几十赫兹，两者频率相差甚远，因此除灰时绝不会因共振而引起炉体振动；声波除灰无蒸汽直喷的现象，因此对炉衬无冲刷，对设备无损害。

(8) 由于高声强中频声波除灰器完全置于炉内，炉外噪声低，距炉外壁1m处，声波除灰噪声小于85dB，完全符合《工业企业噪声控制设计规范》(GBJ 87—85)的要求，不会造成噪声环境污染，同时采用中频声波进行除灰，对人体无任何伤害。

(三) 对流段的化学清洗除灰

针对没有设置吹灰器而积灰相当严重的对流段，造成裂解炉热效率大幅度降低，甚至严重影响正常运行的情况，如果暂时没有考虑到更换炉管，可以考虑采用化学药剂对对流段盘管进行一次彻底的化学清洗。

由于裂解炉的衬里不能接触到水，所以不能用传统的浸泡等方法进行清洗，一般采用喷淋的方式。而喷淋清洗的最大问题是清洗液与污垢接触时间短，因管排层数多，当污垢层厚时，容易出现清洗死角，清洗效果难以保证，所以采用的化学药剂以分散剂和剥离剂为主剂，辅以渗透剂、润湿剂、缓蚀剂等，使用专用的喷头清洗，具体的清洗方法如下：

1. 预清洗　将渗透剂和润湿剂通过自动计量加药系统用喷头喷淋到管束的表面，随着药剂渗入，污垢逐步松软，易于溶解。

2. 清洗　用清洗药剂对管束上的污垢进行反复喷淋，利用清洗药剂的分散、乳化性能，使污垢分散、溶解在清洗液中并随之流出。

3. 冲洗　利用剥离剂的剥离作用将盘管表面残留的污垢剥离后，用水将对流段冲洗干净。

经过化学清洗，对流盘管及翅片上的污垢除垢率可以达到85%以上，至少上部可见金属本色，烟气温度降低20~60℃(与炉管结垢情况有关)。

化学清洗时，特别要注意保护衬里，确保不能让液体渗入，为此清洗的盘管段下部要设置接液槽和排液管，将清洗液排到地面的收集罐内。为保证安全，辐射段内部的衬里也要做好保护。另外清洗后裂解炉一定要遵守相关的升温操作曲线，确保衬里内的水分缓慢汽化。

每台加热炉自进场到清洗完毕，需要3~4天时间。清洗过程中对炉管基本无腐蚀；由于清洗液呈中性，且易于生物降解，对环境无污染。

4. 化学清洗存在的问题

(1) 裂解炉只能停车处理，不能实现在线清洗。

(2) 清洗时间长，工作量大。

七、辐射段强化传热

在管式炉裂解制烯烃过程中，高温、短停留时间和低烃分压有利于乙烯、丙烯等目的产物的生成，而采用合适的裂解炉炉管构型是达到上述条件的关键。自20世纪60年代以来，从事乙烯裂解技术开发的公司均投入大量的人力和物力，致力于高选择性裂解炉管构型的开发。他们将裂解反应机理、传热学、流体力学、材料学与工程技术结合在一起，推出了一代又一代裂解炉管构型，使裂解选择性不断提高。其总趋势是通过适当缩小炉管管径来提高比表面积、提高炉管材质耐温等级，采用各种强化传热手段、减少反应炉管长度和提高质量流速来缩短裂解反应停留时间；采用变径、分支管降低炉管阻力降、降低烃分压等措施，达到提高裂解选择性的目的。

（一）各公司研究的强化传热构件

由于裂解反应炉管大多采用光滑圆管，通过改变管径、管程数、每程炉管的根数等组合方式来改善辐射传热，其结构今后还会有所改进，但总的来说其潜力已经不大。从20世纪80年代中期以来，许多公司又研究推出了采用不同结构的异形管，或在圆管内外增加强化传热构件来提高炉管传热速率的新型炉管构型，这些新炉管有些在工业上已经应用，并获得了良好的效果。

1. 鲁姆斯公司的炉管构型改进　鲁姆斯公司在1987年推出的SRT-Ⅵ型炉，就是将二程分支变径8-1型炉管的第一程炉管由圆管改为螺旋梅花形状的炉管，结果不但增加了第一程炉管的传热面积，也改善了炉管内物料的对流传热，国外已有9套装置采用此种构型的裂解炉炉管，乙烯能力达到7000kt/a。据介绍，此种构型的炉管可使通过管内壁的热流量增加33%，管内壁温度可以降低10℃，而炉管的阻力降仅增加0.075MPa，这就为提高炉管的处理量、缩短停留时间和提高裂解的选择性提供了基础。此外，鲁姆斯公司还推出了在辐射段炉管的前段炉管内增设内肋条，管外增加钉头的强化传热炉管专利，可以使生产能力提高10%。

2. 凯洛格公司在毫秒炉上使用梅花螺旋形炉管　凯洛格公司在20世纪80年代末期推出的新型毫秒炉也是将单程小直径圆形炉管改为内壁为8翅的梅花螺旋形炉管，结果不但改善了裂解选择性，增加了炉管的处理量，也使裂解炉的运转周期由7~14天延长到20天以上。这种新型毫秒裂解炉已在世界上多套装置上采用，我国兰州石化在乙烯装置改扩建的新增乙烯裂解炉中，也应用了此种新型毫秒炉管。

3. 久保田公司推出的MERT技术　久保田(Kubota)公司推出的MERT(Mixing Element Radiant Tube)炉管在20世纪90年代市场占有率较大，从1996年开始到2000年，已经在日本、韩国等地的44台裂解炉上使用此种炉管。MERT炉管是在传统离心浇铸裂解管的光滑内壁上，焊一条螺旋形的扰流元件，见图5-7。据他们提供的数据，该炉管与光管相比，传热系数提高20%~50%，内表面积增加2%，压降增大2~3.5倍，在相同裂解深度下，装置的运行周期为光管的2倍。近年来，为了降低压力降，在原MERT的基础上他们又开发了在混合元件上设置狭缝的Slit MERT，如图5-8所示。

4. 北京化工研究院的扭曲片管技术　北京化工研究院采用的强化传热方法是在裂解炉的辐射段炉管中分段加入几小段带有扭曲片的整铸管，迫使管内的流体产生径向的扰动，这样管内的流体会对炉管管壁产生一定的剪切作用，使靠近管壁的流动边界层减薄，使得传热系数增大，从而起到强化传热的作用。

扭曲片管是一种管内带有扭曲片的精密整铸管，见图5-9。理论上，该扭曲片管可以强迫裂解炉管内的流体从原来的柱塞流改变成旋转流，对炉管管壁有一个强烈的横向冲刷作用，从而减薄边界滞留层，减缓管壁的结焦趋势，达到强化传热、延长裂解炉运转周期的目的。

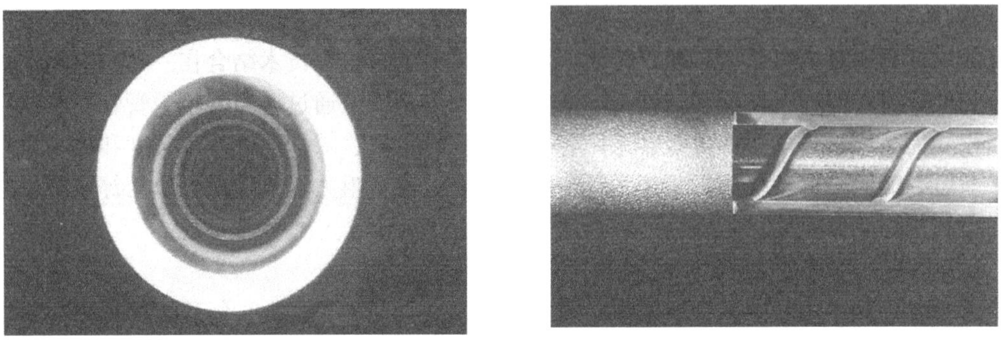

图5-7　MERT炉管剖面图

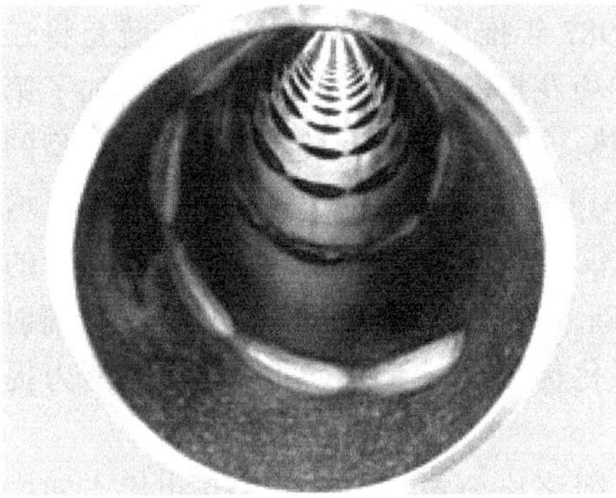

图5-8　Slit MERT剖面图

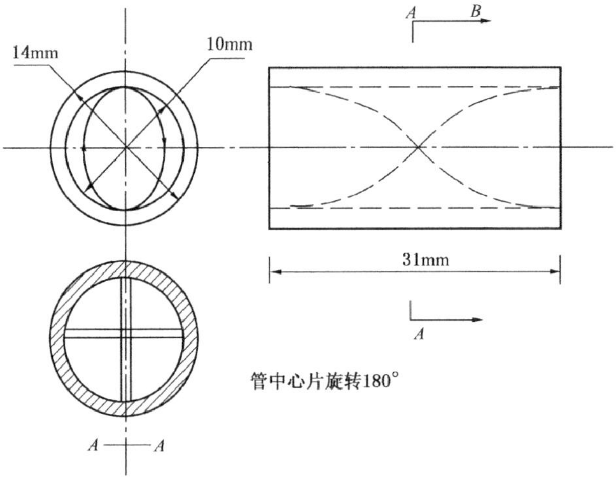

图5-9　扭曲片管示意图

扭曲片管为分段加入，与整根炉管或整程炉管均采用强化传热管有较大差别。不同点主要为：

(1) 只改变流体的流动状况来达到强化传热的目的。

(2) 仅在辐射段炉管的某个部位加入一小段或几小段强化传热构件，此构件只占整个管程的很小一部分，而其他方法则是在炉管的一程或半程上全部采用。

因此，这种强化传热的方法和其他的强化传热的方法比较起来，有以下好处：

(1) 由于本方法只在辐射段的很小一部分加入扭曲片，和其他在整个管程或半个管程上使用强化传热管相比，阻力降要小得多。

(2) 由于扭曲片管只占整体炉管的一小部分，因此使得这种方法比其他方法的制造成本要低得多。

从实际应用看，加装扭曲片管后，裂解炉在正常裂解条件下延长了运行周期110%，裂解炉在提高处理量7%和提高裂解温度8℃的条件下延长了运行周期70%；裂解炉辐射段炉管管壁温度(TMT)同比下降20℃以上；扭曲片管对轻、重原料都有很好的适应性；加装扭曲片管对裂解炉的操作和运行没有不良影响，对裂解炉的主要产品收率影响不大。

燕山石化乙烯装置某裂解炉更换为扭曲片管后，于2004年11月19日投油，试验原料为石脑油(其中第一组炉管裂解乙烷)，裂解条件与石脑油的正常裂解条件相同：炉出口温度为822℃，水油比为0.5。到2005年3月3日，个别炉管出现过热点，裂解炉停炉烧焦，本周期共运行了105天。

从图5-10可以看出，在整个运行周期，辐射段炉管管壁温度上升很缓慢，运行至105天后，最高一组的管壁温度达到了1092℃，平均管壁温度为1070℃，但个别炉管出现了过热点(1102℃)。

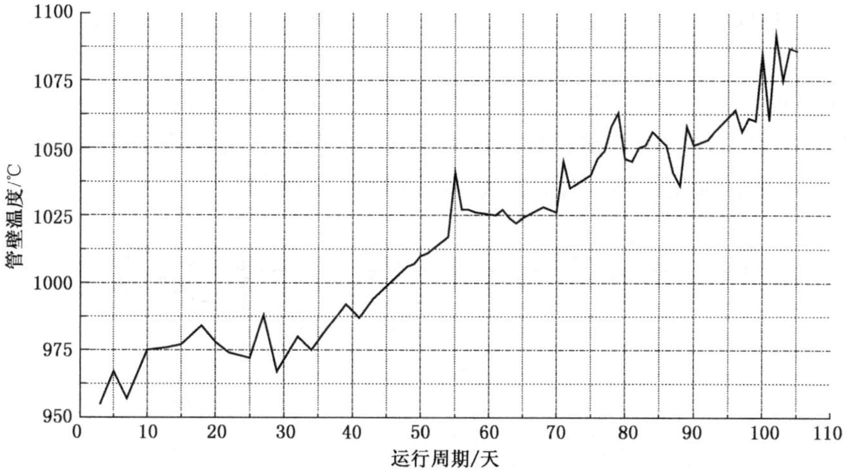

图5-10　辐射段管壁温度变化曲线

裂解炉未加装扭曲片管时的管壁温度较高，与扭曲片管试验相比，在相同裂解条件下，初始壁温相差将近20℃，但未加装扭曲片管的TMT达到1125℃时，扭曲片管的炉子TMT只有1045℃，相差80℃(见图5-11)。

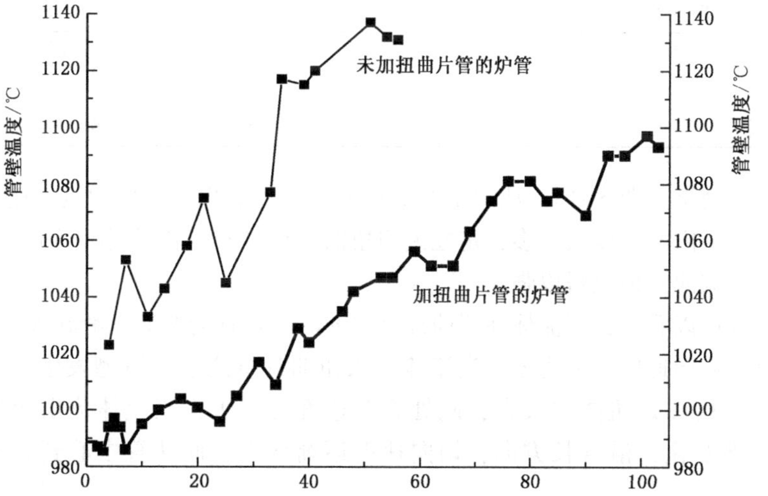

图5-11　增加扭曲片管与未加炉管的管壁温度对比

天津石化乙烯装置某裂解炉采用美国鲁姆斯专利技术的SRT-Ⅳ HS型裂解炉，8-1型炉管，单台设计能力为350~400kt/a。2007年7月，对炉管进行了增加扭曲片的项目改造，每组炉管中加入了36个扭曲片管，其中一程管32个，二程管4个，整台裂解炉共加入了144

个扭曲片管。2007 年 7 月 14 日顺利投料，连续运行 115 天，较原来的55~60天一个周期，延长了近一倍。

该技术从 2004 年开始已经陆续在中国石化约 30 台裂解炉上使用，总的乙烯产量约为 7000kt/a。

(二) 强化传热原理(以扭曲片管为例)

众所周知，裂解炉炉管附近的传热状况如下：在炉管外主要是辐射传热，受炉管面积控制；在管壁主要是热传导，由材质决定；在管内主要是对流传热，受传热系数和传热面积控制，而传热面积由炉管构型决定。因此，在炉管构型确定时，只能靠改变传热系数来增加传热。

炉管内传热又分为焦层、边界层、主流体(图 5-12)，其中热阻主要集中在焦层和边界层(表 5-7)。扭曲片管技术是在裂解炉管中加入扭曲片管，其目的是减薄边界层，减缓结焦，增大传热系数，强化传热。对此，我们通过冷模试验得到了印证。

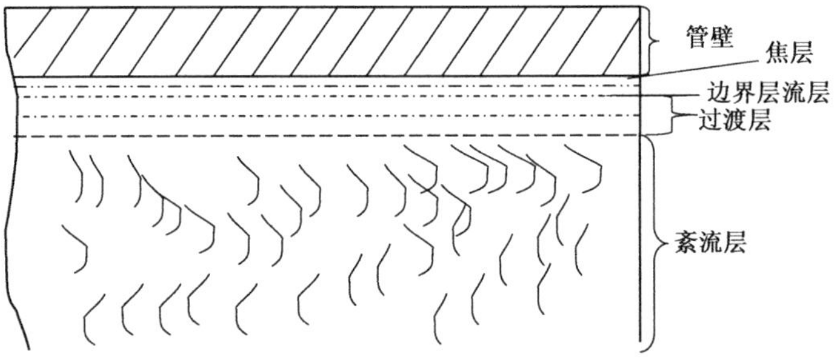

图 5-12　光滑裂解炉管中流体流动三个区域示意图

表 5-7　炉管内各部分热阻值

类别	热导率/(W/m·℃)	厚度/mm	热阻值/($10^{-4}m^2$·℃/W)	特　点
管壁	50	10	2	整个炉管热阻基本均匀
边界层流层	0.05	0.01~0.1	2~20	
结焦层	0.5	1~10	20~200	热阻主要在出口段的局部区域

冷模试验的结果见图 5-13，从图中的对比分析可以看出，壁面附近，速度梯度变化比未加扭曲片管的管内的梯度大得多，定性说明扭曲片构件对管内流体壁面附近有较大影响，使得边界层厚度减薄，传热得以强化。

通过模拟也可以看出，当流体在扭曲片管之前时，炉管为普通光滑圆管，管内流体以平推流形式前进，切向速度近似为零；当流体流入扭曲片管之后，流型发生突变，切向速度迅速增大，由于构件处扭曲比最大，此处切向速度也最大；当流体流出扭曲片管后，切向速度呈衰减性变化，沿管长方向，切向速度逐渐变小，而从管中心到管壁，切向速度逐渐增大。

通过实验室冷模试验表明，光滑炉管通过管壁传热至管内流体的主要热阻存在于管内的焦层和边界层流层，而强化传热炉管可以有效地减少焦层和边界层流层的厚度，从理论上说明了强化传热的作用。工业试验的结果印证了实验室冷模试验的结论，选用强化传热技术后，尽管炉管压降有所增加，但能够有效地强化传热，增大传热系数，减少结焦，延长裂解炉的运行周期。

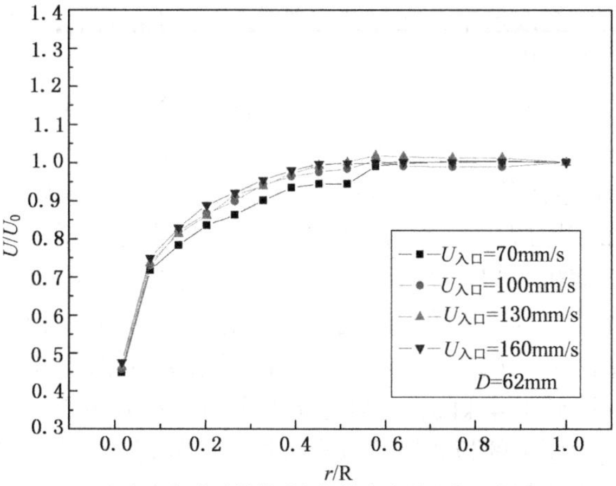

(a)加入扭曲片管前裂解炉管中流动速度示意图

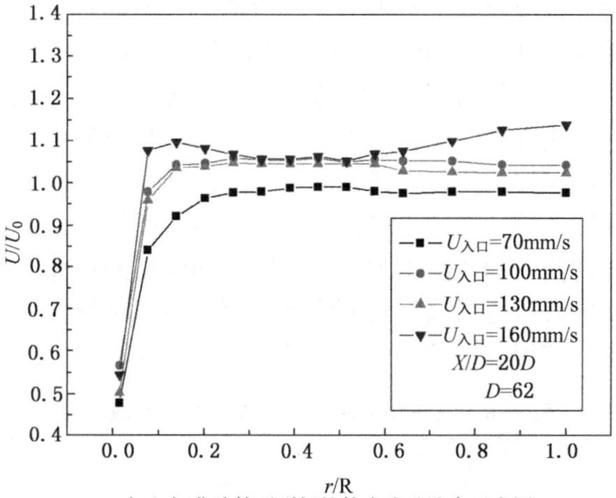

(b)加入扭曲片管后裂解炉管中流动速度示意图

图 5-13　圆管内轴向速度随管径变化曲线

U—炉管中流体瞬时速度；U_0—炉管中流体的平均速度；r—流体至管壁的距离；

R—炉管半径；D—炉管直径；X—受挠动的炉管长度

第三节　急冷系统节能措施

一、急冷油系统

急冷油系统的关键设备为油洗塔，急冷锅炉出口裂解气在急冷器中经急冷油直接喷淋冷却至 220~240℃，进入油洗塔底部。急冷油和裂解气中重质馏分油大部分存在于塔釜，轻组分沿塔上升与上部回流液接触冷却。冷却过程中除燃料油馏分逐步冷凝而随液相下流外，整个油洗塔内沿塔气相组成和气相负荷的变化较小。因此，油洗塔是一个传热控制的“传热-分馏型”塔，改善气、液接触有助于改善裂解气的冷却。塔的中下段主要用循环中油和急冷油冷却裂解气，上段用回流汽油进一步冷却裂解气，使出塔裂解气的温度降至 100~110℃。此塔操作及节能改造的三个重要指标是塔压降、塔顶温度和塔釜温度。

（一）塔压降

在裂解气压缩机一段吸入压力确定的条件下，油洗塔的压降直接影响裂解炉出口压力，从而影响产品收率。在扩能改造中，在保持塔外壳不变的情况下，为了减少油洗塔的压降，使用填料塔代替原来的板式塔，是一个有效的增大处理能力和减少压降的方法。若把浮阀塔改造成高效的英特洛克斯金属填料塔，生产能力可提高20%~25%，分离效率可提高5%~10%；若把筛板塔改造成英特洛克斯金属填料塔，生产能力可提高30%~50%。过去，油洗塔和水洗塔，一般采用浮阀塔，油洗塔的压降为11.76~15.68kPa，水洗塔的压降约为5.88kPa。由于浮阀塔的阻力大，使裂解气压缩机入口压力低，增加了压缩比，因此压缩机的功耗增加。若保持压缩机入口压力不变，则必须提高裂解炉出口压力，从而增加了烃分压，降低了裂解的选择性。若采用填料塔代替油洗塔上部的16块浮阀塔盘，其他操作参数不变，塔的压降从原来的11.76kPa降到2.45kPa。水洗塔上部的5块浮阀塔盘用填料塔代替，其压降从5.88kPa降到1.47kPa，每吨乙烯约节省能耗0.105GJ。

虽然使用填料塔代替原来的板式塔可以有效地增大处理能力和减少压降，但同时带来的问题是此塔的内部结焦使填料塔的压降增大。装置稳定运转以后，急冷油应是裂解气中的重组分积聚并不断更新的一种混合物。有人对裂解汽油、轻质燃料油、循环热油和急冷油等做了分析(见表5-8)，结果表明这些油品都含有大量的、易聚合的不饱和芳烃，如苯乙烯类(苯乙烯、甲基苯乙烯、二甲基苯乙烯)和茚类(茚、甲茚、二甲茚)，以及脂肪族的二烯烃和环烯烃类化合物。这些化合物浓集在塔中并且可能因过热而发生聚合。聚合物易堵塞液体分布器的喷淋小孔和填料床层。生产实践证明，在急冷油循环段取热量不足，中油循环段取热量不足或停开，塔内气、液负荷不平稳，气、液分布不够均匀，回流液不均匀时易产生聚合物。在填料中的聚合物使塔的压降增大，不仅影响油洗塔的操作，而且还将影响裂解炉系统的操作，使得裂解炉出口压力增高，从而降低裂解反应的选择性和烯烃产品的收率，加快炉管和急冷锅炉的结焦，缩短裂解炉和急冷锅炉的运转周期。

表5-8 油洗塔中油品的物性测试和组成分析

油品类型	裂解汽油	轻质燃料油	循环热油	急冷油
馏程/℃	124~223	198~275	205~312	190~340
组成/%				
氢	9.47	8.93	8.86	7.55
烷烃	7.40	1.5	2.10	2.7
烯烃及二烯烃	1.25			
烷基苯	33.04	2.58	0.40	
苯乙烯类	34.03	10.44	3.06	
茚类	19.99	22.75	13.14	2.7
萘类	4.03	58.25	7.611	56.89
联苯类		2.02	7.40	9.20
芴类		1.04	2.10	12.86
菲、蒽类		0.30	0.45	13.95
芘、苊烃		0.20	0.30	0.40
未知	1.48	0.92	0	1.30
总计	100.00	100.00	100.00	100.00

为了解决这个问题，人们做了许多的研究，大部分采用的方法有两种：一是更换结垢堵塞了的填料；二是在塔的某一部位注入配有链终止剂、金属钝化剂、分散剂和洗涤剂的混合药剂(也称阻聚剂、防垢剂)。采用这一措施可以有效地控制该塔的聚合问题，但耗资也很可观，而且可能影响产品的质量。现在有许多研究及设计人员正在开发新型的塔板(如固定阀)、填料及气、液相分布器以达到从硬件上解决这个问题，减少操作费用。

(二) 塔顶温度

油洗塔塔顶温度一般控制在100~110℃之间。塔顶温度应保证裂解气中的水分全部由塔顶气相带出，而同时又需保证汽油产品终馏点，使塔顶气相不含裂解柴油。当塔顶温度过低，则部分水分可能在塔内冷凝，冷凝下来的水与热油接触会产生“暴沸”现象而破坏塔的正常操作。塔顶温度过高，则裂解气中部分裂解柴油将由塔顶气相带出而进入水洗塔，不仅影响了汽油的终馏点，而且会造成急冷水的乳化问题，使油、水难以分离。

（三）塔釜温度

油洗塔塔釜温度是预分馏系统的关键工艺参数，它不仅涉及急冷油系统的稳定可靠运转，而且对中油、急冷油循环量和稀释蒸汽发生系统均有很大影响。

随着减黏技术的日渐成熟，油洗塔塔釜温度可以控制在195~205℃之间操作，此时需将油洗塔分成三个操作段，下部为“急冷油冷却段”，中部为“中油冷却段”，上部为“汽油冷却分馏段”，各段喷入急冷油的温度大至为：

段数	上段	中段	下段
急冷油温度/℃	82	127	177

用三个冷却段冷却裂解气，使之达到要求的出口温度。从物料的流程来看，加入中油循环后，相当于加强了轴向返混，从这一点来说，会降低第二段填料的分离效率，但从另一方面看，从塔内取出一定的热量后，降低了塔内热负荷，使塔的操作温度易控制。循环中油加大了液相负荷，对油洗塔来说可以使填料效率得以发挥，因而塔顶温度反而可降低。

从油洗塔的热量平衡来看，入塔裂解气的热量主要是由急冷油撤出。不断循环的急冷油将回收的热量作为其他物流的热量，有80%~90%用于稀释蒸汽发生系统。急冷油撤热的主要途径是稀释蒸汽的发生。当稀释蒸汽发生的压力恒定时，对一定传热面积的稀释蒸汽发生器而言，在一定急冷油循环量之下，由此撤出的急冷油热量将随油洗塔釜温的提高而增大。而在一定撤热量之下，所需稀释蒸汽发生器的传热面积将随油洗塔塔釜温度的升高而减小。以轻柴油裂解的300kt/a乙烯装置为例，油洗塔塔釜温度与稀释蒸汽发生器传热面积的关系如图5-14所示。在相同急冷油循环量时，急冷油在稀释蒸汽发生系统的撤热量将随油洗塔塔釜温度的升高而增加，而在相同撤热量时，所需急冷油循环量将随着油洗塔塔釜温度的升高而减少。以轻柴油裂解的300kt/a乙烯装置为例，油洗塔塔釜温度与急冷油循环量的关系如图5-15所示。

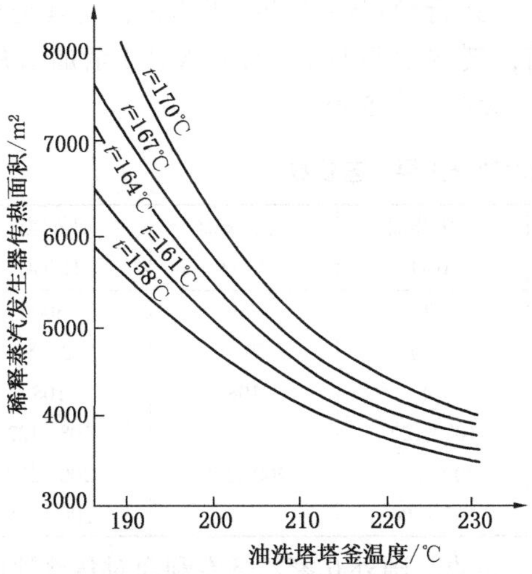

图5-14　稀释蒸汽发生器传热面积与油洗塔塔釜温度的关系

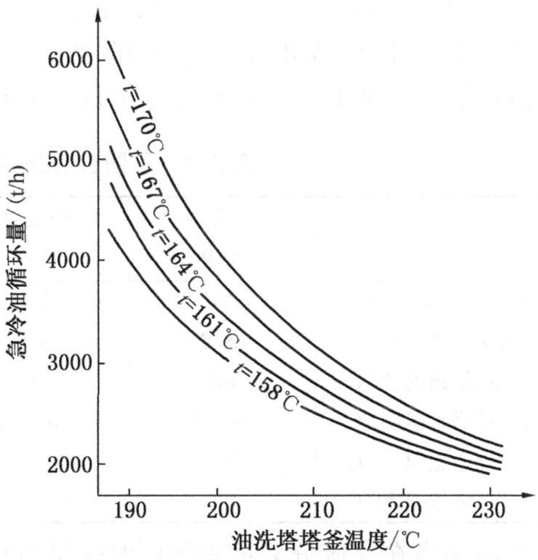

图5-15　急冷油循环量与油洗塔塔釜油度的关系

从降低装置投资的角度来看，提高油洗塔塔釜温度既可降低急冷油循环量，又可减少稀释蒸汽发生器的传热面积。尤其在换热器传热面积减小方面，对投资的影响更为显著。

但油洗塔塔釜温度的提高又受到了许多因素的影响，首先是急冷油黏度的影响，随着油洗塔塔釜温度的上升，其中轻质馏分相应减少，急冷油黏度将随之上升。急冷油黏度的上升将导致稀释蒸汽发生器换热效率的降低，同时增加急冷循环系统的管道阻力降，不利于急冷油的循环。在不加入调质油和不采用减黏措施的情况下，轻柴油裂解时，塔釜温度可控制在200~230℃；减压柴油裂解时，油洗塔塔釜温度可控制在200~210℃；石脑油裂解时塔釜温度则控制在180~190℃。其次要受到急冷油热稳定性的限制；在急冷油被加热到某一温度后则不能保持稳定的性质，而将发生急剧的聚合而形成结焦。这个温度称为急冷油的热稳定温度。所以油洗塔塔釜温度以及急冷油循环系统的温度必须保持在急冷油热稳定温度以下。急冷油的热稳定温度随裂解原料变重而上升，轻柴油裂解时其热稳定温度为320~340℃，石脑油裂解时，则降至280~300℃。

二、急冷油塔增加中间回流

(一) 急冷油塔中间回流的作用

从裂解炉流出的裂解产物经过急冷锅炉和油淬冷器后进入急冷区的急冷油塔，把裂解产物按轻、重馏分进行分离。通常急冷油塔将裂解产物分离为3大馏分：塔顶分离出轻质裂解气和裂解汽油，塔中段分离出裂解柴油，塔釜分离出裂解重油，如淬冷油。

该塔物系具有以下特点：①气相物料组分沸点差异大并含有易聚合结垢物；②液相物料含有能够使急冷油黏度升高的易聚合物并夹带固体颗粒；③气液比大，液体喷淋密度小，尤其是该塔上段和中段。因此，设置急冷油塔中间循环回流的工艺流程有利于该塔的传质、传热过程并可充分地回收热量以达到节能的目的。

(二) 急冷油塔原始设计情况

20世纪90年代以来，由于乙烯技术的不断进步和裂解炉辐射炉管材料耐温性能的不断提高使裂解炉出口温度(COT)和裂解深度也得到相应的提高，从而进一步提高乙烯收率，导致裂解炉和急冷油塔主要操作参数发生一定的变化，对急冷油塔分离裂解燃料油(FO)和裂解柴油(GO)等副产品的质量要求、余热能量回收、运行稳定性等的技术指标，尤其是长周期满负荷稳定运行提出了更严格的要求。目前，裂解原料从石脑油(NAP)至加氢尾油(HVGO)急冷油塔工艺设计和实际运行的主要工艺参数见表5-9。

表5-9　不同裂解原料的急冷油塔主要工艺参数

裂解原料	石脑油 NAP	轻柴油 LGO	常压柴油 AGO	减压柴油 VGO	加氢尾油 HVGO
裂解炉出口温度/℃	840	800	790	780	800
乙烯收率/%	28.9	24.9	24.0	22.0	28.5
设计急冷塔顶温度/℃	106	107	108	108	108
实际急冷塔顶温度/℃	108~122	108~122	108~122		108~122
设计急冷塔釜温度/℃	200	200~210	200~220	200~220	200~220
实际急冷塔釜温度/℃	190	195~200	195~200		200~205

急冷油塔在完成分离过程的同时热量也得到了回收，国外几家乙烯专利商对急冷油塔工艺设计认识不同，其设计的工艺流程也有一定的差异，这样在急冷油塔分离技术中涌现出许多工艺流程。ABB Lummus公司、Shaw S & W公司、Technip公司、KBR公司典型的急冷油

塔原始设计的工艺流程简图，分别为图 5-16、图 5-17、图 5-18 和图 5-19。

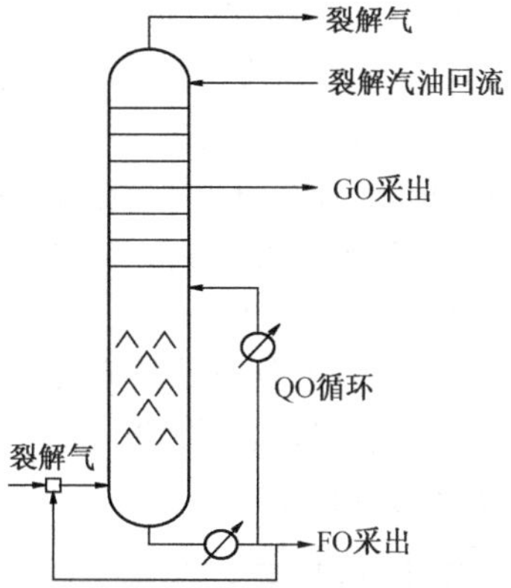

图 5-16　ABB Lummus 急冷油塔流程简图

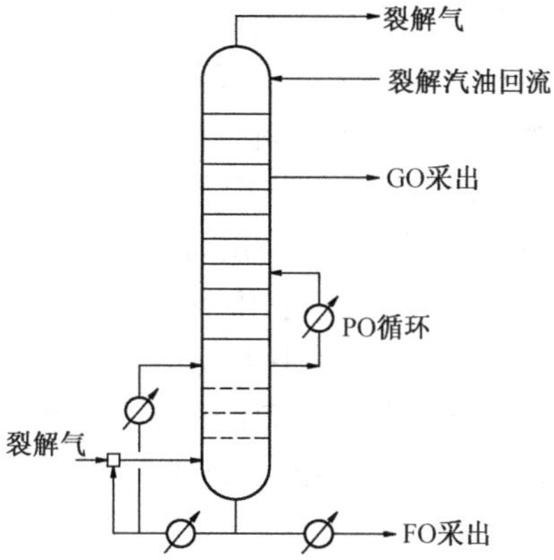

图 5-17　Shaw S & W 急冷油塔流程简图

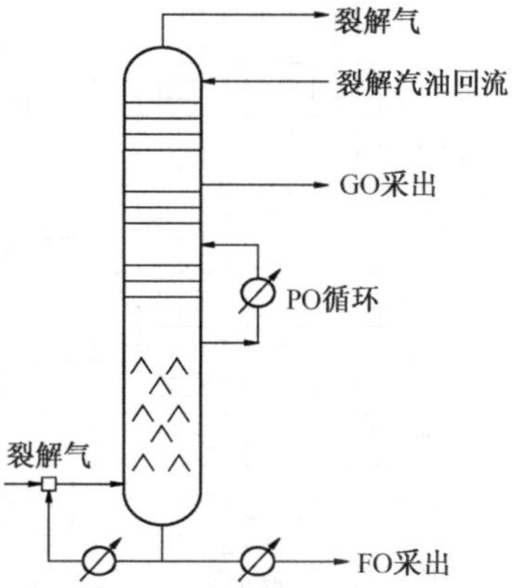

图 5-18　Technip 急冷油塔流程简图

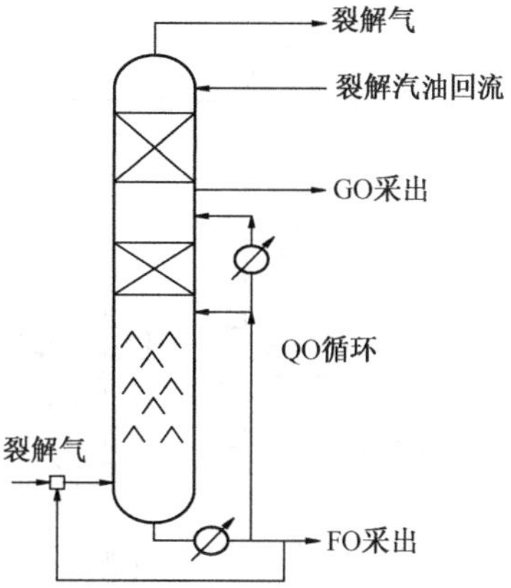

图 5-19　KBR 急冷油塔流程简图

上述 4 家专利商流程的最大差异是：ABB Lummus 公司、KBR 公司不设置急冷油塔中间循环流程，而 Shaw S & W 公司、Technip 公司设置急冷油塔中间循环流程。Shaw S & W 工艺采用 125℃左右盘油（PO）中间循环控制全塔轴线温度分布并起到急冷油塔撤热的作用；Technip 工艺中间回流抽出 160℃盘油使中间回流取热很大，能够提高传热效率。

对国内乙烯装置实际运行情况进行比较可知，上述急冷油塔系统工艺流程中 Shaw S & W 的流程相对稳定、可靠、合理，能够达到满负荷长周期平稳运行的要求。如某乙烯装置采用 Shaw S & W 工艺流程从 1999 年 2 月起开车运行，不断克服因运行周期延长设备问题增多的不利因素，装置始终保持平稳运行，创造了连续运行 79 个月零 21 天的国内最高记录，运行周期达到世界先进水平，说明包括急冷油塔在内的整个乙烯装置工艺设计达到了很高的水平。

（三）急冷油塔存在的问题

国内急冷油塔实际操作过程中往往存在一些与工艺设计值偏差的问题：①塔顶温度高于设计值；②塔釜温度低于设计值；③急冷油黏度升高。这 3 大问题中，尤其是急冷油黏度升高将导致急冷油塔压差升高，甚至堵塞塔体而使整个乙烯装置非正常停车，进行大检修。故急冷系统中正常运行的急冷油（QO）黏度一般保持在 $1.0\times10^{-4}m^2/s$（在 50℃时）左右，最大不能超过 $10.0\times10^{-4}m^2/s$（在 50℃时）；石脑油裂解时，急冷油塔釜温度控制在 190℃；常压柴油裂解时，塔釜温度维持在 200~210℃之间；同时，需要设置急冷油黏度控制单元以回收更多的余热。

上述急冷油塔实际操作存在的 3 大问题与该塔是否设置中间回流有一定的关系，因为急冷油塔的主要功能至少包括二段：上部裂解汽油分离段与裂解柴油分离段，下部中间盘油循环换热段和急冷油循环换热段。急冷油塔的主要操作包括三段：分离轻质油的精馏段、回收余热的传热段及清洗裂解气焦粒的洗涤段。急冷油塔无论是划分为二段，还是划分为三段，整个精馏塔都要满足物料平衡、能量平衡和相平衡，保证传质、传热的一致。

以某300kt/a乙烯装置老线急冷油塔为例，该塔以常压柴油(AGO)和减压柴油(VGO)作为原始设计依据，采用ABB Lummus急冷油塔工艺流程，塔顶裂解气经回流的裂解汽油冷却至108℃后送急冷水塔；中间抽出1股裂解柴油经柴油(GO)汽提塔汽提后外送；塔釜急冷油(QO)分为3股，其中1股经燃料油(FO)汽提塔汽提后外送，另1股经稀释蒸汽发生器冷却后进油淬冷器与来自急冷锅炉的裂解气混合以降低裂解气温度，最后1股进一步冷却后返回急冷油塔，见图5-20。该工艺急冷油塔的温度和负荷分布见图5-21。

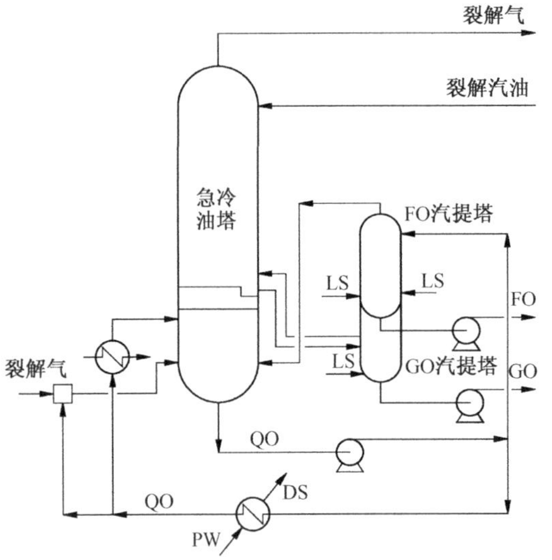

图5-20　急冷油塔系统工艺流程简图

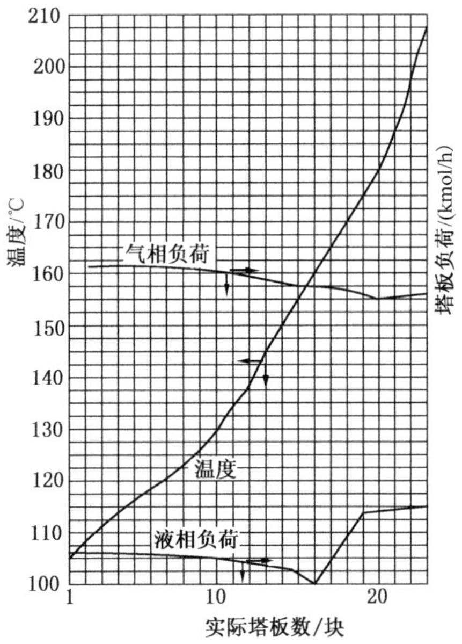

图5-21　急冷油塔的温度和负荷分布图

从图5-21可以明显看出，急冷油塔中段液相负荷较少，使中段气液二相传质较差，塔板效率较低。同时，该乙烯装置裂解原料由于从常压柴油和减压柴油变更为石脑油和常压柴油，急冷油塔的实际操作参数与原始设计工况发生了较大的变化；另外，裂解炉裂解深度的不断提高使裂解气重组分的C/H比有所升高，急冷油中苯乙烯、二烯烃、环烯烃、稠环芳烃、胶质和沥青质等流动性较差的组分含量也有所增加，十分容易导致循环过程中的急冷油黏度迅速上升，从而难以保证急冷油塔系统分离出裂解燃料油和裂解柴油等副产品并满负荷长周期操作运行，更无法通过急冷油塔回收裂解气的低温余热。其原因之一是原始设计的急冷油塔无中间回流使分离程度受到影响而无法达到设计要求，同时，该塔也无法外撤中段热量达到能量回收的节能目的。

(四)增加中间回流的技术改造

为了解决急冷油塔实际运行中存在的操作不稳定现象并回收该塔的中间余热，采用国内自主开发的急冷油塔中间热量回收工艺，将急冷油塔第15块板抽出一股148℃盘油(PO)作为工艺水汽提塔再沸器热源，同时盘油被冷却到130℃后从第14块板再返回急冷油塔中段；裂解柴油从第12块板抽出，经汽提以后，气相返回第9块板。改进的急冷油塔系统工艺流程见图5-22，其急冷油塔的温度和负荷分布见图5-23。

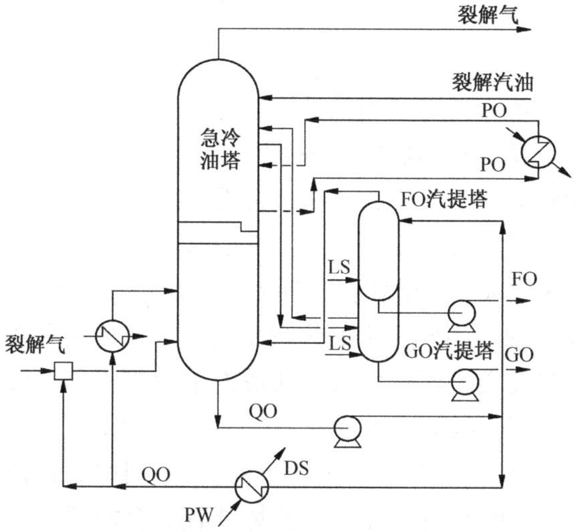

图 5-22　改进的急冷油塔系统工艺流程简图

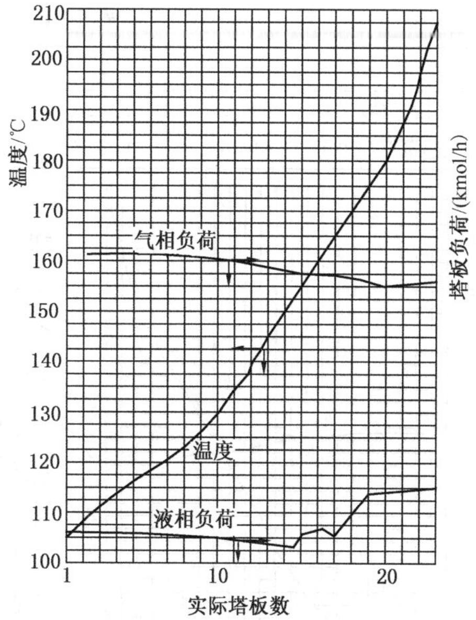

图 5-23　改进的急冷油塔的温度和负荷分布图

增加盘油中间回流换热器后，使急冷油塔的中段塔板气、液分布趋于合理，中段塔板的板效率也得到提高，故该技术改造不仅改善了“质”量的传递过程，而且也改善了“热”量的传递过程。由此降低能耗 43.95 kg 油/t$C_2^=$ 以上，该技术改造已经工程实施并满负荷平稳运行了近 20 年。

（五）中间回流的最新先进技术

某乙烯装置增加 300kt/a 生产能力时，采用最新 Shaw S & W 专利技术，该急冷系统设置了极其巧妙的盘油循环系统和急冷油减黏系统使热量回收更加合理，尤其能够满足长周期满负荷稳定操作运行的要求。该急冷油塔系统的工艺流程见图 5-24，其急冷油塔的温度和负荷分布见图 5-25，盘油系统热量回收情况见表 5-10。

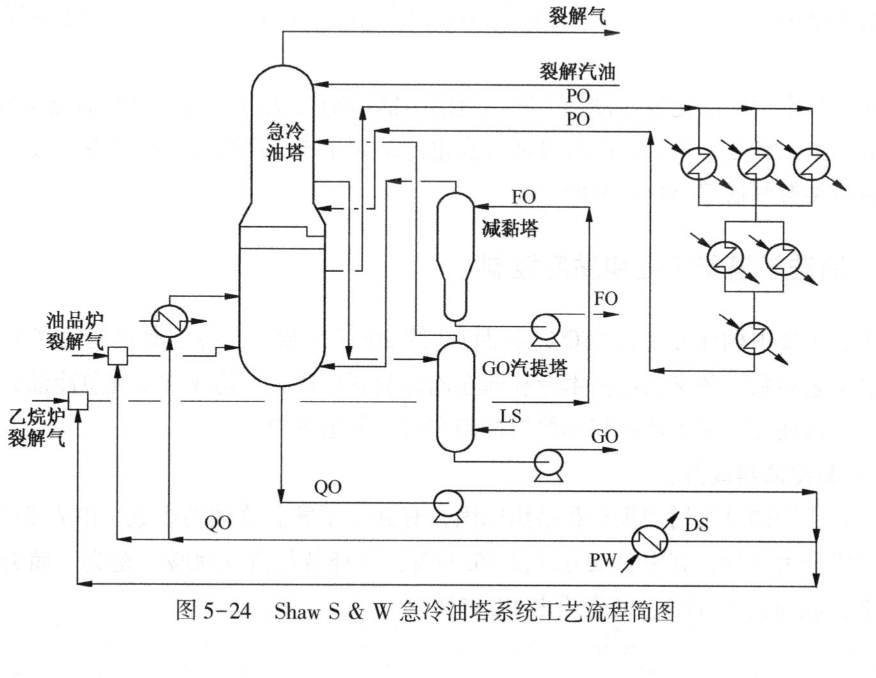

图 5-24　Shaw S & W 急冷油塔系统工艺流程简图

表 5-10 急冷油塔盘油回收热量

序　号	1	2	3	4	5	6	合计
设备位号	E-136	E-158	E-168	E-190	E-258	E-260	
回收热量/(GJ/h)	14.612	14.905	4.271	13.649	13.021	10.593	71.051

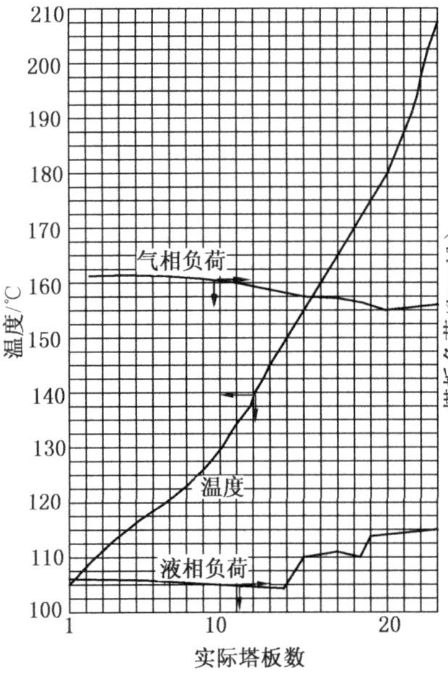

图 5-25 Shaw S & W 急冷油塔的温度和负荷分布图

Shaw S & W 工艺的盘油循环系统将急冷油塔第 18 块板抽出一股 168℃盘油作为热源回收热量，同时，盘油被冷却到 121℃后从第 11 块板再返回急冷油塔中段变径处；裂解柴油从第 10 块板抽出，经汽提以后，气相返回第 8 块板。根据盘油冷却温度分布曲线设置了 6 台换热器以回收不同等级的热量使裂解气余热的有效能利用更趋完美，而且使急冷油塔内中段塔板气、液分布更加合理，板效率也进一步提高，达到“质”量传递与热“量”传递的和谐统一。急冷油塔中间回流合计回收热量 71.051GJ/h，相当于乙烯装置综合能耗下降 45.25kg 油/t$C_2^=$ 以上。

(六) 两个中间回流工艺的比较

实际操作运行证明，上述两个急冷油塔中间回流工艺的不同之处是：Shaw S & W 的急冷油塔中间回流工艺的盘油采出相对位置低，温度高，流量大，可以有效地将急冷油塔中段大量余热撤出并对塔釜的撤热进行有效的补充，同时回收的余热能位高，但对塔顶热负荷的调整效果不显著；国内自主开发的急冷油塔中间热量回收工艺的盘油采出相对位置高，温度低，流量小，能够撤出的余热少并对塔釜的撤热贡献不大，同时回收的余热能位低，但对塔顶热负荷起到积极的补充作用和调整效果。两个急冷油塔中间回流工艺的相同之处是：都实现了节能的目标，设置 6 台中间回流换热器的工艺与设置 1 台中间回流换热器技术改造的工艺相比，可多节能 2.96%左右。

另外，日本大陆油化公司设置中间回流的节能措施是从急冷油塔中间抽出 1 股 144℃盘油加热锅炉给水和工艺用水，同时盘油自身也冷却到 115℃后返回急冷油塔中段，该方案也达到了回收裂解气低温余热的节能目的。

三、油洗塔塔釜温度和黏度控制

急冷油主要由稠环芳烃(约 80%)和沥青(约 20%)组成。急冷油黏度是乙烯装置严格控制的重要工艺参数，各家乙烯技术专利商在乙烯装置设计时，均非常重视急冷油黏度控制方法和手段，以便在实际生产中将其严格控制在规定的范围内。

(一) 急冷油组成分析

为了解急冷油黏度增加机理和结焦原因，有必要了解急冷油的组成。由表 5-11 可知急冷油主要成分为芳烃，其中总双芳烃占 45.81%，三环芳烃占 9.90%，芘类、䓛类四环芳烃占 3.05%，胶质占 8.04%，沥青质占 17.95%。

表 5-11　急冷油组成分析

馏分烃类组成	含量/%	馏分烃类组成	含量/%
链烷烃	0.99	䓛类	0.33
总环烷烃	2.06	总五环芳烃	0.25
总单环芳烃	10.22	苯并噻类	0.99
萘类	36.59	二苯并噻类	0.16
苊类+二苯并呋喃	4.86	萘苯并噻类	0.08
芴类	4.38	未鉴定芳烃	0.49
菲类	8.90	胶质	8.04
环烷菲类	0.99	沥青质	17.95
芘类	2.72		

（二）急冷油黏度上升的原因

原料多样化和油源的变化带来的新问题，即急冷油中的饱和烃、芳烃、胶质及沥青质的组成平衡被打破，引发急冷油品质恶化。通常在一定范围内，温度升高，液体分子之间的距离拉大，分子之间的吸引力减小，分子内摩擦力减小，黏度降低。但是对于急冷油，由于其含有大量的环烯烃类化合物，在高温下在金属离子的作用下引发的自由基极易聚合，经过聚合反应，液体的平均分子量变大，分子之间的吸引力增大，此时尽管温度升高而造成分子之间距离增大，而使分子之间的吸引力减小，总的结果是黏度仍然急剧上升。同时聚合物分子相互缠绕，增加了分子之间的内摩擦力，也就增加了液体的黏度，急冷油流动性变差，热阻增大，降低了传热系数。裂解气和急冷油之间的动态平衡组成可以有多种状态，不同的状态对应不同的急冷油塔操作温度和急冷油循环量；同时，燃料油组分在循环回路中的停留时间应该是有限制的，因为燃料油组分含有大量的烯烃、二烯烃及环烯烃等，例如苯乙烯、茚类、萘类和苊类等。这些不饱和烃在高温下会发生缩合、聚合反应，生成分子量更大的化合物，使急冷油黏度升高，甚至发生"飞黏"现象。所以应从工艺设计的角度出发，找到合适的急冷油组成，以及适宜的急冷油循环量和塔的操作温度。

（三）急冷油塔塔釜温度控制

急冷油的黏度主要取决于沸点350℃以上馏分的含量，沸点低于350℃的各馏分黏度均较低，应从工艺设计上使急冷油中保持较多的350℃以下的轻质馏分，同时又能脱除沥青质等重组分，或保持重组分的适当含量，使急冷油有一个适宜的组成，从而使急冷油塔在处于较高的塔釜温度的同时，有较低的急冷油黏度，保持良好的操作状态。急冷油塔塔釜的物料大部分是循环使用的急冷油，多次循环使用的急冷油可以认为是裂解燃料油不断加热的"老化"产品。试验表明，裂解燃料油在一定温度范围内加热，其黏度将逐步增加，而后逐步稳定。以石脑油裂解的急冷油为例，在250℃下加热10h，其黏度由0.6cm^2/s逐步上升到2.2cm^2/s，其后黏度大致稳定在这个数值。

（四）急冷油降黏技术的应用

通常情况下，急冷油的黏度要求控制在1500mm^2/s(50℃)以下。通常采取两种措施改进急冷油黏度：一是使用调质稀释油；二是通过减黏塔从循环急冷油中不断脱除沥青质。

1. 传统的急冷油减黏方法　传统的急冷油减黏方法是将急冷油塔侧线采出的裂解柴油，通过泵直接注入到急冷油塔塔釜。由于裂解柴油馏分轻(馏程为210～290℃)、黏度低，其和急冷油具有良好的掺混性，因此在以往的工艺中，通常采用此种方法来降低急冷油的黏度。裂解柴油掺混到急冷油塔塔釜，由于塔釜温度高，会有部分裂解柴油汽化，另一部分则进入到急冷油中，起到降低黏度的作用。但是由于急冷油的容量很大，为了降低急冷油的黏度，通常需要大流量的裂解柴油，且长时间注入，否则减黏效果不明显。掺入裂解柴油会增加其在急冷油塔中的循环量，加大急冷油塔中部气相负荷，相应地降低急冷油塔的处理能力，这对原本能力有限的急冷油塔而言是不利的。裂解柴油中含有50%以上的易聚合的苯乙烯、萘、茚等组分，当它们随着急冷油循环时，会发生聚合反应，并积聚在急冷油塔板或填料上，影响塔板及填料的传质及传热效果，使塔的压差上升，处理能力下降。裂解柴油循环量增加，塔顶裂解汽油和塔釜采出的裂解燃料油中，会含有部分裂解柴油组分，将影响裂解汽油和燃料油的品质，严重时会使得后续设备操作困难。通过燃料油汽提塔从循环急冷油中不断脱出沥青质，将汽提出的轻质组分再返回到汽油分馏塔，此方法去除了部分聚合物，缓解了黏度的上升，但该办法没有去除主要聚合物稠环芳烃，提高釜温的能力有限。另外，由于原料及操作上的原因，还有可能造成燃料油管线、换热器或燃料油汽提塔的堵塞。

2. 减黏剂减黏技术的应用　对于急冷油要在较高的温度下，防止黏度的急剧上升，关键在于抑制急冷油中的不饱和化合物的聚合，因此减黏剂应该含有抑制产生自由基和聚合的成分。

减黏剂应该具有以下作用：

(1) 抗氧化作用，减少自由基的产生。

(2) 钝化金属离子的作用，在设备部分表面形成保护膜，以钝化金属表面或络合溶解在介质中的金属离子阻止金属离子的催化作用。

(3) 对于已经形成的自由基，使用阻聚剂来终止链增长。

此外，减黏剂还应具有舒展作用。减黏剂中的某些成分能够吸附在聚合物分子上，使卷缩的分子以线状的形态存在，不至于相互缠绕，减小分子之间的内摩擦力，从而减小液体的黏度。

一般油品减黏剂具有热稳定性好、抗水性强、在芳香族及脂肪族烃类中溶解、不含卤素和重金属元素等特点。减黏剂含有表面活性剂，能够有效降低油品的黏度、提高换热效率、降低动力损耗。例如，LT-1 油品减黏剂外观为棕黄色或黄色油状液体，对人体有刺激性和腐蚀性，其质量指标见表 5-12 所示。

油品减黏剂注入前后效果对比见表 5-13。

表 5-12　LT-1 油品减黏剂质量指标

项　目	指　标	测试方法
运动黏度(20℃)/(mm^2/s)	≤100.00	GB/T 265
密度(20℃)/(g/cm^3)	0.90~1.00	GB/T 1884
凝点/℃	≤-25	GB/T 510

表 5-13　油品减黏剂注入前后效果对比

项　目	设计指标	实验前	实验后
投油负荷/(t/h)	32.5	34.0	33.0
油洗塔塔釜温度/℃	195	178	183
油洗塔塔顶温度/℃	110	115	115
稀释蒸汽发生量/(t/h)	21.5	14.0	19.5
急冷油黏度/(mm^2/s)	≤800	≤600	≤300
急冷油泵电流/A	78	76~78	74~75

3. 减黏塔减黏技术的应用　随着急冷油黏度控制技术的发展，目前国内外众多乙烯厂均采用了减黏塔减黏技术。扬子石化烯烃厂 650kt/a 乙烯装置改造期间，在 1#、2# 乙烯装置上增设了由美国鲁姆斯公司设计的急冷油减黏塔。减黏塔减黏原理是：来自急冷油循环泵出口的急冷油，在温度调节阀的控制下，与裂解炉区来的乙烷裂解气在喷嘴混合器中接触，急

冷油中的轻组分被汽化，随裂解气一起进入减黏塔。减黏塔由上、下两段构成，上段是一个旋风分离器，下段是一个自由下落区。混合物料进入减黏塔后，首先在旋风分离器中进行气、液相的分离，乙烷裂解气以及急冷油中汽化的轻组分(馏程范围290~370℃)从减黏塔塔顶进入汽油分馏塔塔釜，未汽化的重质液相组分(初馏点不小于370℃)通过下段，进入减黏塔塔釜，作为副产品(裂解燃料油)输出到罐区。这样，有选择性地从急冷油中分馏出含有大量胶质和沥青质的重质物料而将轻质物料留在系统中，使循环急冷油中的轻质组分浓度增加，从而降低急冷油黏度。

由于鲁姆斯公司是首次将减黏塔技术应用于扬子石化的1#、2#乙烯装置，加之在减黏塔的设计上尚有不足之处，为此，扬子石化针对减黏塔设计上存在的问题，并结合该塔的工艺特殊性，提出了一系列改进措施，主要如下：

在裂解燃料油输送泵出口增加了裂解燃料油至汽油分馏塔釜的返回线，以平衡汽油分馏塔与减黏塔的塔釜液位；在减黏塔塔顶至汽油分馏塔釜气相管线上增加闸阀，以备在该塔发生异常情况时，可以切出处理；在裂解燃料油输送泵入口增设了大过滤器，以便定期切出清理，避免泵入口滤网堵塞；将喷嘴混合器入口的急冷油管道放大，保证混合喷嘴有足够的急冷油喷淋量，使得减黏塔的塔顶温度在一个比较宽的调节范围；裂解燃料油输送泵最小流量返回管线上的止逆阀增设旁路阀，以便在乙烯装置开车初期或减黏塔切出清理时能够旁通减黏塔，直接将裂解燃料油送往罐区；将裂解燃料油输送泵电机功率放大，并采用开式叶轮泵，防止因所输送的物料黏度高而影响泵的正常运行；在裂解燃料油产品冷却器管程裂解燃料油出口管线及壳程急冷水进出口管线上加阀，并增设一条裂解燃料油产品冷却器旁路管线，防止在乙烯装置运行期间裂解燃料油产品冷却器发生堵塞或两台裂解燃料油输送泵均出现问题等异常情况下，造成裂解燃料油产品无法外送。上述措施的实施为减黏塔顺利开车和稳定运行创造了有利的条件。

四、急冷水乳化的形成与控制

(一) 急冷水乳化机理

油和水在一定条件下转变为相对稳定难以分层的乳液的过程称为乳化，能使油和水发生乳化的物质称为乳化剂。乳化剂分子通常是由非极性的烃基和极性基团两部分组成。根据极性基团的性质，可将乳化剂分为阴离子型、阳离子型、两性型和非离子型四类。乳化剂在溶解于水的过程中，将发生下列变化：当乳化剂浓度很低时乳化剂分子以分子状态溶解于水中，在表面处，它的亲水基伸向水层，疏水基伸向空气层。由于乳化剂的溶入，水的表面张力急剧下降。当浓度达到一定值后，水的表面张力下降趋于平稳。溶液的其他物理性质也发生类似的变化。此时，乳化剂分子开始由50~150个聚集在一起形成胶束。乳化剂开始形成胶束时的浓度(0.01%~0.03%)，称为临界胶束浓度，简称CMC。在CMC处，溶液的许多物理性质发生突变。在低浓度(1%~2%)下，胶束较小呈球形，直径约为4~5nm，约由50~150个表面活性剂分子组成；高浓度时胶束较大呈棒形，长度约为100~300nm，直径约为乳化剂分子长度的两倍。胶束中的乳化剂分子，其疏水基团伸向胶束内部，亲水端伸向水层，形成稳定的乳化液。

(二) 急冷水乳化的危害

裂解汽油含有的重汽油组分，能与急冷水形成直径为0.1~2μm的水包油型乳化液，含油量在1000mg/L以上。这类乳化液能稳定存在的主要原因是由于油珠表面带负电荷，负电荷紧密地吸附在油珠上，与此电荷相反的电荷就在附近形成一个双电层。双电层越厚，Zeta电位越大，油珠排斥力越大，油珠越不易聚结，就越容易形成稳定的乳化液。急冷水常由于原料或工艺条件等的变化出现乳化现象，给生产带来以下危害：乳化的急冷水进入稀释蒸汽系统，带油稀释蒸汽进入裂解炉，造成炉管结焦速度加快，大大缩短裂解炉的运行周期；乳化后的急冷水夹带大量汽油，易造成换热设备结垢，影响设备的传热效果；乳化液携带大量裂解汽油进入化污系统，给该系统和环保带来较大冲击；乳化液比热降低，影响丙烯精馏塔塔釜的加热；乳化液携带油分，造成裂解汽油的损失。

(三) 急冷水乳化原因及控制

在通常情况下，急冷水的乳化是由工艺条件的改变和乳化剂的作用引起的。

1. 急冷水 pH 值过高　急冷水 pH 值过高是造成急冷水乳化最常见的原因。由于裂解气中含有硫化氢、有机硫、二氧化碳等酸性气体，在循环的急冷水中溶解上述酸性气体而呈酸性，通常采用注入碱或氨的方法来控制急冷水和工艺水中 pH 值，防止急冷水对设备和管道的腐蚀。pH 值正常控制在 8~9 之间，一般认为当急冷水中的 pH 值超过 9 后就易造成急冷水乳化。一是由于向塔釜循环急冷水中的注碱量过大，新碱浓度变化较大，注碱泵的冲程没有及时调整；二是由于分离和压缩系统几乎所有的凝液和工艺水都回到水洗塔，只要有一股碱性较大的物料进入急冷水系统，特别是压缩系统的碱洗塔四段水洗效果不好，使碱液夹带到压缩机吸入罐，通过段间吸入罐一段返至前一段，最终通过压缩机一段吸入罐返回水洗塔，使急冷水的 pH 值上升，就会使急冷水乳化；另外碱洗塔在进行撇黄油的操作中，若控制不好引起压力过高，会使废碱罐的物料通过卸压阀夹带到压缩机一段吸入罐，也会使急冷水的 pH 值上升。

2. 水洗塔塔釜温度　水洗塔塔釜温度取决于全塔的热平衡，一般控制在 80~85℃。提高水洗塔塔釜温度有利于急冷水的热量回收，但不利于油水分离；反之，降低塔釜温度，有利于油水分离，但影响工艺系统的加热，特别是丙烯精馏塔塔釜再沸器的加热，耗费较多的低压蒸汽，不利于节能。一般认为当塔釜温度超过 90℃时就易造成急冷水乳化。热负荷高导致塔釜温度过高，塔釜温度过高使油水亲和力增加，分离困难，长时间温度过高将引起急冷水的乳化。

3. 裂解原料　裂解原料过重，造成裂解气中重组分增加，使热量后移，急冷水塔热负荷增大，塔釜温度过高引起乳化；裂解原料过轻，裂解气中轻组分过多，也增大急冷水塔热负荷，同样引起该塔乳化。

4. 长时间油水不平衡，油水系统紊乱导致急冷水乳化　水洗塔塔釜油水界面控制不当或仪表指示不准，若实际界面过高，大量的水带进轻油中，造成轻油带水严重，返回油洗塔塔顶，使塔顶温度过低，水汽化后所带热量进入水洗塔，造成水洗塔负荷增大，引起塔釜塔顶同时超温，易造成急冷水乳化。同时含水量过大或长时间不处理，水在油洗塔穿透，造成密封油泵抽空，引起全系统紊乱，含水较多的轻油送出影响用户。

五、急冷油和急冷水热量回收的优化

为了降低乙烯装置的能耗，各厂对乙烯装置各化工单元工艺操作不断进行优化，对装置进行改造，但就能耗来说，如能在现有稀释蒸汽发生量的基础上提高稀释蒸汽产量，那么多产出的稀释蒸汽量就相当于节省了中压蒸汽，特别是在当前乙烯其他能耗指标没有多大潜力可挖的情况下，提高稀释蒸汽产量，来达到降低乙烯能耗的目的尤为突出。因此初分馏系统的优化操作应从以前控制急冷油黏度向以提高稀释蒸汽产量为主要目的来进行。

从传热方程可知：$Q=KA\Delta T$（Q 为单位时间换热器传热量，即传热速率；K 为总传热系数；A 为换热器传热面积；ΔT 为换热器两相物流平均温差）。以某乙烯装置为例，要想提高稀释蒸汽产量就必须提高稀释蒸汽发生器单位时间的传热量，稀释蒸汽发生器水相为饱和状态（0.68MPa、168℃），即水相温度 168℃是不变的，而油相温度即急冷油温度是可以调节的，因此提高 109-C 传热量最有效的方法是提高急冷油的温度。但同时也要考虑到传热系数 K 是与两相物流的温度、黏度、流速都有关的系数。急冷油黏度会随急冷油塔塔釜温度的上升而增加，那么传热系数 K 也将随之下降，特别是在高黏度的情况下，传热系数 K 下降也会加快，结果 ΔT 增加与 K 的下降相互抵消，影响了传热速率。因此，要提高稀释蒸汽产量，就要提高急冷油塔釜温度，同时还要保持急冷油黏度维持一定水平，另外还要防止急冷油发生“飞黏”的现象，那么优化急冷油和急冷油系统的工艺操作对于初分馏系统来说就显得特别重要。

1. 急冷油塔塔顶温度　急冷油塔顶温度一般控制在 105~118℃之间，急冷油塔塔顶温度的控制是通过调节塔顶回流量来实现的，因回流的裂解汽油温度为 75~84℃，特别是裂解原料轻质化后，为使急冷水塔的裂解汽油达到平衡带来了很大困难，这就限制了降低裂解汽油温度来控制塔顶温度的手段。常常难以维持在正常工艺指标范围之内，使塔内重组分随塔顶温度的升高而后移，同时引起急冷油热负荷向塔中部和上部后移，造成气、液相负荷增加，使得返塔中部急冷油中轻组分被汽提，仅其中重组分返回塔釜，结果是塔釜液面下降急冷油黏度上升。

2. 急冷油塔塔釜温度　急冷油塔塔釜温升高，黏度也将升高，传热系数（K）下降，从总的结果来看，传热速率不会明显增加，那么稀释蒸汽发生器所产的稀释蒸汽总量也不会明显地增加。要想解决这个问题，必须在提高急冷油釜温的同时，维持急冷油的黏度在一定范围，而不是随釜温升高而增加。某乙烯厂在现有高负荷投油量的工况下，一方面将塔釜温度先稳定在某一值上，观察黏度的变化是否能维持在一定范围；另一方面又对现有的 4 台换热器进出口管线进行了改造，使 4 台换热器的流程可以 4 台并联又可以改为 2 台串联后再并联，从而增加撤热能力，换热器油相入口温度实际上就是急冷油塔塔釜温度。从表 5-14 数据可以看出，虽然稀释蒸汽产量没有明显增加，但裂解炉能达到高负荷生产需要，且急冷油黏度没有增加的趋势。在可控范围之内，4 台稀释蒸汽发生器由并联流程改为 2 并 2 串流程，增加了油相进出口温差，说明 2 并 2 串的撤热效果比较好，为下一步提高急冷油塔釜温度做好了准备。

表 5-14　稀释蒸汽发生器油相温度与稀释蒸汽产量

项　目	入口/℃	出口/℃	入出口温差/℃	稀释蒸汽产量/(t/h)	投油量/(t/h)
设计值	195.0	175.0	20	21.3	36
实际值(4 并)	186.2	176.2	10	5.2	40
实际值(2 并 2 串)	186.2	172.4	13.8	6.2	42.8

3. 急冷油循环量和急冷油黏度　从热平衡角度来看，进入急冷油塔的裂解气热量主要由急冷油撤出，急冷油撤热的主要途径是稀释蒸汽发生器，当稀释蒸汽压力一定时（0.68MPa），对一定传热面积的稀释蒸汽发生器而言，在一定的急冷油循环量下，撤出的急冷油热量将随急冷油塔釜温的提高而增大，而在相同撤热量时，所需急冷油循环量随急冷油

塔釜温升高而减少。急冷油塔釜大部分重油是循环使用的急冷油，多次循环使用急冷油可以认为是裂解重油被不断加热的产物。在油冷器中喷淋急冷油冷却高温裂解气的同时，急冷油自身会被加热，产生热不稳定性，自身发生聚合，引起急冷油黏度增加。尤其是在目前高负荷生产条件下，急冷油循环使用的次数增加，且裂解炉投油全部为石脑油的工况下，裂解气中重组分偏少，使得重油采出量仅维持一定水平，那么急冷油中自身发生聚合部分来不及置换，就会造成急冷油黏度增加。控制急冷油黏度在适当水平，是预防或减少急冷油在高温情况下发生自聚的有力措施，这样，有利于提高稀释蒸汽产量。

4. 重油换热器的改造　从工艺操作上可以看出，急冷油塔釜撤热主要由稀释蒸汽发生器来完成，塔顶温度由回流的裂解汽油来控制，虽然能满足生产需要，但从长远的观点来看，提高塔釜温度而又保证黏度控制在适当水平，才是真正意义上解决提高稀释蒸汽产量的问题，那么相应的乙烯能耗指标下降的问题也就得到了解决。从提高稀释蒸汽产量和减少排污的角度考虑，将稀释蒸汽发生器的加热源由重油改为中压蒸汽，增大原来的温度差，提高DS产汽量。因中压蒸汽凝液可作为脱盐水的补充水，可重复循环使用；而工艺水则要排入化污，处理还需要费用。同时，将稀释蒸汽发生器加热完的中压凝液用来预热工艺水，提高进入稀释汽包工艺水的温度，有利于发生更多的稀释蒸汽，从表5-15可以看出稀释蒸汽发生量已非常接进设计值。

表5-15　稀释蒸汽发生器改造后的稀释蒸汽产量对照表

项　　目	入口/℃	出口/℃	入出口温差/℃	稀释蒸汽产量/(t/h)	投油量/(t/h)
设计值	195.0	175.0	20	21.3	36
实际值(改造后)	184.2	173.0	11.2	20	36
实际值(2并2串)	186.2	172.4	13.8	6.2	42.8

5. 急冷水作为空气预热器的热源　利用急冷水作为裂解炉空气预热器的热源，既能加热空气，节约裂解炉燃料，又可以降低急冷水温度，节省低压蒸汽，节约急冷水冷却器循环水用量。裂解炉空气预热器常常采用翅片式高效换热器，换热面积大，换热效果良好，利用急冷水可以将空气温度预热至65℃以上，有较好的降能耗效果。

第四节　裂解气压缩系统的节能措施

一、增加凝液分离罐和液相干燥器

目前世界上主要的乙烯专利商均根据各自的流程特点，分别在压缩机的不同位置设置凝液分离罐和液相干燥器。凯洛格公司和林德公司在压缩机五段出口设置凝液分离罐和液相干燥器。斯通-韦伯斯特公司将碱洗塔塔顶裂解气冷却后进入凝液分离罐，经烃水分离后，烃类送入液相干燥器，经干燥后，裂解气进入高压脱丙烷塔。TPL公司把来自五段吸入罐的烃类送至凝液分离罐，烃凝液送至液相干燥器干燥，然后进入脱乙烷塔汽提塔。

现以某300kt/a乙烯装置为例，加以具体说明。

该装置建于20世纪70年代中期，功率主要消耗在裂解气压缩机，约占总功率的44%(见表5-16)。因此，如何降低裂解气压缩机的功率消耗具有很大的意义。应当特别指出，合理地设计压缩机五段出口的流程，减小返回四、五段的循环气量，可以节省功率。

裂解气压缩机四、五段及凝液汽提塔(4)的流程见图5-26。来自压缩机三段出口的裂解气与凝液汽提塔返回的气体汇合后进入压缩机四段，经压缩后用水冷却到38℃，与闪蒸后的循环气汇合，进入压缩机五段，压缩到3.65MPa(G)、88℃。然后，经裂解气压缩机五段出口冷却器(6)冷到38℃，再经裂解气压缩机五段后冷却器(7)冷却到25℃。最后，裂解气经裂解气压缩机五段后冷却器(8)，被脱甲烷塔底的物料冷到15℃去干燥器。从裂解气压缩机五段排出罐(2)分出的冷凝液，经凝液加热器(9)被急冷水加热，然后在凝液闪蒸罐(3)中闪蒸到28℃、1.8MPa(G)。闪蒸气返回五段入口，液相作为凝液汽提塔的加料。为了防止在凝液罐(3)内闪蒸时由于温度降低形成水合物，因此在凝液加热器(9)中加入6.7GJ/h的热量，这样可使大量液体汽化(629kmol/h)，并返回五段入口，多消耗了功率。

表5-16　机和泵功率消耗表　kW

裂解气压缩机	丙烯压缩机	乙烯压缩机	泵和其他机	甲烷压缩机	合　计
16554	12907	2064	5482	410	37417

改造后的裂解气压缩机四、五段及凝液汽提塔流程见图5-27。

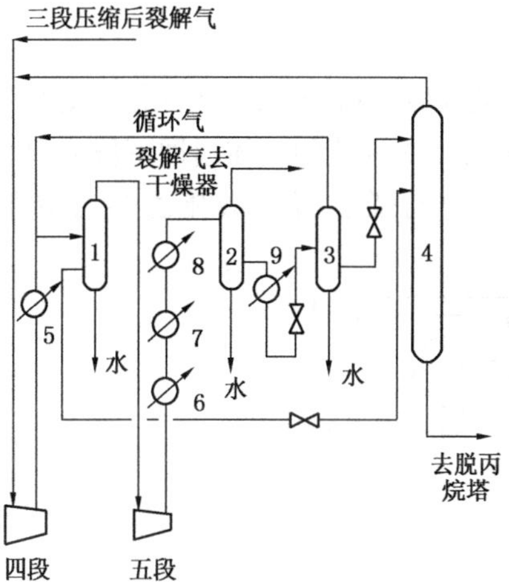

图5-26　300kt/a乙烯装置中裂解气压缩机四、五段系统流程图

1—五段吸入罐；2—五段出口分离罐；3—凝液罐；4—凝液汽提塔；5—四段后冷却器；6—五段1#后冷却器；7—五段3#后冷却器；8—五段2#后冷却器；9—凝液加热器

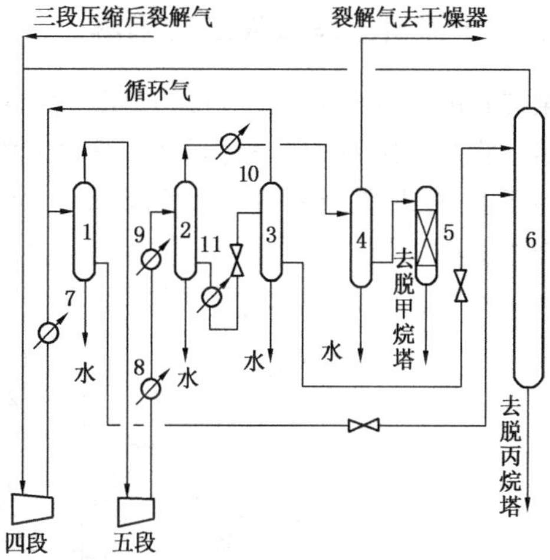

图5-27　300kt/a乙烯装置中裂解气压缩机四、五段系统改造后流程图

1—五段吸入罐；2—凝液分离罐；3—凝液闪蒸罐；4—裂解气干燥器进料分离罐；5—液相干燥器；6—凝液汽提塔；7—四段后冷器；8—五段1#后冷器；9—五段2#后冷器；10—干燥器进料急冷器；11—凝液加热器

压缩机四段系统的流程不变，裂解气自五段出口经五段1#后冷却器(8)、五段2#后冷却器(9)冷却到22~25℃，进入新加的凝液分离罐(2)。从凝液分离罐(2)分离出的裂解气，经干燥器进料急冷器(10)冷却、经裂解气干燥器进料分离罐(4)分离。从裂解气干燥器进料分离罐(4)分离出来的裂解气去干燥器，液相经液相干燥器(5)作为脱甲烷塔(或预分馏塔)的加料。从凝液分离罐(2)分离出的液相经激冷加热(11)加热，然后经凝液闪蒸罐(3)闪蒸，其气相返回压缩机四段入口，液相作为凝液汽提塔(6)的加料。

由于进入凝液分离罐(2)的裂解气温度比原流程五段出口分离罐裂解气的温度高，被分离液相的组分较重、量较少。所以，激冷加热器加入的热量只有 2.26GJ/h，这样在凝液闪蒸罐(3)中产生的闪蒸气比原流程少 57%，从而减少了返回五段的循环气量，达到了降低裂解气压缩机功率消耗的目的。

综上所述，改造后流程的优点如下：

(1)节省功率 242kW 以上；

(2)送去分离的气体少 55mol/h；

(3)降低了凝液汽提塔的负荷约 20%；

(4)降低了裂解气压缩机四、五段的负荷；

(5)降低了干燥器进料急冷器和凝液加热器的热负荷。

这样改造的缺点是凝液汽提塔的釜温稍有增加，而脱甲烷塔和脱乙烷塔的釜温基本保持不变，可通过五段 2#后冷却器出口的裂解气温度控制三个塔釜的温度。在一定温度范围内，当五段 2#后冷却器出口的裂解气温度越低，则三个塔的釜温变化越少，压缩机节省的功率也越少。五段 2#后冷却器出口的裂解气温度越高，三个塔的塔釜温度变化越大，节省的功率也越多。另外，由于干燥器进料急冷器热负荷降低，脱乙烷塔还可以设一个中间再沸器回收冷量。

二、压缩机五段凝液二次闪蒸

某装置的改造方案如图 5-28 所示。将裂解气压缩机五段出口的冷凝液一次闪蒸改为二次闪蒸。将第一次闪蒸的气体返回压缩机五段出口，将第二次闪蒸的气体返回五段入口，这样可降低压缩机和凝液蒸出塔的负荷，对于 300kt/a 的乙烯装置，每吨乙烯可降低能耗 19260kJ。

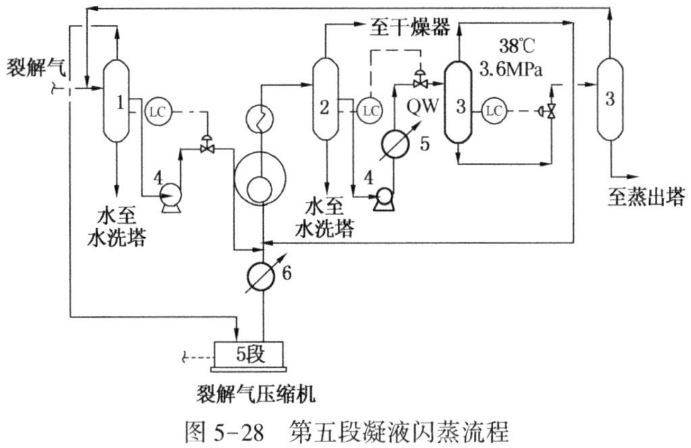

图 5-28　第五段凝液闪蒸流程

1—第五段吸入罐；2—第五段排放罐；3—分离罐；4—泵；5—加热器；6—冷却器

近来设计的五段出口流程，有干燥器加料洗涤塔，可使裂解气中的苯含量低于 2×10^{-6}，以防在低温下苯等重组分冻结。釜液在过去的设计中多数为一次闪蒸，其二次闪蒸流程如图 5-29 所示。一次闪蒸的气体回到裂第气压缩机五段出口，可降低五段压缩机负荷，同样也可以得到较好的节能效果。

三、选择最佳吸入压力

裂解气压缩机一段的吸入压力对压缩功耗有重大影响，而出口压力对其影响不大。吸入压力越低，功耗越大。当将吸入压力由 0.1MPa 提高到 0.13MPa，就可节省压缩能耗 13%左

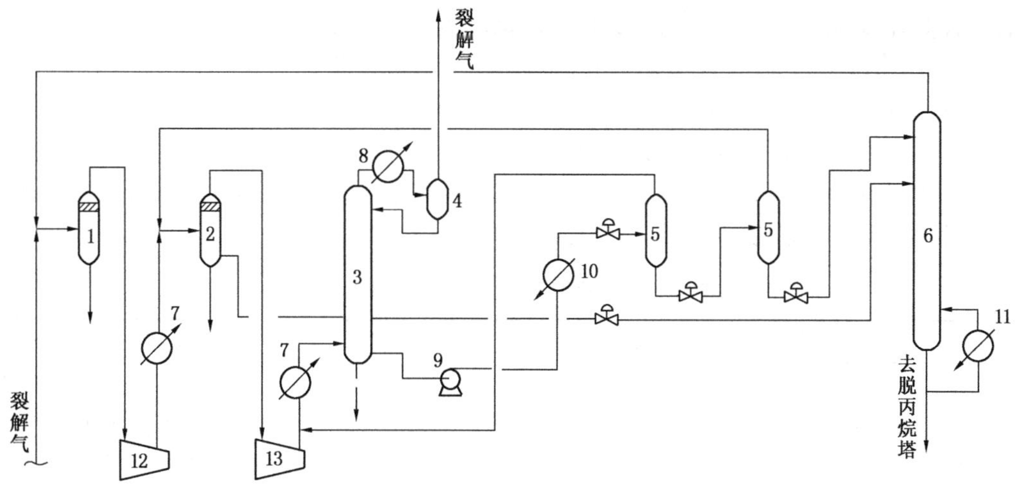

图 5-29　压缩工段凝液二次闪蒸流程

1—四段吸入罐；2—五段吸入罐；3—干燥器进料洗涤塔；4—回流罐；5—分离罐；6—凝液蒸出塔；7—水冷器；8—冷凝器；9—泵；10—加热器；11—再沸器；12—裂解气压缩机第四段；13—裂解气压缩机第五段

右。据估计，一套年产乙烯 450kt 的装置，裂解气压缩机的吸入压力增加 0.0069MPa，就能使轴功率减少 746kW。故从节能方面看，希望尽量提高裂解炉出口压力，并减小炉子出口到压缩机一段入口间的压力降。但是，裂解炉出口压力受裂解反应条件的制约，提高裂解炉出口压力对裂解选择性不利，存在一个权衡利弊、选择裂解炉最佳出口压力的问题。考虑操作安全，选择的吸入压力应大于大气压力。

为了提高裂解气压缩机一段的吸入压力，必须尽量减小裂解炉出口到压缩机入口之间设备的压力降。在裂解气的冷却流程中，水洗流程与空冷或水冷系统相比，除了其他优点之外，压力降可减小 70%也是一大优点(投资相近)。

从裂解炉操作的裂解选择性和压缩机总功耗两方面权衡，目前大多数专利公司在选取一段吸入压力时，更多考虑裂解炉的烃分压而选取较低的一段吸入压力(120~130kPa)。对于裂解气压缩机则较多从降低段间阻力降和改善压缩工艺流程着手降低能耗。

压缩机的排气压力取决于冷区的工艺条件，林德公司认为，排气压力高于 3.5MPa 以后，压缩机功耗增加缓慢。

四、降低裂解气压缩机段间冷却压力降

在正常情况下，前三段压缩能耗占 63%，因此从节能来看，降低段间压降是很重要的。鲁姆斯公司采用低压力降水冷器，可使压降减少 70%，节省能耗约 5%~8%。林德公司在前三段采用直接水冷，可使压缩机能耗降低 7%~10%。若在压缩机段间采用美国菲利浦公司 20 世纪 70 年代开发的析流杆高效换热器，具有传热效率高、压力降小、抗污垢能力强、防振性能好以及表面温度均匀等特点。这种换热器阻力减少 60%，而且设备质量减轻。凯洛格公司采用把段间换热器与吸入罐合二为一，即把段间冷却器置入吸入罐中以减少管线压力降的方法，以达到降低裂解气段间冷却压力降的目的。

降低段间阻力降不仅可以减少压缩机的功耗，而且可以在相同总压比之下降低每段的出口温度。表 5-17 是某 300kt/a 乙烯装置的裂解气压缩机在不同段间阻力降下的比较，说明裂解气压缩机各段出口压力保持不变的情况下，段间阻力降对压缩机各段出口温度和功耗的

影响。表中所列“原设计”的段间阻力降为20世纪70年代工程设计所控制的数据，而“新设计”的段间阻力降则为90年代初期一般工程设计所控制的水平。结果表明，降低段间阻力降除使各段出口温度明显降低外，压缩机总功耗可降低约4.5%，其中前三段段间阻力降降低所节约的功耗约占节约总功率的89.4%。

表5-17是在保持各段出口压力不变的条件下所作的比较，如在保持五段出口压力的条件下适当调整各段压缩比，则压缩机总功耗尚可进一步降低。

表5-17 裂解气压缩机段间阻力降的影响

项目	原设计					新设计				
段数	一段	二段	三段	四段	五段	一段	二段	三段	四段	五段
进口质量流量/(kg/h)	137410	129990	125130	131560	147920	137410	129990	125130	131560	147920
进口温度/℃	40	38	38	40	37	40	38	38	40	37
进口压力/MPa	0.135	0.259	0.539	1.023	1.94	0.135	0.274	0.564	1.076	1.963
段间阻力降/kPa		27	40	110	50		12	15	57	27
出口温度/℃	93.4	93.4	93.4	91.2	91.7	93.4	86.6	89.6	83.6	89.5
出口压力/MPa	0.286	0.579	1.133	1.99	3.793	0.286	0.579	1.133	1.99	3.793
压缩比	2.12	2.23	2.10	1.95	1.96	2.12	2.11	2.01	1.85	1.93
气体分子量	28.11	27.64	27.17	27.16	27.37	28.11	27.64	27.17	27.16	27.37
各段功率/kW	3827	3742	3459	3173	3405	3827	3468	3317	2910	3323
总功率/kW	17606					16845				

五、压缩机段间喷水

在乙烯生产中对裂解气体进行压缩，使各组分沸点升高，但是，裂解气中的低级烃类在常温常压下都是气体，它们的沸点很低。如果在常压下将各组分冷凝分离，需要很低的温度，这不仅需要消耗大量的冷量，而且要消耗许多低温钢材，为此裂解气在压缩机中压力提高的同时，温度也随之上升。当温度过高时，重组分中的二烯烃将发生聚合反应，生成的聚合物或焦油沉积在压缩机流道内，严重危及正常生产。为了尽可能延缓聚合现象的发生，就必须严格控制压缩机各段温度(一般不能高于373K)，通常采用注油或注水的方法。

压缩机注洗油一般使用抽余油(通常芳烃含量大于或等于85%，沸点在204~343℃之间，低硫，无砷)，会使大量的碳九进入压缩机组循环，年消耗碳九原料超过30kt(240kt/a乙烯装置)，造成大量碳九的浪费。注入碳九仅能在机组叶轮形成湿润的通道，预防聚合物在叶轮和隔板黏附，但无法降低压缩机出口温度。因此，乙烯装置裂解气压缩机组预防结垢的注油方式逐渐转向湿压缩注水技术。然而注水应控制好碱洗塔的操作，避免液泛与雾沫夹带，并控制好水洗段的操作，防止碱液带入后系统，腐蚀气封。特别是对流程位于碱洗水洗塔之后的四段，其气封应做防腐处理。另外注水后，压缩机出口温度不可过低，温度过低将可能因注水量过大，损坏设备。一般情况下控制各出口温度不低于75℃。目前，当裂解气压缩机段间温度正常，无偏高现象(≥95℃)时，一般采用注油的保守方式。

(一)裂解气压缩机采用注水技术的必要性和理论依据

1. 采用注水技术的必要性　由于乙烯装置中的裂解气压缩机组输送的介质是从裂解炉来的裂解气，组分比较复杂，包括烯烃类、高分子烯烃、过氧化物、硫化物和氧化氮等，其中的烯烃类、高分子烯烃在一定温度和压力下会发生聚合反应，形成类似焦油的黏稠沉淀物，黏附在压缩机叶轮、隔板、机壳流道和密封上，影响其气动性能、机械性能和使用寿命，因此，必须采取各种方法避免和限制这种反应。特别是裂解气组分中含有能自动发生聚合反应的物质，如丁二烯、高分子二烯烃等，它们在温度大于90℃后聚合反应会急剧加快。这类由小分子聚合而成的聚合物，受温度的影响较大，受压力的影响较小。这些聚合物有类似于沥青的黏稠度，在压缩机内的高温环境下是黏稠的，在环境温度和压力下像道路用的沥青一样坚硬。当这些聚合物在转子(如叶轮的轮盘和轮盖)上形成后，分布非常均匀时，转子的平衡不会受到影响。当厚度接近2mm时，覆盖在转子上的聚合物在离心力的作用下分布不均匀，部分脱落，造成转子失去平衡，振动加剧，并在转动件和定子件之间产生摩擦作用，造成严重的机械损伤，严重时会导致压缩机的停车。一旦压缩机停车，将会使整个乙烯装置裂解气中断，分离停工。时间如超过3天，将导致乙烯厂停工。

2. 采用注水技术的理论依据　温度是导致在裂解气压缩机内发生聚合反应的根本原因。因此从设计角度出发，避免聚合物沉积并黏附在压缩机内，最简单的方法是将压缩机各段出口温度限制在90℃以下。也可采取降低总压比，如提高进口压力、降低出口压力的方法(此方法受工艺流程的严格限制)。采用湿压缩技术即在裂解气压缩机入口或级间向被压缩气体喷入冷却液体，喷入的液滴与气体直接接触进行热量和质量传递。由于液体蒸发要吸收大量的热，故气体在被压缩的同时又被冷却，使压缩过程更接近于等温压缩。此时压缩机出口气体温度低于绝热压缩时的温度，气压机耗功低于绝热压缩耗功。同时，注入的溶剂可使聚合物黏块松动，并被冲刷出压缩机。通常是长期或定期以2%~3%的气体容积流量注入溶剂，且要求溶剂无腐蚀性。采用连续注水方式，其冷却作用主要是来自水的蒸发潜热。水在100℃下蒸发潜热(即汽化热)大约为2262kJ/kg，而水的传热可以忽略不计。在压缩机叶轮出口后的弯道内注入的水，要使其迅速汽化，就需要从周围的气体中吸入大量的热量，这就降低了下一级叶轮进口的气体温度，从而达到降低下一级叶轮出口气体温度的目的，进而达到降低每段出口温度的目的。从热力学分析看，注水降低了每段的出口温度，减少了规定压比所需的压头。同时通过注水使总质量流量增加，总的气水混合物分子量减少，增加了所需的压头，但总的效应是降低压缩机耗功。由于注水发生在压缩机的级间，每一级的流量和温度都发生了变化，对压缩机的气动方案有很大的影响。所以，在气动计算时要充分考虑水的潜热和流量对压缩过程的影响。

(二)裂解气压缩机由注油改为注水的实践

某乙烯装置，裂解气压缩机为四段压缩，设计能力为160kt/a，设计参数见表5-18。

表5-18　GB-201裂解气压缩机设计工况

项目名称	低压缸(2MCL-806)		高压缸(2BCL-508)	
压缩机段	一段	二段	三段	四段
介　质	裂解气			
级　数	3	3	4	4
进口流量/(kg/h)	67883.2	66542	68674	72281
进口压力(A)/MPa	0.129	0.290	0.678	1.545
进口温度/℃	28.46	29.03	29.51	19.64
在兰州设计进口温度/℃	39.78	30.62	36.12	34.20
出口压力(A)/MPa	0.316	0.705	1.649	3.758
出口温度/℃	87	89	90	85
转速/(r/min)	7010			

裂解气压缩机组原设计注入清洗油，以避免流道内结焦。清洗油在压缩机各段入口管道和各级出口弯道处注入，共14个注入点。该压缩机各段出口温度已超过原设计值，其中三段出口温度达97.4℃，为保证压缩机生产能力，延长运转周期，进行了级间注水改造。

1. 改造情况　由于装置内无合适的高压锅炉给水作水源，故此次改造利用原有洗油注入系统各设备。注水泵冲程调节引入DCS系统，增加注水泵与压缩机停机连锁。

系统主要部分详述如下。

(1) 水源。水源要求水量不低于3.0t/h，水质要求达到以下标准：

① 应采用锅炉给水，或汽轮机冷凝水经彻底脱盐软化；

② 水中无固体物、油、污物和其他杂质；

③ 水温30~60℃；

④ 定量数据要求见表5-19。

表5-19　注水水源定量数据

项　目	指　标	项　目	指　标
pH(25℃)	>9	SiO_2/(mg/L)	<0.02
氧/(mg/L)	<0.02	Cl_2/(mg/L)	<0.02
油/(mg/L)	<0.5	硬度/(mol/kg)	<0.000005
铜/(mg/L)	<0.03	铁/(mg/L)	<0.02
CO_2/(mg/L)	<25	PO_4^{3-}/(mg/L)	<6
NH_3/(mg/L)	<1	电导率/(μS/cm)	<300

目前实际水源为二级脱盐水，备用水源为汽轮机凝结水，可由凝水泵引出，送入储水罐。

(2)储水罐。储水罐原设计为储油罐，改为储水罐，设计参数见表5-20。

表5-20　储水罐设计参数

项　目	指　标	项　目	指　标
设计压力/MPa	0.343~-0.1	设计温度/℃	70
工作压力/MPa	≤0.154	工作温度/℃	30~60
容　积/m^3	1.9		

(3)计量泵。计量泵生产厂家为美国帕斯菲达(PULSAFEEDER)公司。计量泵共两台，一开一备。泵型号：7660-4-AE，每泵四缸。驱动电机型号为A-EF-160LE，功率为15kW。计量泵四个缸体设计参数见表5-21。

表5-21　计量泵缸体设计参数

缸　体	项　目	指　标	项　目	指　标
1	流量/(m^3/h)	1.398	压力/MPa	0.83
2		2.253		1.76
3		0.9289		4.14
4		1.940		0.62

计量泵冲程控制接入车间DCS系统，各缸冲程可在中控室调节。实际利用计量泵的三

个缸，运行时有一个缸（流量 1.940m³/h，压力 0.62MPa）冲程为零。有一缸（流量 2.253m³/h，压力 1.76MPa）向二段、三段供水。

（4）稳压罐。在计量泵每一段出口设一个稳压罐，型号分别为 CK-2/0.8-1V、CK-2/4-1V. CK-5/1.8-1V，用于降低压力波动和稳定流量。

（5）管线和阀门。喷入裂解气的水质要求非常严格，为防止锈蚀，在储水罐之后的所有管路及其附件均为不锈钢。管路施工采用氩弧焊接。各支路流量测量采用高精度金属浮子流量计。

（6）喷注位置和雾化指标。利用压缩机原有洗油注入孔，低压缸和高压缸缸体可不另行开孔。压缩机各段入口管线洗油喷入口取消。高压缸（三段、四段）原有洗油注入点 6 个，但各有一个洗油喷嘴安装在压缩机内壳体上，不开缸无法取出，故只能各更换 4 套喷嘴，设 4 个注水点，第一段、第二段各 2 个注水点。

通过合理设计喷水系统和喷嘴组件，保证了注水液滴平均直径小于 100μm。

（7）增设相关连锁。当压缩机紧急停车时，应及时停泵或切断水源，防止大量水积存于压缩机体内。

注水改造流程见图 5-30。

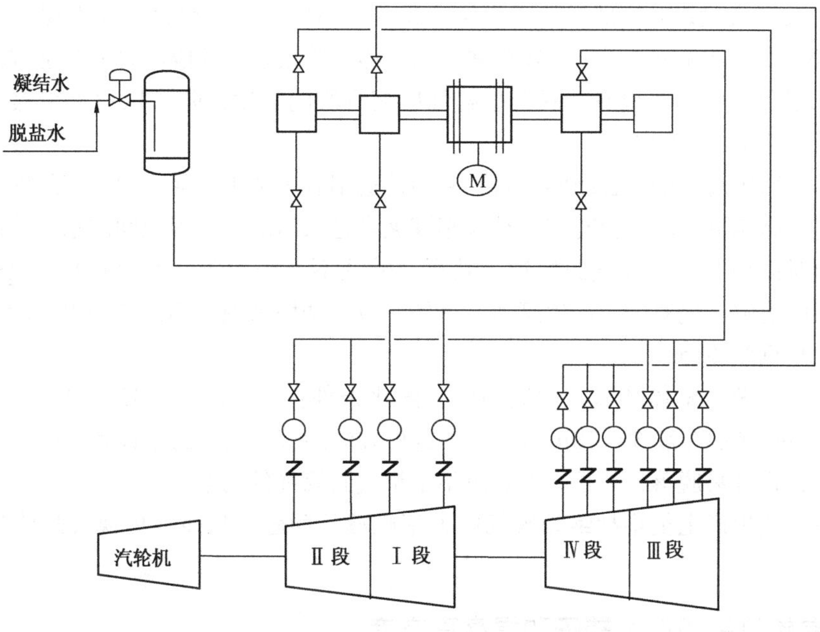

图 5-30　注水改造流程示意图

2. 压缩机组注水后性能比较　取喷水前后温度变化数据进行对比（在 65t/h 的投油负荷下），各喷头注水流量见表 5-22，注水前后温度变化见表 5-23。

表 5-22　各喷头注水流量①

	三段			四段			一段		二段	
注水流量/(kg/h)	20	600	550	400	600	40	500	600	450	500
泵冲程/%	70			80			90		70	

① 三段、四段各有一喷头未换，故流量较小。

表 5-23 注水前后温度变化

项目	温度/℃				
	一段入口	一段出口	二段出口	三段出口	四段出口
设计值	28	88	89	90	85
喷水前	27.1	92.4	93.6	92.1	96.9
喷水后	27.1	72.7	79.5	82.3	84.9
喷水后高负荷(油量 74.6t/h)	34.1	81.8	89.8	94.6	89.7

喷水后，压缩机送气能力有所增加，即使在 74.6t/h 的高负荷下操作，四返四循环阀开 21%，转速仅达设计值 7010r/min，吸入压力为 41.7kPa(设计 35kPa)，压缩机仍未达到满负荷。从上述数据可以看出，喷水后降温效果较为明显，且操作压力越低，降温幅度越大 。

3. 注水后设备运行状况　该压缩机自 2003 年 6 月投入正常生产后，设备运行状况较好，轴振动、轴位移及轴瓦温度均在正常范围之内。但在 2004 年 4 月压缩机检修中，发现压缩机高压缸级间气封有不同程度的腐蚀，尤其是四段级间气封腐蚀较为严重。分析认为级间注水对气封的腐蚀有一定的影响。为此，对腐蚀较重的气封进行了更换，并且对这些气封进行了“过塑”处理。但运行至 2006 年 2 月初，高压缸轴位移大幅度上升，压缩机出现频繁喘振现象，被迫停车更换气封。之后，决定对四段气封的材质及结构进行改变和改造，在 2006 年 5 月装置大检修时全部进行了更换。高压缸四段气封由铝合金改为镍合金。完成后于 2006 年 6 月 19 日开车，运行比较正常，轴位移、轴振动及各段压力都在正常范围内。

4. 注水总结　注水可以有效降低裂解气压缩机段间温度，防止压缩机结焦，节省洗油消耗，提高压缩机送气能力。

裂解气压缩机高、低压缸级间气封均采用铸造铝合金加工而成。裂解气经碱洗塔脱除酸性介质后进入高压缸四段，会有部分碱液雾液夹带进入压缩机，因级间注水，使碱液滞留在壳体汽封内时间较长，造成气封腐蚀。其次，碱洗不干净，会有少量 CO_2、H_2S 带入压缩机，在注水中溶解，也对气封产生腐蚀。另外，对碱洗塔来说，不设循环水洗段造成裂解气碱性偏高也是重要原因。

对四段气封做了整体环氧型树脂喷涂，固化条件：180℃±5℃/15~20min，冲击强度：大于 50kg·cm(涂层厚度 50~70μm)。虽然这种方法能够解决气封不被碱液腐蚀，但由于涂层强度较低，很容易脱落，从根本上解决不了铝气封腐蚀的问题。

由于在工艺生产上很难杜绝裂解气中夹带碱液的问题，只能从更换气封体材质来着手解决。

六、汽轮机采用两个转子和提高真空度

在装置建成后，开车的前阶段，由于压缩机的操作负荷一般仅为设计负荷的 50%~70%，因此汽轮机远离设计值工作。同时，由于蒸汽调节阀的损失，各段焓降的分布和设计时的分布有很大差异，特别是第一段尤为显著。为了改善这种状态，汽轮机可以采用两种转子，一种是开车初期用转子，一种是设计负荷下运转的转子，以使各段的焓降和实际工况相符。

另一方面，可提高表面冷凝器的真空度，即从 90.6kPa 提高到 96.0kPa。但是，必须改造低压段的转子，虽然表面上只差 5.33kPa，但从绝压的观点看，蒸汽压力将从 10.7kPa 降到 5.33kPa，蒸汽的体积是原来的 2 倍。因此，最终段的蒸汽流速远远超过设计值，通过叶

轮时几乎不膨胀，而从叶轮出来后才膨胀，结果没有做有效功。为此必须改造汽轮机的低压段，以便提高增加真空度后的效果，其改造结果是可减少4.2%的蒸汽消耗量。

裂解气压缩的转子也可采用两种转子，一种是设计负荷转子，一种是50%~70%负荷下运转的转子，以便减小压缩机从三段出口返回一段入口，从五段出口返回四段入口的循环量。采取以上措施，对300kt/a乙烯装置而言，一般可以节省电耗2800kW·h。

七、压缩段数的合理选择

裂解气压缩是非理想压缩过程，即绝热或多变压缩过程。与等温过程相比，达到相同的最终压缩状态，前者功耗约为后者的1.5倍。

增加段数并进行段间冷却，就能削弱压缩过程的不可逆程度，使之接近等温压缩过程，段数越来越接近，从而降低功耗。实际上乙烯装置都采用五段或四段压缩，以五段居多。如果再增加段数，反而会因段间压力降增大而使功耗变大，并增加设备费用。五段比四段具有明显的优点，如功耗少、压缩比小、排气温度低，可避免不饱和烃的聚合结垢，在相同功耗下一段吸入压力可以低一些，有利于提高裂解的选择性。例如，五段或四段均要将裂解气压缩到3.5~3.9MPa，选用五段压缩，炉子出口压力比四段的低0.034~0.068MPa。

林德公司所做的比较分析表明，就功耗而言，五段优于四段。进行比较的前提条件是以全馏程石脑油为原料，年产580kt乙烯装置，最终压缩到3.4MPa，其比较结果如表5-24所示。四段的压缩比较高，为避免聚合结垢，一般吸入温度必须降至15℃，而五段压缩只用水冷却到35℃就可以了。从表5-24可看出，采用四段压缩，虽然裂解气压缩机功耗降低，但增加了丙烯压缩机制冷功耗8656kW，因此总功耗却增加了约12%。

表5-24　五段与四段压缩比较

项　　目	五段压缩	四段压缩
吸入压力/MPa		
一段	0.122	0.118
二段	0.260	0.304
三段	0.426	0.598
四段	0.820	1.320
五段	1.593	—
压缩机功耗/kW		
一段	9008	9870
二段	9760	10596
三段	9726	10580
四段	7190	7793
五段	6418	—
丙烯制冷功耗/kW	—	8656
总功耗/kW	42102	47495

八、降低压缩机出口温度

裂解气压缩机段间冷却一般采用水冷，因此段间冷却后的裂解气温度一般为37~40℃。在此条件下，为保证各段出口气体温度控制在90℃左右，则各段压缩比将限制在大约2.2以下。

限制裂解气压缩机各段出口温度主要是减少裂解气中二烯烃聚合，从而避免聚合物堵塞压缩机密封和流道。但是，即使将各段出口温度控制在90℃左右，仍然有一定量的二烯烃聚合物生成。为此，林德公司往压缩机注入锅炉给水以降低压缩机出口温度，从而减少裂解气中二烯烃的聚合。林德公司采取这一措施，压缩机段间出口温度可控制在80℃左右。一套600~700kt/a乙烯产量装置，约每段需喷2.5t/h 30℃的锅炉给水，各段出口温度可降低10℃左右。

但是布朗路特公司和鲁姆斯公司通常采用段间喷油设计，以清除污物。

九、采用高效压缩机

在乙烯生产中，压缩机能耗约占总能耗的20%(AGO裂解)~40%(乙烷裂解)，因此减少压缩机能耗也是降低乙烯生产成本的一个重要方面。除了已有行之有效的措施，如增加压缩段数、减少段间压降等外，最近开发了高效压缩机。

高效压缩机是利用计算机设计，使压缩机叶轮形状能最大限度地提高气体压缩效率，同时使气体在压缩机内部流动过程中压力损失降至最小限度，从而使输送气体的能耗进一步降低。目前设计的大型离心式压缩机效率已超过85%。

气体流道是压缩机性能的一个关键因素，新型高效压缩机的全部级都采用三元流叶轮。影响离心压缩机效率最重要的因素是叶轮的性能，为获得压缩机整机的高效率，技术人员开发了高效率的三元流叶轮，取代以经典设计方法为基础的二元流叶轮。

三元流叶轮的性能明显优于二元流叶轮的性能(见图5-31)，主要表现在以下几个方面：

(1) 三元流叶轮的相对能量头系数不会出现陡降的现象。

(2) 三元流叶轮的最大效率高于二元流叶轮。

(3) 三元流叶轮的操作范围比二元流叶轮的宽。

叶轮性能从二元流到三元流的改进，在很大程度上得益于计算机辅助设计技术的发展。三元流叶轮内流场的速度分布比二元流叶轮更加均匀，从而减少了压缩机的能量损失，提高了压缩机的效率(见图5-32)。

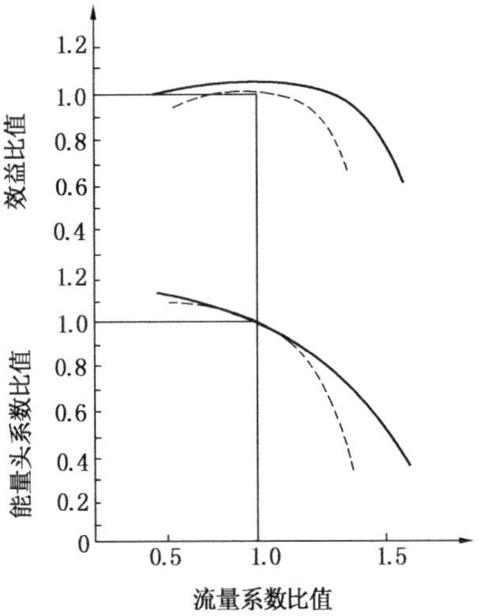

图5-31　三元流和二元流叶轮气动特性比较

——三元流叶轮；········二元流叶轮

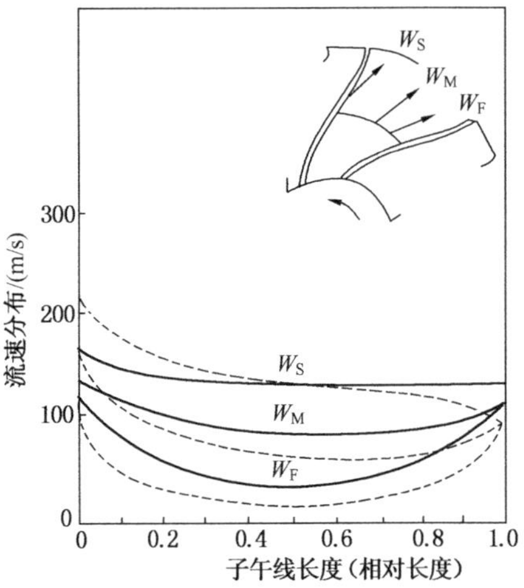

图5-32　三元流和二元流叶轮内流场速度分布比较

——三元流叶轮；········二元流叶轮；W—气速

提高叶轮的制造技术，使叶轮内流道光滑精确，减少能量损失。为保证叶轮流道型线的加工精度，三元流叶轮的轮盘和叶片一般由5坐标数控机床整体铣制而成，然后由机械手将轮盖和轮盘叶片焊在一起。在叶轮的生产过程中采用了新的槽焊方法和真空热处理系统。在叶轮的叶片和轮盘焊接之前，装填变形防止剂和根部焊道整形剂，这一方法对防止焊接过程中的变形和形成均匀的根部焊道作用显著。真空热处理工艺可抑制热处理过程中表面氧化，防止气体流道表面加工粗糙度的恶化。采用这些技术使气体在压缩机内部流动过程中压力损失降至最小限度，从而使输送气体的能耗进一步降低，有效地提高了压缩机的效率。

十、改进干燥系统

美国菲利浦斯公司将原有两套乙烯装置的裂解气干燥系统进行改造，取得了显著的经济效益。原有两套装置均采用活性氧化铝作干燥剂，每套共有三个干燥器，其中两个串联操作，一个再生。由于改为3A分子筛后，其吸附孔径小，只吸附水分，不吸附烃类，因此可防止在吸附表面形成聚合物以致结炭所造成的干燥剂失效问题。同时由于分子筛吸附容量大、吸附速率高，因此可将两个干燥器串联操作改为并联操作，使压降减小，降低裂解气压缩机的功耗。该公司经进一步改造，即在干燥器内充填两种不同颗粒(3.18mm和4.36mm)的分子筛而形成混合床，使床层压降进一步降至0.014~0.017MPa(原来的活性氧化铝干燥系统运转6个月后，压降超过0.21MPa)。分子筛可使用两年，为活性氧化铝使用寿命的几倍。

十一、碱洗塔采用填料塔

碱洗塔在过去的设计中，一般采用浮阀塔，就年产300kt乙烯装置而言，塔径为2.8m，塔的切线高度为48m，共有48块实际板。最近，国内外的一些乙烯装置已把碱洗塔改成填料塔，并且在鲁姆斯等一些公司的设计中也采用了填料塔。碱洗塔采用浮阀塔，一般阻力为0.06~0.12MPa，若采用填料塔，阻力一般为0.02~0.03MPa。300kt/a乙烯装置，约节省能耗200kW·h，若采用不锈钢填料，约5年就能回收投资。

十二、凝液直接去脱甲烷塔

为减少裂解气压缩机段间返回量，有些乙烯装置在裂解气压缩系统中不设置凝液汽提塔，此时，裂解气压缩机五段出口气体经冷却至15℃后即进行气、液分离，气体经气相干燥器后送入低温分离系统，凝液则经液相干燥后也送入低温分离系统，冷却后进入脱甲烷塔。有些采用低压脱甲烷塔的乙烯装置虽然也设置了凝液汽提塔，但为了减少压缩机的功耗，将凝液汽提塔塔顶气相经气相干燥器后送入低温分离系统，冷却后进入低压脱甲烷塔。

第五节　精馏塔的节能

虽然深冷分离功耗不断下降，但是从热力学的角度来看，仍大有潜力可挖。如含乙烯32.4%(体)的裂解气在常温(25℃)下进行可逆分离，分离每吨乙烯的热力学最小理论功仅为48kW·h，也就是说实际功耗与分离最小理论功相比，差距甚远。

1965年的深冷分离热力学效率不超过6%，1976年可达6%~10%，近年鲁姆斯公司所提供的最新数据表明，热力学效率虽有提高，但也仅在10%左右。

虽然分离最小理论功不易达到，但用它可以和实际分离过程进行比较，定量地说明实际分离过程偏离热力学可逆操作的程度，也就是说可以用来衡量实际分离过程节约能量潜力的大小。

目前精馏的节能，主要从回流比、中间冷凝器和中间再沸器、多股进料和侧线出料、进料状态、热泵系统、多效蒸馏以及低温塔的低压操作等方面着手。

直观地看，蒸馏装置的节能就在于塔顶蒸气和塔底排热或排冷的利用。但是，我们将就工艺过程的总体，即从化学工程的角度来规划节能措施，进行最佳化权衡，这才是低温精馏系统节能的关键所在。

一、回流比最佳化

蒸馏过程所需热能一般与回流比有关，最小热能取决于最小回流比。回流比从蒸馏塔自由度来看，是与蒸馏分离的经济评价有关的重要独立变数。为节约能量，一般精馏装置均采用增加塔板数，降低回流比的方法，这是一种普遍趋势，降低回流比的节能潜力为5%~20%。

关于最佳回流比(R)与最小回流比(R_m)的关系，一般精馏装置 $R=1.10\sim1.20R_m$，低温精馏装置由于冷量昂贵所以取的小一些，$R=(1.05\sim1.10)R_m$。例如，脱甲烷塔回流比力争做到 $R=1.05R_m$，当低能位的介质(如水)作为冷剂时，可取 $R=(1.20\sim1.50)R_m$。

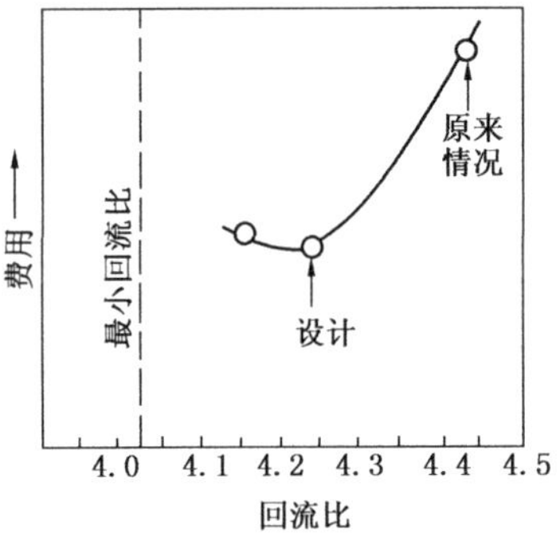

图 5-33　乙烯塔回流比

乙烯塔原来回流比取 $R=1.30R_m$，现在已减小到 $R=1.05R_m$，见图 5-33。最佳回流比已相当接近最小回流比，今后这种接近仍将是一种发展趋势。副产的低位热源，塔顶用水冷凝回流时，可以采用较大回流比，与一般低温塔有所不同。

最佳和最小回流比的接近问题，还必须考虑回流比和分离度的关系，即塔板效率问题。另外还应考虑由于低回流比会造成塔内液量降低，要维持塔板效率的稳定很困难，并难以控制操作的情况。

但迄今为止尚未看到一种塔板效率的可靠计算方法应用于设计，现在主要是凭经验确定塔板效率。有人证明，把大回流比下得到的经验塔板效率直接应用于小回流比时是很危险的。在节能的设计过程中，要采用摸索的手法，即在实际运转的蒸馏塔上减小回流比，还必须在与分离度相吻合的条件下确定最佳回流比才行。

最佳回流比愈接近最小回流比，需要的实际塔板数愈多，其函数关系如下：

实际塔板数=f(理论塔板数，回流比)

即回流比愈小，所需塔板数愈多，因此应加以权衡取其最佳值。

二、采用中间再沸器和中间冷凝器

所谓中间再沸器是在精馏塔提馏段的某处加入一定热量，以代替一部分原来从塔底加入的热量。由于精馏塔的温度是沿着塔高而下降的，在中间再沸器处的温度比塔底的温度低，所以在中间再沸器中可以用比塔底加热剂温度低的加热剂来加热。这和多进料的作用基本上是类似的，即可以提高精馏塔的热力学效率，降低能量消耗。如果某一精馏塔塔底温度较高，塔底再沸器用较高温度加热剂来加热，则若能适当加一个中间再沸器，可用一部分廉价的较低温度的加热剂来加热(有时甚至可以利用低能位的废热，如用循环水取代一部分高温加热剂)，显然能降低操作费用。同样，如果某一塔塔底温度较低，塔底再沸器本身就是一种回收冷冻量的手段，那么有可能在提馏段的适当地方回收温度更低的冷量，这一部分冷量与塔底相比，能位较高，回收功率较大。

在设备上由于用了中间再沸器，提馏段的塔板数是增加了。但是，在中间再沸器下面的塔段因负荷的减小而降低了塔板间距或塔径，在换热器面积方面，使用了中间再沸器以后，总的来讲是减少而不是增加。中间再沸器往往设置在传质推动力比较大的部位(当然还要考虑温度)，这样一方面能获得较大能量回收，另一方面也不致因为加了中间再沸器以后，传质推动力减小而使塔板数增加很多。塔板增加数和加入热量的多少有关，一般情况下如脱乙烷塔，增加了中间再沸器以后实际塔板数约增加10块。

一般精馏塔的温度是自下而上逐渐降低的，顶温最低，底温最高。所以，对于顶温低于环境温度、底温高于环境温度，而且顶、底温差较大的精馏塔，如在精馏段设置中间冷凝器，可用温度比塔顶回流冷凝器稍高的较廉价的冷剂作为冷源，以代替一部分塔顶原来用的低温级冷剂提供的冷量。在精馏塔中布置中间冷凝器、中间再沸器的流程示意图如图5-34所示。

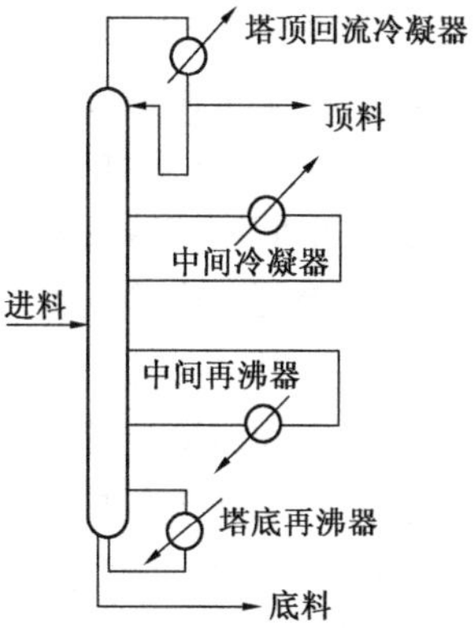

图5-34　非绝热精馏塔的示意图

由于脱甲烷塔顶、底温差较大，设置中间再沸器和中间冷凝器，在节约能量上会收到明显的效果。今以脱甲烷塔为例介绍中间冷凝器及中间再沸器方案。

采用中间冷凝器产生中间回流的脱甲烷流程，如图5-35所示。

图5-34所示是逐级分凝、多股进料与中间回流相结合的流程。进料经一级分凝，-29℃的凝液作脱甲烷塔的第一股进料。气体经二级分凝，-62℃的凝液作第二股进料。气体经进料冷凝器(-101℃乙烯冷剂)分凝，-96℃气、液混合物作第三股进料。同时，从塔中引出一股气体进入中间冷凝器，与进料气体汇合冷凝后得气、液混合物回流入塔。此时，中间回流与第三股进料结合起来了，而第二个进料冷凝器与中间冷凝器结合为一个设备。

从塔顶气来看，经节流膨胀、自身致冷而降温到-107℃。因为采取了中间回流，减少了塔顶回流量，塔顶可省去外来冷剂制冷的冷凝器，只设自身制冷换热器已能满足负荷要求。由于节流膨胀，使塔顶气体温度低，所以从塔顶气中还可回收一部分乙烯，降低乙烯损失。

对于绝热精馏系统，在McCabe-Thiele图(参见图5-36)上的精馏段操作线为AD线，提馏段操作线为AW线。由图可见，在有限理论塔板数的情况下，操作线与相平衡曲线有相当距离，表示各级浓度推动力不是无限小，所以此种精馏过程有相当的热力学不可逆性。

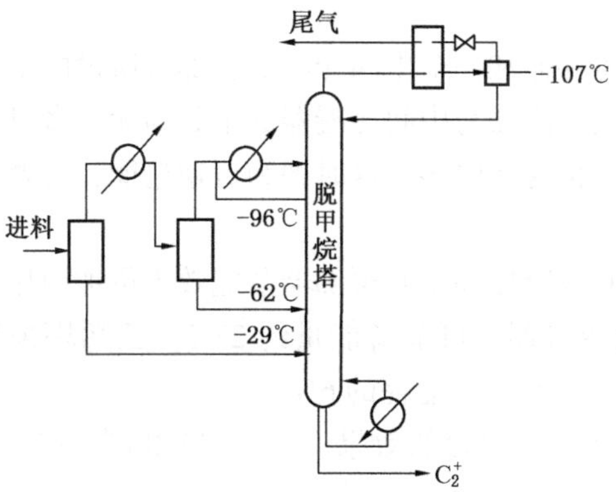

图5-35　中间冷凝器产生中间回流的脱甲烷流程

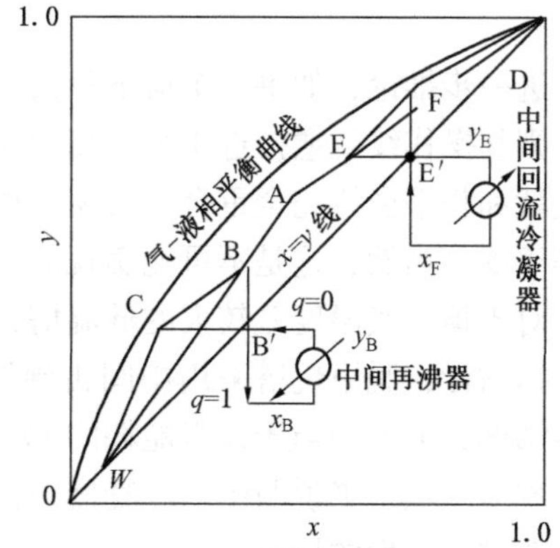

图5-36　非绝热精馏与绝热精馏操作情况的MaCabe-Thiele图

设有中间再沸器的操作情况是自提馏段某一级 B 点取出浓度为 x_B 的饱和液体，在中间再沸器中加热汽化变成饱和蒸气，浓度为 y_B，因为是全部汽化，y_B 显然等于 x_B，所以在 McCabe-Thiele 图上必然要经过 $x=y$ 的对角线与 $x=x_B$ 线的交点 B' 而到达 C 点。抽出量愈大，即中间再沸器负荷愈大，C 点的位置愈靠近于气-液相平衡曲线。饱和蒸气送回塔的位置显然是在液相抽出板之下。B 点到 A 点的操作线与未用中间再沸器时的情况一样，因为这一塔段的热量平衡情况没有改变，所以操作线也不改变。BC 线是液相抽出板到气相返回板之间的操作线，CW 线是气相返回板到塔底液相出料的操作线。

设有中间回流冷凝器的操作情况是自精馏段某一级 E 点取出浓度为 y_E 的饱和蒸气，在中间回流冷凝器中冷凝变成饱和液体，浓度为 x_E，因为是全部冷凝，x_E 显然等于 y_E，所以在 McCabe-Thiele 图上必然要经过 $x=y$ 的对角线，与 $y=y_E$ 线的交点 E' 而到达 F 点。抽出量愈大，即中间冷凝器的负荷愈大，F 点的位置愈靠近于气-液相平衡曲线。饱和液体送回塔的位置显然是在气相抽出板之上。E 点到 A 点的操作线与未用中间回流冷凝器时的情况一样。EF 线是气相抽出板到液相返回板之间的操作线，FD 线是液相返回板到塔顶气相出料的操作线。

以上讨论了在 McCabe-Thide 图上如何绘出绝热精馏与非绝热精馏的操作线，非绝热精馏的操作线为 $DFEABCW$ 线，而绝热精馏的操作线为 DAW 线。前者比后者更接近于气-液相平衡曲线，所以热力学不可逆性就小一些，提高了热力学效率，但塔板数增加，投资增加。

从图 5-36 中还可以看出，绝热精馏系统精馏段的操作线为 AD 线，它与设有中间冷凝器的非绝热精馏系统 A 点到 E 点的操作线是相同的。因此，绝热精馏塔顶冷凝器的移出热量等于非绝热精馏塔顶冷凝器与中间冷凝器移出热量之和。但是，非绝热精馏中一部分热量是在 T_c 温度下移出的，而另一部分热量是在比 T_c 为高的温度下移出的。同样，绝热精馏系统提馏段操作线 AW，与设有中间再沸器的非绝热精馏 B 点到 A 点的操作线是相同的，因此绝热精馏塔釜再沸器的供热量等于非绝热精馏塔釜再沸器与中间再沸器供热量之和。但是，非绝热精馏一部分热量是在 T_r 温度下加入的，而另一部分热量是在比 T_r 为低的温度下加入的。

总之，利用非绝热精馏来降低分离过程的有效能损失，不是靠降低总热能消耗量来达到的，而是借助所用热能的品位不同而实现的。以上的结论对于多组分分离来说也同样是正确的。

进一步推论，如果一个塔不只设一个中间再沸器和一个中间冷凝器，那么所设的个数愈多，则其操作线就愈接近于相平衡曲线。当中间再沸器与中间冷凝器的个数为无限多时，操作线就和相平衡线完全重合，所需增加的塔板数也为无限多，这时即为可逆精馏，有效能损失等于零。当然，这是不可能实现的。

对于顶、底温度差较大的低温塔，设置中间冷凝器和中间再沸器节能效果更加明显。

据估计，脱甲烷塔采用中间再沸器和中间冷凝器，可节省能量约 27%。乙烯塔采用中间再沸器，节能相当于该塔能耗的 17%，或相当于制冷总能耗的 6%。

现举一例子来说明中间冷凝器应用于脱甲烷塔所取得的效果。图 5-35 和图 5-37 为该例子改进前、后的情况。

进料预冷冷凝器与中间冷凝器结成为一个设备。从塔中引出一股蒸气与进料汇合进入中间冷凝器，冷凝后的气、液混合物回流到塔内。由于采用了中间冷凝器，大大降低了塔顶冷却负荷，仅用一节流阀制冷就足够了，省去了塔顶乙烯(冷剂)冷凝器。脱甲烷塔和乙烯塔成功地采用了中间再沸器，裂解气作为再沸介质，可有效地回收冷量。

某乙烯装置，15℃的裂解气经干燥后进入乙烯塔中间再沸器，冷却到-13℃再进入脱甲烷塔中间再沸器进一步冷却到-20℃，然后与循环乙烷换热冷至-26℃，最后用-40℃级的丙烯冷却到-37℃，得到进脱甲烷塔的第一股凝液。脱甲烷塔和乙烯塔主再沸器均用丙烯热剂作为再沸介质。

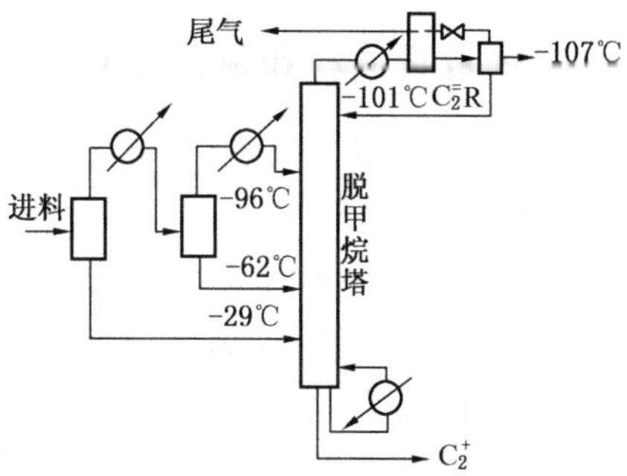

图 5-37　逐级分凝三股进料脱甲烷流程

一般中间再沸器的热负荷占再沸器总负荷的30%~40%，乙烯装置各塔中再沸器负荷占该塔提馏段加热总负荷的百分比分别约为：

脱甲烷塔	27%	
脱乙烷塔	30%	
乙烯塔	40%	
丙烯塔	30%	
第一脱丙烷塔	34%	双塔脱丙烷
第二脱丙烷塔	39%	双塔脱丙烷
脱丁烷塔	25%	

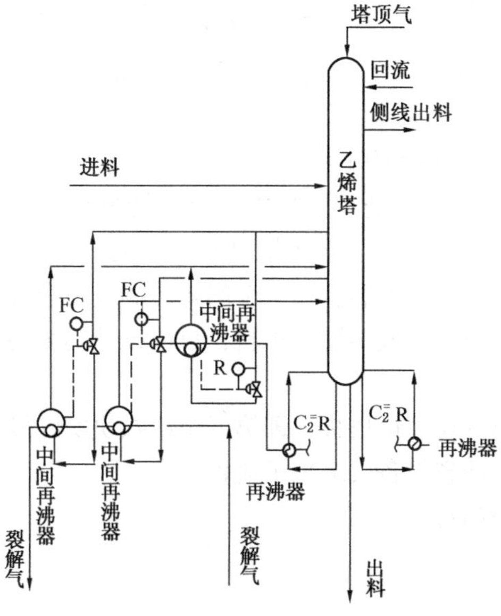

图 5-38　乙烯塔中间再沸器系统

采用中间再沸器，可以节省能量、减小提馏段塔径。以年产300kt乙烯塔为例，采用中间再沸器，节省电能为960kW·h。脱丙烷塔和脱丁烷塔及丙烯塔采用中间再沸器，是用急冷水作中间再沸器的热源，对脱丙烷塔中间再沸器占主再沸器负荷的30%，每千克乙烯可降低能耗150kJ；对脱丁烷塔而言，可降低能耗75kJ，同时可节省冷却水约200t/h。另外，乙烯塔可采用两个温度等级的中间再沸器，这样裂解气可以冷却到更低温度，回收更多能量。图5-38是20世纪90年代初期投产的年产350kt乙烯塔流程，从塔的提馏段抽出两股物料，两个温度等级，冷却三股物流，中间再沸器负荷占提馏段总加热量的44%。

当采用双塔脱丙烷时，以90年代初期建成并投产的年产300kt乙烯为例，原料为石脑油。其第一脱丙烷塔的操作压力为1.7MPa，塔釜温度为82℃，塔顶温度为43℃，中间再沸器占提馏段热负荷的34%；第二脱丙烷塔的压力为0.64MPa，塔釜温度为74℃，塔顶温度为57℃，中间再沸器占提馏段热负荷的39%。但是，只有当乙烯年产量大于或等于140kt时，才能在较短期限内回收投资，否则不采用双塔脱丙烷。

三、多股进料和侧线出料

一般来说，将 N 个组分的混合物分离为单一组分，就要采用(N-1)个单独的常用塔，每个塔都有自身的再沸器和冷凝器，这当然要消耗较多的能量。因此，出于节能考虑，出现了多股进料和侧线出料的复杂塔形式，既省能量又省设备。

图 5-39(a)就是一般的常用塔，区别在于它是两股进料，所需热能(冷能)少得多。

如用两座常用塔分离三个组分，且两座塔的处理量和回流比无太大不同时，则可用图 5-39(b)的一座塔代替，但其前提是塔内相对挥发度的顺序不变。

当进行如图 5-39(c)的四组分分离时，一般用两座常用塔即可。但是，A、B 组分和 C、D 组分各塔回流比大体相同，而且 B-C 间的相对挥发度较之 A-B 和 C-D 间大才行。

图 5-39(b)的方式是当进料量 $F_1 \approx F_2$，原料液组成 $x_{F_1}(B) \approx 0.5$、$x_{F_2}(B) \approx 0.5$ 时，较之用两座常用塔分离所需能量节省 1/2。当进料量 F_1 和 F_2 之间差异很大时，如 $F_1 \gg F_2$，则要加中间再沸器；如 $F_1 \ll F_2$，则要加中间冷凝器。

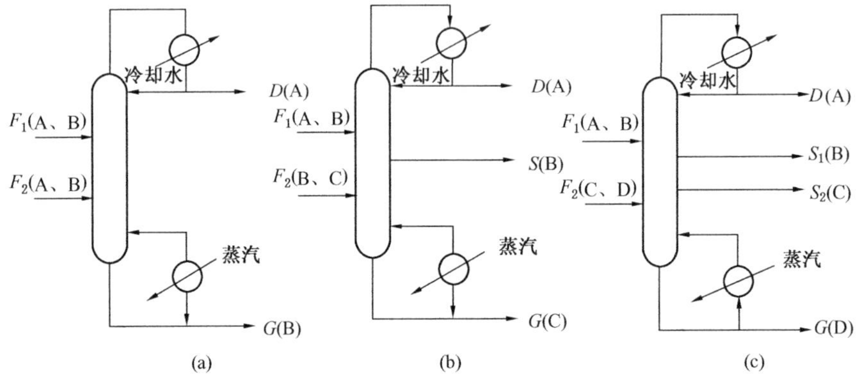

图 5-39　多股进料和侧线出料示意图

复杂塔是在常用塔上增加多股进料、侧线出料、复合处理等功能，但运转操作变得复杂，产品质量也难于控制。第一个问题是侧线按一定量采出，要求塔具有一定的生产能力；第二个问题是虽有侧线出料，但操作参数并未增加，难于控制；第三个问题是侧线出料板处于原料经过的地方，易受污染。脱甲烷塔原来是单股气、液相混合进料，目前设计均采用多般进料。

乙烯塔和丙烯塔液相侧线出料一般在第三至第五块理论塔板，即第五至第八块实际塔板处引出，分别省去第二脱甲烷塔和第二脱乙烷塔，即省设备又缩短了流程。

多股进料和侧线出料是近年来新厂设计的一般趋势。

四、进料状态

进料状态和进料位置与回流比和塔板数之间有很密切的关系。预热进料可利用低位热源，能代替部分再沸器所需要的高质量热源。预热的热源可以是工艺过程的排热，或低压蒸汽。这样可减少再沸器的供热，以达到节能之目的。从低位热源的利用来看，是个很有效的方法。

例如，蒸馏 $C_2 \sim C_5$，馏出 C_2、C_3 时，当进料温度与进料塔板的温度之间有 20℃以上的差异，回流量如不是计算值的 1.5~2 倍的话，就不能运转。因此，进料温度和进料位置要加以选择，实际上工业装置很多都是沸点进料，原因是塔内处于沸腾状态，沸点进料对塔内状态扰动较少，同时计算方便，即沸点进料 $q=1$(蒸发率)，手算简单。

如果高于沸点进料，即气相进料，再沸器的负荷减少，但塔径和回流比变大，即塔径和冷凝器变大。这一种进料方式应用于下列情况就可节能，即前处理塔的塔顶馏出物以气态直接进下一塔时，再沸器热负荷将减少，可以用较少的塔板数进行处理，而且前处理塔的冷凝器负荷也可减小。这种节能的有效性尤其反映在易分离的系统中，但对难于分离的系统，效果将减弱。这是因为分离愈难，回流比将增大，原料所持热量占塔的供热比例下降。

如果低于沸点，即液相进料，首先遇到的问题是设计计算，遇此种情况用逐板计算程序来决定进料条件和进料位置。首先固定进料条件，即固定 q 值，然后假定塔板数求回流比，或假定回流比求塔板数，这时的进料段可假定在任意位置，再根据计算调节上、下塔板数。但 q 值对塔内组成将有很大的影响，不易获得满意的结果。尽管如此，在进料段即使有较大的组成变化和温度变化，只要能同时满足物料平衡、热量平衡和气-液平衡，就算是正确的解。

其次一个问题是进料段的换热，可将进料段视为一个换热器，则气、液接触面积相当于传热面积。然而，当进料温度与进料段温度有很大差异时，因传热量过大，传热面不够，会使传热不足，导致这块塔板的板效率显著降低，其影响可波及到塔顶和塔底的组成。

第三个问题是在进料段附近，如温差过大，会发生局部闪蒸现象。因此，在低温塔的操作中，充分注意进料温度与进料段的温度差异不要太大，就可以达到节能的目的。如果无法缩小温差，就要采取具体措施，比如加一具有充分泡沫搅拌效果的中间液罐代替一般的进料段。

脱甲烷塔就是液相进料，可以减少回流比，有利于节能。

对于脱丁烷塔，如其他操作参数不变，给全塔的总热量一定，只改变原料预热和再沸器热负荷分配，塔顶馏出物中的异戊烷以上的重组分含量，对进料温度的改变非常敏感。当塔顶馏出物与塔釜液量相比非常少，而且较难分离时，从节能的观点出发，或从满足产品要求维持稳定运转来看，反而把进料温度控制低一些更好。

最理想的进料条件是进料段塔板上的气、液组成和温度没有太大的变化。进料条件不同，塔内组成也变化，对塔板数和回流比都有影响。若塔板数相同，q 愈大，则 R 愈小，耗能也愈少；R 相同，q 愈大，则塔板数愈少，而且当 R 小时，其影响将变大。

以某装置的脱丙烷塔为例，改造前，脱丙烷塔的进料是脱乙烷塔釜液和凝液汽提塔釜液合流后，经水冷器冷却，液相进塔。该塔回流比为 1.83，塔釜再沸器的热源使用 0.3MPa 水蒸气，用量为 10t/h。改造分两段进行，第一阶段把回流比从 1.83 降到 1.62；第二阶段先把该塔的进料作了改造，凝液汽提塔釜液为 78℃，不经水冷而直接进入相当温度的第 34 块塔板。这样，由于带入热量增加，就减少了再沸器的热负荷，节省 0.3MPa 蒸汽 1.6t/h。脱乙烷塔釜液较轻，其温度为 65℃，其闪蒸率达 35%，原通过水冷降到 40℃，使气体冷凝。改造后，停止冷却水，呈气、液混合相进入第 19 块塔板，节省蒸汽 1.2t/h。由于改变进料，减少了第 19~34 块塔板的液相负荷，使得进一步降低回流比(从 1.62 降到 1.6)成为可能。

五、热分离器

由于膨胀机的结构复杂，而且又是高速运转，加工维修都很难，因此近年来，出现了一种叫做“热分离器”的新型气体膨胀机。热分离器用来回收甲烷-氢尾气中的乙烯和提纯氢气都是有效的，其结构简单，能以较高的绝热效率使具有压力的气体绝热膨胀。

该技术是法国 Berlin 公司开发的，1966 年开始研究，1972 年试制成功第一台机，以后又连续制造数台投入生产，该技术专利归 NAT 公司所有。三菱重工工业公司根据法国 NAT 公司的热分离技术的基本专利，进一步发展了该技术和系统的功能，成功地工业化了。

其原理是将气体的压力能转变为动能，喷射流面向一端封闭的管子开孔。间歇喷流时，则在与管内气体之间产生的接触面起到一种活塞的作用，喷射作绝热膨胀后，温度下降，再由管的入口排出。管内气体在绝热压缩后升温，通过管壁放热后，恢复原来的状态，如此循环。当喷射流在临界压力以上时，除绝热压缩外，还要加上冲击波的吸收，会使温度升得更高。换而言之，所谓热分离器，指的就是把压力能转换为高热能和冷能的功能。

热分离器现有两种类型，一是完全没有可动部分的 STS 型，另一种是内有分布器，可以转动的 RTS 型。STS 型结构简单，但效率较低，只有 40%；RTS 型的绝热效率高达 80%，但结构复杂。

图 5-40 是使甲烷气体膨胀时的测定值。当将 30℃的甲烷气体由 0.7MPa 膨胀到 0.1MPa 时，理论上的等熵变化可使之降温到-86℃，ΔT 为 116℃，但达到理论值是不可能的。如用 RTS 型热分离器，可降温到-55℃，ΔT 为 85℃，可用它发生的冷量代替冷冻机制冷以使气体分离。其综合特点是可有效地利用压力能，如用它代替过去的节流阀，就可以取代或大幅度地削减冷冻机的冷量；能克服一般膨胀机的弱点，容易维修。但是，这种热分离器尚未用来回收乙烯装置的甲烷-氮尾气中的乙烯。有的文献提出了方案，可回收尾气中 1%左右的乙烯，其示意图如图 5-41 所示。

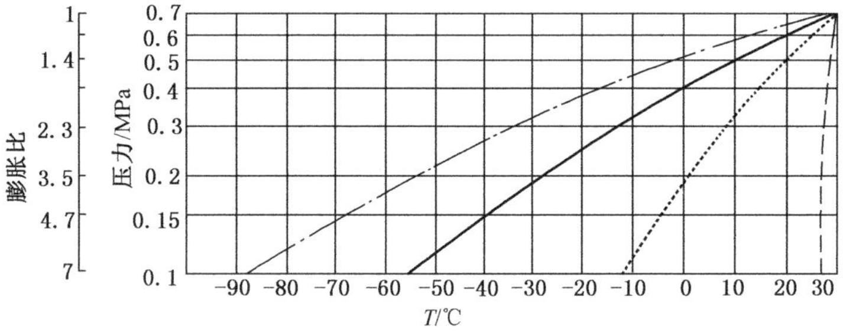

图 5-40 热分离器的膨胀比及温度下降曲线

RTS 型：$\eta=100\%$，膨胀比为 7 时，$\Delta T=116$℃

$\eta=75\%$，膨胀比为 7 时，$\Delta T=85$℃

STS 型：$\eta=35\%$，膨胀比为 7 时，$\Delta T=42$℃

$\eta=0$，膨胀比为 7 时，$\Delta T=3$℃

— — — 等熵变化；—— 热分离器；- - - - 等焓变化

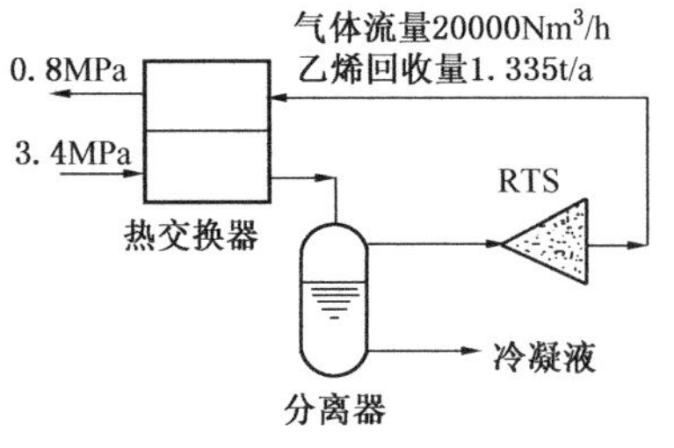

图 5-41 从乙烯装置尾气回收乙烯

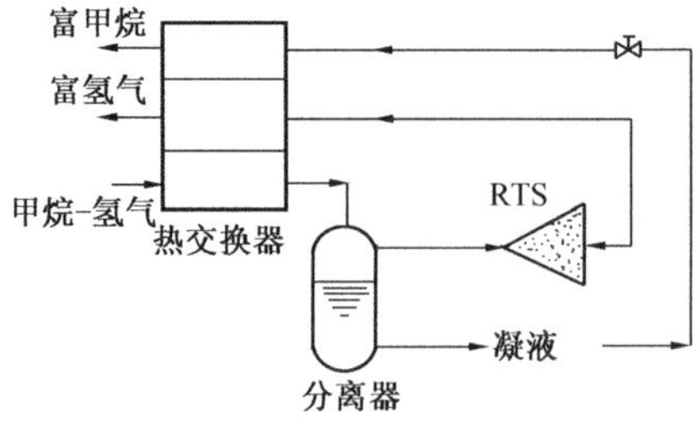

图 5-42 提高氢气纯度

还可将乙烯装置尾气冷却到-160℃以下，使甲烷液化，利用冷凝液的冷量可使氢气的纯度达 95%，其示意图如图 5-42 所示。

热分离器如能用于深冷分离，节能效果将是显著的，并在一年左右能回收投资。

参　考　文　献

1 杨国华，位亚娜．东北大学学报，1997，2(209)

2 东北大学．高声强中频声波除灰器在裂解炉上的开发与应用．科技项目验收评价报告，中油科验字[2001 年]化 011 号

3 张海涛．乙烯工业，2007(1)：40

4 王松汉．乙烯装置技术．北京：中国石化出版社，1995

5 王国清等．乙烯工业，2006(2)：19

6 李广华，汪明耀．乙烯工业，2008，20(3)：56~64

7 陈滨．乙烯工学．北京：化学工业出版社．1997，193~210

8 周文娟，姜斌，李鑫钢．乙烯工业，2006，18(增刊)：213~216

9 蓝春树，黄仁耿．乙烯工业，2004，16(增刊)：53~57

10 顾海明．扬子石油化工，2003，18(2)：14~16

11 张勇．烯烃技术进展．北京：中国石化出版社，2008

12 廖昌勇．乙烯工业，2004，16(增刊)：346~348

13 苟红霞，朱永乐．化工设计，2003，13(2)：8~13

14 王松汉，何细藕．乙烯工艺与技术．北京：中国石化出版社，2000

15 田亮．乙烯工业，2006，18(增刊)：217~225

16 何琨，曹新天，吴德荣等．乙烯工业，2004，16(增刊)：338~342

17 武兴彬，吕行．乙烯工业，2006，18(增刊)：206~212

18 白铁生，鞠超，于喜安．石化技术与应用，2007，25(增刊)：22~25

19 董忠杰，宋立臣．乙烯工业，2006，18(增刊)：236~240

20 李作政．乙烯装置生产与管理．北京：中国石化出版社，1992

21 杨春生，吴兴松．乙烯工业，2003，(2)

22 邹仁均．石油化工裂解原理与技术．北京：化学工业出版社，1982

23 王天普．石油化工清洁生产与环境保护技术进展．北京：中国石化出版社，2006

24 袁晴棠．石油化工，2008，37(增刊)：17~21

25 王振维，盛在行．乙烯工业，2008，20(4)：52~58

26 杨春生．乙烯工业，1999，11(4)：1~5

27 张炜，刘慧敏．乙烯工业，2008，20(2)：28~33

28 吴德荣，何琨．现代化工．2004，24(5)：4~8

29 Hydrocarbon Processing. 2003，(3)：96~99

30 吴德荣，何琨，朱海峰．化学工程．2007，35(12)：66~70

31 王基铭，袁晴棠．石油化工技术进展．北京：中国石化出版社，2002

32 吴兴松，王振维．乙烯工业，2002，14(1)：54~57

33 张万钧．扬子乙烯装置技术综览．北京：中国石化出版社．1997

34 张敏，江林，曹杰等．乙烯工业，2008，20(增刊)：16~30

35 张葛．炼油与化工，2004，15(4)：30~31

36 苟红霞，朱永乐．化工设计，2002，15(1)：12~14

37 王学明．乙烯工业，2002，14(2)：53~58

38 赵百仁，李广华，王松汉等．化工进展，2002，21(9)：626~629

第六章　公　用　工　程

第一节　水系统及水平衡

乙烯装置的供水系统一般包括原水、生活给水、生产给水(新鲜水)、冷却水、消防给水、工艺用水、锅炉给水、排污水及回用水等系统。水系统的设置应根据生产过程的需要、安全环保的要求及总的经济效益来确定。

一、原水系统

乙烯装置的生产用水均来自原水系统。原水水源可以是地下水源和地表水源。地下水源包括潜水(无压地下水)、自流水(承压地下水)和泉水。地表水源包括江河、湖泊、水库和海水。原水水源应根据建厂地的位置、水质和水的可得性而定。地表水源应根据《地面水环境质量标准》(GB 3838)判别水源水质优劣及是否符合要求。地下水源的水质情况应根据《地下水质量标准》(GB/T 14848)进行判断。

原水供水系统一般包括：取水构筑物、输水管渠、原水处理构筑物、调节增压设施及配水管网。

由于乙烯装置不同的生产用水水质要求各异，根据不同用途的水质要求，对原水进行相应的处理后作为乙烯装置生活给水、生产用水、冷却水、消防水和锅炉给水等工业用水。

二、生活给水系统

乙烯装置内的生活给水一般用于辅助设施内的生活用水、化验室用水、生产单元的安全淋浴洗眼器用水等。生活给水一般由工厂内自设净化设备制备，有条件时，也可由市政部门供应的自来水。供应洗眼器和安全淋浴的水必须是不间断的。生活饮用水的水质应符合现行《生活饮用水水质标准》GB 5749 的要求。

三、生产给水系统

生产给水又叫新鲜水，在装置内主要用于地面冲洗、设备内体的清洗、碳钢管线和设备的水压试验等。在为乙烯装置服务的循环水场内，生产给水主要用于循环冷却水的补充水。对于不锈钢设备和管线，必须控制水中的氯含量。

生产给水的来源应根据工程的具体情况而定。可以是工厂内经过处理后的原水，也可以是城市供水。其供水系统应具有一定的可靠性和安全储备容积。

四、冷却水系统

冷却水主要为装置内换热器、冷凝器、冷却器、机泵等提供冷却用水。工业冷却水的供水系统一般分为直流式、循环式和混合式三种，为节约水资源，一般采用循环冷却水系统。循环冷却水系统又分为密闭式和敞开式，乙烯装置通常采用敞开式循环冷却水系统。

敞开式循环冷却水系统一般由冷却水用水设备(换热器、冷凝器等)、冷却塔、集水设施、循环水泵、送水泵(也可利用循环水泵)、循环水处理装置(旁滤、加药装置等)、补充水管路及循环水管路等组成，见图6-1。

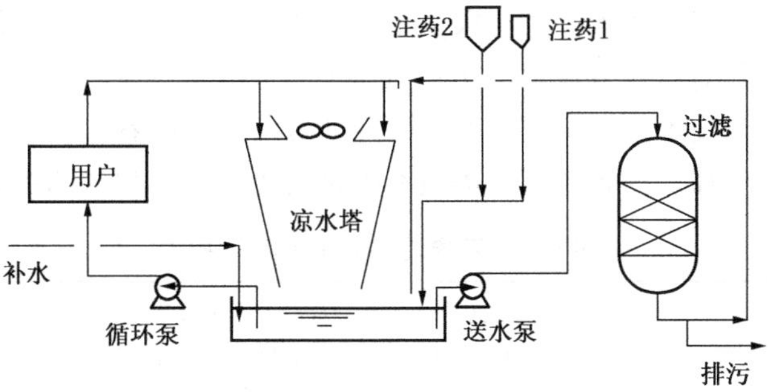

图6-1　敞开式循环冷却水系统示意图

循环冷却水由于在循环过程中受到浓缩、蒸发、风吹、升温、渗漏等各种作用，使系统中的循环水具有腐蚀性(结垢性)、易产生沉积物、易微生物繁殖等特点。如果不能很好地解决腐蚀控制、沉积物控制及微生物控制这三大问题，会对生产装置的正常运转产生很大影响。循环冷却水的水质应根据换热设备的结构形式、材质、工况条件、污垢热阻值、腐蚀率以及所采用的水处理配方等因素综合确定，并应符合《工业循环冷却水处理设计规范》的规定，其中敞开式循环冷却水的水质要求见表6-1。

表6-1　敞开式循环冷却水的水质要求

序　号	项　目	允许值	要求和使用条件
1	浊度/NTU	≤20	根据生产工艺要求确定
		≤10	换热器为板式、翅片管式、螺旋板式
2	pH值	6.8~9.5	根据药剂配方确定
3	钙硬度+甲基橙碱度(以 $CaCO_3$ 计)/(mg/L)	≤1100	碳酸钙稳定指数RSI≥3.3
		钙硬度小于200	传热面水侧壁温大于70℃
4	总Fe/(mg/L)	≤1.0	
5	Cu^{2+}/(mg/L)	≤0.1	
6	Cl^-/(mg/L)	≤1000	碳钢、不锈钢换热设备，水走管程
		≤700	不锈钢换热设备，水走壳程
7	SO_4^{2-} + Cl^-/(mg/L)	≤2500	
8	硅酸(以 SiO_2 计)/(mg/L)	≤175	
9	Mg^{2+}(以 $CaCO_3$ 计)/(mg/L)	≤50000	pH≤8.5
10	游离氯/(mg/L)	0.2~1.0	在回水总管处
11	NH_3-N/(mg/L)	≤10	
12	石油类/(mg/L)	<5	非炼油企业
		<10	炼油企业
13	COD/(mg/L)	≤100	

敞开式循环冷却水系统在运行过程中有蒸发、风吹、渗漏和排污四种水量损失，为保证系统的正常运行，必须补充新鲜水。提高循环水系统的浓缩倍数可以减少补水量，从而节约水资源。浓缩倍数是指循环水的含盐量与补充水的含盐量之比，过高的浓缩倍数会使水中各

种离子浓度过高，增加水的结垢倾向和腐蚀倾向，增大水处理的难度。因此，从节水和水质稳定两个角度考虑，应采用适宜的浓缩倍数。

乙烯装置的冷却水用量较大，主要取决于工艺要求的冷却负荷及冷却水的供水及回水温度。乙烯装置的冷却负荷与裂解原料、工厂规模及工厂的热回收方案有关。表6-2列出不同裂解原料和不同工艺技术的乙烯装置的主要冷却负荷。可以看出，急冷水冷却、压缩机段间冷却、透平复水器冷却、丙烯精馏塔塔顶冷凝是乙烯装置冷却水的主要用户。

表6-2 乙烯装置冷却水负荷举例

项　　目	轻烃裂解 (20世纪80年代末设计)	石脑油裂解 (20世纪90年代初设计)	柴油裂解 (20世纪70年代末设计)
裂解原料	轻烃和凝析油	石脑油	轻柴油和减压柴油
乙烯产量/(kt/a)	680	160	300
主要冷却负荷/(GJ/h)			
急冷水冷却	237.6	75.9	179.6
裂解气压缩机段间冷却	146.2	43.9	84.2
裂解气压缩机汽轮机复水器	144.7	76.4	50.6
丙烯压缩机冷却器	171.7	51.0	104.0
丙烯压缩机汽轮机复水器	192.3	(背压透平)	69.7
乙烯压缩机冷却器		0.4	1.5
乙烯压缩机汽轮机复水器	26.3	(背压透平)	(背压透平)
丙烯精馏塔塔顶冷凝器	118.9	38.7	93.7
脱丁烷塔塔顶冷凝器	10.3	4.6	13.2
其他冷却负荷	94.8	39.3	167.6
合　　计	1142.8	330.2	764.1
折合每吨乙烯/(GJ/t)	13.44	16.51	20.37

随着水资源的日趋紧张，乙烯装置的节水措施也变得越来越重要。在工艺装置内部，采用空冷器冷却急冷水及透平复水以减少水冷却器的数量；尽可能将急冷水用于工艺加热以减少冷却负荷；尽量利用高温用户及低温用户被冷却介质的温度不同将冷却水二次利用，进行充分优化、平衡，以最大限度地降低和减少循环水总量等。在缺乏淡水资源的地区，也可以利用海水作为冷却水。

五、工艺用水系统

乙烯装置通常以锅炉给水或脱盐水来补充工艺水，主要用于补充急冷水系统和裂解气碱洗后的水洗用水。急冷水系统的补充水量应与稀释蒸汽排污水和稀释蒸汽系统直接补汽量(包括防焦蒸汽系统、汽提蒸汽、稀释蒸汽补汽等)相平衡。稀释蒸汽排污量一般为稀释蒸汽发生量的5%~8%。在正常生产期间，通常均使直接补汽量与排污量平衡，而无需补充锅炉给水或脱盐水。只是在裂解炉烧焦而烧焦气放空时，可能补充相应的锅炉给水或脱盐水。而在装置开车期间，多台裂解炉处于蒸汽开车状态，大量稀释蒸汽放空。此时，除供给部分直接蒸汽作为稀释蒸汽外，也常常要求补充锅炉给水或脱盐水保持急冷水系统的平衡。因此，乙烯装置的脱盐水装置能力，除应保证工艺锅炉给水的需要外，尚需考虑开工期间急冷水系统的补充水量，其量可按两台裂解炉的稀释蒸汽量平衡。

裂解气碱洗塔水洗段的用水量大约为裂解气量的4%~5%，通常使用锅炉给水，经碱洗塔水洗后作为含硫污水排放。为控制污水量，碱洗塔水洗段用水量不宜过大。为减少锅炉给水用量，越来越多的装置用高压锅炉或裂解炉连续排污水经减压闪蒸并冷却后作为碱洗塔水洗段用水。

六、消防水系统

乙烯装置的消防水系统通常为高压消防水系统，系统工作压力为0.7~1.2MPa，主要用于装置内的消火栓、消防水炮、水喷雾灭火系统、水幕系统及罐区消防冷却系统，其他辅助生产设施可采用低压消防给水系统。低压消防给水系统可以与生产给水系统合并。

乙烯装置消防水的来源可以由工厂水源直接供给，也可由专门的消防水池供给，消防水经过消防泵加压后经消防管网送往装置。装置消防管网应成环状，进水管不应少于两条，其中一条发生故障时，另一条应能通过100%的消防水量。

乙烯装置的消防水量应根据装置规模、火灾危险性类别、危险物品储存量、危险设备所在位置及固定消防设施的设置情况综合确定。

乙烯装置内的消防水系统通常包括如下几个系统：

(1) 消火栓及消防水炮系统。管道上设有消火栓、消防水炮和切断阀，切断阀便于管网分段检修，每段管道上的消火栓和水炮的个数不超过5个。消火栓的附近设置消防器材箱，箱内装有水龙带及水枪(水枪及水炮均为直流-喷雾两用)。

(2) 水喷雾或水喷淋灭火系统。固定水炮不能有效保护的特殊危险设备及场所，通常设有水喷雾或水喷淋灭火系统进行保护。

(3) 水幕系统。为隔断事故时乙烯装置内的可燃气体向裂解炉区蔓延扩散，可在裂解炉区设置水幕隔离系统。若隔离区域较大，水幕系统消防水量太大，也可用蒸汽幕替代水幕进行有效隔离。

(4) 罐区消防冷却系统。乙烯装置的中间罐区(低温罐区或压力罐区)设有消防冷却水系统。根据储罐的容积设置相应的固定消防冷却水系统和移动消防冷却水系统。

七、锅炉给水系统

锅炉给水系统的设计必须保证不间断地供应锅炉或其他蒸汽发生设备水质合乎要求的水量。锅炉给水的水源可以是经过处理的生水、城市供水和蒸汽冷凝水，而蒸汽冷凝水的利用要视干净冷凝水回收的可能性和经济性而定。

锅炉给水是乙烯装置用水量较大的用户。其补充水量W_F决定于裂解炉副产蒸汽量F_1、开工锅炉产汽量F_2，以及汽包排污率η_1和蒸汽冷凝液回收率η_2：

$$W_F = (F_1 + F_2)\eta_1 + (F_1 + F_2)(1 - \eta_2)$$

对于高压锅炉而言，排污率约为2%~3%。蒸汽凝液回收率变化幅度较大。一般在装置开工期间，凝液回收率甚低，最多只能达到15%~20%。正常生产中，凝液回收率也因冬、夏季而有所不同。在凝液回收设施完善且管理良好的情况下，夏季凝液回收率可达70%左右，而冬季凝液回收率则往往降到50%左右。

因此，乙烯装置最大补充锅炉给水量及相应的水处理设施，均应按装置开工期的需用量进行平衡。

锅炉给水水质与锅炉操作压力有关。通常，2.0MPa 以下的锅炉使用软水；2.0~3.0MPa 范围内的锅炉应使用一级除盐水；3.0MPa 以上的锅炉应使用二级除盐水；10.0MPa 以上的锅炉应使用超纯水。不同操作压力的锅炉给水和炉水水质如表 6-3 所示。

表 6-3　锅炉用水水质

<table>
<tr><td></td><td>锅炉压力(A)/MPa</td><td>1.0~2.0</td><td>2.0~3.0</td><td>3.0~5.0</td><td colspan="2">7.7~10.0</td><td colspan="2">10.0~12.5</td><td colspan="2">12.5~15.0</td></tr>
<tr><td rowspan="10">锅炉给水</td><td>pH(25℃)</td><td>>7</td><td>>7</td><td>8.0~9.0</td><td colspan="2">8.0~9.0①</td><td colspan="2">8.5~9.0①</td><td colspan="2">8.5~9.0①</td></tr>
<tr><td>硬度(以 CaO_3 计)/10^{-6}</td><td><2</td><td><2</td><td>0</td><td colspan="2">0</td><td colspan="2">0</td><td colspan="2">0</td></tr>
<tr><td>溶解氧(以 O_2 计)/10^{-6}</td><td><0.5</td><td><0.1</td><td><0.03</td><td colspan="2"><0.007</td><td colspan="2"><0.007</td><td colspan="2"><0.007</td></tr>
<tr><td>油/10^{-6}</td><td>近于0</td><td>近于0</td><td>近于0</td><td colspan="2">0</td><td colspan="2">0</td><td colspan="2">0</td></tr>
<tr><td>总铁(以 Fe 计)/10^{-6}</td><td></td><td></td><td><0.05</td><td colspan="2"><0.02</td><td colspan="2"><0.02</td><td colspan="2"><0.01</td></tr>
<tr><td>总铜(以 Cu 计)/10^{-6}</td><td></td><td></td><td></td><td colspan="2"><0.02</td><td colspan="2"><0.02</td><td colspan="2"><0.01</td></tr>
<tr><td>联氨(以 N_2H_4 计)/10^{-6}</td><td></td><td></td><td>0.01~0.05</td><td colspan="2">0.01~0.03</td><td colspan="2">0.01~0.03</td><td colspan="2">0.01~0.03</td></tr>
<tr><td>硅(以 SiO_2 计)/10^{-6}</td><td></td><td></td><td></td><td colspan="2"></td><td colspan="2"></td><td colspan="2"><0.02</td></tr>
<tr><td>导电率(25℃)/(μS/cm)</td><td></td><td></td><td></td><td colspan="2"></td><td colspan="2"></td><td colspan="2"><0.3</td></tr>
<tr><td colspan="10"></td></tr>
<tr><td rowspan="10">炉水</td><td>处理方法</td><td colspan="3">碱　处　理</td><td>碱处理</td><td>磷酸盐处理</td><td>碱处理</td><td>磷酸盐处理</td><td>磷酸盐处理</td><td>挥发物处理</td></tr>
<tr><td>pH(25℃)</td><td>10.8~11.3</td><td>10.5~11.0</td><td>10.5~11.0</td><td>10.5~11.0</td><td>9.6~10.3</td><td>10.5~10.8</td><td>9.6~10.3</td><td>9.0~10.0</td><td>8.5~9.0②</td></tr>
<tr><td>M 碱度(以 $CaCO_3$ 计)/10^{-6}</td><td><600</td><td><150</td><td><100</td><td colspan="2"></td><td colspan="2"></td><td></td><td></td></tr>
<tr><td>P 碱度(以 $CaCO_3$ 计)/10^{-6}</td><td><400</td><td><120</td><td><70</td><td colspan="2"></td><td colspan="2"></td><td></td><td></td></tr>
<tr><td>总固体物/10^{-6}</td><td><2000</td><td><700</td><td><500</td><td colspan="2"><300</td><td colspan="2"><100</td><td><50</td><td><2</td></tr>
<tr><td>氯离子(以 Cl 计)/10^{-6}</td><td><300</td><td><100</td><td></td><td colspan="2"></td><td colspan="2"></td><td></td><td></td></tr>
<tr><td>磷酸根(以 PO_4^{3-} 计)/10^{-6}</td><td>20~40</td><td>20~40</td><td>10~30</td><td colspan="2">3~10</td><td colspan="2">3~10</td><td>0.5~5</td><td></td></tr>
<tr><td>亚硫酸根(以 SO_2^{2-} 计)/10^{-6}</td><td>10~20</td><td>10~20</td><td>10~20</td><td colspan="2">1~3</td><td colspan="2">0.5~2</td><td></td><td></td></tr>
<tr><td>硅(以 SiO_2 计)/10^{-6}</td><td></td><td><50</td><td><40</td><td colspan="2"><5</td><td colspan="2"><2</td><td><0.5</td><td>0.5</td></tr>
</table>

① 最好将 pH 值保持在 9.0~9.5。

② 当给水 pH 值保持在 9.0~9.5 时，最好使炉水 pH 值维持在 9.0~9.5。

八、排污水

乙烯装置生产的污水主要是含油、含酚和含硫的污水。含油污水主要来自急冷水排放、稀释蒸汽排放和地面污染含油水；含酚污水主要来自稀释蒸汽发生部分，当大量急冷水用来发生稀释蒸汽时，从稀释蒸汽发生器或稀释蒸汽罐排出大量的含酚废水，约占最大排放量的一半左右；含硫污水主要来自裂解气脱酸部分，在碱洗塔的顶部水洗段一般用超高压蒸汽包的连续排污水或用锅炉给水洗涤，排出含硫污水。

乙烯装置污水排放量随装置规模、采用的工艺技术路线不同而有所不同。表 6-4 列出了几种工况的污水排污量及其组成。

表 6-4　乙烯装置污水量及组成①

裂解原料	规模/(kt/a)	污水量/(m^3/h)			污水组成/10^{-6}
		正常	最大	每吨乙烯污水量/m^3	
轻柴油	300	13.2	21.7	0.352	pH：7.0；BOD_5：250；COD_{Mn}：1600 硫：600；酚：6；油：100；悬浮物：150
轻柴油 石脑油	450	27.7	40.7	0.492	pH：7.0；BOD_5：100~300；COD_{Mn}：1400 硫：200；酚：1~50；油：10~100
石脑油	600	24.4	28.9	0.341	pH：8.5~90；BOD_5：100~300；COD_{Mn}：200~500；硫：200；酚：1~50；油：10~100
石脑油 加氢尾油 凝析油	600	11.06	20.36	0.147	pH：8.5~90；BOD_5：100~300；COD_{Mn}：200~500；硫：200；酚：1~50；油：10~100

① 此表数据为设计数据。

九、回用水系统

目前，许多乙烯工厂为进一步节水节能，利用对污水再生处理、雨水再利用等技术措施，增设了回用水系统，用以减少新鲜水的用量。乙烯装置的消防用水、冲洗用水、循环水的补充水、锅炉用水都可以使用回用水。回用水的水质应满足相应最终用户的水质要求。当污水再生作为循环冷却水的补充水时，可按照表 6-5 进行水质控制。

表 6-5　再生水用作冷却水的水质控制指标

序　号	项　目		指　标	
			直流冷却水	循环冷却系统补充水
1	pH		6.0~9.0	6.5~9.0
2	悬浮物/(mg/L)	≤	30	—
3	浊度/(NTU)	≤	—	5
4	BOD_5/(mg/L)	≤	30	10
5	COD_{Cr}/(mg/L)	≤	—	60
6	铁/(mg/L)	≤	—	0.3
7	锰/(mg/L)	≤	—	0.2
8	Cl^-/(mg/L)	≤	300	250
9	总硬度(以 $CaCO_3$ 计)/(mg/L)	≤	850	450
10	总碱度(以 $CaCO_3$ 计)/(mg/L)	≤	500	350
11	氨氮/(mg/L)	≤	—	10①

续表

序　　号	项　　目		指　　标	
			直流冷却水	循环冷却系统补充水
12	总磷(以 P 计)/(mg/L)	≤	—	1
13	溶解性总固体/(mg/L)	≤	1000	1000
14	游离余氯/(mg/L)		末端 0.1~0.2	末端 0.1~0.2
15	粪大肠菌群/(个/L)	≤	2000	2000

① 当循环冷却系统为铜材换热器时，循环冷却系统水中的氨氟指标应小于 1mg/L。

十、水平衡

水平衡的含义是指总用水量与总排水量之间的平衡。水平衡的目的是通过对生产工艺用水要求及其变化规律的了解，挖掘重复利用、循环使用的潜力，以做到合理用水、节约用水。

乙烯装置的水平衡与新鲜水水质及采用的乙烯生产工艺技术有关，图 6-2 是某馏分油裂解 300kt/a 乙烯装置的水平衡实例，本情况耗水量偏大。图 6-3 和图 6-4 是某 1000kt/a 乙烯装置 60%工况和 100%工况水平衡图。

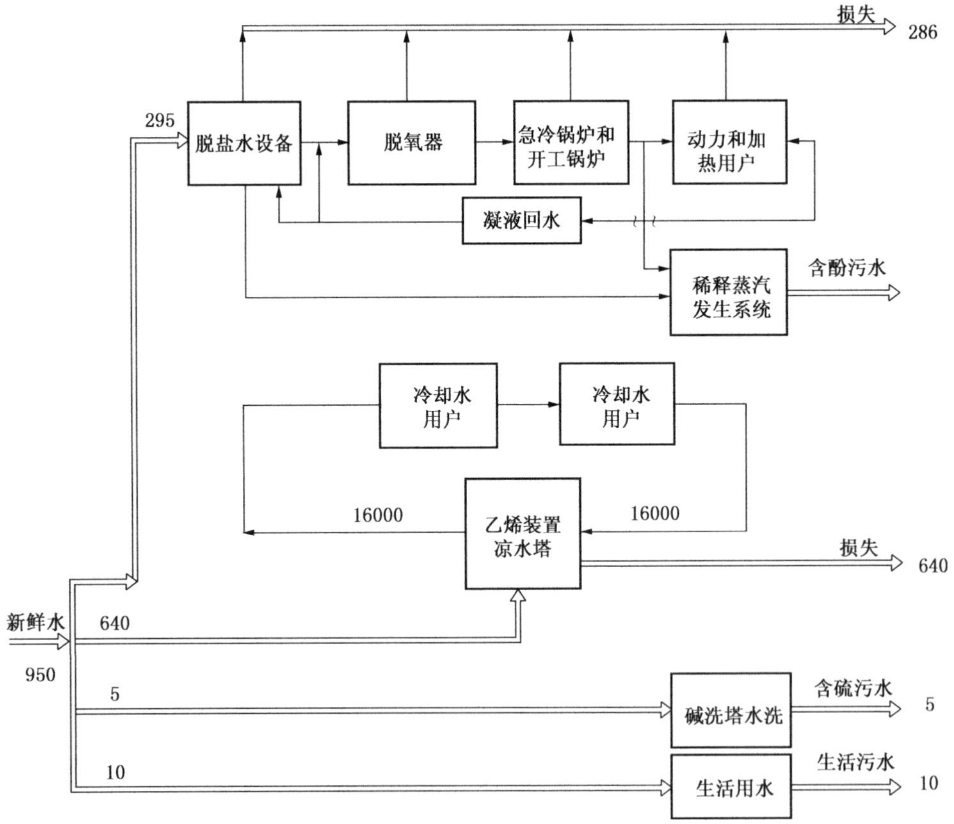

图 6-2　300kt/a 乙烯装置水平衡实例(单位：t/h)

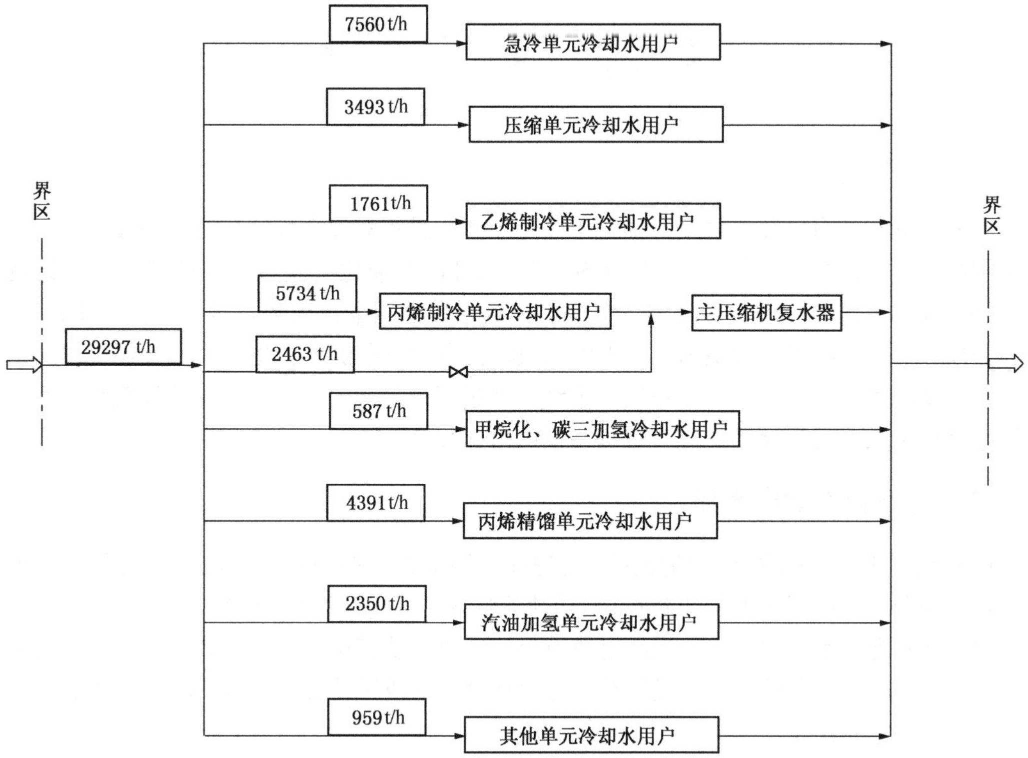

图 6-3 某 1000kt/a 乙烯装置 60%工况水平衡图

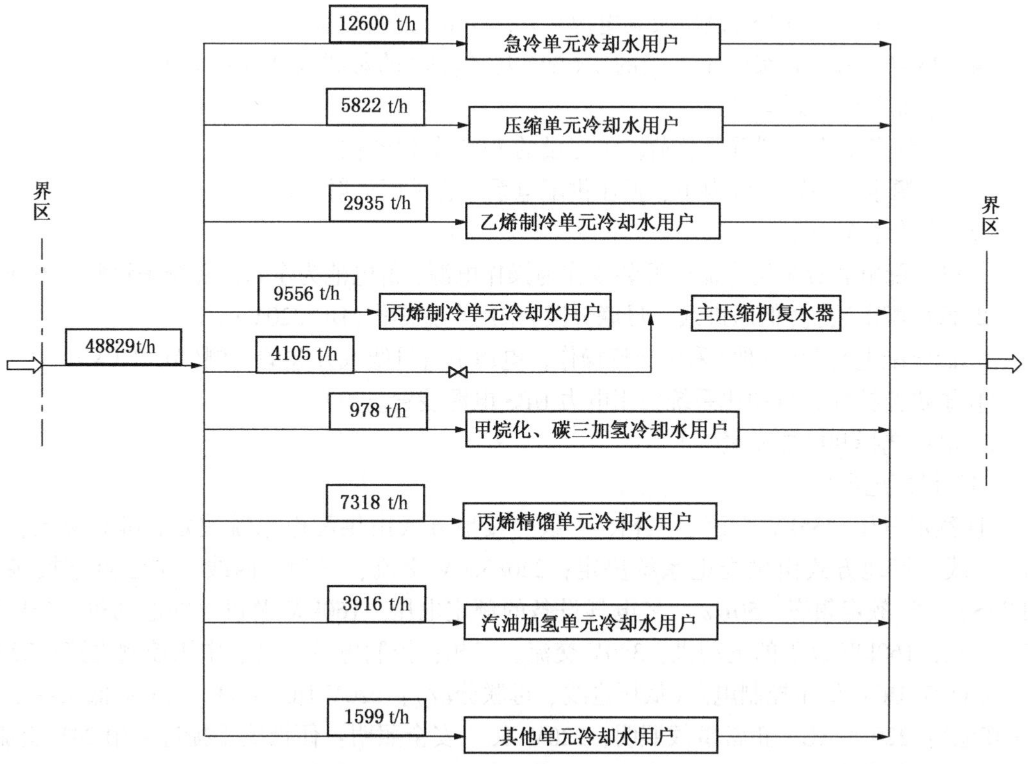

图 6-4 某 1000kt/a 乙烯装置 100%工况水平衡图

第二节　电　　气

一、概述

乙烯裂解及其附属装置属于石油化工装置，生产过程对安全性、连续性的要求很高，根据国家标准“供配电系统设计规范”GB 50052—92 和“石油化工企业生产装置电力设计技术规范”SH 3038—2000 的规定，乙烯裂解及其附属装置的用电负荷基本属于一、二级负荷(其中部分划分为一级特别重要负荷，由 UPS 供电)，中断正常供电，将造成较大经济损失，可能引起主要设备损坏，大量产品报废，连续生产过程被打乱，需较长时间才能恢复。对重要的用电负荷采取分批再启动措施，以提高供电可靠性。

二、电源和供配电系统

1. 供电电源　乙烯装置的两路独立的进线电源引自上级总变电站的不同母线段，根据负荷容量和分布，按照电源深入负荷中心的原则，在乙烯装置内设置 2~3 个变电所。

(1) 6kV 配电系统主接线。进线电缆由上级总变电站直接配至乙烯装置中心变电所主变压器高压侧。6kV 采用单母线分段接线，分段处设自动或手动投入。6kV 配电系统的接地方式根据供配电系统决定。

(2) 0.38 kV 低压配电系统。采用分段单母线、母线分段开关可自投的接线，0.38/0.22 kV 配电系统的接地形式采用 TN-S。

(3) 不停电电源(UPS)设备及其电源可采用 100%冗余配置。

(4) 35~0.38kV 各级电压等级的变(配)电站(所)的母线及相应配置的主(配电)变压器，正常情况下应分列运行。

(5) 一级负荷中特别重要负荷应由专设的 EPS 或 UPS 供电。

(6) 乙烯生产装置区域内中、低压供配电系统宜采用放射式。

(7) 操作电源规定如下：

① 6kV 配电装置采用直流电源装置作为操作电源，蓄电池为全封闭免维护铅酸蓄电池。

② 低压配电装置(低压进线、母联分段)采用直流操作(DC 220V)。

③ 低压配电装置(其他)采用交流操作，电源引自母线或开关的一侧(AC 220V)。

④ 微机监控综合自动化系统使用电力 UPS 电源装置。

2. 电压选择和电能质量

(1) 供配电电压。

① 额定电压。35kV 交流、三相、三线、接地方式由供配电系统决定；6kV 交流、三相、三线、接地方式由供配电系统决定；220/380V 交流、三相、四线、中性点直接接地(TN-S)。② 额定频率。50Hz。③ 电气设备的额定电压。160kW 及以上的电动机：6kV 交流、三相；160kW 以下的电动机：380V 交流、三相；控制电源：高、中压控制电路：220V DC 或 110V DC；低压控制电路(低压进线、母联分段)：220V DC 或 110V DC；低压控制电路(其他)：220 V AC。正常事故照明：220V AC。安全照明：便携式手提灯采用 24V 交流、在塔和容器内采用 12V 交流。检修插座：220/380V AC。方便插座：220V AC。仪表、计算机用电源：220V AC(由 UPS 电源供电)。仪表用电源(其他)：220V AC。

（2）正常运行情况下，用电设备端子处电压应按下列偏差允许值进行验算：

① 电源电压：35kV±1.75kV，50Hz±0.5Hz；6kV±0.42kV，50Hz±0.5Hz。

② 电动机的端电压：

a. 正常情况下　±5 %；

b. 特殊情况下　+5 %、-10 %；

c. 经常启动　-10%；

d. 不经常启动　-15%。

③ 照明灯具的端电压：

a. 一般工作场所　±5%；

b. 在视觉要求较高的室内场所　+5%、-10%。

④ 其他用电设备：

a. 无特殊要求时　±5%；

b. 特殊设备和灯具，按产品要求确定。

（3）对产生高次谐波使系统电压或电流波形畸变的负荷，应采取限制高次谐波的措施。

3. 无功补偿　无功补偿装置在6kV母线上和380 V母线上进行无功集中补偿。补偿后的功率因数保持在0.95及以上。对于低压无功补偿装置仅在配电变压器低压母线侧设置，且带有自动控制调节装置。

4. 电动机启动方式　对1级负荷且生产机械允许再启动的机泵设自动再启动装置，按变压器容量确定再启动容量与批次。对多级再启动的时间间隔应符合工艺流程时序；多级再启动推荐采用由微机控制的自动再启动控制装置。

三、爆炸和火灾危险环境

1. 易燃气体危险环境　爆炸危险区域划分图及电气设备的选择、安装应遵照强制性标准（GB 50058—92）《爆炸和火灾危险环境电力装置设计规范》；各种类型的防爆设备应遵照GB 3836相关标准。

2. 爆炸危险环境内电气设备、防护结构选型

（1）鼠笼式异步电动机：

1 区	隔爆型“d ”
2 区	无火花型“n ”（户外安装、介质比空气轻）
	增安型“ e ”（户外安装、半敞开厂房、室内通风良好）
	隔爆型“ d ”（户内安装）
	正压通风型“Ex-p”或复合型“Ex-de”

（2）火花型元件（按钮、开关、插座等）：

1 区	隔爆型“d”
2 区	隔爆型“d”或复合型“Ex-de”

（3）无火花型元件（接线盒等）：

1 区	隔爆型“d”。
2 区	增安型“e”

（4）照明灯具：

1 区	隔爆型“ d”

2 区　　　　隔爆型“ d ”
　　　　　　增安型“e ”
　　　　　　复合型“Ex-de”

四、变电所

1. 所址选择

(1) 变电所所址应根据下列要求综合考虑确定。

① 接近负荷中心;

② 靠近电源侧;

③ 进出线方便;

④ 设备检修运输方便;

⑤ 应布置在装置的上风侧;

⑥ 宜避开下列场所或污染源:

a. 高温、剧烈震动和积水场所;

b. 粉尘、蒸气、水雾、腐蚀性气体等污染源或其排放点;

⑦ 防火间距应满足《石油化工企业设计防火规范》GB 50160 的要求。

(2)变电所不应设置在爆炸危险区域内。当变电所局部位于爆炸危险区内时，其位于爆炸危险区内的部分，应符合下列规定:

① 应不设门而采用密闭非燃烧的实体墙。

② 当必须设窗时，应采用不可开启、难燃烧体的密闭窗。

2. 6~35kV 主要电器选择

(1) 主要电器选择原则。

① 电器的允许最高工作电压不得低于所连接回路的最高运行电压;

② 电器的长期允许电流不得小于所连接回路在各种可能运行方式下的持续工作电流;

③ 电器的允许工作频率应与所连接回路的电源频率相一致;

④ 校验电器动、热稳定和开断电流能力;

⑤ 按当地自然环境和地震条件加以校验。

(2) 变压器的选择原则。

① 应选用低损耗节能变压器;

② 35/6. 3kV、6/0. 4kV、6/0. 38kV 变压器，采用 D，ynll 结线组别;

③ 6/0. 4 kV、6/0. 38 kV 变压器选用全密封型变压器。

(3) 断路器的选择原则。

① 在校验断路器的断流能力时，应按断路器的实际开断时间的短路电流作为校验条件;

② 断路器的关合电流，不应小于短路冲击电流值。

3. 低压电器选择　低压电器的选择，应符合国家现行的有关标准，并应符合下列要求:

(1) 电器的额定电压应与所在回路标称电压相适应;

(2) 电器的额定电流不应小于所在回路的计算电流;

(3) 电器的额定频率应与所在回路的频率相适应;

（4）电器应适应所在场所的环境条件；

（5）电器应满足短路条件下的动、热稳定的要求，用于断开短路电流的电器，应满足短路条件下的通断能力。

4. 变配电装置的布置

（1）变电所的形式和建筑布置应符合下列规定：

① 配电装置宜采用户内式；

② 无人值班的变电所，不设单独的值班室、检修间和男、女更衣室及厕所；

③ 变压器室应避免长时间日照，并保证通风良好；

④ 控制室宜有良好的朝向；

⑤ 中低压开关柜柜顶净空宜不小于 1200mm；

⑥ 采用电缆夹层，电缆夹层的梁底净空高度不低于 1900mm，当电缆较少时，可采用电缆沟；

⑦ 当与爆炸危险区域相邻且位于附加 2 区内时，配电装置室的地坪宜较室外地坪提高 600 mm 以上。

（2）变压器布置应符合下列要求：

① 根据工程的具体条件，变电所的配电变压器，可设在室内或半露天（6/0.4kV 采用全密闭变压器）。

② 变压器外廓与变压器室的墙壁和门的净距离，应不小于表 6-6 所列值。

表 6-6　变压器外廓与变压器室的墙壁和门的最小净距离

项　　目	变 压 器 容 量	
	100~1000kV·A	1250kV·A 以上
变压器与后壁、侧墙的净距/mm	600	800
变压器与门的净距/mm	800	1000

③ 露天或半露天变压器的周围应设固定围栏，围栏高度至少为 2.4m。变压器外廓与围栏或建筑物的净距应不小于 0.8m；变压器底部距地面不应小于 0.3m；相邻变压器外廓之间的净距不应小于 1.5m；但接有一级负荷时，相邻变压器的防火净距不应小于 5000mm，当难以满足时应设防火墙。

④ 当变压器设吊芯设施时，可按芯体重量考虑。电力变压器周围应考虑吊车起吊空间及通道。

（3）配电装置的布置应符合下列要求：

① 中压配电装置每段应预留 1~2 台备用柜和 10%~20%的备用空位；

② 低压配电装置按各段母线应有不少于 20%的备用出线回路，且不同容量备用出线回路不宜少于一回，同时宜预留备用空位；

③ 中压开关柜的布置尺寸不宜小于表 6-7 所列数值；

④ 低压配电屏的布置尺寸不宜小于表 6-8 所列数值；

⑤ 控制室各类屏的布置尺寸不宜小于表 6-9 所列数值；

⑥ 配电装置室和控制室宜设两个出口，并布置在两端。当配电装置的长度大于 6m 时，其维护通道出口应通向本室或其他房间；如果低压配电装置两个出口间的距离超过 15m 时，还应增加出口。当其长度大于 60m 时宜增加一个出口。

表 6-7　中压开关柜的布置尺寸　　mm

开关柜布置方式	柜后维护通道	柜前操作通道	
		固定式	手车式
单排布置	800	1500	单车长+1200
双排面对面布置	800	2000	双车长+900
双排背对背布置	1000	1500	单车长+1200

① 固定开关柜为靠墙布置时，柜后与墙净距应大于 50mm，侧面与墙净距应大于 200mm。

② 通道宽度在建筑物的墙面遇有柱类突出时，突出部位的通道宽度可减少 200mm。

表 6-8　低压开关柜的布置尺寸①　　mm

形式	开关柜布置方式	柜前通道	柜后通道
固定式	单排布置	1500	1000
	双排面对面布置	2000	1000
	双排背对背布置	1500	1500
抽屉式	单排布置	1800	1000
	双排面对面布置	2300	1000
	双排背对背布置	1800	1000

① 当建筑物的墙面遇有突出时，突出部位的通道宽度可减少 200mm。柜后免维护的抽屉柜可靠墙布置。

表 6-9　控制室各类屏的布置尺寸　　mm

相对面	屏正面	屏背面	墙
屏正面	1400	1200	1200
屏背面		800	800
屏边			800

五、继电保护及自动装置配置原则

1. 继电保护的设计原则　按照《电力装置的继电保护和自动装置设计规范》(GB 50062—92)进行继电保护设计。

2. SCADA 系统　为提高供电的安全性和可靠性，并和 DCS 通讯，采用 SCADA 系统对变电所内的配电系统进行监测。

六、供配电线路

1. 供配电线路电缆截面选择的原则

(1) 供配电电缆允许载流量不应小于电缆最大工作电流；

(2) 供电距离较远、输送容量较大的供配电线路，应校验正常和异常运行情况下用电设备受电端的电压偏差，不得超过允许值；

(3) 中、高压供配电电缆线路，在最大短路电流作用时间内产生的热效应，应满足热稳定条件。

2. 供配电电缆线路敷设一般规定　装置区内一般采用电缆桥架敷设，局部可采用直埋敷设，电缆路径应远离有高火灾危险的设备，否则应采取相应的防火措施。

七、配电

1. 一般规定

（1）用电设备就地控制保护装置的选择应符合电气设备选择要求的有关规定。

（2）在乙烯生产装置区、公用工程单元内应设独立检修电源，检修电源设备应符合所在区域的安全要求，其供电半径不宜大于30m。

2. 电动机控制设备

（1）电动机就地控制和监视。

（2）当就地控制时，在机旁设置起、停控制开关；当为多处控制时，宜按下列要求装设控制开关，且在控制开关上安装警告牌：

① 控制室：根据工艺要求，装设起、停控制开关和远方/就地（手动/自动）选择开关及紧急停车开关。

② 机旁：根据具体情况，按下列方式之一装设控制开关：

a. 起、停控制开关和允许在控制室起动的远方/就地（手动/自动）选择开关；

b. 紧急停车开关。

③ 工作制选择开关应装设在机旁或控制室其中的一个地方，当工作制选择开关在控制室时，现场控制开关应带锁停位置。

（3）就地控制设备宜安装在靠近电动机便于操作和观察的地方。

（4）37 kW 及以上电动机或在运行中需要监视电流的电动机，机旁装设电流表。

八、照明

1. 照明方式与种类

（1）照明方式：可分为一般照明、局部照明和混合照明，详见《建筑照明设计标准》GB 50034—2004。

（2）照明种类：可分为正常照明、应急照明、值班照明、警卫照明和障碍照明。其中应急照明包括备用照明、安全照明和疏散照明。

（3）烟囱、高塔应按有关规定安装障碍照明。

（4）装置的照度应满足现行《石油化工企业照度设计规定》SH 3027 中的要求。

2. 照明器的选择

（1）在满足环境特征、视觉要求、光强分布和限制眩光的条件下，应选用效率高、维修方便的照明器。

（2）照明器选用应符合下列规定：

① 在正常或高温场所，宜选用开启式照明器；

② 在潮湿的场所，宜选用密闭型防水防尘照明器或配有防水灯头的开启式照明器；

③ 在有粉尘但无爆炸及火灾危险的环境宜用防尘型照明器；

④ 在振动较大的场所，灯具宜有防振措施；

⑤ 易受机械损伤或位置较低的灯具应加保护网；

⑥ 有酸碱腐蚀的环境，应用耐腐蚀的照明器；

⑦ 爆炸和火灾危险环境，应按有关规定选用。

九、防雷、接地

1. 电力设备防雷

(1) 35kV 及以下配电装置的架构或变电所房顶上不宜装设避雷针。

(2) 变电所的 35kV 电缆进线段，对三芯电缆末端的金属外皮应直接接地；对单芯电缆，应经护套绝缘保护器接地。

(3) 6kV 或 10kV 变配电所，在每组母线上应装设避雷器。避雷器应以较短的接地线与配电装置的主接地网连接，同时宜在其附近装设集中接地装置。

(4) 变电所接地装置的型式和布置，应尽量降低接触电势和跨步电势(参见相关的标准)。

(5) 电气设备保护接地系统应采用绝缘软铜导线(黄绿色相间标识)。

2. 电气设备的接地

(1) 各生产装置区内所有用电设备的外露可导电部分，必须用单独的保护支线与保护干线(PE)相连或用单独的接地线与接地体相连。

(2) 保护线及接地线与设备间的连接，应保证可靠的电气连接。不应将几个需保护接地的部分互相串联后，再用一根接地线与接地体相连接。

(3) 旋转电机的中性点与接地干线连接时，应采用单独接地线。

(4) 手提式电气设备应采用专用的保护接地芯线。

(5) 移动用电设备的外露可导电部分，应与电源的接地系统有可靠的电气连接。

第三节　蒸　汽　平　衡

一、概述

蒸汽是石油化工企业的重要二次能源，主要供工艺生产加热和动力用。蒸汽系统设计和操作的合理、可靠与否，是直接影响生产的一个重要环节。

通常石油化工企业内部的蒸汽系统可简单地分为两种类型：纯供热系统，热功(电)合产系统。对于有乙烯装置的工厂，其厂内还有一些下游装置。乙烯装置产生大量的蒸汽，与装置外部其他汽源产生的蒸汽一起供本装置和其他装置加热和驱动用。因此，乙烯装置的蒸汽系统和其所在工厂的蒸汽系统是协调统一的整体，这里我们称之为乙烯工厂的蒸汽系统，属典型的热功(电)合产系统。

乙烯工厂的蒸汽系统包括下列几个子系统：

(1) 蒸汽发生系统。回收裂解炉对流段烟气热量和高温裂解气热量，产生 8~12MPa 的蒸汽，具体的蒸汽发生量与裂解原料性质和裂解炉废热回收方式有关。

根据蒸汽平衡确定锅炉的参数、数量以及压力等级，根据技术经济比较确定是采用自建锅炉还是依靠工厂外供汽。

其他生产装置的废热用于加热锅炉给水产生的蒸汽。

(2) 蒸汽输送、分配系统。管道以及管道附件，包括安全阀、压力控制的放空阀等。

减温减压器，作为蒸汽负荷的辅助调节手段和汽轮机抽汽或排汽的旁路，将高参数的蒸汽降至低参数。

(3) 用户。根据蒸汽的使用性质，可分为以下几类：

① 间接加热用户，其蒸汽冷凝水均可回收。如乙烯装置和其他装置内的工艺物料加热和塔的再沸器加热等。

② 耗汽户，其蒸汽冷凝水不能回收。如化学反应用汽、直接加热用汽、裂解炉和锅炉的吹灰用汽、燃烧器雾化蒸汽、蒸汽喷射器用汽等。

③ 动力用户，主要指驱动压缩机和泵的汽轮机。例如驱动裂解气压缩机、丙烯压缩机、乙烯压缩机、急冷水泵、急冷油泵、锅炉给水泵、循环水泵等的汽轮机。汽轮机依据排汽的性质又有背压式、凝汽式、抽背式、抽凝式等。

(4) 冷凝水回收处理系统。包括蒸汽冷凝水的回收、闪蒸、降温、过滤和精制处理，以及取样分析、质量监测等设施。

(5) 除氧给水系统。包括除氧器、加药设备、锅炉给水泵等。

二、蒸汽系统的确定

1. 蒸汽负荷的统计　蒸汽系统确定的基础是正确统计乙烯工厂的负荷，在统计负荷的同时，要了解用户的蒸汽使用性质。

2. 蒸汽等级及参数　工厂内蒸汽等级越多，则系统效率越高，但投资和操作费用也越高；蒸汽等级少，则系统简单，投资和操作费用较低，但系统效率相应地也较低。大、中型乙烯工厂内蒸汽系统的蒸汽等级通常为四级，即：

超高压(SHP)：8.0~2.0MPa

高压(HP)：3.5~4.5MPa

中压(MP)：1.0~1.6MPa

低压(LP)：0.3~0.5MPa

上述四个等级可以满足全部用户的用汽要求。

通常第一级的参数应根据系统内蒸汽负荷及参数、最大容量机泵(如裂解气压缩机)的单机功率，结合锅炉和裂解炉的蒸汽参数，合理确定。

其他等级的参数，应根据用户的要求并考虑汽轮机的抽、排汽压力调节范围和管路损失来确定。

3. 汽轮机的配置　对于有防火、防爆、安全可靠、调速或高速直联等特殊要求的机泵，应优先考虑用汽轮机驱动，如裂解气压缩机、丙烯压缩机、乙烯压缩机等。其他机泵的驱动，应结合功率大小通过蒸汽平衡计算来统一协调考虑。

驱动用的汽轮机尽量采用背压式汽轮机，对少数抽凝式汽轮机则尽量减少冷凝量，在保证安全运行的前提下，使冷凝量最少。在有备用机泵的情况下，应以汽动为主，电动备用，以提高蒸汽系统运行的灵活性和可靠性。另外根据系统的规模、乙烯工厂的供电情况和蒸汽平衡的需要，可设置背压式或抽凝式的汽轮发电机组。一般为保证系统运行的灵活性，通常考虑汽轮机的形式为抽凝式。

4. 余热利用　工艺过程的高温位余热，可考虑发生蒸汽。工艺过程的中、低位余热，可考虑加热除氧器前的给水或预热空气。

为保证蒸汽系统减少损失，冷凝水应尽可能回收，并根据其参数设置闪蒸，回收热量。部分蒸汽冷凝水或低压蒸汽也可用于制冷，当然还需要与制冷量匹配。但在余热利用中应避免热能的远距离输送。

三、蒸汽平衡计算和蒸汽系统优化

1. 蒸汽平衡　由于蒸汽系统包括很多子系统，且较为复杂，故手工计算蒸汽平衡往往要耗费大量的时间，计算精度较低。现在有很多独立的软件，以及利用大型过程模拟软件二次开发的程序都可进行蒸汽平衡计算。

蒸汽平衡要根据不同运行工况作出各种方案，例如乙烯装置的原料变化、负荷变化、主要的设备故障等。依据多种工况的蒸汽平衡，才能最终确定系统内设备的最大容量和数量，并真正起到对实际运行的指导意义。

通常对于一个乙烯工厂要完成下列几种工况下的蒸汽平衡：

① 正常工况(某些地区还应分季节)；

② 原料变化工况；

③ 乙烯装置的开、停车工况；

④ 变负荷(高、低)工况；

⑤ 主要设备故障工况(锅炉跳车、裂解气压缩机跳车等)；

⑥ 事故工况。

完成上述工况的蒸汽平衡后，才能设计或校验蒸汽系统的设置情况。

图6-5和图6-6是某1000kt/a乙烯装置60%工况和100%工况蒸汽平衡图。

当蒸汽平衡完成后，为乙烯工厂的水、电、燃料平衡提供了条件。而乙烯工厂的水、电、蒸汽和燃料平衡又是相互关联的。

2. 蒸汽系统优化　蒸汽系统优化是在蒸汽平衡基础上逐步发展的，20世纪70年代，国内外的研究机构和工程公司开始了石油化工领域内，特别是乙烯行业内的探索。将优化技术引入蒸汽系统后，取得了可观的效益，更引发了对蒸汽系统优化研究的浓厚兴趣，优化的部件越来越多，求解技术不断更新。

蒸汽系统的优化从其应用目的来看，可分为设计优化和运行优化，其目标函数为费用最低和能耗最低。蒸汽系统设计优化所涉及的内容(环节)包括：蒸汽参数，汽轮机配置及分布，余热利用方式，燃气轮机匹配。蒸汽系统运行优化所涉及的内容(环节)包括：减少排放量，减少减温减压器的流量，减少冷凝量。根据乙烯工厂当时当地的水、电、燃料价格，确定系统运行方式。

可以说蒸汽系统优化是一项长期的、需要考虑多种工程实践因素的工作，但也是非常有意义、有前景的工作。

第四节　燃　料　平　衡

一、燃料消耗

乙烯装置的能耗主要在其燃料的消耗，其中耗用燃料最多的是裂解炉，其次为开工锅炉，其他用户还有蒸汽过热炉(目前新装置很少使用)、干燥器再生加热炉、火炬的点火及长明灯等。

1. 裂解炉　裂解炉消耗的燃料量大约为裂解炉烃进料量的15%~18%，随原料性质和对流段热量回收方案的不同而可能有一定的变化。裂解炉一般以气体燃料为主，根据裂解炉

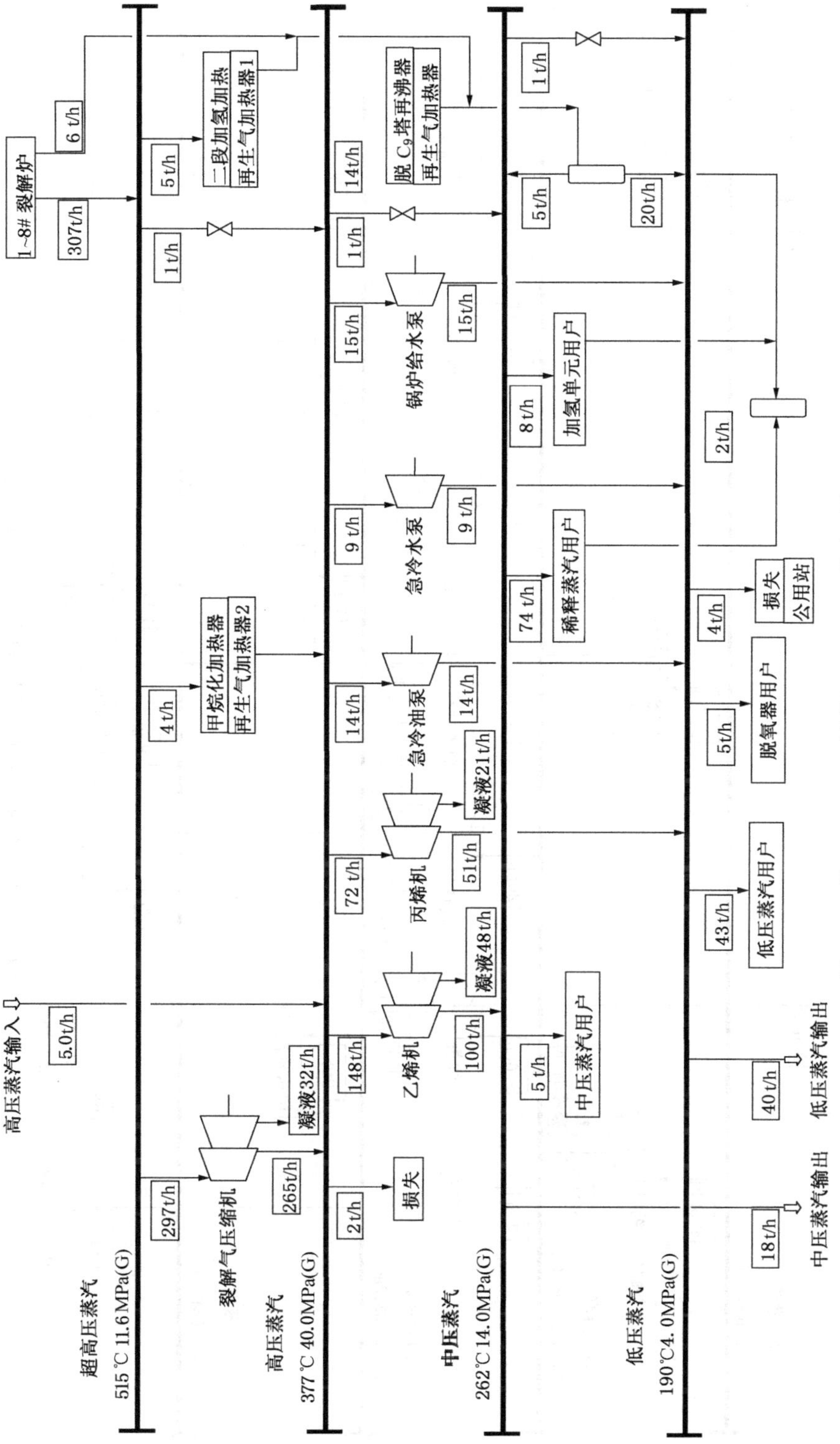

图6-5 某 1000kt/a 乙烯装置 60% 工况蒸汽平衡图

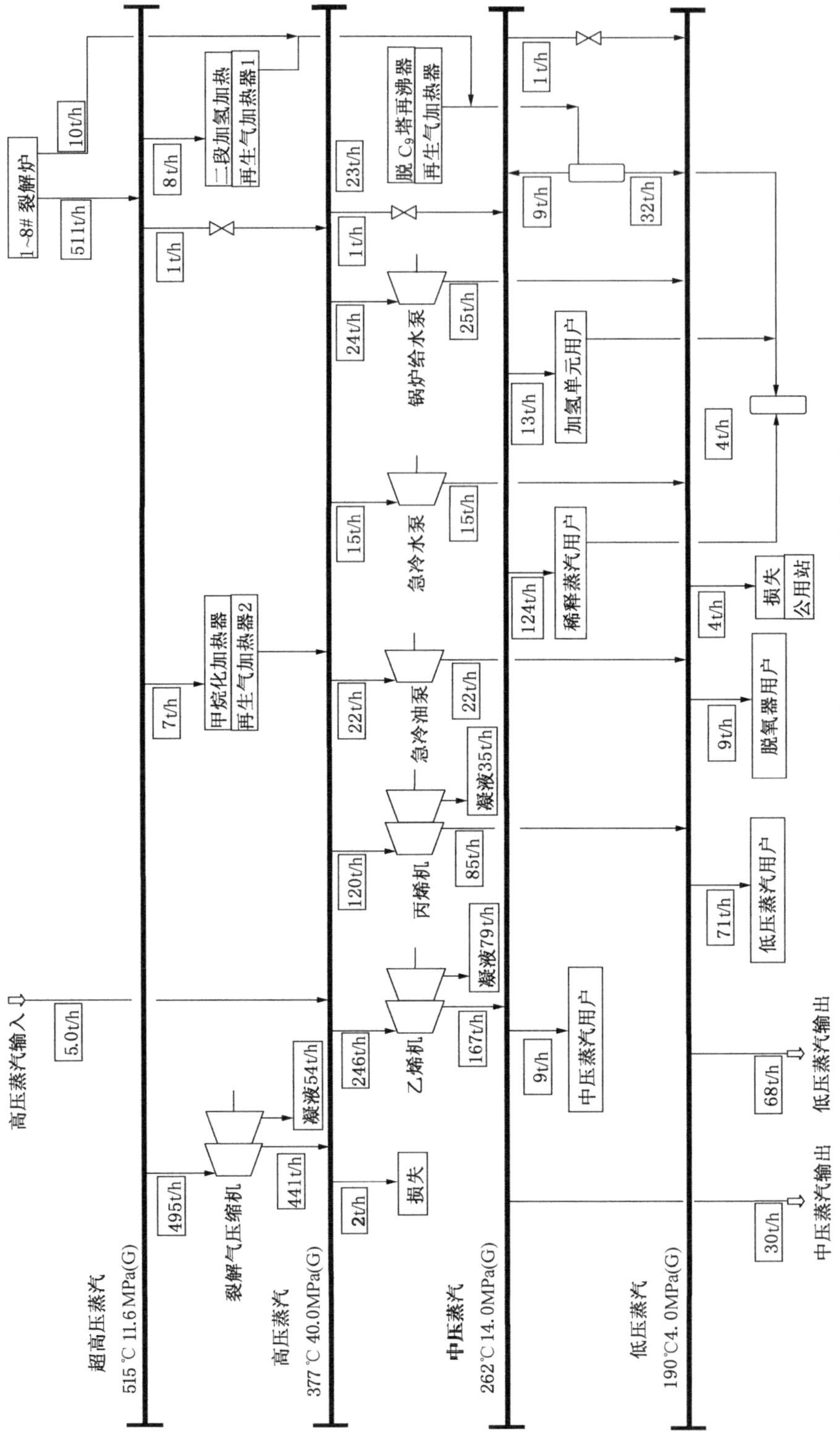

图6-6 某1000kt/a乙烯装置100%工况蒸汽平衡图

的设计，也可以使用部分液体燃料，裂解炉侧壁烧嘴烧燃料气，底部烧嘴可烧燃料气，也可烧轻质燃料油。近年来也有裂解炉可以适应全部烧液体燃料的要求。

乙烯装置通常以副产甲烷和氢为裂解炉主要气体燃料，其低热值约为 34000kJ/m^3。根据气体烧嘴的设计，替代燃料气的低热值不宜相差过大，一般地，裂解炉在开车阶段均使用 C_3 或 C_4 液化气作燃料，现也有使用外供天然气作燃料气的方案，副产甲烷合格后再切换为甲烷。裂解炉烧嘴的设计一般需考虑燃料的这种变化。为防止燃料气管线系统和烧嘴造成聚合物堵塞，要求燃料气中双烯烃含量不能过高。未经丁二烯抽提分离的裂解 C_4 馏分作为气体燃料使用时，烧嘴易产生结焦堵塞，而未经加氢的裂解 C_5 作为气体燃料使用时，堵塞更加严重。随着裂解炉热效率的提高，其排烟温度相应降低，为保证排烟温度不低于酸性气的露点温度，对燃料(包括气体燃料和液体燃料)的硫含量必须加以控制，否则需要提高对流段材质等级，以避免冷端腐蚀。当裂解炉热效率提高到 94.5%以上时，其排烟温度需降至 100℃以下，相应地要求燃料中硫含量控制在 5μg/g 以下。

对于裂解炉的液体燃料，除需控制硫含量之外，还应限制燃料油中重金属含量。当燃料油重金属含量在 0.5μg/g 以下时(其中钒、钠、铝应为痕迹)，不会影响炉管寿命。而超过这个指标，炉管寿命将受到金属的影响而缩短。由于重金属含量的限制，裂解炉只能用轻质馏分油作为液体燃料，即正常生产时以裂解轻柴油为燃料，裂解汽油也可作为轻质燃料油用。裂解炉轻质燃料油也可由从界区外输入低含硫的蒸馏油代替，一般特性如表 6-10 所示。

表 6-10　低含硫蒸馏油特性

项　目	数　值	项　目	数　值
低热值/(kJ/kg)	41800(近似值)	ASTM 最后 10%蒸馏物中	
金属含量/(μg/g)	5(最大)	残炭/%	0.35(最大)
钒含量	痕迹	含硫量/%	1.0(最大)
钠含量	痕迹	操作温度下黏度/($10^{-6}m^2/s$)	50(最大)

2. 开工锅炉、蒸汽过热炉　开工锅炉可以用天然气、重油或煤作为燃料。由于石油化工联合企业一般设有较大规模的热电站，为节省投资，应尽可能使乙烯装置与自备热电站靠近，从而由自备热电站供汽，不需要再单独设立开工锅炉。

蒸汽过热炉用于过热裂解炉副产的高压蒸汽，可使用减压渣油或裂解重质燃料油作为燃料。目前裂解炉设计多改为在裂解炉对流段过热高压蒸汽，不再单独设置蒸汽过热炉，开工锅炉和蒸汽过热炉烧重质燃料油。正常生产时以裂解燃料油为燃料；在装置刚开车时，需由界区外输入减压渣油作为燃料。输入的燃料油特性如表 6-11 所示。

表 6-11　燃料油特性

项　目	数　值	项　目	数　值
压力(G)/kPa	490	50℃时黏度/($10^{-6}m^2/s$)	200(最大)
温度/℃	50~70	倾点/℃	15(最大)
低热值/(MJ/kg)	约 41	闪点/℃	75(最大)
硫含量/%	2.5(最大)		

3. 干燥器再生加热炉 干燥器再生加热炉通常使用气体燃料。目前大多数乙烯装置均采用高压蒸汽或电进行再生气加热，不再设置再生气加热炉。

4. 火炬点火及长明灯 火炬气点火及火炬长明灯需使用燃料气。近年来，由于采用了火炬自动点火技术，可以使长明灯在没有火炬气排放时不再处于燃烧的状态，节省了燃料气的用量，而且有许多火炬系统采用了火炬气回收技术，也减少了火炬气的排放。

二、燃料平衡

1. 乙烯装置燃料平衡 乙烯装置的燃料平衡是以裂解副产甲烷和副产燃料油与其所需燃料进行平衡，不足部分以外供燃料或裂解副产的液化气、C_5、C_9 等补充。通常，在轻烃和石脑油裂解时，副产甲烷(或甲烷或氢)馏分可以平衡裂解炉所需燃料。柴油裂解时，副产甲烷馏分不足裂解炉所需，尚需用其他裂解副产品补充燃料。

其燃料量的平衡，可归纳为表 6-12、表 6-13。

表 6-12 燃料气平衡

生产量/(GJ/h)		消耗量/(GJ/h)	
甲烷富气	796.83	裂解炉	752.73
加氢后 C_5	135.05	输出	179.5
合计	931.88	合计	931.88

表 6-13 燃料油平衡

生产量/(GJ/h)		消耗量/(GJ/h)	
轻质燃料油	346.02	裂解炉	346.02
重质燃料油	754.11	蒸汽过热炉	196.04
		开工锅炉	484.75
		输出重质燃料油	73.32
合计	1100.13	合计	1100.13

某 600kt/a 乙烯装置(石脑油、加氢尾油、凝析油裂解)的燃料平衡如表 6-14 所示。

表 6-14 600kt/a 乙烯装置燃料平衡①

燃　　料	氢　气	甲　烷	C_9	裂　解　柴　油
产生				
流量/(kg/h)	1500	34250	6500	7375
热值/(GJ/h)	179.20	1712.96	258.12	292.85
消耗				
裂解炉热值/(GJ/h)		1712.96	87.78	
输出				
热值/(GJ/h)	179.20	0	170.34	292.85

① 此表中数据为设计值。

2. 联合装置燃料平衡 近年来，随着乙烯装置规模的大型化，公用工程的平衡在整个联合装置中将使能源的利用更加合理、优化。图 6-7 为某 600kt/a 乙烯(石脑油裂解)联合装置的燃料平衡图，其中包括炼油单元、部分氧化单元、联合发电单元和蒸汽裂解单元。

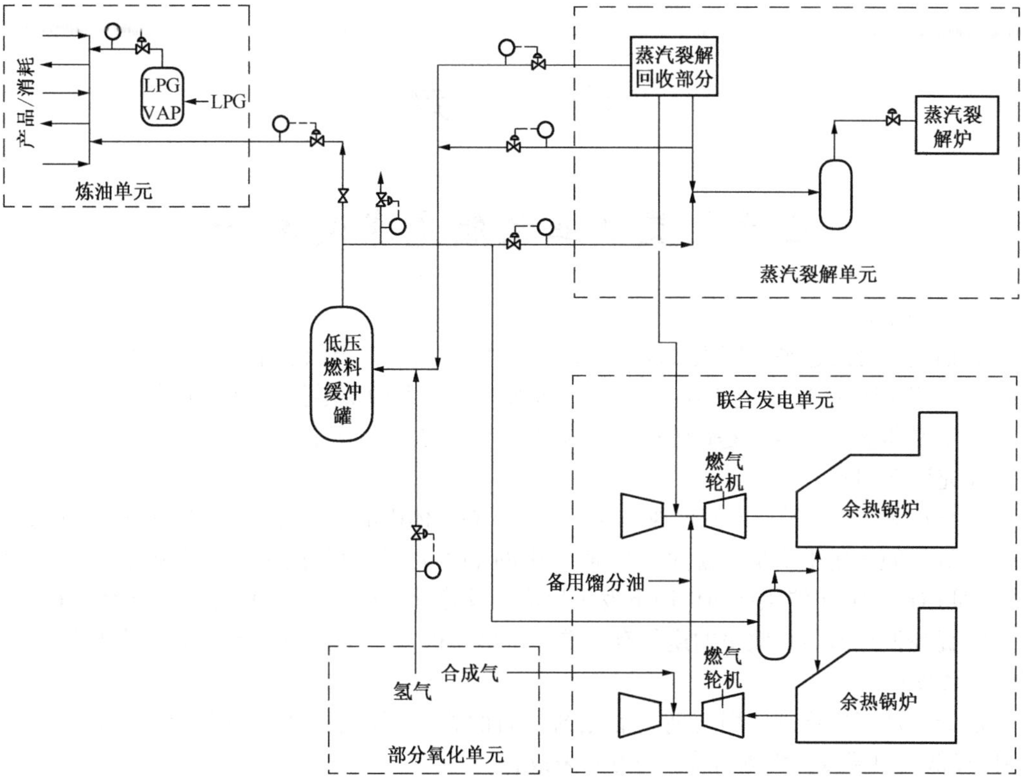

图 6-7 600kt/a 乙烯联合装置燃料平衡图

附　　录

乙烯装置职业技能竞赛试卷一

一、填空题

1. 抽气冷凝式透平压缩机启动前必须先(建立真空)，否则透平运转后，空气无法冷凝会造成(排汽温度高)、(复水器压力高)，易使复水器及内部零件变形，影响透平正常运转。

2. 干燥器的再生步骤是(倒液)、(泄压)、(冷吹)、(升温)、(恒温)、(降温)、(置换)、(充压备用)。

3. 只在液体表面进行的汽化现象叫(蒸发)，在液体内部和表面同时汽化的现象叫(沸腾)。

4. 氢气的净化主要是指脱除高纯度 H_2 中的（CO）。深冷分离工艺中脱除 CO 采用(甲烷化)，即 CO 和 H_2 在催化剂的作用下发生反应，其化学方程式：（$CO+3H_2 \longrightarrow CH_4+H_2O$）

5. 提高换热器传热效率的途径有（增大传热面积）、（提高冷热流体的平均温差）、（提高传热系数）。

6. 碳二加氢催化剂使用初期，催化剂(活性)高，但(选择性)不好，致使加氢不合格，可用(降低入口温度)和(配粗氢)的方法来改善。

7. 当丙烯压缩机吸入罐液面上升过快，调节阀全开后，液面仍上升时，应迅速去现场开大调节阀的(旁路)，紧急情况下可以打开吸入罐的(LD)，防止压缩机高液位联锁，同时应查明产生高液位的原因并及时处理。

8. 裂解气压缩机每段缸的低压和高压段有一平衡管线，目的是(减少压缩机吸入和排出端间的轴向推力)。

9. 一般在只需切断而不需流量调节的地方，为减少管道阻力，选用(闸)阀；在需要调节流量或压力高的场所选用(截止)阀；调节低压差、大流量气体和液体可选用(蝶)阀；调节腐蚀性强的流体可选用(隔膜)阀。

10. 发生冻塔时，首先应根据(塔压差)和全塔(温度分布)查找出冻塔部位，然后在冻堵上方注入甲醇。

11. 压缩机透平两端吹 N_2 的目的是（防爆，起到安全作用，也降低了两端轴承的温度）。

12. 压缩机润滑油的主要作用是（润滑）、（冷却）。

13. 丙烯制冷压缩机在低、中速暖机期间，如果排蒸汽温度过高，可通过（升速）或(调整真空度)来调整。

14. 冷箱是利用(焦耳-汤姆逊)效应，以甲烷为主要制冷介质获取低温的多台(板翅式)高效换热器的组合体。

15. 氢气开工线的作用是:（利用节流效应，为冷箱提供冷量）。

二、单项选择题(选择一个正确的答案，将相应的字母填入题内的括号中)

1. 压缩机启动时，油箱温度必须大于(B)才具备启动条件。

A. 22℃　　B. 33℃　　C. 42℃　　D. 48℃

2. 润滑油高位槽正常排油流向(A)。

A. 回油总管　　B. 供油总管　　C. 压缩机轴瓦　　D. 透平

3. 计算压缩机透平超高压蒸汽的用量的近似计算表达式为：（C）。

A. 抽汽量-复水量　B. 等于抽汽量　C. 抽汽量+复水量　D. 等于复水量

4. 节流式测量装置在管道上安装时，如果将方向装反了会造成（B）。

A. 差压计倒指示　B. 差压计指示变小

C. 差压计指示变大　D. 对差压计指示无影响

5. 不适宜输送含颗粒料液及作流量调节使用的是（C）。

A. 旋塞阀　B. 截止阀　C. 闸阀　D. 单向阀

6. 塔内上升蒸汽的速度大小直接影响传质效果，塔内最大的蒸汽上升速度不得超过（B）。

A. 空塔速度　B. 液泛速度　C. 1/2 空塔速度　D. 漏液速度

7. 烯烃不能发生的化学反应有（D）。

A. 加成反应　B. 氧化反应　C. 聚合反应　D. 还原反应

8. 精馏塔投用前，要先启动塔顶冷凝器的目的是（A）。

A. 防止超压

B. 防止塔的升温速度超标

C. 防止塔底蒸干

D. 防止气相物料从塔顶排出，减少物料的排放损失

9. 精馏塔的操作弹性是指（C）。

A. 装置最高负荷与最低负荷之比

B. 精馏塔最大设计负荷与最小设计负荷之比

C. 精馏塔雾沫夹带板效率下降 15%时的负荷与漏液时板效率下降 15%时的负荷之比

D. 精馏塔雾沫夹带板效率下降 5%时的负荷与漏液时板效率下降 5%时的负荷之比

10. 填料塔液体分布装置的目的是（A）。

A. 使液体均匀分布在填料的表面，并使气相均匀上升通过

B. 最大限度地使液体通过填料

C. 尽可能使液体均匀分布在填料的表面

D. 防止液体经过填料时形成沟流

11. 机组正常运行时，其压缩比应（B）同转速对应的防护压缩比。

A. 大于　B. 小于　C. 等于　D. 两者没有关系

12. 实际制冷循环中，用节流阀代替膨胀机，则（C）。

A. 等焓可逆　B. 等熵可逆　C. 等焓不可逆　D. 等熵不可逆

13. 裂解原料氢含量与乙烯产率关系为（A）。

A. 氢含量高、乙烯产率高　B. 氢含量高、乙烯产率低

C. 没关系

14. 以下（C）物质对碳二加氢催化剂会造成永久性中毒。

A. H_2S　B. CO　C. As　D. H_2O

15. 满足相同的出口压力，采用五段压缩比四段压缩（D）。

A. 流程简单，投资少　B. 压缩比大

C. 裂解气出口温度高　D. 功耗低

16. 当裂解原料的含硫量（A）时，用碱洗的方法最为经济。

A. ≤0.1%（质）　B. 0.1%≤0.5%（质）

C. >0.5%（质）　D. ≤1%（质）

17. 100kg 乙烷(纯度 100%)裂解，单程转化率为 60%，乙烯产量为 46.4kg，分离后将未反应的乙烷全部返回裂解，则乙烯总质量收率为(B)。

A. 74.4%　B. 77.3%　C. 82.8%　D. 49.5%

18. 流程图中 PIC 表示含义是(B)。

A. 液位指示控制　B. 压力指示控制　C. 比例　D. 积分微分

19. 测量的介质为水或蒸汽，当压力仪表冻住时显示(B)。

A. 偏小　B. 偏大　C. 不变　D. 不确定

20. 泵抱轴是因为(A)。

A. 润滑油少　B. 冷却水中断　C. 油箱杂物多

21. 气动薄膜调节阀，信号压力由薄膜气室上方进入，其执行机构为(A)执行机构，信号压力由薄膜气室下方进入，其执行机构为(A)执行机构。

A. 正作用……反作用　B. 反作用……正作用

C. 正作用……正作用　D. 反作用……反作用

22. 下列气体中含水量最高的是(A)。

A. 露点为-55℃的裂解气　B. 露点为-60℃的裂解气

C. 露点为-55℃的空气　D. 露点为-60℃的空气

23. HSE 是英文字母的缩写组合，表示对安全、健康与(C)三方面的一体化管理。

A. 操作　B. 卫生　C. 环境　D. 危险源

24. 乙烯的爆炸极限(体)是(A)。

A. 3.1%~28.6%　B. 51%以上　C. 3.1%以下　D. 28.6%以上

三、判断题(将判断结果填入括号中。正确的填"√"，错误的填"×"。)

1. 回流比就是指回流量与塔顶馏出物量之比。(√)

2. 为使压缩机充分预热，开车前必须对透平长时间低速暖机。(×)

3. 往复泵的扬程理论上是无限大的。(√)

4. 乙烯压缩机的负荷主要受乙烯装置产量和分离用户换热状态影响。(√)

5. 精馏段的作用是将进塔物料中的重组分浓度提高，并在塔釜采出。(×)

6. 由于压缩机吸入罐有高液位连锁，所以平时罐子液位控制应当越低越好。(×)

7. 透平开至正常后，真空度会逐渐下降，这时如调速器动作，要立即进行抽汽操作。(√)

8. 气体只有在临界温度以下，才能液化。(√)

9. 回流比的大小对精馏塔塔板数和进料位置的设计起着重要的作用。(√)

10. 精馏塔的三大平衡是物料平衡、热量平衡、气液平衡。(√)

四、简答题

1. 复水器真空度下降的危害是什么?

答：(1) 真空度下降，将引起轴向推力增大，轴位移增大；

(2) 真空度下降，将引起透平低压缸排汽温度上升，增加低压缸的热膨胀，出现同轴不同心现象，引起机组振动；

(3) 真空度下降，将使汽轮机功率降低，蒸汽能耗增大；

2. 蒸汽管线使用前为什么要暖管?

答：蒸汽管线使用前必须充分暖管。因第一次使用或停用一段时间后使用，不暖管会造成因热膨胀不均匀导致管线损坏。蒸汽凝液来不及排放易造成水锤，使管线、管托等损坏。

中压蒸汽管线暖管至少 2h，高压蒸汽暖管至少 5h。确认各倒淋阀无水排出。超高压蒸汽暖至主汽阀时，其温度需大于一定温度(如 390℃)。

3. 去干燥器的裂解气温度应控制在多少？该温度过高或过低对分离系统有何影响？

答：裂解气温度应控制在 15℃左右。若该温度控制过高，裂解气中水分含量高，分子筛将很快被水饱和，缩短干燥器分子筛的再生周期；若该温度控制过低，则形成烃水合物(白色晶体)，而使床层阻力降上升，裂解气压缩机负荷增大及管线、设备的堵塞。

4. 升速暖机时要注意什么问题？

答：(1) 要注意转子同缸体因热膨胀不同而引起的轴向间隙的变化，尽量缩小这种变化；

(2) 应注意机组因缸体膨胀不均引起的振动，如振动太大应停机重新启动或延长低速暖机时间；

(3) 注意调节各段间的压力和温度。

5. 在哪些紧急情况下应采取紧急措施使装置全面紧急停车？

答：(1) 电源故障，装置内停电。

(2) 冷却水故障，装置内停冷却水。

(3) 锅炉给水故障。

(4) 仪表空气故障，仪表空气压力极低不能恢复。

(5) 火灾，爆炸等重大事故。

(6) 地震等破坏力很大的自然灾害。

6. 压缩机段间吸入罐为什么要设高液位联锁？

答：离心式压缩机依靠叶轮带动气体作高速运动来提高气体的动能，然后在气体流速降低的过程中，通过动能转变为静压能，实现提高气体压力的目标。如果裂解气压缩机段间罐中的液体被气体带入压缩机，高速运动的液滴将打在叶轮上，使压缩机失去动平衡，轻则引走叶轮的振动从而引起压缩机振动，重则直接损坏叶轮和机壳，引起重大事故；同时液体受热会急剧汽化，使出口压力波动引起压缩机喘振，所以裂解气压缩机段间吸入罐要设高液位联锁，防止由于高液位使气体带液进入压缩机。

7. 为什么三机复水控制系统一般都设计成分程调节？

答：复水器液位是一个很重要的控制参数。液位过高，换热面积减小，透平排汽无法大量冷凝，破坏复水器正常工作条件；液位过低，又会使未冷凝的蒸汽进入凝水泵引起泵的汽蚀，因此复水器液位必须控制在一定的范围内。

五、论述题

1. 何为压缩机喘振流量？造成压缩机喘振的可能原因有哪些？

答：喘振流量：控制某一转速下的压缩机，当压缩机的流量小于某一流量时，压缩机会出现喘振的现象，这时的流量便是喘振流量。

产生压缩机喘振的原因有：

(1) 运行点落入喘振区或距喘振边界线太近；

(2) 防喘振裕度设定不够；

(3) 吸入流量不足，同时防喘阀没有打开；

(4) 压缩机出口气体系统压力超高；

(5) 工况变化时返回阀未能及时打开；

(6) 返回阀未投自动(包括现场)；

(7) 升速、升压过快；

(8) 降速未先降压；

(9) 气体性质改变或气体状态严重改变；

① 气体分子量减小；

② 吸入温度升高；

③ 吸入压力减小；

(10) 压缩机出口管线上止逆阀失灵。

2. 超高压、高压蒸汽管线的暖管为何要分为低压和高压暖管两步?

答：对容量较大的蒸汽管线，采用低压和高压暖管是必要的，目的有两个：

(1) 将主蒸汽管网的高压蒸汽节流降压后使饱和温度降低以减少主蒸汽两个同管型温度差。

(2) 通过节流，能使冷凝水及时地从倒淋排放，减少产生水击的可能性。升压暖管是在低压暖管合格后才能进行，升压暖管主要是以加快升压速度以缩短暖管时间为目的。对于超高压、高压蒸汽管线的暖管分成两步主要是为了在防止发生水击的前提下尽量提高暖管速度。

3. 分别说明塔顶、塔釜采出量的大小对精馏操作有何影响?

答：当进料量不变时，若塔顶采出量增大，则回流比势必减小，引起各板上的回流量减小，气液接触不好，传质效率低，同时操作压力也将下降，各板上的气液组成发生变化，结果重组分带到塔顶，塔顶产品不合格。在强制回流操作中，如进料量不变，塔顶采出量突然增加，则易造成回流罐液面抽空、回流液中断、顶温升高，从而影响塔顶产品质量。如进料加大，但塔顶采出量不增加，其后果是回流比增大，塔内物料增多，上升蒸汽速增大，塔顶与塔釜的压差增大，严重时会引起液泛。

塔釜采出量的大小会影响塔的平衡，当进料量不变时，塔釜采出量过大，会降低塔釜液面或抽空，这将使通过蒸发器的釜液循环量减少从而导致传热不好，轻组分蒸不出去，塔顶、塔釜产品均不合格，釜液采出量变小时，会引起液面过高，增加釜液循环阻力，同样造成加热不好，使产品不合格。对于易聚合的物料，釜液面过高或过低，都会造成停留时间加长，增加聚合的可能性。

4. 分析压缩机复水器真空度下降原因及处理方法。

答：(1) 中间冷却水压力低、温度高；

(2) 系统泄漏(透平汽封泄漏)；

(3) 表面冷凝器结垢；

(4) 喷射泵喷嘴堵或坏；

(5) 喷射泵冷凝器回水不畅；

(6) 喷射蒸汽压力 MS 低；

(7) 开工喷射泵停用后与复水器连通阀未关死；

(8) 复水回流调节阀失灵关闭，喷射蒸汽不能冷凝；

(9) 大气安全阀水封不好，复水泵密封水不正常；

(10) 泄漏蒸汽冷凝器工况不好；

(11) 复水器液面太高或突然上升，使复水器的换热面积减少；

(12) 透平密封蒸汽调节阀失灵，压力低。

对策：

(1) 调整冷却水系统，降低冷却水温度，提高压力；

(2) 检查漏点，设法消漏；

(3) 可交替清理表面冷凝器的两个部分(在装置高负荷时不适合)；

(4) 拆除清理或解体检修喷射泵的喷嘴；

(5) 检查喷射泵冷凝器回水不畅原因，可接临时管线排放；

(6) 提高喷射蒸汽 MS 压力；

(7) 关闭开工喷射泵与系统的连通阀；

(8) 马上补水或调整回流调节阀的开度；

(9) 检查复水系统的水封，并保持投用正常；

(10) 复水器内部列管泄漏，检修时处理；

(11) 降低复水器液面，按复水器液面上升的处理对策处理；

(12) 调整透平密封蒸汽调节阀的开度。

5. 简述超驰控制的工作原理？

答：自动选择性超驰调节系统由两台(或三台)自动选择调节器和一台高值或低值选择器组成。可同时对二个(或三个)相关参数进行监视和控制，使它们都在工作的预定安全界限内。通常情况下，同一选择器能用的两个调节器中，一个为正常调节中使用的调节器，而另一个则为事故状态下使用的超驰调节器。当被监视的参数偏离正常操作范围而超过超驰调节器的给定值时，超驰调节器经自动选择器取代正常作用调节器而控制调节阀开度，使生产过程离开事故边界，直至返回到安全生产范围内。此后，超驰调节器又将让位给正常调节器进行正常调节。

乙烯装置职业技能竞赛试卷 二

一、填空题

1. 裂解气压缩机透平通常为(抽汽冷凝)式，入口蒸汽等级为(SS)，抽汽等级为(MS)。

2. 碱洗塔中硫化氢脱除不合格会造成分离(反应器催化剂中毒)，二氧化碳脱除不合格会造成(冷箱冻堵或产品不合格)。

3. 碱洗塔进料加热器使用(急冷水 QW)对裂解气进行加热，目的是(防止烃类在碱洗塔中冷凝)。

4. 影响灵敏板温度的因素有(塔的操作压力)、(塔的操作温度)、(塔的加热介质波动)(进料组分的变化)、(回流量的变化) 等。

5. 按工作原理分类，化工厂中的常见泵有(离心泵)、(往复泵)、(齿轮泵)等。

6. 油系统储压器能缓冲(油压变化幅度)，当主泵跳车、辅泵启动时，可以保证油压高于(联锁值)。

7. 提高换热器传热负荷的途径有 (增大传热面积)、(提高冷热流体的平均温差)、(提高传热系数)

8. 节流式测量装置有(孔板)、(喷嘴)和(文丘里管)三种标准形式。

9. 丙烯精馏塔可能有少量碳二组分带入，根据其各自装置的流程不同，主要是由(凝液汽提塔釜液或脱丙烷塔)、(脱乙烷塔釜)带来的。

10. 裂解气压缩机一般采用四段或五段，目的是(节约低温材质)、(除去重质烃类与水)、(减少下游干燥器负荷)等。

二、单项选择题(选择一个正确的答案，将相应的字母填入题内的括号中)

1. 由于沸点和相对密度易测，所以 *BMCI* 可以方便得到。正己烷的 *BMCI* = 0，苯的 *BMCI* = 100，故它是一个芳香性指标，其值越大，(A)，因此 *BMCI* 也称为芳烃指数。

A. 芳香性越高，乙烯收率越低　　B. 芳香性低

C. 乙烯收率中等　　D. 丙烯收率高

2. 当提高反应器入口温度，反应器出口乙炔仍超标，此时应判断(D)。

A. 催化剂的活性高，选择性低　　B. 催化剂的活性低，选择性高

C. 催化剂的活性高，选择性高　　D. 催化剂的活性低，选择性低

3. 一般情况下乙烯装置均采用碱洗法脱除裂解气中的(D)。

A. CO　　B. 碱性气　　C. 水　　D. 酸性气

4. 原料为轻烃时丙烯制冷压缩机所耗功率比原料为石脑油时丙烯制冷压缩机所消耗功率(B)。

A. 多　　B. 少　　C. 差不多　　D. 大得多

5. 为保证回收氢气中的氢气达到95%左右的纯度，其操作温度将降至(C)左右。

A. −150℃　　B. −140℃　　C. −170℃　　D. −185℃

6. 当两相接触时，在相间将发生物质交换，直至各相的性质如温度、压力、组成等不再发生变化为止，当达到这种状态时，称为两相处于(A)。

A. 平衡状态　　B. 流动状态　　C. 不平衡状态　　D. 静止状态

7. 有关催化剂活性的概念，下列说法正确的是(A)。

A. 活性越高，参加反应的物越多　　B. 活性越高，参加反应的物越少

C. 活性越低，参加反应的物越多　　D. 活性越高，生成目的产物的量越多

8. 在顺序分离流程和前脱丙烷分离流程中，脱乙烷过程均设置在脱甲烷(D)。

A. 之前　　B. 裂解气压缩机四段出口

C. 裂解气压缩机三段出口　　D. 之后

9. 裂解气中炔烃含量与裂解原料和裂解操作条件有关，对一定裂解原料而言，炔烃含量随裂解深度的提高而(C)。

A. 减少　　B. 不变　　C. 增加　　D. 减少很多

10. 碳二催化加氢过程中，利用一氧化碳排斥乙烯在活性位上的吸附，从而起到减少(A)生成量。

A. 乙烷　　B. 乙烯　　C. CH_4　　D. 丙烯

11. 乙烯塔和丙烯塔是乙烯装置的关键塔，由于乙烯和乙烷、丙烯和丙烷(B)分离，因此分离所需塔板数较多。

A. 较易　　B. 较难　　C. 很易　　D. 不能

12. 关于裂解气中 CO 的危害，下列说法正确的是(　C　)。

A. 影响冷箱操作　　B. 会使冷箱冻堵

C. 会造成甲烷化反应飞温　　D. 影响乙烷塔操作

13. 设计的火炬在预定的最大排放气量和最小排放气量之间的任何气量下，在排放气体

成分变化的情况下，在恶劣的气候条件下都能产生(B)。

A. CO_2气　B. 稳定的火焰　C. CO 气　D. 水蒸气

14. 急冷油塔塔釜温度升高，循环急冷油的黏度也将(C)。

A. 降低　B. 不变　C. 升高　D. 影响很少

15. 注水可以有效降低裂解气压缩机段间温度，防止压缩机(D)，提高压缩机送气能力。

A. 喘振　B. 腐蚀　C. 噪声　D. 结焦

16. 所谓中间再沸器是在精馏塔(C)的某处加入一定热量，以代替一部分原来从塔底加入的热量。

A. 进料　B. 精馏段　C. 提镏段　D. 塔顶冷凝器

17. 保冷工程一般是指为了防止和减少周围环境的热量(A)低温设备、管道及其附件，减少冷损失。

A. 传入　B. 传出　C. 导出　D. 再一次传出

18. 原料石脑油存储天数按照石油化工行业标准《石油化工储运系统罐区设计规范》(SH/T 3007—2007)中有关规定，储存天数为(B)。

A. 1~2 天　B. 5~10 天　C. 20~30 天　D. 15~20 天

19. 开车前，丙烯制冷系统露点要达到(C)。

A. -70℃　B. -65℃　C. <-40℃　D. <-23℃

20. 裂解气压缩机(D)没有高液位联锁。

A. 一段吸入罐　B. 二段吸入罐　C. 三段吸入罐　D. 三段排出罐

21. 裂解气碱洗后，合格指标为(A)。

A. $CO_2<1\times10^{-6}$，$H_2S<1\times10^{-6}$　B. $H_2S<1\times10^{-6}$

C. $CO_2<5\times10^{-6}$，$H_2S<1\times10^{-6}$

三、判断题(将判断结果填入括号中。正确的填“√”，错误的填“×”。)

1. 可燃物质在空气中的含量低于爆炸下限，遇到明火，既不会燃烧，也不会爆炸。(√)

2. 压缩过程有几种：等温压缩、绝热压缩、多变压缩，在实际操作中多采用绝热压缩。(×)

3. 调速油主要供给透平的调速机构及主气阀、抽汽止回阀。(√)

4. 裂解气平均分子量越低，裂解气压缩机做功升高，其吸入量提高。(×)

5. 透平开车时应该在暖机约 20min 后通密封蒸汽。(√)

6. 如果裂解气压缩机停车，要立即停丙烯冷剂压缩机和乙烯冷剂压缩机。(×)

四、简答题

1. 精馏塔操作的影响因素有哪些?

答：除设备问题外，精馏操作影响因素有：

(1) 塔的操作温度和压力(包括塔顶、塔釜、灵敏度)；

(2) 进料状态；

(3) 进料组成；

(4) 进料量；

(5) 进料温度；

(6) 回流量;
(7) 塔顶冷剂量;
(8) 塔顶采出量;
(9) 塔内上升蒸汽的速度和再沸器的加热量;
(10) 塔釜采出量。

2. 低压脱丙烷塔灵敏板温度过低或过高，对系统有何影响?

答:(1) 低压脱丙烷塔灵敏板温度过低，则碳三将带入脱丁烷塔，碳四产品中碳三将超标。

(2) 若低压脱丙烷塔灵敏板温度过高，则将使双塔脱丙烷系统操作混乱，表现为内循环量增大，并可能使碳三中碳四等重组分超标，影响碳三加氢反应及丙烯精馏塔的正常运行。

3. 离心泵不上量的原因及处理方法(写出六点就可)?

答:原因:
(1) 泵内有气体;
(2) 转速低;
(3) 泵轴转动方向不对;
(4) 机械故障;
(5) 入口容器液面过低;
(6) 入口过滤网堵;
(7) 输送液体组分过重或过轻;
(8) 入口或出口管径太细，阻力降太大;
(9) 泵产生汽蚀。

处理方法:
(1) 停泵排气，重新启动;
(2) 调整提高转速;
(3) 改正旋转方向;
(4) 停泵检修处理;
(5) 提高吸入容器液面;
(6) 清入口过滤网;
(7) 工艺进行处理;
(8) 放大入口或出口管径;
(9) 解决汽蚀。

4. 往复泵在启动前应主要检查哪些内容?

答:(1) 各种附件是否齐全、好用，压力表指示是否为零;
(2) 润滑油箱内的油量和油质是否符合要求;
(3) 连杆和十字头的有关紧固螺栓，螺母是否松动;
(4) 进出口阀门的开关位置是否正确;
(5) 疏水阀和放开阀是否打开，润滑油孔是否畅通。

5. 碱洗过程中，碱浓度高对系统有何影响?

答:(1) 有利于对酸性气体的脱除，提高了洗涤能力。
(2) 下段生成的盐及其他硫化物浓度高，易结晶析出而堵塞设备及管道。

（3）废碱液中 NaOH 浓度高，碱损耗量增加。

6. 酸性气体经碱洗不合格的原因及处理方法？

答：（1）碱浓度过低：提高碱浓度。

（2）碱液循环量小：增加碱液循环量。

（3）裂解气组分变化，酸性气体浓度增加：提高用碱量。

（4）黄油排放不好：提高塔釜液面，增加停留时间，使黄油充分分层或适当补水，多次排油。

7. 裂解气压缩机入口压力为何确定在0.04MPa(G)左右？

答：裂解气压缩机入口压力提高，可以减少压缩机的压缩比，节省压缩机的动力消耗。但提高入口压力，裂解炉反应压力提高，烃分压增加，对裂解反应不利，裂解反应的选择性变差，经综合考虑压力确定为0.04MPa(G)左右。它是通过调节蒸汽透平的转速，从而改变气量来控制实现的。

8. 压缩机紧急停车有哪些危害？

答：（1）在机组处于满负荷状态下，由于负荷和转速从额定值迅速下降，转子及其部件要承受很大的扭力矩和交变能力，金属材料易产生疲劳，使主机寿命缩短。

（2）紧急停车时，作用于叶轮上的轴向推力在瞬间发生很大变化，使转子的轴位移增大，造成动静部件强力摩擦而受损。

（3）透平的转子同缸体因膨胀不均而产生较大的轴向间隙。

（4）如果抽汽止回阀失灵，极易造成机组超速飞车事故。

（5）压缩机在紧急停车过程中，如出口管线中止回阀失灵，出口管网中的物料有可能倒回缸体中，造成设备事故。

五、论述题

1. 装置采用选择加氢脱除丙二烯、丙炔流程，当装置负荷发生变化时，热区岗位各精馏塔应做哪些调整？丙二烯加氢反应器应做哪些调整？

答：当本岗位的进料负荷发生变化时，应及时做出相应的调整。热区的调整主要是各精馏塔和加氢反应器的调整。

（1）精馏塔的调整：

① 调整塔釜加热量，保持一定的灵敏板温度；

② 调整塔顶冷剂量，保持塔压稳定；

③ 适当调整塔回流量，保持一定的回流比；对脱丙烷塔应及时调整回流量，以防回流量过高而导致甲基乙炔和丙二烯在塔内的富集；

④ 相应增大(或减少)塔顶、塔釜(和侧线)的采出量。

（2）丙二烯加氢转化器的调整：

① 密切监视转化器床层的温度变化；

② 适当调整：入口温度、氢炔比、稀释量；

③ 通知分析室加样分析丙二烯加氢转化器出口 MAPD，根据分析结果，确认是否做进一步的调整。

2. 裂解气压缩机段间冷却器的作用是什么？段间控制温度高低有什么影响？

答：（1）根据绝热压缩原理，吸入温度愈高，排出温度愈高，而压缩机要求出口温度要不大于100~120℃。

(2) 裂解气温度愈高，烯烃、二烯烃等不饱和烃愈易聚合结晶而堵塞压缩机流道，导致压缩机不能正常运行。

(3) 温度愈高，压缩机功耗愈大，愈偏离等温压缩曲线。

(4) 段间冷却器的作用是采用循环水冷却，移出裂解气中的热量，根据地区的循环水温度控制各段吸入温度在38℃左右，使其出口温度在85~93℃左右，使水及重烃在段间冷凝，降低功耗，降低不饱和烃的聚合速度，从而减少聚合物的生成。

(5) 段间温度控制过高，使不饱和烃聚合，重组分不能冷凝下来，压缩机功耗增大；段间温度控制过低，罐液面超高，较轻组分冷凝，凝液中的轻组分最终将返回吸入罐，还将增大压缩机功耗。

3. 丙烯精馏塔塔釜丙烷产品分析对工艺操作有何指导意义？

答：(1) 丙烷产品中$C_3^=$超标，则应调整塔釜加热量和塔顶采出量，避免$C_3^=$损失。同时考虑各自装置流程和丙烷用途不同，如大多数装置丙烷作为循环丙烷同循环乙烷或同石脑油混合共裂解，以提高装置乙烯、丙烯收率。此时丙烷产品中$C_3^=$超标会加剧裂解炉结焦。丙烷若$C_3^=$含量过低，则应防止塔顶$C_3^=$产品中C_3^0超标。

(2) 若MA.PD超标，则应调整碳三加氢反应器的注氢量和入口温度以及稀释量。避免MAPD聚合影响丙烯精馏塔操作。(注：MAPD在较高的浓度下会发生聚合和爆炸。尤其是精馏法脱除丙二烯、丙炔。这也是虽然开车初期丙烯精馏塔碳三进料走碳三反应器开工旁路，精馏法丙烯精馏塔中丙烷含量很少，MAPD未加氢可以操作，但大多装置并不采用此流程的原因。同时在选择加氢法中丙烯精馏塔塔中MAPD相对很少。)

(3) 若C_4'S超标，则应适当加大脱丙烷塔顶回流比，若C_4'S含量过低，则应适当减小脱丙烷塔顶回流比，注意灵敏板温度，避免脱丁烷塔进料含过量$C_3^=$，注意脱丁烷塔压及C_4'S产品质量。

4. 怎样区别冻塔和液泛？

答：冻塔和液泛在其初期现象很近似，都表现为塔釜液面不稳、塔顶带液体、釜顶压差高、塔顶压力低、产品不合格等。因此，最初的处理方法基本一致。

(1) 减少进料、回流量，观察压差能否下来，也有用加大采出量来降低压差的。

(2) 降低釜温，建立釜液面。若为液泛，经过这样的处理后，能逐渐转为正常。

轻微的冻塔，经过这样处理，也能稍有好转，但不能彻底转为正常，对于较严重的冻塔，釜液面始终难于建立，塔压也提不上来。

处理过程中，观察塔身温度的变化可区别冻塔与液泛。对于冻塔，塔身温度的变化迟钝；而对液泛，塔温度的变化比较灵敏。另外，塔压也有区别。冻塔时，塔身气流不通，塔压(特别是塔顶压力)始终提不上来；而液泛，则是由于气流过大、雾沫夹带严重、釜温较高引起的，塔压差降到一定程度时，塔压就能提起来。

但是，液泛和冻塔又是互相联系、互相影响的，即使是不冻的塔，长时间的液泛，水及重组分也会带至精馏段而引起冻塔；反过来，轻微冻塔后，由于气流通道减小，流速增大，又会引起液泛。

以乙烯精馏塔为例，冻塔和液泛从现象来看都是塔压差上升，精馏塔的处理能力下降，原因分析：①冻塔是水分或者其他重烃带入造成塔板和降液管冻堵，使得塔的处理能力下降，降低进料量、回流量、蒸发量能使塔压差下降，但没有从根本解决问题，在轻微冻塔时，尝试加大回流量可能把堵塞的塔板孔和降液罐打通，如无效就要在冻堵点注入甲醇解冻。②而液泛最主要的原因是因为进料量过大，超过了塔的设计运行能力造成的，那么降低塔负荷是最有效的办法。

5. 制冷压缩机在投冷剂时用户应注意什么？换热器进冷剂应注意什么？制冷压缩机和换热器开车前应注意什么？

答：投冷剂时用户应注意：

(1) 先将能投的丙烯制冷压缩机的用户全投上。

(2) 再将能投的乙烯制冷压缩机高温度级别用户全投上。

(3) 最后再投低温度级别用户，这样才能减少冷剂与物料的温差，避免换热器因变形过大而泄漏。

换热器进冷剂应注意：

(1) 先用旁通通少许冷剂对换热器进行预冷并检查泄漏情况。

(2) 半小时后慢开旁通建立20%左右的液面并把液位设定在20%投自动。

(3) 观察半小时后，看其液位是否稳定。最后根据要求慢慢提高液位，但小于70%。

制冷压缩机和换热器开车前应注意：制冷压缩机开车前注意检查冷剂用户入口调节阀已经关闭，否则会有大量液相冷剂积存在冷剂用户换热器中，造成冷剂压缩机启动前补液时间过长，启动后换热器中液相带出造成系统波动(吸入罐液面高高联锁可能)。投用冷剂用户时，要注意压缩机系统各级吸入罐的液面，及时补充。大用户投用后压缩机系统的防喘振阀和喷淋阀要做相应调整。

乙烯装置职业技能竞赛试卷 三

一、填空题

1. 离心泵的性能是通过(扬程)、(流量)、(效率)、(功率)等参数来表示的。

2. 原料烃族组成PONA值由P(烷烃)、O(烯烃)、N(环烷烃)、A(芳香烃)组成。

3. 寻求耐更高温度的炉管材料，增加炉管表面的热强度，炉管材料从HK-40可耐温度(1020)℃发展到HP-40，可耐温度(1065)℃。

4. 管式裂解炉辐射段炉管和急冷锅炉套管内的(结焦)，是限制管式裂解炉生产周期的主要因素。

5. 在正常操作情况下，如果再提高裂解温度，裂解深度也增加，(二次反应)加快，因此(结焦速率)增加。

6. 对每一种气体都有一个特定的温度，高于此温度，不论加多大的压力，也不能使气体液化，这个温度叫(临界温度)。在此温度下，使气体液化所需的最小压力叫做(临界压力)。

7. 影响脱甲烷塔乙烯损失的主要因素是甲烷/氢气比、操作温度和压力。甲烷/氢气比值越大，塔尾气中乙烯损失(越小)。

8. 分凝分馏塔由三部分组成，上段为(板翅式换热器)，中断为(填料)，下段为塔釜。

9. 正构烷烃的裂解反应主要是(断链)反应、(脱氢)反应及一些其他反应。

10. 碳二加氢反应器采用三段床串联的目的是提高催化剂(选择性)。

11. 断链反应是(C—C)键断裂的反应，产物分子中碳原子数(少)于反应物分子中碳原子数。

12. 环烷烃裂解时，侧链烷基比(烷环)容易断裂。

13. 裂解不同的烃制乙烯，原料分子量越高，起始裂解温度越(低)。

14. 丙炔与丙二烯在分子结构上互为(同分异构)体。

15. 裂解原料 *BMCI* 值越大，(芳香)性越强，乙烯收率越低，炉管更容易(结焦)。

16. 裂解炉辐射管结焦，在 860℃ 以上多数为(乙炔)结焦；在 860℃ 以下多数为(芳烃)焦。

17. 气-固催化反应主要经过三个阶段：第一阶段反应物被(吸附)，第二阶段(化学反应)，第三阶段生成物被(解吸)。

18. 急冷水 QW 与裂解汽油分层是利用他们互相不(溶解)，并且(密度)不同。

19. 在高温下，芳烃不仅会发生裂解反应，还可以发生(脱氢缩合)反应生成多环芳烃、稠环芳烃，以至结焦。

20. 裂解炉烟气中控制 NO_x 排放量是为了(保护)环境，冷箱不能进 NO_x 是为了防(爆炸)事故。

二、单项选择题(选择一个正确的答案，将相应的字母填入题内的括号中)

1. 传热过程中当两侧流体的对流传热系数都较大时，影响传热过程的将是(B)。

A. 管壁热阻　　B. 污垢热阻

C. 管内对流传热热阻　　D. 管外对流传热热阻

2. 裂解炉的停留时间是指裂解原料(D)的滞留时间。

A. 从进入裂解炉到离开裂解炉　　B. 从进入对流段入口到离开废热锅炉出口

C. 从进入对流段到离开辐射段　　D. 从进入辐射段入口到离开辐射段出口

3. 热虹吸现象的原理是因为介质温度不同，导致(A)不同，进而产生推动力，促使介质循环流动。

A. 密度　　B. 电导率　　C. 体积　　D. 重量

4. 丙烯制冷压缩机与乙烯制冷压缩机构成(D)。

A. 开式 A 型热泵　　B. 开式 B 型热泵　　C. 闭式热泵　　D. 复叠制冷

5. 碳三加氢的主反应是在催化剂的作用下(A)。

A. MAPD 加氢生成丙烯　　B. MAPD 加氢生成丙烷

C. MAPD 聚合生成绿油　　D. 乙炔加氢生成乙烷

6. 碳二加氢催化剂对烃吸附速度的排序为(A)。

A. 炔烃>烯烃>饱和烷烃　　B. 双烯烃>炔烃>烯烃>饱和烷烃

C. 炔烃<烯烃<饱和烷烃　　D. 双烯烃<炔烃<烯烃<饱和烷烃

7. 脱甲烷塔塔顶的主要控制项目是(C)。

A. 氢气含量　　B. 甲烷含量　　C. 乙烯含量　　D. 乙炔含量

8. 脱乙烷塔塔釜的主要控制项目是(C)。

A. 丙烷含量　　B. 乙烷含量　　C. 碳二含量　　D. 乙炔含量

9. 冷箱空间充装珠光砂的作用是(B)。

A. 散热　　B. 保冷　　C. 防爆　　D. 支撑

10. 对管束和壳体温差不大、壳程物料较干净的场合经济选择是(B)换热器。

A. 浮头式　　B. 固定管板式　　C. U 形管式　　D. 套管式

11. pH 值是指(B)。

A. 酸度　　B. H^+浓度对数的倒数

C. H^+浓度　　D. 碱度

12. 有机物中最简单的分子是(C)。

A. H_2　　B. CO　　C. CH_4　　D. NH_3

13. 液体物质表面上气体压力越高，沸点温度也(B)。

A. 不变　　B. 越高　　C. 越低　　D. 偏高

14. 裂解炉辐射段传热包含三种方式，其中主要传热方式为(A)。

A. 辐射传热　　B. 对流传热　　C. 热传导　　D. 以上三种

15. 汽包连续排污出口设在(D)。

A. 底部　　B. 顶部　　C. 液面表面　　D. 液层里

16. 气-固吸附速度随气体压力增加而(A)。

A. 增加　　B. 减少　　C. 不变　　D. 不增加

17. 丙烯压缩机开车，透平不会引起联锁跳车的是 (C)。

A. 透平振动位移超高　　B. 段间吸入罐液位超高

C. 复水器液位超高　　D. 排出温度超高

18. 气体从一个压力提高到另一压力，一次到位比多次压缩(A)。

A. 多耗能量　　B. 少耗能量　　C. 不耗能量　　D. 节约能量

19. 制冷机制冷系数越大，消耗的功(A)。

A. 越少　　B. 越多　　C. 不多不少　　D. 越大

20. QO 循环中，黏度上升的主要原因是(B)。

A. 含焦量增加　　B. 胶质增加　　C. 轻油蒸发　　D. 沥清质增加

21. 裂解气中 CO_2来源于(A)。

A. 裂解反应　　B. 原料　　C. 烧焦　　D. 助剂

22. 40#润滑油，数字 40 代表(C)数值。

A. 密度　　B. 浓度　　C. 黏度　　D. 重度

23. 气体压缩过程中温度升高，主要因为(C)。

A. 体积缩小　　B. 摩擦发热

C. 分子运动速度增大　　D. 体积膨胀

24. 表示真空度 0.02MPa 的绝压是(B)。

A. 0.02MPa(A)　　B. 0.08MPa(A)　　C. 0.12MPa(A)　　D. 0.06MPa(A)

25. 精馏塔塔釜液控制(A)关键组分含量低到指标以下。

A. 轻　　B. 重　　C. 最重　　D. 最轻

26. 一般工业用 3A 分子筛的饱和湿含量大约在(B)左右。

A. 10%　　B. 20%　　C. 30%　　D. 40%

27. 干气密封的密封气除了隔离作用外，还能(A)摩擦热。

A. 冷却　　B. 密封　　C. 置换　　D. 吹扫

28. 迷宫密封是利用静齿与动齿之间(C)作用实现密封的。

A. 间隙小　　B. 路程长　　C. 气旋　　D. 摩擦

29. 裂解气压缩机注油的作用是使定子、转子各表面上(B)。

A. 不生成垢　　B. 结不住垢　　C. 溶解垢　　D. 冷却垢

30. 辐射段炉管使用中会有亮斑，那是由于(B)不均匀造成的。

A. 材质　　B. 结焦　　C. 加热　　D. 火焰

31. 裂解炉烟气露点随 FG 的(C)含量增加而降低。

A. 碳　　B. 氢　　C. 硫　　D. 氧

32. 裂解气深冷分离过程中，采用的方法是(A)。

A. 精馏法　　B. 吸附法　　C. 萃取法　　D. 冷却法

33. 冷箱加 N_2封的作用是(A)。

A. 防潮　　B. 防爆　　C. 隔热　　D. 防氧化

34. 1cst =(A)。

A. $10^{-6}m^2/s$　　B. $9.8N \cdot s/m^2$　　C. $10^{-8}m^2/s$　　D. $10^{-8}m^2/s$

35. 1kcal =(C)kJ。

A. 4187　　B. 41.87　　C. 4.187　　D. 418.7

36. 甲物质在乙物质中的溶解度为 50g/100g，溶液的质量浓度为(C)。

A. 0.5kg/kg　　B. 5kg/kg　　C. 0.333kg/kg　　D. 0.40kg/kg

37. 重质裂解原料的 *BMCI* 值可以通过原料的(B)计算得到。

A. 馏程和温度　　B. 馏程和密度　　C. 馏程和黏度　　D. 馏程和压力

38. 乙烯精馏塔压差高的处理方法是(C)。

A. 降低采出量　　B. 降低釜液面

C. 保证产品质量的同时，适当减小回流　　D. 提高灵敏板温度

39. 脱丁烷塔再沸器结的垢主要是(C)聚合物。

A. 丙二烯　　B. 丁二烯　　C. 戊二烯　　D. 己二烯

40. 汽油分馏塔不设再沸器的理由是(B)。

A. 过热进料　　B. 冷却塔　　C. 吸收塔　　D. 洗涤塔

三、判断题(将判断结果填入括号中。正确的填"√"，错误的填"×"。)

1. 乙烯装置耗电量只与装置生产规模、裂解原料、工艺技术密切相关，与其蒸汽系统的配置没有关系。(×)

2. 裂解温度主要影响产物分布，它对一次反应与二次反应之间的反应速率影响并不显著。(×)

3. 其他条件不变的情况下，提高 COT 温度有利于正构烷烃生成更多的乙烯，而丙烯以上单烯烃的收率有所下降。(√)

4. 其他条件不变的情况下，提高 COT 温度、适当缩短停留时间，乙烯/丙烯比值增大。(√)

5. 裂解气中的 CO 过高，会引起甲烷化反应后 H_2中 CO 超标、反应温度升高，甚至发生飞温。(√)

6. 乙炔加氢过程是吸热过程，所以，在反应器前设置加热器，用 LS 加热。(×)

7. 酸洗的作用是清除系统内的碱类杂质及其他残余的反应活性中心。(×)

8. 膨胀机联锁停车后，润滑油系统也联锁停车。(×)

9. 在裂解条件相同时，烃类裂解制乙烯，乙烯收率随停留时间的增长而增加。(×)

10. 热泵的定义是指：通过做功将热量由低温热源传给高温热源的供热系统。(√)

11. COD 表示化学耗氧量，并包括无机物所耗的氧量。(√)

12. 热力泵就是将热量从低温物体送到高温物体的机泵。(×)

13. 为了彻底终止裂解反应，裂解气在 SLE 里冷却得越快、温度越低越好。(×)

14. 如果原料中不含芳烃，裂解过程中就不会结焦，所以要控制原料芳烃含量。(×)

15. P 族烃分子中 C — C 键易对称断裂，造成反应产物中乙烯含量比丙烯高。(√)

16. 离心压缩机的喘振线是它的固有特性，与使用条件无关。(√)

17. 由于裂解气碱洗是气-液吸收过程，并且还是放热反应，裂解气进料温度应低于碱液温度为好。(×)

18. 裂解气中含 H_2S 是因为裂解原料含硫，如果使用无硫裂解原料，裂解气就不需要碱洗过程了。(×)

四、计算题

1. 裂解炉投原料 340t/h，含硫 20×10^{-6}(质)，如果用纯度 98%的二甲基二硫($H_3C-SS-CH_3$)将原料硫含量补充到 50×10^{-6}(质)，请计算二甲基二硫的用量 kg/h。

解：

$$340\times1000\times(50-20)\div1000000=10.2$$

$$(32\times2)\div(1\times6+12\times2+32\times2)=0.681$$

$$10.2\div0.98\div0.681=15.3\text{kg/h}$$

答：二甲基二硫的用量为 15.3kg/h。

2. 乙炔加氢反应器选择性计算：

碳二加氢反应器分析结果如下，请分别计算第一段及总的乙烯、丙烯选择性。

R360	1st 进口	2nd 进口	3rd 进口	3rd 出口
氢气	13.95	13.84	13.65	13.68
甲烷	24.48	24.63	24.63	24.56
乙烷	6.80	6.87	6.94	6.89
乙烯	38.69	39.16	39.44	39.13
丙烷	0.82	0.84	0.84	0.84
丙烯	13.58	13.38	13.49	14.01
丁烷	<0.01	<0.01	<0.01	<0.01
丁烯	<0.01	<0.01	0.02	0.02
1,3-丁二烯	<0.01	0.01	0.01	<0.01
乙炔	0.45	0.11	0.00061	0.0001
丙二烯	0.86	0.86	0.81	0.77
丙炔	0.31	0.27	0.16	0.07
戊烷	<0.01	<0.01	<0.01	<0.01
C_6 重组分	0.01	<0.01	<0.01	<0.01
一氧化碳	419.1	431.8	423.9	407.0

乙烯选择性=[(反应器出口乙烯含量/反应器出口碳二组分总量)-(反应器入口乙烯含量/反应器入口碳二组分总量)]/[(反应器入口乙炔含量/反应器入口碳二组分总量)-(反应器出口乙炔含量/反应器出口碳二组分总量)]

丙烯选择性=[(反应器出口丙烯含量/反应器出口碳三组分总量)-(反应器入口丙烯含量/反应器入口碳三组分总量)]/[(反应器入口 MAPD 含量/反应器入口碳三组分总量)-(反应器出口 MAPD 含量/反应器出口碳三组分总量)]

第一段选择性：

乙烯的选择性：88.19%

丙烯的选择性：-34.59%

总的选择性：

乙烯的选择性：82.66%

丙烯的选择性：95.96%

五、简答题

1. 裂解原料来源和种类有哪些？(指出名称即可)

答：裂解原料的来源主要有两个方面：一是天然气加工厂的轻烃——乙烷、丙烷、丁烷、天然气凝析油等；二是炼油厂的加工产品——拔头油、石脑油、常压柴油以及二次加工油——焦化加氢柴油、加氢裂化尾油、加氢轻油等。

2. 烃类裂解制乙烯，裂解反应条件有三个重要特点是什么？为什么？

答：(1) 高温：乙烯产率高。

(2) 短停留时间：二次反应少，乙烯产率高，结焦少。

(3) 低烃分压：反应速度快，乙烯产率高，结焦少。

3. 乙烯装置干燥剂、催化剂再生，为什么都采用逆流方式？

答：①最后使用部分再生得最彻底，使用时深度更好；②再生较差部位最先使用，水含量高(对反应器反应物浓度高)，吸附(对反应器反应)速度仍然很好。

4. 什么是干气密封？压缩机反转对干气密封产生什么影响？

答：干运转气体密封，是一种新型非接触式密封，该密封利用流体动力学原理，通过在密封端面上开设动力槽，实现密封端面的非接触运行，当转子旋转时，密封气体吸入动力槽内，由外径朝向中心，进入密封面气体被压缩后压力升高，在压力作用下，密封面被推开，流动气体在密封面形成很薄气膜(2~3mm)，干气密封应绝对避免机组反转，这将损坏干气密封，干气密封螺槽是单方向的。

只要油路运行，就要保证氮气隔离气正常投用，且压力为0.36MPa以上；在转速低于100r/min时干气密封动静面未分开，应避免长时间运行在低转速下。

5. 裂解炉管炉内扭曲片的功能？

答：扭曲片使物料在管内产生纵向旋涡，从而增加强化传热；同时改变了炉管内速度场和温度梯度场分布。

6. 分凝分馏塔作为低温分离系统有何优点？

答：(1) 大部分氢气、甲烷被分凝分馏塔分出，改善了脱甲烷塔的操作条件。

(2) 分离出一股碳二物流，直接去乙烯塔(或去碳二加氢)，乙烯塔有两股进料。

(3) 采用分凝分馏塔流程，可节约制冷压缩机功率10%以上。

(4) 该流程用于乙烯装置的改造，大幅度降低了脱甲烷塔和脱乙烷塔的负荷。

分凝分馏塔专利技术已应用于天津石化、茂名石化、燕山石化、镇海炼化等乙烯装置，并得到国内外乙烯专家的认可。

7. 反应器乙烯选择性或丙烯选择性出现负值时，说明出现什么问题？

答：副反应发生过多，部分产品被过度加氢成非目标产物。

8. 废碱处理湿空气氧化反应有哪些？

答：$2Na_2S+3O_2 = 2Na_2SO_3$

$2Na_2S+2O_2+H_2O=Na_2S_2O_3+2NaOH$

$Na_2S_2O_3+2O_2+2NaOH=2Na_2SO_4+H_2O$

$Na_2SO_3+O_2=2NaSO_4$

9. 裂解气压缩机段间凝液为何有时会呈现酸性？如何解决？

答：原因：裂解气中水分经压缩机压缩后，在换热器表面冷凝，部分酸性气体 H_2S/CO_2 溶解在工艺水中，最终在列管表面形成酸性腐蚀。

解决方法：

（1）在急冷水中注入中和氨，调节急冷水 pH 值；

（2）在裂解气段间注入中和氨，调节压缩机段间 pH 值。

10. 碱洗塔碱浓度过高会有哪些影响？碱洗塔废碱排出浓度为何一定要大于 1.0%？

答：碱洗塔内裂解气中含有醛酮组分，这些醛酮组分在塔内将发生缩合反应，生成大量的“黄油”附着在塔盘上，堵塞塔盘；另一方面在碱浓度过高的条件下，OH^- 电离效果不好，黏性大，与酸性气体接触不充分，不利于反应，且 OH^- 对黄油有催化作用，影响裂解气洗涤效果。

碱洗塔排出废碱浓度低于 1% 时，使湿空气氧化反应的中间产物 Na_2SO_3 与 SO_2 反应生成 $NaHSO_3$，反应如下：$Na_2SO_3+SO_2+H_2O=2NaHSO_3$，而该产物酸性极强，并腐蚀设备和管线。

六、论述题

1. 对影响裂解炉幅射段炉管结焦的因素进行分析。

答：（1）原料性质的影响：裂解原料不同，裂解过程中形成的焦量以及焦的形态、性质也不相同。裂解炉管的结焦主要由原料中的芳烃及裂解过程二次反应生成的芳烃、多环芳烃、稠环芳烃再脱氢缩合形成的。芳烃结焦速率较快。原料中芳烃含量越少越好，现要求不大于 10%。烯烃在裂解过程中结焦速率也较快，要求不含烯烃。环烷烃在裂解过程中也有部分脱氢生成芳烃，再进一步结焦，比链烷烃在裂解过程中结焦多些。链烷烃在裂解过程中结焦速率最慢，是最好的裂解原料。

（2）裂解温度的影响：裂解深度、结焦母体的浓度及结焦反应的活性均随裂解温度升高而增加，裂解反应温度越高反应速率越快，二次反应越多结焦速率也越快。

（3）停留时间的影响：停留时间越长，裂解原料在裂解炉管内滞留的时间越长，二次反应发生的概率就越大，结焦量也越多。

（4）烃分压的影响：烃类裂解反应是体积增加的反应，降低烃分压可提高反应速度，提高乙烯产率，并且降低生成芳烃的二次反应，从而降低结焦速率。同时采用 DS 稀释来降低烃分压，水蒸气在高温下发生水煤气反应清除部分焦，水蒸气还对裂解炉金属管内表面中的铁和镍等金属具有钝化作用，降低了催化结焦速率。

（5）炉管内表面材质的影响：合金炉管中的金属镍具有催化结焦作用，运行初期炉管结焦以催化反应为主，其他元素对结焦的影响顺序如下：Ni>Fe>Cu>Cr>Co>Si>As>Sb>Pt。由于 Al 容易被氧化，在其表面生产致密的氧化膜，所以 Al 的影响很小。

2. 降低乙烯装置能耗措施有哪些？

答：（1）控制超高压蒸汽温度在设计温度 515℃，避免由于温度低而降低了超高压蒸汽在裂解气压缩机透平的效率；

（2）控制裂解炉风门开度，避免烟气中氧含量过大；

（3）控制裂解炉烟气温度，增加裂解炉热效率；

(4) 维护裂解炉 COT 的准确性，控制正确的裂解深度，维持正常的裂解炉运行周期；

(5) 优化裂解炉烧焦程序，减少烧焦时间；

(6) 尽可能利用急冷油热量来发生稀释蒸汽，避免稀释蒸汽系统补入过多中压蒸汽；

(7) 控制急冷水温度到设计温度 86℃，减少为了满足下游急冷水用户需求而额外增加的低压蒸汽消耗；

(8) 控制急冷水塔顶温度，降低冷却水消耗；

(9) 尽可能利用裂解气压缩机、丙烯制冷压缩机的抽汽，增大 SS 和 HS 利用率；

(10) 控制碳二加氢反应器及高低压脱丙烷塔操作指标，降低乙烯、丙烯产品的损失；

(11) 控制燃料气系统压力，避免燃料气放火炬浪费；

(12) 控制冷箱、脱甲烷塔、脱乙烷塔的操作指标，避免乙烯产品损失；

(13) 控制乙烯精馏塔及丙烯精馏塔操作指标，避免乙烯、丙烯产品在塔釜的损失；

(14) 控制碳三加氢反应器操作，避免 MAPD 加氢不合格以及丙烯产品的过度加氢；

(15) 如果允许，装置在设计的高负荷运行，降低装置运行能耗。

3. 论述烧焦工艺中对保证烧焦质量前提下缩短烧焦时间的建议？

答：烧焦过程中将发生二个化学反应，第一是放热反应，第二是吸热反应。

$$C+O_2 = CO_2+Q$$

$$C+H_2O = CO+H_2-Q$$

烧焦过程基本上分为二步，第一步为炉管内表面较为松软的焦被反应，第二步是炉管内较为坚硬的焦在大空气量下反应。

第一步烧焦反应发生时，易发生炉管的过热点；当放热反应过多时，会造成烧焦过程中炉管的过热点，因此在提高氧气量或烧焦温度同时，要控制尾气中 CO_2 和 O_2 含量，以此来控制反应放出的热量。随着烧焦过程中空气量及 COT 逐渐增大，蒸汽量逐渐减少，表面层焦粒被除去，在此步骤中，需要根据烧焦气中 CO_2 和 O_2 及时调整烧焦空气量，在比较优化的条件下，此步骤大约将花费 7h。

第二步大空气量烧焦中将花费另外的 7h，用来彻底烧除管内的坚硬焦粒。

目前装置烧焦程序中，一个烧焦周期将花费 23h，同样地对运行只有十几天的裂解炉也要烧焦 23h，浪费了大量的能源物资，如果装置具备在线检测 CO 和 CO_2 条件，在空气流量远程控制下，将大大缩短烧焦时间，同时能增加裂解炉投料时间，多产效益。

乙烯装置职业技能竞赛试卷 四

一、单项选择题(选择一个正确的答案，将相应的字母填入题内的括号中。)

1. 碱洗塔系统黄油(黄红色)的主要成分是(A)。

A. 醛酮缩合物　B. 苯乙烯聚合物　C. 戊二烯聚合物　D. 丁二烯聚合物

2. 冷区塔罐安全阀内漏，常常会看到阀后管道(D)现象。

A. 变凉　B. 发热　C. 振动　D. 结霜

3. 干燥器升温时，升温速度不能超过(C)℃/h。

A. 30　B. 50　C. 80　D. 100

4. 裂解炉炉管材质 HP40，它的主要成分除铁外还有铬 25%、镍(C)。

A. 20%　B. 25%　C. 35%　D. 40%

5. 蝶阀适用于低压差、大(B)工况。

A. 流速　B. 流量　C. 管径　D. 批量

6. 超驰控制是多个控制器的(C)作用于一个调节阀。

A. 输入　B. 设定　C. 输出　D. 其他

7. 一般情况下，非火灾工况的安全阀超压为设定压力的(D)倍。

A. 1.05　B. 1.08　C. 1.16　D. 1.10

8. 裂解炉正常运行时，连续排污的主要目的是控制蒸汽中的(B)。

A. 铁离子　B. 钠离子　C. 钙镁离子　D. 二氧化硅

9. 在各族类的烃的裂解反应中，大体上其难易程度是按以下顺序排列的(A)。

A. 正烷烃>异烷烃>环烷烃>芳烃　B. 烷烃>烯烃>芳烃>环烷烃

C. 异烷烃>正烷烃>环烷烃>芳烃　D. 正烷烃>异烷烃>芳烃>环烷烃

10. 角阀使用在低流量、高(B)工况。

A. 压力　B. 压差　C. 真空　D. 流速

11. 急冷油 DS 发生器，采用(B)式换热器。

A. 固定管板　B. 浮头　C. 釜　D. U 形管

12. 高低压脱丙烷系统再沸器聚合物的主要成分是(D)。

A. 醛酮缩合物　B. 苯乙烯聚合物　C. 戊二烯聚合物　D. 丁二烯聚合物

13. 裂解炉燃料气自力式压力控制阀在 SD-1 联锁后能维持最低(D)kPa，以保证裂解炉热备时燃料气需求。

A. 15　B. 25　C. 35　D. 45

14. 对于前脱丙烷前加氢反应器第三段加氢负荷(转化率)正常操作时应该控制在(C)。

A. 1%以下　B. 1%～3%　C. 3%～5%　D. 5%以上

15. 关于回流比对精馏操作的影响，下列说法正确的是(D)。

A. 回流比越大越好　B. 回流比的大小对精馏塔的影响较小

C. 回流比越小越好　D. 正常操作下，回流比要相对稳定

16. 当进料组成变化、其他参数不变时，精馏塔各塔板中温度变化最大的是(C)。

A. 进料板　B. 塔顶第一板　C. 灵敏板　D. 塔釜第一板

17. 甲烷化反应器设有分离罐，其作用是(B)。

A. 脱除反应产生的 1/2 水　B. 脱除反应产生的大部分水

C. 脱除氢气中的重烃　D. 脱除氢气中的油分

18. QO 在系统内长期循环使用中胶质增加，除了停留时间长外，还有在(D)中多次与高温裂解气接触也是重要原因。

A. 汽油分馏塔　B. 减黏塔　C. DS 发生器　D. 急冷器

19. 裂解炉烧焦时，锅炉给水预热温度需要控制在(C)以下。

A. 216℃　B. 256℃　C. 316℃　D. 356℃

20. 实际制冷过程中，液体制冷剂的膨胀过程一般采用(A)。

A. 等焓节流膨胀　B. 做外功的节流膨胀

C. 等熵节流膨胀　D. 等温膨胀

21. 乙烯装置污水中主要污物有(D)。

A. 油、废碱、硫化物　　B. 焦、COD、硫化物

C. 油、BOD、硫化物　　D. 油、苯酚、硫化物

22. 液相干燥器采取(B)方式。

A. 上进下出　　B. 下进上出　　C. 下进下出　　D. 上进上出

23. 乙烯装置停车时，必须做到(A)。

A. 先排液后排气　　B. 先排气后排液　　C. 气液同时排　　D. 只排气不排液

24. 汽油分馏塔塔盘垢样经分析最多的是(C)聚合物。

A. 戊二烯　　B. 丁二烯　　C. 苯乙烯　　D. 乙苯

25. 在其他条件不变的情况下，升高温度令反应平衡向(B)方向移动。

A. 放热　　B. 吸热　　C. 不吸热也不放热

26. 碱洗塔弱碱段 NaOH 浓度应该控制在(C)。

A. 0.1%以下　　B. 0.1%~1%　　C. 1%~3%　　D. 3%以上

27. 一般情况下，乙烯装置火炬气量排放最大是在(C)时。

A. 全面停电　　B. 丙烯压缩机停车　　C. 停循环水　　D. 停仪表空气

28. 精馏塔操作中，首先要稳定的工艺条件是(D)。

A. 塔顶温度　　B. 塔釜温度　　C. 进料量　　D. 塔顶或塔釜压力

29. 碳三加氢反应，在 2.1MPa 压力下，反应器温度不应超过丙烯饱和温度(C)，否则 MAPD 选择性下降。

A. 48.5℃　　B. 50.5℃　　C. 52.5℃　　D. 54.5℃

二、判断题(将判断结果填入括号中。正确的填"√"，错误的填"×"。)

1. 液相裂解炉和气相裂解炉结焦机理原则上都是相同的，只是炉型不同，所以周期不同，运行一段时间后都需要烧焦。(×)

2. 裂解炉点火前，开引风机抽 15min，进行常明线系统的泄漏测试后点火，避免炉膛内可燃气体聚积。(√)

3. 150℃是低温甲烷化镍催化剂的起始温度点，在此温度以下不得与粗 H_2 接触，一旦接触产生羰基镍，催化剂就失活了。(×)

4. 裂解炉进行烧焦和停炉期间，可以关闭裂解气大阀的防焦蒸汽，只要保证烧焦气大阀处防焦蒸汽畅通即可。(×)

5. 三机润滑油备用过滤器不能充满油备用。否则，投入运行时(特别是冬季)润滑油温度瞬时偏低，影响压缩机平稳运行，甚至损坏轴瓦。(√)

6. 为了确保乙烯产品中的乙炔含量不超标，碳二反应器出口乙炔含量越低越好，最好降低至 0。(×)

7. 一般裂解气中都含有大量的 CO_2 和 H_2S 等酸性物质，这些物质在 QW 塔中冷凝造成 QW pH 值显酸性，所以需要加入适量的碱性物质来中和。而装置 QW 系统不需要加入碱性物质而 pH 值仍然较高，说明装置裂解气中的无机酸性物质含量是偏低的。(×)

8. 裂解汽油(C_9)的产品质量主要由汽油分馏塔的顶部温度决定，顶部温度越高，汽油干点越高。(×)

9. 当裂解气压缩机润滑油回油管视镜发现泡沫或雾汽，应取样分析 H_2O 和闪点，以便对症处理。(√)

10. 裂解炉在正常运行过程中，要防止炉管温度的大幅波动，炉管温度的大幅波动会使炉管表面的焦块松动脱落，堵塞炉管。(√)

11. 降低烃分压有利于向生成乙烯的一次反应方向进行，同时提高一次反应与二次反应的相对速度。裂解炉中添加稀释蒸汽的最主要目的是降低烃分压。(√)

12. 当 $C_3^=$R 压缩机故障停车时，$C_2^=$R 压缩机要精心操作，以便 $C_3^=$R 压缩机开车后尽快恢复生产。(×)

13. 在裂解气碱洗操作中，NaOH 吸收 CO_2的速度要比吸收 H_2S 的速度快得多，因此，在碱洗塔设计过程中主要考虑 H_2S 的吸收速度而忽略 CO_2的吸收速度。(×)

14. 裂解气压缩机出口压力通常设计成低于 3.8MPa，因为高于这个压力时，甲烷和乙烯的相对挥发度接近 1，不易分离。(×)

15. CO、H_2S 都会对碳二反应器的催化剂造成永久性失活。(×)

三、识图题

1. 填出下图中五条线的名称。

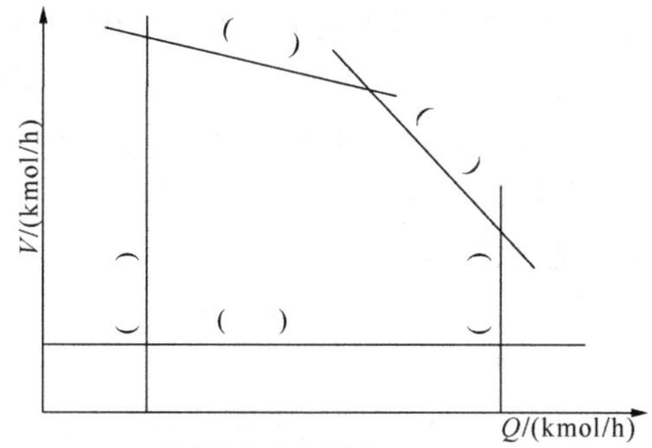

精馏塔负荷曲线图

答：

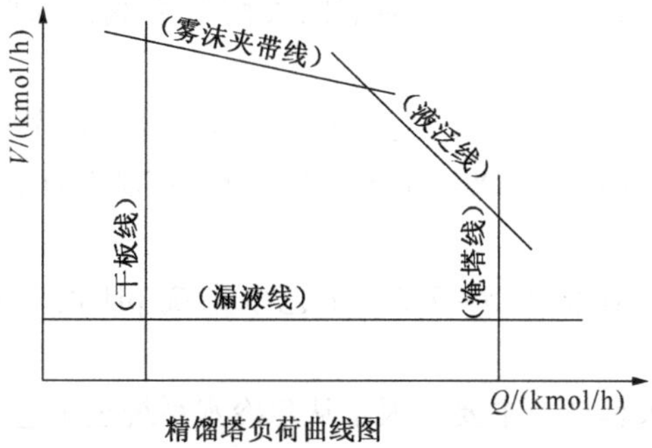

精馏塔负荷曲线图

2. 下列是热泵制冷循环压焓图，请标出每条线的过程。

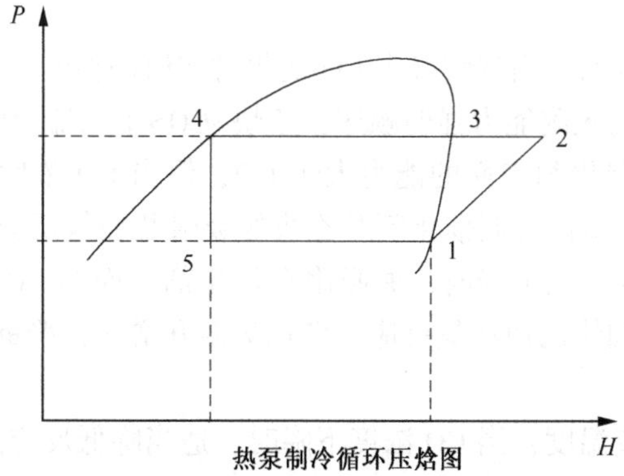

1-2 线(　　　　　)

2-3 线(　　　　　)

3-4 线(　　　　　)

4-5 线(　　　　　)

5-1 线(　　　　　)

热泵制冷循环压焓图

答：

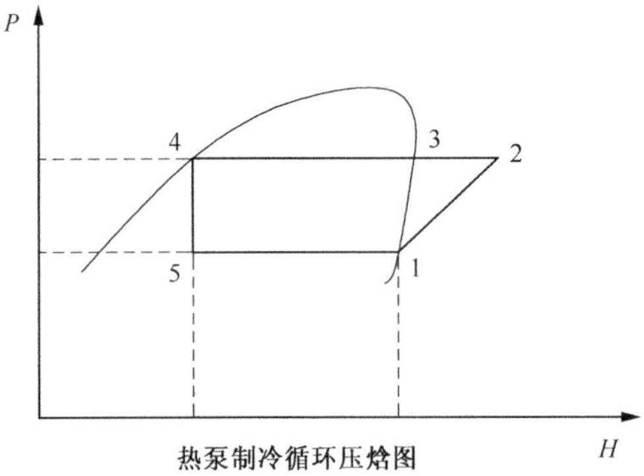

1-2 线(绝热压缩)
2-3 线(等压冷却)
3-4 线(等温冷凝)
4-5 线(等焓节流膨胀)
5-1 线(向外提供冷量)

热泵制冷循环压焓图

四、简答题

1. 自带对流段对饱和 SS 进行过热的裂解炉，为什么在进行 SS 并网时不可先将放空阀关闭升压然后再并网操作？

答：在 SS 并网时，决不允许先将出口阀完全关闭进行升压。因为如果先将 SS 放空阀完全关闭，在 SS 升压至 SS 并网进入总管前，需要一段时间，在这段时间内，对流段 SS 过热管处于“断流”状态，管内温度会大幅上升，在 SS 压力达到并网压力后，冷的物料进入过热管造成炉管温度大幅波动，严重时如汽包带液，造成炉管断裂。

2. 裂解炉出口大阀如何从烧焦状态切入汽油分馏塔？

答：(1) 室内将运行模式开关切至“烧焦/开车”模式；

(2) 室外全开裂解气第二道手阀；

(3) 室外逐渐关闭烧焦电动阀，注意裂解气大阀前后压力，确保阀前压力高于阀后压力 $0.4kg/cm^2$。

(4) 室外逐渐打开裂解气至汽油分馏塔的裂解气大阀，确保阀前压力高于阀后压力 $0.2kg/cm^2$

(5) 重复以上(3)(4)，直到烧焦阀完全关闭，裂解气大阀完全打开。

3. 急冷水系统、工艺水系统、DSG 系统 pH 值分别控制在什么范围？为什么设计 pH 值不一样？

答：(1) 急冷水系统 pH 值 6.5~7.5；工艺水系统 pH 值 7.0~8.0；DSG 系统 pH 值 8.5~9.5。

(2) 设计的 pH 值越来越高，主要原因是从急冷水系统至工艺水系统和 DSG 系统操作温度越来越高，有机酸的酸值越来越大，而我们测量的都是常温 pH 值，偏差较大，所以控制的常温 pH 值需要越来越高。

4. CO 对碳二加氢反应过程是如何影响的？当裂解气中 CO 变化时如何调整？

答：(1) 根据钯催化剂对裂解气原料的吸附能力强弱顺序，乙炔>CO>丁二烯>MA>PD>乙烯>丙烯>CO_2。正常情况下乙炔吸附在催化剂表面的能力大于 CO，但当 CO 浓度大幅升高时，将有更多的 CO 吸附在催化剂表面，从而抑制催化剂对乙炔的吸附及加氢反应，从而造成温升下降，乙炔不合格。而当 CO 浓度大幅下降时，原吸附在催化剂表面的 CO 脱附出来，催化剂表面会吸附更多的乙炔，从而加快乙炔加氢反应，催化剂温升增加，严重时造成飞温。

(2) 当 CO 浓度升高时，适当提高反应温度，当 CO 浓度下降时，适当降低反应温度。

5. 压缩机停车后油泵为什么还要运转一段时间?

答:当机组停车后,轴承受汽缸及转子高温传导作用,温度上升很快,如不采取冷却措施,会使局部油质恶化,轴和轴承乌金损坏。为避免这种事故,停机后油泵要转一段时间,待机器冷却后再停油泵。

五、论述题

1. 如何建立主燃料气系统压力?

答:(1) 常明线系统压力已经建立并且点燃。

(2) 确认汽包液位已经建立,并消除 SD2 联锁。

(3) 室内按下原料和 DS 联锁旁路按扭,旁路 SD2 联锁。

(4) 室内关闭主燃料气流量控制阀。

(5) 室外按常明线点燃确认按扭,开始主燃料系统泄漏测试程序,开始 10min 计时。

(6) 室外按主燃料气切断阀电磁阀,打开切断阀开始充压。充压完毕程序关闭切断阀,开始 2min 的泄漏测试。

(7) 泄漏测试完成后,程序打开切断阀。通过自力式压力控制阀 PCV 控制主燃料气系统压力在 0.4kg/cm^{2}以上。

2. 简述乙烯塔冻塔的现象及处理。

答:(1) 现象:压差高,釜温不高,产品乙烯含乙烷超标。乙烯精馏塔压差上升,塔顶乙烯中的乙烷含量超标、塔釜乙烷中的乙烯含量超标;塔釜液面积液困难;塔顶回流量下降;塔的温度分布异常;当降负荷时情况有所好转,可判断为塔内有水分冻堵。

(2) 处理:停止采出乙烯产品,改为进不合格罐或放火炬。针对冻堵部位注甲醇,待塔压差恢复正常,停甲醇泵。乙烯塔各工艺指标恢复正常,乙烯分析合格,恢复采出乙烯产品。

乙烯精馏塔冻塔后需要在冻堵位置注入甲醇解冻,首先要判断冻堵位置,设计在乙烯精馏塔上有甲醇注入点,注入前需要降低装置运行负荷(大约一台炉子投料量),注入过程中乙烯产品保持正常采出,注入量在 1.5~2t 左右,甲醇注入后需要及时在乙烯精馏塔中间再沸器和塔釜再沸器靠塔侧管线低点进行排放火炬,防止甲醇和解冻物累积在再沸器中影响换热效果。一部分甲醇可能随塔釜乙烷裂解后进入丙烯精馏塔,最终会造成丙烯产品中甲醇含量超标,所以也要注意排放。

3. 丙烯精馏塔系统出现塔顶丙烯中丙烷偏高,同时塔釜丙烷中的丙烯含量也偏高现象,请分析原因并提出解决办法?

答:(1) 首先确认塔压控制是否正常,如塔压过高,则丙烷与丙烯的分离将造成困难,因此首先确保塔压在正确的范围内。

(2) 根据精馏塔的进料情况,判断再沸器的热值是否相匹配,如果进料过大,而热值偏小,则造成顶部回流不足,顶部丙烯产品中丙烷偏高,而底部丙烷中的丙烯不易蒸发出来。因此将热值与进料相匹配。

(3) 在进料与热值相匹配的情况下,如仍出现顶、底产品不合格现象,则可能是丙烯汽提塔和丙烯精馏塔再沸器负荷分配不匹配造成的。正常情况下汽提塔的热负荷应该控制在 45%~50%。在出现本现象时,应该尽可能提高汽提塔的热负荷。

(4) 在正常的操作过程中,丙烯塔的进料和采出应维持平衡,顶部过多的丙烯产出而回流偏小会造成顶部丙烯产品中的丙烷含量超标。底部过多的丙烷产出会使汽提塔液位过低,影响汽提塔再沸器的正常工作。

4. 请说明急冷油系统黏度高是如何形成的？减黏塔又是如何减黏工作的？

答：(1) 从裂解炉出来的裂解气组分非常复杂。这些裂解气组分在汽油分馏塔中进行分离，从塔釜分离出 QO 组分，在中部分离出 PO 组分，侧线分离出 PFO 组分。

(2) 从塔釜分离出来的 QO，其中含有大量的焦质和沥青(稠环芳烃)，QO 黏度主要是由系统中的焦质含量和沥青质含量决定的，含量越高，黏度越大。

(3) 采用轻质石脑油作原料，燃料油的采出比例过小。裂解炉产出的 QO 在系统内停留时间过长，与高温裂解气在急冷器中接触时间增加，系统会产生更多的焦质和沥青质组分，使急冷油的黏度不断增加。

(4) 设置了一台减黏塔，从循环乙烷气相炉出来的裂解气，在急冷器中通过加注 QO，冷却至 284℃，然后通过切线进入减黏塔。在减黏塔内，通过旋风分离，将焦质和沥青等 430℃以上馏程的重组分从塔釜分离出来，将 280～430℃馏程的轻组分返回至急冷油塔并在塔釜冷凝下来。通过不断地将轻组分返回和将重组分分离，使 QO 中的重组分不断减少，同时使轻组分不断增加，从而使急冷油的黏度不断降低，最终使 QO 的黏度维持在较低值。

5. 碳三加氢反应器进液相 C_3馏分前先用气相丙烯充压到操作压力，为什么？可不可以直接先用现成的氢气来充压？

答：碳三加氢反应器进液相 C_3馏分前先用气相丙烯充压到操作压力是为了避免液相 C_3馏分在低压下汽化产生低温损坏反应器中催化剂。万万不可图方便用氢气直接充压，催化剂若先吸附大量氢气，C_3馏分进料开车时容易发生飞温。

6. 如果 NO_x进入冷箱，为什么运行期间不爆炸，而在停车期间可能发生爆炸？

答：(1) 运行期间 NO_x被冻结积累在冷箱里某低温处，此时此处只有 H_2和 CH_4与之接触，无硝基树脂形成，不会爆炸。

(2) 停工期间，冷箱温度回升，重烃进入，其中的不饱和烃与运行期集积的 NO_x接触可能生成硝基树脂，硝基树脂容易爆炸。

7. 在实际生产操作中，哪些原因可能造成碳二加氢反应器飞温？在操作过程中如何预防飞温？发生飞温造成反应器 SD2 联锁时如何恢复？

答：(1) 在实际生产中，前脱丙烷前加氢流程可能造成反应器飞温的原因有：

① 催化剂初装时，活性太强，没有进行 CO 钝化处理，在投料时发生飞温。

② 在正常生产时，CO 浓度大幅下降，吸附在催化剂表面的 CO 被脱附出来，使催化剂吸附乙炔能力突然增加，反应器温度上升，造成飞温。

③ 反应器进料流量突然大幅下降，造成反应器反应热无法及时撤除，反应器飞温。

(2) 在正常操作过程中如何防止飞温：

① 对于新催化剂，根据厂家要求，对新催化剂注 CO 进行钝化处理。

② 防止 CO 大幅波动。裂解炉在投用前注 S 进行预硫化处理，防止在投用过程中水煤气反应产生大量的 CO；裂解炉在停炉前加注 S，防止停炉后水煤气反应；正常运行炉确保 S 含量浓度大于 50×10^{-6}以上；防止运行炉飞温产生过多的 CO 和乙炔。

③ 当 CO 浓度大幅波动时，及时对反应器入口进行调整，一般 CO 浓度每波动 50×10^{-6}，反应器温度改变 0.5～1.5℃。当反应器入口 CO 浓度恢复正常时，及时让入口温度恢复正常。

④ 关注反应器入口流量的变化，在裂解炉投停炉时预先升温反应器入口温度。任何时

候都必须保证反应器进料流量在设计流量的60%以上。

⑤ 正常运行期间，合理分配每台反应器负荷，一般负荷控制为一段转化率65%~70%；二段转化率25%~30%；三段转化率5%。防止三段转化率过低在CO波动时飞温。

⑥ 正常运行时，三段出口的乙炔含量应控制(0.3~0.7)$\times10^{-6}$，绝对禁止出口乙炔含量小于0.01$\times10^{-6}$，防止大量乙烯发生加氢反应造成反应器飞温。

(3) 发生飞温SD-2联锁时的恢复：

反应器系统设有安全联锁系统，当反应器温度上升至110℃系统报警；当温度上升至125℃时SD-1联锁，裂解气全部走冷线，充分冷却反应器以便及时恢复；当温度继续上升至175℃，系统SD-2联锁，除执行SD-1联锁动作外，系统还自动切断反应器进料，裂解气走旁路，反应器自动泄压至火炬。在发生SD-2后恢复步骤如下：

① 确认反应器的泄压已经完毕。手动关闭泄压阀。

② 使用丙烯冷却系统，反应器床层降温。确认床层温度已经降至30℃以下，停止冷却。

③ 缓慢打开乙烯充压阀。当反应器入口压力表没有变化后，关闭充压阀。

④ 通过入口管线上旁通阀给反应器充压至操作压力。严密监视反应器的床层温升，防止发生飞温。

⑤ 复位SD-2的停车联动装置。确认反应器的进、出口阀打开、反应器的旁通阀关闭。将泄压阀由手动切至自动。确认在催化剂床层上没有任何温度上涨。

⑥ 缓慢提高反应器的入口温度。在停车前反应器入口温度10℃以下时可以提高的相对较快(2~3℃)。当接近停车前的入口温度时，入口温度的提高应相对较慢(0.5~1℃)。同时观察床层各点的反应温度上升情况。

⑦ 通过在线分析仪观察反应器进、出口的乙炔浓度。

⑧ 当一段反应器操作及床层温度稳定后，开始提高二段反应器入口的裂解气温度，建立二段反应器的操作。

⑨ 当二段反应器操作及床层温度稳定后，开始提高三段反应器入口的裂解气温度，建立三段反应器的操作。

⑩ 通过调整反应器各段的进料温度，以获得每个床层的转化率，使反应器出口的乙炔浓度小于1.5$\times10^{-6}$(体)。

顺序流程后加氢C_2反应器出现飞温原因如下：

(1) 氢气配入量过大或者氢气调节阀失灵，造成大量H_2配入；

(2) 反应器物料入口温度控制过高(特别是一段反应入口温度)；

(3) 反应器一段进料调节阀失灵，造成C_2物料大幅减少；

(4) 入口炔烃含量过高。

处理对策：

(1) 调整氢气量，降低氢炔比；

(2) 降低一段入口温度，但必须注意不能降得过低造成一段反应停止，反应器出口乙炔超标，乙烯产品不合格；

(3) 将反应器一段进料调节阀由自动切为手动控制，稳定反应器的进料量；

(4) 适当加大乙烯精馏塔去绿油洗涤罐量，增加反应器一段稀释量，降低一段进口炔烃含量；

(5) SD-2联锁处理大致相同，但联锁值不一样(一般SD1 :150℃ SD2 :204℃)。

乙烯装置职业技能竞赛试卷 五

一、填空题

1. 目前，世界上乙烯生产的主要技术是(管式炉蒸汽热裂解)和(深冷分离流程)。

2. 急冷锅炉与一般换热器不同点在于(热强度高)，操作条件要求严格，管内外必须同时承受较高的(温度差)和(压力差)。

3. 乙烯原料主要来源于(原油直接蒸馏)、(馏分油二次加工)以及(天然气)和(油田气)。

4. 离心泵的性能是通过(扬程)、(流量)、(效率)、(功率)等参数来表示的。

5. 影响烃裂解的主要因素有(裂解反应条件)、(裂解炉的形式和结构)及(原料特性)。

6. 裂解气压缩是为裂解气加压，除去相当数量的(重烃)和(水分)。

7. 碱洗塔设上段水洗的目的是(除去裂解气中夹带的碱液)。

8. 安全阀的主要技术参数有(压力参数)、(尺寸参数)、(排泄量)。

9. 在断链反应中，低分子烷烃的 C—C 键在(分子两端)断裂比在(分子中央)断裂在热力学上占优势，断链后所得的较小分子是(烷烃)，主要是(甲烷)，较大分子是(烯烃)。

10. 丙烯、乙烯制冷与其他制冷过程一样，即由(压缩)、(冷凝)、(膨胀)、(蒸发)四部分组成。

11. 急冷水乳化的原因多是由(pH 值过高)而引起，其表现形式就是(油水相混)。

12. 气动执行器配用的手轮机构主要有(顶装)式手轮机构和(侧装)式手轮机构。

13. 在一定的再生条件和均匀的床层温度下、同一干燥剂残留吸附量主要取决于再生(温度)和再生气(露点)。

14. 深冷分离法需要-100℃的冷冻系统，分离是利用混合气中各种烃(相对挥发度)的不同，用(精馏法)在低温下将各种烃加以分离。

15. 甲烷化反应采用以(镍)为活性中心的催化剂，不仅能加快甲烷化反应，而且能加快不饱和烃的加氢反应，但必须严格控制 H_2 中(乙烯)的含量，否则会发生飞温现象。

16. 乙烯装置生产的三烯是(乙烯)、(丙烯)、(丁二烯)，三苯是指(苯)、(甲苯)、(二甲苯)，它们是三大合成材料(合成树脂)、(合成橡胶)、(合成纤维)的基础原料。

17. 操作压力升高，则气相中重组分浓度(减少)，气相中轻组分浓度(升高)。

18. 启动前暖管是为了(保证蒸汽进入透平机时不带凝液)，避免叶片损坏。

19. 填料塔内的气、液两相是在(润湿的填料表面)进行传热和传质的。

二、单项选择题(选择一个正确的答案，将相应的字母填入题内的括号中。)

1. 三种不同 PONA 值的石脑油数据如下，试预测三种石脑油在相同 COT 下的乙烯收率高低顺序(C)。

石脑油	A	B	C
烷烃 P	80.8	72.1	61.7
环烷烃 N	13	13.7	18.2
芳烃 A	6.2	14.2	20.1

A. B>C>A　　B. C>B>A　　C. A>B>C　　D. B>A>C

2. 烟道气的氧含量应控制在(B)(体)为宜。

A. 0.3%~0.5%　　B. 1%~3%　　C. 4%~6%　　D. 6%~8%

3. 炉管上下温差保证在(A)以下，减少炉管上下温差能有效地防止炉管弯曲变形和局部结焦。

A. 30℃ B. 40℃ C. 50℃ D. 60℃

4. 减压操作时溶液的沸点(B)。

A. 升高 B. 降低 C. 不变 D. 不定

5. 游标卡尺测量的准确度为(C)mm。

A. 0.01 B. 0.05 C. 0.1 D. 0.15

6. (D)是单位物质每升高或降低1℃所吸收或放出的热量。

A. 热值 B. 放热系数 C. 传热速率 D. 比热

7. 裂解炉汽包连续排污的目的是(D)。

A. 控制液位 B. 事故状态保证液位

C. 防止汽包液位过高 D. 排除杂质

8. 绝压=(A)，真空度=(A)。

A. 表压+大气压，大气压-绝压 B. 表压+大气压，绝压-大气压

C. 表压-大气压，大气压-绝压 D. 表压-大气压，绝压-大气压

9. 润滑油在使用过程中受机械作用氧化受热，以及灰尘水分与其他因素影响，使油逐渐变质，这种变质称为润滑油的(C)。

A. 失效 B. 氧化 C. 老化 D. 污染

10. 前馈调节是按(C)进行调节的。

A. 测量与给定的偏差大小 B. 测量值不变化

C. 扰动量大小 D. 测量值的变化速度

11. 乙烯或丙烯制冷系统的一段吸入压力设计为正压操作的原因是(B)。

A. 防喘振 B. 防止空气漏入 C. 提高出口压力 D. 测量值的变化速度

12. 冷箱中的流体甲烷的节流膨胀是(B)，压力降越大，节流后温度越(B)。

A. 等焓膨胀，高 B. 等焓膨胀，低 C. 等熵膨胀，高 D. 等熵膨胀，低

13. 选择催化剂时对于碳二加氢催化剂而言，选择性的关系是(C)。

A. Co>Ni>Pd B. Ni>Pd>Co C. Pd>Co>Ni D. Pd>Ni>Co

14. 催化剂装填时催化剂允许降落的最大高度一般不要超过(C)mm。

A. 60 B. 100 C. 600 D. 1000

15. 压缩过程主要有三种情况，即等温压缩、绝热压缩和多变压缩，在实际应用中裂解气的压缩一般为(B)。

A. 等温压缩 B. 多变压缩 C. 绝热压缩 D. 都不是

16. 关于裂解炉的热效率，下面(C)是错误的。

A. 氧含量过高，烟气中的CO含量也高，可能会导致二次燃烧，热效率降低

B. 为了使过剩空气量减少，必须调整烧嘴操作，尽量控制烟气氧含量在2%~3%

C. 为了提高裂解炉的热效率，应尽量控制裂解炉在较高的负压下操作

D. 为了提高裂解炉的热效率，应尽量减少炉墙的热损失

17. 如果裂解炉对流段入口呈蓝雾状，而炉膛底部清晰，可能的原因是(D)。

A. 火焰不均匀 B. 空气过量 C. 炉膛正压 D. 燃烧空气不足

18. 积分调节的作用是(B)。
A. 增加灵敏度　B. 消除偏差　C. 克服滞后　D. 消除滞后
19. 下列不属于换热器热补偿方式的是(D)。
A. 浮头　B. U 形管　C. 空心管板　D. 固定管板
20. 对于脱丙烷塔而言，关键组分是(B)。
A. 丙烯和丙烷　B. 丙烷和丁二烯　C. 丙烯和丁二烯　D. 丙炔和丙烷
21. 在以下炉型中，(D)停留时间最短。
A. SRT-Ⅰ　B. SRT-Ⅱ　C. SRT-Ⅲ　D. SRT-Ⅳ HS
22. 下面(C)不属于差压式流量计?
A. 喷嘴流量计　B. 文丘里流量计　C. 转子流量计　D. 孔板流量计
23. 下列(A)不适合作为处理含硫污水的方法。
A. 蒸汽汽提法　B. 活性污泥法　C. 纯氧曝气法　D. 生物膜法
24. 干燥剂再生的残留吸附量过大可能是由于(A)。
A. 再生时床层的温度分布不均匀　B. 再生温度高
C. 再生气露点低　D. 再生时升温速度慢
25. 在前脱乙烷前加氢流程中，脱乙烷塔塔顶轻馏分送至(C)。
A. 脱甲烷塔　B. 脱丙烷塔　C. 乙炔加氢反应器　D. 裂解气干燥器
26. 在前脱丙烷分离流程中，脱乙烷塔进料组成主要是(B)。
A. 氢气、甲烷、碳二和碳三馏分
B. 碳二、碳三馏分
C. 脱除了氢气、甲烷等轻组分的碳二以上馏分
D. 碳四及以上馏分
27. 若反应器进料中乙炔浓度含量在(B)以上时，宜采用全馏分加氢。
A. 1%　B. 1.5%　C. 0.5%　D. 0.9%
28. 在较高的裂解深度下，以下(C)不适合衡量裂解深度。
A. 甲烷收率　B. 甲烷对丙烯的收率比
C. 碳三及较轻组分收率　D. 甲烷与丙烷收率比
29. 以下炉管材质中，(C)耐温最高。
A. HK-40　B. HP-40
C. 28Cr48Ni　D. Cr25-Ni35 炉管加入铌或钨
30. 压缩机发生喘振时，振动的频率和振幅的大小与气体储量的大小有关。储量愈大则频率(A)，振幅(A)。
A. 愈低，愈大　B. 愈大，愈低　C. 愈低，愈低　D. 愈大，愈大
31. 压缩机发生喘振时，由于出口管线装有止逆阀使其振幅减小，但脉动频率却随之(B)。
A. 减小　B. 增加　C. 不变　D. 先增大后减小
32. 氢气瓶外面喷漆的颜色是(A)。
A. 深绿色　B. 天蓝色　C. 灰色　D. 黑色
33. 孔板和文丘里流量计的节流口面积(A)，流体流经节流口所产生压强差随流量不同而(A)。
A. 不变，变化　B. 变化，变化　C. 不变，不变　D. 变化，不变

34. 裂解炉烘炉时，低温恒温时脱除(B)，高温恒温时脱除(B)。

A. 结晶水，游离水　B. 游离水，结晶水　C. 饱和水，结晶水　D. 表面水，游离水

35. 透平压缩机停车后立即盘车的目的是(A)。

A. 避免转子弯曲变形　　B. 加快机体降温

C. 对压缩机进行检查　　D. 检查盘车器

三、判断题(将判断结果填入括号中。正确的填"√"，错误的填"×"。)

1. 裂解炉辐射段炉管在最后一程采用大管径，是为了减少二次反应，提高乙烯收率。(√)

2. 当塔顶馏分中难挥发组分含量增高时，应减小回流比，从而提高塔顶产品质量。(×)

3. 采用液相加氢技术，易于控制反应床层的温度，从而延长催化剂的使用寿命。(√)

4. 在不同再生条件下，总会在干燥剂中残留一定的水分。(√)

5. 冷剂无相变时，冷凝器的负荷主要由冷剂量来调节。(√)

6. 凡是转动设备都有临界转速。(√)

7. 烷烃的热稳定性，随着分子量的增加而升高。(×)

8. 含有相同碳原子数的二烯烃和炔烃互为同分异构体。(√)

9. 乙烯装置在开停车过程中烃类排放量较大，因此，多采用高架火炬。(√)

10. 当裂解气温度降至650℃以下时，裂解反应基本终止。(√)

11. 低压脱甲烷塔的回流比比高压脱甲烷塔回流比大得多，因此低压法耗能。(×)

12. 密封油供油小部分通过外密封环随润滑油回油箱，大部分油从内环到油气分离器。(×)

13. 用工艺水发生稀释蒸汽的主要目的是减少废水排放量，也相应减少锅炉给水用量。(√)

14. 废水中的油类一般以悬浮状态、乳液状态、溶解状态三种状态存在。(√)

15. 在低温下，微量水能与烃类形成白色结晶水合物，压力越高，生成水合物的起始温度也越高。(√)

16. 裂解气急冷温度越低越好，利于能量回收及迅速终止二次反应。(×)

17. 裂解深度越高，原料转化率越高，氢气和甲烷也越多，气体产率越大。(√)

18. 压缩机下游管网容量越大，则喘振幅度越小，反之，则越大。(×)

19. 丙烯与丙烷的相对挥发度接近1，分离最困难，是深冷分离中塔板数最多、回流比最大的塔，属常规精馏塔。(×)

20. 汽油分馏塔的塔压是由裂解气量与温度决定的。(×)

四、计算题

1. 某列管式换热器中用110kPa的饱和水蒸气来加热苯，使其从293K加热至343K，苯走管内，蒸汽走管外，已知苯的流量为$5m^3/h$，试求每小时蒸汽的消耗量。(已知苯的比热$C=1.756kJ/kg$，苯的密度$\rho=900kg/m^3$，水蒸气的汽化潜热$r=2245kJ/kg$，热损失按5%计)

解：

$$q=W_{苯}C\Delta t$$

$$q=(5/3600\times900)\times1.756\times(343-293)=110000W=110kJ/s$$

$$W_{汽}=(1+0.05)q/r$$

$$W_{汽}=1.05\times110/2245=0.0514\text{kg/s}$$

答：每小时蒸汽耗量为0.0514kg/s。

2. 某冷热流体在一列管式换热器中进行热交换，热流体进口温度为493K，出口温度为423K，冷流体从323K升到363K，计算冷热流体在换热器中采用逆流的平均温度差？

解：逆流时：$\Delta T_{进}=493-363=130\text{K}$　$\Delta T_{出}=423-323=100\text{K}$

$\Delta T_{进}/\Delta T_{出}=130/120<2$

$\Delta T_{m}=(\Delta T_{进}+\Delta T_{出})\div2=(130+100)\div2=115\text{K}$

答：冷热流体在换热器中采用逆流的平均温度差为115K。

注：也可用对数平均温差。

五、简答题

1. 简述用水蒸气作为稀释剂的优点。

答：水蒸气作为稀释剂除了可降低烃分压、提高乙烯收率和减轻结焦程度之外，还具有以下作用：

(1) 水蒸气的热容量较大，可以稳定裂解温度。

(2) 易于分离，可循环使用，减少环境污染。

(3) 抑制原料中硫对炉管的腐蚀作用。

2. 提高汽油分馏塔釜温度，对发生稀释蒸汽有何影响？

答：提高塔釜温度，相应提高了进入稀释蒸汽发生器中的急冷油温度，提高了传热温差，可以提高稀释蒸汽的发生量。但同时，油品变重后，急冷油在稀释蒸汽中的传热效率将降低，不利于热量的回收利用。

3. 乙烯冷分离部分为什么要采用板翅式换热器？

答：乙烯冷分离部分用于甲烷氢气分离的冷箱系统热交换物流达十余种，多股物流内气液混合相有逆流、顺流和错流三种流向形式。要求在一个冷箱内2~9种介质之间进行热交换，包括气-气、气-液、液-液的交换，需要-100℃以下温度(最低达-169℃)，板翅式换热器可以做到换热面积大、换热温差小、结构紧凑、占地省、组合后冷损失小，所以采用板翅式换热器。

4. 为什么可以用甲烷产率反映裂解反应深度？

答：随着反应进程的加深，甲烷产率总是增大的，因为甲烷比较稳定，基本上不参加二次反应，只有生成没有消失，所以，借助甲烷产率的增加情况就可以反映裂解反应的深度。

5. 凝汽式透平真空系统起什么作用？是如何工作的？

答：凝汽式透平出口光靠复水器不能产生高的真空度，总存在一部分不凝汽，真空系统就是要把这部分不凝汽抽出，进一步冷凝，使透平出口产生高真空。低压蒸汽通过喷射泵的作用，将复水器中的不凝汽抽出，集中进行二次冷凝，经过两次相同作用的冷凝后，再将凝不下来的气体排出，将凝水排回复水器，这样可以使超高压(或高中压)蒸汽做的功增加。

六、论述题

1. 汽油分馏塔急冷油黏度过高有什么危害？如何调节急冷油黏度？

答：黏度过高的危害有：

(1) 急冷油黏度过高会使急冷油循环泵消耗功率增加，出口压力降低，严重时，使管道阻力降增大，会使急冷油循环困难，影响急冷油系统的正常运行，同时还会造成急冷油传热效率下降，DS发生量降低；

（2）急冷油黏度过高如不调整，会使急冷油品质变差，胶质和焦黏增多，易引起换热器和过滤器堵塞。

调节办法如下：

（1）减少侧线柴油采出。

（2）加大汽油回流量。

（3）外接调质油。

（4）适当降低 DS 压力。

（5）适当降低急冷出口温度。

（6）调节中段热油循环加大精制水量。

（7）适当加大急冷油循环量，如增开急冷油备用泵。

（8）若裂解负荷高，降负荷处理。

（9）若裂解原料组分变化，适当调整裂解炉 COT。

（10）调节减黏塔顶温。

2. 裂解气压缩机段间冷却器的作用是什么？段间控制温度高低有什么影响？

答：（1）根据绝热压缩原理，吸入温度愈高，排出温度愈高，而压缩机要求出口温度不大于 100~120℃。

（2）裂解气温度愈高，烯烃、二烯烃等不饱和烃愈易聚合结晶而堵塞压缩机流道，导致压缩机不能正常运行。

（3）温度愈高，压缩机功耗愈大，愈偏离等温压缩曲线

（4）段间冷却器的作用是采用循环水冷却，移出裂解气中的热量，控制各段吸入温度在 38℃左右，使其出口温度在 85~93℃左右，使水及重烃在段间冷凝，降低功耗，降低了不饱和烃的聚合速度，从而减少聚合物的生成。

（5）段间温度控制过高，使不饱和烃聚合，重组分不能冷凝下来，压缩机功耗增大；段间温度控制过低，会造成各段液体分布不均，罐液面超高，较轻组分冷凝，凝液中的轻组分最终将返回一段吸入罐，还将增大压缩机功耗。

乙烯装置职业技能竞赛试卷 六

一、不定项选择题

1. 分子筛用作吸附剂，具有的特点有(ABCD)。

A. 具有极强的吸附选择性　　B. 具有较强的吸附能力

C. 吸附容量随温度变化　　D. 吸附容量随气体线速度而变化

2. 甲烷化反应器出口温度高，原因是(AB)。

A. 粗 H_2中乙烯含量高　　B. 粗 H_2中 CO 含量大

C. 粗 H_2中 CH_4含量高　　D. 粗 H_2中 H_2O 含量大

3. 冷箱是由许多(B)组成的。

A. 列管式换热器　　B. 板翅式高效换热器

C. 组列管式和夹套式换热器　　D. 夹套式换热器

4. 绿油是在炔烃加氢过程中形成的副产物，下列说法正确的是(D)。

A. 乙烯加氢可生成绿油　　B. 乙炔加氢可生成绿油

C. 乙烷脱氢可生成绿油　　D. 乙炔聚合可生成绿油

5. 仪表比例度越大，放大倍数越(C)，积分时间越长，积分作用越(C)，微分时间越长，微分作用越(C)。

A. 大、强、强　B. 小、弱、弱　C. 小、弱、强　D. 大、弱、弱

6. 固定管板式换热器的特点有(ABC)。

A. 结构简单　B. 制造成本低　C. 管程易清理　D. 壳程易清理

7. 甲烷化反应器设有分离罐，其作用是(B)。

A. 脱除反应生成的全部水分　B. 脱除反应生成的大部分水

C. 脱除氢气中的重烃　D. 脱除氢气中的油分

8. 精馏塔塔顶温度高正确的处理方法是(A)。

A. 适当增大回流量　B. 增加进料量　C. 减小回流　D. 提高灵敏板温度

9. 物料的(B)较高时采用减压操作以节约能量。

A. 黏度　B. 沸点　C. 溶解度　D. 分子量

10. 石脑油裂解反应中加入蒸汽的主要目的是(B)。

A. 降低反应温度　B. 降低烃分压　C. 保护裂解炉　D. 起催化剂作用

11. 为了保证安全，丙烯塔塔釜液中的丙炔和丙二烯浓度不能超过(C)，作为民用液化气时，要求炔烃含量应低于(C)。

A. 40%，10%　B. 20%，10%　C. 40%，2%　D. 20%，2%

12. 进料组成变重时，精馏塔操作正确的是(D)。

A. 增大塔顶采出，减小塔釜采出　B. 增大塔顶采出，增大塔釜采出

C. 减小塔顶采出，减小塔釜采出　D. 减小塔顶采出，增大塔釜采出

13. 造成脱乙烷塔塔釜分析不合格，乙烷含量高的原因是(B)。

A. 灵敏板温度偏高　B. 灵敏板温度偏低　C. 压力偏低　D. 塔釜加热量大

14. 高压法乙烯精馏塔塔顶冷凝器所用冷剂为(C)。

A. 冷却水　B. 乙烯　C. 丙烯　D. 氢气

15. 玻璃板液位计原理是(C)。

A. 毛细现象　B. 虹吸现象　C. 连通器原理　D. 前三者都是

16. 裂解炉防焦蒸汽的作用是(ABC)。

A. 防止仪表引压线堵　B. 防止急冷器喷嘴堵

C. 防止大阀和清焦阀堵　D. 防止急冷油泵堵

17. 造成DS带油原因是(AC)。

A. QW乳化　B. 急冷塔汽油槽液位过高

C. 工艺水汽提塔汽提效果不好　D. 急冷油乳化

18. 废热锅炉内物料走向为(A)。

A. 裂解气管程，水壳程，顺流换热　B. 裂解气管程，水壳程，逆流换热

C. 裂解气壳程，水管程，逆流换热　D. 裂解气壳程，水管程，顺流换热

19. 裂解炉对流段吹灰的目的是(AB)。

A. 提高传热效率　B. 防止对流段管束因结炭而发生二次燃烧

C. 防止耐火材料损坏　D. 防止对流段炉管堵塞

20. 炉子提负荷后，急冷应注意(AC)。

A. 加大回流　B. 减少柴油采出

C. 防止黏度过高　　D. 减少裂解燃料油采出

21. 限流孔板的作用是(A)。

A. 防止流量大影响后系统　　B. 防止后系统憋压

C. 防止系统波动　　D. 防止阀门内漏

22. 乙烯制冷压缩机可以用(AD)作干气密封气。

A. 氮气　　B. 裂解气　　C. 丙烯　　D. 乙烯

23. 压缩机辅泵自启动的原因(ABC)。

A. 润滑油总管压力低　　B. 调速油总管压力低

C. 密封油高位槽低液位　　D. 轴承温度高

24. 确定裂解炉急冷锅炉(废热锅炉)出口温度下限的决定因素是(C)。

A. 对流段材质　　B. 急冷器急冷油最大喷淋量

C. 裂解气露点　　D. 裂解炉设计最低负荷

25. 以下(C)是碱洗过程中不会产生的。

A. Na_2S　　B. NaHS　　C. Na_2SO_4　　D. Na_2CO_3

26. 以下(D)没有用到氮气 N_2。

A. 机体倒液罐　　B. 油系统脱气罐　　C. 干气密封系统　　D. 泄漏蒸汽冷凝器

27. 大修时，油洗塔塔内进人作业，有机物含量应小于(B)。

A. 0.1%　　B. 0.2%　　C. 0.5%　　D. 1%

28. 甲烷化反应床层温度不断上涨的原因是(C)。

A. 入口温度低　　B. 粗氢中 CO 含量低

C. 冷箱温度高　　D. 冷箱压力低

29. 丙烯制冷压缩机紧急停车后，必须打开的阀门是(D)。

A. 丙烯冷剂用户进料阀　　B. 喷淋阀

C. 各吸入罐液位控制阀　　D. 一段返回控制阀

30. 碳二加氢催化剂对不同烃类的吸附能按下列(C)顺序排列。

A. 烷烃>单烯烃>烯烃>炔烃　　B. 炔烃>单烯烃>烯烃>烷烃

C. 炔烃>烯烃>单烯烃>烷烃　　D. 单烯烃>烯烃>炔烃>烷烃

二、判断题(将判断结果填入括号中。正确的填“√”，错误的填“×”。)

1. DS 流量指示偏高易造成乙烯收率低、炉管结焦快、裂解炉运行周期缩短。(×)

2. 丙烷裂解时，裂解气可直接用水急冷降温。(√)

3. 高压锅炉给水的不良水质，可通过排污带走，不会对高压蒸汽产生不良影响。(×)

4. 丙烯压缩机开车前，防喘振返回线必须全开。(√)

5. 采用两种或多种不同的冷冻剂进行并联操作，组成复叠式制冷压缩机的制冷过程，为复叠制冷。(×)

6. 采用液相加氢技术，易于控制反应床层的温度，从而延长催化剂的使用寿命。(√)

7. 常用法兰密封面的形式有平面型、凹凸型、槽型三种。(√)

8. 吹扫汽轮机入口管线时，汽轮机要处于盘车状态，以防蒸汽意外进入汽轮机而造成主轴弯曲。(√)

9. 从热力学角度考虑，提高反应温度有利于一次反应和二次反应的进行。(√)

10. 调节器输出信号的变化量与输入信号的变化量之间成比例关系，这种调节规律是比

例调节。(√)

11. 对于连接换热器的管道系统，吹扫前应将换热器入口法兰与管道紧密相连。(×)

12. 二次注气是解决重质原料干点温度高于该原料裂解温度的问题，防止原料在对流预热段结焦。(√)

13. 分离热区塔釜再沸器容易结焦，是因为塔釜液中含大量双烯烃，而且高温下双烯烃易聚合。(√)

14. 过冷冷剂节流，其制冷效果比饱和液体节流差。(×)

15. 急冷水乳化不会造成汽油带水。(×)

16. 低温甲烷化反应器开车前不能直接用氢气升温，防止氢气中的一氧化碳在 150℃ 以下时会与镍生成巨毒物质羰基镍。(√)

三、识图题

1. 画出乙烯、丙烯复叠制冷原理图。

答：

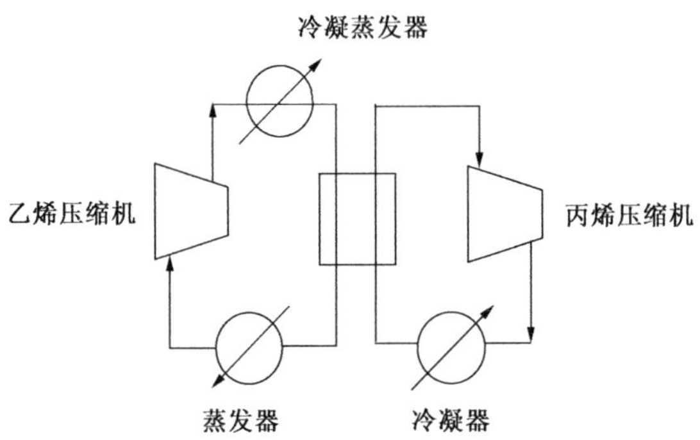

2. 识图改错题。(改对给分，改错扣分，直至本题扣至零分)

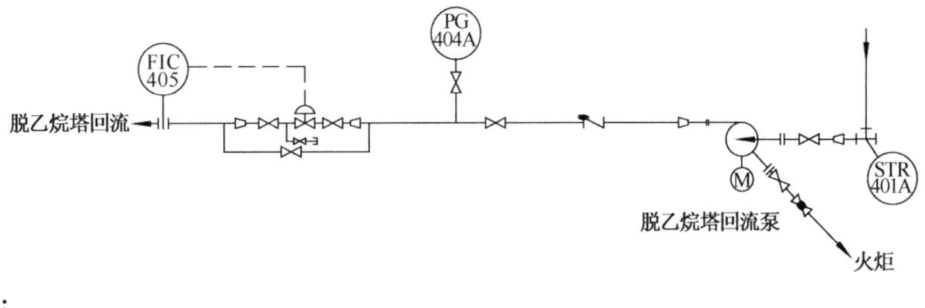

答：

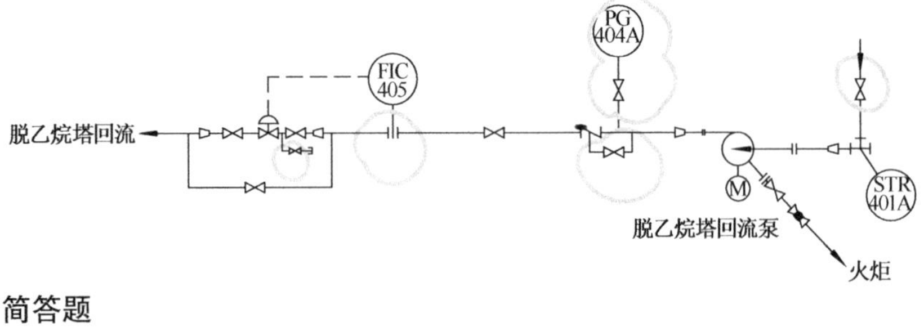

四、简答题

1. 为何裂解气急冷锅炉出口温度不能过低？

答：因为裂解气在急冷过程中所含高沸点的组分被冷凝在急冷锅炉的器壁上，在高温裂解气的长时间作用下，这些冷凝的液体会进一步发生脱氢缩合等反应，导致焦化和结焦堵塞设备，因此，裂解气急冷的温度高低由其露点决定，即急冷锅炉的裂解气出口温度不能低于其露点，以保证急冷锅炉的正常运行。

2. 裂解原料中的硫含量过高、过低有什么问题？

答：裂解原料中硫含量过高，会增加脱除裂解气中酸性气体的负荷及碱洗系统的耗碱量。硫含量过低，则裂解过程中 CO 含量会增加，同时炉管表面会发生渗碳作用而降低炉管的机械强度。

3. 干燥器切换时，其出口温度会升高，为什么？如何控制？

答：干燥器切换时，由于新投用的干燥器分子筛吸水能力比较强，而吸附水分子又是放热过程，因而瞬间吸水放热，会造成床层温度和出口温度升高。为控制出口温度，用调整并行流量、延长并行时间的方法来控制。

4. 丙烯压缩机制冷原理是什么？

答：丙烯制冷循环过程为压缩→冷凝→减压→蒸发，利用丙烯压缩机，将气态丙烯增压至 1.8MPa 左右，用冷却水将气体丙烯冷凝成液体丙烯，丙烯的冷凝温度在 36℃左右，再利用节流、膨胀原理，使液态丙烯在节流阀中降压，使其液相沸点降低，通过蒸发，使液态丙烯在换热器中蒸发成气态丙烯，吸收用户的热量，达到制冷的目的。

5. 甲烷化反应不合格原因及处理方法怎样？

答：(1) 物料中有催化剂毒物，造成催化剂中毒。解决办法：一定要严格控制催化剂毒物。

(2) 反应温度低，活性不够。解决办法：提高入口温度。

(3) 催化剂长期使用后，活性降低。如提高入口温度无效，只好更换新的催化剂。

6. 采用动压轴承的压缩机为什么不能长时间电动盘车？

答：所谓动压轴承是依靠轴颈本身的回转速度把润滑油从间隙大处带入间隙小处形成油楔，产生动压油膜，把轴承托起，使轴颈与轴瓦隔开，电动盘车即转子在低速下转动，难以形成动压油膜，造成轴承和轴瓦的干摩，长时间的电动盘车，会损坏轴承和轴瓦。

五、论述题

1. 为什么选择 CO 作为加氢反应的抑制剂？

答：催化加氢反应时，氢气为甲烷化反应后的干氢，即 95%纯度的氢气，甲烷化后，其 CO 含量由原来的 0.5%(体)降至 1×10^{-6}以下。碳二气相加氢反应加入 CO 作为抑制剂，其根据是：钯催化剂对炔烃、CO、烯烃的吸附能力由强到弱，当催化剂表面未被炔烃覆盖满时，CO 的存在就优先被吸附了，而将烯烃排在活性位置之外，从而提高了催化剂的选择性。

2. 简述实际生产中防止喘振的三个方法。

答：实际生产中通常有三种防喘振方法：

(1) 第一种：旁路返回，确保最小流量。通常是在压缩机升速或工艺运转条件变更下，压缩机最小流量相应变化时，人为地预先给出最小流量来动作流量调节机构，将压缩机出口气体自动地通过旁路阀返回压缩机吸入端，以保证压缩机的最小流量。

(2) 第二种：通过转速调整喘振点。根据压缩机特性曲线，当压缩机转速降低时，喘振点向左移动，也就是压缩机最小流量减少，从而达到防止喘振的目的。

(3) 第三种：加大喷淋，降低吸入温度，增加质量流量，这种方法可在制冷压缩机上使用。

3. 为什么裂解反应要在低烃分压下进行？

答：从化学平衡来看，烃裂解是一个分子数增加的过程，对脱氢反应，降低压力有利于向生成乙烯的方向进行，不利于二次反应的进行。从动力学上来看，低烃分压，虽然能使一次反应和二次反应的速度都降低，但对二次反应速度的影响比一次反应要大得多，即可提高一次反应对二次反应的相对速度。所以说裂解反应要在低烃分压下进行，以减少二次反应的进行。

4. 简述裂解气压缩系统吸入罐顶部除沫网的作用是什么？

答：首先当离心式压缩机入口进入液滴时，会影响动平衡，使压缩机产生强烈震动，严重时以致震坏。另外离心式压缩机吸入气体介质密度愈大，出口压力愈大。液体的密度远大于气体密度，一旦液体进入压缩机体，将产生巨大的出口压力，同时液体受热会急剧汽化，使压力急剧波动，加上液滴对叶轮有冲击，其结果轻则引起压缩机超载运行，重则把叶轮和机壳损坏，引起重大事故。因此，离心式压缩机内不允许数量较多和颗粒较大的液体带入叶轮。

气液两相流体进吸入罐进行气液分离，但上升气体还会夹带极少部分液体，当上升气体流吸入罐顶部除沫网时，气体通过，液体则被除沫网截留，从而保护压缩机的正常运行。

5. 甲烷化反应器出口温度升高由哪些原因造成？如何处理？

答：原因：

(1) 甲烷化反应器入口氢气中乙烯含量高，因为乙烯在较高温度下的分解是放热反应。

(2) 氢气中 CO 含量大。

处理：

(1) 调整好冷箱操作，控制好各点温度。

(2) 调整好乙烷炉注硫量，控制好乙烷炉的裂解深度。

乙烯装置职业技能竞赛试卷七

一、填空题

1. 裂解气的露点与所采用的(原料)有关，一般地，是由裂解原料中的(氢含量)决定的。

2. 裂解深度函数 S 是(裂解温度 T)与(停留时间 Q)的函数，其表达式为($S=f(T, Q)$)。

3. 乙烯的临界压力是(5.1MPa)，临界温度是(9.5℃)。

4. 我们把苯的关联指数 *BMCI* 值定为(100)，正己烷的关联指数 *BMCI* 值定为(0)。

5. K 值越高，表示原料的(石蜡性)越强；K 值越低，表示(芳香性)越强。

6. 裂解气急冷的方式有两大类，一类是(直接急冷)，另一类是(间接急冷)，废热锅炉对裂解气的冷却属于(间接急冷)。

7. 塔内上升气速直接影响到传质效果，塔内最大蒸汽上升速度不得超过(空塔速度)。

8. 当冷热流体的进出口温度一定时，逆流操作比并流操作的平均传热温差 Δt(大)。

9. 水温升高，水的黏度(降低)，物质在水中的扩散速度(加快)。同时，水的电导率(升高)，对金属的腐蚀速度(加快)。

10. 裂解气压缩机一段吸入压力设定的高低受(裂解反应压力)的控制，五段排出压力主要受(混合气临界)压力所影响。

11. 平衡汽化0%的温度叫做(泡点)温度。

12. 平衡汽化100%的温度，叫做(露点)温度。

13. 装置开车前，系统 N_2 置换合格的标准是(N_2 >98%， O_2 <0.2%)。

14. 影响灵敏板温度的因素有(压力)、(温度)、(进料组分)、(回流量)等。

15. 只在液体表面进行的汽化现象叫(蒸发)，在液体内部和表面同时汽化的现象叫(沸腾)。

16. 裂解压缩机一般采用四段或五段，目的是(节约材质)、(除去重质烃类与水)、(减少下游干燥器负荷)等。

17. 造成MAPD转化器床层飞温的因素有(氢炔比)、(入口温度)、(稀释量)等。

18. 提高换热器传热效率的途径有(增大传热面积)、(提高冷热流体的温差)、(提高传热系数)。

二、单项选择题(选择一个正确的答案，将相应的字母填入题内的括号中。)

1. 装置用 N_2 露点为(D)。

A. <-40℃　　B. <-50℃　　C. <-70℃　　D. <-60℃

2. 在精馏塔的操作中塔的压差增大，当加大塔顶采出、减少回流量和降低釜温等措施后，压差仍不降低的症状是(C)。

A. 液泛　　B. 淹塔　　C. 冻塔　　D. 翻塔

3. 碳二加氢催化剂对不同烃类的吸附能力按下列(C)顺序排列。

A. 烷烃>单烯烃>烯烃>炔烃　　B. 炔烃>单烯烃>烯烃>烷烃

C. 炔烃>烯烃>单烯烃>烷烃　　D. 单烯烃>烯烃>炔烃>烷烃

4. 只有在输入信号有变化时，调节器才有输出，并且变化越快，输出越快，这是(C)调节的特点。

A. 比例　　B. 积分　　C. 微分　　D. 双位

5. 塔压升高，则塔顶轻组分浓度(A)。

A. 增大　　B. 减少　　C. 不变　　D. 不一定

6. 压缩机启动时，油箱温度必须大于(B)温度才具备启动条件。

A. 22℃　　B. 33℃　　C. 42℃　　D. 48℃

7. 润滑油高位槽正常排油流向(A)。

A. 回油总管　　B. 供油总管　　C. 压缩机轴瓦　　D. 透平

8. 碱洗过程中产生的黄油指(B)。

A. 重质汽油　　B. 碱性汽油　　C. 黄色汽油　　D. 柴油

9. 以下(C)是碱洗过程中不会产生的。

A. Na_2S　　B. NaHS　　C. Na_2SO_4　　D. Na_2CO_3

10. 裂解气压缩机(D)没有高液位联锁。

A. 一段吸入罐　　B. 二段吸入罐　　C. 三段吸入罐　　D. 三段排出罐

11. 乙烯干燥器脱除的水来自(A)。

A. 粗氢中含CO与 H_2 反应生成的水　　B. 混合碳二带入的水

C. 加氢反应生成的水　　D. DA-401塔带来的水

12. 分离系统中乙炔的来源（A）。

A. 裂解过程中带来的　　B. 甲烷化带来的

C. 冷箱系统带来的　　D. 乙炔反应器生成的

13. 对已定的换热器来说，影响其热负荷的因素是(D)。

A. 传热面积　　B. 传热的平均温差

C. 传热系数　　D. 传热的平均温差及传热系数

14. 过热蒸汽是(B)。

A. 蒸汽在一定温度下，对应的压力大于饱和蒸气压

B. 在一定压力下，蒸汽温度高于饱和蒸汽的温度

C. 温度很高的蒸汽

D. 温度超过饱和蒸汽温度达到规定值后的蒸汽

15. 裂解气碱洗后，合格指标为(A)。

A. $CO_2<1\times10^{-6}$，$H_2S<1\times10^{-6}$　　B. $H_2S<1\times10^{-6}$

C. $CO_2<5\times10^{-6}$，$H_2S<1\times10^{-6}$

16. 要求输送量准确而且宜于调节流量应选用(C)。

A. 离心泵　　B. 往复泵　　C. 计量泵　　D. 螺杆泵

17. 下列(C)不属于压差式流量计。

A. 孔板流量计　　B. 喷嘴流量计　　C. 转子流量计　　D. 文丘里流量计

18. 计算压缩机透平超高压蒸汽的用量的近似计算表达式为：(C)。

A. 抽汽量-复水量　　B. 等于抽汽量　　C. 抽汽量+复水量　　D. 等于复水量

19. 节流式测量装置在管道上安装时，如果将方向装反了会造成(B)。

A. 差压计倒指示　　B. 差压计指示变小

C. 差压计指示变大　　D. 对差压计指示无影响

20. 不适宜输送含颗粒料液及作流量调节使用的是(C)。

A. 旋塞阀　　B. 截止阀　　C. 闸阀　　D. 单向阀

21. 烯烃不可发生的化学反应有(D)。

A. 加成反应　　B. 氧化反应　　C. 聚合反应　　D. 还原反应

22. 一般情况下，当裂解炉炉管渗炭大于(A)时，应考虑更换炉管。

A. 60%　　B. 70%　　C. 80%　　D. 40%

23. 以下列烃为原料的裂解反应，所得氢收率由高到低的排列顺序为(D)。

A. 正己烷>正丁烷>异丁烷　　B. 正丁烷>正己烷>异丁烷

C. 正己烷>异丁烷>正丁烷　　D. 异丁烷>正丁烷>正己烷

24. 下列烃类裂解时，乙烯收率由高到低的次序是(B)。

A. 烷烃>单环芳烃>环烷烃>多环芳烃　　B. 烷烃>环烷烃>单环芳烃>多环芳烃

C. 环烷烃>烷烃>单环芳烃>多环芳烃

25. 原料与成本的关系是(C)。

A. 原料越重，成本越高　　B. 原料轻重与成本无关

C. 一般地说，原料越重，原料费用所占成本的比例越大

26. BMCI 值是一个(A)指标。

A. 原料芳烃性　　B. 原料比重指数　　C. 原料特性因数

27. 碱度测定的结果是酚酞碱度等于甲基橙碱度，该水样中反映碱度的离子有(C)。

A. OH^-、CO_3^{2-}和 HCO_3^-　　B. CO_3^{2-}，无 OH^-和 HCO_3^-

C. OH^-，无 CO_3^{2-}和 HCO_3^-

三、判断题(将判断结果填入括号中。正确的填"√"，错误的填"×"。)

1. 废热锅炉出口温度的高低是由裂解气干点决定的，即该温度不能低于其干点。(×)

2. 环烷烃比同碳原子数的链烷烃裂解时的乙烯、丙烯收率低，而丁二烯和芳烃的收率高。(√)

3. 一定质量的气体，在压强不变的情况下，其体积和热力学温度成反比。(×)

4. 液体的沸点与气压有关系，气压增大，沸点升高。(√)

5. 水的酸度和酸的浓度是一个概念、两个说法。(×)

6. 锅炉压力升高，可使饱和蒸汽的溶解携带量增大，对饱和蒸汽带水量影响不大。(×)

7. 气体只有在临界温度以下，才能液化。(√)

8. 回流比的大小对精馏塔塔板数和进料位置的设计起着重要的作用。(√)

9. 精馏塔的三大平衡是物料平衡、热量平衡、气液平衡。(√)

10. 丙烯制冷压缩机干气密封用的是从压缩机出口来的丙烯气。(√)

11. 当塔顶馏分中难挥发组分含量增高时，应减小回流比，从而提高塔顶产品质量。(×)

12. 可燃物质在空气中的含量低于爆炸下限，遇到明火，既不会燃烧，也不会爆炸。(√)

13. 压缩过程有几种：等温压缩、绝热压缩、多变压缩。在实际操作中多采用绝热压缩。(×)

14. 调速油主要供给透平的调速机构及主气阀、抽汽止回阀。(√)

15. 裂解气平均分子量越低，裂解气压缩机做功升高，其吸入量提高。(×)

16. 透平开车时应该在暖机约 20min 后通密封蒸汽。(√)

四、简答题

1. 裂解炉炉出口温度提不起来的原因可能有哪些?

答：(1) 燃料气供应不足；

(2) 炉膛氧含量过低导致燃烧不充分；

(3) 炉膛内氧含量过高导致热损失；

(4) 原料或稀释蒸汽的量不准；

(5) 火嘴燃烧不好。

2. 裂解炉出口温度对裂解反应有什么影响?

答：对于一个已定型的裂解炉，其出口温度反映了它的裂解深度，故裂解炉出口温度能影响裂解产物的分布和炉子结焦情况。一般地，乙烯、丙烯的收率随炉出口温度升高而增加，达到最大值后，温度再升高，则收率呈下降趋势。丁二烯的收率随炉出口温度变化不明显，甲烷、氢、重质燃料油的收率一般也随温度的升高而增大。

3. 再沸器运行一段时间常会出现加热效果差的原因是什么? 如何判断塔再沸器运行状况的好坏?

答：原因是塔再沸器结焦，即烯烃(主要为丁二烯、戊二烯)自聚。

判断塔再沸器运行状况是否恶化，可从以下方面判断：

(1) 结焦到一定程度可使精馏效果变差，可从分析结果看出。

(2) 塔压差较大。

(3) 如在再沸器内结焦表现为再沸器传热阻力增大、加热量不足、加不上热、加热阀阀位很大而流量不增加。

4. 温度和热量的区别是什么?

答：温度是表示物体冷热程度的物理量，本质上是反映物体内部分子无规则运动的剧烈程度。温度越高，表明物体内部分子运动越剧烈，所以温度是从宏观上对物体的分子运动程度的度量。

热量是物体吸收或放出热的多少，它是由于物体温度差别而转移的能量，与温度是截然不同的两个概念。不同物质不能说温度越高，物质热量越大。

5. 汽油分馏塔塔釜温度对急冷油系统的操作有何影响?

答：(1) 对急冷油物性产生影响：提高釜温，急冷油密度增大，黏度升高，油品变重；降低釜温，正好相反。

(2) 影响稀释蒸汽发生量：提高釜温，相应提高了急冷油的温度，可以多产生稀释蒸汽；但同时，油品变重后，在稀释蒸汽发生器中的传热效率降低。

(3) 改变汽油分馏塔内的温度分布，影响侧线产品采出，使侧线产品变重，同时，使塔顶裂解汽油的干点提高。

6. 精馏塔塔压升高的原因有哪些? 如何处理?

答：塔压升高的原因有：

(1) 冷凝器的冷剂量不够；

(2) 塔顶馏出管堵塞或调节阀故障；

(3) 有大量不凝气；

(4) 塔釜加热量过大。

相应处理方法：

(1) 加大冷剂量；

(2) 处理管线和调节阀；

(3) 检查上道工序在操作上有什么问题，轻组分放火炬；

(4) 对塔进行调整，控制好温度。

五、论述题

1. 塔顶采出量的大小对精馏塔操作有何影响?

答：当进料量不变时，若塔顶采出量增大，则回流比势必减小，引起各板上的回流量减小，气液接触不好，传质效率低，同时操作压力也将下降，各板上的气液组成发生变化，结果重组分带到塔顶，塔顶产品不合格。在强制回流操作中，如进料量不变，塔顶采出量突然增加，则易造成回流罐液面抽空，回流液中断，顶温升高，从而影响塔顶产品质量。如进料加大，但塔顶采出量不增加，其后果是回流比增大，塔内物料增多，蒸汽上升速度增大，塔顶与塔釜的压差增大，严重时会引起液泛。

2. 急冷水塔塔顶温度过高有什么影响?

答：急冷水塔塔顶温度过高，使本应冷凝下来的重质汽油和饱和水带入压缩系统，容易在压缩机机体内结焦，对压缩机运转不利，同时增大了其负荷。另一方面，急冷水塔内的汽油减少、液面降低，时间一长，有可能造成汽油分馏塔回流汽油维持不了平衡。

乙烯装置职业技能竞赛试卷 八

一、不定项选择题(选择正确的答案，将相应的字母填入题内的括号中。)

1. 热力除氧的基本原理是(B)。

A. 把水加热到沸点温度

B. 把水加热到相应压力下的沸点温度

C. 把水加热到100℃以上

2. 水冷却器的壳程进水时水从下部进入、上部排出的目的是(D)。

A. 实现冷却水与工艺物料之间逆流流动，提高传热的平均温差

B. 提高水冷却器的传热面积

C. 使换热器的管程充满水，最大限度地利用水冷却器的传热面积

D. 使水冷却器的壳程充满水，最大限度地利用水冷却器的传热面积

3. 缺氧是指空气中氧的浓度低于(C)。

A. 16%　　B. 17%　　C. 18%　　D. 19%

4. 塔内上升气速直接影响到传质效果，塔内最大蒸汽上升速度不得超过(B)。

A. 空塔速度　　B. 液泛速度　　C. 1/2 空塔速度　　D. 1/2 液泛速度

5. 下列各类物质中，不可以用来回收裂解气热量的是(C)。

A. 急冷油　　B. 急冷水　　C. 冷却水　　D. 精制水

6. 急冷水中多余的低位热量最终由(A)带走。

A. 冷却水　　B. 工艺水　　C. 急冷油　　D. 循环乙烷

7. 急冷水塔工艺目的不包括(B)。

A. 冷却裂解气　　B. 回收急冷水余热

C. 分离出裂解气中的绝大部分水　　D. 分离出裂解气中的多数重烃

8. 急冷水沉降分离依据油水间的(D)不同，实现油水分离。

A. 质量　　B. 重量　　C. 沸点　　D. 密度

9. 正常运行时，用(A)汽提裂解燃料油，以达到减黏的目的。

A. 乙烷裂解炉废热锅炉出口裂解气　　B. 乙烷裂解炉急冷器出口裂解气

C. 石脑油裂解炉废热锅炉出口裂解气　　D. 石脑油裂解炉急冷器出口裂解气

10. 急冷水塔检修前的隔离工作要求是(D)。

A. 只要进料管线加隔离盲板即可

B. 放火炬管线调节阀关闭即可

C. 各液体排放管线阀关闭即可

D. 与塔体相连的工艺管线均要加隔离盲板

11. 下列各机泵中，必须设置出口压力低联锁的是(A)。

A. 稀释蒸汽汽包进料泵　　B. 裂解燃料油外送泵

C. 裂解柴油外送泵　　D. 注碱泵

12. 可作为判断石脑油裂解炉废热锅炉需要清焦的指标是(B)。

A. 炉出口温度≥840℃

B. 废热锅炉出口温度≥525℃

C. 废热锅炉进出口压降增加值≥0.025MPa

D. 废热锅炉出口温度≥650℃

13. 下列急冷油循环泵联锁设置中，不属于设备联锁的是(C)。

A. 润滑油压力低联锁　　B. 润滑油压力极低联锁

C. 泵出口压力低联锁　　D. 透平超速联锁

14. 如果运行中的急冷油循环泵润滑油压力持续下降触发润滑油压力极低联锁，其联锁动作应该是(D)。

A. 处于自动状态下的备用急冷油循环泵会自启动

B. 润滑油主油泵启动

C. 处于自动状态下的润滑油辅助油泵会自启动

D. 紧急切断该泵驱动蒸汽

15. QO 含水超标，QO 循环泵不上量，是由于发生了(A)。

A. 气蚀　　B. 气阻　　C. 气缚　　D. 乳化

16. 急冷水系统中的酸性组分来源于(B)。

A. 原料本身含有酸性组分　　B. 原料裂解时生成的酸性气体

C. 后系统向急冷水塔排水带来的酸性组分　　D. 无法确定

17. 消泡剂的工作原理是(D)。

A. 改变介质 pH 值　　B. 改变介质化学组成

C. 改变介质密度　　D. 改变介质表面张力

18. 稀释蒸汽汽包排污取样点在(C)。

A. 汽包导淋处　　B. 稀释蒸汽发生器降液管导淋

C. 稀释蒸汽连续排污管线　　D. 稀释蒸汽间断排污管线

19. 关于水系统注碱点的叙述，下列选项正确的有(ABC)。

A. 急冷水循环管线　　B. 工艺水汽提塔进料管线

C. 稀释蒸汽汽包进料管线　　D. 稀释蒸汽连续排污管线

20. 下列各项中，属于急冷区日常分析项目的有(ABCD)。

A. 工艺水 pH 值　　B. 急冷水 pH 值

C. 稀释蒸汽汽包排污 pH 值　　D. 稀释蒸汽凝液 pH 值

21. 急冷岗位在裂解炉提高或降低负荷时，应该进行的调整有(ABCD)

A. 调整汽油分馏塔的回流量，控制好顶温

B. 调整汽油分馏塔的釜温，控制急冷油黏度

C. 调整汽油分馏塔的塔釜及侧线采出，控制塔釜液面

D. 调整急冷油循环量及盘油循环量

22. 在急冷水塔与急冷水沉降槽之间通常要设置平衡线，其目的包括(C)。

A. 平衡气相组分　　B. 平衡液相组分

C. 平衡两者之间的压力　　D. 平衡两者间的液位

23. 在倒空急冷油循环泵时，必须确认(ABCD)。

A. 密封油停止注入　　B. 冲洗油停止注入

C. 透平转速已经至零　　D. 进出口阀关闭

24. 装置正常运行的情况下，急冷水循环泵巡检应该关注(ABCD)。

A. 填料密封泄漏量　B. 机泵振动情况　　C. 冷却水是否畅通　D. 润滑油压力

二、判断题(将判断结果填入括号中。正确的填“√”，错误的填“×”。)

1. 烃的芳环具有强的热稳定性，在裂解过程中不易发生开环反应，而易发生侧链断链反应。(√)

2. 裂解过程中加入稀释蒸汽的目的是降低反应过程中的烃分压。(√)

3. 废热锅炉的作用是在终止二次反应的同时回收高品位热能。(√)

4. 裂解炉汽包产生的超高压蒸汽是饱和蒸汽。(√)

5. SS 发生系统的排污可分为连续排污和间断排污。(√)

6. 碱洗塔的黄油主要成分是醛酮缩合物，还含有少量不饱和烃(如苯乙烯和戊二烯类)的聚合物。(√)

7. 乙烷裂解炉烧焦操作时，通常采用高压过热蒸汽来作为减黏塔的热源。(√)

8. 为了使锅炉给水达到所要求的质量，在预处理时要经过阴阳离子交换、脱碳、脱氧等多道工序，因而生产成本较高。(√)

9. 管道系统的吹扫目的是将系统存在的脏物、泥沙、焊渣、锈皮及其他机械杂质，在化工投料前彻底吹扫干净，防止因管道及系统存有杂物堵塞阀门、管道及设备，发生意外故障。(√)

10. 裂解炉出口裂解气总管等大尺寸管道安装前应充分清洗，安装完成后再进行人工清理。(√)

11. 蒸汽吹扫时必须充分暖管，逐步增加流量，并注意排水，尽量避免水击。(√)

12. 蒸汽管道吹扫后打靶的靶片，一般采用抛光的紫铜片或抛光的铝片。(√)

13. 系统充压至规定压力后，将肥皂水喷涂在需检查的各处，没有肥皂泡冒出，说明气密性合格。(√)

14. 裂解炉点火时，利用已经点燃的烧嘴引燃其他烧嘴极易引起炉膛爆鸣，必须严格禁止。(√)

15. 裂解炉正常点火升温过程中，应对称点燃烧嘴。(√)

16. 裂解炉点火升温过程中，稀释蒸汽排淋不充分不会损坏炉管。(×)

三、操作题

1. 如何判断现场液位计指示好坏。

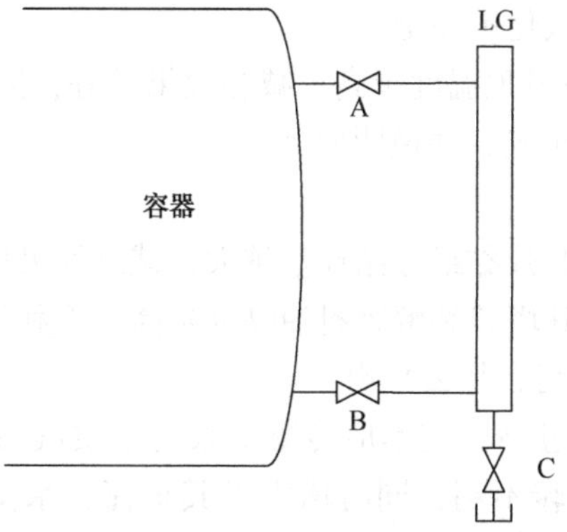

答：(1) 先 A、B 阀关闭，C 排放阀打开，确认液位计指示为零；

(2) B、C 阀打开，确认导压管线畅通；

(3) A、C 阀打开，确认导压管线畅通；

(4) A、B 阀打开，C 阀关闭液位计投用。

2. 如何判断现场压差表的好坏？简述投用步骤。

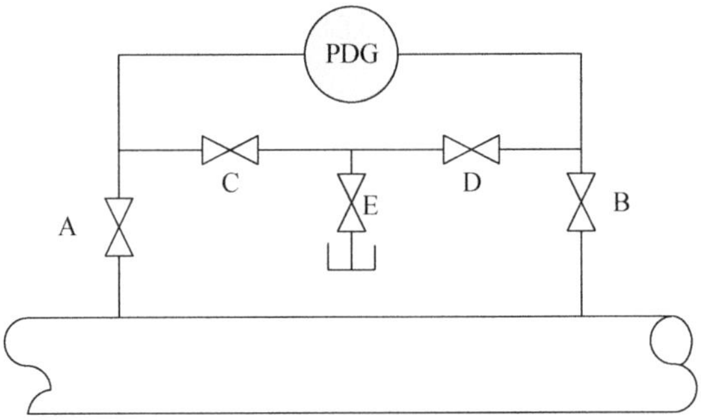

答：(1) 先 C、D 阀打开，再关闭 A、B 阀确认表指示为零；

(2) A、C、E 阀打开，D、B 阀关闭，确认导压管线畅通；

(3) B、D、E 阀打开，A、C 阀关闭，确认导压管线畅通。

以上三步基本可以判断压差表能否正常指示。

投用步骤：

(1) 先 A、B、E 阀关闭，C、D 平衡阀打开；

(2) 后 A、B 阀打开，物料引入表导压管线，再关闭 C、D 平衡阀。

四、简答题

1. 请简述裂解炉投料期间出口温度过高或过低可能造成的后果。

答：(1) 裂解炉在开始投料过程中，投油量低，尽管增加了 DS 量，仍会造成反应的停留时间较长，如果 COT 也过高，则炉管容易结焦；

(2) 如果开始投料过程中 COT 过低，裂解深度不足，裂解气露点下降，容易在废锅列管内形成结焦母体，会使 TLE 结焦速度加快。

因此在裂解炉投料过程中，COT 既不可过高，也不能较低。

2. 造成裂解炉对流段炉管结焦的主要因素有哪些？

答：(1) 裂解原料过重，芳烃含量高；

(2) 裂解原料太脏，杂质含量高；

(3) 横跨段温度过高；

(4) 重质原料在对流段汽化不完全。

3. “正常生产时，减黏塔塔顶温度越高，减黏效果越好，因此应该尽可能地提高减黏塔顶温。”请判断以上叙述是否正确，并说明原因。

答：错。原因有两点：

(1) 减黏塔顶温过高，非减黏组分循环量越大，减黏效果反而会下降；

(2) 减黏塔顶温越高，其塔釜裂解燃料油黏度越高，不利于稳定生产。

4. 急冷水塔塔顶温度过高有什么影响？

答：急冷水塔塔顶温度过高，使本应冷凝下来的重质汽油带入压缩系统，容易在压缩机机体内结焦，对压缩机运转不利，同时增大了其负荷，水蒸气含量也增加。另一方面，急冷水塔内的汽油减少，液面降低，时间一长，有可能造成汽油分馏塔回流汽油维持不了平衡。

五、论述题

1. 详细说明裂解炉切换步骤。

答：(1) 一台炉子处于热备状态，确认烧焦空气切断阀关闭并为盲板状态，先关闭热备裂解炉的烧焦气大阀，再打开裂解气大阀将热备裂解炉的蒸汽切入急冷系统。

(2) 把热备裂解炉的原料盲板转为孔板，并关闭原料扫线蒸汽切断阀。

(3) 热备裂解炉运行模式切换至运行模式，并选好原料类型。

(4) 打开原料电磁阀后逐步打开原料切断阀，把裂解原料引到原料调节阀前。

(5) 缓慢打开原料调节阀裂解炉投料，同时根据炉出口温度增加燃料气供应。

(6) 当一台备用炉投料时，另一台被切换的裂解炉同时退料，两台裂解炉原料的增减要满足整个乙烯装置裂解炉总进料稳定。

(7) 投料的裂解炉进料达到20t/h时，检查烧嘴、炉管、废锅上下封头运行状况。投料量达到40t/h时，副烧嘴全部投用，原料流量计校验，汽包排污降低到正常运行状态，并对烧嘴、炉管、废锅上下封头、裂解炉风机运行状况进行检查。

(8) 投料裂解炉进料量达到设计值后，被切换的裂解炉退料完成后把裂解炉运行模式切换到热备模式，并关闭原料切断阀和电磁阀。打开原料蒸汽扫线阀对炉管进行扫线。

(9) 炉管扫线完成后关闭裂解气大阀，打开烧焦气大阀把被切换的裂解炉蒸汽切除急冷系统。

(10) 被切换裂解炉烧焦。

2. 详细说明冷态裂解炉点火前准备工作和升温至热备步骤。

答：(1) 炉子检修完成后进行完整性检查，确认所有原料、稀释蒸汽、燃料气、锅炉给水调节阀、底部风门、烟道挡板阀位、开关正常。

(2) 对燃料气、原料电磁阀动作确认。

(3) 启动风机运行半小时以上。

(4) 燃料气切断阀及其管线气密试验。

(5) 燃料气引至烧嘴前并炉膛气体检测合格后点火升温。值班长、外操、内操签字确认。按点火顺序图逐个将长明灯全部点燃。

(6) 按升温曲线50℃/h和顺序图点燃主烧嘴，开始升温。

(7) 炉膛温度达200℃时，开始进DS、防焦蒸汽、BFW、扫线蒸汽等、投用磷酸盐。

(8) 炉出口温度达到550℃，废热锅炉上下封头法兰与检修拆过的热电偶套管需要热把紧。

(9) 当炉出口温度达600℃以上，SS并网。

(10) 炉出口温度达到830℃热备。

3. 对于设有中段回流的汽油分馏塔来说，当汽油分馏塔塔釜温度过高时，有哪些调节措施(至少给出五个措施)?

答：(1) 适当降低急冷器出口温度及裂解深度;

(2) 提高中段热油回流换热器负荷;

(3) 适当加大塔釜急冷油循环量;

(4) 适当提高中段热油回流量;

(5) 适当加大塔顶汽油回流量;

(6) 适当减少侧线裂解柴油采出量;

(7) 适当降低负荷；

(8) 如有备用急冷油循环泵启动之，提高急冷油循环压力；

(9) 适当降低稀释蒸汽的压力；

(10) 若裂解原料组分变化则适当调整裂解深度。

4. 简述启动急冷油循环泵(透平泵)的步骤。

答：(1) 检查冷却水循环正常、润滑油箱和密封油罐液位正常。

(2) 启动辅助油泵，检查润滑油循环系统正常。

(3) 打开透平各个疏水器排凝，稍开低压蒸汽根部阀暖机。

(4) 暖机的同时，给离心泵侧充液并全开进出口阀，投用冲洗油和密封油。

(5) 打开高压蒸汽旁路阀暖管，透平侧排凝液见蒸汽后，低压蒸汽根部阀逐步全开。

(6) 泵进口高压蒸汽管线温度大于300℃，透平冷态暖机超过2h，电磁阀复位打开，暖管至调速器。缓慢打开HS阀升速至500r/min，对泵进行低速暖机检查。

(7) 确认无问题后，升速至正常转速并关闭透平排凝液。

(8) 对泵进行全面检查，确认泵振动、位移正常，急冷油泵出口压力正常，停辅助油泵。

5. 稀释蒸汽发生罐的液面过低会有什么影响?

答：液面过低，由稀释蒸汽发生罐发生的稀释蒸汽量相应会减少，为维持炉子的正常运行，需要补入更多的MS，同时，由于急冷油大部分热量原来用于发生稀释蒸汽，此时急冷油传递的热量减少，温度会提高，随之影响汽油分馏塔的正常操作。

6. 稀释蒸汽发生罐排污量取决于哪几方面?

答：(1) 排污量取决于工艺水的水质，当工艺水的水质恶化，为减轻稀释蒸汽发生器列管表面结垢影响换热效果，稀释蒸汽发生罐排污量需要增加。

(2) 裂解炉防焦蒸汽的用量、急冷减黏塔、柴油汽提塔、工艺水汽提塔等外来蒸汽和水的补入也会增加稀释蒸汽发生罐排污量。

(3) 稀释蒸汽发生器换热效果的变化会影响稀释蒸汽发生罐排污量。

(4) 裂解炉的切换和裂解炉烧焦蒸汽用量的变化会影响到稀释蒸汽发生罐排污量。

(5) 中压蒸汽补充稀释蒸汽的量变化。

乙烯装置职业技能竞赛试卷 九

一、填空题

1. 实际流体在管道内流动时产生阻力的主要原因是(流体具有黏性)。

2. 已知某油品在圆管中稳定流动，其 $Re=1000$。已测得管中心处的点速度为0.5m/s，则此管截面上的平均速度为(0.25)m/s。若油品流量增加一倍，则通过每米直管的压头损失为原损失的(2)倍。

3. 压缩机类型主要有(离心式)和(往复式)。

4. 管路特性曲线和离心泵特性曲线的交点称为(工作点)，若需改变这一交点的位置，常采用(调节出口阀开度)的方法以改变管路特性曲线，或用(调节转速)、(车削叶轮)的方法以改变泵的特性曲线。

5. 离心泵用出口阀调节流量实质上是改变(管路特性)曲线，用改变转速来调节流量实质上是改变(泵的性能)曲线，旋涡泵常采用(调节回流支路的阀的)方法来调节流量。

6. 往复泵、旋转泵等一切(正位移式)泵在回路阀关闭时，不能全关(出口阀)。

7. 在同一流量下离心泵的实际扬程比理论扬程(小)，这是因为(各种流体阻力)存在。

8. 真空泵的主要性能参数有(抽气速率)和(极限真空)。

9. 管式裂解炉按外形分，有(方箱式炉)、(立式炉)、(门式炉)、(楼台式炉)；按炉管布置方式分，有(横管式)和(竖管式)；按燃烧方式分，有(直焰式)(无焰辐射)和(附墙火焰式)；按烧嘴位置分，有(底部燃烧)、(侧壁燃烧)、(顶部燃烧)和(底部侧壁联合燃烧)等。

10. 采用套管式换热器，以水冷却气体，水走内管，气体走环隙，为强化传热，应在内管的(外)侧装翅片，因为(气体的对流给热系数远小于水的对流给热系数，即气侧热阻远大于水侧热阻，要强化传热需减小大的热阻，翅片装在内管外侧，可使气侧传热面增大，同时由于气体流经翅片时，也加强了扰动，α_0也有所提高)。

11. 管式裂解炉的优点：(技术成熟)、(结构比较简单)、(运转稳定性好)、(烯烃收率高)。

12. 消除列管换热器温差应力常用的方法有三种，即在壳体上加(膨胀节)、采用(浮头式)结构或采用(U 形管)式结构。

13. 翅片管换热器安装翅片的目的是(增加传热面积，增强流体的湍动程度以提高 α)。

14. 列管换热器中，管子在管板上的排列方式主要有(等边三角形)和(正方形)。前者的特点是(排列紧凑，管外湍动程度大，α 大)，后者的特点是(管外清洗方便)。

15. 列管换热器中，壳内的折流挡板通常采用(圆缺形)和(交替排列的圆盘和环形)。

16. 为提高列管式冷凝器的冷凝效果，安装时要(采用卧式，把管子的排列旋转一定的角度)，操作时要(及时排除不凝气、冷凝水)。

17. 吸收中，温度不变，压力增大，可使相平衡常数(减小)，传质推动力(增大)。

18. 在低浓的逆流吸收操作中，若其他操作条件不变，而液相入塔浓度 x_2变大时，则气相出塔浓度 y_2将(变大)，而液相出塔浓度 x_1将(变大)。

19. 筛板塔 、泡罩塔 、浮阀塔相比较，操作弹性最大的是(浮阀塔)，单板压力降最小的是(筛板塔)，造价最便宜的是(筛板塔)。

20. 板式塔塔板上气液两相接触状态可分(鼓泡)状态、(泡沫)状态和(喷射)状态三种。

21. 塔板中溢流堰的主要作用是为了保证塔板上有(一定高度的液层)。

二、单项选择题(选择一个正确的答案，将相应的字母填入题内的括号中)

1. 转子流量计的主要特点是(C)。(从流道截面与压差改变考虑)

A. 恒截面、恒压差 B. 变截面、变压差 C. 恒流速、恒压差 D. 变流速、恒压差

2. 层流与湍流的本质区别是(D)。

A. 湍流流速>层流流速

B. 流道截面大的为湍流，截面小的为层流

C. 层流的雷诺数<湍流的雷诺数

D. 层流无径向脉动，而湍流有径向脉动

3. 孔板流量计的孔流系数 C_o，当 Re 数增大时，其值(B)。

A. 总在增大

B. 先减小，当 Re 数增大到一定值时，C_o 保持为某定值

C. 总是减小

D. 不定

4. 蒸馏分离混合物的依据是(B)。

A. 分子量不同　B. 挥发性不同　C. 熔点不同　D. 沸点不同

5. 用离心通风机将空气输入加热器中，由20℃加热至140℃。该通风机安于加热器前或加热器后，则（D）。

A. 输送的流量不变　B. 需要的全风压不变

C. 需要的全风压不变，但流量要变　D. 输送的流量和需要的全风压都要变

6. 下列(D)不是后加氢的优点。

A. 反应器中仅配入满足乙炔含量所需要的氢气，避免了过剩氢气的存在，减少乙烯的损失

B. 对加氢反应有较多的控制手段

C. 反应器进料中所含的催化剂毒物浓度低，有利于延长催化剂寿命

D. 生成的绿油少

7. 离心泵的调节阀开大时，则(B)。

A. 吸入管路的阻力损失不变　B. 泵出口的压力减小

C. 泵入口处真空度减小　D. 泵工作点的扬程升高

8. 为防止低温下原料中的苯结冰，必须先通过一个脱苯塔，裂解气经过脱苯塔之后苯含量一般控制在（A）。

A. 2×10^{-6}　B. 5×10^{-6}　C. 20×10^{-6}　D. 10×10^{-6}

9. 以下(A)具有自吸能力。

A. 往复泵　B. 齿轮泵与漩涡泵　C. 离心泵　D. 旋转泵与漩涡泵

10. 一台试验用离心泵，开动不久，泵入口处的真空度逐渐降低为零，泵出口处的压力表也逐渐降低为零，此时离心泵完全打不出水。发生故障的原因是（D）。

A. 忘了灌水　B. 吸入管路堵塞　C. 压出管路堵塞　D. 吸入管路漏气

11. 离心泵停车时要（A）。

A. 先关出口阀后断电　B. 先断电后关出口阀

C. 先关出口阀先断电均可　D. 单级式的先断电，多级式的先关出口阀

12. 脱甲烷塔塔底甲烷浓度一般控制在(A)。

A. 100×10^{-6}　B. 200×10^{-6}　C. 150×10^{-6}　D. 50×10^{-6}

13. 在列管换热器中，用饱和蒸汽加热空气，下面两项判断是否合理：（A）。

甲．传热管的壁温将接近加热蒸汽温度；

乙．换热器总传热系数 K 将接近空气侧的对流给热系数。

A. 甲乙均合理　B. 甲乙均不合理

C. 甲合理，乙不合理　D. 乙合理，甲不合理

14. 已知当温度为 T 时，耐火砖的辐射能力大于铝板的辐射能力，则铝的黑度(D)耐火砖的黑度。

A. 大于　B. 等于

C. 不能确定是否大于　D. 小于

15. 在一列管式加热器中，壳程为饱和水蒸气冷凝以加热管程中的空气。若空气流量大

于10%，为保证空气出口温度不变，可采用的办法是(D)。

A. 壳程加折流挡板，增大壳程 α 值

B. 将原先的并流改为逆流流动以增大 Δt_m

C. 增大水蒸气流量

D. 在壳程耐压允许情况下，提高加热蒸汽压力

16. SRT-Ⅲ型炉上使用的一种可塑性的耐火材料，它的温度可高达(B)。

A. 1200℃　B. 1320℃　C. 1100℃　D. 1040℃

17. 某一套管换热器用管间饱和蒸汽加热管内空气，设饱和蒸汽温度为100℃，空气进口温度为20℃，出口温度为80℃，问此套管换热器内管壁温度应(C)。

A. 接近空气平均温度　B. 接近饱和蒸汽和空气的平均温度

C. 接近饱和蒸汽温度

18. 一管壳式换热器，管内走液体，管间走蒸汽，由于液体入口温度下降，在流量不变的情况下，仍要达到原来的出口温度 t，此设备已不允许再提高蒸汽压力强度，应采取简便有效措施(A)。

A. 管内加扰流内件　B. 提高壳程数　C. 加强保温

19. 只要组分在气相中的分压(A)液相中该组分的平衡分压，吸收就会继续进行，直至达到一个新的平衡为止。

A. 大于　B. 小于　C. 等于　D. 不等于

20. 对极易溶的气体，气相一侧的界面浓度 y_i(C)平衡浓度 y_e。

A. 大于　B. 等于　C. 接近于　D. 小于

21. 浮阀塔与泡罩塔比较，其最主要的改进是(B)。

A. 简化塔板结构　B. 形成可变气道，拓宽高效操作区域

C. 成本低　D. 增大气液负荷

三、判断题(将判断结果填入括号中。正确的填“√”，错误的填“×”。)

1. 层流与湍流的本质区别是流道截面大的为湍流，截面小的为层流。(×)

2. 用离心泵将水池的水抽吸到水塔中，若离心泵在正常操作范围内工作，开大出口阀门将导致送水量增加，整个管路阻力损失增大。(×)

3. 离心泵最常用的调节方法是改变出口管路中阀门的开度。(√)

4. 多层间壁传热时，各层的温度降与各相应层的热阻成正比。(√)

5. 在空气与蒸汽间壁换热过程中，采取提高蒸汽流速方法来提高传热速率是合理的。(×)

6. 在一定的温度下，辐射能力越大的物体，其黑度越大。(√)

7. 在同一温度下，物体的吸收率 A 与黑度 ε 在数值上相等，因此 A 和 ε 的物理意义相同。(×)

8. 稳定传热是指传热系统中各点的温度不随位置和时间而变。(×)

9. 总的传热速率等于通过垂直于热流方向的各传热面的传热速率之和。(×)

10. 在房间中利用火炉进行取暖时，其传热方式为对流和辐射。(√)

11. 在同样空塔气速和液体流量下，塔板开孔率增加，其漏液量也增加，压力降必减少。(√)

四、简答题

1. 何谓泵的扬程？何谓泵的升扬高度？

答：泵的扬程：单位重量流体从泵获得的机械能。

泵的升扬高度：泵的实际吸上高度与排出高度之和。

2. 为什么工农业生产中多选用离心泵做为输送流体的机械？

答：因离心泵结构简单，造价低廉，维修与操作方便，流量容易调节，可供选择的流量范围较广，对液体的适应性强。

3. 离心泵发生“汽蚀”的主要原因是什么？

答：原因是叶轮进口处的压力降至被输送液体的饱和蒸气压，引起部分液体沸腾汽化。

4. 板式换热器的优缺点是什么？

答：(1) 结构紧凑，单位体积设备所能提供的传热面积大；

(2) 维修清洗方便。

(3) 缺点是处理量不大，耐温、耐压性差。

5. 分凝分馏塔技术的优点是什么？

答：(1) 传统的激冷系统只进行热交换，而分凝分馏塔是在传热的同时进行传质的过程，起到了多级分离效果；

(2) 分凝分馏塔技术可以较多地增加产量；

(3) 分凝分馏塔流程可以节省更多的能量；

(4) 可以节省三机及脱乙烷塔等投资费用。

五、论述题

1. 在蒸汽冷凝时，其冷凝液为层流流动，若要提高蒸汽冷凝的给热系数，可考虑采取哪些措施？

答：措施一：让液膜和蒸汽同向流动，则摩擦力使液膜流动加速，厚度减薄，从而使蒸汽冷凝的给热系数增大；

措施二：若为单根管，将垂直放置改为水平放置。若为管束，则需减小垂直列上的管数，或把管子排列旋转一定的角度；

措施三：及时排除不凝气体。

2. 裂解反应的四个特点是什么？

答：(1) 裂解反应是一个强烈的吸热反应；

(2) 反应温度高；

(3) 停留时间短；

(4) 烃分压低。

3. 列举裂解炉的要求(要求很多，只要写出4~5点即可)。

答：(1) 要对反应物料供给大量热量；

(2) 要使系统处在高温下进行反应；

(3) 由于停留时间短，所以要在很短的时间内使反应物料得到反应所需的大量热量，并要在很短的时间内将反应物料迅速降温(急冷)；

(4) 由于要求低烃分压，所以在原料烃中配入水蒸气或其他气体作为稀释剂。

4. 前加氢脱除炔烃的优点是什么？

答：(1) 催化剂选择性高，活性好，空速大；

（2）每台反应器的催化剂用量少，催化剂总用量小；

（3）前加氢生成的绿油少，因此催化剂再生周期和使用寿命长，不需要频繁再生；

（4）反应器数量少，没有备用反应器，不需要再生系统，设备投资少；

（5）分离流程简化，操作简单，能耗低；

（6）利用物料自身含有的氢气，不需另外补加氢气，也无需补加一氧化碳来调节碳二加氢催化剂的选择性；

（7）由于在进行碳二加氢时也对50%以上的MAPD加氢，下游碳三加氢系统负荷降低。

5. 催化剂再生的操作步骤是什么？

答：（1）氮气吹扫反应系统，使系统中氢+烃浓度<0.5%；

（2）催化剂升温，吹除吸附的轻烃等；

（3）蒸汽汽提催化剂上的聚合物如绿油等；

（4）高温空气烧焦，将催化剂微孔内的积炭氧化烧除，使催化剂表面及载体微孔得到清洁；

（5）催化剂干燥，将再生过程催化剂所吸附的水清除；

（6）催化剂还原，准备投用。

乙烯装置职业技能竞赛试卷 十

一、填空题

1. 液柱压力计是基于(流体静力平衡)原理的测压装置，用U形压差计测压时，当一端与大气相通时，读数 R 表示的是(表压)或(真空度)。

2. 减少流体在管路中流动阻力 Σh_f 的措施有：(管路尽可能短，尽量走直线，减少不必要的管件阀门，增大管径)。

3. 流体在等径水平直管的流动系统中，层流区：压力降与速度(一)次方成正比。完全湍动区：压力降与速度(二)次方成正比。

4. 稳定流动中，点流速只与(位置)有关，而不稳定流动中，点流速除与(位置)有关外，还与(时间)有关。

5. 多层间壁传热时，各层的温度降与各相应层的热阻(成正比)。

6. 层流时，管内平均流速是最大流速的(0.5)；湍流时，管内平均流速约是最大流速的(0.8)。

7. 当离心泵出口阀门开大时，流量(变大)，泵出口压力(变小)。

8. 调节离心泵工作点的方法有(改变出口阀开度)，(改变泵的转速)，(改变叶轮直径)。

9. 离心泵常采用(出口阀门)调节流量，往复泵常采用(旁路阀门)调节流量。

10. 离心泵铭牌上的允许吸上真空高度是当大气压力＝(1atm)，且被输送的液体为(20℃水)时的数值。

11. 离心泵用出口阀调节流量实质上是改变(管路特性)曲线，用改变转速来调节流量实质上是改变(泵的性能)曲线，旋涡泵常采用(调节回流支路的阀的)方法来调节流量。

12. 离心泵的允许吸上真空高度的数值(大于)允许的安装高度的数值。

13. 逆流操作的填料吸收塔，当吸收因数 $A<1$ 且填料为无穷高时，气液两相将在(塔底)达到平衡。

14. 在精馏塔的任意一块理论板上，其离开塔板的液相泡点温度与离开塔板的气相露点温度的大小相比是(相等)。

15. 当塔板上(离开的气相与液相之间达到平衡)时，称该塔板为理论塔板。

16. 精馏塔设计时，当回流比加大时，蒸馏釜中所需要的加热蒸汽消耗量将(增大)。

17. 精馏过程是利用多次(部分汽化)和(多次部分冷凝)的原理而进行的。

18. 精馏过程设计时，增大操作压力，则相对挥发度(减小)，塔顶温度(增加)，塔釜温度(增加)。

19. 为了使多层圆筒壁的绝热效果更好，在绝热层厚度不变的条件下，应将导热系数(小)的材料放在内层，使总热阻增大，热损失(减小)。

20. 从塔板水力学性能的角度来看，引起塔板效率不高的原因可能是(过量雾沫夹带)、(严重漏液)和(气流或液流分布不均)等现象。

21. 板式塔的类型有(泡罩塔)、(浮阀塔)和(筛板塔)等。(至少列举三种)

22. 板式塔从总体上看气、液两相呈(逆流)接触，在板上气、液两相呈(错流)接触。

23. 若填料层高度较高，为了有效湿润填料，塔内应设置(液体再分布)装置。一般而言，填料塔的压降比板式塔压降(小)。

24. 任写出浮阀塔三种不正常操作情况：(1)(严重漏液)；(2)(严重气泡夹带)；(3)(降液管液泛)；(4)(严重雾沫夹带)；(5)(液相不足)。

25. 当填料塔操作气速达到泛点气速时，(液体)充满全塔空隙并在塔顶形成(液层)，因而(压降)急剧升高。

26. 在浮阀塔设计中，哪些因素考虑不周时，则塔易发生降液管液泛，请举出其中三种情况：(1)(开孔率过小或气速过大)；(2)(板间距过小)；(3)(降液管截面积太小)。

27. 干燥操作中，干燥介质(不饱和湿空气)经预热器后湿度(不变)，温度(升高)。

28. 一定湿度 H 的气体，总压 P 加大时，露点温度 t_d(升高)。而当气体温度 t 升高时，则 t_d(不变)。

29. 深冷分离对裂解气含水量要求在(1×10^{-6})左右。

二、单项选择题(选择一个正确的答案，将相应的字母填入题内的括号中)

1. 精馏塔操作时，若增大回流比，而 F、x_F、q、冷凝器热负荷不变，则塔顶 x_D(A)，塔底 x_W(A)。

A. 变大　　B. 变小　　C. 不变　　D. 不确定

理由：$R\uparrow$ 则 $\frac{R}{R+1}\uparrow$，精馏段理论板分离能力提高，$x_D\uparrow$。

冷凝器热负荷不变，即 $V=(R+1)D$ 不变，而 $R\uparrow$，所以 $D\downarrow$，$W=F-D$ 则变大。于是，提馏段操作线斜率 $\frac{L'}{V'}=\frac{V'+W}{V'}=1+\frac{W}{V'}=1+\frac{W}{V+(q-1)F}$ 随 $W\uparrow$ 而增大，提馏段理论板分离能力降低，$x_W\uparrow$。

2. 精馏塔在一定条件下操作时，将加料口向上移动两层塔板，此时塔顶产品浓度 x_D 将(B)，塔底产品浓度 x_W 将(A)。

A. 变大　　B. 变小　　C. 不变　　D. 不确定

理由：加料口向上移动两层塔板，则精馏段板数减少，分离能力降低，故分离程度变小，即 x_D 变小。而提馏段虽板数增加，但因并非最佳进料位置，其分离能力并未增大，故 x_W 仍将变大，此结论也可从物料衡算关系得到。

3. 操作中的精馏塔，若维持 F、q、x_D、V'及进料位置不变，而减小 x_F，则有(C)。

A. D 增大，R 减小　　B. D 不变，R 增加

C. D 减小，R 增加　　D. D 减小，R 不变

理由：因为精馏段板数不变，所以当 $x_F\downarrow$ 时，为维持 x_D 不变，必须加大回流比，以提高精馏段塔板的分离能力。

又因 $V'=(R+1)D+(q-1)F$ 不变、q、F 不变，故随着 $R\uparrow$，D 势必减小。

4. 精馏塔引入回流，使下降的液流与上升的汽流发生传质，并使上升气相中的易挥发组分浓度提高，最恰当的说法是由于(D)。

A. 液相中易挥发组分进入气相

B. 气相中难挥发组分进入液相

C. 液相中易挥发组分和难挥发组分同时进入气相，但其中易挥发组分较多

D. 液相中易挥发组分进入气相和气相中难挥发组分进入液相的现象同时发生

5. 精馏塔设计时采用的参数 F、x_f、q、D、x_D、R 均为定值，若降低塔顶回流液的温度，则所需理论板数(B)。

A. 增大　　B. 减小　　C. 不变　　D. 不确定

6. 精馏塔设计时，若 F、x_F、x_D、x_W、V 均为定值，将进料热状态从 $q=1$ 变为 $q>1$，则设计所需理论板数(B)。

A. 多　　B. 少　　C. 不变　　D. 判断依据不足

理由：由 F、x_F、x_D、x_W一定知 D、W 一定，由 $V=(R+1)D$ 一定，知 R 一定，故精馏段操作线斜率不变。由此可作出 $q>1$ 时，精、提段操作线如附图所示。由图可见，理论板数将变少。

7. 如图所示，连接 A、B 两截面间的压差计的读数 R 表示了(C)的大小。

A. A、B 间的压头损失 H_{fAB}　　B. A、B 间的压强差 Δp

C. A、B 间的压头损失及动压头差之和　　D. A、B 间的动压头差$(u_A^2-u_B^2)/2g$

8. 如图，U 形压差计测得(B)。

A. A、B 间的阻力损失　　B. A、B 间的压强差

C. A、B 间的位头差加阻力损失　　D. A、B 间位头差

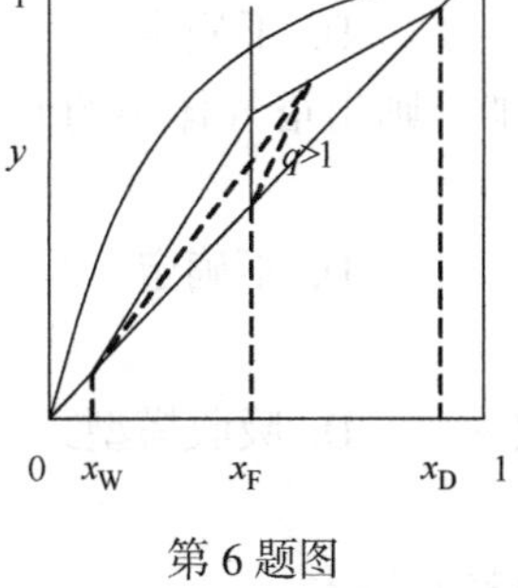

第 6 题图

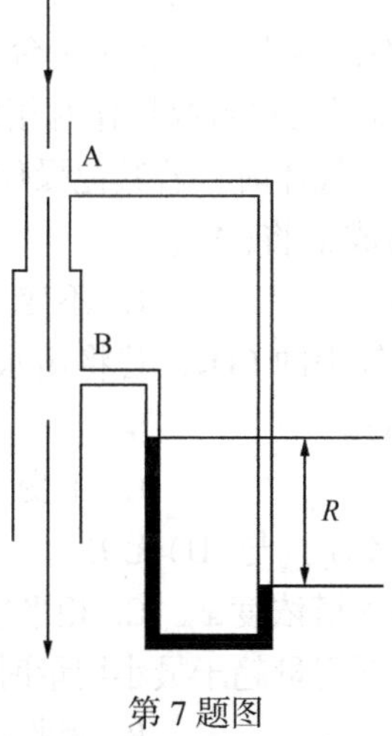

第 7 题图

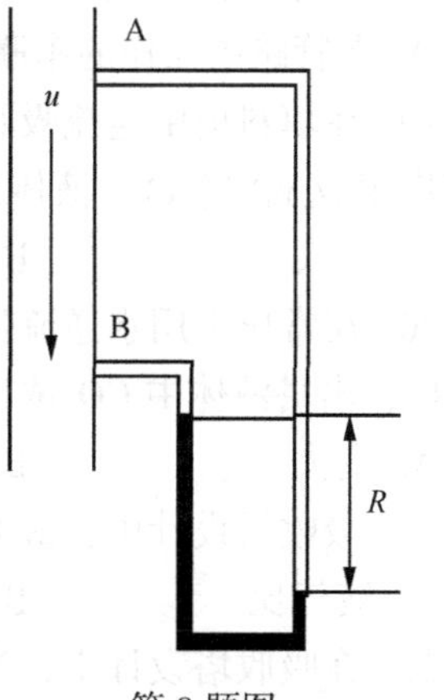

第 8 题图

9. 层流与湍流的本质区别是(D)。

A. 湍流流速>层流流速

B. 流道截面大的为湍流，截面小的为层流

C. 层流的雷诺数<湍流的雷诺数

D. 层流无径向脉动，而湍流有径向脉动

10. 在完全湍流(阻力平方区)时，粗糙管的摩擦系数 λ 数值(C)。

A. 与光滑管一样

B 只取决于 Re

C. 只取决于相对粗糙度

D 与粗糙度无关

11. 使用 U 形压差计要求指示液与被测流体的密度差(C)。

A. 大　B. 中等　C. 小　D. 越大越好

12. 孔板流量计的孔流系数 C_o，当 Re 数增大时，其值(B)。

A. 总在增大

B. 先减小，当 Re 数增大到一定值时，C_o 保持为某定值

C. 总是减小

D. 不定

13. 离心泵的轴功率（C）。

A. 在流量 $V=0$ 时最大

B. 在扬程 H 最大时最大

C. 在流量 $V=0$ 时最小

D. 在设计点处最小

14. 离心泵漏入大量空气后将发生（B）。

A. 汽化现象　B. 气缚现象　C. 汽蚀现象　D. 气浮现象

15. 由于离心泵叶轮形状不同，流体阻力损失也不同，阻力损失最大的为（C）。

A. 后弯叶轮　B. 直叶轮　C. 前弯叶轮　D. $\beta_2=90°$的叶轮

16. 在测定离心泵特性曲线时下面的安装是错误的(B)。

A. 泵进口处安真空表

B. 进口管路上安节流式流量计

C. 泵出口处安压力表

D. 出口管路上安调节阀

17. 离心泵开动以前必须充满液体是为了防止发生(A)。

A. 气缚现象　B. 汽蚀现象　C. 汽化现象　D. 气浮现象

18. 当两个同规格的离心泵串联使用时，只能说(C)。

A. 串联泵较单台泵实际的扬程增大一倍

B. 串联泵的工作点处较单台泵的工作点处扬程增大一倍

C. 当流量相同时，串联泵特性曲线上的扬程是单台泵特性曲线上的扬程的两倍

D. 在管路中操作的串联泵，流量与单台泵操作时相同，但扬程增大两倍

19. 在填料塔中逆流吸收低浓度气体时，若其他操作条件不变，但入塔气量增加，则气体出塔组成 y_2将(A)，液体出塔组成 x_1将(A)。

A. 变大　B. 变小　C. 不变　D. 不确定

20. 在常压下用水逆流吸收空气中的 CO_2，若将用水量增加，则出塔气体中的 CO_2含量将(B)，出塔液体中 CO_2浓度将(B)。

A. 变大　B. 变小　C. 不变　D. 不确定

21. 吸收塔设计中，最大吸收率 η_{max}与(D)无关。

A. 液气比　B. 液体入塔浓度 x_2　C. 相平衡常数 m　D. 吸收塔型式

22. 在吸收塔设计中，当吸收剂用量趋于最小用量时(D)。

A. 回收率趋向最高

B. 吸收推动力趋向最大

C. 操作最为经济　　D. 填料层高度趋向无穷大

23. 某一套管换热器用管间饱和水蒸气加热管内空气，设饱和水蒸气温度为100℃，空气进口温度为20℃，出口温度为80℃，问此套管换热器内管壁温度应是(C)。

A. 接近空气平均温度　　B. 接近饱和水蒸气和空气的平均温度

C. 接近饱和水蒸气温度

24. 稳定传热是指(B)。

A. 传热系统中各点的温度不随位置和时间而变

B. 传热系统中各点的温度仅随位置变，而不随时间变

C. 传热系统中各点的温度不随位置变而随时间变

D. 传热系统中各点的温度随位置和时间而变

25. 蒸汽管道的保温层愈厚，则热损失愈小，这种说法(C)。

A. 正确　　B. 不正确

C. 保温层直径 $d>d_{临界}$时正确　　D. 保温层直径 $d<d_{临界}$时正确

26. 在一列管式换热器中，用冷却水冷凝酒精蒸气，换热器最好(A)放置；冷却水应走(C)。

A. 水平　　B. 垂直　　C. 管内　　D. 管外

27. 为了减少室外设备的热损失，保温层外所包的一层金属皮应该是(A)。

A. 表面光滑，颜色较浅　　B. 表面粗糙，颜色较深

C. 表面粗糙，颜色较浅

28. 翅片管加热器一般用于(C)。

A. 两侧均为液体　　B. 两侧流体均有相变化

C. 一侧为气体，一侧为蒸汽冷凝　　D. 一侧为液体沸腾，一侧为高温液体

29. 在列管换热器中，用饱和蒸汽加热空气，下面两项判断是否正确(A)。

甲. 传热管的壁温将接近加热蒸汽温度；

乙. 换热器总传热系数 K 将接近空气侧的对流给热系数。

A. 甲乙均对　　B. 甲乙均不对　　C. 甲对，乙不对　　D. 乙对，甲不对

30. 在以下换热器中，最能适应在低 Re 获得湍动的换热器是(C)。

A. 列管换热器　　B. 螺旋板式换热器　　C. 板式换热器　　D. 套管换热器

31. 真空蒸发时，冷凝器操作压强的最低极限取决于(A)。

A. 冷凝水的温度　　B. 真空泵的能力

C. 当地大气压力　　D. 蒸发器的蒸发水量

32. 设计蒸发器时，为减少蒸发所需的传热面积并降低设备费，应选择以下哪几种方案(ADE)。

A. 高的加料温度　　B. 低的加料温度　　C. 高的蒸发室压力　　D. 低的蒸发室压力

E. 高的加热蒸汽压力　　F. 低的加热蒸汽压力

33. 下列情况中，(D)不是诱发降液管液泛的原因。

A. 液、气负荷过大　　B. 过量雾沫夹带　　C. 塔板间距过小　　D. 过量漏液

34. 在精馏塔设计计算中，当 F、x_F、R、D 和 W 一定，并保持实际操作气速不变，而 q 值减小，则(A)。

A. 精馏段塔径不变，提馏段塔径减小　　B. 精馏段塔径增大，提馏段塔径不变

C. 精馏段塔径减小，提馏段塔径增大　　D. 精馏段塔径减小，提馏段塔径减小

35. 浮阀塔与泡罩塔比较，其最主要的改进是(B)。

A. 简化塔板结构　　B. 形成可变气道，拓宽高效操作区域

C. 提高塔板负荷　　D. 增大气液负荷

36. 气、液传质塔设备中，泛点气速应随液相量的增加而(A)。

A. 下降　　B. 不变　　C. 增加　　D. 不确定

37. 在一定的物料和干燥介质条件下，(1)临界湿含量是区分结合水与非结合水的分界点；(2)平衡湿含量是区分可除水分与不可除水分的分界点。

则正确的判断是(D)。

A. 两种提法都对　　B. 两种提法都不对　　C. (1)对(2)不对　　D. (2)对(1)不对

38. 物料中的平衡水分随温度升高而(D)。

A. 增大　　B. 减小

C. 不变　　D. 不一定，还与其他因素有关

39. 干燥热敏性物料时，为提高干燥速率，不宜采取的措施是(A)。

A. 提高干燥介质的温度　　B. 改变物料与干燥介质的接触方式

C. 降低干燥介质相对湿度　　D. 增大干燥介质流速

40. 一定湿度 H 的湿空气，随着总压的降低，露点相应地(B)。

A. 升高　　B. 降低

C. 不变　　D. 不一定，还与其他因素有关

三、判断题(将判断结果填入括号中。正确的填“√”，错误的填“×”。)

1. 连续精馏塔，塔顶及塔底产品分别为 D 及 W，则提馏段液气比总是大于 1，精馏段液气比总是小于 1。(√)

2. 精馏设计时，采用相同的塔釜蒸发量，则冷加料比热加料需要较少理论板数。(×)

3. 双液体 U 形压差计要求两种指示液的密度差越大越好。(×)

4. 在多管程列管换热器中，无相变两流体的平均传热温差总是比纯逆流时小。(√)

5. 干燥操作能耗大，但要从湿固体物料中除去湿分(水分)，必须采用干燥。(√)

6. 在测定离心泵特性曲线时，在泵进口处要安装真空表。(√)

7. 计算填料层的高度可以用传质单元数乘以填料的等板高度。(×)

8. 对某吸收系统，如果 $1/k_y \gg 1/k_x$，则为气膜控制；$1/k_y \ll 1/k_x$，则为液膜控制。(×)

9. 蒸馏操作依据是组分间沸点差异。(×)

10. 在同样空塔气速和液体流量下，塔板开孔率增加，其漏液量也增加(√)

11. 同一塔板上液流量愈大，则液面落差也愈大。(√)

12. 只要塔板间距足够高，就可以消除雾沫夹带。(×)

13. 上升气速过大会使板效率下降。(√)

14. 上升气速过大会引起漏液。(×)

15. 上升气速过大会造成过量的气泡夹带。(×)

16. 由于离心泵叶轮形状不同，流体阻力损失也不同，阻力损失最大的为后弯叶轮。(×)

17. 离心泵启动时应全关出口阀。(√)

18. 沸腾传热，为了获得较高的传热速率，壁温与溶液沸点之差应取接近临界温度差，

而不超过临界温度差。(√)

19. 管内湍流传热，流体内温度梯度最大的部分是在滞流底层。(√)

20. 提高传热系数和加大传热温差都可以提高蒸发器的生产强度。(√)

四、简答题

1. 为什么离心泵的壳体要做成蜗壳形？

答：使部分动能有效地转变为静压能，减少能量损失。

2. 为了调节离心泵的流量，拟装一调节阀，应装在何处？并说明理由。

答：装在泵的出口。因若装在吸入管，在阀关小时容易导致汽蚀发生，损坏叶轮，所以应装在出口。

3. 在换热器中，热水流量为 2000kg/h，冷水流量为 3000kg/h，热水进口温度 $T_1=85℃$，冷水进口温度 $t_1=15℃$，如要求将冷水加热到 $t_2=35℃$，求采用并流和逆流时的对数平均温度差(冷、热水的平均比热可认为相等)。

解：

$$W_1c_{p1}(T_1-T_2)=W_2c_{p1}(t_2-t_1)$$

$$2000(85-T_2)=3000(35-15)$$

得 $T_2=55℃$

并流时　85℃→55℃

　　　　15℃→35℃

　　　　70℃　20℃

$\Delta t_m=(70-20)/(\ln 70/20)=39.9℃$

逆流时　85℃→55℃

　　　　35℃←15℃

　　　　50℃　40℃

$$\Delta t_m=\frac{50-40}{\ln\frac{50}{40}}=44.8℃$$

答：采用并流时温差为 39.9℃，逆流时温差为 44.8℃。

4. 简述辐射段抑制结焦的措施(至少三条)。

答：(1) 改变裂解反应条件；

(2) 裂解原料预处理；

(3) 炉管表面处理；

(4) 加氢热裂解；

(5) 添加结焦抑制剂。

5. 为什么要对裂解气压缩？

答：对裂解气压缩一方面可以提高深冷分离的操作温度，从而节约低温能量和低温耗材；另一方面加压会促使裂解气中的水与重质烃冷凝，所以可除去相当量的水分和重质烃，从而减少了干燥脱水和精馏分离的负担。

6. 影响脱甲烷塔乙烯得率的主要因素有哪些？

答：甲烷/氢气比、操作温度和压力。甲烷/氢比值越大，塔顶尾气中乙烯损失越小，乙烯的收率越高；压力增大、温度降低均有利于减少尾气中乙烯损失，提高乙烯得率。

五、论述题

1. 判断下列说法是否妥当，如不妥，请写出正确说法

(1) 蒸汽在管外冷凝时，冷凝负荷越大，冷凝给热系数越高；

(2) 用饱和蒸汽加热容器内的液体，使之沸腾时，饱和蒸汽的压力越高，越有利于强化传热。

答：(1) 说法不妥。在冷凝液膜呈滞流状态时，冷凝负荷增大，冷凝给热系数减小，而只有在冷凝液膜呈湍流时，冷凝负荷越大，冷凝给热系数才越大。

(2) 说法不妥。当加热的饱和蒸汽压力 p 高时，加热面的温度 t_w 就大，若传热温度差小于临界温度差 Δt_c 时，蒸汽压力愈高，才愈有利于强化传热。但当 $\Delta t>\Delta t_c$ 时，再提高蒸汽压力，则 α 下降，不利于传热。

2. 简述裂解气油洗和水洗的作用。

答：油洗作用：一是将裂解气继续冷却，并回收其热量；二是使裂解气中的重质油和一部分轻质油冷凝洗涤下来。

水洗作用：一是将裂解气继续降温到40℃左右；二是将裂解气中所含的稀释蒸汽冷凝下来，并将油洗时没有冷凝下来的一部分轻质油也冷凝下来，同时热水的热量也可回收，并降低裂解气压缩机负荷。

乙烯装置职业技能竞赛试卷 十一

一、填空题

1. 石油烃裂解原料由烷烃(P)、环烷烃(N)、烯烃(O)、芳香烃(A)等组成。

2. 烷烃发生断裂反应时，烷烃的分子量越大，热稳定性越(差)。

3. 芳烃关联指数 *BMCI* 值是由该馏分的(体积平均沸点)和(密度)相关联后的一个条件参数。

4. 单位时间内由燃料向裂解炉提供的热量称为炉子的(热负荷)，它是衡量裂解炉能力大小的重要指标。

5. (原料)对乙烯生产成本起决定性作用，其费用在乙烯生产成本中约占70%。

6. 脱乙烷塔塔顶产物经(选择加氢)使乙炔转变为(乙烯和乙烷)而被脱除。

7. 裂解气油洗的作用，一是将裂解气继续冷却，并(回收其热量)；二是使裂解气中的重质油和一部分轻质油(冷凝洗涤下来回收)。

8. 若燃料气与空气的混合物在燃烧焰法线方向的速度分量小于该混合物的火焰传播速度，则火焰会发生反击，这就是(回火)现象。

9. 燃烧过程中生成的 NO_x 主要指(NO)和(NO_2)。

10. 碳三馏分 MAPD 是指(丙炔和丙二烯)。

11. 甲烷化反应是在催化剂存在下，用(氢气)还原(一氧化碳和二氧化碳)生成(甲烷和水)的反应。

二、不定项选择题

1. 从多产乙烯、丙烯和不易生焦来衡量，原料优劣顺序为(A)>(B)>(C)>(D)。

A. 链烷烃　　B. 环烷烃　　C. 单环芳烃　　D. 多环芳烃

2. 从热裂解角度而言，(D)是热稳定性最好的烃类。

A. 链烷烃　　B. 环烷烃　　C. 烯烃　　D. 芳烃

3. 提高压缩机入口压力(A)压缩机功率，对裂解反应(D)。

A. 节约　　B. 浪费　　C. 有利　　D. 不利

4. 脱丁烷塔用(B)作为回流冷凝介质。

A. 裂解气　　B. 冷却水　　C. 甲醇　　D. 丙烯冷剂

5. 在实际燃烧装置中，炉膛温度提高，NO_x的浓度(A)。

A. 升高　　B. 不变　　C. 降低　　D. 与其无关系

6. 裂解气压缩合理的段数，主要由压缩机各段(D)所限定。

A. 入口压力　　B. 入口温度　　C. 出口压力　　D. 出口温度

7. 醇胺法与碱洗法相比，其主要优点是(B)。

A. 吸收酸性气体彻底　　B. 吸收剂可再生循环

C. 不易对设备造成腐蚀　　D. 适用于酸性气体含量高的情况

8. 在乙烯装置中，丙烯制冷系统为裂解气分离装置提供(C)以上各温度级的冷量。

A. -20℃　　B. -30℃　　C. -40℃　　D. -50℃

9. 目前所使用的二元冷剂主要是指(A)。

A. 甲烷-乙烯　　B. 甲烷-丙烯　　C. 乙烯-丙烯　　D. 甲烷-甲醇

10. *BMCI* 值常常用于表征原料的裂解性能，总的来说，*BMCI* 值变小，裂解性能(B)。

A. 变差　　B. 变好　　C. 不变　　D. 无影响

11. 烯烃生产中，采用不同的原料建厂，投资差别很大。采用乙烷、丙烷原料，相应的投资(A)。

A. 较少　　B. 较多　　C. 无变化　　D. 不确定

12. 裂解原料必须脱砷，是因为(B)。

A. 砷有毒　　B. 砷造成催化剂中毒

C. 砷污染产品　　D. 砷在生产过程中难以脱除

13. 来自碱洗塔的废碱先用(C)洗涤，然后存于储罐中，并送往氧化反应器。

A. 水　　B. 甲醇　　C. 汽油　　D. 急冷油

14. 同沸点的烃，其环烷烃、芳香烃的环数越多，则相对密度(B)。

A. 越小　　B. 越大　　C. 不变　　D. 无影响

15. 裂解反应中，原料中含(B)可以抑制炉管管壁的催化效应，减少结焦。

A. 少量的水　　B. 少量的硫　　C. 大量的硫　　D. 大量的烯烃

16. 在裂解时加入水蒸气作为稀释剂的目的是(ABCD)。

A. 降低裂解反应的烃分压　　B. 抑制结焦反应的发生

C. 稳定裂解温度　　D. 保护炉管

17. 裂解气中的酸性气体主要是指(ACD)。

A. CO_2　　B. NO_x　　C. H_2S　　D. 其他气态硫化物

三、判断题(将判断结果填入括号中。正确的填“√”，错误的填“×”。)

1. 裂解装置生产，稀释比越高越好。(×)

2. 对裂解气进行压缩，一方面可以提高深冷分离的操作温度，另一方面加压会促使裂解气中的水与重质烃冷凝。(√)

3. 乙烯原料的选择不影响装置的正常运转和经济效益。(×)

4. 裂解气中炔烃含量与裂解原料和裂解操作条件有关。对同一裂解原料而言，炔烃含量随裂解深度的提高而增加。(√)

5. “黄油”是裂解气中不饱和烃发生聚合反应的产物。(√)

6. 裂解气中的酸性气体可以用碱洗或用一乙醇胺、二乙醇胺吸收剂去除。(√)

7. 乙烯装置分离系统中，常用乙烯、丙烯和氨作为制冷工质。(√)

8. 压缩机最初安装或者定期维护检修之后，密封干气要采用自身工艺气体用于首次操作。(×)

9. 碱洗塔温度过高会导致裂解气中重烃的聚合，影响装置操作。(√)